식품 기사

필기 기출문제

차광종 저

다락원

머리말

Introduction

급속한 경제적, 사회적 발전과 더불어 식생활이 다양하게 변화됨에 따라 식품에 대한 욕구도 양적인 측면보다 맛과 영양, 기능성, 안전성 등을 고려하는 질적인 측면으로 변화되고 있습니다. 또한 식품제조가공 기술이 급속하게 발달하면서 식품을 제조하는 공장의 규모가 커지고 공정이 복잡해짐에 따라 식품기술 분야에 대한 기본적인 지식을 바탕으로 하여 식품재료의 선택에서부터 새로운 식품의 기획, 연구개발, 분석, 검사 등의 업무를 담당할 수 있고, 식품제조 및 가공 공정, 식품의 보존과 저장 공정에 대한 유지 관리, 위생관리, 감독의 업무를 수행할 수 있는 자격 있는 전문기술 인력에 대한 수요가 급증하고 있습니다. 이에 따라 실제로 산업체나 식품관련 각종 기관에서 일정 자격취득자의 요구가 더욱 높아지고 있는 실정입니다.

이 교재는 식품기사에 대한 관심도의 증가에 발맞춰 식품기사 자격시험을 대비하는 수험생들의 합격률을 높일 수 있도록 최근 5년 동안 출제되었던 기출문제와 함께 해설을 이해하기 쉽게 요약하였습니다. 또한, 수험생들의 학습효과를 높이기 위해 문제와 해설을 분리하였고, 출제빈도가 높은 문제는 별도로 표시하여 한 번 더 확인할 수 있도록 하였습니다. 그리고 중요한 키워드를 부록으로 준비하여 시험 직전에 요긴하게 활용할 수 있도록 했으므로 식품기사 시험 준비를 하는 모든 수험생들에게 큰 도움이 되리라 확신합니다.

그동안 산업현장에서 쌓은 경험과 대학 강의를 하면서 정리한 이론을 바탕으로 정성껏 만든 이 수험서로 식품기사 자격시험을 준비하는 모든 분들에게 합격의 영광이 있기를 기원합니다.

끝으로 이 책이 나오기까지 많은 도움을 주신 여러 교수님들과 적극적으로 협조해주신 다락원 임직원 여러분께 깊은 감사를 드립니다.

저자 차광종

개요

사회발전과 생활의 변화에 따라 식품에 대한 욕구도 양적측면보다 질적 측면이 강조되고 있다. 또한 식품제조가공기술이 급속하게 발달하면서 식품을 제조하는 공장의 규모가 커지고 공정이 복잡해짐에 따라 이를 적절하게 유지 관리할 수 있는 기술인력이 필요하게 됨에 따라 자격 제도를 제정하였다.

수행직무

식품기술분야에 대한 기본적인 지식을 바탕으로 하여 식품재료의 선택에서부터 새로운 식품의 기획, 개발, 분석, 검사 등의 업무를 담당하며, 식품제조 및 가공공정, 식품의 보존과 저장공정에 대한 관리, 감독의 업무를 수행한다.

진로 및 전망

주로 식품제조·가공업체, 즉석판매제조·가공업, 식품첨가물제조업체, 식품연구소 등으로 진출하며, 이외에도 학계나 정부기관 등으로 진출할 수 있다.「식품위생법」에 의해 식품위생감시원으로 고용될 수 있다.

음식에 대한 소비욕구의 다양화와 추세로 인해 맛과 영양, 위생안전 등을 고려한 다양한 식품이 개발되고 있으며, 기업 간 경쟁도 치열해지고 있다. 이로 인해 식품 재료와 제품에 관한 연구 개발, 효율적인 운영이 요구될 뿐 아니라 식품제조공정의 급속한 발전과 더불어 위생적인 관리를 위해 전문기술 인력이 요구된다.

취득방법

① 시행처 : 한국산업인력공단
② 관련학과 : 대학의 식품공학, 식품가공학 관련학과
③ 시험과목(5과목)
- 필기 : 식품위생학, 식품화학, 식품가공학, 식품미생물학, 생화학 및 발효학
- 실기 : 식품생산관리 실무

④ 검정방법
- 필기 : 객관식 4지 택일형, 과목당 객관식 20문항(과목당 30분)
- 실기 : 필답형(2시간 30분)

⑤ 합격기준
- 필기 : 100점을 만점으로 하여 과목당 40점 이상, 전과목 평균 60점 이상
- 실기 : 100점을 만점으로 하여 60점 이상

시험일정

구분	필기원서접수(인터넷)	필기시험	필기합격(예정자)발표
정기 1회	1월 경	3월 경	3월 경
정기 2회	3월 경	4월 경	5월 경
정기 3회	6월 경	7월 경	8월 경

출제경향

- 식품의 일반성분 분석
- 식품의 물리·화학적 품질검사
- 식품응용미생물 및 식품위생관련 미생물 검사
- 필답형 시험은 출제기준 참조

출처 : 큐넷(http://www.q-net.or.kr)

자격종목 : 식품기사

필기검정방법 : 객관식

문제수 : 100

시험시간 : 2시간 30분

직무내용 : 식품기술분야에 대한 전문적인 지식을 바탕으로 하여 식품의 단위조작 및 생물학적, 화학적, 물리적 위해요소의 이해와 안전한 제품의 공급을 위한 식품재료의 선택에서부터 신제품의 기획·개발, 식품의 분석·검사 등의 업무를 담당하며, 식품제조 및 가공공정, 식품의 보존과 저장 공정에 대한 업무를 수행하는 직무

과목	주요항목	세부항목
식품위생학	1. 식중독	– 세균성식중독, 화학성식중독, 자연독식중독, 곰팡이독식중독, 바이러스성식중독, 식이 알레르기
	2. 식품과 감염병	– 경구감염병
	3. 식품첨가물	– 식품첨가물개요
	4. 유해물질	– 유해물질
	5. 식품안전관리인증기준(HACCP)	– 선행요건관리, HACCP의 원칙과 절차
	6. 식품위생검사	– 안전성 평가시험, 식품위생검사
	7. 식품안전법규	– 법규의 이해
식품화학	1. 식품의 일반성분	– 수분, 탄수화물, 지질, 단백질, 무기질, 비타민
	2. 식품의 특수성분	– 맛성분, 냄새성분, 색소성분, 기능성물질
	3. 식품의 물성	– 식품의 물성
	4. 저장·가공 중 식품성분의 변화	– 일반성분의 변화, 특수성분의 변화
	5. 식품의 평가	– 관능검사
	6. 식품성분분석	– 일반성분분석

식품가공학		
	1. 곡류 및 서류가공	- 곡류가공, 서류가공
	2. 두류가공	- 두류가공
	3. 과채류가공	- 과일류가공, 채소류가공
	4. 유지가공	- 유지가공
	5. 유가공	- 유가공
	6. 육류가공	- 육류가공
	7. 알가공	- 알가공
	8. 수산물가공	- 수산물가공
	9. 식품의 저장	- 식품저장학 일반, 유통기한 설정방법, 식품의 포장
	10. 식품공학	- 식품공학의 기초, 식품공학의 응용

식품미생물학		
	1. 미생물 일반	- 미생물 일반
	2. 식품미생물	- 곰팡이류, 효모류, 세균류, 기타 미생물
	3. 미생물의 분리보존 및 균주개량	- 미생물의 분리보존, 미생물의 유전자조작

생화학 및 발효학		
	1. 효소	- 효소
	2. 탄수화물	- 탄수화물 대사
	3. 지질	- 지질 대사
	4. 단백질	- 아미노산, 아미노산 대사, 단백질 생합성
	5. 핵산	- Nucleotide구조와 분류, Purine과 Pyrimidine 대사, DNA, RNA
	6. 비타민	- 비타민
	7. 발효공학	- 발효공학기초
	8. 발효공학의 산업이용	- 주류 및 발효식품, 대사생성물의 생성, 균체생산, 미생물의 특수한 이용

합격률

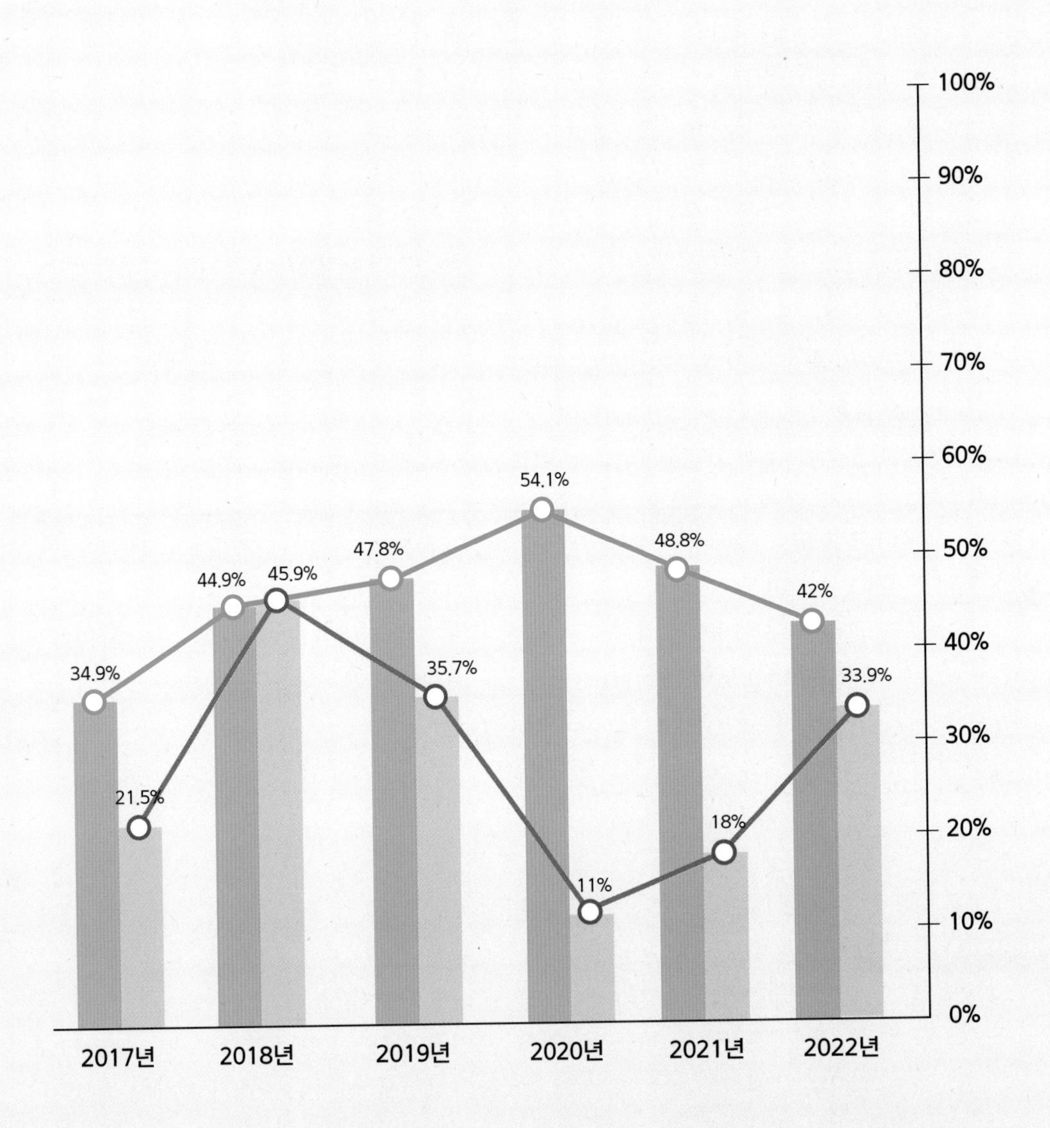
100%
90%
80%
70%
60%
50%
40%
30%
20%
10%
0%
34.9%
21.5%
44.9%
45.9%
47.8%
35.7%
54.1%
11%
48.8%
18%
42%
33.9%
2017년
2018년
2019년
2020년
2021년
2022년

필기
실기

Q 시험 일정이 궁금합니다.

A 시험 일정은 매년 상이하므로, 큐넷 홈페이지(www.q-net.or.kr)를 참고하거나 다락원 원큐패스카페(http://cafe.naver.com/1qpass)를 이용하면 편리합니다. 원서접수기간, 필기시험일 등을 확인할 수 있습니다.

Q 자격증을 따고 싶은데 시험 응시방법을 잘 모르겠습니다.

A 시험 응시방법은 간단합니다.

[홈페이지에 접속하여 회원가입]

국가기술자격은 보통 한국산업인력공단과 한국기술자격검정원 홈페이지에서 응시하면 됩니다.
그 외에도 한국보건의료인국가시험원, 대한상공회의소 등이 있으니 응시하고자 하는 시험의 주관사를 먼저 아는 것이 중요합니다.

[사진 등록]

회원가입한 내역으로 원서를 등록하기 때문에, 규격에 맞는 본인확인이 가능한 사진으로 등록해야 합니다.

- 접수가능사진 : 6개월 이내 촬영한 (3×4cm) 칼라사진, 상반신 정면, 탈모, 무 배경
- 접수불가능사진 : 스냅 사진, 선글라스, 스티커 사진, 측면 사진, 모자 착용, 혼란한 배경사진, 기타 신분확인이 불가한 사진

원서접수 신청을 클릭한 후, 자격선택 → 종목선택 → 응시유형 → 추가입력 → 장소선택 → 결제하기 순으로 진행하면 됩니다.

Q 시험장에서 따로 유의해야 할 점이 있나요?

A 시험당일 신분증을 지참하지 않은 경우에는 당해 시험이 정지(퇴실) 및 무효 처리되므로, 신분증을 반드시 지참하기 바랍니다.

[공통 적용]

① 주민등록증(주민등록증발급신청확인서 포함), ② 운전면허증(경찰청에서 발행된 것), ③ 건설기계조종사면허증, ④ 여권, ⑤ 공무원증(장교·부사관·군무원신분증 포함), ⑥ 장애인등록증(복지카드)(주민등록번호가 표기된 것), ⑦ 국가유공자증, ⑧ 국가기술자격증(국가기술자격법에 의거 한국산업인력공단 등 10개 기관에서 발행된 것), ⑨ 동력수상레저기구 조종면허증(해양경찰청에서 발행된 것)

[한정 적용]

- 초·중·고등학생 및 만18세 이하인 자

  ① 초·중·고등학교 학생증(사진·생년월일·성명·학교장 직인이 표기·날인된 것), ② 국가자격검정용 신분확인증명서(검정업무 매뉴얼 별지 제1호 서식에 따라 학교장 확인·직인이 날인된 것), ③ 청소년증(청소년증발급신청확인서 포함), ④ 국가자격증(국가공인 및 민간자격증 불인정)

- 미취학 아동

  ① 한국산업인력공단 발행 "국가자격검정용 임시신분증"(검정업무매뉴얼 별지 제5호 서식에 따라 공단 직인이 날인된 것), ② 국가자격증(국가공인 및 민간자격증 불인정)

- 사병(군인)

  국가자격검정용 신분확인증명서(검정업무 매뉴얼 별지 제1호 서식에 따라 소속부대장이 증명·날인한 것)

- 외국인

  ① 외국인등록증, ② 외국국적동포국내거소신고증, ③ 영주증

※ 일체 훼손·변형이 없는 원본 신분증인 경우만 유효·인정

- 사진 또는 외지(코팅지)와 내지가 탈착·분리 등의 변형이 있는 것, 훼손으로 사진·인적사항 등을 인식할 수 없는 것 등
- 신분증이 훼손된 경우 시험응시는 허용하나, 당해 시험 유효처리 후 별도 절차를 통해 사후 신분확인 실시

※ 사진, 주민등록번호(최소 생년월일), 성명, 발급자(직인 등)가 모두 기재된 경우에 한하여 유효·인정

Q 실기시험은 어떻게 준비해야 하나요?

A 식품기사 실기시험은 필답형으로 진행되며, 시험시간은 2시간 30분 정도입니다.

※ 기존에 시행되었던 작업형은 2020년도 1회부터 시행하지 않습니다.

문제편

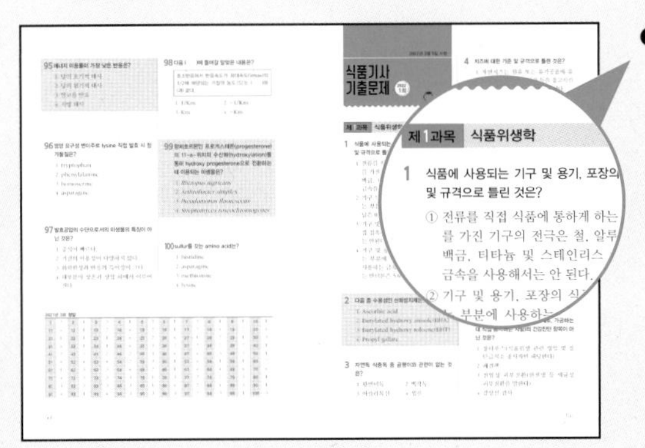

- 최근 5년간 출제된 기출문제가 담겨 있어 반복학습이 가능하다.

해설편

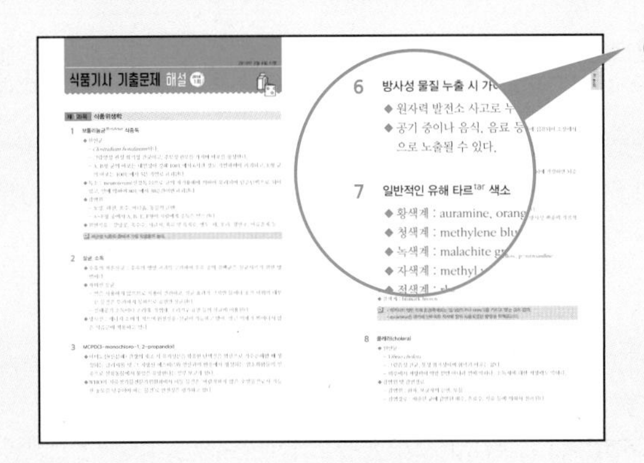

- 두꺼운 이론서가 필요 없을 정도로 상세한 해설이 담겨 있어 요점만 확실하게 캐치할 수 있다.

모의고사

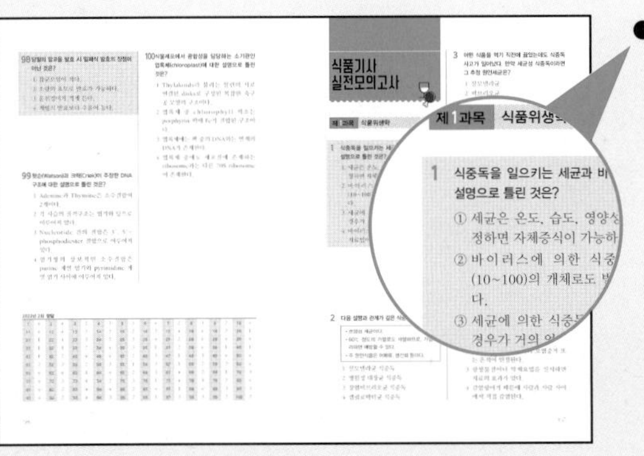

- 2023년부터 변경된 시험방식에 따라 CBT를 대비하여 실전모의고사 1회분을 수록하였다.

“ 기출문제와 해설을 따로 분리하여
해설집은 별도의 이론서가 필요없이 활용할 수 있다. ”

[문제편]과 [해설편]을 따로 구성하여, 실제 시험처럼 문제를 푸는 데 집중할 수 있고, 문제를 푼 후 해설을 확인할 때 편리하다. 또한, 이론서에 버금가는 상세한 해설을 달아 두꺼운 이론서가 없어도 해당 과목의 이론 학습이 가능하다.

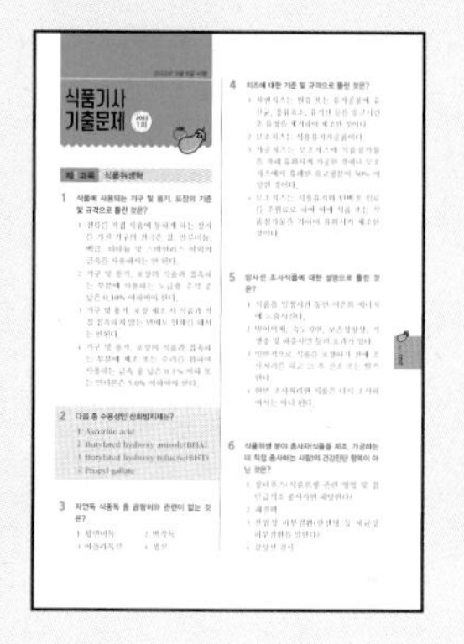

시험 전 실력 점검하기

최근 5년간 기출문제를 실전처럼 풀어보고 자기 실력을 점검해보자!

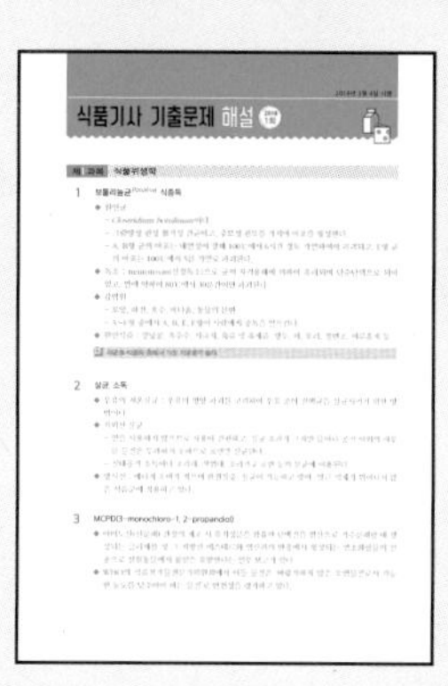

키포인트 익히기!

핵심 설명만 모아놓은 해설집으로 학습, 복습, 암기, 세 가지를 한 번에 하자!

시험 직전 최종 마무리 단계! 시험 전날에는 중요한 문제를 한 번 더 확인하고, 시험 직전에는 키워드 노트를 활용하여 내용을 차분히 정리하고 긴장을 풀자!

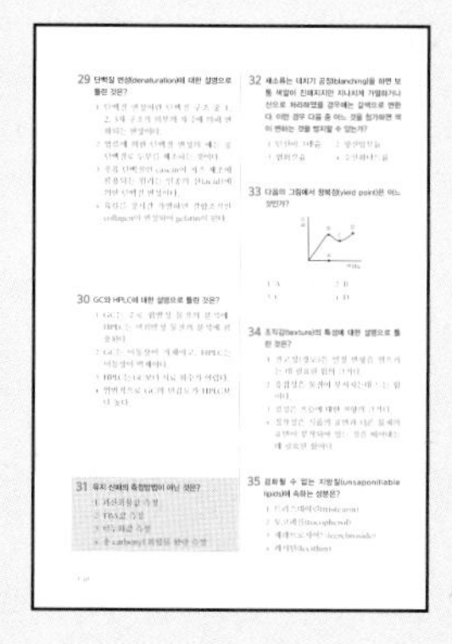

중요한 문제는 한번 더!

자주 출제되는 문제는 별도로 표시하여 눈에 띄게 했으며, 중복 출제될 가능성이 높으니 한 번 더 체크하자!

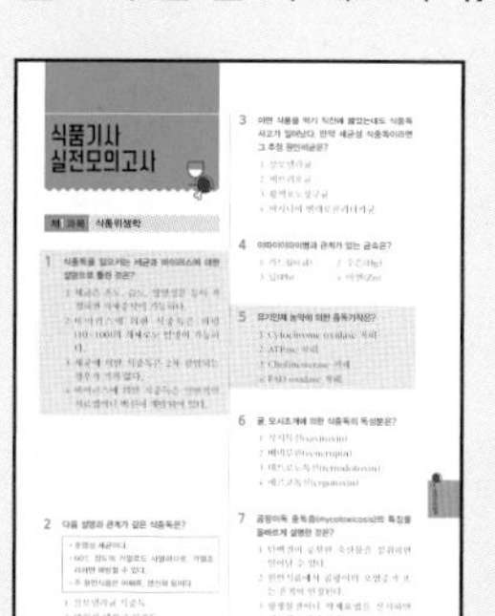

실전모의고사 체크하기!

실전모의고사를 통해 최근 출제 경향을 파악하고 시험에 대비하자!

문제편

식품기사

해설편

식품기사

문제편

2018년 3월 4일 시행

식품기사 기출문제 2018 1회

제1과목 식품위생학

1 *Clostridium botulinum*의 아포형 중에서 내열성이 가장 약한 것은?

① A형 균
② B형 균
③ C형 균
④ E형 균

2 살균·소독에 대한 설명 중 옳지 않은 것은?

① 열탕 또는 증기소독 후 살균된 용기를 충분히 건조해야 그 효과가 유지된다.
② 우유의 저온살균은 결핵균 살균을 목적으로 한다.
③ 자외선 살균은 대부분의 물질을 투과하지 않는다.
④ 방사선은 발아 억제 효과만 있고 살균 효과는 없다.

3 식품의 제조·가공 중에 생성되는 유해물질에 대한 설명으로 틀린 것은?

① 벤조피렌(benzopyrene)은 다환방향족 탄화수소로서 가열처리나 훈제공정에 의해 생성되는 발암물질이다.
② MCPD(3-monochloro-1, 2-propandiol)는 대두를 산처리하여 단백질을 아미노산으로 분해하는 과정에서 글리세롤이 염산과 반응하여 생성되는 화합물로서 발효간장인 재래간장에서 흔히 검출한다.
③ 아크릴아마이드(acrylamide)는 아미노산과 당이 열에 의해 결합하는 마이야르 반응을 통하여 생성되는 물질로 아미노산 중 아스파라긴산이 주 원인 물질이다.
④ 니트로사민(nitrosamine)은 햄이나 소시지에 발색제로 사용하는 아질산염의 첨가에 의해 발생된다.

4 분변 오염의 지표로 이용되는 대장균군의 MPN(Most Probable Number) 검사에 관한 설명으로 옳은 것은?

① 검체에 10ml 중 있을 수 있는 대장균군수
② 검체에 100ml 중 있을 수 있는 대장균군수
③ 검체에 1,000g 중 있을 수 있는 대장균군수
④ 검체에 100g 중 있을 수 있는 대장균군수

5 돼지를 중간숙주로 하며 인체 유구낭충증을 유발하는 기생충은?

① 간디스토마 ② 긴촌충
③ 민촌충 ④ 갈고리촌충

6 방사성 물질 누출사고 발생 시 식품안전 측면에서 관리해야 할 핵종 중 대표적 오염지표물질로써 우선 선정하는 방사성 핵종은?

① 우라늄, 코발트
② 플루토늄, 스트론튬
③ 요오드, 세슘
④ 황, 탄소

7 저렴하고 착색성이 좋아 단무지와 카레가루 등에 사용되었던 염기성 황색 색소로 발암성 등 화학적 식중독 유발가능성이 높아 사용이 금지되고 있는 것은?

① auramine
② rhodamine B
③ butter yellow
④ slik scarlet

8 콜레라에 대한 설명으로 틀린 것은?

① 주증상은 심한 설사이다.
② 내열성은 약하지만 일반 소독제에 대해서는 저항력이 강한 편이다.
③ 외래 감염병으로 검역 대상 감염병이다.
④ 비브리오속에 속하는 세균이다.

9 장티푸스에 대한 설명으로 옳은 것은?

① 병원균은 *Salmonella paratyphi*이다.
② 잠복기는 2~3일 전후이다.
③ 쌀뜨물과 같은 심한 설사를 한다.
④ 완치된 후에도 보균하여 균을 배출하는 경우도 있다.

10 미생물에 의한 손상을 방지하여 식품의 저장수명을 연장시키는 식품첨가물은?

① 산화방지제 ② 보존료
③ 살균제 ④ 표백제

11 식품의 기준 및 규격에서 식품종의 분류에 해당하는 것은?

① 음료류 ② 햄류
③ 조미식품 ④ 과채주스

12 D-sorbitol을 상업적으로 이용할 때 합성하는 방법은?

① 과황산암모늄을 전해액에서 분리하여 정제한다.
② 계피를 원료로 하여 산화시켜 제조한다.
③ 포도당으로부터 화학적으로 합성한다.
④ L-주석산을 탄산나트륨으로 중화하여 농축한다.

13 사과주스에 기준규격이 설정된 곰팡이 독소로 오염된 맥아뿌리를 사료로 먹은 젖소가 집단식중독을 일으킨 곰팡이 독소는?

① patulin ② aflatoxin
③ ochratoxin ④ zearalenone

14 식품제조가공 작업장의 위생관리에 대한 설명으로 옳은 것은?

① 물품검수구역, 일반작업구역, 냉장보관구역 중 일반작업구역의 조명이 가장 밝아야 한다.
② 화장실에는 손을 씻고 물기를 닦기 위하여 깨끗한 수건을 비치하는 것이 바람직하다.
③ 식품의 원재료 입구와 최종제품 출구는 반대 방향에 위치하는 것이 바람직하다.
④ 작업장에서 사용하는 위생 비닐장갑은 파손되지 않는 한 계속 사용이 가능하다.

15 방사성 물질로 오염된 식품이 인체 내에 들어갈 경우 그의 위험성을 판단하는 데 직접적인 영향이 없는 인자는?

① 방사선의 종류와 에너지의 크기
② 식품 중의 지방질 함량
③ 방사능의 물리학적 및 생물학적 반감기
④ 혈액 내에 흡수되는 속도

16 식품공장에서 미생물 수의 감소 및 오염물질 제거 목적으로 사용하는 위생처리제가 아닌 것은?

① hypochlorite
② chlorine dioxide
③ 제4급 암모늄 화합물
④ ascorbic acid

17 식품의 기준 및 규격에서 곰팡이 독소의 총 아플라톡신에 해당하지 않는 것은?

① B_1 ② G_1
③ F_1 ④ G_2

18 식품의 방사선 조사에 대한 설명 중 틀린 것은?

① ^{60}Co 등의 감마선이 이용된다.
② 식품의 발아 억제, 숙도 조절을 목적으로 사용된다.
③ 일단 조사한 식품에 문제가 있으면 다시 조사하여 사용한다.
④ 완제품의 경우 조사 처리된 식품임을 나타내는 문구 및 조사도안을 표시하여야 한다.

19 안전성 관련 용어의 설명으로 옳은 것은?

① GRAS : 해로운 영향이 나타나지 않고 다년간 사용되어 온 식품첨가물에 적용되는 용어
② LC_{50} : 실험동물의 50%가 표준수명기간 중에 종양을 생성케 하는 유독물질의 양
③ LD_{50} : 노출된 집단의 50% 치사를 일으키는 식품 또는 음료수 중 유독물질의 농도
④ TD_{50} : 노출된 집단의 50% 치사를 일으키는 유독물질의 양

20 식품제조시설의 공기 살균에 가장 적합한 방법은?

① 승홍수에 의한 살균
② 열탕에 의한 살균
③ 염소수에 의한 살균
④ 자외선 살균등에 의한 살균

제2과목 식품화학

21 단백질의 구조와 관계가 없는 것은?

① peptide 결합
② S-S 결합
③ 수소 결합
④ 삼중 결합

22 맥주를 제조함에 있어 전분을 발효성 당으로 분해하며 전분에 의한 혼탁을 제거할 목적으로 이용되는 효소는?

① β-amylase ② tannase
③ invertase ④ lipase

23 GC와 HPLC에 대한 설명으로 틀린 것은?

① GC는 주로 휘발성 물질의 분석에, HPLC는 비휘발성 물질의 분석에 활용된다.
② GC는 이동상이 기체이고, HPLC는 이동상이 액체이다.
③ HPLC는 GC보다 시료 회수가 어렵다.
④ 일반적으로 GC의 민감도가 HPLC보다 높다.

24 게, 새우 등의 갑각류 및 곤충의 껍데기에 존재하며 산·알카리에 용해되는 탄수화물은?

① 헤미셀룰로오스(hemicellulose)
② 키틴(chitin)
③ 글리코겐(glycogen)
④ 프락탄(fructan)

25 식품 내 수분의 증기압(P)과 같은 온도에서의 순수한 물의 수증기압(P_o)으로부터 수분활성도를 구하면?

① $P + P_o$ ② $P \times P_o$
③ $P \div P_o$ ④ $P_o - P$

26 oil in water(O/W)형의 유화액은?

① 우유 ② 버터
③ 마가린 ④ 옥수수 기름

27 인공 감미료인 아스파탐의 설명 중 틀린 것은?

① 설탕의 200배 정도의 단맛을 나타낸다.
② 설탕, 포도당, 과당 및 사카린 등과 함께 사용하면 상승작용을 나타낸다.
③ 높은 온도에서 안정하여 가열 가공공정을 거치는 식품에 적합하다.
④ 수용액 상태로 있으면 메틸에스테르 결합이 끊어져 맛이 없는 형태로 바뀐다.

28 아린맛 성분인 호모젠티스산(homogentisic acid)은 어떤 아미노산의 대사과정에서 생성되는가?

① betaine
② phenylalanine
③ glutamine
④ glycine

29 배, 양파는 흰색이나 배즙, 양파즙은 갈색이다. 이러한 변화를 유발하는 화학반응에 대한 설명으로 틀린 것은?

① 아미노카보닐 반응에 의한 환원당과 자유 아미노기 사이의 반응 결과이다.
② 당과 아민의 축합반응 및 amadori 전위 등의 초기단계를 거친다.
③ strecker 반응에 의해 아미노산이 분해되면서 저급알데히드와 일산화탄소가 발생한다.
④ 최종 색소는 멜라노이딘(melanoidin)이라는 갈색의 질소 중합체 및 혼성중합체이다.

30 외부에서 힘을 가했을 때 식품의 형태가 변형되었다가 가해진 압력을 제거하면 원래의 모습으로 돌아가려는 성질은?

① 점성　② 탄성
③ 소성　④ 항복치

31 유지를 가열할 때 유지의 표면에서 엷은 푸른 연기가 발생할 때의 온도를 무엇이라 하는가?

① 발연점　② 연화점
③ 연소점　④ 인화점

32 식품의 관능 검사에서 특성차이 검사에 해당하는 것은?

① 단순차이 검사
② 일-이점 검사
③ 이점비교 검사
④ 삼점 검사

33 다음 중 비타민 A의 함량이 가장 높은 식품은?

① 간유　② 당근
③ 김　④ 오렌지

34 단당류 분자의 주요 화학 반응에서 하이드록시기와 가장 거리가 먼 것은?

① 사이아노하이드린 생성 및 기타 친핵체의 첨가
② 에스터의 형성
③ 고리 아세탈 생성
④ 카르보닐기로의 산화

35 두류식품의 제한 아미노산으로 문제시 되는 것은?

① 메티오닌(methionine)
② 라이신(lysine)
③ 아르기닌(arginine)
④ 트레오닌(threonine)

36 지용성 비타민의 특징이 아닌 것은?

① 기름과 유기용매에 녹는다.
② 결핍증세가 서서히 나타난다.
③ 비타민의 전구체가 없다.
④ 1일 섭취량이 필요 이상일 때는 체내에 저장된다.

37 당알코올 중 솔비톨이 식품에서 이용되는 특성이 아닌 것은?

① 인체 내 흡수가 빠르다.
② 열량이 낮다.
③ 식품의 건조를 막아준다.
④ 상쾌한 청량감을 부여한다.

38 전분의 노화 현상에 대한 설명 중 틀린 것은?

① 옥수수가 찰옥수수보다 노화가 잘 된다.
② amylose 함량이 많을수록 노화가 빨리 일어난다.
③ 20℃에서 노화가 가장 잘 일어난다.
④ 30~60%의 수분 함량에서 노화가 가장 잘 일어난다.

39 플라보노이드(flavonoid)계 색소가 아닌 것은?

① 아피제닌(apigenin)
② 라이코펜(lycopene)
③ 나린진(naringin)
④ 루틴(rutin)

40 무미, 무취이며 항균력은 강하지 않지만 곰팡이, 효모, 호기성균 등의 미생물에 유효성을 나타내며, 치즈나 과실주에 사용되는 아래와 같은 구조를 가진 보존료는?

O
OH

① 소브산
② 안식향산
③ 자몽 종자 추출물
④ EDTA

제3과목 식품가공학

41 육류 가공 시 보수성에 영향을 미치는 요인과 가장 거리가 먼 것은?

① 근육의 pH
② 유리 아미노산의 양
③ 이온의 영향
④ 근섬유간 결합상태

42 정미의 도정률(정맥률)은?

① $\frac{\text{현미량}}{\text{정미량}} \times 100$

② $\frac{\text{정미량}}{\text{현미량}} \times 100$

③ $\frac{\text{탄수화물양}}{\text{현미량}} \times 100$

④ $\frac{\text{현미량}}{\text{탄수화물양}} \times 100$

43 종국(seed koji) 제조 시 목회(나무 탄재)를 첨가하는 목적은?

① 증자미의 수분 조절
② 유해 미생물의 발육 저지
③ 코지균의 접종 용이
④ 표면에 포자 착생 용이

44 물을 탄 우유의 판별법으로 부적당한 것은?

① 비점 측정 ② 빙결점 측정
③ 지방 측정 ④ 점도 측정

45 우유의 살균여부를 판정하는 데 이용되는 적당한 방법은?

① 알코올 테스트
② 산도 테스트
③ 비중 테스트
④ 포스파타아제 테스트

46 동결란 제조 시 노른자의 젤화가 일어나 품질이 저하되는 것을 방지하기 위하여 첨가되는 물질이 아닌 것은?

① 소금 ② 설탕
③ 덱스트린 ④ 글리세린

47 전분유에서 전분 입자를 분리하는 방법이 아닌 것은?

① 탱크 침전식
② 테이블 침전식
③ 원심 분리식
④ 진공 농축식

48 유지 추출 용매의 구비조건이 아닌 것은?

① 기화열과 비열이 작아 회수하기 용이할 것
② 인화, 폭발성, 독성이 적을 것
③ 모든 성분을 잘 추출, 용해시킬 수 있을 것
④ 유지와 추출박에 이취, 이미가 남지 않을 것

49 마이크로파 가열의 특징이 아닌 것은?

① 빠르고 균일하게 가열할 수 있다.
② 침투 깊이에 제한없이 모든 부피의 식품에 적용 가능하다.
③ 식품을 용기에 넣은 채 가열이 가능하다.
④ 조작이 간단하고 적응성이 좋다.

50 과일잼의 가공 시 농축 공정 중 농축률이 높아짐에 따라 온도가 고온으로 상승한다. 고온으로 장시간 존재할 때 나타나는 변화가 아닌 것은?

① 방향 성분이 휘발하여 이취를 낸다.
② 색소의 분해와 갈변 반응을 일으켜 색의 저하를 가져온다.
③ 설탕의 전화가 진행되어 엿 냄새가 감소한다.
④ 펙틴의 분해에 의해 젤리화하는 힘이 감소한다.

51 지방 함량 20%인 쇠고기 20kg과 지방 함량 30%인 돼지고기를 혼합하여 지방 함량 22%의 혼합육을 만들 때 돼지고기의 양은?

① 5.0kg ② 6.7kg
③ 7.5kg ④ 10.0kg

52 육가공의 훈연에 대한 설명으로 틀린 것은?

① 훈연은 산화 작용에 의하여 지방의 산화를 촉진하여 훈제품의 신선도가 향상된다.
② 염지에 의하여 형성된 염지육색이 가열에 의하여 안정된다.
③ 대부분의 제품에서 나타나는 적갈색은 훈연에 의하여 강하게 나타난다.
④ 연기성분 중 페놀(phenol)이나 유기산이 갖는 살균작용에 의하여 표면의 미생물을 감소시킨다.

53 환경기체조절포장(MAP: modified atmosphere packaging)과 관련하여 가장 거리가 먼 것은?

① 초기의 기계 장치비와 유지비가 적게 든다.
② CA 저장법의 일종이다.
③ 포장재의 종류와 두께 그리고 온도에 의하여 식품의 변질 정도가 결정된다.
④ 일반적인 대상 식품인 과일의 발생 기체의 양과 종류에 의하여 변질 정도가 결정된다.

54 콩 단백질의 특성과 관계가 없는 것은?

① 콩 단백질은 묽은 염류 용액에 용해된다.
② 콩을 수침하여 물과 함께 마쇄하면, 인산칼륨 용액에 콩 단백질이 용출된다.
③ 콩 단백질은 90%가 염류 용액에 추출되며, 이 중 80% 이상이 glycinin이다.
④ 콩 단백질의 주성분인 glycinin은 양(+)전하를 띠고 있다.

55 연제품(surimi)의 가공 원리와 가장 거리가 먼 것은?

① 어육은 단순 가열 시 단백질 섬유가 응고하여 보수력이 향상된다.
② 어육의 분쇄 시 식염을 2~3% 첨가하면 근원섬유의 붕괴로 actomyosin의 용출성이 좋아진다.
③ actomyosin 졸(sol)은 가열 시 탄성도가 큰 젤(gel)로 된다.
④ 되풀림 현상(returning)은 가열에 의하여 젤이 붕괴되는 것을 의미한다.

56 z값이 8.5℃인 미생물을 순간적으로 138℃까지 가열시키고 이 온도를 5초 동안 유지한 후에 순간적으로 냉각시키는 공정으로 살균 열처리를 할 때 이 살균 공정의 F_{121}값은?

① 125초　　② 250초
③ 375초　　④ 500초

57 식품의 냉장 저장 시 저온장해를 받는 과채류와 그 특성이 잘못 연결된 것은?

① 바나나 : 과피의 갈변, 추숙 불량
② 오이 : 내부 연화, 부패
③ 고구마 : 중심부의 경화, 탈색
④ 토마토 : 수침 연화, 부패

58 콩을 이용한 발효식품이 아닌 것은?

① 된장　　② 청국장
③ 템페　　④ 유부

59 샐러드유(salad oil)의 특성과 거리가 먼 것은?

① 불포화 결합에 수소를 첨가한다.
② 색이 엷고 냄새가 없다.
③ 저장 중에 산패에 의한 풍미의 변화가 적다.
④ 저온에서 혼탁하거나 굳어지지 않는다.

60 과일젤리(jelly) 제조 시 젤리의 강도에 영향을 미치는 인자가 아닌 것은?

① 당도
② 유기산 함량
③ 펙틴의 분자량
④ 전분의 함량

제4과목 식품미생물학

61 곰팡이의 구조와 관련이 없는 것은?

① 균사　　② 격벽
③ 자실체　　④ 편모

62 *Shigella*속에 대한 설명으로 틀린 것은?

① 운동성이 있다.
② 그람음성균이다.
③ Shigellosis의 원인균으로써 소아에게 흔한 장질환을 유발한다.
④ 영장류의 장내가 서식처가 될 수 있다.

63 식품공전에 의거, 일반세균수를 측정할 때 10,000배 희석한 시료 1ml를 평판에 분주하여 균수를 측정한 결과 237개의 집락이 형성되었다면 시료 1g에 존재하는 세균수는?

① 2.37×10^5CFU/g
② 2.37×10^6CFU/g
③ 2.4×10^5CFU/g
④ 2.4×10^6CFU/g

64 EMP 경로에서 생성될 수 없는 물질은?

① Lecithin ② Acetaldehyde
③ Lactate ④ Pyruvate

65 식품공전에 의한 살모넬라(*Salmonella* spp.)의 미생물시험법의 방법 및 순서가 옳은 것은?

① 종균배양 – 분리배양 – 확인시험(생화학적 확인시험, 응집시험)
② 균수측정 – 확인시험 – 균수계산 – 독소확인시험
③ 종균배양 – 분리배양 – 확인시험 – 독소 유전자 확인시험
④ 배양 및 균분리 – 동물시험 – PCR 반응 병원성 시험

66 다음 중 일반적으로 그람(gram) 염색 후 검경 시 결과 판정이 다른 균은?

① *Escherichia coli*
② *Bacillus subtilis*
③ *Pseudomonas fluorescens*
④ *Vibrio cholerae*

67 남조류(Blue green algae)의 특성으로 틀린 것은?

① 일반적으로 스테롤(sterol)이 없다.
② 진핵세포이다.
③ 핵막이 없다.
④ 활주운동(gliding movement)을 한다.

68 생육온도에 따른 미생물 분류 시 대부분의 곰팡이, 효모 및 병원균이 속하는 것은?

① 저온균 ② 중온균
③ 고온균 ④ 호열균

69 정상발효젖산균(homofermentative lactic acid bacteria)에 관한 설명으로 옳은 것은?

① 포도당을 분해하여 젖산만을 주로 생성한다.
② 포도당을 분해하여 젖산과 탄산가스를 주로 생성한다.
③ 포도당을 분해하여 젖산과 CO_2, 에탄올과 함께 초산 등을 부산물로 생성한다.
④ 포도당을 분해하여 젖산과 탄산가스, 수소를 부산물로 생성한다.

70 가근이 있는 곰팡이는?

① *Mucor*속
② *Rhizopus*속
③ *Aspergillus*속
④ *Penicillium*속

71 균체단백질을 생산하는 식사료로 사용되는 미생물은?

① *Candida utilis*
② *Bacillus cereus*
③ *Penicillum chrysogenum*
④ *Aspergillus flavus*

72 세포융합(cell fusion)의 실험순서로 옳은 것은?

① 재조합체 선택 및 분리 → protoplast의 융합 → 융합체의 재생 → 세포의 protoplast화
② protoplast의 융합 → 세포의 protoplast화 → 융합체의 재생 → 재조합체 선택 및 분리
③ 세포의 protoplast화 → protoplast의 융합 → 융합체의 재생 → 재조합체 선택 및 분리
④ 융합체의 재생 → 재조합체 선택 및 분리 → protoplast의 융합 → 세포의 protoplast화

73 돌연변이원에 대한 설명 중 틀린 것은?

① 아질산은 아미노기가 있는 염기에 작용하여 아미노기를 이탈시킨다.
② NTG(N-Methyl-N'-nitro-nitrosoguanidine)는 DNA 중의 구아닌(guanine) 잔기를 메틸(methyl)화 한다.
③ 알킬(alkyl)화제는 특히 구아닌(guanine)의 7위치를 알킬(alkyl)화 한다.
④ 5-Bromouracil(5-BU)은 보통 엔올(enol)형으로 아데닌(adenine)과 짝이 되나 드물게 케토(keto)형으로 되어 구아닌(guanine)과 짝을 이루게 된다.

74 곰팡이가 생성하는 독소는?

① enterotoxin
② ochratoxin
③ neurotoxin
④ verotoxin

75 효소 및 유기산 생성에 이용되며 강력한 발암물질인 aflatoxin을 생성하는 것은?

① *Aspergillus*속
② *Fusarium*속
③ *Saccharomyces*속
④ *Penicillium*속

76 그람(gram) 염색의 목적은?

① 효모 분류 및 동정
② 곰팡이 분류 및 동정
③ 세균 분류 및 동정
④ 조류 분류 및 동정

77 다음 중 포자를 형성하지 않는 효모는?

① *Saccharomyces*속
② *Debaryomyces*속
③ *Cryptococcus*속
④ *Schizosaccharomyces*속

78 다음 중 대표적인 하면발효 맥주효모는?

① *Saccharomyces cerevisiae*
② *Saccharomyces carlsbergensis*
③ *Saccharomyces sake*
④ *Saccharomyces coreanus*

79 유기화합물 합성을 위해 햇빛을 에너지원으로 이용하는 광독립영양생물(photoautotroph)은 탄소원으로 무엇을 이용하는가?

① 메탄
② 이산화탄소
③ 포도당
④ 산소

80 UAG, UAA, UGA codon에 의하여 mRNA가 단백질로 번역될 때 peptide 합성을 정지시키고 야생형보다 짧은 polypeptide 사슬을 만드는 변이는?

① Missense mutation
② Induced mutation
③ Nonsense mutation
④ Frame shift mutation

제5과목 생화학 및 발효학

81 빵효모의 균체 생산 배양관리 인자가 아닌 것은?

① 온도
② pH
③ 당 농도
④ 혐기조건

82 요소회로(urea cycle)에 관여하지 않는 아미노산은?

① 오르니틴(ornithine)
② 아르기닌(arginine)
③ 글루타민산(glutamic acid)
④ 시트룰린(citrulline)

83 단식으로 인해 저탄수화물 섭취를 할 경우 나타나는 현상이 아닌 것은?

① 저장 글리코겐 양이 감소한다.
② 뇌와 말초조직은 대체에너지원으로 포도당을 이용한다.
③ 혈액의 pH가 낮아진다.
④ 간은 과량의 acetyl-CoA를 ketone체로 만든다.

84 효소를 고정화시키는 목적이 아닌 것은?

① 반응생성물의 순도 및 수율이 증가한다.
② 안정성이 증가하는 경우도 있다.
③ 효소 재사용 및 연속적 효소반응이 가능하다.
④ 새로운 효소작용을 나타낸다.

85 글루탐산(glutamic acid) 발효 생산을 위해 사용되는 균주는?

① *Saccharomyces cerevisiae*
② *Bacillus subtilis*
③ *Brevibacterium flavum*
④ *Escherichia coli*

86 구연산 발효 시 당질 원료 대신 이용할 수 있는 유용한 기질은?

① n-paraffin
② ethanol
③ acetic acid
④ acetaldehyde

87 알코올 발효와 당화를 동시에 갖는 균을 사용하는 당화법은?

① 맥아법 ② 국(麴)법
③ 아밀로법 ④ 산당화법

88 vitamin B_{12}의 생산균주가 아닌 것은?

① *Ashbya gossypii*
② *Propionibacterium freudenreichii*
③ *Streptomyces olivaceus*
④ *Nocardia rugosa*

89 DNA 분자의 특징에 대한 설명으로 틀린 것은?

① DNA 분자는 두 개의 polynucleotide 사슬이 서로 마주보면서 나선구조로 꼬여있다.
② DNA 분자의 이중나선 구조에 존재하는 염기쌍의 종류는 A:T와 G:C로 나타난다.
③ DNA 분자의 생합성은 3′-말단 → 5′-말단 방향으로 진행된다.
④ DNA 분자 내 이중나선 구조가 1회전하는 거리를 1피치(pitch)라고 한다.

90 nucleotide의 화학구조와 정미성에 대한 설명으로 옳은 것은?

① ribose의 3′ 위치에 인산기를 가진다.
② ribose의 5′ 위치에 인산기를 가진다.
③ 염기가 pyrimidine계의 것이어야 한다.
④ trinucleotide에만 정미성이 있다.

91 glutamic acid 발효에서 penicillin을 첨가하는 주된 이유는?

① 잡균의 오염 방지
② 원료당의 흡수 증가
③ 당으로부터 glutamic acid 생합성 경로에 있는 효소반응 촉진
④ 균체 내에 생합성된 glutamic acid의 균체 밖으로의 이동을 위한 막투과성 증가

92 항체호르몬인 프로게스테론(progesterone)의 11α-위치의 수산화(hydroxylation)를 통해 hydroxyprogesterone으로 전환하는 데 이용되는 미생물은?

① *Rhizopus nigricans*
② *Arthrobacter simplex*
③ *Pseudomonas fluorescens*
④ *Streptomyces roseochromogenes*

93 Michaelis-Menten 반응식을 따르는 효소반응에서, 기질농도[S]=Km이고 효소반응속도 값이 20μmol/min일 때 V_{max}는? (단, Km은 Michaelis-Menten 상수)

① 10μmol/min
② 20μmol/min
③ 30μmol/min
④ 40μmol/min

94 fusel oil의 주요 성분이 아닌 것은?

① isoamyl alcohol
② isobutyl alcohol
③ methyl alcohol
④ n-propyl alcohol

95 조류에서 퓨린을 어떻게 대사하여 배설하는가?

① 퓨린을 배설하지 않고 다른 화합물로 모두 전환하여 재이용한다.
② 소변으로 배설하지 않고 퓨린을 요산으로 분해하여 대변과 함께 배설한다.
③ 요소로 전환하여 아주 소량씩 소변으로 배설한다.
④ 퓨린 대사 능력이 없어 그대로 대변으로 배설한다.

96 pyrimidine 유도체로 핵산 중에 존재하지 않는 것은?

① cytosine ② uracil
③ thymine ④ adenine

97 구연산(citrate)이 TCA 회로를 거쳐 옥살로아세트산(oxaloacetate)으로 되는 과정에서 일어나는 중요한 화학반응으로 묶인 것은?

① 흡열반응과 축합반응
② 가수분해와 산화환원반응
③ 치환반응과 탈아미노반응
④ 탈탄산반응과 탈수소반응

98 시토크롬(cytochrome)의 구조에서 가장 필수적인 원소는?

① 코발트(Co)
② 마그네슘(Mg)
③ 철(Fe)
④ 구리(Cu)

99 provitamin과 vitamin과의 연결이 틀린 것은?

① β-carotene – 비타민 A
② tryptophan – niacin
③ glucose – biotin
④ ergosterol – 비타민 D_2

100 영양분이 세포 내로 전달될 때 특별한 막 단백질이 필요하지 않은 수송 방법은?

① group translocation
② active transport
③ facilitated diffusion
④ passive diffusion

2018년 1회 **정답**

1	④	2	④	3	②	4	②	5	④	6	③	7	①	8	②	9	④	10	②
11	②	12	③	13	①	14	③	15	②	16	④	17	③	18	③	19	①	20	④
21	④	22	①	23	③	24	②	25	③	26	①	27	③	28	②	29	③	30	②
31	①	32	③	33	①	34	①	35	①	36	③	37	①	38	③	39	②	40	①
41	②	42	②	43	②	44	③	45	④	46	③	47	④	48	③	49	②	50	③
51	①	52	①	53	①	54	④	55	①	56	④	57	③	58	④	59	①	60	④
61	④	62	①	63	④	64	①	65	①	66	②	67	②	68	②	69	①	70	②
71	①	72	③	73	④	74	②	75	①	76	③	77	③	78	②	79	②	80	③
81	④	82	③	83	②	84	④	85	③	86	①	87	③	88	①	89	③	90	②
91	④	92	①	93	④	94	③	95	②	96	④	97	④	98	③	99	③	100	④

2018년 5월 6일 시행

식품기사 기출문제 2018 2회

제1과목 식품위생학

1 dioxin이 인체 내에 잘 축적되는 이유는?

① 물에 잘 녹기 때문
② 지방에 잘 녹기 때문
③ 주로 호흡기를 통해 흡수되기 때문
④ 상온에서 극성을 가지고 있기 때문

2 식품 중 단백질과 질소화합물을 함유한 식품 성분이 미생물의 작용으로 분해되어 악취와 유해물질을 생성하여 식품가치를 잃어버리는 현상은?

① 발효　② 부패
③ 변패　④ 열화

3 식품의 점도를 증가시키고 교질상의 미각을 향상시키는 고분자의 천연물질 또는 그 유도체인 식품첨가물이 아닌 것은?

① methyl cellulose
② sodium carboxymethyl starch
③ sodium alginate
④ glycerin fatty acid ester

4 식품의 원재료에는 존재하지 않으나 가공처리 공정 중 유입 또는 생성되는 위해인자와 거리가 먼 것은?

① 트리코테신(trichothecene)
② 다핵방향족 탄화수소(polynuclear aromatic hydrocarbons, PAHs)
③ 아크릴아마이드(acrylamide)
④ 모노클로로프로판디올(monochloro propandiol, MCPD)

5 장염비브리오균의 특징에 해당되는 것은?

① 아포를 형성한다.
② 열에 강하다.
③ 감염형 식중독균으로 전형적인 급성 장염을 유발한다.
④ 편모가 없다.

6 황색포도상구균 식중독의 특징이 아닌 것은?

① 장내독소인 enterotoxin에 의한 독소형이다.
② 잠복기가 짧은 편으로 급격히 발병한다.
③ 사망률이 다른 식중독에 비해 비교적 낮다.
④ 열이 39℃ 이상으로 지속된다.

7 다음과 같은 목적과 기능을 하는 식품첨가물은?

- 식품의 제조과정이나 최종제품의 pH 조절
- 부패균이나 식중독 원인균 억제
- 유지의 항산화제 작용이나 갈색화 반응 억제 시의 상승제 기능
- 밀가루 반죽의 점도 조절

① 산미료　② 조미료
③ 호료　④ 유화제

8 몸길이 0.3mm의 유백색 또는 황백색이고, 여름 장마 때에 흔히 발생하며, 곡류, 과자, 빵, 치즈 등에 잘 발생하는 진드기는?

① 설탕진드기
② 집고기진드기
③ 보리먼지진드기
④ 긴털가루진드기

9 HACCP의 7원칙에 해당하지 않는 것은?

① 위험요소 분석
② 문서화, 기록 유지 방법 설정
③ CCP 모니터링 체계 확립
④ 공정흐름도 작성

10 합성수지제 식기를 60℃의 온수로 처리하여 용출시험을 시행하여 아세틸아세톤 시약에 의해 진한 황색을 나타내었을 경우, 이 시험 용액에는 다음 중 어느 화합물의 존재가 추정되는가?

① 포름알데히드
② 메탄올
③ 페놀
④ 착색료

11 다음 중 채소류를 매개로 하여 감염될 수 있는 가능성이 가장 낮은 기생충은?

① 동양모양선충
② 구충
③ 선모충
④ 편충

12 식품위생법규에 따른 자가품질검사 기준에 관하여, A와 B에 들어갈 내용이 모두 옳은 것은?

> • 자가품질검사에 관한 기록서는 (A) 보관하여야 한다.
> • 자가품질검사주기의 적용시점은 (B)을 기준으로 산정한다.

① (A) : 1년간, (B) : 제품판매일
② (A) : 2년간, (B) : 제품판매일
③ (A) : 1년간, (B) : 제품제조일
④ (A) : 2년간, (B) : 제품제조일

13 기존의 유리병에 비해 무게가 가볍고, 인쇄가 잘 되며 녹는점이 높아, 탄산음료 용기, 레토르트 파우치에 사용되는 것은?

① PET ② PVC
③ PVDC ④ EPS

14 피부, 장, 폐가 감염부위가 될 수 있으며, 사람이 감염되는 것은 대부분 피부다. 또한 포자를 흡입하여 감염되면 급성기관지 폐렴증세를 나타내고, 패혈증으로 사망할 수도 있는 인수공통감염병은?

① 탄저 ② 결핵
③ 브루셀라 ④ 리스테리아증

15 감염병으로 죽은 돼지를 삶아서 먹었음에도 불구하고 사망자가 발생하였다면 다음 중 어느 균에 의한 발병일 가능성이 높은가?

① 결핵균
② 탄저균
③ *Pasteurella tularensis*
④ *Brucella*속

16 식품첨가물의 사용에 있어 옳지 않은 것은?

① 식품의 성질, 식품첨가물의 효과, 성질을 잘 연구하여 가장 적합한 첨가물을 선정한다.
② 식품첨가물은 식품제조·가공과정 중 결함있는 원재료나 비위생적인 제조방법을 은폐하기 위하여 사용되어서는 안 된다.
③ 식품첨가물은 별도로 잘 정돈하여 보관하되, 각각 알맞은 조건에 유의하여 보관하여야 한다.
④ 식품첨가물은 식품학적 안정성이 보장되므로 충분히 사용하여야 한다.

17 식품의 생산 및 가공처리 시 사용되는 기계 및 기구의 세척 시 세제 선택에 고려해야 할 주요 사항이 아닌 것은?

① 제거해야 할 찌꺼기의 성질
② 세척면과 세제와의 접촉시간
③ 세척수의 성질
④ 세척수의 수압

18 다음과 같은 식품 기계장치의 세정 방법은?

기계가 조립된 상태 그대로 장치 내부에 세제액으로 오염물질을 제거한 후 세척수로 헹구고, 살균제로 세척된 표면을 살균하고, 최종적으로 헹구어 주는 방법

① 분해 세정법 ② CIP법
③ HACCP법 ④ clean room법

19 기생충 질환과 중간숙주의 연결이 잘못된 것은?

① 유구조충 – 돼지
② 무구조충 – 양서류
③ 회충 – 채소
④ 간흡충 – 민물고기

20 식품위생 분야 종사자의 건강진단 규칙에 의거한 건강진단 항목이 아닌 것은?

① 장티푸스(식품위생 관련 영업 및 집단급식소 종사자만 해당한다)
② 폐결핵
③ 전염성 피부질환(한센병 등 세균성 피부질환을 말한다)
④ 갑상선 검사

제2과목 식품화학

21 ascorbic acid(vitamin C)는 대표적인 레덕톤류(reductones)로 취급된다. 그 이유는 그 구조 중 어떤 기능기가 있기 때문인가?

① 엔다이올(enediol)
② 티올–엔올(thiol–enol)
③ 엔아미놀(enaminol)
④ 엔다이아민(endiamine)

22 alkaloid, humulone, naringin의 공통적인 맛은?

① 단맛 ② 떫은맛
③ 알칼리맛 ④ 쓴맛

23 대두 단백질 중 단백질 분해효소인 trypsin의 작용을 억제하여 단백질의 소화 흡수를 어렵게 하는 것은?

① albumin ② amylose
③ lactose ④ prolamin

24 꽃이나 과일의 청색, 적색, 자색 등의 수용성 색소를 총칭하는 것은?

① chlorophyll
② carotenoid
③ anthoxanthin
④ anthocyanin

25 식품의 회분분석에서 검체의 전처리가 필요 없는 것은?

① 액상식품　② 당류
③ 곡류　④ 유지류

26 글루테린(glutelin)에 해당하지 않는 단백질은?

① oryzenin　② glutenin
③ hordenin　④ zein

27 강한 빛을 비추었을 때 colloid 입자가 가시광선을 산란시켜 빛의 통로가 보이는 교질 용액의 성질은?

① 반투성
② 브라운 운동
③ tyndall 현상
④ 흡착

28 관능검사의 차이식별검사 방법을 크게 종합적 차이검사와 특성차이검사로 나눌 때 종합적 차이검사에 해당하는 것은?

① 삼점검사　② 다중비교검사
③ 순위법　④ 평점법

29 청색값(blue value)이 8인 아밀로펙틴에 β-amylase를 반응시키면 청색값의 변화는?

① 낮아진다.
② 높아진다.
③ 순간적으로 낮아졌다가 시간이 지나면 다시 8로 돌아간다.
④ 순간적으로 높아졌다가 시간이 지나면 다시 8로 돌아간다.

30 유지의 물리적 성질로 틀린 것은?

① 유지의 비중은 물보다 가볍다.
② 유지는 구성 지방산의 종류에 따라 녹는점이 달라진다.
③ 유지를 가열할 때 유지 표면에서 푸른 연기가 발생할 때의 온도를 발연점이라 한다.
④ 불꽃에 의하여 불이 붙는 가장 낮은 온도를 연소점이라 한다.

31 조직감(texture)의 특성에 대한 설명으로 틀린 것은?

① 견고성(경도)은 일정 변형을 일으키는 데 필요한 힘의 크기다.
② 응집성은 물질이 부서지는 데 드는 힘이다.
③ 점성은 흐름에 대한 저항의 크기이다.
④ 접착성은 식품 표면이 다른 물질의 표면에 부착되어 있는 것을 떼어내는 데 필요한 힘이다.

32 알칼리에서 비타민 B_2의 광분해 시 생기는 물질은?

① 루미플라빈(lumiflavin)
② 루미크롬(lumichrome)
③ 리비톨(ribitol)
④ 이소알록사진(isoalloxazine)

33 30%의 수분과 30%의 설탕($C_{12}H_{22}O_{11}$)을 함유하고 있는 식품의 수분활성도는?

① 0.98 ② 0.95
③ 0.82 ④ 0.90

34 식품 중 결합수(bound water)에 대한 설명으로 틀린 것은?

① 미생물의 번식에 이용할 수 없다.
② 100℃ 이상에서 가열하여도 제거되지 않는다.
③ 0℃에서 얼지 않는다.
④ 식품의 유용성분을 녹이는 용매의 구실을 한다.

35 어류가 변질되면서 생성되는 불쾌취를 유발하는 물질이 아닌 것은?

① 트리메틸아민(trimethylamine)
② 카다베린(cadaverine)
③ 피페리딘(piperidine)
④ 옥사졸린(oxazoline)

36 점탄성(viscoelasticity)에 대한 설명으로 옳은 것은?

① Weissenberg 효과란 식품이 막대기 혹은 긴 끈 모양으로 늘어나는 성질을 말한다.
② 예사성이란 청국장처럼 젓가락을 넣어 강하게 교반한 후 당겨올리면 실처럼 따라 올라오는 성질을 말한다.
③ 신장성을 측정하는 기기는 farinograph이다.
④ 경점성을 측정하는 기기는 extensograph이다.

37 포르피린 링(porphyrin ring) 구조 안에 Mg^{2+}을 함유하고 있는 색소 성분은?

① 미오글로빈
② 헤모글로빈
③ 클로로필
④ 헤모시아닌

38 쌀을 도정함에 따라 그 비율이 높아지는 성분은?

① 오리제닌(oryzenin)
② 전분
③ 티아민(thiamin)
④ 칼슘

39 다음 식품 중 비뉴턴(Non-Newton) 유체의 성질을 가장 잘 나타내는 것은?

① 물
② 포도당용액
③ 전분용액
④ 소금용액

40 유지 산패의 측정방법이 아닌 것은?

① 과산화물값
② TBA값
③ 비누화값
④ 총 carbonyl 화합물 측정

제3과목 식품가공학

41 전분에서 fructose를 제조할 때 사용되는 효소는?

① pectinase ② cellulase
③ α−amylase ④ protease

42 통조림 내에서 가장 늦게 가열되는 부분으로 가열살균공정에서 오염미생물이 확실히 살균되었는가를 평가하는 데 이용되는 것은?

① 온점 ② 냉점
③ 비점 ④ 정점

43 주로 대두유 추출에 사용되며, 원료 중 유지 함량이 비교적 적거나, 1차 착유한 후 나머지의 소량 유지까지도 착유하기 위한 2차적인 방법으로서 유지의 회수율이 매우 높은 착유방법은?

① 용매추출법(solvent extraction)
② 습식용출법(wet rendering)
③ 건식용출법(dry rendering)
④ 압착법(pressing)

44 수분활성도에 대한 설명으로 틀린 것은?

① 수분활성도는 식품의 수증기압과 공기의 수증기압과의 비율로 표현된다.
② 식품의 수분활성도는 식품의 수분 함량, 식품 온도의 영향을 받는다.
③ 식품의 비효소적 갈변반응, 지방질 산화 반응의 속도는 식품의 수분활성도와 직접적인 관계가 있다.
④ 미생물의 생장에 필요한 최저 수분활성도는 곰팡이가 세균보다 낮다.

45 염장에 영향을 미치는 요인에 대한 설명으로 틀린 것은?

① 식염의 삼투속도는 식염의 온도가 높을수록 크다.
② 식염의 농도가 높을수록 삼투압은 커진다.
③ 순수한 식염의 삼투속도가 크다.
④ 지방 함량이 많은 어체에서는 식염의 침투속도가 빠르다.

46 탄력성과 보수성이 좋은 두부를 높은 수율로 얻을 수 있으며, 불용성(난용성)으로 가장 많이 사용하는 두부 응고제는?

① 염화마그네슘
② 염화칼슘
③ 황산칼슘
④ 염화암모늄

47 도정 후 쌀의 도정도를 결정하는 방법으로 적절하지 않는 것은?

① 수분 함량 변화에 의한 방법
② 색(염색법)에 의한 방법
③ 생성된 쌀겨량에 의한 방법
④ 도정시간과 횟수에 의한 방법

48 수지 때문에 육가공용 훈연재료로 적합하지 않은 것은?

① 떡갈나무 ② 참나무
③ 소나무 ④ 오리나무

49 일반적으로 사후 경직시간이 가장 짧은 육류는?

① 닭고기 ② 쇠고기
③ 양고기 ④ 돼지고기

50 포도주 제조 공정 중 주발효가 끝난 후에 이어서 하는 다음 공정은?

① 후발효 ② 압착 및 여과
③ 침전 ④ 저장

51 우유의 당에 해당하는 것은?

① sucrose
② maltose
③ lactose
④ gentiobiose

52 유제품과 가공에 적용되는 원리가 옳은 것은?

① 치즈 – 응유효소에 의한 응고
② 요구르트 – 알코올에 의한 응고
③ 아이스크림 – 염류에 의한 응고
④ 버터 – 가열에 의한 응고

53 무균포장에 대한 설명으로 옳지 않은 것은?

① 무균포장제품은 멸균되었기 때문에 열에 불안정한 식품에서 일어나기 쉬운 품질변화를 최소화할 수 있다.
② 연속공정생산이 어렵고 대형포장제품을 만들 수 없다.
③ 냉장할 필요없이 상온에서 장기간 보존이 가능하다.
④ 멸균용기에 포장하므로 내열성 포장이 필요 없고 플라스틱이나 종이를 소재로 한 복합재질을 포장용기로 사용할 수 있다.

54 액란(liquid egg)을 건조하기 전, 당을 제거하는 이유가 아닌 것은?

① 난분의 용해도 감소 방지
② 변색 방지
③ 난분의 유동성 저하 방지
④ 이취의 생성 방지

55 6×10^4개의 포자가 존재하는 통조림을 100℃에서 45분 살균하여 3개의 포자가 살아남아 있다면 100℃에서 D값은?

① 5.46분 ② 10.46분
③ 15.46분 ④ 20.46분

56 유지를 가공하여 경화유를 만들 때 촉매제로 사용되는 것은?

① 질소 ② 수소
③ 니켈 ④ 헬륨

57 콩으로부터 분리대두단백(soy protein isolate)을 가공하기 위한 일반적인 제조 공정이 아닌 것은?

① 탈지
② 가수분해
③ 불용성 고형분 분리
④ 단백질 침전 및 원심 분리

58 습량기준으로 수분 함량이 80%인 사과의 수분을 건량기준의 수분 함량으로 환산하면 얼마인가?

① 567% ② 400%
③ 233% ④ 100%

59 심온냉동장치(cryogenic freezer)에서 사용되는 냉매가 아닌 것은?

① 에틸렌가스
② 액화질소
③ 프레온-12
④ 이산화황가스

60 다음 중 압출성형법으로 제조되는 것은?

① 국수 ② 껌
③ 젤리 ④ 마카로니

제4과목 식품미생물학

61 미생물의 일반적인 생육곡선에서 정상기(정지기, stationary phase)에 대한 설명으로 틀린 것은?

① 균수의 증가와 감소가 거의 같게 되어 균수가 더 이상 증가하지 않게 된다.
② 전 배양기간을 통하여 최대의 균수를 나타낸다.
③ 세포가 왕성하게 증식하며 생리적 활성이 가장 높다.
④ 내생포자를 형성하는 세균은 보통 이 시기에 포자를 형성한다.

62 캠필로박터 제주니를 현미경으로 검경 시 확인되는 모습은?

① 나선형 모양
② 포도송이 모양
③ 대나무 마디 모양
④ V자 형태로 쌍을 이룬 모양

63 맥주산업에 이용되는 상면발효효모는?

① *Saccharomyces cerevisiae*
② *Zygosaccharomyces rouxii*
③ *Saccharomyces carlsbergensis*
④ *Saccharomyces fragilis*

64 세균의 Gram 염색에 사용되지 않는 것은?

① Lugol 용액
② Safranin
③ Methyl red
④ Crystal violet

65 유기물을 분해하여 호흡 또는 발효에 의해 생기는 에너지를 이용하여 생육하는 균은?

① 광합성균
② 화학합성균
③ 독립영양균
④ 종속영양균

66 60분마다 분열하는 세균의 최초 세균수가 5개일 때 3시간 후의 세균 수는?

① 40개 ② 90개
③ 120개 ④ 240개

67 배양효모와 야생효모의 비교에 대한 설명 중 옳은 것은?

① 배양효모는 장형이 많으며 세대가 지나면 형태가 축소된다.
② 야생효모는 번식기에 아족을 형성하며 액포가 작고 원형질이 흐려진다.
③ 배양효모는 발육온도가 높고 저온, 건조, 산에 대한 저항성이 약하다.
④ 야생효모의 세포막은 점조성이 풍부하여 세포가 쉽게 액내로 흩어지지 않는다.

68 홍조류에 대한 설명 중 틀린 것은?

① 클로로필 이외에 피코빌린이라는 색소를 갖고 있다.
② 한천을 추출하는 원료가 된다.
③ 세포벽은 주로 셀룰로오스와 펙틴으로 구성되어 있으며 길이가 다른 2개의 편모를 갖고 있다.
④ 엽록체를 갖고 있어 광합성을 하는 독립영양생물이다.

69 *Rhizopus*속의 특징으로 틀린 것은?

① 포자낭은 구형이다.
② 포자낭병이 가근의 기부로부터 발생하지 않고 가근과 기근의 중간에서 발생한다.
③ 포복지가 계속하여 생기므로 *Mucor* 속보다 번식력이 왕성하다.
④ 무성생식에 의해 포자낭포자를 형성한다.

70 곰팡이의 유성포자가 아닌 것은?

① 포자낭포자
② 담자포자
③ 자낭포자
④ 접합포자

71 미생물의 명명법에 관한 설명 중 틀린 것은?

① 종명은 라틴어의 실명사로 쓰고 대문자로 시작한다.
② 학명은 속명과 종명을 조합한 2명법을 사용한다.
③ 세균과 방선균은 국제세균명명규약에 따른다.
④ 속명 및 종명은 이탤릭체로 표기한다.

72 *Escherichia coli*와 *Enterobacter aerogenes*의 공통적인 특징은?

① Indol 생성여부
② Acetoin 생성여부
③ 단일 탄소원으로 구연산염의 이용성
④ 그람 염색 결과

73 통조림의 flat sour에 대한 설명으로 틀린 것은?

① 관의 형태는 정상이지만 내용물은 젖산 생성 때문에 신맛이 생성된다.
② 채소나 수산통조림 등 산도가 낮은 식품에서 주로 발생한다.
③ 유포자 내열성 세균에 의한 경우가 많다.
④ 과도한 탄산가스 생성이 수반된다.

74 돌연변이에 대한 설명으로 틀린 것은?

① DNA 분자 내의 염기서열을 변화시킨다.
② DNA에 변화가 있더라도 표현형이 바뀌지 않는 잠재성 돌연변이(silent mutation)가 있다.
③ 모든 변이는 세포에 있어서 해로운 것이다.
④ 유전자 자체의 변화에 의해 발생하기도 한다.

75 박테리오파지(bacteriophage)의 설명 중 틀린 것은?

① 숙주(宿主)로 되는 균이 한정되어 있지 않다.
② 기생증식하면서 용균(溶菌)하는 virus체다.
③ 머리는 주로 DNA, 꼬리는 단백질로 구성되어 있다.
④ 독성(virulent)파지와 용원(temperate)파지로 대별한다.

76 조상균류에 속하는 것은?

① *Aspergillus oryzae*
② *Mucor rouxii*
③ *Saccharomyces cerevisiae*
④ *Lactobacillus casei*

77 천자배양(stab culture)에 가장 적합한 것은?

① 호염성균의 배양
② 호열성균의 배양
③ 호기성균의 배양
④ 혐기성균의 배양

78 클로렐라에 관한 설명 중 틀린 것은?

① 건조물은 약 50%가 단백질이고 아미노산과 비타민이 풍부하다.
② 단세포 갈조류이다.
③ 빛이 존재할 때 간단한 무기염과 CO_2의 공급으로 쉽게 증식한다.
④ 세포의 지름은 2~12㎛이다.

79 세균의 유전자 재조합 방법이 아닌 것은?

① 접합(conjugation)
② 조직배양(tissue culture)
③ 형질도입(transduction)
④ 형질전환(transformation)

80 산화력이 강하며 배양액의 표면에서 피막을 형성하는 산막효모(피막효모, film yeast)에 속하는 것은?

① *Candida*속
② *Pichia*속
③ *Saccharomyces*속
④ *Schizosaccharomyces*속

제5과목 생화학 및 발효학

81 RNA의 뉴클레오티드 사이의 결합을 가수분해하는 효소는?

① ribonuclease
② polymerase
③ deoxyribonuclease
④ ribonucleotidyl transferase

82 사람의 체내에서 진행되는 핵산의 분해 대사 과정에 대한 설명으로 틀린 것은?

① 퓨린 계열 뉴클레오타이드 분해는 오탄당(pentose)을 떼어내는 반응으로부터 시작된다.
② 퓨린과 피리미딘은 분해되어 각각 요산과 요소를 생산한다.
③ 생성된 요산의 배설이 원활하지 못하면, 체내에 축적되어 통풍의 원인이 된다.
④ 퓨린 및 피리미딘 염기는 회수경로를 통해 핵산 합성에 재이용된다.

83 제빵효모 생산을 위해서 사용되는 균주의 특성이 아닌 것은?

① 물에 잘 분산될 것
② 단백질 함량이 높을 것
③ 발효력이 강력할 것
④ 증식속도가 빠를 것

84 맥주의 주발효가 끝나면 후발효와 숙성을 시킨 다음 여과하여 일정기간 후숙을 시킨다. 이때 낮은 온도에 보관하여 후숙을 하면 현탁물이 생기는 이유는?

① 효모의 invertase가 남아 있어서
② CO_2의 발생으로 기포가 생성되어서
③ 발효되지 못한 지방산(fatty acid)이 남아 있어서
④ 분해물 중 펩티드(peptide)와 호프의 수지 및 탄닌 성분들이 집합체(flocculation 또는 colloid)를 형성하기 때문

85 식품 중의 병원성 인자 및 병원 미생물을 검출할 때 RNA를 이용해서 검출하는 방법은?

① ELISA method
② RT-PCR method
③ Southern hybridization
④ Western hybridization

86 요소회로(urea cycle)를 형성하는 물질이 아닌 것은?

① ornithine
② citrulline
③ arginine
④ glutamic acid

87 생체 내의 지질 대사 과정에 대한 설명으로 옳은 것은?

① 인슐린은 지질 합성을 저해한다.
② 인체에서는 탄소수 10개 이하의 지방산만을 생성한다.
③ 지방산이 산화되기 위해서는 phyridoxal phosphate의 도움이 필요하다.
④ 팔미트산(palmitic acid, $C_{16:0}$)의 생합성을 위해서는 8분자의 아세틸 CoA가 필요하다.

88 당밀 원료로 주정을 제조할 때의 발효법인 Hildebrandt-Erb법(two-stage method)의 특징이 아닌 것은?

① 효모증식에 소모되는 당의 양을 줄인다.
② 폐액의 BOD를 저하시킨다.
③ 효모의 회수비용이 절약된다.
④ 주정 농도가 가장 높은 술덧을 얻을 수 있다.

89 다른 자리 입체성 조절효소(allosteric enzyme)에 관한 설명으로 틀린 것은?

① 활성자리와 조절자리가 구별된다.
② 반응속도가 Michaelis-Menten 식을 따른다.
③ 촉진적 효과인자(positive effector)에 의해 활성화된다.
④ 반응속도의 S자형 곡선은 소단위(subunit)의 협동에 의한 것이다.

90 포도당을 영양원으로 젖산(lactic acid)을 생산할 수 없는 균주는?

① *Pediococcus lindneri*
② *Leuconostoc mesenteroides*
③ *Rhizopus oryzae*
④ *Aspergillus niger*

91 효모가 생산하는 invertase의 작용 기전에 따른 분류 시 또 다른 명칭으로 옳은 것은?

① glucoamylase
② β-fructosidase
③ sucrase
④ β-glucosidase

92 다음 주정공업에서 이용되는 아밀로(amylo)법의 장점을 열거한 것 중 잘못된 것은?

① 코지(koji)를 만드는 설비와 노력이 필요 없다.
② 밀폐 발효이므로 발효율이 높다.
③ 대량 사입이 편리하여 공업화에 용이하다.
④ 당화에 소요되는 시간이 짧다.

93 산소에 전자가 전달되어 생성된 O^{2-} 이온의 detoxification에 관여하는 효소가 아닌 것은?

① superoxide dismutase
② reductase
③ catalase
④ peroxidase

94 수용성 비타민으로 분류되는 것은?

① 비타민 B
② 비타민 E
③ 비타민 A
④ 비타민 K

95 괴혈병 치료 등의 생리적인 특성을 갖고 있으며 생물체내에서 환원제(reducing agent)로 작용하는 비타민은?

① vitamin D
② vitamin K
③ cobalamin
④ ascorbic acid

96 사람의 간(Liver)에서 일어나지 않는 반응은?

① 지방산에서 케톤체(ketone body) 생성
② 지방산에서 글루코오스의 생성
③ 아미노산에서 글루코오스의 합성
④ 암모니아로부터 요소(urea)의 생성

97 반응과정과 관계있는 물질은?

$$RCHO + 2Cu^{2+} + 2OH^{-} \rightarrow RCOOH + Cu_2O + H_2O$$
(청색) (적색)

① 필수지방산 ② 환원당
③ 필수아미노산 ④ 비환원당

98 단백질을 구성하는 데 쓰이는 표준아미노산 분자들의 특성에 대한 설명으로 틀린 것은?

① 모든 표준아미노산은 산, 염기의 성질을 동시에 지니고 있다.
② 모든 표준아미노산은 부제탄소(chiral carbon)를 갖고 있다.
③ 표준아미노산이 갖고 있는 곁사슬의 화학적 구조에 따라 용해도가 다르다.
④ 모든 표준아미노산은 펩타이드 결합 능력을 가지고 있다.

99 DNA로부터 단백질 합성까지의 과정에서 t-RNA의 역할에 대한 설명으로 옳은 것은?

① m-RNA 주형에 따라 아미노산을 순서대로 결합시키기 위해 아미노산을 운반하는 역할을 한다.
② 핵 안에 존재하는 DNA 정보를 읽어 세포질로 나오는 역할을 한다.
③ 아미노산을 연결하여 protein을 직접 합성하는 장소를 제공한다.
④ 합성된 protein을 수식하는 기능을 담당한다.

100 Glucose를 기질로 해서 빵효모를 생산할 때 균체생산수율은 0.5이다. Glucose 100g/L를 완전히 소모하였을 때 생산된 균체의 양은?

① 35g/L ② 45g/L
③ 50g/L ④ 60g/L

2018년 2회 **정답**

1	②	2	②	3	④	4	①	5	③	6	④	7	①	8	④	9	④	10	①
11	③	12	④	13	①	14	①	15	②	16	④	17	④	18	②	19	②	20	④
21	①	22	④	23	①	24	④	25	③	26	④	27	③	28	①	29	①	30	④
31	②	32	①	33	②	34	④	35	④	36	②	37	③	38	②	39	③	40	③
41	③	42	②	43	①	44	①	45	④	46	③	47	①	48	③	49	①	50	②
51	③	52	①	53	②	54	③	55	②	56	③	57	②	58	②	59	④	60	④
61	③	62	①	63	①	64	③	65	④	66	①	67	③	68	③	69	②	70	①
71	①	72	④	73	④	74	③	75	①	76	②	77	④	78	②	79	②	80	②
81	①	82	①	83	②	84	④	85	②	86	④	87	④	88	④	89	②	90	④
91	②	92	④	93	②	94	①	95	④	96	②	97	②	98	②	99	①	100	③

2018년 8월 20일 시행

식품기사 기출문제 2018 3회

제1과목 식품위생학

1 장티푸스에 대한 설명으로 틀린 것은?

① 원인균은 그람음성 간균으로 운동성이 있다.
② 주요 증상은 발열이다.
③ 파라티푸스 경우보다 병독증세가 강하다.
④ 장티푸스 환자는 소변으로 균이 배출되지 않는다.

2 메틸수은으로 오염된 어패류를 섭취하여 수은에 의한 축적성 중독을 일으키는 공해병은?

① PCB 중독
② 이타이 이타이병
③ 미나마타병
④ 열중증

3 황색포도상구균에 의해 발생되는 식중독의 원인물질은?

① 프토마인(ptomaine)
② 테트로도톡신(tetrodotoxin)
③ 에르고톡신(ergotoxin)
④ 엔테로톡신(enterotoxin)

4 미생물에 의한 단백질 변질 시 생성되는 물질이 아닌 것은?

① 암모니아 ② 아민
③ 페놀 ④ 젖산

5 먹는물 관리법의 용어 정의가 틀린 것은?

① "수처리제"란 자연 상태의 물을 정수(淨水) 또는 소독하거나 먹는물 공급시설의 산화방지 등을 위하여 첨가하는 제제를 말한다.
② "먹는물"이란 암반대수층 안의 지하수 또는 용천수 등 수질의 안전성을 계속 유지할 수 있는 자연 상태의 깨끗한 물을 먹는 용도로 사용할 원수를 말한다.
③ "먹는샘물"이란 샘물을 먹기에 적합하도록 물리적으로 처리하는 등의 방법으로 제조한 물을 말한다.
④ "먹는염지하수"란 염지하수를 먹기에 적합하도록 물리적으로 처리하는 등의 방법으로 제조한 물을 말한다.

6 이물검사법에 대한 설명이 틀린 것은?

① 체분별법 : 검체가 미세한 분말일 때 적용한다.
② 침강법 : 쥐똥, 토사 등의 비교적 무거운 이물의 검사에 적용한다.
③ 원심분리법 : 검체가 액체일 때 또는 용액으로 할 수 있을 때 적용한다.
④ 와일드만 라스크법 : 곤충 및 동물의 털과 같이 물에 잘 젖지 아니하는 가벼운 이물검출에 적용한다.

7 과일·채소류의 표면에 피막을 형성하여 신선도를 유지시키는 피막제로 사용되지 않는 것은?

① 과산화벤조일
② 초산비닐수지
③ 폴리비닐피로리돈
④ 몰포린지방산염

8 바이러스성 식중독에 대한 설명이 틀린 것은?

① 항생제로 치료되지 않는다.
② 자체 증식이 가능하다.
③ 미량으로도 발병한다.
④ 면역이 되지 않아 재발이 가능하다.

9 식품을 저장할 때 사용되는 식염의 작용 기작 중 미생물에 의한 부패를 방지하는 가장 큰 이유는?

① 염소이온에 의한 살균 작용
② 식품의 탈수 작용
③ 식품용액 중 산소 용해도의 감소
④ 유해세균의 원형질 분리

10 다음 중 사용이 허용되어 있는 착색료가 아닌 것은?

① 삼이산화철
② 아질산나트륨
③ 수용성 안나토
④ 동클로로필린나트륨

11 제1급 감염병이 아닌 것은?

① 장티푸스
② 페스트
③ 탄저
④ 중증급성호흡기증후군

12 식품공장의 위생관리 방법으로 적합하지 않은 것은?

① 환기시설은 악취, 유해가스, 매연 등을 배출하는 데 충분한 용량으로 설치한다.
② 조리기구나 용기는 용도별로 구분하고 수시로 세척하여 사용한다.
③ 내벽은 어두운 색으로 도색하여 오염물질이 쉽게 드러나지 않도록 한다.
④ 폐기물·폐수 처리시설은 작업장과 격리된 장소에 설치·운영한다.

13 통조림 변패 중 flat sour에 대한 설명으로 틀린 것은?

① 통의 외관은 정상이나 내용물이 산성이다.
② *Acetobacter*속이 원인균이다.
③ 유포자 호열성균에 의한 것이다.
④ 가열이 불충분한 통조림에서 발생하기 쉽다.

14 포르말린이 용출될 우려가 없는 합성수지는?

① 멜라민수지
② 염화비닐수지
③ 요소수지
④ 페놀수지

15 유전자 변형 식품의 안정성에 대한 평가 시 평가 항목이 아닌 것은?

① 항생제 내성
② 독성
③ 알레르기성
④ 미생물 오염 수준

16 다음 중 아래의 설명과 관계 깊은 인수공통감염병은?

> 쥐가 중요한 병원소이며, 감염시에 나타나는 임상증상으로는 급성열성질환, 폐출혈, 뇌막염 등이 있다. 농부의 경우는 흙이나 물과의 직접적인 접촉을 피하기 위하여 장화를 사용하는 것도 예방법이 될 수 있다.

① 리스테리아증 ② 렙토스피라증
③ 돈단독 ④ 결핵

17 인수공통감염병을 일으키는 병명과 병원균의 연결이 틀린 것은?

① 결핵 : *Mycobacterium tuberculosis*
② 파상열 : *Brucella melitensis*
③ 야토병 : *Pasteurella tularemia*
④ 광우병 : *Listeria monocytogenes*

18 식품첨가물을 식품에 균일하게 혼합시키기 위해 사용되는 용제(solvent)는?

① toluene
② ethylacetate
③ isopropanol
④ glycerine

19 식품용 기구, 용기 또는 포장과 위생상 문제가 되는 성분의 연결이 틀린 것은?

① 종이제품 – 형광염료
② 법랑피복제품 – 납
③ 페놀수지제품 – 페놀
④ PVC(염화비닐수지)제품 – 포르말린

20 보존료를 사용하는 주요 목적으로 거리가 먼 것은?

① 식품의 부패를 방지하여 선도를 유지한다.
② 부패 미생물에 대한 정균 작용으로 보존기간을 연장시켜 준다.
③ 식품 내의 효소의 작용을 증진시켜 품질을 개선한다.
④ 식품의 유통단계에서 안전성을 확보하기 위하여 사용한다.

제2과목 식품화학

21 식품과 함유된 주 단백질의 연결이 틀린 것은?

① 쌀 – oryzenin
② 고구마 – jalapin
③ 감자 – tuberin
④ 콩 – glycinin

22 감자를 절단한 후 공기 중에 방치하면 표면의 색이 흑갈색으로 변하는 것은 어떤 기작에 의한 것인가?

① Maillard reaction에 의한 갈변
② tyrosinase에 의한 갈변
③ NADH oxidase에 의한 갈변
④ ascorbic acid oxidation에 의한 갈변

23 조지방 정량을 위한 soxhlet에 사용되는 용매는?

① 에테르 ② 에탄올
③ 황산 ④ 암모니아수

24 식품의 텍스처 특성에 대한 설명이 올바른 것은?

① 저작성(chewiness) : 무르다, 단단하다
② 부착성(adhesiveness) : 미끈미끈하다, 끈적끈적하다
③ 응집성(cohesiveness) : 기름지다, 미끈미끈하다
④ 견고성(hardness) : 부스러지다, 깨지다

25 단백질을 구성하는 아미노산은?

① ornitine
② DOPA(dihydroxyphenyl alanine)
③ alline
④ proline

26 효소반응을 위한 buffer를 제조하고자 한다. 최종 buffer는 A, B, C 용액 성분이 각각 0.1, 0.05, 0.5mM이 함유되어 있다. A, B, C 용액이 각각 1.0M 있다면 buffer 1L 제조 시 A, B, C 용액과 물을 얼마나 준비해야 하는가?

① A 용액 : 0.1L, B 용액 : 0.2L
C 용액 : 0.45L, 물 : 0.35L
② A 용액 : 0.1L, B 용액 : 0.05L
C 용액 : 0.5L, 물 : 0.35L
③ A 용액 : 0.2L, B 용액 : 0.1L
C 용액 : 0.5L, 물 : 0.2L
④ A 용액 : 0.2L, B 용액 : 0.4L
C 용액 : 0.1L, 물 : 0.3L

27 콜레스테롤에 대한 설명으로 틀린 것은?

① 동물의 근육조직, 뇌, 신경조직에 널리 분포되어 있다.
② 생체에 반드시 필요한 물질이다.
③ 비타민 D, 성호르몬 등의 전구체이다.
④ 복합지질의 종류이다.

28 다음 중 다량 무기질에 해당하지 않는 것은?

① Ca ② P
③ Zn ④ Na

29 자당(sucrose)을 포도당과 과당으로 가수분해하는 효소는?

① kinase ② aldolase
③ enolase ④ invertase

30 다음 화합물 중 전분의 호화(gelatinization)를 억제하는 화합물은?

① KOH ② KCNS
③ $MgSO_4$ ④ KI

31 식품을 씹는 동안에 식품 성분의 여러 인자들이 감각을 다르게 하여 식품 전체의 조직감을 짐작하게 한다. 이런 조직감에 영향을 미치는 인자가 아닌 것은?

① 식품 입자의 모양
② 식품 입자의 크기
③ 식품 입자 표면의 거친 정도(roughness)
④ 식품 입자의 표면장력

32 갈변 반응에 대한 설명 중 틀린 것은?

① 폴리페놀 산화효소는 효소적 갈변화를 유발하는 효소로, catechol oxidase, laccase, monophenol monooxygenase 등이 있다.
② 캐러멜 반응은 당류의 가열에 의해 발생하는 갈변 현상으로 아미노화합물이 필요하지 않다.
③ 마이야르 반응은 갈변 반응의 일종으로 pH를 낮추면 melanoidin 색소의 형성속도를 줄일 수 있다.
④ 스트렉커(strecker) 반응은 마이야르 반응 중 발생하는 현상으로 지질이 고열에 의해 분해되어 새로운 알데히드를 형성하는 반응이다.

33 액체상태의 유지를 고체상태로 변환시켜 쇼트닝을 만들거나, 유지의 산화안정성을 높이기 위하여 사용되는 유지의 가공 방법은?

① 경화 ② 탈검
③ 탈색 ④ 여과

34 증류수에 녹인 비타민 C를 정량하기 위해 분광광도계(spectrophotometer)를 사용하였다. 분광광도계에서 나온 시료의 흡광도 결과와 비타민 C 함량 사이의 관계를 구하기 위하여 이용해야 하는 것은?

① 람베르트-베르법칙(Lambert-Beer law)
② 페히너공식(Fechner's law)
③ 웨버의 법칙(Weber's law)
④ 미켈리스-멘텐식(Michaelis-Menten's equation)

35 맛의 인식기작에 대한 설명으로 옳은 것은?

① 단맛 성분은 G-protein 결합수용체에 의해 인식된다.
② 쓴맛 성분은 맛 수용체 세포막의 이온통로에 직접 작용한다.
③ 신맛은 신맛 성분으로부터 유래한 수소이온이 이온 통로에 결합하면서 칼슘이온이 흐름을 막는다.
④ 짠맛 성분은 염의 양이온(Na^+)이 G-protein 결합수용체와 반응한다.

36 튀김 공정 중 기름에서 일어나는 주요 변화가 아닌 것은?

① 중합
② 유리지방산 감소
③ 에스터 결합의 분해
④ 열산화

37 1g의 어떤 단당류 화합물을 20ml의 메탄올에 용해시킨 후 10cm 두께의 편광기에 넣고 광회전도를 측정하였더니 (+)5.0°가 나왔다. 이 화합물의 고유 광회전도는?

① (−)100° ② (−)50°
③ (+)50° ④ (+)100°

38 다음 중 면실유에 함유된 천연 항산화제는?

① 세사몰(sesamol)
② 고시폴(gossypol)
③ 토코페롤(tocopherol)
④ 향신료(spice)

39 아래의 질문지는 어떤 관능검사 방법에 해당하는가?

> • 이름 : ____ • 성별 : ____ • 나이 : ____
> R로 표시된 기준시료와 함께 두 시료(시료352, 시료647)가 있습니다. 먼저 R시료를 맛본 후 나머지 두 시료를 평가하여 R과 같은 시료를 선택하여 그 시료에 (V)표 하여 주십시오.
> 시료352 (   ) 시료647 (   )

① 단순차이검사
② 일-이점검사
③ 삼점검사
④ 이점비교검사

40 녹말의 호화에 영향을 주는 요인에 대한 설명이 옳은 것은?

① 곡류 녹말은 서류 녹말보다 호화가 쉽게 일어난다.
② 알칼리성 pH에서는 녹말 입자의 팽윤과 호화가 촉진된다.
③ 녹말의 호화는 온도가 낮을수록 빨리 일어난다.
④ 수분 함량이 적으면 호화가 촉진된다.

제3과목 식품가공학

41 도정도가 작은 것에서 큰 순서로 나열된 것은?

① 현미 → 7분도미 → 백미 → 5분도미
② 현미 → 백미 → 7분도미 → 5분도미
③ 현미 → 7분도미 → 5분도미 → 백미
④ 현미 → 5분도미 → 7분도미 → 백미

42 아미노산 간장 제조 시 탈지대두박을 염산으로 가수분해할 때 탈지대두박에 남아 있는 미량의 핵산이 염산과 반응하여 생기는 염소화합물은?

① MCPD ② MSG
③ NaCl ④ NaOH

43 원료에서 유지를 추출할 때 사용하는 용매는?

① hexane
② methyl alcohol
③ toluene
④ sulphuric acid

44 과일, 채소류를 블랜칭(blanching)하는 목적이 아닌 것은?

① 향미 성분을 보호한다.
② 박피를 용이하게 한다.
③ 변색을 방지한다.
④ 산화효소를 불활성화시킨다.

45 과일주스 혼탁의 원인이 되는 물질로 가장 관계가 깊은 것은?

① 산 ② 당
③ 무기물 ④ 펙틴

46 우유 단백질(카세인)의 등전점은?

① pH 7.6 ② pH 6.6
③ pH 5.6 ④ pH 4.6

47 설탕 20kg을 물 80kg에 녹였다. 이 설탕 용액에서 설탕의 몰분율은?

① 0.0923 ② 0.634
③ 0.0584 ④ 0.0130

48 햄, 소시지 등 축산가공품 제조에 사용되는 각 염지 재료의 기능에 대한 설명이 옳은 것은?

① 소금 – 보수성과 연화도 부여
② 환원제 – 니트로소아민 생성 촉진으로 육색 향상 효과 증진
③ 인산염 – 짠맛과 조화를 이루며 풍미 개선
④ 질산염, 아질산염 – 원료육에 다공성을 부여하여 훈연 효과 증진

49 콩 가공 과정에서 불활성화시켜야 하는 유해 성분은?

① 글로불린(globulin)
② 레시틴(lecithin)
③ 트립신 저해제(trypsin inhibitor)
④ 나이아신(niacin)

50 아래 설명에 해당하는 성분은?

- 인체 내에서 소화되지 않는 다당류이다.
- 향균, 항암 작용이 있어 기능성 식품으로 이용된다.
- 갑각류의 껍질 성분이다.

① 알긴산 ② 펙틴
③ 가라기난 ④ 키틴

51 밀가루의 품질시험 방법이 잘못 짝지어진 것은?

① 색도 – 밀기울의 혼입도
② 입도 – 체눈 크기와 사별정도
③ 패리노그래프 – 점탄성
④ 아밀로그래프 – 인장항력

52 다음 중 육가공품 제조 시 필요한 기구 및 설비가 아닌 것은?

① 세절기 ② 충진기
③ 혼합기 ④ 균질기

53 피단은 알의 어떠한 특성을 이용한 제품인가?

① 기포성 ② 유화성
③ 알칼리 응고성 ④ 효소 작용

54 메톡실(methoxyl)기 함량이 7% 이하인 펙틴(pectin)의 경우 젤리(jelly) 강도를 높이기 위해 첨가해야 할 물질은?

① 설탕 ② 구연산
③ 칼슘 ④ 글리세린

55 냉동 육류의 drip 발생 원인과 가장 거리가 먼 것은?

① 식품 조직의 물리적 손상
② 단백질의 변성
③ 세균 번식
④ 해동경직에 의한 근육의 강수축

56 식품공전상 우유류의 성분규격으로 틀린 것은?

① 산도(%) : 0.18% 이하(젖산으로서)
② 유지방(%) : 3.0 이상
③ 포스파타제 : 1ml당 2g 이하(가온살균제품에 한한다)
④ 대장균군 : n=5, c=2, m=0, M=10(멸균제품의 경우는 음성)

57 압력 101.325kPa(1atm)에서 25℃의 물 2kg을 100℃의 수증기로 변화시키는 데 필요한 엔탈피 변화는?(단, 물의 평균비열은 4.2kJ/kg·K이고, 100℃에서 물의 증발잠열은 2,257kJ/kg이다.)

① 315kJ　② 630kJ
③ 2,572kJ　④ 5,144kJ

58 옥수수 전분의 제조 시 아황산(SO_2) 침지(steeping)의 목적이 아닌 것은?

① 옥수수 전분의 호화를 촉진시킨다.
② 옥수수를 연화시켜 쉽게 마쇄되게 한다.
③ 옥수수의 단백질과 가용성 물질의 추출을 용이하게 한다.
④ 잡균이나 미생물의 오염을 방지한다.

59 일반적으로 액상의 식품원료를 이용하여 분유 등의 분말상 식품을 제조할 때 사용되는 대표적인 건조기는?

① tunnel dryer
② bin dryer
③ spray dryer
④ conveyer dryer

60 유지의 정제 과정에 해당되지 않는 공정은?

① 수소경화　② 탈검
③ 탈산　④ 탈취 및 탈색

제4과목 식품미생물학

61 돌연변이에 대한 설명으로 틀린 것은?

① 돌연변이의 근본 원인은 DNA상의 nucleotide 배열의 변화 때문이다.
② DNA상 nucleotide 배열의 변화는 단백질의 아미노산 배열에 변화를 일으킨다.
③ nucleotide에서 염기쌍 변화에 의한 변이에는 치환, 첨가, 결손 및 역위가 있다.
④ 번역 시 어떠한 아미노산도 대응하지 않는 triplet(UAA, UAG, UGA)을 갖게 되는 변이를 nonsense 변이라 한다.

62 미생물 증식의 최적온도에 관한 설명으로 옳은 것은?

① 최적온도보다 낮은 온도에서 미생물은 증식할 수 없다.
② 최적온도 이상의 온도에서 미생물은 증식할 수 없다.
③ 미생물이 증식할 수 있는 최고 한계의 온도를 말한다.
④ 세포 내 효소 반응이 최대속도로 일어나는 온도를 말한다.

63 *E. coli* O157 균이 보통 *E. coli* 균주와 다르게 특이한 항원성을 보이는 것은 세포 성분 중 무엇이 다르기 때문인가?

① 외막의 지질다당류(lipopolysaccharide)
② 세포벽의 peptidoglycan
③ 세포막의 porin 단백질
④ 세포막의 hopanoid

64 쌀에 번식하여 황변미독(citrinin)을 생산하는 균주는?

① *Penicillum citrinum*
② *Penicillium notatum*
③ *Penicillum roqueforti*
④ *Penicillum camemberti*

65 미생물의 배양 방법 중 슬라이드 배양(slide culture)이 적합한 경우는?

① 효모의 알코올 발효를 관찰할 때
② 곰팡이의 증식과정을 관찰할 때
③ 혐기성균을 배양할 때
④ 방선균을 gram 염색할 때

66 다음 중 정상발효 젖산균(homo fermentative lactic acid bacteria)은?

① *Lactobacillus fermentum*
② *Lactobacillus brevis*
③ *Lactobacillus casei*
④ *Lactobacillus heterohiochi*

67 요구르트(yoghurt) 제조에 이용하는 젖산균은?

① *Lactobacillus bulgaricus*와 *Streptococcus thermophilus*
② *Lactobacillus plantarum*와 *Acetobacter aceti*
③ *Lactobacillus bulgaricus*와 *Streptococcus pyogenes*
④ *Lactobacillus plantarum*와 *Lactobacillus homohiochi*

68 액체식품 중의 생균수를 표준한천평판 배양법으로 아래와 같이 측정하였을 때 식품 1㎖ 중의 colony 수는?

a. 액체식품 10㎖에 멸균식염수 90㎖를 첨가하여 희석하였다.
b. a의 희석액 1㎖에 새로운 멸균식염수 24㎖를 첨가하여 희석하였다.
c. b의 희석액 1㎖를 취하여 표준한천배지에 혼합하여 평판배양하였다.
d. 평판배양 결과 colony 수가 10개이었다.

① 6.3×10^4　　② 2.5×10^3
③ 6.3×10^3　　④ 2.5×10^2

69 편모에 관한 설명 중 틀린 것은?

① 주로 구균이나 나선균에 존재하며 간균에는 거의 없다.
② 세균의 운동기관이다.
③ 위치에 따라 극모와 주모로 구분된다.
④ 그람염색법에 의해 염색되지 않는다.

70 곰팡이의 작용과 거리가 먼 것은?

① 치즈의 숙성
② 페니실린 제조
③ 황변미 생성
④ 식초의 양조

71 내삼투압성 효모로 염분 함량이 높은 간장이나 된장 등에서 생육하는 효모는?

① *Candida*속
② *Rhodotorula*속
③ *Pichia*속
④ *Zygosaccharomyces*속

72 포도당을 과당으로 전환할 때 관여하는 효소는?

① gluose oxidase
② glucose isomerase
③ glucose dehydrogenase
④ glucokinase

73 맥주효모 세포의 기본적인 형태는?

① 난형(cerevisiae type)
② 삼각형(trigonopsis type)
③ 소시지형(pastorianus type)
④ 레몬형(apiculatus type)

74 미생물의 증식에 대한 설명 중 틀린 것은?

① 영양원 배지에 처음 접종하였을 때 증식에 필요한 각종 효소단백질을 합성하며 세포수 증가는 거의 나타나지 않는다.
② 접종 후 일정 시간이 지나면 세포는 대수적으로 증가한다.
③ 생육정지 상태에서는 어느 정도 기간이 경과하면 다시 증식이 대수적으로 이루어진다.
④ 사멸기는 유해한 대사산물의 축적, 배지의 pH 변화 등에 의해 나타난다.

75 재조합 DNA를 제조하기 위해 DNA를 절단하는 데 사용하는 효소는?

① 중합효소 ② 제한효소
③ 연결효소 ④ 탈수소효소

76 클로렐라의 설명 중 틀린 것은?

① 클로로필(chlorophyll)을 갖는 구형이나 난형의 단세포 조류이다.
② 건조물은 약 50%가 단백질이고 아미노산과 비타민이 풍부하다.
③ 한 세포가 분열하면 딸세포 1~2개를 생성하고 편모를 가진다.
④ 빛이 존재할 때 간단한 무기염과 CO_2의 공급으로 쉽게 증식하며 산소를 발생시킨다.

77 발효에 관여하는 미생물에 대한 설명 중 틀린 것은?

① 글루타민산 발효에 관여하는 미생물은 주로 세균이다.
② 당질을 원료로 한 구연산 발효에는 주로 곰팡이를 이용한다.
③ 항생물질 스트렙토마이신(streptomycin)의 발효 생산은 주로 곰팡이를 이용한다.
④ 초산 발효에 관여하는 미생물은 주로 세균이다.

78 곰팡이 균총의 색깔은 주로 무엇에 의해 정해지는가?

① 포자 ② 균사
③ 균사체 ④ 격막(격벽)

79 지질 대사에 관한 설명 중 틀린 것은?

① 중성지질은 리파아제(lipase)에 의해 가수분해되어 글리세롤과 지방산으로 된다.
② 지방산의 분해 대사는 세포질에서 β-산화과정으로 진행된다.
③ 지방산의 생합성에는 ACP(acyl carrier protein)이라는 단백질이 관여한다.
④ 지방산 합성에는 산화 과정과는 달리 NADPH가 많이 필요하다.

80 다음 중 통성 혐기성균에 속하지 않는 것은?

① *Staphylococcus*속
② *Salmonella*속
③ *Micrococcus*속
④ *Listeria*속

83 Calvin cycle의 대사산물로 glucose 생합성에 관여하는 물질이 아닌 것은?

① 3-phosphoglyceric acid
② 1, 3-bisphosphoglyceric acid
③ glyceraldehyde-3-phosphate
④ phosphoenolpyruvate

제5과목 생화학 및 발효학

81 DNA 분자의 특성에 대한 설명으로 틀린 것은?

① DNA의 이중나선구조가 풀려 단일 사슬로 분리되면 260nm에서의 UV 흡광도가 감소한다.
② 생체 내에서 DNA의 이중나선구조는 helicase 효소에 의해 분리될 수 있다.
③ 같은 수의 뉴클레오타이드로 구성된 DNA 분자가 이중 나선을 이룬 경우에 A형의 DNA의 길이가 가장 짧다.
④ DNA 분자의 이중 사슬 내에서 제한 효소에 반응하는 염기배열은 회문구조(palindrome)를 갖는다.

82 체내에서 진행되는 지방산 분해 대사과정에 대한 설명으로 틀린 것은?

① 중성지방이 호르몬 민감성 리파아제에 의해 가수분해된다.
② 지방산은 산화되기 전에 Acyl-CoA에 의해 활성화된다.
③ 팔미트산의 완전산화로 100분자의 ATP를 생성한다.
④ 카르니틴은 활성화된 긴 사슬 지방산들을 미토콘드리아 기질 안으로 운반한다.

84 미생물 발효의 배양 형식 중 조작 형태에 따른 분류에 해당되지 않는 것은?

① 회분배양 ② 액체배양
③ 유가배양 ④ 연속배양

85 알코올 발효에 있어서 전분증자액에 균을 배양하여 당화와 알코올 발효가 동시에 일어나게 하는 방법은?

① 액국 코지법 ② 아밀로법
③ 밀기울 코지법 ④ 당밀의 발효

86 올리고뉴클레오티드 5′-ApApGpGpAp를 비장(spleen)의 phosphodiesterase로 분해할 때 첫 번째 가수분해 반응 후 생성물의 조합으로 옳은 것은?

① Ap + ApGpGpAp
② ApAp + GpGpAp
③ ApApGp + Ap
④ ApApGpGp + Ap

87 아스파트산 계열의 아미노산 발효 합성 과정 중 L-threonine에 의해 피드백 저해를 받는 효소가 아닌 것은?

① Aspartokinase
② Aspartate semialdehyde dehydrogenase
③ Homoserine dehydrogenase
④ Homoserine kinase

88 강한 산이나 염기로 처리하거나 열, 이온성 세제, 유기용매 등을 가하여 단백질의 생물학적 활성이 파괴되는 현상은?

① 정제(purification)
② 용해(hydrolysis)
③ 결정화(crystalization)
④ 변성(denaturation)

89 광학적 기질 특이성에 의한 효소의 반응에 대한 설명으로 옳은 것은?

① Urease는 요소만을 분해한다.
② Lipase는 지방을 우선 가수분해하고 저급의 ester도 서서히 분해한다.
③ Phosphatase는 상이한 여러 기질과 반응하나 각 기질은 인산기를 가져야 한다.
④ L-Amino acid acylase는 L-amino acid에는 작용하나 D-amino acid에는 작용하지 않는다.

90 DNA의 정량분석을 위해 260nm의 자외선 파장에서 흡광도로 측정하는데, 이 측정 원리의 기본이 되는 원인물질은 DNA의 구성성분 중 무엇인가?

① 염기(base)
② 인산 결합
③ 리보오스(ribose)
④ 데옥시리보오스(deoxyribose)

91 메탄올이나 초산 등 미생물의 증식을 저해하는 물질을 기질로 사용하는 경우 적합한 발효 방법은?

① 회분식배양(batch culture)
② 심부배양(submerged culture)
③ 연속배양(continuous culture)
④ 유가배양(fed-batch culture)

92 동물이 지방산으로부터 직접 포도당을 합성할 수 없는 이유는 어떤 대사회로가 없기 때문인가?

① Cori cycle
② Glyoxylate cycle
③ TCA cycle
④ Glucose-alanine cycle

93 효소반응과 관련하여 경쟁적 저해(competitive inhibition)에 대한 설명으로 옳은 것은?

① K_m값은 변화가 없다.
② V_{max}값은 감소한다.
③ Lineweaver-Burk plot의 기울기에는 변화가 없다.
④ 경쟁적 저해제의 구조는 기질의 구조와 유사하다.

94 코리 회로(Cori cycle)에 대한 설명이 틀린 것은?

① 과다한 호흡으로 근육세포와 적혈구 세포는 많은 양의 젖산을 생산한다.
② 젖산을 이용한 포도당신생합성 과정을 포함한다.
③ 젖산은 lactate dehydrogenase 효소 작용을 통해 pyruvate로 전환된다.
④ 근육세포에서 생성된 젖산이 혈액을 통해 신장으로 이송되는 과정을 포함한다.

95 미생물 발효에서 코발트(Co) 금속이온을 첨가할 때 생성이 증진되는 비타민은?

① Vitamin B_1　② Vitamin B_2
③ Vitamin B_6　④ Vitamin B_{12}

96 Blended Scotch Whisky에 대한 설명으로 옳은 것은?

① Whisky 증류분의 알코올 농도는 60~70%에 일정 농도가 되도록 물을 혼합한 것
② 숙성된 malt Whisky를 grain Whisky와 혼합한 것
③ 스코틀랜드에서 만들어진 Scotch Whisky 원액을 수입하여 일정 농도가 되도록 물을 가한 것
④ 100% Scotch Whisky가 아니라는 뜻

97 Zymogen에 대한 설명으로 틀린 것은?

① 효소의 전구체다.
② pro-enzyme이라고도 한다.
③ 효소 분비를 촉진하는 호르몬이다.
④ 생체 내에서 불활성의 상태로 존재 또는 분비된다.

98 단백질 대사과정에서 보조효소인 pyridoxal phosphate(PLP)가 관여하는 반응이 아닌 것은?

① transamination
② decarboxylation
③ racemization
④ dehydrogenation

99 해당과정(glycolysis)에 관여하는 효소의 조효소로 작용하는 비타민은?

① lipoic acid
② pantothenic acid
③ niacin
④ biotin

100 초산발효균으로서 *Acetobacter*의 장점이 아닌 것은?

① 발효수율이 높다.
② 혐기상태에서 배양한다.
③ 고농도의 초산을 얻을 수 있다.
④ 과산화가 일어나지 않는다.

2018년 3회 정답

1	④	2	③	3	④	4	④	5	②	6	③	7	①	8	②	9	②	10	②
11	①	12	③	13	②	14	②	15	④	16	②	17	④	18	④	19	④	20	③
21	②	22	②	23	①	24	②	25	④	26	②	27	④	28	③	29	④	30	③
31	④	32	④	33	①	34	①	35	①	36	②	37	④	38	②	39	②	40	②
41	④	42	①	43	①	44	①	45	④	46	④	47	④	48	①	49	③	50	④
51	④	52	④	53	③	54	③	55	③	56	③	57	④	58	①	59	③	60	①
61	③	62	④	63	①	64	①	65	②	66	③	67	①	68	②	69	①	70	④
71	④	72	②	73	①	74	③	75	②	76	③	77	③	78	①	79	②	80	③
81	①	82	③	83	④	84	②	85	②	86	①	87	②	88	④	89	④	90	①
91	④	92	②	93	④	94	④	95	④	96	②	97	③	98	④	99	③	100	②

2019년 3월 3일 시행

식품기사 기출문제

제1과목 식품위생학

1 민물고기를 생식한 일이 없는데도 간흡충에 감염될 수 있는 경우는?

① 덜 익힌 돼지고기 섭취
② 민물고기를 취급한 도마를 통한 감염
③ 매운탕 섭취
④ 공기를 통한 감염

2 mycotoxin 중 신장독으로 알려진 성분은?

① 시트리닌(citrinin)
② 아플라톡신(aflatoxin)
③ 파튜린(patulin)
④ 류테오스키린(luteoskyrin)

3 식품에 존재하는 유독성분과 그 식품이 바르게 연결된 것은?

① 감자 – muscarine
② 면실유 – gossypol
③ 수수 – amygdalin
④ 독미나리 – ergotoxin

4 식품 조리 시 가열처리에 의해 생성되는 유해물질이 아닌 것은?

① benzo[a]pyrene
② paraben
③ acrylamide
④ benze[a]anthracene

5 식품제조·가공업의 HACCP 적용을 위한 선행요건이 틀린 것은?

① 작업장은 독립된 건물이거나 식품취급외의 용도로 사용되는 시설과 분리되어야 한다.
② 채광 및 조명시설은 이물 낙하 등에 의한 오염을 방지하기 위한 보호장치를 하여야 한다.
③ 선별 및 검사구역 작업장의 밝기는 220룩스 이상을 유지하여야 한다.
④ 원·부자재의 입고부터 출고까지 물류 및 종업원의 이동동선을 설정하고 이를 준수하여야 한다.

6 다이옥신(dioxin)에 대한 설명이 틀린 것은?

① 자동차 배출 가스, 각종 PVC 제품 등 쓰레기의 소각과정에서도 생성된다.
② 다이옥신 중 2, 3, 7, 8-TCDD가 독성이 가장 강한 것으로 알려져 있다.
③ 다이옥신은 색과 냄새가 없는 고체물질로 물에 대한 용해도 및 증기압이 높다.
④ 환경시료에서 미량의 다이옥신 분석이 어렵다.

7 우유 중에서 많이 발견될 수 있는 aflatoxin은?

① B_1
② M_1
③ G_1
④ B_2

8 **다음 설명에 해당하는 독성시험법은?**

> • 비교적 소량의 검체를 장기간 계속 투여하여 그 영향을 검사한다.
> • 생애의 대부분의 노출로부터 일어날 수 있는 식품첨가물의 독성을 확인하는 데 이용된다.

① 급성독성시험
② 아급성독성시험
③ 만성독성시험
④ 최기형성시험

9 **식품을 가공하는 종업원의 손 소독에 가장 적합한 소독제는?**

① 역성비누
② 크레졸
③ 생리식염수
④ 승홍

10 **식품용기의 도금이나 도자기의 유약성분에서 용출되는 성분으로 칼슘(Ca)과 인(P)의 손실로 골연화증을 초래할 수 있는 금속은?**

① 납
② 카드뮴
③ 수은
④ 비소

11 **경구감염병의 특성과 거리가 먼 것은?**

① 수인성 전파가 일어날 수 있다.
② 2차 감염이 빈번하게 발생한다.
③ 미량의 균으로도 감염될 수 있다.
④ 식중독에 비하여 잠복기가 짧다.

12 **다음 설명과 관계가 깊은 식중독은?**

> • 호염성 세균이다.
> • 60°C 정도의 가열로도 사멸하므로, 가열조리하면 예방할 수 있다.
> • 주 원인식품은 어패류, 생선회 등이다.

① 살모넬라균 식중독
② 병원성 대장균 식중독
③ 장염비브리오균 식중독
④ 캠필로박터균 식중독

13 **인수공통감염병이 아닌 것은?**

① 광견병, 돈단독
② 브루셀라병, 야토병
③ 결핵, 탄저병
④ 콜레라, 이질

14 **HACCP 시스템 적용 시 준비단계에서 가장 먼저 시행해야 하는 절차는?**

① 위해요소분석
② HACCP팀 구성
③ 중요관리점 결정
④ 개선조치 설정

15 **dl-멘톨은 식품첨가물 중 어떤 종류에 해당되는가?**

① 보존료
② 착색료
③ 감미료
④ 향료

16 다음 중 차아염소산나트륨 소독 시 비해리형 차아염소산으로 존재하는 양(%)이 가장 많을 때의 pH는?

① pH 4.0　② pH 6.0
③ pH 8.0　④ pH 10.0

17 식품에 사용되는 보존료의 조건에 적합하지 않은 것은?

① 독성이 없거나 매우 미미할 것
② 식품의 물성에 따라 작용이 가변적일 것
③ 미량 사용으로 효과적일 것
④ 장기간 효력을 나타낼 것

18 소독약의 살균력을 평가하는 기준에 사용되는 약제는?

① 크레졸　② 질산은
③ 알코올　④ 석탄산

19 아래에서 설명하는 물질은?

> 금속제품(캔용기, 병뚜껑, 상수관 등)을 코팅하는 락커, 유아용 우유병, 급식용 식품 및 생수 용기 등의 소재에 사용되는 중합체이며, 캔 멸균 시 발생해서 식품에 용출될 가능성이 높은 위해물질로 피부나 눈의 염증, 발열, 태아 발육 이상, 피부알레르기 등을 유발한다.

① 비스페놀 A
② 다이옥신
③ PCB
④ 곰팡이 독소

20 미생물에 의한 부패에 대한 설명이 틀린 것은?

① 미생물에 의하여 식품의 변색, 가스 발생, 점액 생성, 조직 연화 등 부패 현상이 나타난다.
② 식품의 부패를 예방하기 위하여 보존료를 사용할 수 있다.
③ 냉동처리를 하면 식품의 표면건조를 통해 미생물의 생육을 정지시키며, 사멸을 유도할 수 있다.
④ 부패균은 식품의 종류에 따라 다르다.

제2과목 식품화학

21 인체 내에서 Fe의 생리작용에 대한 설명으로 틀린 것은?

① 헤모글로빈의 구성성분이다.
② 과잉 섭취 시 칼슘의 흡수율을 저하시킬 수 있다.
③ 식품 중의 phytic acid는 철의 흡수를 방해한다.
④ 인체 내에 가장 많은 무기질이며, 결핍 시 골다공증을 일으킨다.

22 등온흡착 BET 관계식을 통해 구할 수 있는 것은?

① 상대습도
② 분자량
③ 단분자층 수분함량
④ 수분활성

23 식품의 관능검사에서 종합적 차이검사에 해당하는 것은?

① 이점비교검사
② 일-이점검사
③ 순위법
④ 평점법

24 다음 중 프로비타민 A에 해당하는 것으로만 나열된 것은?

① α-카로틴, β-카로틴, γ-카로틴, 라이코펜
② α-카로틴, β-카로틴, 크립토잔틴, 루테인
③ β-카로틴, γ-카로틴, 라이코펜, 레티놀
④ α-카로틴, β-카로틴, γ-카로틴, 크립토잔틴

25 우유의 가공 공정에 대한 설명 중 틀린 것은?

① 균질화 공정을 통하여 단백질 및 지방의 소화율, 흡수율을 증진시킨다.
② 멸균우유는 가열취가 거의 없고 비타민 등 영양소의 손실을 최소화한 것이다.
③ 우유를 40℃ 이상에서 가열하면 얇은 피막을 형성하는 램스덴(Ramsden) 현상이 일어나는데 지방과 락토알부민이 피막성 응고물과 어울려 형성된 것이다.
④ 우유를 80℃ 이상에서 가열하면 휘발성 황화물과 황화수소가 생성되어 특유의 가열취가 발생한다.

26 식품성분분석에 있어서 검체의 채취방법이 틀린 것은?

① 미생물검사를 요하는 검체는 멸균된 기구, 용기 등을 사용하여야 한다.
② 점도가 높은 시료는 적절한 방법을 사용하여 점도를 낮추어 채취할 수 있다.
③ 냉동식품은 상온으로 해동시켜 검체를 채취해야 한다.
④ 수분측정시료는 검체를 밀폐용기에 넣고 온도변화를 최소화한다.

27 결합수에 대한 설명이 틀린 것은?

① 미생물의 번식과 성장에 이용되지 못한다.
② 당류, 염류 등 용질에 대한 용매로 작용하지 않는다.
③ 보통의 물보다 밀도가 작다.
④ 식품 성분과 수소결합을 한다.

28 시토스테롤(sitosterol)은 다음 중 어디에 해당하는가?

① 동물성 스테롤 ② 식물성 스테롤
③ 미생물 스테롤 ④ 왁스

29 100g 우유(수분 89%, 회분 1%, 단백질 3%, 지방질 3%, 탄수화물 4%)의 열량(kcal)은 얼마인가?

① 35 ② 45
③ 55 ④ 65

30 쌀, 밀 등 곡류의 단백질 조성에 있어서 부족한 필수아미노산이 아닌 것은?

① lysine ② methionine
③ phenylalanine ④ tryptophan

31 중성지질로 구성된 식품을 효과적으로 측정할 수 있는 조지방 측정법은?

① 산분해법
② 로제·고트리브(Rose-Gottlieb)법
③ 클로로포름 메탄올 혼합용액 추출법
④ 에테르(ether) 추출법

32 유화(emulsion)에 대한 설명으로 옳은 것은?

① 유화제 중 소수성 부분이 친수성 부분보다 큰 경우에는 수중유적형(O/W) 유화액을 생성시킨다.
② 유화제 분자내의 친수기와 소수기의 균형은 HLB값으로 표시하며, HLB값이 4~6인 유화제는 유중수적형(W/O)이다.
③ 우유, 아이스크림, 마요네즈는 유중수적형(W/O), 버터, 마가린은 수중유적형(O/W)이다.
④ 유화제는 물과 기름의 계면에 계면장력을 강화시켜 유화현상을 일으킨다.

33 같은 종류의 맛을 느낄 수 있는 것으로 연결된 것은?

① 글라이시리진, 카페인
② 스테비오사이드, 자일리톨
③ 퀴닌와 구연산
④ 페릴라틴, 캡사이신

34 다음 중 뉴턴 유체(Newtonian fluid)의 특성을 가진 식품은?

① 우유 ② 마요네즈
③ 케첩 ④ 마가린

35 식용유지, 지방질식품에서 항산화제에 부가적인 효과를 주는 시너지스트(synergist)가 아닌 것은?

① 구연산 ② 주석산
③ 아스코브산 ④ 유리지방산

36 양파를 가열 조리할 경우 자극적인 방향과 맛이 사라지고 단맛을 나타내는 원인은?

① propyl allyl disulfide가 가열로 분해되어 propyl mercaptan으로 변했기 때문이다.
② quercetin이 가열에 의해 mercaptan으로 변했기 때문이다.
③ 섬유질이 amylase 효소의 분해를 받아 포도당을 생성했기 때문이다.
④ carotene이 가열에 의해 단맛을 내는 lycopene으로 변화되었기 때문이다.

37 효소의 반응에 영향을 미치는 인자에 대한 설명이 틀린 것은?

① 온도가 상승하면 효소의 반응 속도가 증가하나, 최적 온도 이상이 되면 효소의 활성을 상실한다.
② Ca, Mn은 효소의 작용을 억제하는 물질이다.
③ 효소반응은 초기에는 효소의 농도와 활성도가 비례한다.
④ 효소반응에는 pH의 조절이 필요하며, 작용 최적 pH는 효소나 기질의 종류 등에 따라 다르다.

38 요오드값(iodine value)은 유지의 어떤 화학적 성질을 표시하여 주는가?

① 유리지방산의 함량 백분율
② 수산기를 가진 지방산의 함량
③ 유지 1g을 검화하는 데 필요한 요오드의 양
④ 유지에 함유된 지방산의 불포화도

39 유지의 경화공정과 트랜스지방에 대한 설명으로 틀린 것은?

① 경화란 지방의 이중결합에 수소를 첨가하여 유지를 고체화시키는 공정이다.
② 트랜스지방은 심혈관질환의 발병률을 증가시킨다.
③ 식용유지류 제품은 트랜스지방이 100g당 5g 미만일 경우 "0"으로 표시할 수 있다.
④ 경화된 유지는 비경화유지에 비해 산화 안정성이 증가하게 된다.

40 지방산화 메커니즘에 대한 설명 중 틀린 것은?

① 유지의 자동산화 초기에는 일정 기간 동안 산소흡수속도가 매우 낮다.
② 일중항 산소(singlet oxygen)에 의한 산화는 지방의 이중 결합과 유도단계 없이 바로 결합하기에 반응 속도가 빠르다.
③ 효소에 의한 산화 중 lipoxygenase에 의한 산화의 기질로는 올레산, 리놀레산, 리놀렌산, 아라키돈산이 모두 될 수 있다.
④ 튀김유와 같은 고온(180℃)에서는 생성된 hydroperoxide가 즉시 분해하여 거의 축적되지 않는다.

제3과목 식품가공학

41 압출가공 방법인 extrusion cooking 과정 중 일어나는 물리·화학적 변화가 아닌 것은?

① 조직 팽창 및 밀도 조절
② 단백질의 변성, 분자 간 결합
③ 전분의 수화, 팽윤
④ 전분의 노화 및 결합

42 젤리 속에 과일의 과육 또는 과피의 조각을 넣어 만든 제품은?

① 파이필링 ② 잼
③ 마말레이드 ④ 프리저브

43 아미노산 간장 제조에 사용되지 않는 것은?

① 코지
② 탈지대두
③ 염산용액
④ 수산화나트륨

44 아이스크림 제조 시 균질의 효과가 아닌 것은?

① 믹스의 기포성을 좋게 하여 오버런을 증가시킨다.
② 아이스크림의 조직을 부드럽게 한다.
③ 믹스의 동결공정으로 교동에 의해 일어나는 응고된 덩어리의 생성을 촉진시킨다.
④ 숙성(aging) 시간을 단축시킨다.

45 냉동식품의 해동과정에서 식품으로부터 액즙이 유출되는 현상을 무엇이라 하는가?

① glaze ② drip
③ micelle ④ thaw

46 식품가공에서의 단위조작기술이 아닌 것은?

① 증류 ② 농축
③ 살균 ④ 품질관리(QC)

47 밀가루의 물리적 시험법에 관한 설명 중 틀린 것은?

① 아밀로그래프로 아밀라아제의 역가를 알 수 있다.
② 아밀로그래프로 최고점도와 호화개시 온도를 알 수 있다.
③ 익스텐소그래프로 반죽의 신장도와 항력을 알 수 있다.
④ 익스텐소그래프로 강력분과 중력분을 구할 수 있다.

48 버터류의 식품 유형 중, 버터의 ㉠ 유지방과 ㉡ 수분 함량 기준이 모두 옳은 것은?

① ㉠ 70% 이상, ㉡ 20% 이하
② ㉠ 80% 이상, ㉡ 18% 이하
③ ㉠ 75% 이하, ㉡ 25% 이상
④ ㉠ 80% 이하, ㉡ 16% 이상

49 식물성 유지의 채유법에 대한 설명이 틀린 것은?

① 압착법 공정 중 파쇄는 원료의 종류에 따라 압쇄하는 정도를 다르게 하는데, 이것은 착유율과 관계가 깊다.
② 증기처리법에서 탱크에 압력을 가하여 가열처리하면 기름이 아래로 가라앉는다.
③ 효소에 의한 유리지방산 생성을 방지하기 위해 유지종자를 건조시켜 수분 함량을 조정한다.
④ 추출용제로는 석유성분에서 증류하여 만드는 헥산이 있다.

50 경화유 제조 시 수소를 첨가하는 반응에서 사용되는 촉매는?

① Pd ② Au
③ Fe ④ Ni

51 동결건조의 원리를 가장 잘 나타낸 것은?

① 증발에 의한 건조
② 냉풍에 의한 건조
③ 승화에 의한 건조
④ 진공에 의한 건조

52 20℃의 물 1톤을 24시간 동안 −15℃의 얼음으로 만드는 데 필요한 냉동능력은 약 얼마인가? (단, 물의 비열은 1.0kcal/kg·℃, 얼음의 비열은 0.5kcal/kg·℃이다.)

① 2.36 냉동톤
② 2.10 냉동톤
③ 1.78 냉동톤
④ 1.35 냉동톤

53 동물근육의 사후경직 과정 중 최고의 경직을 나타내는 극한산성(ultimate acidity) 상태일 때의 pH는 약 얼마인가?

① 6.0 ② 5.4
③ 4.6 ④ 3.5

54 다음 중 같은 두께에서 기체 투과성이 가장 낮은 필름(film) 재료는?

① 폴리에틸렌
② 폴리프로필렌
③ 폴리염화비닐리덴
④ 폴리염화비닐

55 젤리 응고에 관여하지 않는 물질은?

① 산 ② 단백질
③ 펙틴질 ④ 당분

56 수산 건조식품 중 소건품에 대한 설명으로 옳은 것은?

① 얼려서 건조한 것
② 소금에 절여서 건조한 것
③ 찌거나 삶아서 건조한 것
④ 조미하지 않고 원료를 그대로 건조한 것

57 효소 당화법에 비하여 산 당화법이 갖는 특징으로 옳은 것을 모두 고른 것은?

㉠ 원료 녹말을 정제할 필요가 없다. ㉡ 당화액은 쓴맛이 강하다. ㉢ 착색물이 생성되지 않는다. ㉣ 중화가 필요하다.

① ㉠, ㉡ ② ㉡, ㉣
③ ㉢, ㉣ ④ ㉠, ㉣

58 소시지를 만들 때 고기에 향신료 및 조미료를 첨가하여 혼합하는 기계는?

① silent cutter
② meat chopper
③ meat stuffer
④ packer

59 현미를 100으로 보면, 7분도미의 도정률은 약 얼마인가? (단, 현미의 겨함량은 8%)

① 96% ② 94%
③ 92% ④ 88%

60 다음 중 EPA와 DHA가 가장 많이 함유되어 있는 식품은?

① 닭가슴살 ② 삼겹살
③ 정어리 ④ 쇠고기

제4과목 식품미생물학

61 무성포자의 종류에 해당하지 않는 것은?

① 분생자(conidia)
② 후막포자(chlamydospore)
③ 포자낭포자(sporangiospore)
④ 자낭포자(ascospore)

62 설탕배지에서 배양하면 dextran을 생산하는 균은?

① *Bacillus levaniformans*
② *Leuconostoc mesenteroides*
③ *Bacillus subtilis*
④ *Aerobacter levanicum*

63 액체배양의 목적으로 적합하지 않은 것은?

① 미생물 균체의 생산
② 미생물 대사산물의 생산
③ 미생물의 증균 배양
④ 미생물의 순수 분리

64 다음 그림 ㉠, ㉡에 해당하는 곰팡이 속명은?

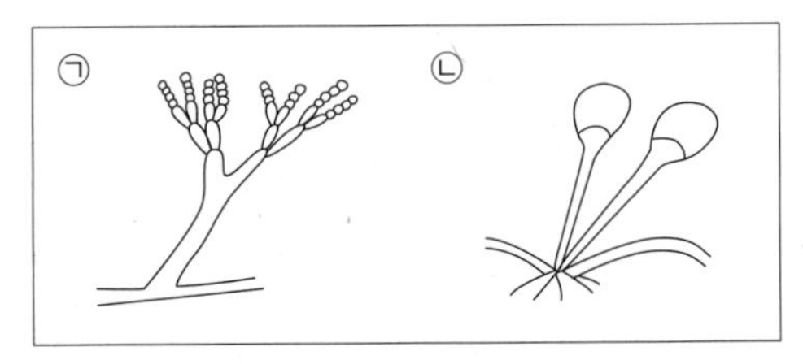

① ㉠ *Penicillium*, ㉡ *Aspergillus*
② ㉠ *Aspergillus*, ㉡ *Mucor*
③ ㉠ *Penicillium*, ㉡ *Rhizopus*
④ ㉠ *Aspergillus*, ㉡ *Penicillium*

65 이상형(hetero형) 젖산발효 젖산균이 포도당으로부터 에탄올과 젖산을 생산하는 당대사 경로는?

① EMP 경로
② ED 경로
③ Phosphoketolase 경로
④ HMP 경로

66 맥주 발효 시 ㉠ 상면발효 효모와 ㉡ 하면발효 효모를 옳게 나열한 것은?

① ㉠ *Saccharomyces carlsbergensis*, ㉡ *Saccharomyces cerevisiae*
② ㉠ *Saccharomyces cerevisiae*, ㉡ *Saccharomyces carlsbergensis*
③ ㉠ *Saccharomyces rouxii*, ㉡ *Saccharomyces cerevisiae*
④ ㉠ *Saccharomyces ellipsoideus*, ㉡ *Saccharomyces cerevisiae*

67 여름철 쌀의 저장 중 독성물질을 생성하여 황변미를 유발하는 미생물은?

① *Bacillus subtilis, Bacillus natto*
② *Lactobacillus plantarum, Escherichia coli*
③ *Penicillus citrium, Penicillus islandicum*
④ *Mucor rouxii, Rhizopus delemar*

68 클로렐라에 대한 설명이 틀린 것은?

① 녹조류에 속하며, 분열에 의해 한 세포가 4~8개의 낭세포로 증식하며 편모는 없다.
② 빛의 존재 하에 간단한 무기염과 CO_2의 공급으로 쉽게 증식한다.
③ 값싸고 단백질 함량이 높은 단세포단백질(SCP)로 이용된다.
④ 세포벽이 얇아 인체 내에서 소화가 잘 된다.

69 단백질의 생합성에 대한 설명 중 틀린 것은?

① DNA의 염기 배열순에 따라 단백질의 아미노산 배열순위가 결정된다.
② 단백질 생합성에서 RNA는 m-RNA → t-RNA → r-RNA 순으로 관여한다.
③ RNA에는 H_3PO_4, D-ribose가 있다.
④ RNA에는 adenine, guanine, cytosine, thymine이 있다.

70 식품의 산화환원전위 값이 음성값(negative)을 나타내는 식품은?

① 오렌지 주스
② 마쇄한 고기
③ 통조림 식품
④ 우유(원유)

71 글루탐산 등과 같은 아미노산 생산에 사용에 사용되고 있는 세균은?

① *Corynebacterium glutamicum*
② *Lactobacillus bulgaricus*
③ *Streptococcus thermophilus*
④ *Bacillus natto*

72 아래의 설명에 해당하는 효모는?

- 배양액 표면에 피막을 만든다.
- 질산염을 자화할 수 있다.
- 자낭포자는 모자형 또는 토성형이다.

① *Schizosaccharomyces*속
② *Hansenula*속
③ *Debarymyces*속
④ *Saccharomyces*속

73 아래의 반응에 관여하는 효소는?

> $CH_3COCOOH + NADH$
> $\rightarrow CH_3CHOCOOH + NAD$

① alcohol dehydrogenase
② lactic acid dehydrogenase
③ succinic acid dehydrogenase
④ α −ketoglutaric acid dehydrogenase

74 소맥분 중에 존재하며 빵의 slime화, 숙면의 변패 등의 주요 원인균은?

① *Bacillus licheniformis*
② *Aspergillus niger*
③ *Pseudomonas aeruginosa*
④ *Rhizopus nigricans*

75 그람양성균의 세포벽 성분은?

① peptidoglycan, teichoic acid
② lipopolysaccharide, protein
③ polyphosphate, calcium dipicholinate
④ lipoprotein, phospholipid

76 식품공업에서 아밀라아제를 생산하는 대표적인 균주와 거리가 먼 것은?

① *Aspergillus oryzae*
② *Bacillus subtilis*
③ *Rhizopus delemar*
④ *Candida lipolytica*

77 *Bacillus subtilis*(1개)가 30분마다 분열한다면 5시간 후에는 몇 개가 되는가?

① 10 ② 512
③ 1024 ④ 2048

78 미생물의 대사산물 중 혐기성 세균에 의해서만 생산되는 것은?

① acetic acid, ethanol
② citric acid, ethanol
③ propionic acid, butanol
④ glutamic acid, butanol

79 바실러스 세레우스 정량시험 과정에 대한 설명이 틀린 것은?

① 25g 검체에 225mL 희석액을 가하여 균질화한 후 10배 단계별 희석액을 만든다.
② MYP 한천평판배지에 총 접종액이 1mL가 되도록 3~5장을 도말한다.
③ 30℃에서 24±2시간 배양한 후 집락 주변에 혼탁한 환이 있는 분홍색 집락을 계수한다.
④ 총 집락 수를 5로 나눈 후 희석배수를 곱하여 집락수를 계산한다.

80 식품 중 세균수 측정을 위해 시료 25g과 멸균식염수 225㎖을 섞어 균질화하고 시험액을 다시 10배 희석한 후 1㎖을 취하여 표준평판 배양하였더니 63개의 집락이 형성되었다. 세균수 측정 결과는?

① 63cfu/g ② 630cfu/g
③ 6300cfu/g ④ 63000cfu/g

제5과목 생화학 및 발효학

81 포유동물의 지방산 합성에 관한 설명으로 틀린 것?

① 지방산 합성은 세포질에서 일어난다.
② 지방산 합성은 acetyl-CoA로부터 일어난다.
③ 다중효소복합체가 합성반응에 관여한다.
④ NADH가 사용된다.

82 인체 내 비타민 결핍으로 나타나는 증상과의 연결이 틀린 것은?

① 비타민 B_{12} - 악성빈혈
② 비타민 K - 구루병
③ 비타민 B_1 - 각기병
④ 비타민 C - 괴혈병

83 정미성 핵산을 생산하는 방법으로 옳지 않은 것은?

① 미생물로부터 purine계 염기를 생산한 후 화학적으로 ribose와 인산기를 도입하여 합성한다.
② Purine nucleotide를 미생물로 생산하고 화학적으로 인산화하여 생산한다.
③ 생화학적 변이주를 이용하여 당으로부터 직접 정미성 nucleotide를 생산한다.
④ 효모로부터 RNA를 생산 추출하고, 5-phosphodiesterase를 이용하여 가수분해시켜 얻는다.

84 균체 단백질 생산 미생물의 구비조건이 아닌 것은?

① 미생물이 유해하지 않아야 한다.
② 회수가 쉬워야 한다.
③ 생육최적온도가 낮아야 한다.
④ 영양가가 높고 소화성이 좋아야 한다.

85 대사산물 제어 조절계(feedback control)에 관한 설명으로 틀린 것은?

① 합동피드백제어(concerted feedback control)는 과잉으로 생산된 1개 이상의 최종산물이 대사계의 첫 단계 반응의 효소를 제어하는 경우를 말한다.
② 협동피드백제어(cooperative feedback control)는 과잉으로 생산된 다수의 최종산물이 합동제어에서와 마찬가지로 협동적으로 첫 단계 반응의 효소를 제어함과 동시에 각각의 최종산물 사이에도 약한 제어반응이 존재하는 경우를 말한다.
③ 순차적피드백제어(sequential feedback control)는 그 계에 존재하는 모든 대사기구의 갈림반응이 그 계의 뒤쪽의 생산물에 의해 제어되는 경우를 말한다.
④ 동위효소제어(isozyme control)는 각각의 최종산물이 서로 독립적으로 그 생합성계의 첫 번째 반응의 어떤 백분율로 제어하는 경우이다.

86 효소의 반응속도 및 활성에 영향을 미치는 요소와 가장 거리가 먼 것은?

① 온도
② 수소이온농도
③ 기질의 농도
④ 반응액의 용량

87 세포벽 합성(cell wall synthesis)에 영향을 주는 항생물질은?

① streptomycin
② oxytetracycline
③ mitomycin
④ penicillin G

88 다음 중 전자전달계(electron transport system)에서 전자 수용체로 작용하지 않는 것은?

① FMN ② NAD
③ CoQ ④ CoA

89 혐기적 상태에서 해당작용을 거쳤을 때 포도당 1mole에서 몇 mole의 ATP가 생성되는가?

① 2mole ② 8mole
③ 16mole ④ 38mole

90 세탁용 세제효소에 관한 설명이 틀린 것은?

① 상업용 세제효소들의 구조는 유사하고, 모두 넓은 범위의 기질특이성을 나타낸다.
② 분자량이 20000~30000Da 범위 내에 있고, 효소의 활성부위가 Serine잔기를 갖고 있다.
③ Protease 활성은 세제의 pH와 이온 강도에 따라 크게 영향을 받는다.
④ 세제용 Protease는 세제에 보편적으로 사용되는 음이온 계면활성제보다 비이온 계면활성제에 의해 효소의 불활성화가 더 심해진다.

91 환경을 오염시키는 농약의 분해에 이용성이 큰 것으로 제시되고 있는 미생물 속은?

① *Mucor*속
② *Candida*속
③ *Bacillus*속
④ *Pseudomonas*속

92 일반적으로 글루탐산 발효에서 비오틴(biotin)과의 관계를 가장 바르게 설명한 것은?

① Biotin이 없는 배지에서 글루탐산의 생성이 최고다.
② Biotin 과량의 배지에서 글루탐산의 생성이 최고다.
③ Biotin이 미생물을 생육할 수 있는 정도의 제한된 배지에서 글루탐산의 생성이 최고다.
④ Biotin의 농도는 글루탐산 생성과 관계가 없다.

93 비오틴의 결핍증이 잘 나타나지 않는 이유는?

① 지용성 비타민으로 인체 내에 저장되므로
② 일상생활 중 자외선에 의해 합성되므로
③ 아비딘 등의 당단백질의 분해산물이므로
④ 장내세균에 의해서 합성되므로

94 다음 젖산균 중 이상젖산발효(hetero lacticacid fermentation)를 하는 것은?

① *Lactobacillus bulgaricus*
② *Lactobacillus casei*
③ *Streptococcus lactis*
④ *Leuconostoc mesenteroides*

95 DNA의 생합성에 대한 설명으로 옳지 않은 것은?

① DNA polymerase에 의한 DNA 생합성 시에는 Mg^{2+}(혹은 Mn^{2+})와 primer-DNA를 필요로 한다.
② Nucleotide chain의 신장은 3 → 5의 방향이며 4종류의 deoxynucleotide-5-triphosphate 중 하나가 없어도 반응은 유지한다.
③ DNA ligase는 DNA의 2가닥 사슬구조 중에 nick이 생기는 경우 절단 부위를 다시 인산 diester결합으로 연결하는 것이다.
④ DNA 복제의 일반적 모델은 2본쇄가 풀림과 동시에 각각의 주형으로서 새로운 2본쇄 DNA가 만들어지는 것이다.

96 발효공정의 일반체계 중 기본단계에 해당되지 않는 것은?

① 배지의 조제 및 살균
② 종균배양
③ 배양물의 분해
④ 폐수 및 폐기물 처리

97 다음 단당류 중 ketose이면서 hexose(6탄당)인 것은?

① glucose ② ribulose
③ fructose ④ arabinose

98 단백질의 생합성이 이루어지는 장소는?

① 미토콘드리아(mitochondria)
② 리보솜(ribosome)
③ 핵(nucleus)
④ 액포(vacuole)

99 핵단백질의 가수분해 순서는?

① 핵산 → nucleotide → nucleoside → base
② 핵산 → nucleoside → nucleotide → base
③ 핵산 → nucleotide → base → nucleoside
④ 핵산 → base → nucleoside → nucleotide

100 당대사 과정 중 혐기적 단계에서 ATP를 생성시키는 방법은?

① Oxidative phosphoryation
② Glycolysis
③ TCA cycle
④ Gluconeogenesis

2019년 1회 **정답**

1	②	2	①	3	②	4	②	5	③	6	③	7	②	8	③	9	①	10	②
11	④	12	③	13	④	14	②	15	④	16	①	17	②	18	④	19	①	20	③
21	④	22	③	23	②	24	④	25	②	26	③	27	③	28	②	29	③	30	③
31	④	32	②	33	②	34	①	35	④	36	①	37	②	38	④	39	③	40	③
41	④	42	③	43	①	44	③	45	②	46	④	47	④	48	②	49	②	50	④
51	③	52	④	53	②	54	③	55	②	56	④	57	②	58	①	59	②	60	③
61	④	62	②	63	④	64	③	65	③	66	②	67	③	68	④	69	④	70	③
71	①	72	②	73	②	74	①	75	①	76	④	77	③	78	③	79	④	80	③
81	④	82	②	83	①	84	③	85	④	86	④	87	④	88	④	89	①	90	④
91	④	92	③	93	④	94	④	95	②	96	③	97	③	98	②	99	①	100	②

2019년 4월 27일 시행

식품기사 기출문제 2019 2회

제1과목 식품위생학

1 식품위생상 지표가 되는 대장균(*E. coli*)에 해당하는 특성으로 알맞은 것은?

① 젖당발효, methyl red test(−), VP test(+), gram(+)
② 젖당발효, methyl red test(+), VP test(−), gram(−)
③ 젖당비발효, methyl red test(−), VP test(+), gram(+)
④ 젖당비발효, methyl red test(+), VP test(−), gram(−)

2 식품을 경유하여 인체에 들어왔을 때 반감기가 길고 칼슘과 유사하여 뼈에 축적되며, 백혈병을 유발할 수 있는 방사성 핵종은?

① 스트론튬 90(Sr−90)
② 바륨 140(Ba−140)
③ 요오드 131(I−131)
④ 코발트 60(Co−60)

3 중간수분식품(IMF)에 관한 설명 중 틀린 것은?

① 일반적으로 수분활성이 0.60~0.85에 해당하는 식품을 말한다.
② 곰팡이의 발육을 억제한다.
③ 저온을 병용하면 더욱 효과가 좋다.
④ 황색 포도상구균의 발육억제에는 효과적이다.

4 BOD가 높아지는 것과 가장 관계가 깊은 것은?

① 식품공장의 세척수
② 매연에 의한 공기오염
③ 플라스틱 재생공장의 배기수
④ 철강공장의 냉각수

5 식품제조 가공업소에서 이물관리 개선을 위해 실시할 수 있는 대책과 거리가 먼 것은?

① X−ray 검출기 설치
② 방충·방서설비 등 제조시설 개선
③ 대장균 등의 미생물 완전 멸균처리
④ 반가공 원료식품의 자가품질검사 강화

6 HACCP의 7원칙에 해당하지 않는 것은?

① 모니터링 체계 확립
② 검증절차 및 방법 수립
③ 문서화 및 기록 유지
④ 공정흐름도 현장확인

7 병원성 세균 중 포자를 생성하는 균은?

① 바실러스 세레우스(*Bacillus cereus*)
② 병원성대장균 (*Escherichia coli* O157:H7)
③ 황색포도상구균 (*Staphylococcus aureus*)
④ 비브리오 파라해모리티쿠스 (*Vibrio parahaemolyticus*)

8 음료수캔의 내부코팅제, 급식용 식판 등의 소재로 사용되었으며, 고압증기멸균기에서 용출되기 쉬운 내분비계 장애물질은?

① 다이옥신
② 폴리염화비페닐
③ 디에틸스틸베스트롤
④ 비스페놀 A

9 식품의 산화환원전위(redox)값에 대한 설명으로 틀린 것은?

① 산소가 투과할 수 있는 식품조직상 밀도의 영향을 받는다.
② 가공되지 않은 식품은 호흡활동이 있으므로 양(+)의 redox값을 가진다.
③ 식품의 pH가 감소할수록 redox값은 증가한다.
④ 식품 중의 비타민 C나 sulfhydryl group(−SH) 등은 음의 redox값에 기여한다.

10 비브리오 패혈증의 예방대책을 설명한 것 중 틀린 것은?

① 간장 질환자는 해수욕을 가급적 삼간다.
② 생선회 원료는 수돗물에 잘 씻는다.
③ 서해안에 강물이 유입되는 장소는 균의 증감을 감시한다.
④ 생선회를 냉장고에 일정시간 보관하였다가 먹는다.

11 안전관리인증기준(HACCP)을 적용하여 식품·축산물의 위해요소를 예방·제어하거나 허용 수준 이하로 감소시켜 당해 식품·축산물의 안전성을 확보할 수 있는 중요한 단계·과정 또는 공정은?

① Good manufacturing practice
② Hazard Analysis
③ Critical Limit
④ Critical Control Point

12 산화방지제의 중요 메카니즘은?

① 지방산 생성 억제
② 하이드로퍼옥시드(hydroperoxide) 생성 억제
③ 아미노산(amino acid) 생성 억제
④ 유기산 생성 억제

13 경구감염병의 특징에 대한 설명 중 틀린 것은?

① 감염은 미량의 균으로도 가능하다.
② 대부분 예방접종이 가능하다.
③ 잠복기가 비교적 식중독보다 길다.
④ 2차 감염이 어렵다.

14 석탄산계수에 관한 설명으로 옳은 것은?

① 소독제의 무게를 석탄산 분자량으로 나눈 값이다.
② 소독제의 독성을 석탄산의 독성 1000으로 하여 비교한 값이다.
③ 석탄산과 동일한 살균력을 보이는 소독제의 희석도를 석탄산의 희석도로 나눈 값이다.
④ 각종 미생물을 사멸시키는 데 필요한 석탄산의 농도 값이다.

15 산화방지제의 효과를 강화하기 위하여 유지식품에 첨가되는 효력 증강제(synergist)가 아닌 것은?

① tartaric acid
② propyl gallate
③ citric acid
④ phosphoric acid

16 식품에 오염된 방사능 안전관리를 위하여 기준을 설정하여 관리하는 핵종들은?

① ^{140}Ba, ^{141}Ce　② ^{137}Cs, ^{131}I
③ ^{89}Sr, ^{95}Zn　④ ^{59}Fe, ^{90}Sr

17 다음 중 수분함량 측정방법이 아닌 것은?

① Soxhlet 추출법
② 감압가열건조법
③ Karl-Fisher법
④ 상압가열건조법

18 환자의 소변에 균이 배출되어 소독에 유의해야 되는 감염병은?

① 장티푸스　② 콜레라
③ 이질　④ 디프테리아

19 식품에 사용되는 합성보존료의 목적은?

① 식품의 산화에 의한 변패를 방지
② 식품의 미생물에 의한 부패를 방지
③ 식품에 감미를 부여
④ 식품의 미생물을 사멸

20 병에 걸린 동물의 고기를 재대로 가열하지 않고 섭취하거나 가공할 때 사람에게도 감염될 수 있는 감염병은?

① 디프테리아　② 급성회백수염
③ 유행성 간염　④ 브루셀라병

제2과목 식품화학

21 식용유지의 자동산화 중 나타나는 변화가 아닌 것은?

① 과산화물가가 증가하다가 감소한다.
② 공액형 이중결합(conjugated double bonds)을 가진 화합물이 증가한다.
③ 요오드가가 증가한다.
④ 산가가 증가한다.

22 다음 carotenoid 중 xanthophyll 그룹에 해당하는 것은?

① β-carotene　② cryptoxanthin
③ α-carotene　④ lycopene

23 다음 중 물에 녹고 가열에 의해 쉽게 응고되는 단백질은?

① albumin　② protamine
③ albuminoid　④ glutelin

24 서로 다른 형태와 크기를 가진 복합물질로 구성된 비뉴톤액체의 흐름에 대한 저항성을 나타내는 물리적 성질을 무엇이라 하는가?

① 점성　② 점조성
③ 점탄성　④ 유동성

25 바이센베르그 효과를 나타내는 식품과 거리가 먼 것은?

① 연유　② 꿀
③ 녹아있는 치즈　④ 나토

26 소비자의 선호도를 평가하는 방법으로써 새로운 제품의 개발과 개선을 위해 주로 이용되는 관능검사법은?

① 묘사 분석 ② 특성차이 검사
③ 기호도 검사 ④ 차이식별 검사

27 다음 중 비타민 B_2가 알칼리 환경에서 광분해되어 생성되는 물질은?

① lumiflavin
② thiazole
③ thiochcrome
④ kymichcrome

28 식품의 텍스처를 측정하는 texturometer에 의한 texture-profile로부터 알 수 없는 특성은?

① 탄성 ② 저작성
③ 부착성 ④ 안정성

29 고구마, 밤 등의 과실통조림에서 회색의 복합염을 형성하여 산소가 남아 있는 경우 흑청색이나 청록색으로 변하는 이유는?

① 탄닌 성분이 제2철염과 반응하기 때문에
② 탄닌 성분이 마그네슘 이온과 반응하기 때문에
③ 탄닌 성분이 외부의 산소와 결합하기 때문에
④ 탄닌 성분이 탈수되기 때문에

30 식용유지의 과산화물가가 80밀리 당량(meq/㎏)인 경우, 밀리몰(mM/㎏)로 환산한 과산화물가는?

① 10mM/kg ② 20mM/kg
③ 30mM/kg ④ 40mM/kg

31 마이야르반응에 의해 발생하지 않는 휘발성분은?

① 피라진류(pyrazines)
② 피롤류(pyrroles)
③ 에스테르류(esters)
④ 옥사졸류(oxazoles)

32 알칼로이드계의 쓴맛 물질이 아닌 것은?

① 카페인 ② 테오브로민
③ 퀴닌 ④ 피넨

33 알라닌(alanine)이 Strecker 반응을 거치면 무엇으로 변하는가?

① acetic acid ② ethanol
③ acetamide ④ acetaldehyde

34 $CuSO_4$의 알칼리 용액에 넣고 가열할 때 Cu_2O의 붉은색 침전이 생기지 않는 것은?

① maltose ② sucrose
③ lactose ④ glucose

35 KOH를 첨가하였을 때 글리세롤을 형성하지 못하는 지방질은?

① 인지질 ② 중성지질
③ 트리팔미틴 ④ 라이코펜

36 우유 단백질 간의 이황화결합을 촉진시키는 데 관여하는 것은?

① 설프하이드릴(sulfhydryl)기
② 이미다졸(imidazole)기
③ 페놀(phenol)기
④ 알킬(alkyl)기

37 카레의 노란색을 나타내는 색소는?

① 안토시아닌(anthocyanin)
② 커큐민(curcumin)
③ 탄닌(tannin)
④ 카테킨(catechin)

38 가열 조리한 무의 단맛 성분은?

① allicin
② aspartame
③ methyl mercaptan
④ phyllodulcin

39 포도당이 아글리콘(aglycone)과 에테르 결합을 한 화합물의 명칭은?

① glucoside ② glycoside
③ galactoside ④ riboside

40 옥수수를 주식으로 하는 저소득층의 주민들 사이에서 풍토병 또는 유행병으로 알려진 질병의 원인을 알기 위하여 연구한 끝에 발견된 비타민은?

① 나이아신 ② 비타민 E
③ 비타민 B_2 ④ 비타민 B_6

제3과목 식품가공학

41 유지를 추출하기 위한 유기용제의 구비조건으로 잘못된 것은?

① 유지 및 기타 물질을 잘 추출할 것
② 유지 및 착유박에 이취와 독성이 없을 것
③ 기화열 및 비열이 작아 회수하기 쉬울 것
④ 인화 및 폭발하는 위험성이 적을 것

42 발효를 생략하고 기계적으로 반죽을 형성시키는 제빵공정(no time dough method)에서 첨가하는 cystein의 작용을 옳게 설명한 것은?

① gluten의 $-NH_2$ 기에 작용하여 $-N=N-$로 산화한다.
② gluten의 $-SH$ 기에 작용하여 $-S-S-$로 산화한다.
③ gluten의 $-S-S-$ 결합에 작용하여 $-SH$로 환원한다.
④ gluten의 $-N=N-$ 결합에 작용하여 $-NH_2$로 환원한다.

43 원통형 저장탱크에 밀도가 $0.917 g/cm^3$인 식용유가 5.5m 높이로 담겨져 있을 때, 탱크 밑바닥이 받는 압력은?(단, 탱크의 배기구가 열려져 있고 외부압력이 1기압이다)

① 0.495×10^5 Pa
② 0.990×10^5 Pa
③ 1.013×10^5 Pa
④ 1.508×10^5 Pa

44 천연과일주스의 제조 공정 중 탈기(공기 제거)의 목적이 아닌 것은?

① 이미, 이취의 발생을 감소시킨다.
② 거품의 생성을 억제시킨다.
③ 색소파괴를 감소시킨다.
④ 조직감을 향상시킨다.

45 튀김유의 품질 조건이 아닌 것은?

① 거품이 일지 않을 것
② 열에 대하여 안전할 것
③ 튀길 때 발생하는 연기가 적을 것
④ 가열에 의한 점도변화가 클 것

46 밀의 제분공정에서 조질의 주요 목적은?

① 외피와 배유의 분리를 쉽게 하기 위한 것
② 밀가루의 품질을 균일하게 하기 위한 것
③ 외피의 분쇄를 쉽게 하기 위한 것
④ 협잡물을 제거하기 위한 것

47 피부건강에 도움을 주는 건강기능식품 기능성 원료(고시형 원료)가 아닌 것은?

① 알로에 겔
② 쏘팔메토열매추출물
③ 엽록소 함유 식물
④ 클로렐라

48 무당연유의 수분함량은 약 얼마인가?

① 25% 정도 ② 30% 정도
③ 75% 정도 ④ 90% 정도

49 식품 포장재료에 요구되는 기본 성질에 대한 설명으로 틀린 것은?

① 품질을 유지하기 위한 성질로 친수성, 친유성, 광택성이 있다.
② 식품을 보호하는 성질로 가스투과도, 투습도, 광차단성, 자외선방지, 보향성이 있다.
③ 상품가치를 높이는 성질로 투명성, 인쇄적성, 밀착성이 있다.
④ 포장효과 및 생산성을 높이는 성질로 밀봉성, 기계적성, 내한성, 내열성, 위조방지가 있다.

50 소시지 가공 시 염지의 효과가 아닌 것은?

① 육색소를 고정하여 제품의 색택을 유지시킨다.
② 보수성과 결착성을 증진시킨다.
③ 방부성과 독특한 맛을 갖게 한다.
④ 단백질을 변성시키고 살균한다.

51 I.Q.F 동결에 관한 설명 중 틀린 것은?

① Individual Quick Freezing이다.
② 식품의 개체를 따로 따로 동결하는 방법이다.
③ 최근 수산물의 동결저장에 많이 응용되고 있는 방법이다.
④ 공기동결 방법에 적합한 동결현상이다.

52 배지를 110°C에서 20분간 살균하려 한다. 사용하고자 하는 살균기의 온도가 화씨(°F)로 표시되어 있을 때 이 살균기를 사용하려면 살균온도(°F)를 얼마로 고정하여 살균하여야 하는가?

① 110°F ② 212°F
③ 230°F ④ 251°F

53 물에 불린 콩을 마쇄하여 두부를 만들 때 마쇄가 두부에 미치는 영향에 대한 설명으로 틀린 것은?

① 콩의 마쇄가 불충분하면 비지가 많이 나오므로 두부의 수율이 감소하게 된다.
② 콩의 마쇄가 불충분하면 콩단백질인 glycinin이 비지와 함께 제거되므로 두유의 양이 적어 두부의 양도 적다.
③ 콩을 지나치게 마쇄하면 불용성의 고운 가루가 두유에 섞이게 되어 응고를 방해하여 두부의 품질이 좋지 않게 된다.
④ 콩을 지나치게 마쇄하면 콩 껍질, 섬유소 등이 제거되어 영양가 및 소화흡수율이 증가한다.

54 전분의 당화법 중 효소당화법에 대한 설명이 아닌 것은?

① 정제를 완전히 해야 한다.
② 쓴맛이 없고 착색물질 등 생성물이 생기지 않는다.
③ 당화전분 농도는 약 50%이다.
④ 97% 이상의 높은 분해율을 보인다.

55 무당연유의 제조공정에 대한 설명으로 틀린 것은?

① 당을 넣지 않는다.
② 예열공정을 하지 않는다.
③ 균질화를 한다.
④ 가열멸균을 한다.

56 대두조직단백(textured soybean protein, TSP, 조직대두단백)을 대체 소재로 사용 시 기대되는 효과로 틀린 것은?

① 비교적 양질의 단백질을 함유하고 있어 영양가가 우수하다.
② 제품이 대개 건조된 상태로 되어 있어 포장 및 운반이 쉽다.
③ 지방과 Na 함량이 적어 고혈압, 비만증 등의 환자를 위한 식단에 적합하다.
④ 외관, 형태, 조직 또는 촉감은 육류와 달라 증량 향상을 목적으로 사용된다.

57 신선란에 대한 설명으로 틀린 것은?

① 비중은 1.08~1.09이다.
② 난황의 굴절률은 1.42 정도로 난백보다 높다.
③ 난백의 pH는 6.0 정도로 난황보다 낮다.
④ 신선란의 pH는 저장기간이 지남에 따라 증가한다.

58 채소를 가공할 때 전처리로 데치기를 하는 목적이 아닌 것은?

① 효소의 불활성화
② 오염 미생물의 살균
③ 풋냄새의 제거
④ 향의 보존

59 유통기한 설정시 반응속도의 온도 의존성에 관한 설명으로 틀린 것은?

① 반응속도는 온도가 증가하면 직선적(liner)으로 증가한다.
② 온도 의존성은 일반적으로 아레니우스(Arrhenius)식으로 표현된다.
③ 온도 의존성은 특히 가속저장방법으로부터 유통기한 예측에 적용된다.
④ Q_{10}이 2인 식품이 50℃에서 유통기한이 2주일 때 30℃에서는 8주이다.

60 마요네즈 제조 시 사용되는 달걀의 가장 중요한 물리 화학적 원리는?

① 기포성 ② 유화성
③ 포립성 ④ 응고성

제4과목 식품미생물학

61 알코올성 음료의 상업적 생산에 관여하는 효모와 가장 거리가 먼 것은?

① *Saccharomyces cerevisiae*
② *Saccharomyces sake*
③ *Saccharomyces carlsbergensis*
④ *Zygosaccharomyces rouxii*

62 효모의 대표적인 증식방법으로 세포에 생긴 작은 돌기가 커지면서 새로운 자세포가 생성되는 것은?

① 출아 ② 사출
③ 세포분열 ④ 접합

63 효모 미토콘드리아(mitochondria)의 주요작용은?

① 호흡작용
② 단백질 생합성 작용
③ 효소 생합성 작용
④ 지방질 생합성 작용

64 GRAS(generally regarded as safe) 균주로 안전성이 입증되어 있고, 단세포 단백질 및 리파아제 생산균주는?

① *Candida rugosa*
② *Aspergillus niger*
③ *Rhodotorula glutinus*
④ *Bacillus subtilis*

65 Asymmetrica에 속하며 cheese제조에 사용되는 곰팡이는?

① *Penicillium roqueforti*
② *Penicillium chrysogeum*
③ *Penicillium expansum*
④ *Penicillium citrinum*

66 경사면으로 굳혀 호기성 미생물 배양에 사용하는 배지는?

① 사면배지 ② 평판배지
③ 고층배지 ④ 증균배지

67 붉은 색소를 생성하며 생선묵과 우유를 적변시키는 것은?

① *Serratia*속
② *Escherichia*속
③ *Pseudomonas*속
④ *Lactobacillus*속

68 청국장 제조에 쓰이는 균은?

① *Bacillus mesentericus*
② *Bacillus subtilis*
③ *Bacillus coagulans*
④ *Lactobacillus plantarum*

69 미생물의 증식을 억제하는 항생물질 중 세포벽 합성을 저해하는 것은?

① penicillin
② chloramphenicol
③ tetracycline
④ streptomycin

70 *Rhizopus*속에 대한 설명으로 옳은 것은?

① 털곰팡이라고도 한다.
② 가근을 형성하지 않는다.
③ 혐기적인 조건에서 알코올이나 젖산 등을 생산한다.
④ 자낭균류에 속한다.

71 당류의 발효성 실험법으로 적합하지 않은 것은?

① Lindner법
② Durham tube법
③ Einhorn tube법
④ Pilsner법

72 미생물의 증식곡선에서 환경에 대한 적응시기로 세포수 증가는 거의 없으나 세포 크기가 증대되며 RNA 함량이 증가하고 대사활동이 활발해지는 시기는?

① 유도기(lag phase)
② 대수기(logarithmic phase)
③ 정상기(stationary phase)
④ 사멸기(death phase)

73 유제품 공장에서 파지(phage) 오염 예방법으로 적합하지 않은 것은?

① 2종 이상의 균주 조합 계열을 만들어 2~3일마다 바꾸어 사용한다.
② 내성 균주를 사용한다.
③ 온도 및 pH 등의 환경조건을 변화시킨다.
④ 공장과 주변을 청결히 하고 용기의 가열·살균, 약제사용 등을 철저히 한다.

74 세대시간이 20분인 세균 3마리를 2시간 배양한 후의 균수는?

① 36개 ② 64개
③ 192개 ④ 729개

75 클로렐라(*Chlorella*)의 설명 중 옳은 것은?

① 태양 에너지 이용률은 일반 재배식물과 유사하다.
② 사람에 대한 소화율이 다른 균체보다 높다.
③ 현미경으로만 볼 수 있고 담수에서 자란다.
④ 건조물은 약 50%가 단백질이고 아미노산과 비타민이 풍부하다.

76 Bergey의 초산균 분류 중 초산을 산화하지 않으며 포도당 배양기에서 암갈색 색소를 생성하는 균주는?

① *Acetobacter roseum*
② *Acetobacter oxydans*
③ *Acetobacter melanogenum*
④ *Acetobacter aceti*

77 *penicillium*속이 생산하는 독소는?

① Rubratoxin
② Aflatoxin
③ Tetrododoxin
④ Zearalenone

78 분열에 의한 무성생식을 하는 전형적인 특징을 보이는 효모는?

① *Saccharomyces*속
② *Zygosaccharomyces*속
③ *Sacchromycodes*속
④ *Schizosaccharomyces*속

79 단시간 내에 특정 DNA 부위를 기하급수적으로 증폭시키는 중합효소연쇄반응(PCR)의 반복되는 단계는?

① DNA 이중나선의 변성 → RNA 합성 → DNA 합성
② RNA 합성 → DNA 이중나선의 변성 → DNA 합성
③ DNA 이중나선의 변성 →프라이머 결합 → DNA 합성
④ 프라이머 결합 → DNA 이중나선의 변성→ DNA 합성

80 그람염색에서 가장 먼저 사용하는 시약은?

① 알코올(alcohol)
② 크리스탈 바이올렛(crystal violet)
③ 사프라닌(safranin)
④ 그람 요오드(gram's iodine)

제5과목 생화학 및 발효학

81 Biotin 과잉배지에서 glutamic acid 발효 시 첨가하는 물질은?

① vitamin B_{12} ② thiamin
③ penicillin ④ vitamin C

82 비타민 D에 대한 설명으로 틀린 것은?

① isoprene 단위의 축합으로 합성된 isoprenoid 화합물이다.
② 비타민 A, E, K와 마찬가지로 수용성이다.
③ 피부에서 광화학반응에 의해 7-dehydrocholesterol로부터 합성된다.
④ vitamin D_3는 1,25-dehydroxy vitamin D_3로 전환되어 Ca^{2+}대사를 조절한다.

83 아미노산의 탈아미노 반응으로 유리된 NH_3^+의 대사경로가 아닌 것은?

① α-keto acid와 결합하여 아미노산을 생성
② 해독작용의 하나로서 glutamine을 합성
③ 간에서 요소회로를 거쳐 요소로 합성
④ 간에서 당신생(gluconeogenesis) 과정을 거침

84 고농도 유기물의 폐수를 처리하기 위한 메탄 발효법은 어떤 처리법에 해당되는가?

① 활성오니법
② 살수여상법
③ 혐기적 처리법
④ 호기성 처리법

85 전분 당화 효소 중 α-1,4 linkage를 무작위로 가수분해하지만 α-1,6 linkage를 분해하지 못하는 endo 효소는?

① α-amylase
② β-amylase
③ glucoamylase
④ isoamylase

86 미카엘리스 상수(Michaelis constant) Km의 값이 낮은 경우는 무엇을 의미하는가?

① 효소와 기질의 친화력이 크다.
② 효소와 기질의 친화력이 작다.
③ 기질과 저해제가 경쟁한다.
④ 기질과 저해제가 결합한다.

87 핵산 관련 물질의 정미성에 관한 설명으로 틀린 것은?

① Ribose의 5′ 위치에 인산기가 붙는다.
② Mononucleotide에 정미성이 있다.
③ 정미성은 pyrimidine계의 것에는 있으나, purine계의 것에는 없다.
④ Nucleotide의 당은 deoxyribose, ribose이다.

88 효소와 기질이 반응할 때 기질의 구조가 조금만 달라도 그 기질에 대해서 효소가 활성을 갖지 못하는 것을 무엇이라 하는가?

① 활성부위
② 기질특이성(active site)
③ 촉매효율(catalytic efficiency)
④ 조절(regulation)

89 광합성의 명반응과 암반응에 대한 설명이 틀린 것은?

① 명반응은 온도의 영향을 받지 않으며, 빛의 세기에 영향을 받는다.
② 암반응은 빛의 존재에 직접적으로 의존하지 않는다.
③ 명반응은 빛에너지를 ATP 등의 화학에너지로 전환한다.
④ 암반응은 질소고정을 이용하여 질소화합물로 동화시키는 효소반응이다.

90 격렬한 운동을 하는 동안 혐기적인 조건에서 근육 속에 생성된 젖산이 Cori cycle에 의해 간으로 이동하여 무엇으로 전환되는가?

① 글리신(glycine)
② 알라닌(alanine)
③ 포도당(glucose)
④ 글루탐산(glutamic acid)

91 균주 개량 및 신물질 생산을 위한 재조합 기술(recombinant DNA technology)에 필수적으로 요구되는 수단이 아닌 것은?

① DNA methylase
② DNA ligase
③ Rrestriction enzyme
④ Vector

92 맥주 제조 시 당화액을 자비할 때 hop의 쓴맛을 내는 성분은?

① isohumulone
② cohumulone
③ pectin
④ tannin

93 아래와 같은 반응으로 만들어지는 최종 발효 생성물은?

$$C_6H_{12}O_6 \rightarrow 2C_2H_5OH + 2CO_2$$
$$C_2H_5OH + O_2 \rightarrow CH_3COOH + H_2O$$

① 식초 ② 요구르트
③ 아미노산 ④ 핵산

94 TCA cycle 중 전자전달(electron transport) 과정으로 들어가는 $FADH_2$를 생성하는 반응은?

① isocitrate → α -ketoglutarate
② α -ketoglutarate → syccinyl CoA
③ succinate → fumarate
④ malate → oxaloacetate

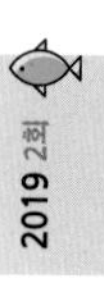

95 단일 탄소기를 운반하는 생화학반응에서 보조효소로 작용하는 비타민은?

① 엽산
② 비타민 B_1
③ 비타민 C
④ pantothenic acid

96 *Mycobacterium tuberculosis*에서 분리 정제된 DNA 시료 중 몰비로 20%의 adenine이 함유되어 있다. 이 DNA 중에 cytosine의 백분율은?

① 20% ② 30%
③ 40% ④ 50%

97 지방산의 생합성 속도를 결정하는 효소는?

① 시트르산 분해효소(citrate lyase)
② 아세틸-CoA 카르복실화효소
(acetyl-CaA carboxylase)
③ ACP-아세틸기 전이효소
(ACP-acetyl transferase)
④ ACP-말로닐기 전이효소
(ACP-malonul transferase)

98 유전물질이 발견되지 않은 세포 내 소기관은?

① chloroplasts
② lysosomes
③ mitochondria
④ nuclei

99 심부배양과 비교하여 고체배양이 갖는 장점이 아닌 것은?

① 곰팡이에 의한 오염을 방지할 수 있다.
② 공정에서 나오는 폐수가 적다.
③ 시설비가 적게 들고 소규모 생산에 유리하다.
④ 배지조성이 단순하다.

100 미생물에 의해서 분해되기 어려운 가소제는?

① dibutyl sebacate
② diisooctyl phthalate
③ polypropylene adipate
④ polypropylene sebacate

2019년 2회 **정답**

1	②	2	①	3	②	4	①	5	③	6	④	7	①	8	④	9	②	10	④
11	④	12	②	13	④	14	③	15	②	16	②	17	①	18	①	19	②	20	④
21	③	22	②	23	①	24	②	25	④	26	③	27	①	28	④	29	①	30	④
31	③	32	④	33	④	34	②	35	④	36	①	37	②	38	③	39	①	40	①
41	①	42	③	43	④	44	④	45	④	46	①	47	②	48	③	49	①	50	④
51	④	52	③	53	④	54	①	55	②	56	④	57	③	58	④	59	①	60	②
61	④	62	①	63	①	64	①	65	①	66	①	67	①	68	②	69	①	70	③
71	④	72	①	73	③	74	③	75	④	76	③	77	①	78	④	79	③	80	②
81	③	82	②	83	④	84	③	85	①	86	①	87	③	88	②	89	④	90	③
91	①	92	①	93	①	94	③	95	①	96	②	97	②	98	②	99	①	100	②

2019년 8월 4일 시행

식품기사 기출문제

제1과목 식품위생학

1 동물의 변으로부터 살모넬라균을 검출하려 할 때 처음 실시해야 할 배양은?

① 확인배양 ② 순수배양
③ 분리배양 ④ 증균배양

2 곰팡이가 생성하는 독소가 아닌 것은?

① aflatoxin ② citrinin
③ citreoviridin ④ atropine

3 기구 및 용기·포장의 기준 및 규격으로 틀린 것은?

① 기구 및 용기·포장의 제조·가공에 사용되는 기계·기구류와 부대시설물은 항상 위생적으로 유지·관리하여야 한다.
② 기구 및 용기, 포장의 식품과 접촉하는 부분에 사용하는 도금용 주석은 납을 1.0% 이상 함유하여서는 아니 된다.
③ 기구 및 용기·포장의 제조·가공에 사용되는 원재료는 품질이 양호하고, 유독·유해물질 등에 오염되지 아니한 것으로 안전성과 건전성을 가지고 있어야 한다.
④ 전류를 직접 식품에 통하게 하는 장치를 가진 기구의 전극은 철, 알루미늄, 백금, 티타늄 및 스테인리스 이외의 금속을 사용해서는 아니 된다.

4 방사능 물질이 인체와 식품에 미치는 영향에 대한 설명이 틀린 것은?

① 반감기가 짧을수록 위험하다.
② 동위원소의 침착 장기의 기능 등에 따라 위험도의 차이가 있다.
③ 생체에 흡수되기 쉬울수록 위험하다.
④ 생체기관의 감수성이 클수록 위험하다.

5 물의 오염된 정도를 표시하는 지표로 호기성 미생물이 일정기간 동안 물 속에 있는 유기물을 분해할 때 사용하는 산소의 양을 나타내는 것은?

① BOD(biochemical oxygen demand)
② COD(chemical oxygen demand)
③ SS(suspended solid)
④ DO(dissolved oxygen)

6 보존료의 목적은?

① 미생물에 의한 부패를 방지
② 미생물의 완전 사멸
③ 식품 성분의 개선
④ 맛의 증진

7 다음 중 유해 합성 착색제는?

① 식용색소 적색2호
② 아우라민(auramine)
③ β-카로틴(β-carotine)
④ 이산화티타늄(titanum dioxide)

8 인수공통감염병에 대한 설명으로 틀린 것은?

① 사람과 동물 사이에 동일한 병원체에 의해 발생한다.
② 병원체가 들어 있는 육류 또는 유제품 섭취 시 감염될 수 있다.
③ 결핵, 파상열이 해당한다.
④ 탄저병은 브루셀라균에 의해 발생한다.

9 특수독성시험이 아닌 것은?

① 최기형성시험　② 번식시험
③ 변이원성시험　④ 급성독성시험

10 GMO 식품의 항생제 내성 유전자가 체내, 혹은 체내 미생물로 전이되는 것이 어려운 이유는?

① 기존 식품에 혼입되어 오랜 시간 동안 다량 노출로 인해 인체가 적응을 하였기 때문이다.
② 유전자변형 식품에 인체 및 미생물에 영향을 미치는 유전자가 함유되지 않기 때문이다.
③ 식품 중에 포함된 유전자가 체내의 분해효소와 강산성의 위액에 의해 분해되기 때문이다.
④ 전이 방지 물질을 첨가하여 안전성평가에 의해 인체에 전이되지 않는 GMO만을 허가하여 유통되기 때문이다.

11 밀가루 개량제로 허용된 식품첨가물이 아닌 것은?

① 과산화벤조일(희석)
② 과황산암모늄
③ 탄산수소나트륨
④ 염소

12 식중독을 일으키는 세균과 바이러스에 대한 설명으로 틀린 것은?

① 세균은 온도, 습도, 영양성분 등이 적정하면 자체증식이 가능하다.
② 바이러스에 의한 식중독은 미량(10~100)의 개체로도 발병이 가능하다.
③ 독소형 식중독은 감염형 식중독에 비해 비교적 잠복기가 짧다.
④ 바이러스에 의한 식중독은 일반적인 치료법이나 백신이 개발되어 있다.

13 식품포장용기로 사용되는 유리에 대한 설명으로 틀린 것은?

① 유리재질에는 경질유리와 연질유리가 있다.
② 유리는 투명하며 위생적이고 기밀성이 좋다.
③ 비교적 독성이 적으나, 사용원료에 따라서는 비소, 납 등 중금속이 문제가 될 수 있다.
④ 유리에서 제조과정 중 사용된 가소제가 용출될 수 있다.

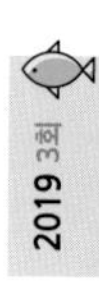

14 식품의 잔류 농약에 관한 설명 중 잘못된 것은?

① 수확 직전 살포 시에는 식품에 다량 잔류할 수 있다.
② 급성독성이 문제시 되며, 만성독성은 발생하지 않는다.
③ 사용이 금지된 것도 환경 내에 어느 정도 잔류하여 오염될 수 있으므로 계속적인 모니터링이 필요하다.
④ 농약에 오염된 사료로 사육한 동물의 우유 등에도 잔류할 수 있다.

15 대장균을 동정할 때 사용하는 배지의 당은?

① 유당　② 설탕
③ 맥아당　④ 과당

16 식품에서 미생물의 증식을 억제하여 부패를 방지하는 방법으로 가장 거리가 먼 것은?

① 저온　② 건조
③ 진공포장　④ 여과

17 다음 중 내분비장애물질이 아닌 것은?

① Dioxin
② Phthalate ester
③ Heterophyes
④ PCB

18 돼지고기의 생식으로 감염될 수 있는 기생충은?

① 십이지장충 ② 회충
③ 유구조충 ④ 무구조충

19 물에 녹기 쉬운 무색의 가스 살균제로 방부력이 강하여 0.1%로서 아포균에 유효하며, 단백질을 변성시키고 두통, 위통, 구토 등의 중독 증상을 일으키는 물질은?

① 포름알데히드 ② 불화수소
③ 붕산 ④ 승홍

20 알레르기성 식중독의 원인물질과 가장 관계 깊은 것은?

① histamine ② glutamic acid
③ solanine ④ aflatoxin

제2과목 식품화학

21 관능검사 중 가장 많이 사용되는 검사법으로 일반적으로 훈련된 패널요원에 의하여 식품시료 간의 관능적 차이를 분석하는 검사법은?

① 차이식별 검사
② 향미프로필 검사
③ 묘사 분석
④ 기호도 검사

22 다음 아미노산 중 자외선 흡수성을 지니지 않는 것은?

① Tyrosine ② Phenylalanine
③ Glycine ④ Tryptophan

23 다음 중 환원당이 아닌 것은?

① 맥아당 ② 유당
③ 설탕 ④ 포도당

24 식품 중의 트랜스지방 저감화 방법과 거리가 먼 것은?

① 에스테르 교환반응
② 유지의 분획
③ 육종 개발을 통한 유지자원 개발
④ 불포화지방산의 중합체 형성

25 과당(fructose)의 수용액에서 평형화합물 중 가장 많이 존재하는 것은?

① α-D-fructofuranose
② β-D-fructofuranose
③ α-D-fructopyranose
④ β-D-fructopyranose

26 어떤 식품 1g을 연소시켜 얻은 회분의 수용액을 중화하는 데 0.1N NaOH 1ml이 소모되었다면 이 식품의 산도는 얼마인가?

① 1000 ② 100
③ 10 ④ 1

27 표고버섯의 주요 향미성분은?

① sinigrin
② lenthionine
③ glucosinolate
④ allicin

28 유화식품에 대한 설명이 적절하지 않은 것은?

① 수중유적형 유화식품의 대표적인 예는 우유이고, 유중수적형 식품은 버터이다.
② 유화능을 갖는 유화제는 양친매성을 갖으며 분자 내 친수성과 소수성기를 동시에 갖는다.
③ 유화제는 기름과 물 사이의 표면장력을 증가시켜 물과 기름이 서로 섞이게 한다.
④ 유화제의 HLB 값이 4~6이면 유중수적형 유화액을, HLB 값이 8~18이면 수중유적형 유화액 제조에 적합하다.

29 저칼로리의 설탕대체품으로 이용되면서 당뇨병 환자들을 위한 식품에 이용할 수 있는 성분은?

① 자일리톨 ② 젖당
③ 맥아당 ④ 갈락토오스

30 채소류의 특성을 설명하는 것으로 옳지 못한 것은?

① 시금치에 많이 함유된 옥살산은 칼슘과 결합하여 불용성 물질을 만들기도 한다.
② 채소류에 많이 함유된 비타민 C는 홍당무에 함유된 ascorbate oxidase에 의해 산화된다.
③ 무에 함유된 diastase는 단백질의 가수분해를 촉진시키므로 고기류와 함께 먹는 것이 바람직하다.
④ 갓에 함유된 매운 맛 성분은 sinigrin으로 종자는 겨자분으로 이용되기도 한다.

31 산화방지제로 사용되는 화합물의 종류와 주요 항산화 메카니즘의 연결이 잘못된 것은?

① 비타민 C–수소공여 혹은 전자공여채
② β–카로틴–일중항산소 (singlet oxygen) 제거
③ 세사몰–수소공여 혹은 전자공여체
④ EDTA–산소제거

32 소수성 아미노산인 L–leucine의 맛과 유사한 것은?

① 3.0% 포도당의 단맛
② 1.0% 소금의 짠맛
③ 0.5% malic acid의 신맛
④ 0.1% caffeine의 쓴맛

33 밀가루 단백질 중 반죽 형성 시 점착성과 연한 성질을 부여하는 것은?

① 알부민 ② 글로불린
③ 글루테닌 ④ 글리아딘

34 버터(Butter)의 위조품 검정에 이용되는 것은?

① Polenske 값
② Reichert–Meissl 값
③ Acetyl 값
④ Hener 값

35 전분의 노화가 가장 잘 일어나는 수분함량은?

① 15% 이하 ② 20~30%
③ 30~60% ④ 80% 이상

36 최소 감응농도 중 정미물질의 맛이 무엇인지는 분간할 수 없으나 순수한 물과 다르다고 느끼는 최소농도는?

① 최소 감각농도 ② 최소 식별농도
③ 최소 인지농도 ④ 한계농도

37 BHA, BHT와 같은 항산화제(antioxidant)의 작용과 거리가 먼 것은?

① 주로 산화의 연쇄반응을 중단시키는 역할을 한다.
② 자신은 산화된다.
③ 산패가 진행된 유지에 첨가해도 그 효과는 저하되지 않는다.
④ 일반적으로 단독 사용할 때보다 병용 사용할 때 그 작용이 증강된다.

38 관능검사 방법 중 종합적 차이 검사에 사용하는 방법이 아닌 것은?

① 일-이점 검사
② 삼점 검사
③ 단일 시료 검사
④ 이점 비교 검사

39 육류나 육류 가공품의 육색소를 나타내는 주된 성분으로 근육세포에 함유되어 있는 것은?

① 미오글로빈(myoglobin)
② 헤모글로빈(hemoglobin)
③ 시토스테롤(sitosterol)
④ 시토크롬(cytochrome)

40 Gel과 Sol에 대한 설명 중 틀린 것은?

① 일반적으로 polymer의 성격을 갖고 있는 탄수화물이나 단백질이 다수의 물을 함유하여 Gel을 형성한다.
② Gel을 장기간 방치하면 이액현상(syneresis)이 발생하는데 이는 중합체가 수축하여 분산매인 물을 분리시키는 현상이다.
③ Gel과 Sol은 온도변화나 분산매인 물의 증감에 의해 항상 가역적으로 변환된다.
④ Sol에는 전해질의 첨가에 따른 교질 상태의 안정화에 따라 친수성 Sol과 소수성 Sol로 나뉠 수 있다.

제3과목 식품가공학

41 70%의 수분을 함유한 식품을 건조하여 80%를 제거하였다. 식품의 kg당 제거된 수분의 양은 얼마인가?

① 0.14kg ② 0.56kg
③ 0.7kg ④ 0.8kg

42 과채류를 블랜칭(blanching)하는 목적과 가장 거리가 먼 것은?

① 조직을 유연하게 한다.
② 박피를 용이하게 한다.
③ 산화효소를 불활성화 시킨다.
④ 향미성분을 강화한다.

43 GMO에 대한 설명으로 틀린 것은?

① 전 세계적으로 콩, 옥수수, 면화, 카놀라가 대부분을 차지한다.
② GMO는 식품 외에도 가축사료, 의약품, 에너지원을 만드는 데도 사용된다.
③ 우리나라는 수입 농산물에 대하여 GMO 혼입률을 검사하고 있다.
④ 사람이 섭취한 GMO에 포함되어 있는 유전자는 체내에서 분해되지 않아 소화관 미생물로 100% 전이된다.

44 동결점이 −1.6℃인 축육을 동결하여 최종 품온을 −20℃까지 냉각하였다면 제품의 동결률은 얼마인가?

① 92% ② 94%
③ 96% ④ 98%

45 마이야르 반응(Maillard reaction)에 영향을 미치는 인자와 억제방법에 대한 설명으로 틀린 것은?

① pH가 3 이하에서 갈변속도가 느리다.
② 완전 건조된 상태에서는 마이야르 반응의 진행이 어렵다.
③ 6탄당 중에서 과당이 반응을 억제시킨다.
④ 실온에서는 산소가 없을 때 갈변을 억제시킨다.

46 우유 살균법으로 가장 실용적인 방법은?

① 고온순간 살균법
② 방사선 살균법
③ 냉온 살균법
④ 가압 살균법

47 밀가루 반죽(dough)의 탄력성과 안정성을 측정하고 기록하는 기기는?

① farinograph
② consistometer
③ amylograph
④ extensograph

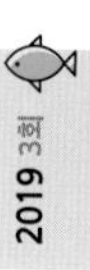

48 소시지 제조 시 silent cutter나 emulsifier를 사용해서 얻을 수 있는 효과가 아닌 것은?

① meat emulsion의 파괴
② 혼합(blending)
③ 세절(cutting)
④ 이기기(kneading)

49 어패류의 가공품에 대한 설명 중 틀린 것은?

① 소건품은 원료 그대로 건조한 것으로 오징어가 대표적이다.
② 자건품은 삶아서 건조한 제품으로 멸치가 대표적이다.
③ 동건품은 동결과 융해를 반복하며 건조하는 것으로 한천이 대표적이다.
④ 염건품은 소금에 절여 건조한 것으로 일본의 가다랭이류가 대표적이다.

50 식용 유지를 그대로 또는 필요에 따라 소량의 식품첨가물을 가하여 가소성, 유화성 등의 가공성을 부여한 고체상 또는 유동상의 유지는?

① 버터(butter)
② 마요네즈(mayonnaise)
③ 쇼트닝(shortening)
④ 라드(lard)

51 라면의 일반적인 제조공정에 대한 설명으로 틀린 것은?

① 전분의 α화는 100~105℃ 정도의 증기를 불어 넣어 2~5분간 찐다.
② 전분의 α화 고정은 열풍건조한 면을 튀김용 용기에 일정량 넣어 130~150℃의 온도에서 2~3분간 튀긴다.
③ 튀긴 후의 면을 충분히 냉각하지 않고 포장하면 포장지 내면에 응축수가 생겨 유지의 산패가 촉진된다.
④ 반죽은 밀가루의 50%에 해당하는 물에 원료를 넣고 혼합, 반죽하여 수분 함량을 1%로 조절한다.

52 난황이나 대두로부터 분리한 레시틴이 식품가공에 가장 많이 이용되는 용도는?

① 유화제 ② 팽창제
③ 삼투제 ④ 습윤제

53 탈지분유의 제조공정 순서로 옳은 것은?

① 탈지→농축→가열→균질→건조
② 탈지→가열→농축→균질→건조
③ 농축→탈지→균질→농축→건조
④ 균질→탈지→가열→농축→건조

54 대두 단백질에 대한 설명으로 틀린 것은?

① 글로불린(globulin)에 속하는 글리시닌(glycine)이 주요 성분이다.
② 필수아미노산 중 리신(lysine), 루신(leucine)의 함량이 높으며 메티오닌(methionine)과 트립토판(tryptophan) 등 황아미노산의 함량이 부족하다.
③ 트립신 저해제(trypsin inhibitor)는 트립신(trpsin)의 소화작용을 적혈구의 응고를 방해한다.
④ 헤마글루티닌(hemaglutinin)은 적혈구의 응고를 방해한다.

55 냉동식품의 성질에 대한 설명으로 틀린 것은?

① 일반적으로 냉동속도보다 해동속도가 빠르다.
② 냉동식품의 밀도는 냉동된 물의 양이 증가함에 따라서 감소한다.
③ 냉동식품의 비열은 물의 양이 증가할수록 커진다.
④ 냉동식품의 열전도는 냉동된 물의 양이 증가할수록 커진다.

56 현미를 백미로 도정할 때 쌀겨 층에 해당되지 않는 것은?

① 과피 ② 종피
③ 왕겨 ④ 호분층

57 도살 해체한 지육의 냉각에 대한 설명 중 틀린 것은?

① 냉각수 또는 작은 얼음조각을 뿌려 주어 온도를 10℃ 이하로 내린 후 15℃로 유지시켜 숙성과정을 돕는다.
② 냉장실의 온도는 0~10℃, 습도는 80~90%를 유지한다.
③ 냉동 시에는 −23~−16℃의 저온동결을 시킨다.
④ 저온동결에서 72시간 유지한 후, 고기 표면에서 깊이 20cm의 위치 온도가 −20℃일 때가 식육의 냉동으로 적당하다.

58 일반적으로 CA저장에 가장 부적합한 과실은?

① 사과 ② 레몬
③ 배 ④ 감

59 토마토의 solid pack 가공 시 칼슘염을 첨가하는 주된 이유는 가열에 의한 어떤 현상을 방지하기 위한 것인가?

① 과실의 과육붕괴를 방지
② 과실 색깔의 퇴색을 방지
③ 무기질의 손실을 방지
④ 향기 성분의 손실을 방지

60 일반적인 유지의 경화에 대한 설명으로 틀린 것은?

① 불포화지방산을 포화지방산으로 만드는 것이다.
② 쇼트닝, 마가린 가공 등이 대표적인 제품이다.
③ 산화와 풍미변패에 대한 저항력을 높여 준다.
④ 이산화질소 첨가반응으로 융점을 낮추어준다.

제4과목 식품미생물학

61 곰팡이에 대한 설명으로 틀린 것은?

① 곰팡이는 주로 포자에 의해서 번식한다.
② 곰팡이의 포자에는 유성포자와 무성포자가 있다.
③ 곰팡이의 유성포자에는 포자낭포자, 분생포자, 후막포자, 분열자 등이 있다.
④ 포자는 적당한 환경 하에서는 발아하여 균사로 성장하며 또한 균사체를 형성한다.

62 세균에 대한 설명 중 틀린 것은?

① 저온성 세균이란 최적 발육온도가 12~18℃이며, 0℃ 이하에서도 자라는 균을 말한다.
② *Clostridium*속은 저온성 세균들이다.
③ 고온성 세균은 45℃ 이상에서 잘 자라며 최적 발육온도가 55~65℃인 균을 말한다.
④ *Bacillus stearothermophilus*는 고온균이다.

63 일반적으로 미생물의 생육 최저 수분활성도가 높은 것부터 순서대로 나타낸 것은?

① 곰팡이 〉 효모 〉 세균
② 효모 〉 곰팡이 〉 세균
③ 세균 〉 효모 〉 곰팡이
④ 세균 〉 곰팡이 〉 효모

64 광합성 무기영양균(photolithotroph)의 특징이 아닌 것은?

① 에너지원을 빛에서 얻는다.
② 탄소원을 이산화탄소로부터 얻는다.
③ 녹색황세균과 홍색황세균이 이에 속한다.
④ 모두 호기성균이다.

65 락타아제(lactase)를 생산하는 균이 아닌 것은?

① *Candida kefyr*
② *Candida pseudotropicalis*
③ *Saccharomyces fraglis*
④ *Saccharomyces cerevisiae*

66 다량의 리보솜, 폴리인산, 글루코겐, 효소 등을 함유하고 있는 곳은?

① 핵 ② 미토콘드리아
③ 액포 ④ 세포질

67 방출까지의 바이러스 증식 단계가 옳은 것은?

① 부착-주입-단백외투 합성-핵산 복제-조립
② 주입-부착-단백외투 합성-핵산 복제-조립
③ 부착-주입-핵산 복제-단백외투 합성-조립
④ 주입-부착-조립-핵산 복제-단백외투 합성

68 *Pichia*속 효모의 특징이 아닌 것은?

① 김치나 양조물 표면에서 증식하는 대표적인 산막 효모이다.
② 다극출아에 의해 증식하며, 생육조건에 따라 위균사를 형성하기도 한다.
③ 알코올 생성능이 강하다.
④ 질산염을 자화하지 않는다.

69 빵, 육류, 우유 등을 붉게 변화시키는 세균은?

① *Acetobacter xylinum*
② *Serratia marcescens*
③ *Chromobacterium lividum*
④ *Pseudomonas fluorescens*

70 효모의 세포벽을 분석하였을 때 일반적으로 가장 많이 검출될 수 있는 화합물은?

① glucomannan
② protein
③ lipid and fats
④ glucosamine

71 효모의 Neuberg 제1 발효형식에서 에틸알코올 이외에 생성하는 물질은?

① CO_2 ② H_2O
③ $C_3H_5(OH)_3$ ④ CH_3CHO

72 검출하고자 하는 미생물이 특징적으로 가지는 생육특성을 지시약이나 화학물질을 이용하여 고체배지상에서 검출할 수 있는 배지는?

① 일반영양배지(general nutrient medium)
② 선택배지(selective medium)
③ 분별배지(differential medium)
④ 강화배지(enrichment medium)

73 발효 과정 중에서 산소의 공급이 필요하지 않은 것은?

① 젖산 발효 ② 호박산 발효
③ 구연산 발효 ④ 글루탐산 발효

74 산소 존재 하에서 사멸되는 미생물은?

① *Bacillus*속
② *Bifidobacterium*속
③ *Citrobacter*속
④ *Acetobacter*속

75 곤충이나 곤충의 번데기에 기생하는 동충하초균 속인 것은?

① *Monascus*속
② *Neurospora*속
③ *Gibberella*속
④ *Corsyceps*속

76 주정공업에서 glucose 1ton을 발효시켜 얻을 수 있는 에탄올의 이론적 수량은?

① 180kg　② 511kg
③ 244kg　④ 711kg

77 미생물의 표면 구조물 중에서 유전물질의 이동에 관여하는 것은?

① 편모(flagella)
② 섬모(cilia)
③ 필리(pili)
④ 핌브리아(fimbriae)

78 그람양성균의 세포벽에만 있는 성분은?

① 테이코산(teichoic acid)
② 펩티도글리칸(peptidoglycan)
③ 리포폴리사카라이드(lipopolysaccharide)
④ 포린단백질(porin protein)

79 청국장 제조에 이용되는 고초균은?

① *Bacillus subtilis*
② *Candida uersatilis*
③ *Aspergillus oryzae*
④ *Gluconobacter suboxydans*

80 버섯 각 부위 중 담자기(basidium)가 형성되는 곳은?

① 주름(gills)　② 균륜(ring)
③ 자루(stem)　④ 각포(volva)

제5과목 생화학 및 발효학

81 Ca 및 P의 흡수 및 체내 축적을 돕고, 조직 중에서 Ca 및 P를 결합시킴으로써 $Ca_3(PO_4)_2$의 형태로 뼈에 침착하게 만드는 작용을 촉진시키는 비타민은?

① 비타민 A　② 비타민 B
③ 비타민 C　④ 비타민 D

82 광합성 과정의 전자 전달계에 관여하는 조효소(Co-enzyme)는?

① NAD^+(또는 DPN^+)
② FMN
③ $NADP^+$(또는 TPN^+)
④ FAD

83 Holoenzyme에 대한 설명으로 옳은 것은?

① 조효소를 말한다.
② 가수분해작용을 하는 효소를 말한다.
③ 활성이 없는 효소 단백질과 조효소가 결합된 활성이 완전한 효소를 말한다.
④ 금속 이온 또는 유기분자로 이루어진 factor를 말한다.

84 다음 중 수용성 비타민이 아닌 것은?

① 티아민　② 코발라민
③ 나이아신　④ 토코페롤

85 포도당(glucose) 100g/L를 사용하여 빵효모를 생산하려고 한다. 발효 후에 에탄올(ethanol)이 부산물로 10g/L 생산되었다면, 이때 생산된 균체의 양은 얼마인가? (단, 균체 생산수율은 0.5g cell/g glucose이다.)

① 약 35g/L　② 약 40g/L
③ 약 45g/L　④ 약 50g/L

86 산업폐수의 처리방법 중 호기적 처리법인 것은?

① 가스발효법　② 산발효법
③ 소화발효법　④ 활성오니법

87 gluconic acid의 생산에 대한 설명 중 틀린 것은?

① 주로 발효법으로 생산한다.
② biotin을 생육인자로 요구한다.
③ 호기성 균주를 이용한다.
④ 대부분 2단계 공정으로 생산한다.

88 콜레스테롤 생합성의 최초 출발물질은?

① acetoacetyl CoA
② 3-hydroxy-3-methyl glutaryl (HMG) CoA
③ acetyl CoA
④ malonyl CoA

89 우리 몸에서 핵산의 가수분해에 의해 생산되는 유리 뉴클레오티드(free nucleotide)의 대사에 관련된 내용으로 옳은 것은?

① 분해되어 모두 소변으로 나간다.
② 일부 분해되어 소변으로 나가고 나머지는 회수반응(salvage pathway)에 의해 다시 핵산으로 재합성한다.
③ 회수반응에 의해 전부 다시 핵산으로 재합성된다.
④ 유리 뉴클레오티드는 항상 일정 수준 양만 존재하므로 평형을 이루기 때문에 대사와 무관하다.

90 발효과정 중에서의 수율(yield)에 대한 설명으로 옳은 것은?

① 단위 균체량에 의해 생산된 생산물량
② 단위 발효시간당 생산된 생산물량
③ 발효공정에 투입된 단위 원료량에 대한 생산물량
④ 단위 균체량과 원료량에 대한 생산물량

91 다음 중 식용의 단세포단백질(SCP)로 이용할 수 없는 균주는?

① *Saccharomyces cerevisiae*
② *Chlorella vulgaris*
③ *Candida utilis*
④ *Aspergillus flavus*

92 광합성 중 암반응에서 CO_2를 탄수화물로 환원시키는 데 필요한 것은?

① NADP, ATP　② NADP, ADP
③ NADPH, ATP　④ NADP, NADPH

93 리보솜에서 단백질이 합성될 때 아미노산이 ATP에 의하여 일단 활성화된 후에 한 종류의 핵산에 특이적으로 결합된다. 이 활성화된 아미노산이 결합되는 핵산은?

① m-RNA　② r-RNA
③ t-RNA　④ DNA

94 탁주 제조용 원료로서 가장 적당한 소맥은?

① 강력분 1급품　② 중력분 1급품
③ 박력분 1급품　④ 초박력분 1급품

95 DNA에 대한 설명으로 틀린 것은?

① DNA의 변성 온도는 염기 A와 T의 비율이 높을수록 낮다.
② 일반적으로 혼성 RNA-DNA 두 가닥 사슬보다 쉽게 변성된다.
③ 염기 G와 C 비율이 높은 DNA는 염기 A와 T 비율이 높은 DNA보다 다소 높은 부유밀도를 갖는다.
④ 다른 종류의 변성된 DNA를 혼합하여 냉각시키면 서로 다른 두 가닥 DNA를 형성하기도 한다.

96 Cyclic AMP의 구조 중에서 Ribose를 제외한 화합물은?

① Adenine, 3′, 5′-Cyclic phosphate
② Guanine, 3′, 5′-Cyclic phosphate
③ Adenosine 3′, 5′-Cyclic phosphate
④ Adenosine 3′, 5′-Cyclic phosphate

97 다음 중 비타민 F에 해당되지 않는 지방산은?

① oleic acid
② arachidonic acid
③ linoleic acid
④ linolenic acid

98 *Clostridium*속의 균을 이용하여 butanol 발효를 할 경우, bacteriophage 오염에 대한 대책이 아닌 것은?

① 발효장비 및 기구 등을 살균
② 파지에 대한 감수성이 다른 생산균주로 교체
③ 초기 기질농도를 높여서 생산
④ 항생물질 내성 균주를 사용하여 발효배지에 저농도의 항생물질 첨가

99 동물체 내에서 비타민 A로 전환될 수 있는 전구물질(provitamin)이 아닌 것은?

① β-Carotene
② γ-Carotene
③ Cryptoxanthin
④ Canthaxanthin

100 2mloe의 젖산으로부터 1mole의 포도당이 합성되기 위하여 몇 개의 ATP(GTP 포함)가 요구되는가?

① 2개 ② 4개
③ 6개 ④ 8개

2019년 3회 **정답**

1	④	2	④	3	②	4	①	5	①	6	①	7	②	8	④	9	④	10	③
11	③	12	④	13	④	14	②	15	①	16	④	17	③	18	③	19	①	20	①
21	①	22	③	23	③	24	④	25	④	26	②	27	②	28	③	29	①	30	③
31	④	32	④	33	④	34	②	35	③	36	①	37	③	38	④	39	①	40	③
41	②	42	④	43	④	44	①	45	③	46	①	47	①	48	①	49	④	50	③
51	④	52	①	53	②	54	④	55	①	56	③	57	④	58	②	59	①	60	④
61	③	62	②	63	③	64	④	65	④	66	④	67	③	68	③	69	②	70	①
71	①	72	③	73	①	74	②	75	④	76	②	77	③	78	①	79	①	80	①
81	④	82	③	83	③	84	④	85	②	86	④	87	②④	88	③	89	②	90	③
91	④	92	③	93	③	94	②	95	②	96	①	97	①	98	③	99	④	100	③

2020년 6월 13일 시행

식품기사 기출문제

제1과목 식품위생학

1 인체의 감염경로는 경구감염과 경피감염이며, 대변과 함께 배출된 충란은 30℃ 전후의 온도에서 부화하여 인체에 감염성이 강한 사상유충이 되고, 노출된 인체의 피부와 접촉으로 감염되어 소장 상부에서 기생하는 기생충은?

① 구충　② 회충
③ 요충　④ 편충

2 아래의 설명에 해당하는 인수공통감염병은?

> • 주로 소, 산양, 돼지 등의 유산과 불임증을 유발시킨다.
> • 사람에게 감염되면 파상열을 일으킨다.

① 결핵　② 탄저
③ 돈단독　④ 브루셀라병

3 식품첨가물의 지정절차에서 첨가물 사용의 기술적 필요성 및 정당성에 해당하지 않는 것은?

① 식품의 품질을 보존하거나 안정성을 향상
② 식품의 영양성분을 유지
③ 특정 목정으로 소비자를 위하여 제조하는 식품에 필요한 원료 또는 성분을 공급
④ 식품의 제조·가공 과정 중 결함 있는 원재료를 은폐

4 방사선 조사(照射)식품과 관련된 설명으로 틀린 것은?

① 방사선 조사량은 Gy로 표시하며, 1Gy=1J/kg이다.
② 사용 방사선의 선원 및 선종은 ^{60}CO의 감마선이다.
③ 식품의 발아억제, 숙도조절 등의 효과가 있다.
④ 조사식품을 원료로 사용한 경우는 제조·가공한 후 다시 조사하여야 한다.

5 식용 패류 중 마비성 독소의 축적과정과 관계가 깊은 것은?

① 플랑크톤
② 해양성 효모
③ 패류기생 바이러스
④ 내염성균

6 염화비닐(vinyl chloride) 수지를 주성분으로 하는 합성수지제의 기구 및 용기에 사용되는 가소제로 문제가 되는 것은?

① 염화비닐
② 프탈레이트
③ 크레졸 인산 에스테르
④ 카드뮴

7 다음 중 허용 살균제 또는 표백제가 아닌 것은?

① 고도표백분
② 차아염소산나트륨
③ 무수아황산
④ 옥시스테아린

8 식품취급자가 화농성 질환이 있는 경우 감염되기 쉬운 식중독균은?

① 장염 *vibrio*균
② *Botulinus*균
③ *Salmonella*균
④ 황색 포도상구균

9 다음 중 리케차에 의한 식중독은?

① 성홍열 ② 유행성 간염
③ 쯔쯔가무시병 ④ 디프테리아

10 식품의 안전성과 수분활성도(Aw)에 관한 설명으로 틀린 것은?

① 비효소적 갈변 : 다분자수분층보다 낮은 Aw에서는 발생하기 어렵다.
② 효소 활성 : Aw가 높을 때가 낮을 때보다 활발하다.
③ 미생물의 성장 :보통 세균 증식에 필요한 Aw는 0.91 정도이다.
④ 유지의 산화반응 : Aw가 0.5~0.7이면 반응이 일어나지 않는다.

11 감염을 예방하기 위해서는 은어와 같은 민물고기의 생식을 피하는 것이 가장 좋은 기생충은?

① 간디스토마 ② 폐디스토마
③ 요코가와흡충 ④ 광절열두조충

12 바이러스성 식중독의 병원체가 아닌 것은?

① EHEC바이러스
② 로타바이러스 A군
③ 아스트로바이러스
④ 장관 아데노바이러스

13 유가공품·식육가공품·알가공품의 대장균 확인시험에서 (　) 안에 알맞은 내용은?

> 최확수법에서 가스생성과 형광이 관찰된 것은 대장균 추정시험 양성으로 판정한다. 대장균의 확인시험은 추정시험 양성으로 판정된 시험관으로부터 EMB배지(또는 MacConkey Agar)에 이식하여 37℃에서 24시간 배양하여 전형적인 집락을 관찰하고 그람염색, MUG시험, IMViC시험, 유당으로부터 가스생성시험 등을 검사하여 최종 확인한다. 대장균은 MUG시험에서 형광이 관찰되며, 가스생성, 그람음성의 무아포간균이며, IMViC시험에서 "(　)"의 결과를 나타내는 것은 대장균(*E. coli*) biotype 1로 규정한다.

① − − − − ② − − + +
③ + + − − ④ + + + +

14 다음 중 열가소성 수지는?

① polyvinyl chloride(PVC)
② phenol 수지
③ melamine 수지
④ epoxy 수지

15 식품원료 중 식물성 원료(조류 제외)의 총아플라톡신 기준은? (단, 총아플라톡신은 B_1, B_2, G_1, G_2의 합을 말한다.)

① 20 μg/kg 이하 ② 15 μg/kg 이하
③ 5 μg/kg 이하 ④ 1 μg/kg 이하

16 도자기, 법랑기구 등에서 식품으로 이행이 예상되는 물질은?

① 납 ② 주석
③ 가소제 ④ 안정제

17 먹는물(수돗물)의 안전성을 확보하기 위한 방편으로 관리되고 있는 유해물질로서, 유기물 또는 화학물질에 염소를 처리하여 생성되는 발암성 물질은?

① 트리할로메탄
② 메틸알코올
③ 니트로사민
④ 다환방향족 탄화수소류

18 식품첨가물 중 유화제로 사용되지 않는 것은?

① 폴리소르베이트류
② 글리세린지방산에스테르
③ 소르비탄지방산에스테르
④ 몰포린지방산염

19 다음 중 잔존성이 가장 큰 염소제 농약은?

① Aldrin ② DDT
③ Telodrin ④ γ-BHC

20 식품제조시설의 공기살균에 가장 적합한 방법은?

① 승홍수에 의한 살균
② 열탕에 의한 살균
③ 염소수에 의한 살균
④ 자외선 살균 등에 의한 살균

제2과목 식품화학

21 다음 provitamin A 중 vitamin A의 효과가 가장 큰 것은?

① α-carotene
② β-carotene
③ γ-carotene
④ cryptoxanthin

22 철(Fe)에 대한 설명으로 틀린 것은?

① 철은 식품에 헴형(heme)과 비헴형(non-heme)으로 존재하며 헴형의 흡수율이 비헴형보다 2배 이상 높다.
② 비타민 C는 철 이온을 2가철로 유지시켜주어 철이온의 흡수를 촉진한다.
③ 두류의 피틴산(phytic acid)은 철분 흡수를 촉진한다.
④ 달걀에 함유된 황이 철분과 결합하여 검은색을 나타낸다.

23 다음 중 인지질이 아닌 것은?

① 레시틴(lecithin)
② 세팔린(cephalin)
③ 세레브로시드(cerebrosides)
④ 카르디올리핀(cardiolopin)

24 단백질 변성에 따른 변화가 아닌 것은?

① 단백질분해효소에 의해 분해되기 쉬워 소화율이 증가한다.
② 단백질의 친수성이 감소하여 용해도가 감소한다.
③ 생물한적 특성들이 상실된다.
④ −OH, −COOH, C=O기 등이 표면에 나타나 반응성이 감소한다.

25 **식품성분의 가공 중 발생하는 냄새성분 변화에 대한 설명으로 틀린 것은?**

① 불포화지방산이 많이 있는 유지가 열분해되면 alcohol, aldehydes, ketones 등이 많이 발생한다.

② 마늘이나 양파 등이 함유된 재료를 가열하면 황함유 휘발성분이 발생한다.

③ 설탕물을 150~180℃의 고온으로 가열하면 5탄당에서는 furfural이, 6탄당에서는 5-hydroxymethyl furfural이 주로 형성된다.

④ 가오리나 홍어 저장 시 발생하는 자극성 냄새는 요소가 미생물에 의해 분해되어 트리메탈아민을 생성하기 때문이다.

26 **사카린나트륨의 구조식은?**

①

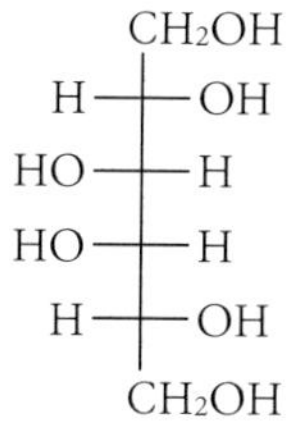
CH₂OH
H OH
HO H
HO H
H OH
CH₂OH

②

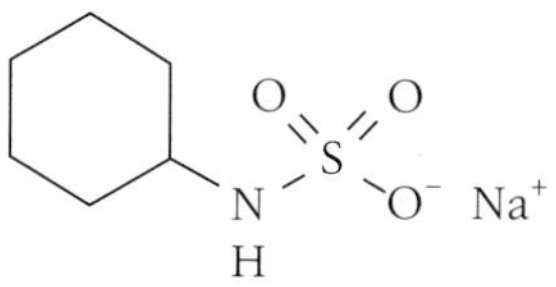
O O
S
N O⁻ Na⁺
H

③

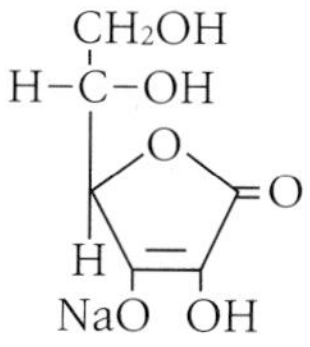
CH₂OH
H-C-OH
O
O
H
NaO OH

④

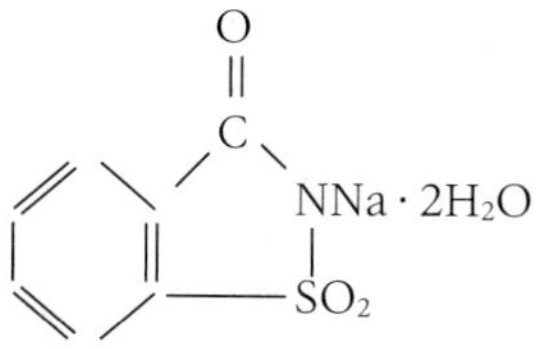
O
C
NNa · 2H₂O
SO₂

27 **식품의 관능검사 중 특성차이검사에 해당하는 것은?**

① 단순차이검사 ② 일-이점검사
③ 이점비교검사 ④ 삼점검사

28 **당근에서 카로티노이드(carotenoids)를 분석하는 방법에 대한 설명으로 틀린 것은?**

① 카로티노이드는 빛에 의해 쉽게 분해되므로 암소에서 실험을 진행한다.

② 당근 시료에서 카로티노이드를 분리하기 위해 수용액 상에서 끓여 용출시킨다.

③ 카로티노이드는 산소에 의해 쉽게 산화되므로 질소가스를 공급한다.

④ 분리된 카로티노이드는 보통 역상 HPLC 또는 분광광도계를 활용하여 정량한다.

29 **그림과 같이 y축 방향으로 2cm 떨어져서 평행하게 놓여진 두 평면 사이에 에탄올(μ+1.77cP, 0℃)이 담겨져 있다. 밑면을 20cm/s의 속도로 x축 방향으로 움직일 때 y축 방향으로 작용하는 전단 응력은?**

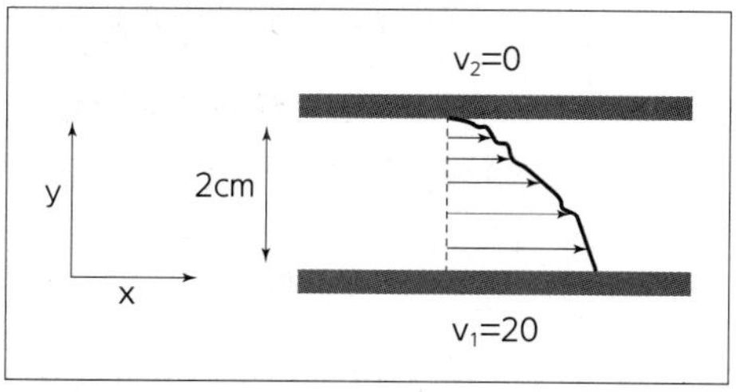
v₂=0
y
2cm
x
v₁=20

① 0.177dyne/cm²
② 0.354dyne/cm²
③ 0.531dyne/cm²
④ 0.708dyne/cm²

30 삶은 달걀의 난황 주위가 청록색으로 변색되는 주요 원인은?

① 비타민 C가 산화되어 노른자의 철(Fe)과 결합하기 때문이다.
② 열에 의하여 탄닌(tannin)이 분해되어 철(Fe)이 형성되기 때문이다.
③ 달걀 흰자의 황화수소(H_2S)가 노른자의 철(Fe)과 결합하여 황화철(FeS)을 생성하기 때문이다.
④ 단백질의 구성성분인 질소가 산화되기 때문이다.

31 1M NaCl, 0.5M KCl, 0.25M HCl이 준비되어 있다. 최종 농도 0.1M NaCl, 0.1M KCl, 0.1M HCl 혼합수용액 1000mL를 제조하고자 할 때 각각 첨가되어야 할 시약의 부피는 얼마인가?

① 1M NaCl 용액 50mL, 0.5M KCl 100mL, 0.25M HCl 200mL를 첨가 후 물 650mL를 첨가한다.
② 1M NaCl 용액 75mL, 0.5M KCl 150mL, 0.25M HCl 300mL를 첨가 후 물 475mL를 첨가한다.
③ 1M NaCl 용액 100mL, 0.5M KCl 200mL, 0.25M HCl 400mL를 첨가 후 물 300mL를 첨가한다.
④ 1M NaCl 용액 125mL, 0.5M KCl 250mL, 0.25M HCl 500mL를 첨가 후 물 120mL를 첨가한다.

32 채소류의 이화학적 특성으로 틀린 것은?

① 파의 자극적인 냄새와 매운맛 성분은 주로 황화아릴 성분이다.
② 마늘에서 주로 효용성이 있다고 알려진 성분은 알리신이다.
③ 오이의 쓴맛 성분은 쿠쿠르비타신(cucurbitacin)이라고 하는 배당체이다.
④ 호박의 황색 성분은 클로로필(chlorophyll)계통의 색소이다.

33 수분활성치(Aw)를 저하시켜 식품을 저장하는 방법만으로 나열된 것은?

① 동결저장법, 냉장법, 건조법, 염장법
② 냉장법, 염장법, 당장법, 동결저장법
③ 냉장법, 건조법, 염장법, 당장법
④ 염장법, 당장법, 동결저장법, 건조법

34 훈제품 제조와 관련된 설명으로 틀린 것은?

① 연기성분 중에는 페놀 성분도 포함되어 있다.
② 연기성분 중 포름알데히드, 크레졸은 환원성 물질로 지방산화를 막아 준다.
③ 질산칼륨을 첨가하는 이유는 아질산염을 거쳐서 산화질소가 유리되는 것을 방지하기 위한 것이다.
④ 생성된 산화질소는 미오글로빈과 결합 후 가열과정을 통하여 니트로소미오크로모겐으로 변화한다.

35 NaOH의 분자량이 40일 때 NaOH 30g의 몰수는?

① 0.65　② 0.75
③ 1.33　④ 10

36 다음 중 단순지질은?

① phosphatide　② glycolipid
③ sulfolipid　④ triglyceride

37 흑겨자의 매운 맛과 관련 깊은 성분은?

① 캡사이신(capsaicin)
② 알릴 이소티오시아네이트 (allyl isothiocynate)
③ 글루코만난(glucomannan)
④ 알킬 머르캅탄(alkyl mercaptan)

38 선식 제품과 같은 분말 제품의 경우 용해도가 낮아서 소비자들이 식용하고자 녹일 때 잘 용해되지 않는다. 이를 개선하고자 할 때 어떤 방법이 가장 바람직한가?

① 가열처리하여 용해도를 증가시킨다.
② 분무건조기를 이용하여 엉김현상(agglomeration)을 유도한다.
③ 유화제 및 물성 개량제를 첨가한다.
④ 습윤 조절제 및 연화 방지제를 첨가한다.

39 관능검사에서 사용되는 정량적 평가 방법 중 3개 이상 시료의 독특한 특성 강도를 순서대로 배열하는 방법은?

① 분류법 ② 등급법
③ 순위법 ④ 척도법

40 유중수적형(W/O) 교질상 식품은?

① 마가린(margarine)
② 우유(milk)
③ 마요네즈(mayonnaise)
④ 아이스크림(ice cream)

제3과목 식품가공학

41 연어, 송어 등의 어육에 들어 있는 색소는?

① 클로로필 ② 카로티노이드
③ 플라보노이드 ④ 멜라닌

42 고기의 해동강직에 대한 설명으로 틀린 것은?

① 골격으로부터 분리되어 자유수축이 가능한 근육은 60~80%까지의 수축을 보인다.
② 가죽처럼 질기고 다즙성이 떨어지는 저품질의 고기를 얻게 된다.
③ 해동강직을 방지하기 위해서는 사후강직이 완료된 후에 냉동해야 한다.
④ 냉동 및 해동에 의하여 고기의 단백질과 칼슘결합력이 높아져서 근육수축을 촉진하기 때문에 발생한다.

43 유가공품에 대한 설명 중 틀린 것은?

① 가공버터는 제품 중 유지방분의 함량이 제품의 지방함량에 대한 중량비율로서 50% 이상이어야 한다.
② 버터(butter)에서 처닝(chunning)이란 지방구막 형성 단백질을 파괴시켜 지방구들을 서로 결합시키는 공정이다.
③ 아이스크림(ice cream)에서 오버런(over run)%는 80~100%가 가장 적합하다.
④ 발효유는 식품첨가물을 첨가하지 않고 천연으로 만든 것이다.

44 라미네이트 필름에 대한 설명 중 옳은 것은?

① 알루미늄박만을 포장재료로 사용한 것이다.
② 종이를 사용한 것이다.
③ 두 가지 이상의 필름, 종이 또는 알루미늄박을 접착시킨 것을 말한다.
④ 셀로판을 사용한 포장재료를 말한다.

45 경화유 제조 시 수소첨가의 주된 목적이 아닌 것은?

① 기름의 안정성을 향상시킨다.
② 경도 등 물리적 성질을 개선한다.
③ 색깔을 개선한다.
④ 소화가 잘 되도록 한다.

46 신선한 식품을 냉장고에 저온 저장할 때 저온 저장의 효과가 아닌 것은?

① 미생물의 발육 속도를 느리게 한다.
② 저온균을 살균한다.
③ 호흡 작용 속도를 느리게 한다.
④ 효소 및 화학 반응속도를 느리게 한다.

47 식품첨가물로 사용되는 hexane에 대한 설명으로 틀린 것은?

① 주로 n-헥산(C_6H_{14})을 함유한다.
② 석유 성분 중에서 n-헥산의 비점부근에서 증류하여 얻어진 것이다.
③ 유지류를 비롯해 향료 및 그 외 성분의 추출 등에 사용된다.
④ 무색투명한 비휘발성 액체이다.

48 전분액화에 대한 설명으로 틀린 것은?

① 전분의 산액화는 효소액화보다 액화시간이 짧다.
② 전분의 산액화는 연속 산액화 장치로 할 수 있다.
③ 전분의 산액화는 효소액화보다 백탁이 생길 염려가 크다.
④ 산액화는 호화온도가 높은 전분에도 작용이 가능하다.

49 유당분해효소결핍증에 직접적으로 관여하는 효소는?

① 락토페록시다제(lactoperoxidase)
② 리소자임(lyxozyme)
③ 락타아제(lactase)
④ 락테이트 디하이드로지나제(lactate dehydrogenase)

50 훈연의 목적이 아닌 것은?

① 향기의 부여 ② 제품의 색 향상
③ 보존성 향상 ④ 조직의 연화

51 두부의 제조 원리로 옳은 것은?

① 콩 단백질의 주성분인 글리시닌(glycinin)을 묽은 염류용액에 녹이고 이를 가열한 수 다시 염류를 가하여 침전시킨다.
② 콩 단백질의 주성분인 베타-락토글로불린(β-lacto globulin)을 묽은 염류용액에 녹이고 이를 가열한 후 다시 염류를 가하여 침전시킨다.
③ 콩 단백질의 주성분인 알부민(albumin)을 묽은 염류용액에 녹이고 이를 가열한 후 다시 염류를 가하여 침전시킨다.
④ 콩 단백질의 주성분인 글리시닌(glycinin)을 산으로 침전시켜 제조한다.

52 스테비오사이드(stevioside)의 특성이 아닌 것은?

① 설탕에 비하여 약 200배의 감미를 가지고 있다.
② pH 변화와 열에 안정적이다.
③ 장시간 가열 시 산성에서는 안정적이나 알칼리성에서는 침전이 형성된다.
④ 비발효성이다.

53 다음은 강하게 혼합시키는 교반기의 용기 벽면에 설치된 방해판(baffle plate)에 대한 그림이다. 위의 그림은 측면도이고, 아래 그림은 위에서 내려다 본 평면도이다. 방해판의 역할에 대한 A와 B의 비교 설명 중에서 그 원리가 틀린 것은?

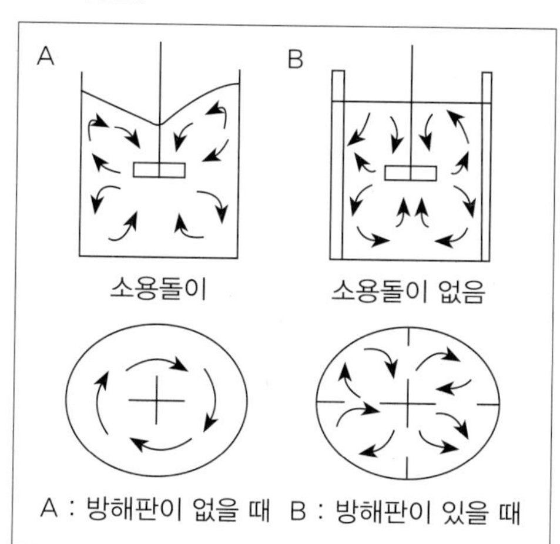

① B – 액체의 흐름이 용기 벽면의 방해판에 부딪혀 난류 상태가 되므로 교반 효과가 향상된다.
② B – 액체의 흐름이 소용돌이가 생기지 않아 공기가 혼입되지 않는다.
③ A – 고체입자가 있을 때는 회전하는 원심력에 의하여 입자가 용기 벽 쪽으로 밀려나게 된다.
④ A – 교반 날개가 회전하면 액체가 일정한 방향으로만 돌아가므로 교반 효율이 높아진다.

54 동결 건조에서 승화열을 공급하는 방법으로 이용할 수 없는 것은?

① 접촉판으로 가열하는 방식
② 열풍으로 가열하는 방식
③ 적외선으로 가열하는 방식
④ 유전(誘電)으로 가열하는 방식

55 자일리톨(xylitol)에 대한 설명으로 틀린 것은?

① 자작나무, 떡갈나무, 옥수수 등 식물에 주로 들어있는 천연 소재의 감미료로 청량감을 준다.
② 자일로스에 수소를 첨가하여 제조하는 기능성 원료이다.
③ 자일리톨은 입 안의 충치균이 분해하지 못하는 6탄당 구조를 갖고 있다.
④ 한 번에 40g 이상 과량으로 섭취할 경우 복부팽만감 등의 불쾌감을 느낄 수 있다.

56 열교환장치를 사용하여 시간당 우유 5500kg을 5℃에서 65℃까지 가열하고자 한다. 우유의 비열이 3.85kJ/kg·K일 때 필요한 열에너지의 양은?

① 746.6kW ② 352.9kW
③ 240.6kW ④ 120.2kW

57 밀감을 통조림으로 가공할 때 속껍질 제거 방법으로 적합한 것은?

① 산처리
② 알칼리처리
③ 열탕처리
④ 산, 알칼리 병용처리

58 과실주스 또는 과육에 설탕을 첨가하여 농축한 제품에 대한 설명 중 틀린 것은?

① 젤리(jelly)는 과일주스에 설탕을 넣고 농축, 응고 시킨 제품
② 과일 버터(fruit butter)는 펄핑(pulping)한 과일의 과육에 향료, 다른 과일즙 등을 섞어서 반고체가 될 때까지 농축시킨 제품
③ 프리저스(preserve)는 과일을 절단하거나 원형그대로 끓여서 농축한 제품
④ 마멀레이드(mamalade)는 과육에 설탕을 첨가하여 적당한 농도로 농축한 제품

59 곡물의 도정방법에서 건식도정과 습식도정 중 습식도정에만 해당되는 설명으로 옳은 것은?

① 겨와 배아가 배유로부터 분리된다.
② 곡물 중 함수량을 줄인 후 도정하는 것이다.
③ 배유로부터 전분과 단백질을 분리할 목적으로 사용될 수 있다.
④ 쌀, 보리, 옥수수에 사용한다.

60 콩의 영양을 저해하는 인자와 관계가 없는 것은?

① 트립신 저해제(trypsin inhibitor) – 단백질 분해효소인 트립신의 작용을 억제하는 물질
② 리폭시게나제(lipoxygenase) – 비타민과 지방을 결합시켜 비타민의 흡수를 억제하는 물질
③ phytate(inositol hexaphosphate) – Ca, P, Mg, Fe, Zn 등과 불용성 복합체를 형성하여 무기물의 흡수를 저해시키는 작용을 하는 물질
④ 라피노스(raffinose), 스타키오스(stachyose) – 우리 몸 속에 분해 효소가 없어 소화되지 않고, 대장 내의 혐기성 세균에 의해 분해되어 N_2, CO_2, H_2, CH_4 등의 가스를 발생시키는 장내 가스인자

제4과목 식품미생물학

61 홍조류(red algae)에 속하는 것은?

① 미역 ② 다시마
③ 김 ④ 클로렐라

62 식품작업장에서 식품안전관리인증기준(Hazard Analysis Critical Control Point)을 적용하여 관리하는 경우 물리적 위해요소에 해당하는 것은?

① 위해미생물 ② 기생충
③ 돌조각 ④ 항생물질

63 효모에 의하여 이용되는 유기 질소원은?

① 펩톤 ② 황산암모늄
③ 인산암모늄 ④ 질산염

64 Heterocaryosis를 가장 잘 설명한 것은?

① 접합으로 한 균사의 핵과 다른 균사의 핵이 공존
② 한 균사와 다른 핵과 접합하여 공존
③ 한 개의 핵이 다른 핵과 접합
④ 한 균사의 두 개의 핵이 공존

65 돌연변이에 대한 설명 중 틀린 것은?

① 자연적으로 일어나는 자연돌연변이와 변이원 처리에 의한 인공돌연변이가 있다.
② 돌연변이의 근본적 원인은 DNA의 nucleotide 배열의 변화이다.
③ 염기배열 변화의 방법에는 염기첨가, 염기결손, 염기치환 등이 있다.
④ point mutation은 frame shift에 의한 변이에 복귀돌연변이(back mutation)가 되기 어렵다.

66 다음 표의 반응은 생화학 돌연변이체를 이용한 amino-acid의 생성에 관한 것이다. 최종 생성물인 P3을 얻고자 할 때 어느 영양 요구주가 가장 적합한가? (단, 여기서 생성물 P4는 P1의 생성을 feedback 억제한다고 가정한다.)

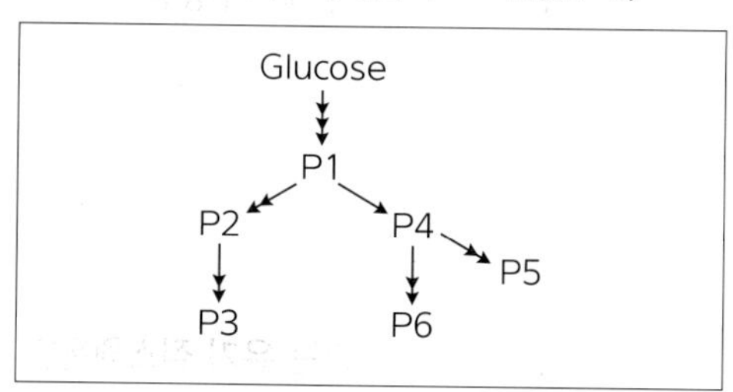

① P1 요구주 ② P2 요구주
③ P4 요구주 ④ P6 요구주

67 파지(phage)에 대한 대책으로 적합하지 않은 것은?

① 연속교체법(rotation system)을 이용한다.
② 살균을 철저하게 한다.
③ 내성균주를 사용하여 발효를 한다.
④ 생산균주를 1종으로 제한한다.

68 담자균류의 특징과 관계가 없는 것은?

① 담자기 ② 경자
③ 정낭 ④ 취상돌기

69 다음 곰팡이 중 가근(假根, rhizoid)이 있는 것은?

① *Aspergillus*속
② *Penicillium*속
③ *Rhizopus*속
④ *Mucor*속

70 출아(budding)로 영양증식을 하는 효모 중에서 세포의 어느 곳에서나 출아가 되는 다극출아(multilateral budding)를 하는 것은?

① *Hanseniaspora*속
② *Kloeckera*속
③ *Nadsonia*속
④ *Saccharomyces*속

71 전분을 효소로 분해하여 포도당을 제조할 때 사용하는 미생물 효소는?

① *Aspergillus*의 α-amylase와 acid protease
② *Aspergillus*의 glucoamylase와 transglucosidase
③ *Bacillus*의 protease와 α-amylase
④ *Aspergillus*의 α-amylase와 *Rhizopus*의 glucoamylase

72 ATP를 소비하면서 저농도에서 고농도로 농도구배에 역행하여 용질분자를 수송하는 방법은?

① 단순 확산(simple diffusion)
② 촉진 확산(facilitated diffusion)
③ 능동 수송(active transport)
④ 세포 내 섭취작용(endocyosis)

73 최초 세균수는 a이고 한 번 분열하는데 3시간이 걸리는 세균이 있다. 최적의 증식조건에서 30시간 배양 후 총균수는?

① $a \times 3^{30}$　② $a \times 2^{10}$
③ $a \times 5^{30}$　④ $a \times 2^{5}$

74 단백질과 RNA로 구성되어 있으며 단백질 합성을 하는 것은?

① 미토콘드리아(mitochondria)
② 크로모좀(chromosome)
③ 리보솜(ribosome)
④ 골지체(golgi apparatus)

75 일반적인 간장이나 된장의 숙성에 관여하는 내삼투압성 효모의 증식 가능한 최저 수분활성도는?

① 0.95　② 0.88
③ 0.80　④ 0.60

76 미생물 생육곡선(growth curve)과 관련한 설명으로 옳은 것은?

① 배양시간 경과에 따른 균수를 측정하고 세미로그 그래프에 표시한다.
② 온도의 변화에 따른 미생물 수 변화를 확인하여 그래프로 그린 것이다.
③ 곰팡이의 경우는 포자의 수를 측정하여 생육정도를 비교한다.
④ 대사산물 생산량에 따라 유도기–대수기–정지기–사멸기로 분류한다.

77 알코올 발효에 대한 설명 중 틀린 것은?

① 미생물이 알코올을 발효하는 경로는 EMP경로와 ED경로가 알려져 있다.
② 알코올 발효가 진행되는 동안 미생물 세포는 포도당 1분자로부터 2분자의 ATP를 생산한다.
③ 효모가 알코올 발효하는 과정에서 아황산나트륨을 적당량 첨가하면 알코올 대신 글리세롤이 축적되는데, 그 이유는 아황산나트륨이 alcohol dehydrogenase활성을 저해하기 때문이다.
④ EMP경로에서 생산된 pyruvic acid는 decarboxylase에 의해 탈탄산되어 acetaldehyde로 되고 다시 NADH로부터 alcohol dehydrogenase에 의해 수소를 수용하여 ethanol로 환원된다.

78 세균세포의 협막과 점질층의 구성물질인 것은?

① 뮤코(muco) 다당류
② 펙틴(pectin)
③ RNA
④ DNA

79 저온살균에 대한 설명 중 틀린 것은?

① 식품 중에 존재하는 미생물을 완전히 살균하는 것이다.
② 가열이 강하면 품질 저하가 현저한 식품에 이용된다.
③ 저온 살균 후 혐기상태 유지나 고염, 식염 등의 조건을 이용할 수 있다.
④ 최소한의 온도(통상 100℃ 이하)가 살균에 적용된다.

80 효모를 분리하려고 할 때 배지의 pH로 가장 적합한 것은?

① pH 2.0~3.0
② pH 4.0~6.0
③ pH 7.0~8.0
④ pH 10.0~12.0

제5과목 생화학 및 발효학

81 효소의 작용에 대한 설명 중 틀린 것은?

① 단백질로 구성되어 있다.
② 특정기질에 선택적 촉매반응을 한다.
③ 온도에 영향을 받는다.
④ 한 효소는 주로 2개 이상의 기질에 촉매 반응한다.

82 위스키에 대한 설명 중 틀린 것은?

① 위스키는 제법에 따라 스카치(scotch)형과 아메리카(american)형으로 대별된다.
② 아메리칸 위스키는 미국에서 생산되는 위스키이다.
③ 맥아(malt) 위스키는 대맥 맥아로만 만든 위스키이다.
④ 곡류(grain) 위스키는 맥아 이외에 옥수수, 라이맥을 사용하여 단식증류기로 증류한 것이다.

83 효소의 직접적인 촉매작용의 메커니즘으로 제시되지 않는 것은?

① 근접 변형효과 ② 공유결합 촉매
③ 산-염기 촉매 ④ 조효소 효과

84 진핵세포의 DNA와 결합하고 있는 염기성 단백질은?

① albumin ② globulin
③ histone ④ histamine

85 아미노산 대사에 필수적인 비타민으로 알려진 비타민 B_6의 종류가 아닌 것은?

① 피리독신(pyridoxine)
② 피리독사민(pyridoxamine)
③ 피리딘(pyridine)
④ 피리독살(pyridoxal)

86 맥주 발효에서 맥아를 사용하는 목적과 거리가 먼 것은?

① 당화과정에 필요한 효소들을 생성 또는 활성화
② 맥주의 향미와 색깔에 관여
③ 효모에 필요한 영양원 제공
④ 유해 미생물의 생육 억제

87 5'-뉴클레오타이드를 공업적으로 분해법에 의해 제조하기 위하여 사용되는 RNA 원료는 효모를 사용한다. 이 원료로서 사용되는 효모의 특징이 아닌 것은?

① RNA의 함량이 높다.
② RNA/DNA의 비율이 낮다.
③ 균체의 분리 및 회수가 간단하다.
④ RNA 유출 후 균체단백질 이용이 가능하다.

88 세포 내 리보솜(ribosome)에서 일어나는 단백질 합성과 직접적으로 관여하는 인자가 아닌 것은?

① rRNA　② tRNA
③ mRNA　④ DNA

89 사람 체내에서의 콜레스테롤 생합성 경로를 순서대로 표시한 것은?

① acetyl CoA → L-mevalonic acid → squalene → lanosterol → cholesterol
② acetyl CoA → lanosterol → squalene → L-mevalonic acid → cholesterol
③ acetyl CoA → squalene → lanosterol → L-mevalonic acid → cholesterol
④ acetyl CoA → lanosterol → L-mevalonic acid → squalene → cholesterol

90 파지(phage)를 운반체로 하여 공여균의 유전자를 수용균에 운반시켜 수용균의 염색체 내 유전자와 재조합시키는 유전자 재조합기술법은?

① 형질전환(transformation)
② 접합(conjugation)
③ 형질도입(transduction)
④ 세포융합(cell fusion)

91 피루브산(pyruvic acid)을 탈탄산하여 아세트알데히드(acetaldehyde)로 만드는 효소는?

① lactate dehydrogenase
② pyruvate carboxylase
③ pyruvate decarboxylase
④ alcohol dehydrogenase

92 사람과 원숭이가 비타민 C를 합성하지 못하는 이유는?

① 장내 세균에 의해 방해받기 때문이다.
② L-Gulonolactone oxidase 효소가 없기 때문이다.
③ avidin 단백질이 비오틴과 결합하여 합성을 방해하기 때문이다.
④ 세포에 합성을 방해하는 항생물질이 있기 때문이다.

93 산업용 미생물 배지 제조시 사용되는 질소원으로 적합하지 않은 것은?

① 사탕수수 폐당밀
② 요소
③ 암모늄염
④ 콩가루

94 맥주제조 시 후발효가 끝난 맥주의 한냉혼탁(cold haze)을 방지하기 위하여 사용되는 식물성 효소는?

① 파파인(papain)
② 펙티나아제(pectinase)
③ 레닛(rennet)
④ 나린진나아제(naringinase)

95 Glutamic acid를 발효하는 균의 공통된 특징은?

① 혐기성이다.
② 포자 형성균이다.
③ 생육인자로 biotin을 요구한다.
④ 운동성이 있다.

96 정미성 nucleotide가 아닌 것은?

① GMP ② XMP
③ IMP ④ AMP

97 운동 중 근육 활동으로 생성되는 과잉의 젖산을 포도당으로 합성하는 당신생(gluconeogenesis)이 일어나는 기관은?

① 근육 ② 간
③ 신장 ④ 췌장

98 제빵 발효와 관련된 설명 중 틀린 것은?

① 발효빵에 사용되는 건조효모는 압착효모에 비해 발효력이 우수하나 반드시 냉장보관을 하여야 한다.
② 효모는 발효성 당을 분해하여 에탄올과 이산화탄소를 만들어 반죽을 팽창시킨다.
③ 밀가루에 포함된 단백질은 단백질 가수분해에 의해 가수분해되어 질소원으로 이용된다.
④ 빵효모는 이산화탄소 발생량을 기준으로 최적 활성은 30℃ 정도이다.

99 포도당(glucose) 1kg을 사용하여 알코올발효와 초산발효를 진행시켰다. 알코올과 초산의 실제 생산수율은 각각의 이론적 수율의 90%와 85%라고 가정할 때 실제 생산될 수 있는 초산의 양은?

① 1.304kg
② 1.1084kg
③ 0.5097kg
④ 0.4821kg

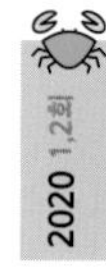

100 광합성 과정에서 CO_2의 첫 번째 수용체가 되는 것은?

① Ribulose-1,5-disphosphate
② 3-Phosphoglyceraldehyde
③ 3-Phosphoglyceric acid
④ Sedoheptulose 1,7-diphosphate

2020년 1, 2회 **정답**

1	①	2	④	3	④	4	④	5	①	6	②	7	④	8	④	9	③	10	④
11	③	12	①	13	③	14	①	15	②	16	①	17	①	18	④	19	②	20	④
21	②	22	③	23	③	24	④	25	④	26	④	27	③	28	②	29	①	30	③
31	③	32	④	33	④	34	③	35	②	36	④	37	②	38	②	39	③	40	①
41	②	42	④	43	④	44	③	45	④	46	②	47	④	48	③	49	③	50	④
51	①	52	③	53	④	54	②	55	③	56	②	57	④	58	④	59	③	60	②
61	③	62	③	63	①	64	①	65	④	66	③	67	④	68	③	69	③	70	④
71	④	72	③	73	②	74	③	75	④	76	①	77	③	78	①	79	①	80	②
81	④	82	④	83	④	84	③	85	③	86	④	87	②	88	④	89	①	90	③
91	③	92	②	93	①	94	①	95	③	96	④	97	②	98	①	99	③	100	①

2020년 8월 22일 시행

식품기사 기출문제

제1과목 식품위생학

1 구운 육류의 가열·분해에 의해 생성되기도 하고, 마이야르(Maillard) 반응에 의해서도 생성되는 유독성분은?

① 휘발성아민류(volatile amines)
② 이환방향족아민류(heterocylic amines)
③ 아질산염(N-nitrosoamine)
④ 메틸알코올(methyl alcohol)

2 식품 및 축산물 안전관리인증기준의 식품제조·가공업 선행요건관리 중 인증평가 및 사후관리 시 종합평가에서 전년도 정기 조사·평가의 개선조치를 이행하지 않은 경우 해당 항목에 대한 평가 점수 기준은?(단, 필수항목의 미흡은 제외한다.)

① 해당항목 평가점수 5점 배점 중 2점 부여
② 항목이 1개라도 부적합으로 판정
③ 해당 평가 항목의 0점 부여
④ 해당 항목에 대한 감점 점수의 2배를 감점

3 인수공통감염병과 관계가 먼 것은?

① 결핵 ② 탄저병
③ 이질 ④ Q열

4 빵류, 치즈류, 잼류에 사용할 수 있는 보존료?

① potassium sorbate
② D-sorbitol
③ sodium propionate
④ benzoic acid

5 리스테리아균에 의한 식중독 예방대책이 아닌 것은?

① 살균이 안 된 우유를 섭취하지 않는다.
② 냉동식품은 냉동온도(-18℃ 이하) 관리를 철저하게 한다.
③ 식품의 가공에 사용되는 물의 위생을 철저하게 관리한다.
④ 고염도, 저온의 환경으로 세균을 사멸시킨다.

6 명반(건조물: 소명반)의 식품첨가물 명칭은?

① 황산암모늄
② 황산알루미늄칼륨
③ 황산나트륨
④ 황산동

7 주용도가 식품의 색을 제거하기 위해 사용되는 식품첨가물이 아닌 것은?

① 과황산암모늄
② 메타중아황산칼륨
③ 메타중아황산나트륨
④ 무수아황산

8 제조공정 중 관(官) 내면의 부식이 비교적 적게 일어나는 재료는?

① 오렌지 주스 ② 우유
③ 파인애플 ④ 아스파라거스

9 유구조충에 대한 설명으로 틀린 것은?

① 돼지고기를 숙주로 돼지 소장에서 부화한 후 돼지 신체 조직으로 옮겨진다.
② 머리에 갈고리가 있어 갈고리촌충이라고도 한다.
③ 66℃로 가열하면 완전히 사멸된다.
④ 성충이 기생하면 복부불쾌감, 설사, 구토, 식욕항진 등을 일으킨다.

10 집단급식소, 식품접객업소(위탁급식영업) 및 운반급식(개별 또는 벌크포장)의 관리로 적합하지 않은 것은?

① 건물 바닥, 벽, 천장 등에 타일 등과 같이 홈이 있는 재질을 사용한 때에는 홈에 먼지, 곰팡이, 이물 등이 끼지 아니하도록 청결하게 관리하여야 한다.
② 원료 처리실, 제조·가공·조리실은 식품의 특성에 따라 내수성 또는 내열성 등의 재질을 사용하거나 이러한 처리를 하여야 한다.
③ 출입문, 창문, 벽, 천장 등은 해충, 설치류 등의 유입 시 조치할 수 있도록 퇴거 경로가 확보되어야 한다.
④ 선별 및 검사구역 작업장 등은 육안 확인에 필요한 조도(540룩스 이상)를 유지하여야 한다.

11 채소류로부터 감염되는 기생충은?

① 폐흡충 ② 회충
③ 무구조충 ④ 선모충

12 식품 중 이물에 대한 검사방법과 검체의 특성이 잘못 연결된 것은?

① 체분별법 – 분말 형태 검체
② 여과법 – 액상검체
③ 정치법 – 곡류나 곡분 등의 고체검체
④ 부상법 – 동물의 털이나 곤충 등의 가벼운 물질

13 암모니아, pH, 단백질의 승홍침전, 휘발성 염기질소는 어떤 시료를 검사할 때 사용하는 것인가?

① 어육의 신선도
② 우유의 신선도
③ 우유의 지방
④ 어육연제품의 전분량

14 식품 및 축산물 안전관리인증기준에 의한 선행요건 중 식품제조업소에서의 냉장·냉동시설·설비 관리로 잘못된 것은?

① 냉장시설은 내부온도를 10℃ 이하로 한다(단, 신선편의식품, 훈제연어, 가금육은 제외한다).
② 냉동시설은 −18℃ 이하로 유지한다.
③ 냉장·냉동시설의 외부에서 온도변화를 관찰할 수 있어야 한다.
④ 온도 감응 장치의 센서는 온도의 평균이 측정되는 곳에 위치하도록 한다.

15 식품의 신선도 측정 시 실시하는 검사가 아닌 것은?

① 휘발성 염기질소(VBN) 측정
② 당도 측정
③ 트리메틸아민(TMA) 측정
④ 생균수 측정

16 식품 중의 acrylamide에 대한 설명으로 틀린 것은?

① 반응성이 높은 물질이다.
② 탄수화물이 많은 식물성 식품보다는 단백질이 많은 동물성 식품에서 많이 발견된다.
③ 신경계통에 이상을 일으킬 수 있다.
④ 식품을 삶아서 가공하는 경우에는 생성되는 양이 적다.

17 장출혈성대장균의 특징 및 예방방법에 대한 설명으로 틀린 것은?

① 오염된 식품 이외에 동물 또는 감염된 사람과의 접촉 등을 통하여 전파될 수 있다.
② 74℃에서 1분 이상 가열하여도 사멸되지 않는 고열에 강한 변종이다.
③ 신선채소류는 염소계 소독제 100ppm으로 소독 후 3회 이상 세척하여 예방한다.
④ 치료 시 항생제를 사용할 경우, 장출혈성대장균이 죽으면서 독소를 분비하여 요독증후군을 악화시킬 수 있다.

18 식품조사(food irradiation) 처리에 대한 설명으로 틀린 것은?

① ^{60}Co을 선원으로 한 γ선이 식품조사에 이용된다.
② 살균을 위해서는 발아 억제를 위한 조사에 비해 높은 선량이 필요하다.
③ 방사선 조사 시 바이러스는 해충에 비해 감수성이 커서 민감하다.
④ 한 번 조사한 식품은 다시 조사하여서는 아니 된다.

19 다음 중 병원성 세균과 거리가 먼 것은?

① *Salmonella typhi*
② *Listeria monocytogenes*
③ *Alteromonas putrifaciens*
④ *Yersinia enterocolitica*

20 가축에 이상발정 증세를 초래하여 가축의 생산성 저하와 관련이 있는 곰팡이 독소는?

① 맥각독 ② 제랄레논
③ 오크라톡신 ④ 파툴린

제2과목 식품화학

21 자외선을 받아서 비타민 D_2 물질이 될 수 있는 전구물질은?

① 에르고스테롤(ergosterol)
② 스티그마스테롤(stigmasterol)
③ 디히드로콜레스테롤(dehydrocholesterol)
④ 베타-싸이토스테롤(β-sitosterol)

22 고구마를 저장하면서 일어나는 현상으로 틀린 것은?

① 고구마는 수분 함량이 50% 미만으로 낮은 편이라 외부 환경에 강한 편이다.
② 고구마는 흑반병이나 연부병 등 부패균에 강하고 저온 또는 온도 변화에 강하며 감자에 비하여 싹이 잘 나지 않는 편이다.
③ 수확 시 상해(霜害)를 입으면 저장력이 약해지고 비가 많이 와서 수분이 많아져도 저장력이 약해진다.
④ 수확 시 상처가 나거나 하면 병균의 침입으로 부패하기 쉽고 또 병에 걸린 고구마를 저장하면 다른 고구마에 감염되므로 유의하여야 한다.

23 떫은맛과 가장 관계가 깊은 것은?

① allicin
② tannin
③ caffeine
④ trimethylamine

24 부제탄소(asymmetric carbon)가 4개 존재하는 glucose에서 가능한 입체이성질체의 수는?

① 14 ② 15
③ 16 ④ 17

25 동물성식품과 단백질 함량이 많은 식품을 상압가열건조법을 이용하여 수분측정 시 적합한 가열온도는?

① 98~100℃ ② 100~103℃
③ 105℃ 전후 ④ 110℃ 이상

26 식물성 식품의 성분과 특성에 대한 설명으로 틀린 것은?

① 땅콩은 가공처리 과정 중에 잘못 처리하면 흙이 묻어나고 이로부터 발암성 물질인 아플라톡신이 생성될 수 있다.
② 채소류에는 소화되지 않는 식이섬유가 많이 함유되어 있어 장벽을 자극하여 통변을 조정하는 생리적 효과가 있다.
③ 당근에는 비타민 C 산화 효소가 있어 비타민 C를 많이 만들어 주는 역할을 한다.
④ 과실이 완전히 익기 전에 수확하여 저장하면 특이한 호흡을 행하며 후숙하는 현상을 보여 주는데 이를 호흡상승현상(climacteric rise)라 하며 바나나가 이런 현상을 나타낸다.

27 D-글루코오스 중합체에 속하는 단순 다당류가 아닌 것은?

① 글리코겐(glycogen)
② 셀룰로오스(cellulose)
③ 전분(starch)
④ 펙틴(pectin)

28 밀단백질인 글루텐의 구성성분은?

① 글리아딘(gliadin)과 프로라민(prolamin)
② 글리아딘(gliadin)과 글루테닌(glutenin)
③ 글루타민(glutamin)과 글루테닌(glutenin)
④ 글루타민(glutamin)과 프로라민(prolamin)

29 마이야르(Maillard) 반응에 영향을 미치는 요소에 대한 설명 중 틀린 것은?

① 중간 수분활성도 범위(0.5~0.8)에서 가장 빠르게 일어난다.
② pH를 낮추면 melanoidin 색소의 형성 속도를 줄일 수 있다.
③ 아황산염, 티올(thiol), 칼슘염 등은 갈변을 제해한다.
④ 반응속도는 환원성 이당류 〉 6탄당 〉 5탄당의 순으로 빠르다.

30 전단응력이 증가함에 따라 전단속도가 급증하는 형상으로 외관상의 점도는 급격하게 증가하며 궁극적으로 고체화되기까지 하는 것은?

① 가소성(plastic) 유체
② 의사가소성(pseudo plastic) 유동
③ 딜라탄트(dilatant) 유동
④ 의액성(thixotropic) 유동

31 엽록소(Chlorophyll)가 페오피틴(pheophytin)으로 변하는 현상은 어떤 경우에 가장 빨리 일어나는가?

① 푸른 채소를 공기 중에 방치해 두었을 때
② 조리하는 물에 소다를 넣었을 때
③ 푸른 채소를 소금에 절였을 때
④ 조리하는 물에 산이 존재할 때

32 다음 식품 중 뉴턴 유체가 아닌 것은?

① 물 ② 커피
③ 마요네즈 ④ 맥주

33 provitamin A에 대한 설명으로 틀린 것은?

① 식물 중에 있을 때는 비타민 A와 다른 화합물이다.
② α-carotene이 비타민 A로서의 효력이 가장 크다.
③ 체내에서 유지와 공존하지 않으면 흡수율이 낮다
④ β-ionone을 갖는 carotenoid이다.

34 녹말의 가공에 대한 설명 중 틀린 것은?

① 녹말은 알칼리성 pH에서 녹말 입자의 팽윤과 호화가 촉진된다.
② 수분함량이 30~60%일 때 노화가 잘 일어난다.
③ 녹말은 물을 더하지 않고 높은 온도에 의해 글루코사이드 결합의 일부가 절단되어 덱스트린(dextrin)이 된다.
④ 유화제를 첨가하면 녹말의 노화를 억제할 수 있다.

35 식품첨가물 지정 절차의 기본원칙에서 사용의 기술적 필요성 및 정당성에 해당하지 않는 것은?

① 질병치료 및 기타 의료효과
② 식품의 제조, 가공, 저장, 처리의 보조적 역할
③ 식품의 영양가 유지
④ 식품의 품질 유지

36 식품의 관능평가의 측정요소 중 반응척도가 갖추어야 할 요건이 아닌 것은?

① 의미전달이 명확해야 한다.
② 단순해야 한다.
③ 차이를 감지할 수 없어야 한다.
④ 관련성이 있어야 한다.

37 마이야르(Maillard) 반응이나 가열에 의해 주로 생성되는 휘발성분이 아닌 것은?

① 케톤류(ketone)
② 피롤류(pyrroles)
③ 레덕톤류(reductones)
④ 피라진류(pyrazines)

38 식품 등의 표시기준에 의거하여 영양성분이 "단백질 10g, 유기산 5g, 식이섬유 5g, 지방 3g" 으로 표시된 식품의 열량은 얼마인가?

① 67 kcal ② 77 kcal
③ 82 kcal ④ 92 kcal

39 객관적 관능평가 시 텍스처 측정과 관련된 기기가 아닌 것은?

① 피네트로미터 ② 파리노그래프
③ 익스텐소그래프 ④ 리프랙토미터

40 훈연제품이나 숯불에 구운 고기에서 검출되는 다환성 방향족 탄화수소로 발암성 작용이 있는 물질은?

① 니트로자민　　② 아플라톡신
③ 다이옥신　　④ 벤조피렌

제3과목 식품가공학

41 병조림의 파손형태에 관한 그림 중 내부 충격에 의해 파손된 형태는?

① 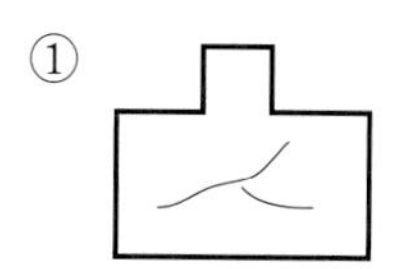
② 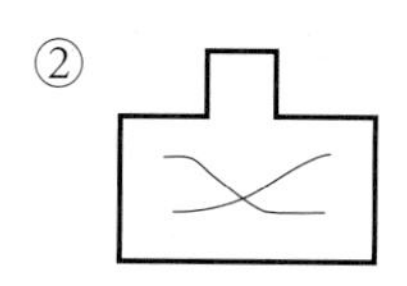
③ 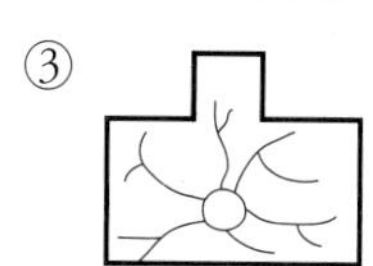
④ 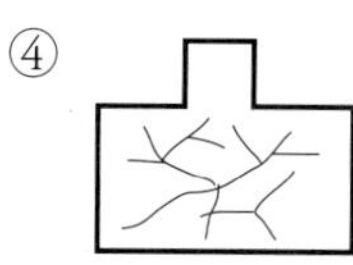

42 지방률이 3.5%인 원유(raw milk) 2000kg에 지방률이 0.1%인 탈지유(skim milk)를 혼합하여 지방률 2.5%의 표준화 우유로 만들고자 한다. 이때 탈지유의 첨가량(kg)은?

① 833kg　　② 2833kg
③ 563kg　　④ 283.3kg

43 옥수수 전분 제조 시 전분 분리를 위해 사용하는 것은?

① HCOOH
② H_2SO_3
③ HCl
④ HOOC-COOH

44 김치의 초기 발효에 관여하는 저온숙성의 주 발효균은?

① *Leuconostoc mesenteroides*
② *Lactobacillus plantarum*
③ *Bacillus macerans*
④ *Pediococcus cerevisiae*

45 유지의 정제 공정 중 윈터리제이션(winterization)의 설명으로 틀린 것은?

① 유지가 저온에서 굳어져 혼탁해지는 것을 방지한다.
② 바삭바삭한 성질을 부여하는 공정이다.
③ 고체지방을 석출·분리한다.
④ 유지의 내한성을 높인다.

46 옥수수 전분 제조 공정에서 얻어지는 부산물 중 기름을 얻는 데 쓰이는 것은?

① 배아
② 글루텐 사료(gluten feed)
③ 글루텐 박(gluten meal)
④ 종피

47 두유를 제조할 때 불쾌한 냄새나 맛이 나고 두유의 수율이 낮은 문제를 개선하는 방법으로 틀린 것은?

① 끓는 물(80~100℃)로 콩을 마쇄하여 지방산패나 콩 비린내를 발생시키는 lipoxygenase를 불활성화 시키는 방법
② 콩을 $NaHCO_3$용액에 침지시켜 불린 뒤, 마쇄 전과 후에 가열처리해서 콩 비린내를 없애는 방법
③ 데치기 전에 콩을 수세하고 껍질을 벗겨 사용하는 방법
④ 낮은 온도에서 장시간 가열하여 염에 대한 노출을 증가시키는 방법

48 증기 재킷(steam jacket)으로 된 솥에서 설탕용액을 가열하고 있다. 설탕 용액과 스팀의 표면 열전달계수는 각각 1000kcal/m²h℃와 10000kcal/m²h℃이며, 솥내벽의 두께는 0.2cm이고, 열전도도는 20kcal/m²h℃일 때 총열전달계수(overall heat transfer coefficient)는 얼마인가?

① 1110kcal/m²h℃
② 1104kcal/m²h℃
③ 973kcal/m²h℃
④ 833kcal/m²h℃

49 식초 제조에 관여하는 반응은?

① $C_6H_{12}O_6 \rightarrow 2C_2H_5OH + 2CO_2$
② $C_6H_{12}O_6 \rightarrow C_4H_8O_2 + 2CO_2 + 2H_2$
③ $C_2H_5OH + O_2 \rightarrow CH_3COOH + H_2O$
④ $C_6H_{12}O_6 \rightarrow 2C_3H_6O_3$

50 건조방법 중에서 건조시간이 대단히 짧고, 제품의 온도를 비교적 낮게 유지할 수 있으며 액상식품을 분말로 건조하는 데 가장 적합한 건조법은?

① rotary drying ② drum drying
③ freeze drying ④ spray drying

51 밀가루의 제빵 특성에 영향을 주는 가장 중요한 품질 요인은?

① 회분 함량 ② 색깔
③ 단백질 함량 ④ 당 함량

52 마요네즈 제조 시 유화제 역할을 하는 것은?

① 난황 ② 식초산
③ 식용유 ④ 소금

53 아이스크림 제조 시 향과 색소 및 산류의 일반적인 첨가 시기는?

① 배합공정에서 첨가
② 여과 후 균질화 하기 전
③ 멸균이 끝난 후 숙성시키기 전
④ 숙성이 끝난 후 동결시키기 전

54 사후강직 현상에 관한 설명으로 옳은 것은?

① 젖산이 분해되고, 알칼리 상태가 된다.
② ATP 함량이 증가한다.
③ 산성 포스파타아제(phosphatase) 활성이 증가한다.
④ 글리코겐(glycogen) 함량이 증가한다.

55 탄산음료를 제조할 때 주입하는 탄산가스의 용해도는?

① 온도에 관계없이 일정하다.
② 온도가 낮을수록 크다.
③ 온도가 높을수록 크다.
④ 20℃에서 제일 크다.

56 식품산업에서 사용하는 Extruder의 단위공정으로 틀린 것은?

① 혼합 ② 분리
③ 배열 ④ 당화

57 달걀의 성분에 대한 설명으로 옳은 것은?

① 달걀의 난황단백질은 지방, 인 등과 결합된 구조로 되어있다.
② 다른 동물성 식품과는 달리 탄수화물의 함량이 높다.
③ 달걀의 무기질은 알 껍질 보다는 난황에 많이 함유되어 있다.
④ 달걀은 비타민 A, B_1, B_2, C, D, E를 함유하고 있으며, 대부분 난백에 함유되어 있다.

58 통조림통의 주요한 결점과 부패 원인 중 물리적 원인에 의한 변형이 아닌 것은?

① 탈기 불충분　② 파넬링(Paneling)
③ 과잉 충전　④ 불충분한 냉각

59 벼를 장기 저장할 경우 곤충의 피해를 방지하기 위한 가장 효과적인 방법은?

① 공기를 자주 순환시킨다.
② 습도를 조절한다.
③ 살균제를 살포한다.
④ 주기적으로 훈증처리한다.

60 육류 가공 시 증량제로서 전분을 10% 첨가하면 최종적으로 몇 %의 증량 효과를 갖는가?

① 10%　② 20%
③ 30%　④ 40%

제4과목 식품미생물학

61 진핵세포의 특징에 대한 설명 중 틀린 것은?

① 염색체는 핵막에 의해 세포질과 격리되어 있다.
② 미토콘드리아, 마이크로솜, 골지체와 같은 세포소기관이 존재한다.
③ 스테롤 성분과 세포골격을 가지고 있다.
④ 염색체의 구조에 히스톤과 인을 갖고 있지 않다.

62 정상발효젖산균(homofermentative lactic acid bacteria)에 관한 설명으로 옳은 것은?

① 포도당을 분해하여 젖산만을 주로 생성한다.
② 포도당을 분해하여 젖산과 탄산가스를 주로 생성한다.
③ 포도당을 분해하여 젖산과 CO_2, 에탄올과 함께 초산 등을 부산물로 생성한다.
④ 포도당을 분해하여 젖산과 탄산가스, 수소를 부산물로 생성한다.

63 다음 중 곰팡이 독소가 아닌 것은?

① patulin　② ochratoxin
③ enterotoxin　④ aflatoxin

64 세포융합(cell fusion)의 실험순서로 옳은 것은?

① 재조합체 선택 및 분리 → protoplast의 융합 → 융합체의 재생 → 세포의 protoplast화
② protoplast의 융합 → 세포의 protoplast화 → 융합체의 재생 → 재조합체 선택 및 분리
③ 세포의 protoplast화 → protoplast의 융합 → 융합체의 재생 → 재조합체 선택 및 분리
④ 융합체의 재생 → 재조합체 선택 및 분리 → protoplast의 융합 → 세포의 protoplast화

65 다음 중 대표적인 하면발효 맥주효모는?

① *Saccharomyces cerevisiae*
② *Saccharomyces mellis*
③ *Saccharomyces carlsbergensis*
④ *Saccharomyces mali*

66 식품공전에 의거하여 일반세균수를 측정할 때 10000배 희석한 시료 1ml를 평판에 분주하여 균수를 측정한 결과 237개의 집락이 형성되었다면 시료 1g에 존재하는 세균수는?

① 2.37×10^5CFU/g
② 2.37×10^6CFU/g
③ 2.4×10^5CFU/g
④ 2.4×10^6CFU/g

67 미생물의 영양세포 및 포자를 사멸시켜 무균 상태로 만드는 것은?

① 가열　② 살균
③ 멸균　④ 소독

68 젖산발효에 대한 설명으로 틀린 것은?

① 젖산균이나 *Rhizopus*와 같은 곰팡이가 젖산을 생성한다.
② 젖산균에 의한 젖산은 L-형, D-형 및 DL-형이 있는데, DL-형의 젖산은 Lactic acid lacemase에 의한다.
③ 젖산균이 당으로부터 젖산을 생성하는 경로는 home형과 hetero형이 있다.
④ 대부분의 젖산균이 산화적 인산화를 할 때 더 많은 젖산이 생성된다.

69 Glucose대사 중 NADPH가 주로 생성되는 경로?

① EMP 경로　② HMP 경로
③ TCA 회로　④ Glyoxylate 회로

70 유성포자가 아닌 것은?

① 접합포자(zygospore)
② 담자포자(basidiospore)
③ 후막포자(chlamydospore)
④ 자낭포자(ascospore)

71 대장균(*Escherichia coli*)에 대한 설명으로 틀린 것은?

① 그람양성 간균으로 장내세균과에 속한다.
② 사람이나 동물의 장내에서 일반적으로 발견된다.
③ 젖당을 발효하여 산와 가스를 생성한다.
④ 식품과 음료수에서 분변오염의 지표로 이용된다.

72 산막효모의 특징이 아닌 것은?

① 산소를 요구한다.
② 산화력이 강하다
③ 발효액의 내부에서 발육한다.
④ 피막을 형성한다.

73 조류(algae)에 대한 설명으로 옳은 것은?

① 홍조류는 엽록체가 있어 광합성 작용을 한다.
② 남조류는 진핵생물에 속한다.
③ 클로렐라(*chlorella*)는 단세포 갈조류의 일종이다.
④ 우뭇가사리, 김은 갈조류에 속한다.

74 **버섯류에 대한 설명으로 맞지 않는 것은?**

① 버섯은 분류학적으로 담자균류에 속한다.
② 유성적으로는 담자포자 형성에 의해 증식을 하며, 무성적으로는 균사 신장에 의해 증식한다.
③ 동충화초(*Cordyceps* sp.)도 분류학상 담자균류에 속한다.
④ 우리가 식용하는 부위인 자실체는 3차 균사에 해당된다.

75 ***Aspergillus*속에 속하는 곰팡이에 대한 설명으로 틀린 것은?**

① *A. oryzae*는 단백질 분해력과 전분 당화력이 강하여 주류 또는 장류 양조에 이용된다.
② *A. glaucus*군에 속하는 곰팡이는 백색집락을 이루며 ochratoxin을 생산한다.
③ *A. niger*는 대표적인 흑국균이다.
④ *A. flavus*는 aflatoxin을 생산한다.

76 **파지(phage)에 대한 설명 중 틀린 것은?**

① 단백질 외각(capsid) 내에 DNA와 RNA를 모두 가지고 있다.
② 세균을 숙주로 하여 증식하는 것을 박테리오파지(bacteriophage)라고 한다.
③ 독성파지는 숙주세균을 용균하고 세포 밖으로 유리 파지를 방출한다.
④ 용원파지는 숙주세포를 파괴하지 않고 세포의 일부가 되어 세포의 증식과 함께 늘어나는 파지이다.

77 **잠재적 발암활성도를 측정하는 Ames test에서 이용하는 돌연변이는?**

① 역돌연변이(back mutation)
② 불변돌연변이(silent mutation)
③ 불인식돌연변이 (nonsense mutation)
④ 틀변환(격자이동)돌연변이 (frameshift mutation)

78 **효모의 무성포자와 관련 없는 것은?**

① 위접합 ② 이태접합
③ 단위생식 ④ 사출포자

79 **Bergy의 분류법에서 초산을 탄산가스와 물로 산화하며 NH_4 염을 유일한 질소원으로 사용하는 균주는?**

① *Acetobacter xylinum*
② *Acetobacter oxydans*
③ *Acetobacter pasteurianum*
④ *Acetobacter aceti*

80 **유기화합물 합성을 위하여 햇빛을 에너지원으로 이용하는 광독립영양생물(photoautotroph)은 탄소원으로 무엇을 이용하는가?**

① 메탄 ② 이산화탄소
③ 포도당 ④ 산소

제5과목 생화학 및 발효학

81 다음 중 발효법에 의해 구연산(citric acid) 제조시 필요한 것은?

① *ethyl isovalerate*
② *Brevibacterium*속
③ *phenylacetic acid*
④ *Aspergillus niger*

82 다음 중 보조효소(coenzyme)와 비타민과의 관계가 틀린 것은?

① NAD – 나이아신(niacin)
② FAD – 리보플라빈(riboflavin)
③ Coenzyme A – 엽산(folic acid)
④ TPP – 티아민(thiamine)

83 다음 중 당이 혐기적 조건에서 효소에 의해 분해되는 대사작용으로 세포질에서 일어나는 것은?

① 해당작용 ② 유전정보 저장
③ 세포의 운동 ④ TCA회로

84 Prostaglandin의 생합성에 이용되는 지방산은?

① stearic acid
② oleic acid
③ arachidonic acid
④ palmitic acid

85 핵산 관련 물질이 정미성을 갖추기 위해서 필요한 구조가 아닌 것은?

① purine환의 6위치에 OH기가 있어야 한다.
② ribose의 5′ 위치에 인산기가 있어야 한다.
③ nucleotide의 당은 ribose에만 정미성이 있다.
④ 고분자 nucleotide, nucleoside 및 염기 중에서 mononucleotide에만 정미성이 있는 것이 존재한다.

86 발효산업에서 고체배양의 일반적인 장점이 아닌 것은?

① 값싼 원료를 이용할 수 있다.
② 생산물의 회수가 쉽다.
③ 산소공급이 쉽다.
④ 환경조건의 측정 및 제어가 쉽다.

87 곰팡이를 이용하여 액체배양법으로 구연산을 생산할 경우, 균사가 가지가 없는 섬유상으로 존재하면 구연산 생성이 현저히 감소한다. 이때, 구연산 생성을 위하여 균사의 형태를 pellet으로 전환하고자 Fe^{2+}와의 비율을 조절하기 위하여 첨가되는 금속이온은?

① Ca^{2+} ② Cu^{2+}
③ Mg^{2+} ④ Zn^{2+}

88 다음 중 purine 염기는?

① adenine ② cytosine
③ thymine ④ uracil

89 포도당 분해과정 중 HMP(hexose mono phosphate shunt)로만 100% 대사하는 미생물은?

① *Escherichia coli*
② *Saccharomyces cerevisiae*
③ *Rhizopus oryzae*
④ *Acetomonas ozydans*

90 설탕을 기질로 하여 덱스트란(dextran)을 공업적으로 생성하는 젖산균은?

① *Pediococcus lindneri*
② *Streptococcus cremoris*
③ *Lactobacillus bulgaricus*
④ *Leuconostoc mesenteroides*

91 호기적 발효에 의하여 생산되는 것은?

① 에틸 알코올(ethyl alcohol)
② 젖산(lactic acid)
③ 구연산(citric acid)
④ 글리세롤(glycerol)

92 아미노산 합성이나 대사와 연관성이 없는 것끼리 짝지어진 것은?

① 류신(leucine) – 포도당생성의(glucogenic)
② 페닐알라닌(phenylalanine) – 페닐케톤뇨증(PKU)
③ 메티오닌(methionine) – 시스테인(cysteine)
④ 티로신(tyrosine) – 멜라닌(melanine)

93 다음 중에서 세균 세포벽의 성분은?

① 펩티도글리칸(petidoglycan)
② 히알루론산(hyaluronic acid)
③ 키틴(chitin)
④ 콘드로이틴(chondroitin)

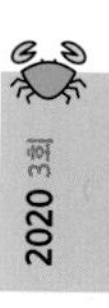

94 다음 반응에 관여하는 효소는?

$$H_2O_2 + H_2O_2 \rightarrow O_2 + 2H_2O$$

① hydroxylase
② fumarase
③ lactate racemase
④ catalase

95 다음 중 비타민 B_2 생산능이 우수한 미생물은?

① *Saccharomyces cerevisiae*
② *Eremothecium ashbyii*
③ *Acetobacter aceti*
④ *Clostridium botulinum*

96 다음 중 석유계 탄화수소를 기질로 하여 균체를 생산하기에 가장 적합한 효모는?

① *Pseudomonas aeruginosa*
② *Candida tropicalis*
③ *Saccharomyces cerevisiae*
④ *Saccharomyces carlsbergensis*

97 두 종류의 미생물 A와 미생물 B를 분리하여 DNA 중 GC 함량을 분석해보니 각각 70%와 54% 이었다. 미생물들의 각 염기조성은?

① 미생물A – A : 15%, G : 35%, T : 15%, C : 35%
미생물B – A : 23%, G : 27%, T : 23%, C : 27%
② 미생물A – A : 30%, G : 70%, T : 30%, C : 70%
미생물B – A : 46%, G : 54%, T : 46%, C : 54%
③ 미생물A – A : 35%, G : 35%, T : 15%, C : 15%
미생물B – A : 27%, G : 27%, T : 23%, C : 23%
④ 미생물A – A : 35%, G : 15%, T : 35%, C : 15%
미생물B – A : 27%, G : 23%, T : 27%, C : 23%

98 근육에서 피루브산이 아미노기(NH_3) 전이를 받아 생성되는 아미노산은?

① 프롤린 ② 트립토판
③ 알라닌 ④ 리신

99 성인 한국인에서 유당불내증(lactose intolerance) 비율이 높게 나타나는 이유로 옳은 것은?

① 한국에서 생산되는 우유 중에 유당 함량이 10% 이상 높기 때문이다.
② 구성효소로 유당분해효소를 가지고 있기 때문이다
③ 갈락토오스 분해효소가 없기 때문이다.
④ 유당분해효소가 적게 생성되기 때문이다.

100 필수아미노산에 대한 설명으로 옳은 것은?

① 생체의 필수적인 성분이므로 인체에서 배설되지 않는다.
② 생체 내에서 합성되지 않으므로 식품에 의해 공급되어야 한다,
③ 신장에 의해서만 합성되고, 다른 기관에서는 일체 만들어질 수 없다.
④ D-amino acid의 산화 효소에 의한 대사 산물이다.

2020년 3회 **정답**

1	②	2	④	3	③	4	③	5	④	6	②	7	①	8	②	9	③	10	③
11	②	12	③	13	①	14	④	15	②	16	②	17	②	18	③	19	③	20	②
21	①	22	①	23	②	24	③	25	①	26	③	27	④	28	②	29	④	30	③
31	④	32	③	33	②	34	③	35	①	36	③	37	①	38	④	39	④	40	④
41	③	42	①	43	②	44	①	45	②	46	①	47	④	48	④	49	③	50	④
51	③	52	①	53	④	54	③	55	②	56	④	57	①	58	④	59	④	60	③
61	④	62	①	63	③	64	③	65	③	66	④	67	③	68	④	69	②	70	③
71	①	72	③	73	①	74	③	75	②	76	①	77	①	78	②	79	④	80	②
81	④	82	③	83	①	84	③	85	③	86	④	87	②	88	①	89	④	90	④
91	③	92	①	93	①	94	④	95	②	96	②	97	①	98	③	99	④	100	②

2021년 3월 7일 시행

식품기사 기출문제 2021 1회

제1과목 식품위생학

1 위해평가과정 중 '위험성 결정과정'에 해당하는 것은?

① 위해요소의 인체 내 독성을 확인
② 위해요소의 인체노출허용량 산출
③ 위해요소가 인체에 노출된 양을 산출
④ 위해요소의 인체용적계수 산출

2 식품에 첨가했을 때 착색효과와 영양강화현상을 동시에 나타낼 수 있는 것은?

① 엽산(folic acid)
② 아스코르빈산(ascorbic acid)
③ 캐러멜(caramel)
④ 베타카로틴(β-carotene)

3 돼지를 중간숙주로 하며 인체 유구낭충증을 유발하는 기생충은?

① 간디스토마 ② 긴촌충
③ 민촌충 ④ 갈고리촌충

4 식중독 증상에서 cyanosis 현상이 나타나는 어패류는?

① 섭조개, 대합 ② 바지락
③ 복어 ④ 독꼬치

5 황색포도상구균 검사방법에 대한 설명으로 틀린 것은?

① 증균배양 : 35~37℃에서 18~24시간 증균배양
② 분리배양 : 35~37℃에서 18~24시간 배양(황색불투명 집락 확인)
③ 확인시험 : 35~37℃에서 18~24시간 배양
④ 혈청형시험 : 35~37℃에서 18~24시간 배양

6 소독제와 그 주요 작용의 조합이 틀린 것은?

① 크레졸 – 세포벽의 손상
② $Ca(OCl)_2$ – 산화작용
③ 에탄올 – 탈수, 삼투압으로 미생물 수축
④ 페놀 – 단백질 변성

7 식품의 조리 및 가공 중이나 유기물질이 불완전연소되면서 생성되는 유해물질과 관계 깊은 것은?

① polycyclic aromatic hydrocarbon
② zearalenone
③ cyclamate
④ auramine

8 **식품을 저장할 때 사용되는 식염의 작용기작 중 미생물에 의한 부패를 방지하는 가장 큰 이유는?**

① 나트륨 이온에 의한 살균작용
② 식품의 탈수작용
③ 식품용액 중 산소 용해도의 감소
④ 유해세균의 원형질 분리

9 **방사성 핵종과 인체에 영향을 미치는 표적조직의 연결이 옳은 것은?**

① ^{137}Cs : 갑상선
② ^{3}H : 전신
③ ^{131}I : 뼈
④ ^{80}Sr : 근육

10 **식중독균인 클로스트리디움 보툴리늄균의 일반성상 중 잘못된 것은?**

① Gram 양성의 아포 형성균이다.
② 편성 혐기성균이다.
③ 열에 안정적이며 가열로 파괴하기 어렵다.
④ 독소는 매우 독성이 강하다.

11 **일반적으로 페놀이나 포름알데히드의 용출과 관련이 없는 포장재료는?**

① 페놀수지 ② 요소수지
③ 멜라민수지 ④ 염화비닐수지

12 **소독제와 소독 시 사용하는 농도의 연결이 틀린 것은?**

① 석탄산 : 3~5% 수용액
② 승홍수 : 0.1% 수용액
③ 알코올 : 36% 수용액
④ 과산화수소 : 3% 수용액

13 **식품 및 축산물 안전관리인증기준에서 중요관리점(CCP) 결정 원칙에 대한 설명으로 틀린 것은?**

① 농·임·수산물의 판매 등을 위한 포장, 단순처리 단계 등은 선행요건이 아니다.
② 기타 식품판매업소 판매식품은 냉장 냉동식품의 온도관리 단계를 CCP로 결정하여 중점적으로 관리함을 원칙으로 한다.
③ 판매식품의 확인된 위해요소 발생을 예방하거나 제거 또는 허용수준으로 감소시키기 위하여 의도적으로 행하는 단계가 아닐 경우는 CCP가 아니다.
④ 확인된 위해요소 발생을 예방하거나 제거 또는 허용수준으로 감소시킬 수 있는 방법이 이후 단계에도 존재할 경우는 CCP가 아니다.

14 **식품에 사용할 수 있는 표백제가 아닌 물질은?**

① 차아황산나트륨(sodium hyposulfite)
② 안식향산나트륨(sodium benzoic acid)
③ 무수아황산(sulfur dioxide)
④ 메타중아황산칼륨(potassium metabisulfite)

15 바다 생선회를 원인식으로 발생한 식중독 환자를 조사한 결과 기생충의 자충이 원인이라면 관련이 깊은 것은?

① 선모충 ② 동양모양선충
③ 간흡충 ④ 아니사키스충

16 기생충 질환과 중간숙주의 연결이 잘못된 것은?

① 유구조충 – 돼지
② 무구조충 – 양서류
③ 회충 – 채소
④ 간흡충 – 민물고기

17 합성수지제 식기를 60℃의 더운물로 처리해서 용출시험을 한 결과, 아세틸아세톤 시약에 의해 녹황색이 나타났을 때 추정할 수 있는 함유물질은?

① methanol ② formaldehyde
③ Ag ④ phenol

18 식품위생검사에서 대장균을 위생지표세균으로 쓰는 이유가 아닌 것은?

① 대장균은 비병원성이나 병원성 세균과 공존할 가능성이 많기 때문에
② 대장균의 많고 적음은 식품의 신선도 판정의 기준이 되기 때문에
③ 대장균의 존재는 분변 오염을 의미하기 때문에
④ 식품의 위생적인 취급 여부를 알 수 있기 때문에

19 식품의 점도를 증가시키고 교질상의 미각을 향상시키는 고분자의 천연물질 또는 그 유도체인 식품첨가물이 아닌 것은?

① methyl cellulose
② sodium carboxymethyl starch
③ sodium alginate
④ glycerin fatty acid ester

20 프탈레이트에 대한 설명으로 틀린 것은?

① 폴리염화비닐의 가소제로 사용된다.
② 환경에 잔류하지는 않아 공기, 지하수, 흙 등을 통한 노출은 없다.
③ 내분비계 교란(장애) 물질이다.
④ 식품용 랩 등에 들어있는 프탈레이트가 식품으로 이행될 수 있다.

제2과목 식품화학

21 탄수화물 급원식품이 120℃ 이상 고온에서 튀기거나 구워질 때 생성되며, 아래와 같은 구조를 가진 발암가능 물질은?

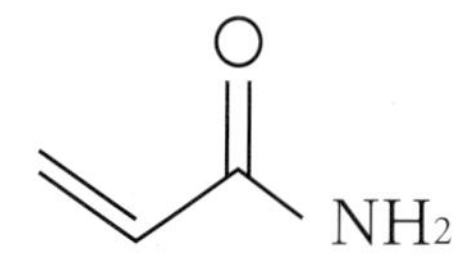

① 아크릴아마이드(acrylamide)
② 니트로소 화합물(N– nitroso compound)
③ 이환 방향족 아민(heterocyclic amine)
④ 에틸카바메이트(ethylcarbamate)

22 관능검사에 대한 설명 중 틀린 것은?

① 관능검사는 식품의 특성이 시각, 후각, 미각, 촉각 및 청각으로 감지되는 반응을 측정, 분석, 해석한다.
② 관능검사 패널의 종류는 차이식별 패널, 특성묘사 패널, 기호조사 패널 등으로 나뉜다.
③ 특성묘사 패널은 재현성 있는 측정 결과를 발생시키도록 적절히 훈련되어야 한다.
④ 보통 특성묘사 패널의 수가 가장 많고 기호조사 패널의 수가 가장 적게 필요하다.

23 식품 내 수분의 증기압(P)과 같은 온도에서의 순수한 물의 수증기압(Po)으로부터 수분활성도를 구하는 식은?

① P－Po ② P×Po
③ P÷Po ④ Po－P

24 케톤기를 가지는 탄수화물은?

① mannose ② galactose
③ ribose ④ fructose

25 아래의 질문지는 어떤 관능검사 방법에 해당하는가?

> 이름 : ______ 성별 : ______ 나이 : ______
> R로 표시된 기준시료와 함께 두 시료(시료352, 시료647)가 있습니다. 먼저 R시료를 맛본 후 나머지 두 시료를 평가하여 R과 같은 시료를 선택하여 그 시료에 (V)표 하여 주십시오.
>
> 시료352 (　　) 시료647 (　　)

① 단순차이검사 ② 일－이점 검사
③ 삼점검사 ④ 이점비교검사

26 클로로필(chlorophyll)을 알칼리로 처리하였더니 피톨(phytol)이 유리되고 용액의 색깔이 청록색으로 변했다. 다음 중 어느 것이 형성된 것인가?

① pheophytin
② pheophorbide
③ chlorophyllide
④ chlorophylline

27 어류가 변질되면서 생성되는 불쾌취를 유발하는 물질이 아닌 것은?

① 트리메틸아민(trimethylamine)
② 카다베린(cadaverine)
③ 피페리딘(piperidine)
④ 옥사졸린(oxazoline)

28 아래의 두 성질을 각각 무엇이라 하는가?

> A : 잘 만들어진 청국장은 실타래처럼 실을 빼는 것과 같은 성질을 가지고 있다.
> B : 국수반죽은 긴 끈 모양으로 늘어나는 성질을 갖고 있다.

① A : 예사성, B : 신전성
② A : 신전성, B : 소성
③ A : 예사성, B : 소성
④ A : 신전성, B : 탄성

29 유기산의 이름이 잘못 짝지어진 것은?

① 호박산 : isoamylic acid
② 사과산 : malic acid
③ 주석산 : tartaric acid
④ 구연산 : citric acid

30 콩을 분쇄하는 동안 콩 비린내를 생성하게 하는 효소는?

① 폴리페놀옥시다아제(polyphenol oxidase)
② 리폭시게나아제(lipoxygenase)
③ 해미셀룰라아제(hemicellulase)
④ 헤스페리디나아제(hesperidinase)

31 전분의 호정화에 대한 설명으로 옳은 것은?

① α-전분을 상온에 방치할 때 β-전분으로 되돌아가는 현상
② 전분에 묽은 산을 넣고 가열하였을 때 가수분해되는 현상
③ 160~170℃에서 건열로 가열하였을 때 전분이 분해되는 현상
④ 전분에 물을 넣고 가열하였을 때 점도가 큰 콜로이드 용액이 되는 현상

32 산화안정성이 가장 낮은 지방산은?

① arachidonic acid
② linoleic acid
③ stearic acid
④ palmitic acid

33 난백의 가장 주된 단백질은?

① 라이소자임(lysozyme)
② 콘알부민(conalbumin)
③ 오브알부민(ovalbumin)
④ 오보뮤코이드(ovomucoid)

34 쌀을 도정함에 따라 그 비율이 높아지는 성분은?

① 오리제닌(oryzenin)
② 전분
③ 티아민(thiamin)
④ 칼슘

35 차 잎을 발효시키면 어떤 작용에 의해 theaflavin이 생성되는가?

① polyphenol oxidase 효소 작용
② glucose oxidase 효소 작용
③ 마이야르(maillard) 반응
④ 아스타크산틴(astaxanthin) 생성 반응

36 식품의 산성 및 알칼리성에 대한 설명 중 틀린 것은?

① 알칼리 생성원소와 산 생성원소 중 어느 쪽의 성질이 큰가에 따라 알칼리성 식품과 산성식품으로 나뉜다.
② 식품이 체내에서 소화 및 흡수되어 Na, K, Ca, Mg 등의 원소가 P, S, Cl, I 등의 원소보다 많은 경우를 생리적 산성식품이라 한다.
③ 산성식품을 너무 지나치게 섭취하면 혈액은 산성 쪽으로 기울어 버린다.
④ 대표적인 생리적 알칼리성 식품은 과실류, 해조류 및 감자류이다.

37 다음 식품 중 가소성 유체가 아닌 것은?

① 토마토 케첩 ② 마요네즈
③ 마가린 ④ 액상커피

38 식품가공에서 요구되는 단백질의 기능성과 가장 거리가 먼 것은?

① 호화　② 유화
③ 젤화　④ 기포 생성

39 펙트산(pectic acid)의 단위 물질은?

① galactose
② galacturinic acid
③ mannose
④ mannuroinc acid

40 유화제는 한 분자 내에 친수성기와 소수성기를 같이 지니고 있다. 다음 중 상대적으로 소수성이 큰 것은?

① $-COOH$　② $-NH_2$
③ $-CH_3$　④ $-OH$

제3과목 식품가공학

41 건제품과 그 특성의 연결이 틀린 것은?

① 동건품 – 물에 담가 얼음과 함께 얼린 것
② 자건품 – 원료 어패류를 삶아서 말린 것
③ 염건품 – 식염에 절인 후 건조시킨 것
④ 소건품 – 원료 수산물을 날 것 그대로 말린 것

42 우유의 초고온순간처리법(UHT)으로서 가장 알맞는 조건은?

① 121℃에서 0.5~4초 가열
② 121℃에서 5~9초 가열
③ 130~150℃에서 0.5~5초 가열
④ 130~150℃에서 4~9분 가열

43 가당연유의 예열 목적이 아닌 것은?

① 미생물 살균 및 효소 파괴를 위해
② 첨가한 설탕을 완전히 용해시키기 위해
③ 농축 시 가열면의 우유가 눌어붙는 것을 방지하여 증발이 신속히 되도록 하기 위해
④ 단백질에 적당한 열변성을 주어서 제품의 농후화를 촉진시키기 위해

44 떫은 감의 탈삽기작과 관계가 없는 것은?

① 가용성 탄닌(tannin)의 불용화
② 감세포의 분자간 호흡
③ 탄닌(tannin) 물질의 제거
④ 아세트알데히드(acetaldehyde), 아세톤(acetone), 알코올(alcohol) 생성

45 통조림 내에서 가장 늦게 가열되는 부분으로 가열살균 공정에서 오염미생물이 확실히 살균되었는가를 평가하는 데 이용되는 것은?

① 온점　② 냉점
③ 비점　④ 정점

46 면류의 가공에 대한 설명으로 틀린 것은?

① 곡분 또는 전분 등을 주원료로 한다.
② 당면은 전분 80% 이상을 주원료로 제조하여야 한다.
③ 생면은 성형 후 바로 포장한 것이나 표면만 건조시킨 것이다.
④ 유탕면은 생면을 주정 처리 후 건조하여 건면으로 제조한 것이다.

47 수확된 농산물의 저장 중 호흡작용에 대한 설명으로 틀린 것은?

① 일반적으로 농산물의 호흡열을 제거하여 온도상승을 억제하는 것이 저장에 유리하다.
② 수확되기 전보다는 약하지만 살아있는 한 호흡작용을 계속 한다.
③ 일반적으로 곡류가 채소류보다 호흡작용이 왕성하다.
④ 호흡작용에 의한 발열은 화학작용으로 당의 대사과정을 통하여 방출된다.

48 정미기의 도정작용에 대한 설명으로 틀린 것은?

① 마찰식은 마찰과 찰리작용에 의한다.
② 마찰식은 주로 정맥과 주조미 도정에 쓰인다.
③ 통풍식은 마찰식 정미기의 변형으로 백미도정에 널리 쓰인다.
④ 연삭식의 도정원리는 롤(roll)의 연삭, 충격작용에 의한다.

49 cream separator로서 가장 적합한 원심분리기는?

① tubular bowl centrifuge
② solid bowl centrifuge
③ nozzle discharge centrifuge
④ disc bowl centrifuge

50 유지의 구분 중 나머지 셋과 다른 하나는?

① 올리브유 ② 팜유
③ 동백유 ④ 낙화생유

51 전분 입자를 분리하는 방법이 아닌 것은?

① 탱크침전식 ② 테이블침전식
③ 원심분리식 ④ 진공농축식

52 48%의 소금(질량%)을 함유한 수용액에서 수분활성도는(A_w)?(단, NaCl 분자량 58.50이다.)

① 0.75 ② 0.78
③ 0.82 ④ 0.90

53 소시지 가공에 사용되는 기계 장치는?

① 사일런트 커터(silent cutter)
② 해머 밀(hammer mill)
③ 프리저(freezer)
④ 볼 밀(ball mill)

54 콩 가공 과정에서 불활성화시켜야 하는 유해 성분은?

① 글로불린(globulin)
② 레시틴(lecithin)
③ 트립신 저해제(trypsin inhibitor)
④ 나이아신(niacin)

55 멸치젓 제조 시 소금으로 절여 발효할 때 나타나는 현상이 아닌 것은?

① 과산화물가(peroxide value)가 증가한다.
② 가용성 질소가 증가한다.
③ 맛이 좋아진다.
④ 생균수가 15~20일 사이에 급격히 감소하다가 점차 증가한다.

56 유지의 정제방법이 아닌 것은?

① 탈산 ② 탈염
③ 탈색 ④ 탈취

57 25℃의 공기(밀도 1.149kg/m^3)를 80℃로 가열하여 10m^3/s의 속도로 건조기 내로 송입하고자 할 때 소요열량은?(단, 공기의 비열은 25℃에서는 1.0048kJ/kg·K, 80℃에서는 1.0090kJ/kg·K이다.)

① 636kW ② 393kW
③ 318kW ④ 954kW

58 사후강직 전의 근육을 동결시킨 뒤 저장하였다가 짧은 시간에 해동시킬 때 많은 양의 drip을 발생시키며 강하게 수축되는 현상은?

① 자기분해 ② 해동강직
③ 숙성 ④ 자동산화

59 분무건조법의 특징과 거리가 먼 것은?

① 열변성하기 쉬운 물질도 용이하게 건조 가능하다.
② 제품형상을 구형의 다공질 입자로 할 수 있다.
③ 연속으로 대량 처리가 가능하다.
④ 재료의 열을 빼앗아 승화시켜 건조한다.

60 콩 단백질의 특성에 대한 설명으로 틀린 것은?

① 콩 단백질은 묽은 염류용액에 용해된다.
② 콩을 수침하여 물과 함께 마쇄하면, 인산칼륨용액에 콩 단백질이 용출된다.
③ 콩 단백질은 90%가 염류용액에 추출되며, 이 중 80% 이상이 glycinin이다.
④ 콩 단백질의 주성분인 glycinin은 양(+)전하를 띠고 있다.

제4과목 식품미생물학

61 청량음료에서 곰팡이 발생의 원인으로 옳지 않은 것은?

① 탄산가스 농도 과다
② 보존 중 병의 불량
③ 타전 불량
④ 핀 홀(pin hole) 형성

62 종속영양균의 탄소원과 질소원에 관한 설명 중 옳은 것은?

① 탄소원과 질소원 모두 무기물만으로써 생육한다.
② 탄소원으로 무기물을, 질소원으로 유기 또는 무기 질소 화합물을 이용한다.
③ 탄소원으로 유기물을, 질소원으로 유기 또는 무기 질소 화합물을 이용한다.
④ 탄소원과 질소원 모두 유기물만으로서 생육한다.

63 곰팡이 포자 중 유성포자는?

① 분생포자 ② 포자낭포자
③ 담자포자 ④ 후막포자

64 60분마다 분열하는 세균의 최초세균수가 5개일 때 3시간 후의 세균 수는?

① 40개 ② 90개
③ 120개 ④ 240개

65 식품으로부터 곰팡이를 분리하여 맥아즙 한천(Malt agar)배지에서 배양하면서 관찰하였다. 균총의 색은 배양시간이 경과함에 따라 백색에서 점차 청록색으로 변화하였으며, 현미경 시야에서 격벽이 있는 분생자병, 정낭 구조가 없는 빗자루 모양의 분생자두, 구형의 분생자를 관찰할 수 있었다. 이상의 결과로부터 추정할 수 있는 이 곰팡이의 속명은?

① *Aspergillus*속
② *Mucor*속
③ *Penicillium*속
④ *Trichoderma*속

66 미생물의 증식에 관한 설명 중 틀린 것은?

① 영양원 배지에 처음 접종하였을 때 증식에 필요한 각종 효소단백질을 합성하며 세포수 증가는 거의 나타나지 않는다.
② 접종 후 일정 시간이 지나면 세포는 대수적으로 증가한다.
③ 생육정지 상태에서는 어느 정도 기간이 경과하면 다시 증식이 대수적으로 이루어진다.
④ 사멸기는 유해한 대사산물의 축적, 배지의 pH 변화 등에 의해 나타난다.

67 바이로이드(viroid)의 설명으로 틀린 것은?

① 바이로이드는 작은 구형의 한 가닥 RNA로서 알려진 감염체 중에 가장 작다.
② 외피 단백질이 없고 그 세포 외 형태는 순수한 RNA이다.
③ 바이로이드는 그 복제가 전적으로 숙주의 기능에 의존한다.
④ 단백질을 암호화하는 유전자를 가지고 있다.

68 내생포자의 특징이 아닌 것은?

① 대사반응을 수행하지 않음
② 고온, 소독제 등에서 생존이 가능
③ 1개의 세포에서 2개의 포자 형성
④ 일부 그람양성균이 형성하는 특별한 휴면세포

69 발효에 관여하는 미생물에 대한 설명 중 틀린 것은?

① 글루타민산 발효에 관여하는 미생물은 주로 세균이다.
② 당질은 원료로 한 구연산 발효에는 주로 곰팡이를 이용한다.
③ 항생물질 스트렙토마이신(streptomycin)의 발효 생산은 주로 곰팡이를 이용한다.
④ 초산 발효에 관여하는 미생물은 주로 세균이다.

70 다음 중 균사에 격막을 갖지 않는 균은?

① *Aspergillus niger*
② *Pnicillum notatum*
③ *Mucor hiemalis*
④ *Aspergillus sojae*

71 편모에 관한 설명 중 틀린 것은?

① 주로 구균이나 나선균에 존재하며 간균에는 거의 없다.
② 세균의 운동기관이다.
③ 위치에 따라 극모와 주모로 구분된다.
④ 그람염색법에 의해 염색되지 않는다.

72 돌연변이에 대한 설명으로 틀린 것은?

① DNA 분자 내의 염기서열을 변화시킨다.
② DNA에 변화가 있더라도 표현형이 바뀌지 않는 잠재성 돌연변이(silent mutation)가 있다.
③ 모든 변이는 세포에 있어서 해로운 것이다.
④ 유전자 자체의 변화에 의해 자연적으로 발생하기도 한다.

73 산업적인 글루탐산 생성균으로 가장 적합한 것은?

① *Corynebacterium glutamicum*
② *Lactobacillus plantarum*
③ *Mucor rouxii*
④ *Pediococcus halophilus*

74 알코올 발효능이 강한 종류가 많아 주류 제조에 이용되는 것은?

① 세균 ② 효모
③ 곰팡이 ④ 박테리오파지

75 효모의 산업적인 이용에 적합하지 않은 것은?

① 식사료로 이용 ② 리파아제 생산
③ 글리세롤 생산 ④ 항생물질 생산

76 그람(gram) 염색한 결과 균체가 탈색하지 않고 (청)자색으로 염색된 상태로 있는 균속은?

① *Escherhchia*속
② *Salmonella*속
③ *Pseudomonas*속
④ *Bacillus*속

77 분열에 의해서 증식하는 효모는?

① *Saccharomyces*속
② *Candida*속
③ *Torulaspora*속
④ *Schizosaccharomyces*속

78 비타민 B_{12}를 생육인자로 요구하는 비타민 B_{12}의 미생물적인 정량법에 이용되는 균주는?

① *Staphylococcus aureus*
② *Bacillus cereus*
③ *Lactobacillus leichmanii*
④ *Escherichia coli*

79 미생물의 성장곡선에서 세포분열이 급속하게 진행되어 최대의 성장속도를 보이는 시기는?

① 유도기 ② 대수기
③ 정체기 ④ 사멸기

80 생육온도에 따른 미생물 분류 시 대부분의 곰팡이, 효모 및 병원균이 속하는 것은?

① 저온균 ② 중온균
③ 고온균 ④ 호열균

제5과목 생화학 및 발효학

81 다음 중 균체 외 효소가 아닌 것은?

① amylase
② protease
③ glucose oxidase
④ pectinase

82 혐기적 조건에서 근육조직의 에너지 전달물질은?

① phosphoenolpyruvate
② creatine phosphate
③ 1,3-Bisphosphoglycerate
④ oxaloacetate

83 요소회로(urea cycle)에 관여하지 않는 아미노산은?

① 오르니틴(ornithine)
② 아르기닌(arginine)
③ 글루타민산(glutamic acid)
④ 시트룰린(citrulline)

84 한 개 유전자-한 개 폴리펩타이드(one gene-one polypeptide)이론에 대하여 옳게 설명한 것은?

① 어떤 한 가지 유전자는 어떤 특별한 폴리펩타이드만을 생합성하는 유전 정보를 주는 것이다.
② 각 효소의 합성은 특별한 유전자에 의하여 촉매된다.
③ 각 폴리펩타이드는 특별한 반응을 촉매한다.
④ 각 유전자는 이 유전자에 해당하는 특별한 효소에 의해서 생합성된다.

85 비탄수화물(non carbohydrate)원에서부터 포도당 혹은 글리코겐(glycogen)이 생합성되는 과정은?

① glycolysis
② glycogenesis
③ glycogenolysis
④ gluconeogenesis

86 효모배양 시 효모의 최고 수득량을 얻는 당의 공급방식은?

① 효모의 당 동화비율보다 낮은 비율로 공급한다.
② 효모의 당 동화비율보다 높은 비율로 공급한다.
③ 효모의 당 동화비율과 관계없이 배양 초기에 많이 공급한다.
④ 효모의 당 동화비율과 같은 비율로 공급한다.

87 pH가 낮은 탄산음료에 들어있는 아미노산들의 형태는?

① 대부분 양이온(+전하)을 띤 상태로 존재한다.
② 대부분 음이온(−전하)을 띤 상태로 존재한다.
③ 대부분 전하를 띠지 않은 중성 상태로 존재한다.
④ 대부분 음이온(−전하)과 양이온(+전하)을 모두 띤 양성전하(zwitterion) 상태로 존재한다.

88 세포막의 특성에 대한 설명으로 틀린 것은?

① 물질을 선택적으로 투과시킨다.
② 호르몬의 수용체(receptor)가 있다.
③ 표면에 항원이 되는 물질이 있다.
④ 단백질을 합성한다.

89 DNA로부터 단백질 합성까지의 과정에서 t-RNA의 역할에 대한 설명으로 옳은 것은?

① m-RNA 주형에 따라 아미노산을 순서대로 결합시키기 위해 아미노산을 운반하는 역할을 한다.
② 핵 안에 존재하는 DNA 정보를 읽어 세포질로 나오는 역할을 한다.
③ 아미노산을 연결하여 protein을 직접 합성하는 장소를 제공한다.
④ 합성된 protein을 수식하는 기능을 담당한다.

90 일차대사산물을 높은 효율로 얻기 위한 방법 중에서 그 기작이 다른 것은?

① 영양요구성 변이 이용
② analogue 내성 변이 이용
③ feedback 내성 변이 이용
④ 세포막 투과성의 개량 이용

91 t-RNA에 대한 설명으로 틀린 것은?

① 활성화된 아미노산과 특이적으로 결합한다.
② anti-codon을 가지고 있다.
③ codon을 가지고 있어 r-RNA와 결합한다.
④ codon의 정보에 따라 m-RNA와 결합한다.

92 invertase에 대한 설명으로 틀린 것은?

① 활성측정은 sucrose에 결합되는 산화력을 정량한다.
② sucrase 또는 saccharase라고도 한다.
③ 가수분해와 fructose의 전달반응을 촉매한다.
④ sucrose를 다량 함유한 식품에 첨가하면 결정 석출을 막을 수 있다.

93 주정 발효 시 술밑의 젖산균으로 사용하는 것은?

① *Lactobacillus casei*
② *Lactobacillus delbrueckii*
③ *Lactobacillus bulgaricus*
④ *Lactobacillus plantarum*

94 당밀 원료로 주정을 제조할 때의 발효법인 Hildebrandt-Erb법(two-stage method)의 특징이 아닌 것은?

① 효모증식에 소모되는 당의 양을 줄인다.
② 폐액의 BOD를 저하시킨다.
③ 효모의 회수비용이 절약된다.
④ 주정농도가 가장 높은 술덧을 얻을 수 있다.

95 TCA 회로(tricarboxylic acid cycle)에서 생성되는 유기산이 아닌 것은?

① citric acid
② lactic acid
③ succinic acid
④ malic acid

96 조효소로 사용되면서 산화환원반응에 관여하는 비타민으로 짝지어진 것은?

① 엽산, 비타민 B_{12}
② 니코틴산, 엽산
③ 리보플라빈, 니코틴산
④ 리보플라빈, 티아민

97 지방간의 예방인자이며, 생체 내에서는 세린과 에탄올아민으로부터 합성되는 비타민 B 복합체는?

① biotin
② choline
③ pantothenic acid
④ tocopherol

98 1몰의 포도당으로 생성하는 알코올의 이론적인 수득량을 %로 나타낸다면?

① 약 51.1%　② 약 56.0%
③ 약 62.4%　④ 약 75.0%

99 미생물 발효의 배양 형식 중 운전조작방법에 따른 분류에 해당되지 않는 것은?

① 회분배양　② 액체배양
③ 유가배양　④ 연속배양

100 주정 발효의 원료로서 돼지감자에 많이 들어 있는 이눌린(inulin)을 이용하고자 할 때 처리할 공정에 대한 설명으로 옳은 것은?

① 전분의 처리 시와 같게 처리해도 무방하다.
② 액화 시 이눌린 가수분해효소(inulinase)를 처리해야 한다.
③ *Saccharomyces* 효모 대신 *Torulopsis* 효모로 당화시켜야 한다.
④ 액화효소로 invertase를 과량 첨가해야 한다.

2021년 1회 **정답**

1	②	2	④	3	④	4	③	5	④	6	③	7	①	8	②	9	②	10	③
11	④	12	③	13	①	14	②	15	④	16	②	17	②	18	②	19	④	20	②
21	①	22	④	23	③	24	④	25	②	26	③	27	④	28	①	29	①	30	②
31	③	32	①	33	③	34	②	35	①	36	②	37	④	38	①	39	②	40	③
41	①	42	③	43	④	44	③	45	②	46	④	47	③	48	②	49	④	50	②
51	④	52	②	53	①	54	③	55	④	56	②	57	①	58	②	59	④	60	④
61	①	62	③	63	③	64	①	65	③	66	③	67	④	68	③	69	③	70	③
71	①	72	③	73	①	74	②	75	④	76	④	77	④	78	③	79	②	80	②
81	③	82	②	83	③	84	①	85	④	86	④	87	①	88	④	89	①	90	④
91	③	92	①	93	②	94	④	95	②	96	③	97	②	98	①	99	②	100	②

2021년 5월 15일 시행

식품기사 기출문제

2021 2회

제1과목 식품위생학

1 곰팡이독증(mycotoxicosis)의 특징에 대한 설명으로 옳은 것은?

① 단백질이 풍부한 축산물을 섭취하면 일어날 수 있다.
② 원인식품에서 곰팡이의 오염증거 또는 흔적이 인정된다.
③ 모든 곰팡이독증에는 항생물질이나 약제요법을 실시하면 치료의 효과가 있다.
④ 감염형이기 때문에 사람과 사람 사이에서 직접 감염된다.

2 유지 산화방지제의 일반적인 특성으로 옳은 것은?

① 카보닐화합물 생성 억제
② 아미노산 생성 억제
③ 지방산의 생성 억제
④ 유기산의 생성 억제

3 감염병과 그 병원체의 연결이 틀린 것은?

① 유행성출혈열 – 세균
② 돈단독 – 세균
③ 광견병 – 바이러스
④ 일본뇌염 – 바이러스

4 HACCP에 관한 설명으로 틀린 것은?

① 위해분석(hazard analysis)은 위해가능성이 있는 요소를 찾아 분석·평가하는 작업이다.
② 중요관리점(critical control point) 설정이란 관리가 안 될 경우 안전하지 못한 식품이 제조될 가능성이 있는 공정의 결정을 의미한다.
③ 관리기준(critical limit)이란 위해분석 시 정확한 위해도 평가를 위한 지침을 말한다.
④ HACCP의 7개 원칙에 따르면 중요관리점이 관리기준 내에서 관리되고 있는지를 확인하기 위한 모니터링 방법이 설정되어야 한다.

5 분변검사로 충란을 검출할 수 없는 기생충은?

① 유극악구충 ② 간흡충
③ 민촌충 ④ 구충

6 아래의 반응식에 의한 제조방법으로 만들어지는 식품첨가물명과 주요 용도를 옳게 나열한 것은?

$$CH_3CH_2COOH + NaOH \longrightarrow CH_3CH_2COONa + H_2O$$

① 카복시메틸셀룰로스나트륨 – 증점제
② 스테아릴젖산나트륨 – 유화제
③ 차아염소산나트륨 – 합성살균제
④ 프로피온산나트륨 – 보존료

7 식품의 안전관리에 대한 사항으로 틀린 것은?

① 작업장 내에서 작업 중인 종업원 등은 위생복·위생모·위생화 등을 항시 착용하여야 하며, 개인용 장신구 등을 착용하여서는 아니 된다.
② 식품 취급 등의 작업은 바닥으로부터 60cm 이상의 높이에서 실시하여 바닥으로부터의 오염을 방지하여야 한다.
③ 칼과 도마 등의 조리 기구나 용기, 앞치마, 고무장갑 등은 원료나 조리과정에서의 교차오염을 방지하기 위하여 식재료 특성 또는 구역별로 구분하여 사용하여야 한다.
④ 해동된 식품은 즉시 사용하고 즉시 사용하지 못할 경우 조리 시까지 냉장 보관하여야 하며, 사용 후 남은 부분은 재동결하여 보관한다.

8 페놀프탈레인시액 규정은?

① 페놀프탈레인 1g을 에탄올 10ml에 녹인다.
② 페놀프탈레인 1g을 에탄올 100ml에 녹인다.
③ 페놀프탈레인 1g을 에탄올 1000ml에 녹인다.
④ 페놀프탈레인 1g을 에탄올 10000ml에 녹인다.

9 부식되지 않고 열전도성이 좋지만, 습기나 이산화탄소가 많은 곳에서는 산가용성의 녹청(綠靑)이 형성되어 위생상의 위해를 초래할 수 있는 금속제 용기 재료는?

① 납(Pb) ② 구리(Cu)
③ 카드뮴(Cd) ④ 알루미늄(Al)

10 반감기는 짧으나 젖소가 방사능 강하물에 오염된 사료를 섭취할 경우 쉽게 흡수되어 우유에서 바로 검출되므로 우유를 마실 때 문제가 될 수 있는 방사성 물질은?

① Sr^{89} ② Sr^{90}
③ Cs^{137} ④ I^{131}

11 3,4-benzopyrene에 대한 설명 중 틀린 것은?

① 식품 중에는 직화로 구운 고기에만 존재한다.
② 다핵 방향족 탄화수소이다.
③ 발암성 물질이다.
④ 대기오염 물질 중의 하나이다.

12 식품의 방사선 살균에 대한 설명으로 틀린 것은?

① 침투력이 강하므로 포장 용기 속에 식품이 밀봉된 상태로 살균할 수 있다.
② 조사 대상물의 온도 상승 없이 냉살균(cold sterilization)이 가능하다.
③ 방사선 조사한 식품의 살균 효과를 증가시키기 위해 재조사한다.
④ 식품에는 감마선을 사용한다.

13 식물성 식중독의 원인성분과 식품의 연결이 틀린 것은?

① 솔라닌(solanine) – 감자
② 아미그달린(amygdalin) – 청매
③ 무스카린(muscarine) – 버섯
④ 셉신(sepsine) – 고사리

14 트리할로메탄(trihalomethane)에 대한 설명으로 틀린 것은?

① 수도용 원수의 염소 처리 시에 생성되며 발암성 물질로 알려져 있다.
② 생성량은 물속에 있는 총 유기성 탄소량에는 반비례하나 화학적 산소요구량과는 무관하다.
③ 메탄은 4개 수소 중 3개가 할로겐 원자로 치환된 것이다.
④ 전구물질이 제거하거나 생성된 것을 활성탄 등으로 처리하여 제거할 수 있다.

15 다음 식중독 세균과 주요 원인식품의 연결이 부적합한 것은?

① 병원성 대장균 – 생과일주스
② 살모넬라균 – 달걀
③ 클로스트리디움 보툴리늄 – 통조림식품
④ 바실러스 세레우스 – 생선회

16 인수공통병원균으로 냉장온도에서도 생존하여 증식할 수 있으며, 소량의 균으로도 발병이 가능한 식중독균은?

① *Vibrio parahaemolyticus*
② *Staphylococcus aureus*
③ *Bacillus cereus*
④ *Listeria monocytogenes*

17 식품미생물의 성장에 영향을 미치는 내적인자와 거리가 먼 것은?

① 수분활성도
② pH
③ 산화환원전위(redox)
④ 상대습도

18 일반적으로 식품의 초기부패 단계에서 나타나는 현상이 아닌 것은?

① 불쾌한 냄새를 발생하기 시작한다.
② 퇴색, 변색, 광택 소실을 볼 수 있다.
③ 액체의 경우 침전, 발포, 응고를 볼 수 있다.
④ 단백질 분해가 시작되지만 총균수는 감소한다.

19 HACCP의 일반적인 특성에 대한 설명으로 옳은 것은?

① 사고 발생 시 역추적이 불가능하여 사전적 예방의 효과만 있다.
② 식품의 HACCP 수행에 있어 가장 중요한 위험요인은 통상적으로 "물리적 〉 화학적 〉 생물학적"요인 순이다.
③ 공조시설계통도나 용수 및 배관처리계통도 상에서는 폐수 및 공기의 흐름 방향까지 표시되어야 한다.
④ 제품설명서에 최종제품의 기준·규격 작성은 반드시 식품공전에 명시된 기준·규격과 동일하게 설정하여야 한다.

20 주요 용도가 산도조절제가 아닌 것은?

① sorbic acid ② lactic acid
③ acetic acid ④ citric acid

제2과목 식품화학

21 colloid 용액에 빛을 비추면 그 빛의 진로가 뚜렷하게 보이는 교질 용액의 성질은?

① 반투성 ② 브라운 운동
③ Tyndall 현상 ④ 흡착

22 1g의 어떤 단당류 화합물을 20ml의 메탄올에 용해시킨 후 10cm 두께의 편광기에 넣고 광회전도를 측정하였더니 (+)5.0°가 나왔다. 이 화합물의 고유광회전도는?

① (−)100° ② (−)50°
③ (+)50° ④ (+)100°

23 물과의 친화력이 가장 큰 반응 그룹은?

① 수산화기(−OH)
② 알데히드기(−CHO)
③ 메틸기($-CH_3$)
④ 페닐기($-C_6H_5$)

24 과일을 저장하면서 호흡량의 Q_{10}값과 해당온도에서의 호흡량의 차이를 비교하였다. 똑같은 조건하에서 온도를 10℃ 올린다면 가장 많은 호흡량을 보이고 있는 것은?

① Q_{10} = 2.2인 것
② Q_{10} = 1.8인 것
③ 12℃에서 100mL/kg/h이던 것이 22℃에서 150mL/kg/h인 것
④ 14℃에서 110mL/kg/h이던 것이 34℃에서 260mL/kg/h인 것

25 고구마 절단 시 나오는 흰색 유액의 특수성분은?

① 사포닌(saponin)
② 얄라핀(jalapin)
③ 솔라닌(solanine)
④ 이눌린(inulin)

26 색소 성분의 변화에 대한 설명 중 틀린 것은?

① 클로로필은 가열이나 약산 처리 시 Mg이온이 수소로 치환되어 청록색의 pheophorbide가 된다.
② myoglobin은 햄, 소시지와 같은 염지육에서는 nitrosomyoglobin으로 된다.
③ myoglobin이 되고 익힌 육류의 색은 metmyoglobin에 의해 유발된다.
④ carotenoids는 광선에 매우 민감하나, 이 예민도는 산소의 존재 유무에 따라 달라진다.

27 유지의 중성지질에 붙어 있는 지방산을 가스크로마토그래피(GC)를 활용하여 분석할 때 유지의 처리방법은?

① 중성지질을 아세톤 용매에 희석한 후 바로 주사기를 이용하여 GC에 주입한다.
② 중성지질을 비누화하여 유리지방산을 제거한 후 GC에 주입한다.
③ 중성지질에 직접 에틸기를 붙여 GC에 주입한다.
④ 중성지질을 지방산 메틸에스터로 유도체화시킨 후 GC에 주입한다.

28 두류 식품의 제한아미노산으로 문제 시 되는 것은?

① 메티오닌(methionine)
② 라이신(lysine)
③ 아르기닌(arginine)
④ 트레오닌(threonine)

29 단백질 변성(denaturation)에 대한 설명으로 틀린 것은?

① 단백질 변성이란 단백질 구조 중 1, 2, 3차 구조가 외부의 자극에 의해 변화되는 현상이다.
② 염류에 의한 단백질 변성의 예는 콩 단백질로 두부를 제조하는 것이다.
③ 우유 단백질인 casein이 치즈 제조에 활용되는 원리는 일종의 산(acid)에 의한 단백질 변성이다.
④ 육류를 장시간 가열하면 결합조직인 collagen이 변성되어 gelatin이 된다.

30 GC와 HPLC에 대한 설명으로 틀린 것은?

① GC는 주로 휘발성 물질의 분석에, HPLC는 비휘발성 물질의 분석에 활용된다.
② GC는 이동상이 기체이고, HPLC는 이동상이 액체이다.
③ HPLC는 GC보다 시료 회수가 어렵다.
④ 일반적으로 GC의 민감도가 HPLC보다 높다.

31 유지 산패의 측정방법이 아닌 것은?

① 과산화물값 측정
② TBA값 측정
③ 비누화값 측정
④ 총 carbonyl 화합물 함량 측정

32 채소류는 데치기 공정(blanching)을 하면 보통 색깔이 진해지지만 지나치게 가열하거나 산으로 처리하였을 경우에는 갈색으로 변한다. 이런 경우 다음 중 어느 것을 첨가하면 색이 변하는 것을 방지할 수 있는가?

① 탄산마그네슘 ② 항산암모늄
③ 염화칼슘 ④ 수산화나트륨

33 다음의 그림에서 항복점(yield point)은 어느 것인가?

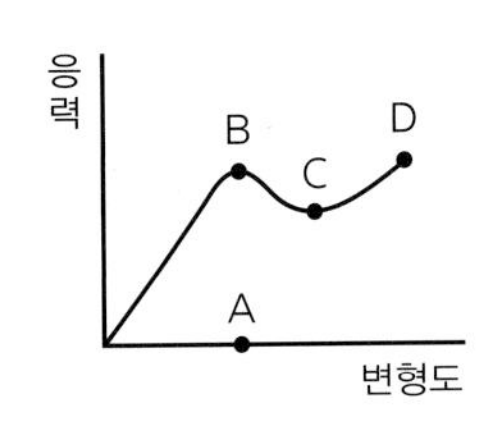

① A ② B
③ C ④ D

34 조직감(texture)의 특성에 대한 설명으로 틀린 것은?

① 견고성(경도)은 일정 변형을 일으키는 데 필요한 힘의 크기다.
② 응집성은 물질이 부서지는데 드는 힘이다.
③ 점성은 흐름에 대한 저항의 크기다.
④ 접착성은 식품의 표면과 다른 물체의 표면이 부착되어 있는 것을 떼어내는 데 필요한 힘이다.

35 검화될 수 없는 지방질(unsaponifiable lipids)에 속하는 성분은?

① 트리스테아린(tristearin)
② 토코페롤(tocopherol)
③ 세레브로사이드(cerebroside)
④ 레시틴(lecithin)

36 액체 상태의 유지를 고체 상태로 변환시켜 쇼트닝을 만들거나, 유지의 산화안정성을 높이기 위해 사용하는 가공방법은?

① 경화 ② 탈검
③ 탈색 ④ 여과

37 anthocyanins와 관련된 과실의 색깔 변화표에서 (　　)안에 알맞은 것은?

과실명	산성	중성	알칼리성
크랜베리	(　　)	엷은 자색 (faint purple)	담녹색 (light green)

① 빨간색(red) ② 자색(purple)
③ 녹색(green) ④ 청색(blue)

38 지방산화에 대한 설명 중 옳은 것은?

① 자동산화는 free radical chain reaction이라고 불리며 라디칼 형태로 된 포화지방이 삼중항산소와 결합하는 반응이다.
② 일중항산소는 삼중항산소로부터 생성될 수 있으며 비라디칼 형태이기에 불포화지방산과 쉽게 반응 가능하다.
③ 지방산화를 촉진하는 효소 중 하나인 리폭시게나아제(lipoxygenase)는 주로 올레산(oleic acid)을 산화시킨다.
④ 변향(reversion flavor)은 콩기름과 같이 올레산이 많은 유지에서 풀냄새나 콩비린내가 나는 현상을 지칭한다.

39 식품의 텍스처 특성과 일반적인 표현의 연결이 옳은 것은?

① 저작성(chewiness) : 무르다, 단단하다
② 부착성(adhesiveness) : 미끈미끈하다, 끈적끈적하다
③ 응집성(cohesiveness) : 기름지다, 미끈미끈하다
④ 견고성(hardness) : 부스러지다, 깨지다

40 단순단백질로 난백에 많고, 물에 잘 녹는 혈액의 중요한 단백질은?

① prolamin
② chromoprotein
③ phosphoprotein
④ albumin

제3과목 식품가공학

41 마요네즈에 대한 설명으로 틀린 것은?

① 마요네즈는 유백색이며, 기포가 없고, 내용물이 균질하여야 한다.
② 식용유의 입자가 큰 것일수록 점도가 높고 안정도도 크다.
③ 유탁의 조직 점도와 함께 조미료와 향신료의 배합에 의한 풍미는 마요네즈의 품질을 좌우한다.
④ 마요네즈는 oil in water(O/W)의 유탁액이다.

42 쌀을 고압으로 가열 후 급히 분출시켜 팽창시켜 제조한 쌀 가공품은?

① 파보일드 쌀(parboiled rice)
② 팽화 쌀(puffed rice)
③ α-쌀(alpha rice)
④ 피복 쌀(premixed rice)

43 콩단백의 기능적 특성과 콩을 재료로 하는 식품의 이용 관계에 대한 설명 중 틀린 것은?

① 콩단백의 점성으로 응고되는 성질을 이용하여 두부를 제조함
② 콩단백의 흡수성을 이용하여 식물성 소시지를 제조함
③ 콩단백의 유화성을 이용하여 빵을 제조함
④ 콩단백의 기포성을 이용하여 케이크를 제조함

44 동물 근육의 사후경직 과정 중 최고의 경직을 나타내는 산성 상태일 때의 pH(ultimate acidity pH)는 약 얼마인가?

① 6.0 ② 5.4
③ 4.6 ④ 3.5

45 유지에 수소를 첨가하는 주요 목적이 아닌 것은?

① 안정성을 높임
② 불포화지방산에 기인한 냄새를 제거함
③ 융점을 높임
④ 유리지방산을 제거함

46 압력 101.325kPa(1atm)에서 25℃의 물 2kg을 100℃의 수증기로 변화시키는 데 필요한 엔탈피 변화는? (단, 물의 평균비열은 4.2kJ/kg·K이고, 100℃에서 물의 증발잠열은 2257kJ/kg이다.)

① 315kJ ② 630kJ
③ 2572kJ ④ 5144kJ

47 고기의 연화제로 많이 쓰이는 효소는?

① 리파아제(lipase)
② 아밀라아제(amylase)
③ 인버타아제(invertase)
④ 파파인(papain)

48 식품 저장 시 방사선 조사에 의한 효과가 아닌 것은?

① 곡류 식품의 살충
② 과실, 채소, 육류 식품의 살균
③ 감자, 양파 등의 발아 촉진
④ 과실, 채소 등의 숙도 조정

49 과실을 주스로 가공할 때 주의점 및 특성에 대한 설명으로 틀린 것은?

① 색깔이 가공 중에 변하지 않게 한다.
② 살균은 고온살균이 적합하다.
③ 비타민의 손실이 적도록 한다.
④ 과일 중의 유기산은 금속화합물을 잘 만드므로 용기의 금속재료에 주의한다.

50 알루미늄박(Al-foil)에 폴리에틸렌 필름을 입혀서 사용하는 가장 큰 목적은?

① 산소나 가스의 차단
② 내유성 향상
③ 빛의 차단
④ 열접착성 향상

51 제면 제조에서 소금을 사용하는 목적이 아닌 것은?

① 미생물에 의한 발효를 촉진하기 위해서
② 밀가루의 점탄성을 높이기 위해서
③ 수분이 내부로 확산하는 것을 촉진하기 위해서
④ 제품의 품질을 안정시키기 위해서

52 가열 살균할 때 냉점이 통의 중심부에 가장 근접하여 위치하는 것은?

① 사과주스 통조림
② 쇠고기 스프 통조림
③ 복숭아 통조림
④ 딸기잼 통조림

53 간장이나 된장 등의 장류 제조 시 코지(koji)를 사용하는 주된 이유는?

① 단백질이나 전분질을 분해시킬 수 있는 효소 활성을 크게 하기 위하여
② 식중독균의 발육을 억제하기 위하여
③ 색깔을 향상시키기 위하여
④ 보존성을 향상시키기 위하여

54 전분에서 fructose를 제조할 때 사용되는 효소는?

① pectinase ② cellulase
③ α-amylase ④ protease

55 감의 탈삽법으로 과실의 손상이 적고 저장성이 좋으며 대량처리가 쉬운 방법은?

① 탄산가스법 ② 알코올법
③ 온탕법 ④ 동결법

56 요구르트 제조 시 한천이나 젤라틴을 사용하는 주된 이유는?

① 우유 단백질인 casein의 열 안전성 증대를 위하여
② 유청(whey)이 분리되는 것을 방지하고, 커드(curd)를 굳히기 위하여
③ 감미와 풍미 향상을 위하여
④ 유산균 발효 시 영양성분 공급을 위하여

57 다음 중 갈조류가 아닌 것은?

① 김 ② 톳
③ 미역 ④ 다시마

58 식용유지의 제조과정에서 탈색에 대한 설명으로 틀린 것은?

① 원유 중에 카로티노이드, 엽록소 및 기타 색소류를 제거한다.
② 주로 화학적 방법으로 색소류를 열분해하여 제거한다.
③ 활성백토, 활성탄소를 사용하여 흡착 제거한다.
④ 탈산과정을 거친 후에 탈색하는 것이 일반적이다.

59 습윤공기의 압력이 100kPa이고, 절대습도가 0.03(kg수분/kg건조공기)일 때, 수증기의 분압을 구하면 약 얼마인가?(단, 공기와 물의 분자량은 각각 29kg/mol과 18kg/mol이다.)

① 2.8kPa ② 3.8kPa
③ 4.6kPa ④ 5.6kPa

60 다음 중 우유의 단백질은?

① ovalbumin
② lactalbumin
③ glutenin
④ oryzenin

제4과목 식품미생물학

61 식품을 통해 사람에게 전염되는 세균성 이질의 원인균은?

① *Enterobacter* ② *Salmonealla*
③ *Shigella* ④ *Klebsiella*

62 빛에너지와 CO_2를 이용하는 미생물의 종류는?

① 광독립영양균(photoautotrophs)
② 화학독립영양균(chemoautotrophs)
③ 광종속영양균(photoheterotrophs)
④ 화학종속영양균(chemoheterotrophs)

63 세포융합(cell fusion)의 유도절차가 순서대로 바르게 된 것은?

A. 재조합체 선택 및 분리
B. 융합체의 재생
C. protoplast의 융합
D. 세포의 protoplast화

① A→B→C→D ② D→C→B→A
③ C→D→B→A ④ B→C→A→D

64 식품공장의 파지(phage) 대책으로 부적합한 것은?

① 살균을 철저히 하여 예방한다.
② 온도, pH 등의 환경조건을 바꾸어 파지(phage) 증식을 억제한다.
③ 숙주를 바꾸는 rotation system을 실시한다.
④ 항생물질의 저농도에 견디고 정상발효를 하는 내성균을 사용한다.

65 접합균류(Zygomycetes)가 아닌 것은?

① *Mucor*속
② *Rhizopus*속
③ *Phycomyces*속
④ *Aspergillus*속

66 *Mucor*속 중 cymomucor형에 해당하는 것은?

① *Mucor rouxii*
② *Mucor mucedo*
③ *Mucor hiemalis*
④ *Mucor racemosus*

67 아미노산으로부터 아민(amine)을 생성하는 데 관여하는 효소는?

① Amino acid decarboxylase
② Amino acid oxidase
③ Aminotransferase
④ Aldolase

68 대장균은 포도당을 어떤 수송기작(transport system)에 의해 세포막을 통과시켜 세포 내로 섭취하는가?

① 수동적 수송(passive transport)
② 촉진확산(facilitated diffusion)
③ 능동수송(active transport)
④ 인산기 전달수송(group translocation)

69 아래의 설명에 해당하는 효모는?

• 배양액 표면에 피막을 만든다. • 질산염을 자화할 수 있다. • 자낭포자는 모자형 또는 토성형이다.

① *Schizosaccharomyces*속
② *Hansenula*속
③ *Debarymyces*속
④ *Saccharomyces*속

70 다음 중 그람염색 특성이 나머지 세 가지 세균과 다른 하나는?

① *Lactobacillus*속
② *Staphylococcus*속
③ *Escherichia*속
④ *Bacillus*속

71 박테리오파지(bacteriophage)를 매개체로 하여 DNA를 옮기는 유전자 재조합 기술은?

① 형질전환(transformation)
② 형질도입(transduction)
③ 접합(conjugation)
④ 플라스미드(plasmid)

72 흑색 균총을 형성하는 흑국균으로, 여러 가지 효소와 구연산 생산능을 가지고 있는 곰팡이는?

① *Aspergillus flavus*
② *Aspergillus niger*
③ *Aspergillus oryzae*
④ *Aspergillus ochraceus*

73 세균포자의 설명 중 가장 적합한 것은?

① 영양세포보다 저항성이 강하다.
② 단순한 층으로 싸여있다.
③ 영양세포의 대사활동이 매우 활발할 때 형성된다.
④ 그람(Gram)음성균에서만 형성된다.

74 그람양성균의 세포벽 성분은?

① peptidoglycan, teichoic acid
② lipopolysaccharide, protein
③ polyphosphate, calcium dipicholinate
④ lipoprotein, phosphilipid

75 *Bacillus subtilis*(1개)가 30분마다 분열한다면 5시간 후에는 몇 개가 되는가?

① 10
② 512
③ 1024
④ 2048

76 미생물과 그 이용에 대한 설명의 연결이 잘못된 것은?

① *Bacillus subtilis* – 단백분해력이 강하여 메주에서 번식한다.
② *Aspergillus oryzae* – amylase와 protease 활성이 강하여 코지(koji)균으로 사용된다.
③ *Propionibacterium shermanii* – 치즈 눈을 형성시키고, 독특한 풍미를 내기 위하여 스위스치즈에 사용된다.
④ *Kluyveromyces lactis* – 내염성이 강한 효모로 간장의 후숙에 중요하다.

77 맥주 발효 시 ㉠ 상면발효효모와 ㉡ 하면발효 효모를 모두 옳게 나열한 것은?

① ㉠ *Saccharomyces carlsbergensis*
㉡ *Saccharomyces cerevisiae*
② ㉠ *Saccharomyces cerevisiae*
㉡ *Saccharomyces carlsbergensis*
③ ㉠ *Saccharomyces rouxii*
㉡ *Saccharomyces cerevisiae*
④ ㉠ *Saccharomyces ellipsoideus*
㉡ *Saccharomyces cerevisiae*

78 미생물의 명명법에 관한 설명 중 틀린 것은?

① 종명은 라틴어의 실명사로 쓰고 대문자로 시작한다.
② 학명은 속명과 종명을 조합한 2명법을 사용한다.
③ 세균과 방선균은 국제세균명명규약에 따른다.
④ 속명 및 종명은 이탤릭체로 표기한다.

79 유당(lactose)을 발효하여 알코올을 생성하는 효모는?

① *Saccharomyces*속
② *Kluyveromyces*속
③ *Candida*속
④ *Pichia*속

80 *Aspergillus niger*가 생산하는 효소가 아닌 것은?

① 응유효소(rennet)
② 아밀라아제(a–amylase)
③ 단백분해효소(protease)
④ 포도당산화효소(glucose oxidase)

제5과목 생화학 및 발효학

81 산화에 의한 생체막의 손상을 억제하며, 대표적인 항산화제로 이용되는 비타민은?

① 비타민 A ② 비타민 B
③ 비타민 D ④ 비타민 E

82 연속식 배양법에 대한 설명으로 틀린 것은?

① 전체 공정의 관리가 용이하여 대부분의 발효공업에서 적용되고 있다.
② 중간 및 최종제품의 품질이 일정하다.
③ 배양 중 잡균에 의한 오염이나 변이의 가능성이 있다.
④ 수율 및 생산물 농도는 일반적으로 회분식에 비해 낮다.

83 TCA 회로에 관여하는 조절효소(regulatory enzyme)가 아닌 것은?

① citrate synthase
② isocitrate dehydrogenase
③ α-ketoglutarate dehydrogenase
④ phosphoglucomutase

84 해당과정 중 ATP를 생산하는 단계는 어떤 반응인가?

① Glucose → Glucose-6-phosphate
② 2-Phosphoenol pyruvic acid → Enolpyruvic acid
③ Fructose-6-phosphate → Fructose-1,6-diphosphate
④ Glucose-6-phosphate → Fructose-6-phosphate

85 균체 내 효소를 추출하는 방법으로 부적합한 것은?

① 초음파 파쇄법 ② 기계적 마쇄법
③ 염석법 ④ 동결융해법

86 포도주 제조 시 Maloalcoholic fermentation이란?

① succinic acid를 첨가하여 malic acid를 생산시키는 것이다.
② malic acid에서 alcohol과 탄산가스를 생성시키는 것이다.
③ malic acid를 분해하여 젖산과 탄산가스로 분해되는 현상이다.
④ succinic acid로 부터 alcohol과 탄산가스를 생성시키는 것이다.

87 Peptide 생합성 반응과 단백질인자에 대한 설명이 옳은 것은?

① 개시반응 : tRNA와 ribosome의 결합이 일어나며 EF단백인자가 관여
② 신장반응 : ATP가 소모되며 IF 단백인자가 관여
③ 종지반응 : 아미노산 종지 codon은 AUG, GUG 및 UUU
④ 종지반응 : GTP가 필요하며 RF 단백인자가 관여

88 DNA 분자의 특징에 대한 설명으로 틀린 것은?

① DNA 분자는 두 개의 polynucleotide 사슬이 서로 마주보면서 나선구조로 꼬여있다.
② DNA 분자의 이중나선구조에 존재하는 염기쌍의 종류는 A:T와 G:C로 나타난다.
③ DNA 분자의 생합성은 3′-말단→5′-말단 방향으로 진행된다.
④ DNA 분자 내 이중나선 구조가 1회전하는 거리를 1피치(pitch)라고 한다.

89 술덧의 전분 함량 16%에서 얻을 수 있는 탁주의 알코올 도수는?

① 약 8도 ② 약 20도
③ 약 30도 ④ 약 40도

90 당분해(glycolysis)에 관여하는 효소 중에는 보조인자(cofactor)로써 화학성분(금속이온 등)을 필요로 하는 효소도 있다. 이와 같은 효소의 단백질 부분을 무엇이라 하는가?

① 아포효소(apoenzyme)
② 보조효소(coenzyme)
③ 완전효소(holoenzymes)
④ 보결분자단(prosthetic group)

91 아래의 유전암호(genetic code)에 대한 설명에서 (　　) 안에 알맞은 것은?

> 유전암호는 단백질의 아미노산 배열에 대한 정보를 (　　)상의 3개 염기 단위의 연속된 염기 배열로 표기한다.

① DNA　② mRNA
③ tRNA　④ rRNA

92 안티-코돈(anti-Codon)을 가지고 있는 핵산은?

① m-RNA
② t-RNA
③ r-RNA
④ c-DNA

93 설탕용액에서 생장할 때 dextran을 생산하는 균주는?

① *Leuconostoc mesenteroides*
② *Aspergillus oryzae*
③ *Lactobacillus delbrueckii*
④ *Rhizopus oryzae*

94 glutamic acid 발효에서 penicillin을 첨가하는 주된 목적 및 이유는?

① 세포벽의 안정화 및 잡균의 오염 방지
② 원료당의 흡수 증가
③ 당으로부터 glutamic acid 생합성 경로에 있는 효소반응 촉진
④ 균체 내에 생합성된 glutamic acid의 균체 밖으로의 이동을 위한 막투과성 증가

95 진핵세포 내에서 전자전달 연쇄반응에 의한 생물학적 산화과정이 일어나는 곳은?

① 리보솜
② 미토콘드리아
③ 세포막
④ 세포질

96 인간의 장내 미생물에 의해 합성이 진행되므로 일반적으로 결핍 증세를 나타내지는 않지만, 달걀흰자를 날것으로 함께 섭취 시 결핍증이 우려되는 비타민은?

① biotin
② panthothenic acid
③ folic acid
④ niacin

97 탁·약주의 발효방식으로 적합한 것은?

① 단발효
② 단행복발효
③ 병행복발효
④ 비당화발효

98 알코올 증류에서 공비점(K점)에 대한 설명으로 틀린 것은?

① 알코올 농도는 97.2%이다.
② 99% 알코올을 비등 냉각하면 알코올 농도는 더욱 높아진다.
③ 97.2%의 알코올 용액을 비등 냉각해도 알코올 농도는 불변이다.
④ 공비점의 혼합물을 공비혼합물이라 한다.

99 빵효모의 균체 생산 배양관리 인자가 아닌 것은?

① 온도
② pH
③ 당농도
④ 혐기조건 유지

100 산화적 인산화반응(oxidative phosphorylation)에서 ATP가 합성되는 과정과 가장 거리가 먼 것은?

① NADH dehydrogenase/flavoprotein 복합체
② cytochrome a/a_3 복합체
③ fatty-acid synthetase 복합체
④ cytochrome oxidase 복합체

2021년 2회 **정답**

1	②	2	①	3	①	4	③	5	①	6	④	7	④	8	②	9	②	10	④
11	①	12	③	13	④	14	②	15	④	16	④	17	④	18	④	19	③	20	①
21	③	22	④	23	①	24	①	25	②	26	①	27	④	28	①	29	①	30	③
31	③	32	①	33	②	34	②	35	②	36	①	37	①	38	②	39	②	40	④
41	②	42	②	43	①	44	②	45	④	46	④	47	④	48	③	49	②	50	④
51	①	52	④	53	①	54	③	55	①	56	②	57	①	58	②	59	③	60	②
61	③	62	③	63	②	64	②	65	④	66	①	67	①	68	④	69	②	70	③
71	②	72	②	73	①	74	①	75	③	76	④	77	②	78	①	79	②	80	①
81	④	82	①	83	④	84	②	85	③	86	②	87	④	88	③	89	①	90	①
91	②	92	②	93	①	94	④	95	②	96	①	97	③	98	②	99	④	100	③

2021년 8월 14일 시행

식품기사 기출문제

제1과목 식품위생학

1 아플라톡신(aflatoxin)은 무엇에 의해 생성되는 독소인가?

① *Aspergillus oryzae*
② *Aspergillus flavus*
③ *Aspergillus niger*
④ *Aspergillus glaucus*

2 황변미(yellowed rice)중독의 원인이 되는 주 미생물은?

① *Penicillium citreoviride*
② *Fusarium tricinctum*
③ *Aspergillus flavus*
④ *Claviceps purpurea*

3 유화제로서 사용되는 식품첨가물은?

① 구연산
② 아질산나트륨
③ 글리세린지방산에스테르
④ 사카린

4 어떤 첨가물의 LD_{50}의 값이 높을 경우 이것이 의미하는 것은 무엇인가?

① 독성이 약하다. ② 독성이 강하다.
③ 보존성이 작다. ④ 보존성이 크다.

5 다음 중 내분비 장애물질이 아닌 것은?

① Dioxin ② Phthalate ester
③ Ricinine ④ PCB

6 10kGy 이하의 방사선 조사가 식품에 미치는 영향에 대한 설명으로 옳은 것은?

① 단백질, 탄수화물, 지방과 같은 거대분자 영양물질은 비교적 안정하다.
② 방사선 조사에 의한 무기질 변화가 많다.
③ 식품의 관능적 품질에 상당한 영향을 준다.
④ 모든 병원균을 완전히 사멸시킨다.

7 다음 중 보존료의 사용목적이 아닌 것은?

① 식품의 영양가 유지
② 가공식품의 변질, 부패방지
③ 가공식품의 수분증발 방지
④ 가공식품의 신선도 유지

8 대장균군의 감별 시험법(반응)이 아닌 것은?

① Enterotoxin 시험
② Indole 반응
③ Methyl red 시험
④ Voges-Proskauer 반응

9 국제수역사무국에서 지정한 광우병의 특정 위해물질(SRM, specified riskmaterial)이 아닌 것은?

① 우유 및 유제품
② 뇌 및 눈을 포함한 두개골
③ 척수를 포함한 척추
④ 십이지장에서 직장까지의 내장

10 식품등의 표시기준에 의거하여 다류 및 커피의 카페인 함량을 몇 퍼센트 이상 제거한 제품을 "탈카페인(디카페인) 제품"으로 표시할 수 있는가?

① 90% ② 80%
③ 70% ④ 60%

11 식품에서 미생물의 증식을 억제하여 부패를 방지하는 방법으로 가장 거리가 먼 것은?

① 저온 ② 건조
③ 진공포장 ④ 여과

12 역학의 3대 요인이 아닌 것은?

① 감염경로 ② 숙주
③ 병인 ④ 환경

13 식품첨가물 중 보존료가 아닌 것은?

① 안식향산
② 차아염소산나트륨
③ 소르빈산
④ 프로피온산나트륨

14 아래에서 설명하는 유해물질은?

플라스틱을 부드럽게 하는 성질이 있어 폴리염화비닐의 가소제로 사용된다. 동물이나 사람의 몸속에서 호르몬 작용을 방해거나 교란하는 내분비계 교란(장애)물질의 일종이다.

① 퓨란
② 폴리염화비페닐(PCBs)
③ 비스페놀
④ 프탈레이트류

15 다음 중 유해 합성착색료(제)는?

① 식용색소 적색2호
② 아우라민(auramine)
③ β-카로틴(β-carotine)
④ 이산화티타늄(titanum dioxide)

16 물에 녹기 쉬운 무색의 가스 살균제로 방부력이 강하여 0.1%로서 아포균에 유효하며, 단백질을 변성시키고 중독 시 두통, 위통, 구토 등의 중독증상을 일으키는 물질은?

① 포름알데히드 ② 불화수소
③ 붕산 ④ 승홍

17 식품에서 생성되는 아크릴아마이드(acrylamide)에 의한 위험을 낮추기 위한 방법으로 잘못된 것은?

① 감자는 8℃ 이상의 음지에서 보관하고 냉장고에 보관하지 않는다.
② 튀김의 온도는 160℃ 이상으로 하고, 오븐의 경우는 200℃ 이상으로 조절한다.
③ 빵이나 시리얼 등의 곡류 제품은 갈색으로 변하지 않도록 조리하고, 조리 후 갈색으로 변한 부분은 제거한다.
④ 가정에서 생감자를 튀길 경우 물과 식초의 혼합물(1:1비율)에 15분간 침지한다.

18 식품용 기구, 용기 또는 포장과 위생상 문제가 되는 성분의 연결이 틀린 것은?

① 종이제품 – 형광염료
② 법랑피복제품 – 납
③ 페놀수지제품 – 페놀
④ PVC제품 – 포르말린

19 아래에서 설명하는 플라스틱 포장재료는?

- 비중이 0.90~0.91로 가볍다.
- 무미, 무취, 무독의 안전성을 가진다.
- 가공이 용이하며 방습성, 투명도, 광택도가 좋다.
- 녹는점은 165℃이며, 하중 하에서 연속사용은 110℃에서 가능하다.
- 산소투과도가 높고, 표면 젖음도가 낮아 인쇄 시 표면 처리가 필요하다.

① 폴리에틸렌 ② 폴리프로펠렌
③ 폴리스틸렌 ④ 폴리염화비닐

20 황색포도상구균에 대한 설명으로 틀린 것은?

① 대표적인 독소형 식중독균이다.
② 통성 혐기성균으로 산소의 존재 여부와 상관없이 성장할 수 있다.
③ 독소형성이 최대인 온도대는 21~37℃ 정도이다.
④ 황색포도상구균의 독소는 대부분 단백질 성분이므로 열처리에 의해 쉽게 분해된다.

제2과목 식품화학

21 당알코올 중 설탕과 거의 같은 감미를 가지면서 혈압 상승과 충치 예방, 당뇨 환자용 감미료로 사용되는 것은?

① 자일리톨(xylitol)
② 이노시톨(inositol)
③ 맥아당(maltose)
④ 과당(fructose)

22 관능검사의 차이식별검사방법 중 종합적차이검사에 해당하는 방법은?

① 삼점검사 ② 다중비교검사
③ 순위법 ④ 평점법

23 감자칩과 같은 식품의 갈변과 지방산패를 억제할 목적으로 어떤 효소를 첨가해야 하는가?

① glucose oxidase, catalase
② lipoxygenase, peroxidase
③ peroxidase, bromelain
④ pectin esterase, tyrosinase

24 요오드가(iodine value)란 지방의 어떤 특성을 표시하는 기준인가?

① 분자량 ② 경화도
③ 유리지방산 ④ 불포화도

25 시중에서 구입한 자(measurement)를 이용하여 길이 10.0cm로 표시된 껌의 길이를 5회 측정하였다. 그 값은 각각 8.89, 8.82, 8.79, 8.81, 8.80cm이었다. 이와 같은 경우의 분석 결과는 어떻게 해석할 수 있는가?

① 정확도(accuracy)는 상대적으로 낮고 재현성(precision)도 상대적으로 낮다.
② 정확도(accuracy)는 상대적으로 낮고 재현성(precision)은 상대적으로 높다.
③ 정확도(accuracy)는 상대적으로 높고 재현성(precision)은 상대적으로 낮다.
④ 정확도(accuracy)는 상대적으로 높고 재현성(precision)도 상대적으로 높다.

26 달걀흰자 중에 들어 있는 단백질의 하나인 라이소자임(lysozyme)의 특징적인 기능은?

① 유화 기능
② 비오틴(biotin) 분해 기능
③ 기포 형성 기능
④ 세균 세포의 분해 기능

27 조지방 정량을 위한 Soxhlet에 사용되는 용매는?

① 에테르
② 에탄올
③ 황산
④ 암모니아수

28 데치기(blanching) 공정 시 공정이 잘 되었는지를 확인하는 효소로 가장 적합한 것은?

① polyphenol oxidase
② peroxidase
③ lipase
④ cellulase

29 $KMnO_4$를 이용한 수산 정량, 칼슘 정량 등의 실험에 적용되는 실험 방법은?

① 산화환원적정법
② 침전적정법
③ 중화적정법
④ 요오드적정법

30 포르피린 링(porphyrin ring) 구조 안에 Mg^{2+}을 함유하고 있는 색소 성분은?

① 미오글로빈 ② 헤모글로빈
③ 클로로필 ④ 헤모시아닌

31 식품을 씹는 동안 식품 성분의 여러 인자들이 감각을 다르게 하여 식품 전체의 조직감을 짐작하게 한다. 이런 조직감에 영향을 미치는 인자가 아닌 것은?

① 식품 입자의 모양
② 식품 입자의 크기
③ 식품 입자 표면의 거친 정도(roughness)
④ 식품 입자의 표면 장력

32 딜러턴트 유동(dilatant flow)의 성질을 갖고 있지 않는 식품은?

① 20% 지방질 함유 식품
② 농도가 큰 전분입자 현탁액
③ 초콜릿 시럽
④ 60% 옥수수 생전분 현탁액

33 안토시아닌(anthocyanin)계 색소가 적색을 띠는 경우는?

① 산성 조건
② 중성 조건
③ 알칼리성 조건
④ pH에 관계없이 항상

34 글루테린(glutelin)에 해당하지 않는 단백질은?

① oryzenin ② glutenin
③ hordenin ④ zein

35 관능검사 중 묘사분석법의 종류가 아닌 것은?

① 향미 프로필 ② 텍스처 프로필
③ 질적 묘사분석 ④ 정량 묘사분석

36 30%의 수분과 30%의 설탕($C_{12}H_{22}O_{11}$)을 함유하고 있는 식품의 수분활성도는?

① 0.98 ② 0.95
③ 0.82 ④ 0.90

37 일반 식용유지에 그 함량이 가장 적은 지방산은?

① 올레산(oleic acid)
② 부티르산(butyric acid)
③ 팔미트산(palmitic acid)
④ 리놀레산(linoleic acid)

38 산소가 없으면 발효를 통해서, 산소가 있으면 호흡을 통해서 에너지를 생산하는 균은?

① 편성 호기성균
② 통성 혐기성균
③ 미 호기성균
④ 편성 혐기성균

39 유지의 산화속도에 영향을 미치는 인자에 대한 설명으로 틀린 것은?

① 이중결합의 수가 많은 들기름은 이중결합의 수가 상대적으로 적은 올리브유에 비해 산패의 속도가 빠르다.
② 분유 보관 시 수분활성도가 매우 낮은 상태일수록(A_w 0.2 이하) 지방산화속도가 느려진다.
③ 유탕처리 시 구리성분을 기름에 넣으면 유지의 산화속도가 빨라진다.
④ 유지를 형광등 아래에 보관하면 산패가 촉진된다.

40 육류의 사후경직과 숙성에 대한 내용으로 옳지 않은 것은?

① 육류를 숙성시키면 신장성이 감소되고 보수성은 증가한다.
② 사후경직 시 액토미오신(actomyosin)이 생성된다.
③ 숙성 시 육질이 연해지고 풍미가 증가한다.
④ 사후경직 시 글리코겐(glycogen) 함량과 pH가 낮아진다.

제3과목 식품가공학

41 발효유에 사용되는 starter는?

① 고초균　② 유산균
③ 장구균　④ 황국균

42 장류의 제조·가공 기준으로 틀린 것은?

① 발효 또는 중화가 끝난 간장원액은 여과하여 간장박 등을 제거하여야 한다.
② 여과된 간장원액과 조미원료, 식품첨가물 등을 혼합한 후 곰팡이 등의 위해가 발생되지 않도록 하여야 한다.
③ 제조공정상 알코올 성분을 제품의 맛, 향의 보조, 냄새 제거 등의 목적으로 사용할 수 없다.
④ 고추장 제조 시 홍국색소를 사용할 수 없으며 또한 시트리닌이 검출되어서는 아니 된다.

43 표준상태(0℃, 1기압)에서 진공도가 36cmHg인 통조림이 같은 온도에서 대기압이 70cmHg 상태인 경우 그 진공도는 얼마가 되는가?

① 24cmHg　② 33cmHg
③ 36cmHg　④ 40cmHg

44 식품에 사용할 수 있는 원료와 그 사용부위의 연결이 옳은 것은?

① 감자 – 열매
② 스테비아 – 잎
③ 석이버섯 – 씨앗
④ 거북복 – 알, 내장

45 농후난백의 3차원 망막구조를 형성하는 데 기여하는 단백질은?

① conalbumin　② ovalbumin
③ ovomucin　④ zein

46 통조림의 뚜껑에 있는 익스팬션 링의 주역할은?

① 상하의 구별을 쉽게 하기 위함이다.
② 충격에 견딜 수 있게 하기 위함이다.
③ 밀봉 시 관통과의 결합을 쉽게 하기 위함이다.
④ 내압의 완충 작용을 하기 위함이다.

47 식육훈연의 목적과 거리가 먼 것은?

① 제품의 색과 향미 향상
② 건조에 의한 저장성 향상
③ 연기의 방부성분에 의한 잡균 증식 억제
④ 식육의 pH를 조절하여 잡균 오염 방지

48 상업적 살균법(commercial sterilization)을 가장 잘 설명한 것은?

① 고온단시간 처리하여 미생물을 살균한다.
② 고온에서 변화를 일으키거나 분해되는 물질을 함유하는 액체를 63℃, 30분 가열하는 것이다.
③ 식품공업에서 제품의 유통기간을 감안하여 문제가 발생하지 않을 수준으로 처리하는 부분살균을 말한다.
④ 미생물 중 포자가 발아하여 열에 약한 생장형이 될 때까지 상온에서 방치 후 재차 3회 반복 가열하여 살균하는 것을 말한다.

49 다음 중 분말건조제품의 복원성을 향상시키는 가장 효과적인 방법은?

① 입자를 매우 작게 하여 서로 뭉치는 경향을 띠게 한다.
② 건조제를 첨가하여 물의 표면장력을 증가시킨다.
③ 입자표면에 응축이 일어나 부착성을 갖도록 수증기 또는 습한 공기로 처리한 다음 건조·냉각한다.
④ 분무 건조한 입자 상호 간의 접촉을 차단하기 위하여 입자의 운동을 직선형으로 유도한다.

50 플라스틱 포장재료의 물성 특징에 대한 설명으로 틀린 것은?

① 폴리에틸렌 필름(polyethylene, PE) : 기체 투과도가 낮아 산화방지 용도로 사용된다.
② 폴리에스테르 필름(polyester, PET) : 내열성이 강하여 레토르트용으로 사용된다.
③ 폴리프로필렌 필름(polypropylene, PP) : 인쇄적성이 좋기 때문에 표면층 필름으로 사용된다.
④ 폴리스티렌 필름(polystyrene, PS) : 내수성이 우수하며 고무성 물질을 넣은 내충격성 폴리스티렌(HIPS)은 유산균음료 포장에 사용된다.

51 경화유 제조 시 수소를 첨가하는 반응에서 사용되는 촉매는?

① Pd ② Au
③ Fe ④ Ni

52 어류의 지질에 대한 설명으로 틀린 것은?

① 흰살 생선은 지방함량이 적어 맛이 담백하다.
② 어유(fish oil)에는 $\omega-3$계열의 불포화지방산이 많다.
③ 어유에는 혈전이나 동맥경화 예방효과가 있는 고도불포화지방산이 많이 함유되어 있다.
④ 어유에 있는 DHA와 EPA는 융점이 실온보다 높다.

53 된장 숙성에 대한 설명으로 틀린 것은?

① 탄수화물은 아밀라아제의 당화작용으로 단맛이 생성된다.
② 당분은 효모의 알코올 발효로 알코올과 함께 향기 성분을 생성한다.
③ 단백질은 프로테아제에 의하여 아미노산으로 분해되어 구수한 맛이 생성된다.
④ 적정 숙성 조건은 60~65℃에서 3~5시간이다.

54 동물성 유지류의 가공에서 '부틸히드록시아니솔, 디부틸히드록시톨루엔, 터셔리부틸히드로퀴논, 몰식자산프로필'이 사용되는 용도로 옳은 것은?

① 영양강화제 ② 산화방지제
③ 산도조절제 ④ 안정제

55 식품공전상 우유류의 성분규격으로 틀린 것은?

① 산도(%): 0.18 이하(젖산으로서)
② 유지방(%): 3.0 이상(다만, 저지방제품은 0.6~2.6, 무지방제품은 0.5 이하)
③ 포스파타제: 1mL당 2g 이하(가온살균제품에 한한다.)
④ 대장균군: n＝5, c＝2, m＝0, M＝10(멸균제품은 제외한다.)

56 지름 5cm인 관을 통해서 3.0kg/s의 속도로 20℃의 물을 펌프로 이송할 때 평균유속은?(단, 물의 밀도는 1000kg/m³으로 가정한다.)

① 1.53m/s ② 3.06m/s
③ 0.38m/s ④ 0.76m/s

57 밀가루의 품질시험방법이 잘못 짝지어진 것은?

① 색도 – 밀기울의 혼입도
② 입도 – 체눈 크기와 사별 정도
③ 패리노그래프 – 점탄성
④ 아밀로그래프 – 인장항력

58 변성전분의 일종인 말토덱스트린(malto dextrin)의 특성 중 옳은 것은?

① 보수성 또는 보습성이 크다.
② 감미도가 높다.
③ 갈변 현상이 잘 일어난다.
④ 케이킹(Caking) 현상이 잘 일어난다.

59 일반적으로 사후 경직 시간이 가장 짧은 육류는?

① 닭고기 ② 쇠고기
③ 양고기 ④ 돼지고기

60 제분 시 자력 분리기(magnetic separator) 등으로 이물을 제거하는 공정 단계는?

① 운반 ② 정선
③ 세척 ④ 탈수

제4과목 식품미생물학

61 효모의 증식억제 효과가 가장 큰 것은?

① glucose 50%
② glucose 30%
③ sucrose 50%
④ sucrose 30%

62 미생물의 영양분이 무기화물로만 되어 있는 배지에서 증식할 수 있는 것은?

① 종속영양균
② 아미노산 요구균
③ 독립영양균
④ 호염성균

63 진핵세포에 대한 설명으로 옳지 않은 것은?

① 핵막을 가지고 있다.
② 미토콘드리아가 존재한다.
③ 편모는 단일 단백질 섬유로 구성된 미세구조로 되어 있다.
④ 스테롤 성분을 가지고 있다.

64 단백질의 생합성에 대한 설명 중 옳지 않은 것은?

① DNA의 염기 배열순에 따라 단백질의 아미노산 배열 순위가 결정된다.
② 단백질 생합성에서 RNA는 mRNA → rRNA → tRNA 순으로 관여한다.
③ RNA는 H_3PO_4, D-ribose, 염기로 구성되어 있다.
④ RNA에는 adenine, guanine, cytosine, tymine이 있다.

65 젖산균이 우유 중의 구연산을 발효하여 생성하는 향기 성분은?

① maltol
② diacetyl
③ ethanol
④ 4-ethylguajacol

66 식품공전에 의한 살모넬라(*Salmonella* spp.)의 미생물시험법의 방법 및 순서가 옳은 것은?

① 증균 배양 - 분리 배양 - 확인시험(생화학적 확인시험, 응집시험)
② 균수측정 - 확인시험 - 균수계산 - 독소 확인시험
③ 증균배양 - 분리 배양 - 확인시험 - 독소 유전자확인시험
④ 배양 및 균 분리 - 동물시험 - PCR 반응 - 병원성시험

67 곰팡이에서 발견되며 식품의 갈변방지, 통조림 산소제거 등에 이용되는 효소는?

① lipase
② catalase
③ lysozyme
④ glucose oxidase

68 생균수를 측정하는 방법으로 적합한 것은?

① 건조 균체량 측정법
② 비탁법
③ 균체질소량 측정법
④ 평판계수법

69 내삼투압성 효모로 염분 함량이 높은 간장이나 된장에서 증식하는 효모의 종류는?

① *Candida*속
② *Rhodotorula*속
③ *Pichia*속
④ *Zygosaccharomyces*속

70 미생물의 분류기준으로 옳지 않은 것은?

① 핵막의 유무
② 포자의 유무
③ 격벽의 유무
④ 세포막의 유무

71 그람양성균과 그람음성균에 대한 비교설명으로 옳은 것은?

① 그람음성균은 그람양성균에 비해 페니실린 및 설파제에 대한 감수성이 높다.
② 그람음성균은 그람양성균에 비해 세포벽에 방향족 또는 함황아미노산의 함량이 적다.
③ 그람양성균은 그람음성균에 비해 세포벽에 fat-like 물질이 많다.
④ 그람양성균은 그람음성균에 비해 NaN_3에 대한 저항성이 높다.

72 파지(phage)의 특성에 관한 설명 중 틀린 것은?

① 세균여과기를 통과한다.
② 발효생산에 이용되는 발효균의 용균 및 대사산물 생산 정지를 유발한다.
③ 약품에 대한 저항력은 일반 세균보다 약하여 항생물질에 의해 쉽게 사멸된다.
④ 유전물질로 DNA 또는 RNA를 가진다.

73 당밀 또는 전분질 원료로부터 생산되며, 주로 *Aspergillus niger*를 이용하여 생산되는 산미용 식품첨가물은?

① acetic acid　② fumaric acid
③ citric acid　④ malic acid

74 효모의 형태에 대한 설명으로 옳은 것은?

① 효모의 모양은 종류에 관계없이 모두 동일하다.
② 같은 종류의 효모는 배지의 pH가 달라도 형태는 일정하다.
③ 같은 종류의 효모는 세포의 영양상태에 따라 형태가 달라진다.
④ 같은 종류의 효모는 세포의 나이에 관계없이 형태는 동일하다.

75 세포와 세포가 접촉하여 한 세균에서 다른 세균으로 유전물질인 DNA가 전달되는 기작은?

① 접합(conjugation)
② 전사(transcription)
③ 형질도입(transduction)
④ 형질전환(transformation)

76 세균 내생포자의 설명으로 옳지 않은 것은?

① 외부환경(방사선, 화학물질, 열)에 대한 저항력이 크다.
② 증식이 불리한 환경에서는 휴면상태이다.
③ 영양분이 풍부할 때 포자 형성이 시작된다.
④ 발아하여 영양세포가 된다.

77 세균의 영양세포에는 없고 내생포자에만 함유된 물질은?

① glucan
② dipicolinic acid
③ teichoic acid
④ muco complex

78 극성 편모를 가지며 나트륨 이온에 의해 증식이 촉진되며, 주로 해산물의 섭취 시 식중독을 일으킬 수 있는 세균의 종류는?

① *Yersinia*속
② *Vibrio*속
③ *Staphylococcus*속
④ *Klebsiella*속

79 여름철 쌀의 저장 중 독성물질을 생성하여 황변미를 유발하는 미생물은?

① *Bacillus subtilis*
② *Lactobacillus plantarum*
③ *Penicillium citrinum*
④ *Mucor rouxii*

80 식품과 주요 변패 관련 미생물의 연결로 옳지 않은 것은?

① 냉동식품 – *Aspergillus*속
② 감자전분식품 – *Bacillus*속
③ 통조림식품 – *Clostridium*속
④ 우유식품 – *Pseudomonas*속

제5과목 생화학 및 발효학

81 provitamin과 vitamin과의 연결이 틀린 것은?

① β-carotene - 비타민 A
② tryptophan - niacin
③ glucose - biotin
④ ergosterol - 비타민 D_2

82 포도당이 해당과정(glycolysis)과 구연산회로(citric acid cycle)를 통해 이산화탄소로 완전히 분해될 때, 구연산회로로 진입하는 분자형태는?

① 포도당-6-인산(glucose-6-phosphate)
② 피루브산(pyruvic acid)
③ 아세틸-CoA(acetyl-CoA)
④ 숙시닐-CoA(succinyl-CoA)

83 carotenoid계 색소와 관련 있는 비타민 A의 결핍증상과 거리가 먼 것은?

① 야맹증
② 안구건조증
③ 성장지연
④ 결막염

84 어떤 생명체의 전자전달계의 각 성분의 E′(표준산화환원전위)가 아래 표와 같을 때 전자전달계의 순서는?

성분	E′(volts)
O_2	+ 0.82
Q(단백질)	- 0.05
DNA(환원형)	- 0.55
Delta Xi(단백질)	- 0.10
X(단백질)	+ 0.75
Y(단백질)	+ 0.65

① DNA → Delta Xi → Q → Y → X → O_2
② DNA → Delta Xi → Y → Q → X → O_2
③ O_2 → X → Y → Q → Delta Xi → DNA
④ O_2 → X → Q → Y → Delta Xi → DNA

85 어떤 DNA 사슬 단편의 질소염기별 농도가 A = 991개, G = 456개일 때, G + C에 해당되는 질소염기의 개수는?

① 912
② 1447
③ 1535
④ 1982

86 화학 종속영양균의 배양 시 미생물의 생장 속도에 영향을 끼치는 인자가 아닌 것은?

① pH
② 산소
③ 접종균량
④ 빛

87 **핵산의 소화에 대한 설명으로 틀린 것은?**

① 췌액 중의 nuclease에 의해 분해되어 mononucleotide 가 생성된다.
② 위액 중의 DNAase에 의해 인산과 nucleoside로 분해된다.
③ nucleosidase는 글리코시드 결합을 가수분해한다.
④ RNA는 ribonuclease에 의해서 분해된다.

88 **탄화수소에서의 균체생산과 관련이 없는 균주는?**

① *Candida*속
② *Torulopsis*속
③ *Pseudomonas*속
④ *Chlorella*속

89 **클로렐라에 대한 설명으로 틀린 것은?**

① 햇빛을 에너지원으로 한다.
② 배양 시 질소원으로 요소를 사용한다.
③ 탄소원으로 CO_2를 사용하지 않는다.
④ 균체는 식품으로서 영양가가 높다.

90 **알코올 10% 수용액을 가열한 뒤 냉각하여 51%의 알코올 수용액이 생성되었을 때 증발계수는?**

① 5.1　　② 6.1
③ 7.1　　④ 8.1

91 **구연산 발효에 대한 설명으로 틀린 것은?**

① *Aspergillus niger* 등을 사용한다.
② 배지의 pH 2.0~3.0에서 구연산의 생산이 좋다.
③ 배지의 pH가 비교적 높은 곳에서는 수산의 생산량이 증가한다.
④ 발효할 때 산소의 존재여부와 관계가 없다.

92 **핵단백질의 가수분해 순서는?**

① 핵산 → nucleotide → nucleoside → base
② 핵산 → nucleoside → nucleotide → base
③ 핵산 → nucleotide → base → nucleoside
④ 핵산 → base → nucleoside → nucleotide

93 **이중결합이 가장 많이 포함된 다가불포화지방산(polyunsaturated fatty acid)은?**

① arachidonic acid
② linoleic acid
③ linolenic acid
④ DHA

94 **적포도주의 주발효에서 주요하지 않은 반응은?**

① 알코올의 생성
② 색소의 용출
③ 젖산의 생성
④ 탄닌의 용출

95 **에너지 이용률이 가장 낮은 반응은?**

① 당의 호기적 대사
② 당의 혐기적 대사
③ 알코올 발효
④ 지방 대사

96 **영양 요구성 변이주로 lysine 직접 발효 시 첨가물질은?**

① tryptophan
② phenylalanine
③ homoserine
④ asparagine

97 **발효공업의 수단으로서의 미생물의 특징이 아닌 것은?**

① 증식이 빠르다.
② 기질의 이용성이 다양하지 않다.
③ 화학활성과 반응의 특이성이 크다.
④ 대부분이 상온과 상압 하에서 이루어진다.

98 **다음 (　　)에 들어갈 알맞은 내용은?**

> 효소반응에서 반응속도가 최대속도(Vmax)의 1/2에 해당되는 기질의 농도[S]는 (　　)와(과) 같다.

① 1/Km　② −1/Km
③ Km　④ −Km

99 **항체호르몬인 프로게스테론(progesterone)의 11-a-위치의 수산화(hydroxylation)를 통해 hydroxy progesterone으로 전환하는 데 이용되는 미생물은?**

① *Rhizopus nigricans*
② *Arthrobacter simplex*
③ *Pseudomonas fluorescens*
④ *Streptomyces roseochromogenes*

100 **sulfur를 갖는 amino acid는?**

① histidine
② asparagine
③ methionine
④ lysine

2021년 3회 **정답**

1	②	2	①	3	③	4	①	5	③	6	①	7	③	8	①	9	①	10	①
11	④	12	①	13	②	14	④	15	②	16	①	17	②	18	④	19	②	20	④
21	①	22	①	23	①	24	④	25	②	26	④	27	①	28	②	29	①	30	③
31	④	32	①	33	①	34	④	35	③	36	②	37	②	38	②	39	②	40	①
41	②	42	③	43	②	44	②	45	③	46	④	47	④	48	③	49	③	50	①
51	④	52	④	53	④	54	②	55	③	56	①	57	④	58	①	59	①	60	②
61	①	62	③	63	③	64	④	65	②	66	①	67	④	68	④	69	④	70	④
71	④	72	③	73	③	74	③	75	①	76	③	77	②	78	②	79	③	80	①
81	③	82	③	83	③	84	③	85	①	86	④	87	②	88	④	89	③	90	①
91	④	92	①	93	④	94	③	95	③	96	③	97	②	98	③	99	①	100	③

2022년 3월 5일 시행

식품기사 기출문제

제1과목 식품위생학

1 식품에 사용되는 기구 및 용기, 포장의 기준 및 규격으로 틀린 것은?

① 전류를 직접 식품에 통하게 하는 장치를 가진 기구의 전극은 철, 알루미늄, 백금, 티타늄 및 스테인리스 이외의 금속을 사용해서는 안 된다.
② 기구 및 용기, 포장의 식품과 접촉하는 부분에 사용하는 도금용 주석 중 납은 0.10% 이하여야 한다.
③ 기구 및 용기, 포장 제조 시 식품과 직접 접촉하지 않는 면에도 인쇄를 해서는 안된다.
④ 기구 및 용기, 포장의 식품과 접촉하는 부분에 제조 또는 수리를 위하여 사용하는 금속 중 납은 0.1% 이하 또는 안티몬은 5.0% 이하여야 한다.

2 다음 중 수용성인 산화방지제는?

① Ascorbic acid
② Butylated hydroxy anisole(BHA)
③ Butylated hydroxy toluene(BHT)
④ Propyl gallate

3 자연독 식중독 중 곰팡이와 관련이 없는 것은?

① 황변미독 ② 맥각독
③ 아플라톡신 ④ 셉신

4 치즈에 대한 기준 및 규격으로 틀린 것은?

① 자연치즈는 원유 또는 유가공품에 유산균, 응유효소, 유기산 등을 응고시킨 후 유청을 제거하여 제조한 것이다.
② 모조치즈는 식용유지가공품이다.
③ 가공치즈는 모조치즈에 식품첨가물을 가해 유화시켜 가공한 것이나 모조치즈에서 유래한 유고형분이 50% 이상인 것이다.
④ 모조치즈는 식용유지와 단백질 원료를 주원료로 하여 이에 식품 또는 식품첨가물을 가하여 유화시켜 제조한 것이다.

5 방사선 조사식품에 대한 설명으로 틀린 것은?

① 식품을 일정시간 동안 이온화 에너지에 노출시킨다.
② 발아억제, 숙도지연, 보존성향상, 기생충 및 해충사멸 등의 효과가 있다.
③ 일반적으로 식품을 포장하기 전에 조사처리를 하고 그 후 건조 또는 탈기한다.
④ 한번 조사처리한 식품은 다시 조사하여서는 아니 된다.

6 식품위생 분야 종사자(식품을 제조, 가공하는데 직접 종사하는 사람)의 건강진단 항목이 아닌 것은?

① 장티푸스(식품위생 관련 영업 및 집단급식소 종사자만 해당한다)
② 폐결핵
③ 전염성 피부질환(한센병 등 세균성 피부질환을 말한다)
④ 갑상선 검사

7 다음 설명과 관계 깊은 식중독균은?

- 호염성 세균이다.
- 60℃ 정도의 가열로도 사멸하므로, 가열조리하면 예방할 수 있다.
- 주 원인식품은 어패류, 생선회 등이다.

① 살모넬라균 ② 병원성 대장균
③ 장염비브리오균 ④ 캠필로박터균

8 식품위생법상 식품위생감시원의 직무가 아닌 것은?

① 식품 등의 위생적 취급기준의 이행지도
② 출입 및 검사에 필요한 식품 등의 수거
③ 중요관리점(CCP) 기록 관리
④ 행정처분의 이행여부 확인

9 미생물에 의한 품질저하 및 손상을 방지하여 식품의 저장수명을 연장시키는 식품첨가물은?

① 산화방지제 ② 보존료
③ 살균제 ④ 표백제

10 식품 가공을 위한 냉장·냉동시설 설비의 관리 방법으로 틀린 것은?

① 냉장시설은 내부 온도를 10℃ 이하로 유지한다.
② 냉동시설은 −18℃ 이하로 유지한다.
③ 온도감응장치의 센서는 온도가 가장 낮게 측정되는 곳에 위치하도록 한다.
④ 신선편의식품, 훈제연어, 가금육은 5℃ 이하로 유지한다.

11 HACCP에 대한 설명으로 틀린 것은?

① 위험요인이 제조, 가공 단계에서 확인되었으나 관리할 CCP가 없다면 전체 공정 중에서 관리되도록 제품 자체나 공정을 수정한다.
② CCP의 결정은 "CCP 결정도"를 활용하고 가능한 CCP 수를 최소화하여 지정하는 것이 바람직하다.
③ 모니터된 결과 한계 기준 이탈 시 적절하게 처리하고 개선조치 등에 대한 기록을 유지한다.
④ 검증은 CCP의 한계기준의 관리 상태 확인을 목적으로 하고 모니터링은 HACCP 시스템 전체의 운영 유효성과 실행여부평가를 목적으로 수행한다.

12 식품의 기준 및 규격(총칙)에 의거하여 방사성 물질 누출 사고 발생 시 관리해야 할 방사성 핵종 중 우선 선정하는 대표적 방사성 오염 지표 물질 2가지는?

① 라듐, 토륨
② 요오드, 세슘
③ 플루토늄, 스트론튬
④ 라돈, 우라늄

13 다음 중 먹는물의 건강상 유해영향 유기물질 검사항목이 아닌 것은?

① 디클로로메탄 ② 벤젠
③ 톨루엔 ④ 시안

14 A군 β−용혈성 연쇄상구균에 의해서 발병하는 발열성 경구감염병은?

① 디프테리아 ② 성홍열
③ 전염성설사증 ④ 천열

15 미생물이 성장할 수 있는 수분활성도의 일반적인 최소 한계점은?

① 0.71 ② 0.61
③ 0.81 ④ 0.51

16 식품을 경유하여 인체에 들어왔을 때 반감기가 길고 칼슘과 유사하여 뼈에 축적되며, 백혈병을 유발할 수 있는 방사성 핵종은?

① 스트론튬 90 ② 바륨 140
③ 요오드 131 ④ 코발트 60

17 식품위생법상 위생검사 등의 식품위생검사기관이 아닌 것은?

① 식품의약품안전평가원
② 지방식품의약품안전청
③ 시도보건환경연구원
④ 보건소

18 자연독을 함유하고 있는 식물과 독소의 연결 중 틀린 것은?

① 독버섯 – 아마니타톡신(amanitatoxin)
② 피마자 – 리신(ricin)
③ 독미나리 – 테물린(temuline)
④ 목화씨 – 고시폴(gossypol)

19 어패류가 감염원이 아닌 기생충은?

① 선모충 ② 간디스토마
③ 유극악구충 ④ 고래회충

20 기생충에 감염됨으로써 일어나는 피해에 대한 설명으로 가장 거리가 먼 것은?

① 영양물질의 손실
② 조직의 파괴
③ 자극과 염증유발
④ 유행성 간염

제2과목 식품화학

21 우유 단백질 간의 이황화결합을 촉진시키는 데 관여하는 것은?

① 설프하이드릴(sulfhydryl)기
② 이미다졸(imidazole)기
③ 페놀(phenol)기
④ 알킬(alkyl)기

22 식품 관련 유해물질인 니켈에 대한 설명으로 틀린 것은?

① 각종 주방기구의 제조에 사용될 수 있다.
② 식품에 포함된 니켈의 대부분이 소화기관을 통해 흡수되고, 인체 흡수경로는 주로 식품 섭취에 기인한다.
③ 농산물, 가공식품을 통해 섭취될 수 있다.
④ 고농도 니켈에 노출되면 폐 또는 부비(강)암, 신장독성, 기관지 협착 등이 발생한다.

23 육류나 육류 가공품의 육색소를 나타내는 주된 성분으로 근육세포에 함유되어 있는 것은?

① 미오글로빈 ② 헤모글로빈
③ 베탈라인 ④ 사이토크롬

24 단당류 중 glucose와 mannose는 화학구조적으로 어떤 관계인가?

① anomer ② epimer
③ 동위원소 ④ acetal

25 식품등의 표시기준에 의한 알코올과 유기산의 열량 산출기준은?

① 알코올은 1g당 4kcal, 유기산은 1g당 4kcal를 각각 곱한 값의 합으로 한다.
② 알코올은 1g당 9kcal, 유기산은 1g당 2kcal를 각각 곱한 값의 합으로 한다.
③ 알코올은 1g당 7kcal, 유기산은 1g당 3kcal를 각각 곱한 값의 합으로 한다.
④ 알코올은 1g당 4kcal, 유기산은 1g당 2kcal를 각각 곱한 값의 합으로 한다.

26 아밀로오스 분자의 비환원성 말단으로부터 maltose 단위로 가수분해시키는 효소는?

① α-amylase
② β-amylase
③ glucoamylase
④ amylo-1,6-glucosidase

27 효소에 의한 과실 및 채소의 갈변을 억제하는 방법으로 가장 관계가 먼 것은?

① 데치기(blanching)
② 최적조건(온도, pH 등)의 변동
③ 산소의 제거
④ 철, 구리 용기 사용

28 알라닌(alanine)이 strecker 반응을 거치면 무엇으로 변하는가?

① acetic acid ② ethanol
③ acetamide ④ acetaldehyde

29 다음 중 환원당이 아닌 것은?

① 맥아당 ② 유당
③ 설탕 ④ 포도당

30 관능검사 방법 중 종합적 차이 검사에 사용하는 방법이 아닌 것은?

① 일-이점 검사 ② 삼점 검사
③ 단일 시료 검사 ④ 이점 비교 검사

31 전분의 호화와 노화의 관계 요인에 대한 설명으로 틀린 것은?

① 수분이 많을수록 호화가 잘 일어나며 적으면 느리다.
② 알칼리 염류는 팽윤을 지연시켜 gel 형성온도, 즉 호화온도를 높여준다.
③ 설탕은 자유수의 탈수와 수소결합 저하의 역할로 노화를 억제한다.
④ 전분의 팽윤과 호화는 적당한 범위의 알칼리성으로 촉진된다.

32 뉴턴 유체에 해당하지 않는 것은?

① 물 ② 유탁액
③ 청량음료 ④ 식용유

33 식품과 그 식품이 함유하고 있는 단백질이 서로 잘못 연결된 것은?

① 소맥 – 프롤라민(prolamine)
② 난백 – 알부민(albumin)
③ 우유 – 글루텔린(glutelin)
④ 옥수수 – 제인(zein)

34 관능검사법의 장소에 따른 분류 중 이동수레(mobile serving cart)를 활용하여 소비자 기호도 검사를 수행하는 방법은?

① 중심지역 검사 ② 실험실 검사
③ 가정사용 검사 ④ 직장사용 검사

35 식품에 존재하는 수분에 대한 설명 중 틀린 것은?

① 어떤 임의의 온도에서 식품이 나타내는 수증기압을 그 온도에서 순수한 물의 수증기압으로 나눈 것을 수분활성도라고 한다.
② 수용성 단백질, 설탕, 중성지질, 포도당, 비타민 E로 구성된 식품에서 수분활성도에 영향을 미치지 않는 성분은 중성지질과 비타민 E이다.
③ 식품 내 수용성 물질과 수분은 주로 이온결합을 통해 수화(hydration)상태로 존재한다.
④ 결합수는 식품 성분과 수소결합으로 연결되어 있어 탈수나 건조 등에 의해 쉽게 제거되지 않는다.

36 식품 중 단백질 변성에 대한 설명 중 옳은 것은?

① 단백질 변성이란 공유결합 파괴 없이 분자 내 구조 변형이 발생하여 1, 2, 3, 4차 구조가 변화하는 현상이다.
② 결합조직 중 collagen은 가열에 의해 gelatin으로 변성된다.
③ 어육의 경우 동결에 의해 물이 얼음으로 동결되면서 단백질 입자가 상호 접근하여 결합되는 염용(salting in)현상이 주로 발생한다.
④ 우유 단백질인 casein의 경우 등전점 부근에서 가장 잘 변성이 되지 않는다.

37 식품의 변색 반응에 대한 설명 중 연결이 옳지 않은 것은?

① 설탕의 가열 : caramelization → caramel
② 새우, 게의 가열 : astaxanthin → astacin
③ 된장의 갈색 착색 : aminocarbony 반응 → melanoidine
④ 절단 사과의 갈색 변색 : tyrosinase에 의한 산화 → melanin

38 옥수수를 주식으로 하는 저소득층의 주민들 사이에서 풍토병 또는 유행병으로 알려진 질병의 원인을 알기 위하여 연구한 끝에 발견된 비타민은?

① 나이아신 ② 비타민 E
③ 비타민 B_2 ④ 비타민 B_6

39 분자식은 $C_6H_{14}O_6$이며 포도당을 환원시켜 제조하고 백색의 알맹이, 분말 또는 결정성 분말로서 냄새가 없고 청량한 단맛이 있는 식품첨가물은?

① D-sorbitol ② xylitol
③ inositol ④ D-dulcitol

40 각 식품별로 분산매와 분산상 간의 관계가 순서대로 연결된 것은?

① 마요네즈 : 액체 – 액체
② 우유 : 고체 – 기체
③ 캔디 : 액체 – 고체
④ 버터 : 고체 – 고체

제3과목 식품가공학

41 난백분의 제조법에 대한 설명 중 틀린 것은?

① 난액 중 흰자위만을 건조시켜 가루로 만든 것이다.
② 난백분은 당 성분을 제거한 후 건조시킨다.
③ 흰자위를 분리 즉시 그대로 건조시켜야 용해도가 높고 색도 좋아진다.
④ 건조시키기 전에 발효시키면 흰자위의 분리가 용이하다.

42 감의 떫은맛을 제거한 침시를 만들 때 사용하는 방법이 아닌 것은?

① 온탕법 ② 알코올법
③ 효소법 ④ 탄산가스법

43 식품의 유통기한 설정에 관한 설명으로 틀린 것은?

① 유통기한 설정 시 품질변화의 지표물질은 반응속도에서 높은 반응차수를 갖는 것이 바람직하다.
② 장기간 유통조건하에서 관능검사를 통하여 유통기한을 설정할 수 있다.
③ 유통 중 품질변화를 반응속도론에 근거하여 수학적으로 예측하여 유통기한을 설정할 수 있다.
④ 유통기한 설정의 조건인자에는 저장시간, 수분함량, 온도, pH 등이 있다.

44 육류 가공 시 보수성에 영향을 미치는 요인과 가장 거리가 먼 것은?

① 근육의 pH
② 유리아미노산의 양
③ 이온의 영향
④ 근섬유간 결합상태

45 과일주스 제조 시에 혼탁을 방지하기 위하여 사용되는 효소는?

① protease ② amylase
③ pectinase ④ lipase

46 유지 용제 추출법에 사용되는 용제의 구비조건으로 틀린 것은?

① 유지 및 기타 물질을 잘 추출할 것
② 유지 및 착유박에 나쁜 냄새 및 독성이 없을 것
③ 기화열 및 비열이 작아 회수하기가 쉬울 것
④ 인화 및 폭발하는 등의 위험성이 적을 것

47 다음 중 도정도 결정에 사용되는 방법이 아닌 것은?

① 색에 의한 방법
② 도정시간에 의한 방법
③ 생성되는 쌀겨량에 의한 방법
④ 추의 무게를 측정하는 방법

48 평판의 표면 온도는 120℃이고 주위 온도는 20℃이며 금속평판으로부터의 열플럭스 속도가 1000W/m^2일 때, 대류열전달계수는?

① 50W/m^2℃
② 30W/m^2℃
③ 10W/m^2℃
④ 5W/m^2℃

49 일반적인 CA저장 설비장치가 아닌 것은?

① 냉각장치
② N_2 흡수장치
③ CO_2 흡수장치
④ 온도, 습도 센서

50 두부 제조 시 소포제를 어떤 공정에서 사용하는가?

① 침지 ② 마쇄
③ 응고 ④ 가열

51 20℃의 물 1kg을 −20℃의 얼음으로 만드는 데 필요한 냉동부하는?(단, 물의 비열은 1.0kcal/kg℃, 얼음의 비열은 0.5kcal/kg℃, 물의 융해잠열은 79.6kcal/kg℃이다)

① 100kcal ② 110kcal
③ 120kcal ④ 130kcal

52 반경질치즈 제조 시 일반적인 수율은?

① 15% ② 20%
③ 7% ④ 10%

53 유지의 융점에 대한 설명 중 틀린 것은?

① 지방산의 탄소수가 증가할수록 융점이 높다.
② cis형이 trans형보다 높다.
③ 포화지방산보다 불포화지방산으로 된 유지가 융점이 높다.
④ 탄소수가 짝수번호인 지방산은 그 번호 다음 홀수번호 지방산보다 융점이 높다.

54 아미노산 간장 제조에 사용되지 않는 것은?

① 코지
② 탈지대두
③ 염산용액
④ 수산화나트륨

55 아래 설명에 해당하는 성분은?

> • 인체 내에서 소화되지 않는 다당류이다.
> • 향균, 항암 작용이 있어 기능성 식품으로 이용된다.
> • 갑각류의 껍질성분이다.

① 섬유소 ② 펙틴
③ 한천 ④ 키틴

56 전분의 효소가수분해 물질 중 DE(dextrose equivalent) 20 이하의 저당화 당인 제품은?

① glucose(포도당)
② starch syrup(물엿)
③ maltodextrin(말토덱스트린)
④ fructose(과당)

57 피부 건강에 도움을 주는 건강기능식품 원료가 아닌 것은?

① 알로에 겔
② 쏘팔메토열매추출물
③ 엽록소 함유 식물
④ 클로렐라

58 다음 패리노그래프 중 강력분을 나타내는 것은?

① 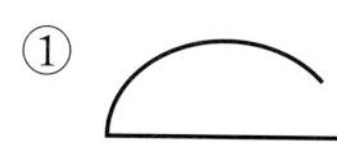

③ ④

59 발효유 제품 제조시 젖산균 스타터 사용에 대한 설명으로 틀린 것은?

① 우리가 원하는 절대적 다수의 미생물을 발효시키고자 하는 기질 또는 식품에 접종시켜 성장하도록 하므로 원하는 발효가 반드시 일어나도록 해 준다.
② 원하지 않는 미생물의 오염과 성장의 기회를 극소화 한다.
③ 균일한 성능의 발효미생물을 사용함으로서 자연발효법에 의하여 제조되는 제품보다 품질이 균일하고, 우수한 제품을 많이 생산할 수 있다.
④ 발효미생물의 성장속도를 조정할 수 없어서 공장에서 제조계획에 맞출 수 없다.

60 농축장치를 사용하여 오렌지주스를 농축하고자 한다. 원료인 오렌지주스는 7.08%의 고형분을 함유하고 있으며, 농축이 끝난 제품은 58% 고형분을 함유하도록 한다. 원료주스를 100kg/h의 속도로 투입할 때 증발 제거되는 수분의 양(W)과 농축주스의 양(C)은 얼마인가?

① W=75.0kg/h, C=25.0kg/h
② W=25.0kg/h, C=75.0kg/h
③ W=87.8kg/h, C=12.2kg/h
④ W=12.1kg/h, C=87.8kg/h

제4과목 식품미생물학

61 효모의 protoplast 제조 시 세포벽을 분해시킬 수 없는 효소는?

① β-glucosidase
② β-glucuronidase
③ laminarinase
④ snail enzyme

62 Gram 양성균에 해당되지 않는 것은?

① *Streptococcus lactis*
② *Escherichia coli*
③ *Staphylococcus aureus*
④ *Lactobacillus acidophilus*

63 광합성 무기영양균(phtolithotroph)의 특징이 아닌 것은?

① 에너지원을 빛에서 얻는다.
② 탄소원을 이산화탄소로부터 얻는다.
③ 녹색 황세균과 홍색 황세균이 이에 속한다.
④ 모두 호기성균이다.

64 조류(algae)에 대한 설명으로 틀린 것은?

① 엽록소를 가지는 광합성 미생물이다.
② 남조류를 포함하여 모든 조류는 진핵세포 구조로 되어 있어 고등미생물에 속한다.
③ 갈조류와 홍조류는 조직분화를 볼 수 있는 다세포형이다.
④ 녹조류인 클로렐라는 단세포 미생물로 단백질 함량이 높아 미래의 식량으로 기대되고 있다.

65 주정공업에서 glucose 1ton을 발효시켜 얻을 수 있는 에탄올의 이론적 수량은?

① 180kg ② 511kg
③ 244kg ④ 711kg

66 다음 중 정상발효 젖산균(homo fermentative lactic acid bacteria)은?

① *Lactobacillus fermentum*
② *Lactobacillus brevis*
③ *Lactobacillus casei*
④ *Lactobacillus heterohiochi*

67 다음 발효과정 중 제조공정에서 박테리오파지에 의한 오염이 발생하지 않는 것은?

① 초산 발효
② 젖산 발효
③ 아세톤-부탄올 발효
④ 맥주 발효

68 다음 중 효모의 설명 중 틀린 것은?

① 산막효모에는 *Debaryomyces*속, *Pichia*속, *Hansenula*속이 있다.
② 산막효모는 산화능이 강하고 비산막효모는 알코올 발효능이 강하다.
③ 맥주 상면발효효모는 raffinose를 완전발효하고 맥주 하면발효효모는 raffinose를 1/3만 발효한다.
④ 야생효모는 자연에 존재하는 효모이고, 배양효모는 유용한 순수 분리한 효모이다.

69 수확 직후의 쌀에 빈번한 곰팡이로 저장 중 점차 감소되어 쌀의 변질에는 거의 관여하지 않는 것으로만 묶여진 것은?

① *Alternaria, Fusarium*
② *Aspergillus, Penicillium*
③ *Alternaria, Penicillium*
④ *Asprergillus, Fusarium*

70 재조합 DNA를 제조하기 위한 DNA의 절단에 사용하는 효소는?

① 중합효소 ② 제한효소
③ 연결효소 ④ 탈수소효소

71 미생물의 영양원에 대한 설명으로 틀린 것은?

① 종속영양균은 탄소원으로 주로 탄수화물을 이용하지만 그 종류는 균종에 따라 다르다.
② 유기태 질소원으로 요소, 아미노산 등은 효모, 곰팡이, 세균에 의하여 잘 이용된다.
③ 무기염류는 미생물의 세포 구성성분, 세포내 삼투압 조절 또는 효소활성 등에 필요하다.
④ 생육인자는 미생물의 종류와 관계없이 일정하다.

72 일반적으로 미생물의 생육 최저 수분활성도가 높은 것부터 순서대로 나타낸 것은?

① 곰팡이 〉 효모 〉 세균
② 효모 〉 곰팡이 〉 세균
③ 세균 〉 효모 〉 곰팡이
④ 세균 〉 곰팡이 〉 효모

73 접합균류에 속하는 곰팡이 속은?

① *Mucor*속 ② *Aspergillus*속
③ *Neurospore*속 ④ *Agaricus*속

2022 1회

74 미생물 생육에 영향을 미치는 환경 요인에 대한 설명으로 옳은 것은?

① 외부환경조건이 불리해도 영양소만 풍부하면 미생물은 잘 자란다.
② 미생물은 생육최적온도에서 생육속도가 가장 빠르다.
③ 온도가 낮아지면 세포 내 효소 활성이 점점 증가하여 생육속도가 빨라진다.
④ 온도가 낮아지면 세포막의 유동성이 좋아져 생육속도가 빨라진다.

75 요구르트(yoghurt) 제조에 이용하는 젖산균은?

① *Lactobacillus bulgaricus*와 *Streptococcus thermophilus*
② *Lactobacillus plantarum*와 *Acetobacter aceti*
③ *Lactobacillus bulgaricus*와 *Streptococcus pyogenes*
④ *Lactobacillus plantarum*와 *Lactobacillus homohiochi*

76 *Aspergillus*속과 *Penicillium*속 곰팡이의 가장 큰 형태적 차이점은?

① 분생포자와 균사의 격벽
② 영양균사와 경자
③ 정낭과 병족세포
④ 자낭과 기균사

77 다음 미생물 중 최적의 pH가 가장 낮은 균은?

① *Bacillus subtilis*
② *Clostridium botulinum*
③ *Escherichia coli*
④ *Saccharomyces cerevisiae*

78 바이러스에 대한 설명으로 틀린 것은?

① 일반적으로 유전자로서 RNA나 DNA 중 한 가지 핵산을 가지고 있다.
② 숙주세포 밖에서는 증식할 수 없다.
③ 일반세균과 비슷한 구조적 특징과 기능을 가지고 있다.
④ 완전한 형태의 바이러스 입자를 비리온(virion)이라 한다.

79 미생물의 증식도 측정에 관한 설명 중 틀린 것은?

① 총균계수법 측정에서 0.1% methylene blue로 염색하면 생균은 청색으로 나타난다.
② 곰팡이와 방선균의 증식도는 일반적으로 건조균체량으로 측정한다.
③ Packed volume법은 일정한 조건으로 원심분리하여 얻은 침전된 균체의 용적을 측정하는 방법이다.
④ 비탁법은 세포현탁액에 의하여 산란된 광의 양을 전기적으로 측정하는 방법이다.

80 진핵세포의 구조에 관한 설명으로 틀린 것은?

① 복수의 염색체 내에 히스톤이라는 핵단백질이 있다.
② 큰 단위체 50S와 작은 단위체 30S인 리보솜을 갖는다.
③ ATP를 생산하는 미토콘드리아를 갖는다.
④ 중심섬유는 2개의 쌍으로 되어 있고 외위섬유는 2개의 쌍으로 된 9개의 조의 형태로 된 편모를 갖는다.

제5과목 생화학 및 발효학

81 시트르산 회로의 8가지 연속되는 반응 단계 중 첫 번째 단계에 해당되는 것은?

① succinate가 fumarate로 산화
② L-malate가 oxaloacetate로 되는 산화 반응
③ 퓨마르산이 L-malate로 전환되는 수화 반응
④ 시트르산의 생성

82 아미노산 분자에 대한 설명으로 틀린 것은?

① 개별 아미노산 분자는 pH에 따라 산 또는 염기로 작용할 수 있다.
② 단백질을 구성하는 아미노산 잔기는 L-입체이성질체이다.
③ 단백질의 아미노산 서열을 일차구조라 한다.
④ 아미노산 분자가 노출된 pH가 높아지면 양전하량이 증가한다.

83 단세포단백질 생산의 기질과 미생물이 잘못 연결된 것은?

① 에탄올 - 효모
② 메탄 - 곰팡이
③ 메탄올 - 세균
④ 이산화탄소 - 조류

84 DNA의 생합성에 대한 설명으로 틀린 것은?

① DNA polymerase에 의한 DNA 생합성 시에는 Mg^{2+}(혹은 Mn^{2+})와 primer를 필요로 한다.
② Nucleotide chain의 신장은 3→5 방향이며 4종류의 deoxynucleotide-5-triphosphate 중 하나가 없어도 반응속도는 유지된다.
③ DNA ligase는 DNA의 2가닥 사슬구조 중에 nick이 생기는 경우 절단 부위를 다시 인산 diester 결합으로 연결하는 것이다.
④ DNA 복제 과정 시에는 2개의 본 가닥이 풀림과 동시에 주형으로 작용하여 상보적인 2개의 DNA 가닥이 새롭게 합성된다.

85 주정 생산 시 주요 공정인 증류에 있어 공비점(K점)에 대한 설명으로 옳은 것은?

① 공비점에서의 알코올 농도는 95.5%(v/v), 물의 농도는 4.5%이다.
② 공비점 이상의 알코올 농도는 어떤 방법으로도 만들 수 없다.
③ 99%의 알코올을 끓이면 발생하는 증기의 농도가 높아진다.
④ 공비점이란 술덧의 비등점과 응축점이 78.15℃로 일치하는 지점이다.

86 폐수의 혐기적 분해에 관여하는 균이 아닌 것은?

① *Clostridium*
② *Proteus*
③ *Pseudomonas*
④ *Nitrosomonas*

87 한 분자의 피루브산이 TCA 회로를 거쳐 완전분해하면 얻을 수 있는 ATP의 수는? (단, 1분자의 NADH당 2.5ATP, 1분자의 $FADH_2$당 1.5ATP를 생성한다고 가정한다)

① 10 ② 12.5
③ 15 ④ 32

88 균체 분리 공정에서 효모나 방선균 분리에 주로 사용되며 연속적으로 대량처리가 용이한 기기는?

① 회전식 진공여과기(rotary vaccum filter)
② 엽상가압여과기(leaf filter)
③ 가압여과기(filter press)
④ 원심여과기(basket centrifuge)

89 효소의 고정화 방법에 대한 설명으로 틀린 것은?

① 담체결합법은 공유결합법, 이온결합법, 물리적 흡착법이 있다.
② 가교법은 2개 이상의 관능기를 가진 시약을 사용하는 방법이다.
③ 포괄법에는 격자형과 클로스링킹형이 있다.
④ 효소와 담체 간의 결합이다.

90 오탄당 인산경로(pentose phosphate pathway)의 생산물이 아닌 것은?

① NADPH
② CO_2
③ Ribose
④ H_2O

91 일반적으로 사용되는 생산균주의 보관방법이 아닌 것은?

① 저온(냉장)보관
② 상온보관
③ 냉동보관
④ 동결건조

92 퓨린(purine)을 생합성할 때 purine의 골격 구성에 필요한 물질이 아닌 것은?

① alanine
② aspartic acid
③ CO_2
④ formyl THF

93 그람(gram) 음성세균의 세포벽 구성 성분 중 그람(gram) 양성세균의 세포벽 성분보다 적은 특징적 성분은?

① Lipoprotein
② Lipopolysaccharide
③ Peptidoglycan
④ Phospholipid

94 단백질의 생합성이 이루어지는 장소는?

① 미토콘드리아 ② 리보좀
③ 핵 ④ 액포

95 비오틴 결핍증이 잘 나타나지 않는 이유는?

① 지용성 비타민으로 인체 내에 저장되므로
② 일상생활 중 자외선에 의해 합성되므로
③ 아비딘 등의 당단백질의 분해산물이므로
④ 장내세균에 의해서 합성되므로

96 Allosteric 효소에 대한 설명으로 틀린 것은?

① 효소 분자에서 촉매부위와 조절부위는 대부분 다른 subunit에 존재한다.
② 촉진인자가 첨가되면 효소는 기질과 복합체를 형성할 수 있다.
③ 조절인자는 효소 활성을 저해 또는 촉진시킨다.
④ 전형적인 Michalis–Menten식의 성질을 갖고 Km, Vmax값 변화는 없다.

97 Dextran에 대한 설명으로 틀린 것은?

① 공업적 제조에 *Leuconostoc mesenteroides*가 이용된다.
② 발효법에서는 배지 중의 sucrose로부터 furctose가 중합되어 생산되어, 이때 glucose가 유리된다.
③ dextransucrase를 사용하여 효소법으로도 제조된다.
④ 효소법으로는 불순물의 혼입 없이 진행되므로 순도가 높은 dextran을 얻을 수 있다.

98 원핵세포의 리보좀을 이루는 50S 및 30S에 함유되어 있는 RNA는?

① mRNA ② rRNA
③ tRNA ④ sRNA

99 다음 토코페롤 중 가장 높은 비타민 E 활성을 갖는 것은?

① α–tocopherol
② β–tocopherol
③ γ–tocopherol
④ δ–tocopherol

100 아황산펄프폐액을 이용한 효모균체의 생산에 이용되는 균은?

① *Candida utilis*
② *Pichia pastoris*
③ *Sacharomyces cerevisiae*
④ *Torulopsis glabrata*

2022년 1회 **정답**

1	③	2	①	3	④	4	③	5	③	6	④	7	③	8	③	9	②	10	③
11	④	12	②	13	④	14	②	15	②	16	①	17	④	18	③	19	①	20	④
21	①	22	②	23	①	24	②	25	③	26	②	27	④	28	④	29	③	30	④
31	②	32	②	33	③	34	①	35	③	36	②	37	④	38	①	39	①	40	①
41	③	42	③	43	①	44	②	45	③	46	①	47	④	48	③	49	②	50	④
51	②	52	④	53	②	54	①	55	④	56	③	57	②	58	③	59	④	60	③
61	①	62	②	63	④	64	②	65	②	66	③	67	④	68	③	69	①	70	②
71	④	72	③	73	①	74	②	75	①	76	③	77	④	78	③	79	①	80	②
81	④	82	④	83	②	84	②	85	④	86	④	87	②	88	①	89	③	90	④
91	②	92	①	93	③	94	②	95	④	96	④	97	②	98	②	99	①	100	①

2022년 4월 24일 시행

식품기사 기출문제 2022 2회

제 1 과목 식품위생학

1 경구감염병의 특성과 가장 거리가 먼 것은?

① 수인성 전파가 일어날 수 있다.
② 2차 감염이 발생할 수 있다.
③ 미량의 균으로도 감염될 수 있다.
④ 식중독에 비하여 잠복기가 짧다.

2 식품등의 표시기준에 관한 용어의 정의로 틀린 것은?

① 당류 : 식품 내에 존재하는 모든 단당류와 이당류의 합
② 트랜스지방 : 트랜스구조를 1개 이상 가지고 있는 비공액형 모든 불포화지방
③ 유통기한 : 제품의 제조일로부터 소비자에게 판매가 허용되는 기한
④ 영양강조표시 : 제품의 일정량에 함유된 영양소의 함량을 표시하는 것

3 HACCP 시스템 적용 시 준비단계에서 가장 먼저 시행해야 하는 절차는?

① 위해요소분석
② HACCP팀 구성
③ 중요관리점 결정
④ 개선조치 설정

4 다이옥신(dioxin)에 대한 설명이 틀린 것은?

① 자동차 배출 가스, 각종 PVC 제품 등 쓰레기의 소각과정에서도 생성된다.
② 다이옥신 중 2,3,7,8-TCDD가 독성이 가장 강한 것으로 알려져 있다.
③ 색과 냄새가 없는 고체물질로 물에 대한 용해도 및 증기압이 높다.
④ 환경시료에서 미량의 다이옥신 분석이 어렵다.

5 다음 중 환원성 표백제가 아닌 것은?

① 아황산나트륨
② 무수아황산
③ 차아염소산나트륨
④ 메타중아황산칼륨

6 식품첨가물 중 DL-멘톨은 어떤 분류에 해당되는가?

① 보존료 ② 착색료
③ 감미료 ④ 향료

7 다음 중 감염형 식중독이 아닌 것은?

① 장염비브리오 식중독
② 클로스트리디움 보툴리늄 식중독
③ 살모넬라 식중독
④ 리스테리아 식중독

8 식품조사(food irradiation)처리에 이용할 수 있는 선종이 아닌 것은?

① 감마선 ② 전자선
③ 베타선 ④ 엑스선

9 **식품제조·가공업소의 작업관리 방법으로 틀린 것은?**

① 작업장(출입문, 창문, 벽, 천장 등)은 누수, 외부의 오염물질이나 해충·설치류 등의 유입을 차단할 수 있도록 밀폐 가능한 구조이어야 한다.
② 식품 취급 등의 작업은 안전사고 방지를 위하여 바닥으로부터 60cm 이하의 높이에서 실시한다.
③ 작업장은 청결구역(식품의 특성이 따라 청결구역은 청결구역과 준청결구역으로 구별할 수 있다)과 일반구역으로 분리하고 제품의 특성과 공정에 따라 분리, 구획 또는 구분할 수 있다.
④ 작업장은 배수가 잘 되어야 하고 배수로에 퇴적물이 쌓이지 아니 하여야 하며, 배수구, 배수관 등은 역류가 되지 아니 하도록 관리하여야 한다.

10 **각 위생처리제와 그 특징이 바르게 연결된 것은?**

① Hypochlorite – 사용범위가 넓지 않음
② Quats – Gram 음성균에 효과적임
③ Iodophors – 부식성이고 피부 자극이 적음
④ Acid anionics – 증식세포에 넓게 작용함

11 **대장균지수(Coil index)란?**

① 검수 10mL 중 대장균군의 수
② 검수 100mL 중 대장균군의 수
③ 대장균군을 검출할 수 있는 최소 검수량
④ 대장균군을 검출할 수 있는 최소 검수량의 역수

12 **단백뇨를 주증상으로 하며 체내 칼슘의 불균형을 초래하는 금속중독은?**

① 납 중독
② 망간 중독
③ 수은 중독
④ 카드뮴 중독

13 **통조림 변패 중 Flat sour에 대한 설명으로 틀린 것은?**

① 통의 외관은 정상이나 내용물이 산성이다.
② *Acetobacter*속이 원인균이다.
③ 유포자 호열성균에 의한 것이다.
④ 가열이 불충분한 통조림에서 발생하기 쉽다.

14 **사람과 동물이 같은 병원체에 의하여 발생되는 질병을 나타내는 용어는?**

① 경구감염병
② 인수공통감염병
③ 척추동물감염병
④ 수인성감염병

15 **금속제 설비에 대한 설명으로 틀린 것은?**

① 토마토 가공 시 알루미늄제보다는 스테인리스스틸 재질 기구를 사용한다.
② 양배추와 같이 산을 함유한 식품은 알루미늄제 기구가 좋다.
③ 간장, 된장 등 산이나 염분을 많이 함유한 식품은 알루미늄제 용기에 보관하는 것을 되도록 삼간다.
④ 스테인리스스틸 용기에 물을 반복하여 가열하면 재질의 성분이 용출될 수 있다.

16 식품별 행정처분의 사유가 아닌 것은?

① 과실주 : potassium aluminium silicate 사용
② 떡 제조용 팥 앙금 : 소브산칼슘 0.2g/kg 검출
③ 냉동닭고기 : 니트로푸란계 대사물질 Semicarbazide 10 μg/kg 검출
④ 오이피클 : 세균발육 양성

17 어육의 부패를 나타내는 지표값으로 틀린 것은?

① Volatile basic nitrogen(VBN) : 30~40mg%
② Trimethylamine(TBA) : 5~6mg%
③ Histamine : 8~10mg%
④ pH : 5.5

18 살균·소독에 대한 설명으로 옳지 않은 것은?

① 열탕 또는 증기소독 후 살균된 용기를 충분히 건조해야 그 효과가 유지된다.
② 살균은 세균, 효모, 곰팡이 등 미생물의 영양 세포를 불활성화시켜 감소시키는 것을 말한다.
③ 자외선 살균은 대부분의 물질을 투과하지 않는다.
④ 방사선은 발아억제 효과만 있고 살균 효과는 없다.

19 미생물의 대사물질에 의한 독성물질이 아닌 것은?

① Aflatoxin
② Amygdalin
③ Rubratoxin
④ Ochratoxin

20 Benzoic acid의 특성으로 옳은 것은?

① 보존료로 사용한다.
② pH가 낮을수록 효과가 적다.
③ '소브산'이라고 한다.
④ 항산화제로 사용한다.

제2과목 식품화학

21 유지의 산패 측정법에 대한 설명으로 틀린 것은?

① peroxide value는 지방산화가 계속될수록 함께 계속해서 증가한다.
② TBA값은 지방산패 중 생성된 malon aldehyde를 측정하는 방법이다.
③ anisidine값은 주로 2-alkenal의 함량을 측정한다.
④ CDA값은 공액형 이중결합을 측정하는 방법이다.

22 중성지질로 구성된 식품을 효과적으로 측정할 수 있는 속슬렛 조지방 측정법은?

① 산분해법
② 로제 곳트리(Rose-Gottlieb)법
③ 클로로포름 메탄올(chloroform-methanol)혼합용액추출법
④ 에테르(ether)추출법

23 지용성 비타민의 특성으로 옳지 않은 것은?

① 기름과 유기용매에 녹는다.
② 결핍증세가 서서히 나타난다.
③ 비타민의 전구체가 없다.
④ 1일 섭취량이 필요 이상일 때는 체내에 저장된다.

24 $CuSO_4$의 알칼리 용액에 넣고 가열할 때 Cu_2O의 붉은색 침전이 생기지 않는 것은?

① maltose
② sucrose
③ lactose
④ glucose

25 버터나 생크림을 수저로 떠서 접시에 올려놓았을 때 모양을 그대로 유지하는 물리적 성질은?

① 점성 ② 탄성
③ 소성 ④ 점탄성

26 무기질의 주요한 생리작용으로 옳지 않은 것은?

① Ca : 뼈, 치아 등 경조직 구성원소
② Fe : 혈색소의 구성물질
③ Cl : 삼투압 조절
④ S : 갑상선호르몬의 구성성분

27 식품의 관능검사에서 종합적 차이검사에 해당하는 것은?

① 이점비교검사
② 일-이점검사
③ 순위법
④ 평점법

28 다음 중 비효소적 갈변반응이 아닌 것은?

① 메일라드(마이얄) 반응
② 캐러멜화 반응
③ 비타민C 산화에 의한 갈변반응
④ 티로시나아제에 의한 갈변반응

29 식품첨가물로서 사용되는 점성물질인 검류(gums) 중 미생물이 만들어 내는 고무질물질(microbial gums)에 해당하는 것은?

① 트라가칸스 고무(Tragacanth Gum)
② 카라야 고무(Karaya Gum)
③ 구아 고무(Guar Gum)
④ 덱스트란(Dextrans)

30 서로 다른 맛 성분을 혼합하여 각각의 고유맛이 약해지거나 사라지는 현상은?

① 맛의 대비 ② 맛의 억제
③ 맛의 상극 ④ 맛의 상쇄

31 우유를 태양이나 형광등 아래에서 보관하면 이취가 빨리 발생한다. 이러한 빛의 조사에 의해 발생하는 품질 변화와 관련된 설명으로 옳은 것은?

① 우유에 존재하는 감광체에 의해 일중항산소 등이 발생하였다.
② 우유 속 유당이 분해되면서 aldehyde가 발생하였다.
③ 삼중항산소가 일중항산소보다 반응성이 크다.
④ 우유의 이취 제거를 위해 라이보플라빈 함량을 증가시킨다.

32 β-amylase가 작용할 수 있는 전분 내의 결합은?

① $\alpha-1,4$ glycoside 결합
② $\beta-1,4$ glycoside 결합
③ $\alpha-1,6$ glycoside 결합
④ $\beta-1,6$ glycoside 결합

33 두류에 대한 설명 중 옳은 것은?

① 땅콩에는 포화지방이 많은 편으로 stearic acid, palmitic acid의 함량이 많다.
② 땅콩을 가공 및 보관하는 과정에서 잘못 처리하게 되면 곰팡이의 번식으로 aflatoxin이라는 발암물질이 생성될 우려가 있다.
③ 땅콩에는 다른 콩류보다 칼륨과 칼슘이 많이 함유되어 있는데 이들은 파이틴(phytin) 형태로 존재하고 있다.
④ 완두콩을 통조림으로 제조 시 열처리에 의한 갈색 변색을 방지하기 위하여 황산철을 첨가하는데, 이는 변색뿐 아니라 비타민 C의 파괴를 억제한다.

34 관능검사 중 흔히 사용되는 척도의 종류가 아닌 것은?

① 명목척도　② 서수척도
③ 비율척도　④ 지수척도

35 육류 가공과 관련한 수분흡수 및 유지에 대한 설명으로 틀린 것은?

① 육류를 마쇄하면 육류의 수분흡수 능력은 증가한다.
② 도살 직후 수분흡수 능력은 매우 큰 수치를 보였다가 24~48시간에 걸쳐 계속 감소된다.
③ 칼슘, 아연 등의 이온들은 육류의 수분유지 능력을 증가시킨다.
④ 알칼리 또는 알칼리염은 pH를 알칼리성 쪽으로 이동시키고 육류의 수분흡수 능력을 증대시킨다.

36 증류수에 녹인 비타민 C를 정량하기 위해 분광광도계(spectrophotometer)를 사용하였다. 분광광도계에서 나온 시료의 흡광도 결과와 비타민 C 함량의 관계를 구하기 위하여 이용해야 하는 것은?

① 람베르트-비어 법칙(Lambert-Beer's law)
② 페히너 법칙(Fechner's law)
③ 웨버의 법칙(Weber's law)
④ 미켈리스-멘텐식(Michaelis-Menten's equation)

37 지방산화 중 발생하는 휘발성분에 대한 설명으로 옳지 않은 것은?

① 오메가-6 지방산인 리놀레산으로부터 유래된 전형적인 휘발성분은 hexanal이다.
② 유지의 자동산화 과정 중 휘발성분은 hydroperoxide 생성 전 단계에서 생성된다.
③ propanal은 오메가-3 지방산인 리놀렌산으로부터 유래된 산화휘발성분이다.
④ hexanal 함량 비교를 통해 산패정도를 측정할 수 있다.

38 과당의 특징으로 옳지 않은 것은?

① 단맛이 강하다.
② 용해도가 크다.
③ 과포화되기 쉽다.
④ 흡습성이 약하다.

39 메밀전분을 갈아서 만든 유동성이 있는 액체성 물질을 가열하고 난 뒤 냉각하였더니 반고체 상태(묵)가 되었다. 이 묵의 교질상태는?

① gel ② sol
③ 염석 ④ 유화

40 영양 성분에 대한 설명 중 옳은 것은?

① 나트륨은 체중의 0.15~0.2% 정도이며 체내 세포 내외의 삼투압과 수분평형의 유지 등 중요한 역할을 한다.
② 오메가 3계열의 불포화지방산보다 오메가 6계열의 불포화지방산을 섭취하는 것이 바람직하다.
③ 토마토에 함유된 라이코펜 성분은 베타-이오논환을 갖고 있어 비타민 A로 전환될 수 있다.
④ 지용성·수용성 비타민은 몸에 필요한 양보다 많이 섭취되면 필요한 양만큼만 이용하고, 불필요한 양은 축적되지 않고 몸 밖으로 배설된다.

제3과목 식품가공학

41 유지의 탈검공정(degumming process)에서 주로 제거되는 성분은?

① 인지질(phospholipid)
② 알데하이드(aldehyde)
③ 케톤(ketone)
④ 냄새성분

42 통조림 제조 시 탈기를 하는 목적과 가장 거리가 먼 것은?

① 호기성균의 발육 방지
② 혐기성균의 발육 방지
③ 내용물의 변색 방지
④ 캔의 파손 방지

43 우유를 이용하여 분유 제조 시 가장 널리 사용되는 방법은?

① 냉동건조
② Drum 건조
③ Foam-mat 건조
④ 분무건조

44 당질원료를 이용하여 10 이하의 당 분자가 직쇄 또는 분지결합하도록 효소를 작용시켜 얻은 당액이나 이를 여과, 정제, 농축한 액상 또는 분말상의 것은?

① 과당류 ② 당류가공품
③ 포도당 ④ 올리고당류

45 쌀의 도정 정도를 표시하는 도정률에 대한 설명으로 옳은 것은?

① 쌀의 필수 탄수화물 제거율의 정도에 따라 표시된다.
② 도정된 정미의 무게가 현미 무게의 몇 % 인가로 표시된다.
③ 도정된 쌀알이 파괴된 정도로 표시된다.
④ 도정과정 중에 손실된 영양소의 %로 표시된다.

46 다음 중 두부 응고제로 사용되는 식품첨가물은?

① 이산화염소 ② 과산화염소
③ 염화칼슘 ④ 브롬산칼륨

47 영아용 조제식의 단백원과 원료에 대한 설명으로 틀린 것은?

① 글루텐을 단백원으로 사용한다.
② 분리대두단백에서 분리한 단백질을 단백원으로 할 수 있다.
③ 원료는 식품조사처리를 하지 않은 것이어야 한다.
④ 코코아는 원료로 사용할 수 없다.

48 전단속도(shear rate)가 커짐에 따라 겉보기 점도(apparent viscosity)가 증가하는 유체는?

① Newtonian
② Pseudo plastic
③ Dilatant
④ Bingham plastic

49 어류 통조림 제조 시 나타나는 스트루바이트(struvite)에 대한 설명으로 틀린 것은?

① 통조림 내용물에 유리 모양의 결정이 석출되는 현상이다.
② 어류에 들어있는 마그네슘 및 인화합물과 어류가 분해되어 생성된 암모니아가스가 결합하여 생성된다.
③ 중성 혹은 약알칼리성 통조림에 생기기 쉽다.
④ 살균한 후 통조림을 급랭시키면 나타나는 현상이다.

50 보리의 도정방식이 아닌 것은?

① 혼수도정 ② 무수도정
③ 할맥도정 ④ 건식도정

51 소금 절임 방법에 대한 설명 중 틀린 것은?

① 소금농도가 15% 정도가 되면 보통일반세균은 발육이 억제된다.
② 일반적으로 소형어는 마른간법으로, 대형어는 물간법으로 절인다.
③ 마른간법과 물간법의 단점을 보완한 것이 개량물간법이다.
④ 개량마른간법의 경우는 물간법으로 가염지를 한다.

52 당도 12%인 사과 펄프 100kg을 사용하여 제품당도 65%인 사과잼을 80%의 농축율로 제조할 경우 순도 97%인 설탕이 약 몇 kg 첨가되어야 하는가?

① 53.6 ② 67.8
③ 88.9 ④ 94.5

53 식육의 사후 경직과 숙성에 대한 설명으로 틀린 것은?

① 사후 경직 – 도살 후 시간이 경과함에 따라 근육이 굳어지는 현상
② 식육 냉동 – 사후 경직 억제
③ 식육 숙성 – 육의 연화과정, 보수력 증가
④ 숙성 속도 – 적정 범위 내에서 온도가 높으면 신속하게 진행

54 유체의 흐름에 있어 외부에서 가해진 에너지와 마찰에 의한 에너지 손실이 없다고 가정할 때 유체에너지와 관계되지 않는 것은?

① 위치에너지 ② 운동에너지
③ 기계에너지 ④ 압력에너지

55 건강기능식품과 관련한 식물스테롤에 대한 설명으로 틀린 것은?

① 인체 내에서 합성되나 필요량보다 적으므로 식이로 보충해야 한다.
② 이중결합이 많으며 배당체 형태로 존재하기도 한다.
③ 혈중 콜레스테롤 저하 효과가 있다.
④ 생체 이용률이 전반적으로 낮다.

56 밀감 통조림의 백탁에 대한 설명 중 틀린 것은?

① hesperidin이 용출되어 백탁이 형성된다.
② 조기 수확한 밀감에서 자주 발생한다.
③ 수세를 너무 길게 하면 발생하기 쉽다.
④ 산 처리를 길게, 알칼리 처리를 짧게 하면 억제된다.

57 치즈 제조에 쓰이는 응유효소는?

① 레닌(rennin)
② 펩신(pepsin)
③ 파파인(papain)
④ 브로멜린(bromelin)

58 유지를 정제한 다음 정제유에 수소를 첨가하여 가공하면 유지는 어떻게 변하는가?

① 융점이 저하된다.
② 융점이 상승한다.
③ 성상이나 융점은 변하지 않는다.
④ 이중 결합에 변화가 없다.

59 도관을 통하여 흐르는 뉴턴액체(Newtonian fluid)의 Reynolds 수를 측정한 결과 25000이었다. 이 액체 흐름의 형태는?

① 유선형(streamline)
② 천이형(transition region)
③ 교류형(turbulent)
④ 정치형(static state)

60 5℃에서 저장된 양배추 2000kg의 호흡열 방출에 의해 냉장고 안에 제공되는 냉동부하는? (단, 5℃에서 양배추의 저장을 위한 열방출은 63W/ton이다)

① 28W ② 63W
③ 100W ④ 126W

제4과목 식품미생물학

61 고구마 연부병을 유발하는 미생물은?

① *Bacillus subtilis*
② *Aspergillus oryzae*
③ *Saccharomyces cerevisiae*
④ *Rhizopus nigricans*

62 김치 숙성에 관여하는 균이 아닌 것은?

① *Leucorostoc mesenteroides*
② *Lactobacillus brevis*
③ *Lactobacillus plantarum*
④ *Bacillus subtilis*

63 산막효모의 특징으로 틀린 것은?

① 알코올 발효력이 강하다.
② 산화력이 강하다.
③ 다극출아로 증식하는 효모가 많다.
④ 대부분 양조과정에서 유해균으로 작용한다.

64 유기물을 분해하여 호흡 또는 발효에 의해 생기는 에너지를 이용하여 증식하는 균은?

① 광합성균 ② 화학합성균
③ 독립영양균 ④ 종속영양균

65 미생물 분류상 효모가 아닌 것은?

① *Saccharomyces cerevisiae*
② *Monascus anka*
③ *Zygosaccharomyces rouxii*
④ *Rhodotorula glutinis*

66 미생물의 일반적인 생육곡선에서 정지기(정상기, stationary phase)에 대한 설명으로 옳지 않은 것은?

① 분열균수와 사멸균수가 평형을 이루는 시기이다.
② 생균수가 최대에 도달하는 시기이다.
③ 균이 왕성하게 증식하며 생리적 활성이 가장 높은 시기이다.
④ 내생포자를 형성하는 세균은 보통 이 시기에 포자를 형성한다.

67 Pyruvic acid가 호기적으로 완전히 산화되어 이산화탄소(CO_2)와 물(H_2O)이 되는 대사과정이 아닌 것은?

① 전자전달계
② TCA 회로
③ 글리옥신산 회로(glyoxylate cycle)
④ EMP 회로

68 과일이나 채소를 부패시킬 뿐만 아니라 보리나 옥수수와 같은 곡류에서 zearalenone이나 fumonisin 등의 독소를 생산하는 곰팡이는?

① *Mucor*속 ② *Fusarium*속
③ *Aspergillus*속 ④ *Rhizopus*속

69 미생물 세포에서 무기염류의 기능이 잘못 연결된 것은?

① Ca – 호흡계의 cytochrome, catalase, peroxidase 등의 구성성분
② K – 균체내 삼투압과 pH 조절
③ P – ATP, ADP 및 NAD와 같은 조효소의 구성성분
④ Mg – 세포막, 리보솜, DNA와 RNA 등의 안정화

70 당으로부터 에탄올 발효능이 강한 세균은?

① *Vibrio*속
② *Escherichia*속
③ *Zymomonas*속
④ *Proteus*속

71 미생물의 올바른 명명법은?

① 과명(family)과 속명(genus)을 순서대로 쓴다.
② 과명(family)과 종명(species)을 순서대로 쓴다.
③ 종명(species)과 속명(genus)을 순서대로 쓴다.
④ 속명(genus)과 종명(species)을 순서대로 쓴다.

72 무포자 효모에 속하는 것은?

① *Saccharomyces*속
② *Pichia*속
③ *Rhodotorula*속
④ *Hansenula*속

73 **세균의 지질다당류(lipopolysaccharide)에 대한 설명 중 옳은 것은?**

① 그람양성균의 세포벽 성분이다.
② 세균의 세포벽이 양(+)전하를 띠게 한다.
③ 지질 A, 중심 다당체, H항원의 세 부분으로 이루어져 있다.
④ 독성을 나타내는 경우가 많아 내독소로 작용한다.

74 **아래의 황색포도상구균 정량시험 후 시험용액 1mL당 균수를 계산하면 얼마인가?**

- (균수 측정) 검체 25g 또는 25mL를 취한 후, 225mL의 희석액을 가하여 2분간 고속으로 균질화하여 시험용액으로 하여 10배 단계 희석액을 만든 다음 각 단계별 희석액을 Baird-Parker 한천배지(배지 63) 3장에 0.3mL, 0.4mL, 0.3mL씩 총 접종액이 1mL가 되게 도말한다.(중략)
- (확인시험) 계수한 평판에서 5개 이상의 전형적인 집락을 선별하여 보통한천배지(배지 8)에 접종하고 35~37℃에서 18~24시간 배양한 후 확인시험에 따라 시험을 실시한다.
- (균수 계산) 확인 동정된 균수에 희석배수를 곱하여 계산한다. 10^{-1} 희석용액을 0.3mL, 0.3mL, 0.4mL씩 3장의 선택배지에 도말배양하고, 3장의 집락을 합한 결과 100개의 전형적인 집락이 계수되었고 5개의 집락을 확인한 결과 3개의 집락이 황색포도상구균으로 확인되었다.

① 80 ② 600
③ 800 ④ 800

75 **효모의 미세구조에 대한 설명으로 옳지 않은 것은?**

① 액포가 있다.
② 유전물질은 핵막으로 둘러싸여 있다.
③ 협막이 있다.
④ 출아흔이 있다.

76 **EMP 경로에서 생성될 수 없는 물질은?**

① Lecithin
② Acetaldehyde
③ Lactate
④ Pyruvate

77 **가수분해효소가 아닌 것은?**

① Carboxy peptidase
② Raffinase
③ Invertase
④ Fumarate hydratase

78 **홍조류에 대한 설명으로 틀린 것은?**

① 클로로필 이외에 피코빌린이라는 색소를 갖고 있다.
② 한천을 추출하는 원료가 된다.
③ 홍조류 대부분은 단세포 조류이다.
④ 엽록체를 갖고 있어 광합성을 하는 독립영양생물이다.

79 **가근이 있는 곰팡이는?**

① *Mucor*속
② *Rhizopus*속
③ *Aspergillus*속
④ *Penicillium*속

80 **천자배양(stab culture)에 가장 적합한 균은?**

① 호염성균 ② 호열성균
③ 호기성균 ④ 혐기성균

제5과목 생화학 및 발효학

81 효소반응과 관련하여 경쟁적 저해(competitive inhibition)에 대한 설명으로 옳은 것은?

① K_m 값은 변화가 없다.
② V_{max} 값은 감소한다.
③ Lineweaver-Burk plot의 기울기에는 변화가 없다.
④ 경쟁적 저해제의 구조는 기질의 구조와 유사하다.

82 DNA를 구성하는 염기(base)가 아닌 것은?

① 아데닌(adenine)
② 우라실(uracil)
③ 구아닌(guanine)
④ 시토신(cytosine)

83 요소회로(urea cycle)를 형성하는 물질이 아닌 것은?

① ornithine
② citrulline
③ arginine
④ glutamic acid

84 glucose oxidase의 이용성과 관계없는 것은?

① 포도당의 제거
② 산소의 제거
③ 포도당의 정량
④ 식품의 고미질 제거

85 α-aminobutyric acid는 어느 아미노산의 analog 인가?

① Lysine
② Valine
③ Threonine
④ Methionine

86 광학적 기질 특이성에 의한 효소의 반응에 대한 설명으로 옳은 것은?

① Urease는 요소만을 분해한다.
② Lipase는 지방을 우선 가수분해하고 저급의 ester도 서서히 분해한다.
③ Phosphatase는 상이한 여러 기질과 반응하나 각 기질은 인산기를 가져야 한다.
④ L-Amino acid acylase는 L-amino acid에는 작용하나 D-amino acid에는 작용하지 않는다.

87 RNA의 뉴클레오티드 사이의 결합을 가수분해하는 효소는?

① Ribonuclease
② Polymerase
③ Deoxyribonuclease
④ Ribonucleotidyl transferase

88 젖산발효에서 균과 주요 원료가 잘못 짝지어진 것은?

① *Lactobacillus delbrueckii* – glucose
② *Lactobacillus leichmannii* – glucose
③ *Lactobacillus bulgaricus* – whey
④ *Lactobacillus pentosus* – whey

89 Phenylketone뇨증(phenylketonuria, PKU)의 관리방법으로 옳은 것은?

① 페닐알라닌을 투여해야 한다.
② 타이로신(tyrosine)이 들어있지 않은(낮은) 단백질 음식을 섭취해야 한다.
③ 페닐알라닌(phenylalanine)이 들어있지 않은(낮은) 단백질 음식을 섭취해야 한다.
④ 우유를 많이 섭취해야 한다.

90 세대시간이 15분인 세균 1개를 1시간 배양했을 때의 균수는?

① 4 ② 8
③ 16 ④ 40

91 t-RNA는 단백질의 합성에 중요한 역할을 하는데 주로 어느 물질의 운반역할을 하는가?

① 당질 ② 효소
③ 핵산 ④ 아미노산

92 다음 중 제조방법이 병행복발효주에 속하는 것은?

① 맥주 ② 약주
③ 사과주 ④ 위스키

93 괴혈병 치료 등의 생리적인 특성을 갖고 있고 생물체 내에서 환원제(reducing agent)로 작용하는 비타민은?

① vitamin D ② vitamin K
③ cobalamin ④ ascorbic acid

94 체내에서 진행되는 지방산 분해 대사과정에 대한 설명으로 틀린 것은?

① 중성지방이 호르몬 민감성 리파아제에 의해 가수분해된다.
② 지방산은 산화되기 전에 Acyl-CoA에 의해 활성화된다.
③ 팔미트산의 완전 산화로 100분자의 ATP를 생성한다.
④ 카르니틴은 활성화된 긴 사슬 지방산들을 미토콘드리아 기질 안으로 운반한다.

95 당신생(gluconeogenesis)이라 함은 무엇을 의미하는가?

① 포도당이 혐기적으로 분해되는 과정
② 포도당이 젖산이나 아미노산 등으로부터 합성되는 과정
③ 포도당이 산화되어 ATP를 합성하는 과정
④ 포도당이 아미노산으로 전환되는 과정

96 탄소단위의 운반체인 tetrahydrofolate를 만드는 비타민은?

① 엽산(folic acid)
② 토코페롤(tocopherol)
③ 티아민(thiamine)
④ 니아신(niacin)

97 다음 단당류 중 ketose이면서 hexose(6탄당)인 것은?

① glucose ② ribulose
③ fructose ④ arabinose

98 당밀의 알코올 발효 시 밀폐식 발효의 장점이 아닌 것은?

① 잡균오염이 적다.
② 소량의 효모로 발효가 가능하다.
③ 운전경비가 적게 든다.
④ 개방식 발효보다 수율이 높다.

99 왓슨(Watson)과 크릭(Criek)이 주장한 DNA 구조에 대한 설명으로 틀린 것은?

① Adenine과 Thymine은 소수결합이 2개이다.
② 각 사슬의 골격구조는 염기와 당으로 이루어져 있다.
③ Nucleotide 간의 결합은 3′, 5′-phosphodiester 결합으로 이루어져 있다.
④ 염기쌍의 상보적인 소수결합은 purine 계열 염기와 pyrimidine 계열 염기 사이에 이루어져 있다.

100 식물세포에서 광합성을 담당하는 소기관인 엽록체(chloroplast)에 대한 설명으로 틀린 것은?

① Thylakoids라 불리는 일련의 서로 연결된 disks로 구성된 복잡한 축구공 모양의 구조이다.
② 엽록체 중 chlorophyll 색소는 porphyrin 핵에 Fe가 결합된 구조이다.
③ 엽록체에는 핵 중의 DNA와는 별개의 DNA가 존재한다.
④ 엽록체 중에도 세포질에 존재하는 ribosome과는 다른 70S ribosome이 존재한다.

2022년 2회 **정답**

1	④	2	④	3	②	4	③	5	③	6	④	7	②	8	③	9	②	10	④
11	④	12	④	13	②	14	②	15	②	16	②	17	④	18	④	19	②	20	①
21	①	22	④	23	③	24	②	25	③	26	④	27	②	28	④	29	④	30	④
31	①	32	①	33	②	34	④	35	③	36	①	37	②	38	④	39	①	40	①
41	①	42	②	43	④	44	④	45	②	46	③	47	①	48	③	49	④	50	④
51	②	52	③	53	②	54	③	55	①	56	③	57	①	58	②	59	②	60	④
61	④	62	④	63	①	64	④	65	②	66	③	67	④	68	②	69	①	70	③
71	④	72	③	73	④	74	②	75	③	76	①	77	④	78	③	79	②	80	④
81	④	82	②	83	④	84	④	85	②	86	④	87	①	88	④	89	③	90	③
91	④	92	②	93	④	94	③	95	②	96	①	97	③	98	③	99	②	100	②

식품기사 실전모의고사

제1과목 식품위생학

1 식중독을 일으키는 세균과 바이러스에 대한 설명으로 틀린 것은?

① 세균은 온도, 습도, 영양성분 등이 적정하면 자체증식이 가능하다.
② 바이러스에 의한 식중독은 미량(10~100)의 개체로도 발병이 가능하다.
③ 세균에 의한 식중독은 2차 감염되는 경우가 거의 없다.
④ 바이러스에 의한 식중독은 일반적인 치료법이나 백신이 개발되어 있다.

2 다음 설명과 관계가 깊은 식중독은?

> • 호염성 세균이다.
> • 60℃ 정도의 가열로도 사멸하므로, 가열조리하면 예방할 수 있다.
> • 주 원인식품은 어패류, 생선회 등이다.

① 살모넬라균 식중독
② 병원성 대장균 식중독
③ 장염비브리오균 식중독
④ 캠필로박터균 식중독

3 어떤 식품을 먹기 직전에 끓였는데도 식중독 사고가 일어났다. 만약 세균성 식중독이라면 그 추정 원인세균은?

① 살모넬라균
② 비브리오균
③ 황색포도상구균
④ 여시니아 엔테로콜리티카균

4 이타이이타이병과 관계가 있는 금속은?

① 카드뮴(Cd) ② 수은(Hg)
③ 납(Pb) ④ 아연(Zn)

5 유기인제 농약에 의한 중독기작은?

① Cytochrome oxidase 저해
② ATPase 저해
③ Cholinesterase 저해
④ FAD oxidase 저해

6 굴, 모시조개에 의한 식중독의 독성분은?

① 삭시톡신(saxitoxin)
② 베네루핀(venerupin)
③ 테트로도톡신(tetrodotoxin)
④ 에르고톡신(ergotoxin)

7 곰팡이독 중독증(mycotoxicosis)의 특징을 올바르게 설명한 것은?

① 단백질이 풍부한 축산물을 섭취하면 일어날 수 있다.
② 원인식품에서 곰팡이의 오염증거 또는 흔적이 인정된다.
③ 항생물질이나 약제요법을 실시하면 치료의 효과가 있다.
④ 감염형이기 때문에 사람과 사람 사이에서 직접 감염된다.

8 바이러스성 식중독의 병원체가 아닌 것은?

① EHEC 바이러스
② 로타바이러스 A군
③ 아스트로바이러스
④ 장관 아데노바이러스

9 아래에서 설명하는 경구감염병은?

> 감염원은 환자와 보균자의 분변이며, 잠복기는 일반적으로 1~3일이다. 주된 임상증상은 잦은 설사로 처음에는 수양변이지만 차차 점액과 혈액이 섞이며, 발열은 대개 38~39℃이다.

① 콜레라 ② 장티푸스
③ 유행성 간염 ④ 세균성 이질

10 인수공통감염병이 아닌 것은?

① 광견병, 돈단독
② 브루셀라병, 야토병
③ 결핵, 탄저병
④ 콜레라, 이질

11 돼지를 중간숙주로 하며 인체 유구낭충증을 유발하는 기생충은?

① 간디스토마 ② 긴촌충
③ 민촌충 ④ 갈고리촌충

12 쥐로 인하여 매개되는 병명이 아닌 것은?

① 렙토스피라증(leptospirosis)
② 레지오넬라증(legionellosis)
③ 페스트(pest)
④ 발진열(typhus fever)

13 항산화제의 효과를 강화하기 위하여 유지 식품에 첨가되는 효력 증강제(synergist)가 아닌 것은?

① tartaric acid
② propyl gallate
③ citric acid
④ phosphoric acid

14 다음과 같은 목적과 기능을 하는 식품첨가물은?

> • 식품의 제조과정이나 최종제품의 pH 조절
> • 부패균이나 식중독 원인균을 억제
> • 유지의 항산화제 작용이나 갈색화 반응 억제 시의 상승제 기능
> • 밀가루 반죽의 점도 조절

① 산미료 ② 조미료
③ 호료 ④ 유화제

15 멜라민의 기준에 대한 아래의 표에서 ( )안에 알맞은 것은?

대상식품	기준
• 특수용도식품 중 영아용 조제식, 성장기용 조제식, 영·유아용 곡류조제식, 기타 영·유아식, 특수의료용도 등 식품 • 「축산물의 가공기준 및 성분규격」에 따른 조제분유, 조제우유, 성장기용 조제우유, 기타조제우유	불검출
• 상기 이외의 모든 식품 및 식품첨가물	( )mg/kg 이하

① 0.5 ② 1.0
③ 1.5 ④ 2.5

16 식품제조·가공업의 HACCP 적용을 위한 선행요건이 틀린 것은?

① 작업장은 독립된 건물이거나 식품취급외의 용도로 사용되는 시설과 분리되어야 한다.
② 채광 및 조명시설은 이물 낙하 등에 의한 오염을 방지하기 위한 보호장치를 하여야 한다.
③ 선별 및 검사구역 작업장의 밝기는 220룩스 이상을 유지하여야 한다.
④ 원·부자재의 입고부터 출고까지 물류 및 종업원의 이동동선을 설정하고 이를 준수하여야 한다.

17 식품에 사용되는 기구 및 용기·포장의 기준 및 규격으로 틀린 것은?

① 전류를 직접 식품에 통하게 하는 장치를 가진 기구의 전극은 철, 알루미늄, 백금, 티타늄 및 스테인리스 이외의 금속을 사용해서는 아니 된다.
② 기구 및 용기, 포장의 식품과 접촉하는 부분에 사용하는 도금용 주석은 납 0.1% 이상 함유하여서는 아니 된다.
③ 기구 및 용기·포장 제조 시 식품과 직접 접촉하지 않은 면에도 인쇄를 해서는 아니 된다.
④ 식품과 접촉하는 부분에 제조 또는 수리를 위하여 사용하는 금속은 납을 0.1% 이상 또는 안티몬을 5% 이상 함유해서는 아니 된다.

18 미생물 검사를 요하는 검체의 채취 방법에 대한 설명으로 틀린 것은?

① 채취 당시의 상태를 유지할 수 있도록 밀폐되는 용기·포장 등을 사용하여야 한다.
② 무균적으로 채취하더라도 검체를 소분하여서는 안 된다.
③ 부득이한 경우를 제외하고는 정상적인 방법으로 보관·유통 중에 있는 것을 채취하여야 한다.
④ 검체는 완전 포장된 것에서 채취하여야 한다.

19 식품의 안전성과 수분활성도(Aw)에 관한 설명으로 틀린 것은?

① 비효소적 갈변 : 다분자 수분층보다 낮은 Aw에서는 발생하기 어렵다.
② 효소 활성 : Aw가 높을 때가 낮을 때보다 활발하다.
③ 미생물의 성장 : 보통 세균 증식에 필요한 Aw는 0.91 정도이다.
④ 유지의 산화반응 : Aw가 0.5~0.7이면 반응이 일어나지 않는다.

20 식품등의 표시기준에 의한 제조연월일(제조일) 표시대상 식품에 해당하지 않는 것은?

① 김밥(즉석섭취식품)
② 설탕
③ 식염
④ 껌

제2과목 식품화학

21 결합수에 대한 설명이 틀린 것은?

① 미생물의 번식과 성장에 이용되지 못한다.
② 당류, 염류 등 용질에 대한 용매로 작용하지 않는다.
③ 보통의 물보다 밀도가 작다.
④ 식품 성분과 수소결합을 한다.

22 포도당이 아글리콘(aglycone)과 에테르 결합을 한 화합물의 명칭은?

① glucoside ② glycoside
③ galactoside ④ riboside

23 고메톡실 펙틴은 메톡실 함량이 일반적으로 몇 % 정도인가?

① 45~50% ② 25~30%
③ 7~14% ④ 0~7%

24 돼지감자에 많이 함유되어 있는 성분으로 우리 몸 안에서 체내 효소에 의하여 가수분해되지 않기 때문에 저칼로리 효과를 기대할 수 있는 성분은?

① 갈락탄(galactan)
② 얄라핀(jalapin)
③ 이눌린(inulin)
④ 솔라닌(solanine)

25 소고기와 양고기의 지방산은 닭고기, 돼지고기의 지방산 조성에 비하여 어떤 지방산의 함량이 높아 상대적으로 높은 융점을 갖게 되는가?

① 스테아르산 ② 팔미트산
③ 리놀레산 ④ 올레산

26 섬유상 단백질이 아닌 것은?

① 미오신 ② 액틴
③ 액토미오신 ④ 미오글로빈

27 단백질 가열 시 발생하는 열변성에 가장 영향을 적게 주는 인자는?

① 온도
② 수분함량
③ 유화제 함량과 종류
④ 전해질의 종류와 농도

28 칼슘대사에 대한 설명으로 옳은 것은?

① 젖산과 유당은 칼슘의 흡수를 억제하는 요인이다.
② 식이섬유소와 시금치는 칼슘의 흡수를 증가시키는 요인이다.
③ 혈중 칼슘농도 조절인자에는 비타민 D, 칼시토닌, 부갑상선 호르몬이 있다.
④ 칼슘은 상처회복을 돕고 면역기능을 원활히 한다.

29 설탕에 소금 0.15%를 가했을 때 단맛이 증가되는 현상은?

① 맛의 강화현상 ② 맛의 소실현상
③ 맛의 변조현상 ④ 맛의 탈삽현상

30 양파를 잘랐을 때 나는 유황화합물의 향기 성분은?

① sedanolide
② taurine
③ propylmercaptan
④ piperidine

31 생고구마나 풋감을 칼로 깎으면 검은색의 착색물이 생기는 이유는?

① 조직의 파손으로 인한 효소적 변색반응 때문이다.
② 철과 플라보노이드 화합물의 반응 때문이다.
③ 철과 펙틴(pectin)질의 반응 때문이다.
④ 단백질의 응고 때문이다.

32 메밀에는 혈관의 저항력을 향상시켜주는 성분이 함유되어 있다. 다음 중 이 성분은?

① 라이신(lysine)
② 루틴(rutin)
③ 트립토판(tryptophan)
④ 글루텐(gluten)

33 식품에 외부에서 힘을 가했을 때 식품의 형태가 변형되었다가 다시 가해진 압력을 제거하면 원래의 모습으로 돌아가려는 성질은?

① 점탄성　　② 탄성
③ 소성　　④ 항복치

34 자외선을 받으면 생리활성을 갖게 되는 물질로서 비타민 D의 전구물질은 어느 것인가?

① β－시토스테롤(β－sitosterol)
② 7－디하이드로 콜레스테롤
(7－dehydrocholesterol)
③ 스티그마스테롤(stigmasterol)
④ 크립토잔틴(cryptoxanthin)

35 β－전분에 물을 넣고 가열하면 α－전분이 되어 소화가 용이하게 된다. α－전분을 실온에 방치할 때 β－전분으로 환원되는 현상은?

① 노화현상　　② 가수분해현상
③ 호화현상　　④ 산패현상

36 청색값(blue value)이 8인 아밀로펙틴에 β－amylase를 반응시키면 청색값의 변화는?

① 낮아진다.
② 높아진다.
③ 순간적으로 낮아졌다가 시간이 지나면 다시 8로 돌아간다.
④ 순간적으로 높아졌다가 시간이 지나면 다시 8로 돌아간다.

37 TBA(thiobarbituric acid) 시험은 무엇을 측정하고자 하는 것인가?

① 필수지방산의 함량
② 지방의 함량
③ 유지의 불포화도
④ 유지의 산패도

38 배추나 오이로 김치를 담그면 시간이 지남에 따라 녹색이 갈색으로 변하게 되는데, 이때 생성되는 갈색물질은?

① 페오피틴(pheophytin)
② 프로피린(porphyrin)
③ 피톨(phytol)
④ 프로피온산(propionic acid)

39 관능검사 중 묘사분석법의 종류가 아닌 것은?

① 향미 프로필 ② 텍스처 프로필
③ 질적 묘사분석 ④ 양적 묘사분석

40 다음과 같이 구성된 식품을 먹었을 때 몇 kcal를 섭취하였다고 볼 수 있는가?

> 아밀로펙틴 20g, 아밀로스 30g, 오리제닌(oryzein) 5g, 글라이시닌(glycinin) 5g, 인지질 3g, DHA 1g, 트리리놀레인(trilinolein) 3g, 비타민 C 1g, 플라보노이드(flavonoid) 0.001g, 안토시아닌(anthocyanin) 0.05g

① 256kcal ② 294kcal
③ 214kcal ④ 303kcal

제3과목 식품가공학

41 현미를 백미로 도정할 때 쌀겨 층에 해당되지 않는 것은?

① 과피 ② 종피
③ 왕겨 ④ 호분층

42 콩 단백질의 특성과 관계가 없는 것은?

① 콩 단백질은 묽은 염류용액에 용해된다.
② 콩을 수침하여 물과 함께 마쇄하면, 인산칼륨 용액에 콩 단백질이 용출된다.
③ 콩 단백질은 90%가 염류용액에 추출되며, 이 중 80% 이상이 glycinin이다.
④ 콩 단백질의 주성분인 glycinin은 양(+)전하를 띠고 있다.

43 아미노산 간장 제조 시 탈지대두박을 염산으로 가수분해할 때 탈지 대두박에 남아 있는 미량의 핵산이 염산과 반응하여 생기는 염소화합물은?

① MCPD ② MSG
③ NaCl ④ NaOH

44 밀가루의 품질시험방법이 잘못 짝지어진 것은?

① 색도 – 밀기울의 혼입도
② 입도 – 체눈 크기와 사별정도
③ 패리노그래프 – 점탄성
④ 아밀로그래프 – 인장항력

45 밀가루 반죽의 개량제로 비타민 C를 사용하는 주된 이유는?

① 향기를 부여하기 위하여
② 밀가루의 숙성을 위하여
③ 영양성의 향상을 위하여
④ 밀가루의 표백을 위하여

46 전분유를 경사진 곳에서 흐르게 하여 전분을 침전시켜 제조하는 방법은?

① 테이블법 ② 탱크침전법
③ 원심분리법 ④ 정제법

47 과실 또는 채소류의 가공에서 열처리의 목적이 아닌 것은?

① 산화효소를 파괴하여 가공 중에 일어나는 변색과 변질 방지
② 원료 중 특수성분이 용출되도록 하여 외관, 맛의 변화 및 부피 증가 유도
③ 원료 조직을 부드럽게 변화
④ 미생물의 번식 억제 유효

48 고온고압 살균을 요하지 않는 것은?

① 아스파라가스 통조림
② 양송이 통조림
③ 감자 통조림
④ 복숭아 통조림

49 초콜릿 제조 시 blooming을 방지하기 위한 공정은?

① tempering ② conching
③ 성형 ④ 압착

50 샐러드유(salad oil)의 특성과 거리가 먼 것은?

① 불포화 결합에 수소를 첨가한다.
② 색과 냄새가 없다.
③ 저장 중에 산패에 의한 풍미의 변화가 적다.
④ 저온에서 혼탁하거나 굳어지지 않는다.

51 유지 채취 시 전처리 방법이 아닌 것은?

① 정선 ② 탈각
③ 파쇄 ④ 추출

52 우유의 초고온살균법(UHT) 멸균조건은 다음 조건 중 어느 것을 선택하여야 하는가?

① 130~135℃에서 0.5~2초간
② 61~65℃에서 30분간
③ 70~75℃에서 15~16초간
④ 120℃에서 15분간

53 가공치즈란 총 유고형분 중 치즈에서 유래한 유고형분이 몇 % 이상인 것을 말하는가?

① 10% ② 18%
③ 50% ④ 71%

54 햄을 가공할 때 정형한 고기를 혼합염(식염, 질산염 등)으로 염지하지 않고 가열하면 어떻게 되는가?

① 결착성과 보수성이 발현된다.
② 탄성을 가지게 된다.
③ 형이 그대로 보존된다.
④ 조직이 뿔뿔이 흩어진다.

55 마요네즈는 달걀의 어떠한 성질을 이용하여 만드는가?

① 기포성 ② 유화성
③ 포립성 ④ 응고성

56 농후난백의 3차원 망막구조를 형성하는 데 기여하는 단백질은?

① conalbumin ② ovalbumin
③ ovomucin ④ zein

57 CA저장(controlled atmosphere storage)에 가장 유리한 식품은?

① 곡류 ② 과채류
③ 어육류 ④ 우유류

58 동결진공 건조법의 공정에 속하지 않는 것은?

① 식품의 동결
② 건조실내의 감압
③ 승화열의 공급
④ 건조실내에 수증기의 송입

59 냉동식품의 포장재로 지녀야 할 성질이 아닌 것은?

① 유연성이 있을 것
② 방습성이 있을 것
③ 가열 수축성이 없을 것
④ 가스 투과성이 낮을 것

60 금속평판으로부터의 열플럭스의 속도는 1000W/m^2이다. 평판의 표면온도는 120℃이며, 주위온도는 20℃이다. 대류열전달계수는?

① 50W/m^2℃　② 30W/m^2℃
③ 10W/m^2℃　④ 5W/m^2℃

제4과목 식품미생물학

61 미생물에서 협막과 점질층의 구성물이 아닌 것은?

① 다당류　② 폴리펩타이드
③ 지질　④ 핵산

62 진핵세포로 이루어져 있지 않은 것은?

① 곰팡이　② 조류
③ 방선균　④ 효모

63 광합성 무기영양균(photolithotroph)과 관계없는 것은?

① 에너지원을 빛에서 얻는다.
② 보통 H_2S를 수소 수용체로 한다.
③ 녹색황세균과 홍색황세균이 이에 속한다.
④ 통성 혐기성균이다.

64 에틸알코올 발효 시 에틸알코올과 함께 가장 많이 생성되는 것은?

① CO_2　② H_2O
③ $C_3H_5(OH)_3$　④ CH_3OH

65 haematometer의 1구역 내의 균수가 평균 5개일 때 mL당 균액의 균수는?

① 2×10^5　② 2×10^6
③ 2×10^7　④ 2×10^8

66 다음 균주 중 분생포자(conidia)를 만드는 것은?

① *Penicillium notatum*
② *Mucor mucedo*
③ *Toluraspora fermentati*
④ *Thamnidium elegans*

67 황변미는 여름철 쌀의 저장 중 수분 15~20%에서도 미생물이 번식하여 대사독성물질이 생성되는 것인데 다음 중 이에 관련된 미생물은?

① *Bacillus subtillis, Bacillus mesentericus*
② *Lactobacillus plantarum, Escherichia coli*
③ *Penicillus citrinum, Penicillus islandicum*
④ *Mucor rouxii, Rhizopus delemar*

68 다음 효모 중 분열에 의해서 증식하는 효모는?

① *Saccharomyces*속
② *Hansenula*속
③ *Schizosaccharomyces*속
④ *Candida*속

69 killer yeast가 자신이 분비하는 독소에 영향을 받지 않는 이유는?

① 항독소를 생산한다.
② 독소 수용체를 변형시킨다.
③ 독소를 분해한다.
④ 독소를 급속히 방출시킨다.

70 메주에서 흔히 발견되는 균이 아닌 것은?

① *Rhizopus oryzae*
② *Aspergillus flavus*
③ *Bacillus subtilis*
④ *Aspergillus oryzae*

71 젖산균의 특성으로 틀린 것은?

① 내생포자를 형성한다.
② 색소를 생성하지 않는 간균 또는 구균이다.
③ 포도당을 분해하여 젖산을 생성한다.
④ 생합성 능력이 한정되어 영양요구성이 까다롭다.

72 김치류의 숙성에 관여하는 젖산균이 아닌 것은?

① *Escherichia*속
② *Leuconostoc*속
③ *Pediococcus*속
④ *Lactobacillus*속

73 치즈 숙성에 관련된 균이 아닌 것은?

① *Penicillium camemberti*
② *Aspergillus oryzae*
③ *Penicillium roqueforti*
④ *Propionibacterium freudenreichii*

74 카로티노이드 색소를 띠는 적색효모로서 균체 내에 많은 지방을 함유하고 있는 것은?

① *Candida albicans*
② *Saccharomyces cerevisiae*
③ *Debaryomyces hansenii*
④ *Rhodotorula glutinus*

75 홍조류에 대한 설명 중 틀린 것은?

① 클로로필 이외에 피코빌린이라는 색소를 갖고 있다.
② 열대 및 아열대 지방의 해안에 주로 서식하며 한천을 추출하는 원료가 된다.
③ 세포벽은 주로 셀룰로오스와 알긴으로 구성되어 있으며 길이가 다른 2개의 편모를 갖고 있다.
④ 엽록체를 갖고 있어 광합성을 하는 독립영양 생물이다.

76 다음 중 세포융합의 단계에 해당하지 않는 것은?

① 세포의 protoplast화
② 융합체의 재생
③ 세포분열
④ protoplast의 응집

77 그람(gram) 음성세균에 해당되는 것은?

① *Enterobacter aerogenes*
② *Staphylococcus aureus*
③ *Sarcina lutea*
④ *Lactobacillus bulgaricus*

78 세균의 Gram 염색에 사용되지 않는 것은?

① crystal violet액
② lugol액
③ safranine액
④ methylene blue액

79 비타민 B_{12}를 생육인자로 요구하는 비타민 B_{12}의 미생물적인 정량법에 이용되는 균주는?

① *Staphylococcus aureus*
② *Bacillus cereus*
③ *Lactobacillus leichmanii*
④ *Escherichia coli*

80 곤충이나 곤충의 번데기에 기생하는 동충하초균 속인 것은?

① *Monascus*속 ② *Neurospora*속
③ *Gibberella*속 ④ *Cordyceps*속

제5과목 생화학 및 발효학

81 아래의 대사경로에서 최종생산물 P가 배지에 다량 축적되었을 때 P가 A→B로 되는 반응에 관여하는 효소 E_A의 작용을 저해시키는 것을 무엇이라고 하는가?

$$A \xrightarrow{E_A} B \rightarrow C \rightarrow D \rightarrow P$$

① feed back repression
② feed back inhibition
③ competitive inhibition
④ noncompetitive inhibition

82 산화환원 효소계의 보조인자(조효소)가 아닌 것은?

① NADH + H
② $NADPH + H^+$
③ 판토텐산(Panthothenate)
④ $FADH_2$

83 HFCS(High Fructose Corn Syrup) 55의 생산에 이용되는 효소는?

① amylase
② glucoamylase
③ glucose isomerase
④ glucose dehydrogenase

84 생체 내에서 산화·환원반응이 일어나는 곳은?

① 미토콘드리아(mitochondria)
② 골지체(golgi apparatus)
③ 세포벽(cell wall)
④ 핵(nucleus)

85 HMP 경로의 중요한 생리적 의미는?

① 알코올 대사를 촉진시킨다.
② 저혈당과 피로회복시에 도움을 준다.
③ 조직 내로의 혈당 침투를 촉진시킨다.
④ 지방산과 스테로이드 합성에 이용되는 NADPH를 생성한다.

86 글리신(glycine) 수용액의 HCl과 NaOH 수용액으로 적정하게 얻은 적정곡선에서 pK_1=2.4, pK_2=9.6일 때 등전점은 얼마인가?

① pH 3.6 ② pH 6.0
③ pH 7.2 ④ pH 12.6

87 DNA 분자의 특징에 대한 설명으로 틀린 것은?

① DNA 분자는 두 개의 polynucleotide 사슬이 서로 마주보면서 나선구조로 꼬여있다.
② DNA 분자의 이중나선 구조에 존재하는 염기쌍의 종류는 A:T와 G:C로 나타난다.
③ DNA 분자의 생합성은 3′-말단 → 5′-말단 방향으로 진행된다.
④ DNA 분자 내 이중나선 구조가 1회전하는 거리를 1피치(pitch)라고 한다.

88 분자식이 $C_6H_5NO_2$이며, tryptophan으로부터 생성되는 비타민은?

① riboflavin ② vitamin B_6
③ thiamine ④ niacin

89 비타민과 보효소의 관계가 틀린 것은?

① 비타민 B_1 – TPP
② 비타민 B_2 – FAD
③ 비타민 B_6 – THF
④ 나이아신(niacin) – NAD

90 재조합 DNA에 사용되는 제한효소인 endonuclease가 아닌 것은?

① EcoR Ⅰ ② Hind Ⅱ
③ Hind Ⅲ ④ SalPⅣ

91 미생물의 발효배양을 위하여 필요로 하는 배지의 일반적인 성분이 아닌 것은?

① 질소원 ② 무기염
③ 탄소원 ④ 수소이온

92 세대시간이 15분인 세균 1개를 1시간 배양했을 때의 균수는?

① 4 ② 8
③ 16 ④ 40

93 다음 중 제조방법에 따라 병행복발효주에 속하는 것은?

① 맥주 ② 약주
③ 사과주 ④ 위스키

94 맥아즙 자비(wort boiling)의 목적이 아닌 것은?

① 맥아즙의 살균
② 단백질의 침전
③ 효소작용의 정지
④ pH의 상승

95 포도당(glucose) 1kg을 사용하여 알코올 발효와 초산 발효를 동시에 진행시켰다. 알코올과 초산의 실제 생산수율은 각각의 이론적 수율의 90%와 85%라고 가정할 때 실제 생산될 수 있는 초산의 양은?

① 1.304kg　② 1.1084kg
③ 0.5097kg　④ 0.4821kg

96 탄화수소에서의 균체 생산의 특징이 아닌 것은?

① 높은 통기조건이 필요하다.
② 발효열을 냉각하기 위한 냉각 장치가 필요하다.
③ 당질에 비해 균체 생산 속도가 빠르다.
④ 높은 교반조건이 필요하다.

97 당밀을 원료로 하여 주정 발효 시 이론 주정수율의 90%를 넘지 못한다. 이와 같은 원인은 효모균체 증식에 소비되는 발효성 당이 2~3% 소비되기 때문이다. 이와 같은 발효성 당의 소비를 절약하는 방법으로 고안된 것은?

① Urises de Melle법
② Hildebrandt-Erb법
③ 고농도술덧 발효법
④ 연속유동 발효법

98 내열성 α-amylase 생산에 이용되는 균은?

① *Aspergillus niger*
② *Bacillus licheniformis*
③ *Rhizopus oryzae*
④ *Trichoderma reesei*

99 비타민 B_{12}는 코발트를 함유하는 빨간색 비타민으로 미생물이 자연계의 유일한 공급원인데 그 미생물은 무엇인가?

① 곰팡이(fungi)
② 효모(yeast)
③ 세균(bacteria)
④ 바이러스(virus)

100 클로렐라에 대한 설명 중 틀린 것은?

① 햇빛을 에너지원으로 한다.
② 호기적으로 배양한다.
③ CO_2는 탄소원으로 사용하지 않고 당을 탄소원으로 사용한다.
④ 균체는 식품으로서 영양가가 높다.

실전모의고사 **정답**

1	④	2	③	3	③	4	①	5	③	6	②	7	②	8	①	9	④	10	④
11	④	12	②	13	②	14	①	15	④	16	③	17	③	18	②	19	④	20	④
21	③	22	①	23	③	24	③	25	①	26	④	27	③	28	③	29	①	30	③
31	②	32	②	33	②	34	②	35	①	36	①	37	④	38	①	39	③	40	④
41	③	42	④	43	①	44	④	45	②	46	①	47	②	48	④	49	①	50	①
51	④	52	①	53	②	54	④	55	②	56	③	57	②	58	④	59	③	60	③
61	④	62	③	63	④	64	①	65	③	66	①	67	③	68	③	69	②	70	②
71	①	72	①	73	②	74	④	75	③	76	③	77	①	78	④	79	③	80	④
81	②	82	③	83	③	84	①	85	④	86	②	87	③	88	④	89	③	90	④
91	④	92	③	93	②	94	④	95	③	96	③	97	①	98	②	99	③	100	③

식품기사 실전모의고사 해설

제1과목 식품위생학

1 바이러스의 특징

◆ 생체 세포 내에서만 물질대사가 가능하고 숙주(세포) 밖에서 스스로 물질대사를 하지 못한다.
◆ 세균 여과기를 통과하며 살아있는 생물체 내에서만 기생하기 때문에 인공배지에서는 증식할 수 없다.
◆ 핵산(DNA, RNA) 중 하나만 가지고 있다.
◆ 세균보다 바이러스 크기가 훨씬 작다.
◆ 생식활동 시 돌연변이 확률이 높다.
◆ 바이러스에 대한 항바이러스제는 없으며 감염을 예방할 백신도 없다.

2 장염비브리오균 *Vibrio parahaemolyticus*

◆ 그람음성 무포자 간균으로 통성 혐기성균이다.
◆ 증식 최적온도는 30~37℃, 최적 pH는 7.5~8.5이고, 60℃에서 10분 이내 사멸한다.
◆ 감염원은 근해산 어패류가 대부분(70%)이고, 연안의 해수, 바다벌, 플랑크톤, 해초 등에 널리 분포한다.
◆ 잠복기는 평균 10~18시간이다.
◆ 주된 증상은 복통, 구토, 설사, 발열 등의 전형적인 급성 위장염 증상을 보인다.
◆ 장염비브리오균 식중독의 원인식품은 주로 어패류로 생선회가 가장 대표적이지만, 그 외에도 가열 조리된 해산물이나 침채류를 들 수 있다.

3 황색포도상구균 *Staphylococcus aureus*

◆ 자체는 80℃에서 30분 가열하면 사멸되나 독소는 내열성이 강해 120℃에서 20분간 가열하여도 완전파괴되지 않는다.

4 카드뮴(Cd) 중독

◆ 기계나 용기, 특히 식기류에 도금된 성분이 용출되어 장기간 체내에 흡수, 축적됨으로써 만성중독을 일으킨다.
◆ 카드뮴은 아연과 공존하여 용출되면 위험성이 크다.

⊕ 카드뮴 중독 사고

- 1945년 일본 도야마현 가도가와 유역에서 공장폐수 중의 오염물질(Cd)로 이타이이타이병이라는 괴질로 128명이 사망하였다.
- 이 질병은 갱년기 이후 여성이나 임산부에게 골다공증과 골연화증을 일으키고, 인체 중 콩팥의 세뇨관에 축적되어 세뇨관의 물질 재흡수 기능장애가 일어나 칼슘과 인이 오줌으로 배출된다.

5 유기인제 농약

◆ 맹독성으로 급성중독을 일으키지만 광선이나 자외선에 의해 비교적 분해되기 쉬워서 잔류기간이 짧아 잔류독성은 크게 문제가 되지 않는 농약이다.

◆ 중독기작 : choline esterase와 결합하여 활성이 억제되어 신경조직 내에 acetylcholine이 축적되기 때문에 중독이 나타난다.

◆ 증상 : 신경전달이 중절되고, 심하면 경련, 흥분, 시력장애, 호흡곤란 증상이 나타난다.

◆ 종류 : 마라티온, DDVP, 파라티온, baycid, 디아지논, EPN 등

6

◆ 삭시톡신(saxitoxin) : 섭조개의 독성분

◆ 베네루핀(venerupin) : 굴, 모시조개의 독성분

◆ 테트로도톡신(tetrodotoxin) : 복어의 독성분

◆ 에르고톡신(ergotoxin) : 맥각의 독성분

7 곰팡이독 중독증mycotoxicosis의 특징

◆ 원인식 : 대개 탄수화물이 풍부한 농산물 즉, 쌀, 보리, 옥수수 등의 곡류이다.

◆ 원인식을 검사해 보면 곰팡이 오염의 흔적이 인정된다.

◆ 동물-동물간, 사람-사람간 또는 동물-사람간의 전염은 되지 않는다.

◆ 맹독성과 내열성이 강하여 항생물질 등의 약제 치료효과는 기대할 수 없다.

8 바이러스성 식중독

◆ 노로바이러스, 로타바이러스, 아스트로바이러스, 장관아데노바이러스, 간염A바이러스, 사포바이러스

⊕ 장출혈성 대장균(EHEC) : O-157, O-26, O-111 등 생물학적 변이를 일으킨 병원성 세균으로 베로톡신 등 치명적인 독소를 지니고 있다.

9 세균성 이질shigellosis

◆ 원인균
- *Shigella dysenteryae*(A군), *S. flexneri*(B군), *S. boydii*(C군) 및 *S. Sonnei*(D군) 등이 있다.
- 그람음성 간균, 호기성이며 아포, 협막이 없다.

◆ 감염경로
- 감염원은 환자와 보균자의 분변이다.
- 경구적으로는 물, 우유, 식품 등에 의해서도 감염될 위험성이 크다.

◆ 잠복기 및 증상
- 잠복기는 일반적으로 1~7일이며 발병은 급격하여 오한, 전율, 구토, 복통, 설사가 나타난다.

- 주된 증상은 잦은 설사로 처음에는 수양변이지만 차차 점액과 혈액이 섞이며, 발열은 대개 38~39℃이다.

10 인수공통감염병

◆ 돈단독, 광견병, 브루셀라병(파상열), Q열, 야토병, 결핵, 탄저, 렙토스피라증 등이 있다.

⊕ 콜레라, 세균성이질은 세균성 경구감염병이다.

11 유구조충 *Taenia solium*

◆ 돼지고기를 생식하는 민족에 많으며 갈고리촌충이라고도 한다.

◆ 감염경로
- 분변과 함께 배출된 충란이 중간숙주인 돼지, 사람, 기타 포유동물에 섭취되어 소장에서 부화되어 근육으로 이행한 후 유구낭충이 된다.
- 사람이 돼지고기를 섭취하면 감염되며, 소장에서 성충이 된다.
- 충란으로 오염된 음식물 직접 환자의 손을 통해 섭취하여 감염된다.

◆ 예방 : 돼지고기 생식, 불완전 가열한 것의 섭취를 금한다.

◆ 증상 : 성충이 기생하면 오심, 구토, 설사, 소화장애, 낭충이 뇌에 기생하면 뇌증을 일으킨다.

12 쥐에 의한 감염병

◆ 세균성 질환 : 페스트, 바일병(렙토스피라증)

◆ 리케차성 질환 : 발진열, 쯔쯔가무시병

◆ 바이러스성 질환 : 유행성 출혈열 등

⊕ 레지오넬라증(일명 냉방병)의 매개체는 물이나 먼지이다.

13 효력 증강제 synergist

◆ 그 자신은 산화 정지작용이 별로 없지만 다른 산화방지제의 작용을 증강시키는 효과가 있는 물질을 말한다.

◆ 여기에는 구연산(citric acid), 말레인산(maleic acid), 타르타르산(tartaric acid) 등의 유기산류나 폴리인산염, 메타인산염 등의 축합인산염류가 있다.

14 산미료 acidulant

◆ 식품을 가공하거나 조리할 때 적당한 신맛을 주어 미각에 청량감과 상쾌한 자극을 주는 식품첨가물이며, 소화액의 분비나 식욕 증진효과도 있다.

◆ 보존료의 효과를 조장하고, 향료나 유지 등의 산화방지에 기여한다.

◆ 유기산계에는 구연산(무수 및 결정), D-주석산, DL-주석산, 푸말산, 푸말산일나트륨, DL-사과산, 글루코노델타락톤, 젖산, 초산, 디핀산, 글루콘산, 이타콘산 등이 있다.

◆ 무기산계에는 이산화탄소(무수탄산), 인산 등이 있다.

15 멜라민Melamine 기준 [식품공전]

대상식품	기준
• 특수용도식품 중 영아용 조제식, 성장기용 조제식, 영·유아용 곡류조제식, 기타 영·유아식, 특수의료용도 등 식품 • 「축산물의 가공기준 및 성분규격」에 따른 조제분유, 조제우유, 성장기용 조제분유, 성장기용 조제우유, 기타조제분유, 기타조제우유	불검출
• 상기 이외의 모든 식품 및 식품첨가물	2.5 ㎎/㎏ 이하

16 선행요건 세부관리기준(채광 및 조명)

◆ 선별 및 검사구역 작업장의 밝기는 540룩스 이상을 유지하여야 한다.

◆ 채광 및 조명시설은 내부식성 재질을 사용하여야 하며, 식품이 노출되거나 내포장 작업을 하는 작업장에는 파손이나 이물낙하 등에 의한 오염을 방지하기 위한 보호장치를 하여야 한다.

17 기구 및 용기·포장의 기준 및 규격 [식품공전]

◆ 용기·포장의 제조 시 인쇄하는 경우는 인쇄 잉크를 충분히 건조하여야 하며, 내용물을 투입 시 형태가 달라지는 합성수지 포장재는 톨루엔이 2mg/m^2 이하이어야 한다.

◆ 또한 식품과 접촉하는 면에는 인쇄를 하지 않아야 한다.

18 미생물 검사를 요하는 검체의 채취 방법 [식품공전]

◆ 검체를 채취, 운송, 보관하는 때에는 채취 당시의 상태를 유지할 수 있도록 밀폐되는 용기, 포장 등을 사용하여야 한다.

◆ 가능한 미생물에 오염되지 않도록 단위포장 상태로 수거하도록 하며, 검체를 소분 채취할 경우에는 멸균된 기구, 용기 등을 사용하여 무균적으로 행하여야 한다.

◆ 검체는 부득이한 경우를 제외하고는 정상적인 방법으로 보관, 유통 중에 있는 것을 채취하여야 한다.

◆ 검체는 관련 정보 및 특별 수거계획에 따른 경우와 식품접객업소의 조리식품 등을 제외하고는 완전 포장된 것에서 채취하여야 한다.

19 식품의 안전성과 수분활성도(Aw)

◆ 수분활성도(water activity, Aw) : 어떤 임의의 온도에서 식품이 나타내는 수증기압(Ps)에 대한 그 온도에 있어서의 순수한 물의 최대수증기압(Po)의 비로써 정의한다.

◆ 효소작용 : 수분활성이 높을 때가 낮을 때보다 활발하며, 최종 가수분해도도 수분활성에 의하여 크게 영향을 받는다.

◆ 미생물의 성장 : 보통 세균 성장에 필요한 수분활성은 0.91, 보통 효모, 곰팡이는 0.80, 내건성 곰팡이는 0.65, 내삼투압성 효모는 0.60이다.

◆ 비효소적 갈변 반응 : 다분자 수분층보다 낮은 Aw에서는 발생하기 어려우며, Aw 0.6~0.7의 범위에서 반응 속도가 최대에 도달하고 Aw 0.8~1.0에서 반응속도가 다시 떨어진다.
◆ 유지의 산화반응 : 다분자층 영역(Aw 0.3~0.4)에서 최소가 되고 다시 Aw가 증가하여 Aw 0.7~0.8에서 반응속도가 최대에 도달하고 이 범위보다 높아지면 반응 속도가 떨어진다.

20 제조연월일(제조일) 표시대상 식품

◆ 즉석섭취식품 중 도시락, 김밥, 햄버거, 샌드위치
◆ 설탕
◆ 식염
◆ 빙과류
◆ 주류(다만, 소비기한 표시대상인 맥주, 탁주 및 약주는 제외한다)

주류 세부표시기준 : 제조번호 또는 병입연월일을 표시한 경우에는 제조일자를 생략할 수 있다.

제2과목 식품화학

21 결합수의 특징

◆ 식품성분과 결합된 물이다.
◆ 용질에 대하여 용매로 작용하지 않는다.
◆ 100℃ 이상으로 가열하여도 제거되지 않는다.
◆ 0℃ 이하의 저온에서도 잘 얼지 않으며 보통 −40℃ 이하에서도 얼지 않는다.
◆ 보통의 물보다 밀도가 크다.
◆ 식물 조직을 압착하여도 제거되지 않는다.
◆ 미생물 번식과 발아에 이용되지 못한다.

22 글루코시드 glucoside

◆ 포도당의 헤미아세탈성 수산기(OH)와 다른 화합물(아글리콘)의 수산기(드물게 SH기, NH_2기, COOH기)에서 물이 유리되어 생긴 결합, 즉 글루코시드결합(에테르 결합)한 물질의 총칭을 말한다.

23 펙틴 성분의 특성

저메톡실 펙틴 (Low methoxy pectin)	• Methoxy(CH_3O) 함량이 7% 이하인 것 • 고메톡실 펙틴의 경우와 달리 당이 전혀 들어가지 않아도 젤리를 만들 수 있다. • Ca과 같은 다가이온이 펙틴분자의 카르복실기와 결합하여 안정된 펙틴겔을 형성한다. • methoxyl pectin의 젤리화에서 당의 함량이 적으면 칼슘을 많이 첨가해야 한다.
고메톡실 펙틴 (High methoxy pectin)	• Methoxy(CH_3O) 함량이 7% 이상인 것 • 고메톡실 펙틴의 겔에 영향을 주는 인자는 pH, 설탕 등이다.

24 이눌린Inulin

◆ β-D-fructofuranose가 β-1,2 결합으로 이루어진 중합체로 대표적인 fructan이다.
◆ 다알리아 뿌리, 우엉, 돼지감자 등에 저장 물질로 함유되어 있다.
◆ 산이나 효소 inulase에 의하여 가수분해되어 fructose로 된다.
◆ 인체 내에서는 가수분해되지 않아 흡수되지 않기 때문에 저칼로리 감미료로 주목받고 있다.

25 소고기가 융점이 높은 이유

◆ 소고기와 양고기의 지방산은 닭고기, 돼지고기의 지방산 조성에 비하여 포화지방산인 스테아르산(stearic acid)이 많고 불포화지방산인 리놀레산(linoleic acid)이 적기 때문에 융점이 높다.
◆ 융점 : 소고기 지방 40~50℃, 양고기 지방 44~55℃, 돼지고기 지방 33~46℃, 닭고기 지방 33~40℃

26 섬유상 단백질

◆ 근원섬유에 존재하는 단백질이다.
◆ 근수축에 관여하는 수축단백질인 미오신, 액틴, 액토미오신과 조절기능을 갖는 조절단백질인 트로포미오신, 트로포닌 등이 있다.
◆ 콜라겐, 젤라틴, 엘라스틴, 케라틴 등이 있다.

⊕ • 미오글로빈(육색소)은 근장단백질로 1분자의 글로빈과 1분자의 heme과 결합하여 산소의 저장작용을 한다.
• 헤모글로빈(혈색소)은 색소단백질로 1분자의 글로빈과 4분자의 heme과 결합하여 산소의 운반작용을 한다.

27 단백질 열변성에 영향을 주는 인자

◆ 온도(60~70℃)
◆ 수분(많으면 낮은 온도에서 열변성)
◆ 전해질(두부 : $MgCl_2$, $CaSO_4$)
◆ 수소이온농도(ovalbumin의 등전점 pH 4.8)

◆ 기타(당, 지방, 염류 등의 존재)

28 칼슘대사

◆ Ca는 산성에서는 가용성이지만 알칼리성에서는 불용성으로 된다.
◆ 유당, 젖산, 단백질, 아미노산 등은 장내의 pH를 산성으로 만들어 칼슘의 흡수를 좋게 한다.
◆ 비타민 D는 Ca의 흡수를 촉진한다.
◆ 시금치의 oxalic acid, 곡류의 phytic acid, 탄닌, 식이섬유 등은 Ca의 흡수를 방해한다.
◆ 칼시토닌(calcitonin)은 혈액 속의 칼슘량을 조절하는 갑상선 호르몬으로 혈액 속의 칼슘의 농도가 정상치보다 높을 때 그 양을 저하시키는 작용을 한다.

29 맛의 대비현상(강화현상)

◆ 서로 다른 정미성분이 혼합되었을 때 주된 정미성분의 맛이 증가하는 현상을 말한다.
◆ 설탕용액에 소금용액을 소량 가하면 단맛이 증가하고, 소금용액에 소량의 구연산, 식초산, 주석산 등의 유기산을 가하면 짠맛이 증가하는 것은 바로 이 현상 때문이다.
◆ 예로서, 15% 설탕용액에 0.01% 소금 또는 0.001% quinine sulfate를 넣으면 설탕만인 경우보다 단맛이 강해진다.

30 양파와 마늘을 잘랐을 때 나는 향기 성분

◆ 양파와 마늘의 자극적인 냄새와 매운맛을 나타내는 것은 바로 알리신(allicin)이다.
◆ 알리신에 열을 가하면 분해되어 프로필메르캅탄(propylmercaptan)이라는 물질로 바뀐다. 이것은 단맛을 가진 화합물이다.
◆ propylmercaptan은 유황화합물로 양파와 마늘의 최루성분이다.

31 탄닌의 기본구조

◆ 플라보노이드와 같은 $C_6-C_3-C_6$구조를 하고 있다.
◆ 곡류와 과일, 야채류의 탄닌은 이들이 성숙함에 따라 산화과정에 의해 anthoxanthin이나 anthocyanin으로 전환된다.
◆ 탄닌 함량이 많은 과일이나 야채통조림 관의 제1 철이온(Fe^{2+})이 탄닌과 반응하여 회색의 복합염(Fe^{2+}−tannin)을 형성한다.
◆ 이때 통조림 내부에 산소가 존재하면 Fe^{2+}가 제2 철이온(Fe^{3+})으로 변한다. 감을 칼로 자를 때의 흑변 현상도 탄닌과 제2 철이온과의 반응 때문이다.

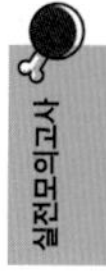

32 루틴 rutin

◆ 케르세틴의 3번 탄소에 루티노오스(글루코오스와 람노오스로 되는 2당류)가 결합한 배당체이다.

◆ 운향과의 루타속 식물에서 발견되었고 콩과의 회화나무(*Sophora japonica*)의 꽃봉오리, 마디풀과의 메밀(*Fagopyrum esculentum*) 등 많은 종류의 식물에서도 분리되고 있다.
◆ 모세혈관을 강화시키는 작용이 있고, 뇌출혈, 방사선 장애, 출혈성 질병 등을 예방하는 데 효과가 있다.

33 식품의 레올로지 rheology

◆ 소성(plasticity) : 외부에서 힘의 작용을 받아 변형이 되었을 때 힘을 제거하여도 원상태로 되돌아가지 않는 성질 예 버터, 마가린, 생크림
◆ 점성(viscosity) : 액체의 유동성에 대한 저항을 나타내는 물리적 성질이며 균일한 형태와 크기를 가진 단일물질로 구성된 뉴톤 액체의 흐르는 성질을 나타내는 말 예 물엿, 벌꿀
◆ 탄성(elasticity) : 외부에서 힘의 작용을 받아 변형되어 있는 물체가 외부의 힘을 제거하면 원래상태로 되돌아가려는 성질 예 한천젤, 빵, 떡
◆ 점탄성(viscoelasticity) : 외부에서 힘을 가할 때 점성유동과 탄성변형을 동시에 일으키는 성질 예 껌, 반죽
◆ 점조성(consistency) : 액체의 유동성에 대한 저항을 나타내는 물리적 성질이며 상이한 형태와 크기를 가진 복합물질로 구성된 비뉴톤 액체에 적용되는 말

⊕ **항복치 : 한계치**

34 비타민 D는 자외선에 의해

◆ 식물에서는 에르고스테롤(ergosterol)에서 에르고칼시페롤(D_2)이 형성된다.
◆ 동물에서는 7-디하이드로콜레스테롤(7-dehydrocholesterol)에서 콜레칼시페롤(D_3)이 형성된다.

35 노화 retrogradation

◆ 전분(호화전분)을 실온에 방치할 때 차차 굳어져 micelle 구조의 β전분으로 되돌아가는 현상을 노화라 한다.
◆ amylose의 비율이 높은 전분일수록 노화가 빨리 일어나고, amylopectin 비율이 높은 전분일수록 노화되기 어렵다. 즉 옥수수, 밀은 노화하기 쉽고, 고구마, 타피오카는 노화하기 어려우며, 찰옥수수 전분은 amylopectin이 주성분이기 때문에 노화가 가장 어렵다.
◆ β-전분의 X선 간섭도는 원료 전분의 종류에 관계없이 항상 B형의 간섭도를 나타낸다.
◆ 노화된 전분은 효소의 작용을 받기 힘들어 소화가 어렵다.

36 청색값 blue value

◆ 전분입자의 구성 성분과 요오드와의 친화성을 나타낸 값으로 전분 분자 중에 존재하는 직쇄상 분자인 amylose의 양을 상대적으로 비교한 값이다.
◆ 전분 중 amylose 함량의 지표이다.
◆ amylose의 함량이 높을수록 진한 청색을 나타낸다.

◆ β-amylase를 반응시켜 분해시키면 청색값은 낮아진다.
◆ amylose의 청색값은 0.8~1.2이고 amylopectin의 청색값은 0.15~0.22이다.

37 TBA시험법

◆ 유지의 산패도를 측정하는 방법이다.
◆ 산화된 유지속의 어떤 특정 카보닐 화합물이 적색의 복합체를 형성하며, 이 적색의 강도로 나타낸다.

38 chlorophyll의 산에 의한 변화

◆ 김치는 담근 후 시간이 지남에 따라 유산발효에 의해 산이 생성된다.
◆ 배추나 오이 속의 chlorophyll은 산에 불안정한 화합물이다.
◆ 산으로 처리하면 porphyrin에 결합하고 있는 Mg이 H^+과 치환되어 갈색의 pheophytin을 형성한다.
◆ 엽록소에 계속 산이 작용하면 pheophorbide라는 갈색의 물질로 가수분해 된다.

39 관능검사 중 묘사분석에 사용하는 방법

◆ 향미 프로필(flavor profile)
◆ 텍스처 프로필(texture profile)
◆ 정량적 묘사분석(quantitative descriptive analysis)
◆ 스펙트럼 묘사분석(spectrum descriptive analysis)
◆ 시간-강도 묘사분석(time-intensity descriptive analysis)

40 열량 계산

◆ 영양소의 소화흡수율을 고려한 이용에너지는 단백질 4kcal, 지방 9kcal, 탄수화물 4kcal이므로 (20×4)+(30×4)+(5×4)+(5×4)+(3×9)+(1×9)+(3×9) = 303kcal이다.

제3과목 식품가공학

41 벼의 구조

◆ 왕겨층, 겨층(과피, 종피), 호분층, 배유 및 배아로 이루어져 있다.
◆ 현미는 과피, 종피, 호분층, 배유, 배아로 이루어져 있다.
◆ 즉, 현미는 벼에서 왕겨층을 벗긴 것이다.

42 콩 단백질의 특성

◆ 콩 단백질의 주성분은 음전하를 띠는 glycinin이다.
◆ 콩 단백질은 묽은 염류용액에 용해된다.
◆ 콩을 수침하여 물과 함께 마쇄하면, 인산칼륨 용액에 의해 glycinin이 용출된다.
◆ 두부는 콩 단백질인 glycinin을 70℃ 이상으로 가열하고 $MgCl_2$, $CaCl_2$, $CaSO_4$ 등의 응고제를 첨가하면 glycinin(음이온)은 Mg^{++}, Ca^{++} 등의 금속이온에 의해 변성(열, 염류) 응고하여 침전된다.

43 아미노산(산분해) 간장

◆ 단백질 원료를 염산으로 가수분해하고 NaOH 또는 Na_2CO_3로 중화하여 얻은 아미노산과 소금이 섞인 액체를 말한다.
◆ 산분해 간장의 제조 시 부산물로서 생성되는 염소화합물중의 하나인 3-클로로-1,2-프로판디올(MCPD)이 생성된다.
◆ MCPD는 유지성분을 함유한 단백질을 염산으로 가수분해할 때 생성되는 글리세롤 및 그 지방산 에스테르와 염산과의 반응에서 형성되는 염소화합물의 일종이다.
◆ WHO의 식품첨가물전문가위원회에서 이들 물질은 '바람직하지 않은 오염물질로서 가능한 농도를 낮추어야 하는 물질'로 안전성을 평가하고 있다.

44 밀가루의 품질시험방법

◆ 색도 : 밀기울의 혼입도, 회분량, 협잡물의 양, 제분의 정도 등을 판정(보통 Pekar법을 사용)
◆ 입도 : 체눈 크기와 사별정도를 판정
◆ 패리노그래프(farinograph) 시험 : 밀가루 반죽 시 생기는 점탄성을 측정하며 반죽의 경도, 반죽의 형성기간, 반죽의 안정도, 반죽의 탄성, 반죽의 약화도 등을 측정
◆ 익스텐소그래프(extensograph) 시험 : 반죽의 신장도와 인장항력을 측정
◆ 아밀로그래프(amylograph) 시험 : 전분의 호화온도와 제빵에서 중요한 α-amylase의 역가를 알 수 있고 강력분과 중력분 판정에 이용

45 밀가루 반죽의 개량제

◆ 빵 반죽의 물리적 성질을 개량할 목적으로 사용하는 첨가물을 말한다.
◆ 주 효과는 산화제에 의한 반죽의 개량이고 효모의 먹이가 되는 것은 암모늄염만이다.
◆ 산화제는 밀가루 단백질의 SH기를 산화하여 S-S결합을 이루어 입체적인 망상구조를 형성함으로써 글루텐의 점탄성을 강화하고 반죽의 기계내성이나 발효내성을 향상시켜, 빵의 부피를 증대시켜 내부의 품질을 개량하는 등의 효과가 있다.
◆ 비타민 C는 밀가루 반죽의 개량제로서 숙성 중 글루텐의 S-S결합으로 반죽의 힘을 강하게 하여 가스 보유력을 증가시키는 역할을 해 오븐팽창을 양호하게 한다.

46 전분 분리법

◆ 전분유에는 전분, 미세 섬유, 단백질 및 그 밖의 협잡물이 들어 있으므로 비중 차이를 이용하여 불순물을 분리 제거한다.

◆ 분리법에는 탱크침전법, 테이블법 및 원심분리법이 있다.

- 침전법 : 전분의 비중을 이용한 자연 침전법으로 분리된 전분유를 침전탱크에서 8~12시간 정치하여 전분을 침전시킨 다음 배수하고 전분을 분리하는 방법이다.
- 테이블법(tabling) : 입자 자체의 침강을 이용한 방법으로 탱크 침전법과 같으나 탱크 대신 테이블을 이용한 것이 다르다. 전분유를 테이블(1/1200~1/500되는 경사면)에 흘려 넣으면 가장 윗부분에 모래와 큰 전분 입자가 침전하고 중간부에 비교적 순수한 전분이 침전하며 끝에 가서 고운 전분 입자와 섬유가 침전하게 된다.
- 원심분리법 : 원심분리기를 사용하여 분리하는 방법으로 순간적으로 전분 입자와 즙액을 분리할 수 있어 전분 입자와 불순물의 접촉시간이 가장 짧아 매우 이상적이다.

47 과일·채소류의 데치기 blanching 목적

◆ 산화효소를 파괴하여 가공 중에 일어나는 변색 및 변질을 방지한다.

◆ 통조림 및 건조 중에 일어나는 외관, 맛의 변화를 방지한다.

◆ 원료의 조직을 부드럽게 하여 통조림 등을 할 때 담는 조작을 쉽게 하고 살균 가열할 때 부피가 줄어드는 것을 방지한다.

◆ 이미 · 이취를 제거한다.

◆ 껍질 벗기기를 쉽게 한다.

◆ 원료를 깨끗이 하는 데 효과가 있다.

48 통조림 살균

산성 식품	• pH가 4.5 이하인 산성식품에는 변패나 식중독을 일으키는 세균이 자라지 못하므로 곰팡이나 효모류만 살균하면 살균 목적을 달성할 수 있는데, 이런 미생물은 끓는 물에서 살균되므로 비교적 낮은 온도(100℃ 이하)에서 살균한다. • 과실, 과실주스 통조림 등
저산성 식품	• pH가 4.5 이상인 저산성 식품의 통조림은 내열성 유해포자 형성 세균이 잘 자라기 때문에 이를 살균하기 위하여 100℃ 이상의 온도에서 고온가압 살균(*Clostridium botulinum*의 포자를 파괴할 수 있는 살균조건)해야 한다. • 곡류, 채소류, 육류 등

49 초콜릿 제조 시 템퍼링 tempering

◆ 콘칭이 끝난 액체 초콜릿을 안정된 고체상의 지방으로 굳을 수 있도록 열을 가하는 과정이다.

◆ 초콜릿의 유지결정을 가장 안정된 형태의 분자구조를 만드는 단계이다.

> ⊕ 템퍼링의 장점
> - 초콜릿의 블룸(blooming) 현상 방지
> - 초콜릿이 입안에서 부드럽게 녹는 느낌
> - 광택 및 보형 안정성
> - 초콜릿 조각이 딱딱 부러지는 성질인 스탭성

50 샐러드유salad oil의 특성

◆ 색이 엷고, 냄새가 없다.

◆ 저장 중 산패에 의한 풍미의 변화가 없다.

◆ 저온에서 탁하거나 굳거나 하지 않는다.

> ⊕
> - 샐러드유는 정제한 기름으로 면실유 외에 olive oil, 옥수수기름, 콩기름, 채종유 등이 사용된다.
> - 유지의 불포화지방산의 불포화 결합에 Ni 등의 촉매로 수소를 첨가하여 액체유지를 고체지방으로 변화시켜 제조한 것을 경화유라고 한다.

51 유지 채취 시 전처리

◆ 정선(cleaning) : 원료 중에 흙, 모래, 나무조각, 쇠조각, 잡곡 등의 여러 가지 협잡물을 제거한다.

◆ 탈각(shell removing) : 낙화생, 피마자, 면실 등과 같이 단단한 껍질을 가진 것은 탈각기로 탈각한다.

◆ 파쇄(breaking) : 기름이 나오기 쉽게 하기 위하여 roller mill을 이용하여 압쇄하며 외피를 파괴하여 얇게 만든다.

◆ 가열(heating) : 상온에서 압착하는 냉압법도 있으나 가열하여 압착하는 온압착을 많이 쓴다.

◆ 가체(moulding) : 가열 처리한 원료는 곧 착유기에 넣어 압착하기 좋은 모양으로 만든다.

52 우유의 살균법

◆ 저온장시간살균법(LTLT) : 62~65℃에서 20~30분

◆ 고온단시간살균법(HTST) : 71~75℃에서 15~16초

◆ 초고온순간살균법(UHT) : 130~150℃에서 0.5~5초

53 가공치즈 [식품공전]

◆ 치즈를 원료로 하여 가열·유화 공정을 거쳐 제조 가공한 것으로 치즈 유래 유고형분 18% 이상인 것을 말한다.

54 육가공 시 염지curing

◆ 원료육에 소금 이외에 아질산염, 질산염, 설탕, 화학조미료, 인산염 등의 염지제를 일정량 배합, 만육시켜 냉장실에서 유지시키고, 혈액을 제거하고, 무기염류 성분을 조직 중에 침투시킨다.

◆ 육가공 시 염지의 목적
- 근육단백질의 용해성 증가
- 보수성과 결착성 증대
- 보존성 향상과 독특한 풍미 부여
- 육색소 고정

◆ 햄이나 소시지를 가공할 때 염지를 하지 않고 가열하면 육괴간의 결착력이 떨어져 조직이 흩어지게 된다.

55 마요네즈

◆ 난황의 유화력을 이용하여 난황과 식용유를 주원료로 하여 식초, 후추가루, 소금, 설탕 등을 혼합하여 유화시켜 만든 제품이다.

◆ 제품의 전체 구성 중 식물성유지 65~90%, 난황액 3~15%, 식초 4~20%, 식염 0.5~1% 정도이다.

◆ 마요네즈는 oil in water(O/W)의 유탁액이다.

◆ 식용유의 입자가 작은 것일수록 마요네즈의 점도가 높게 되며 고소하고 안정도도 크다.

56 오보뮤신 ovomucin

◆ 난백 중에 colloid상으로 분산되어 난백의 섬유구조의 주체를 이루고 있다. 용액상태에서 오보뮤신 섬유(ovomucin fibers)가 3차원 망상구조를 이룬다.

◆ 농후난백에는 수양난백보다 4배 이상의 ovomucin이 들어있다.

◆ 인플루엔자 바이러스에 의한 적혈구의 응집반응억제로 작용한다.

57 CA 저장법 controlled atmosphere storage

◆ 냉장고를 밀폐하고 온도를 0℃로 내려 냉장고 내부의 산소량을 줄이고 탄산가스의 양을 늘려 농산물의 호흡작용을 위축시켜 변질되지 않게 하는 저장방법이다.

◆ 과실의 저장에 가장 유리한 저장법은 실내온도를 0~4℃의 저온으로 하여 CO_2 농도를 5%, O_2 농도를 3%, N_2 농도를 92%로 유지되게 조절하는 것이다.
- 가장 적합한 과일 : 사과, 서양배, 바나나, 감, 토마토 등
- 적합한 과일 : 매실, 딸기, 양송이, 당근, 복숭아, 포도 등
- 부적당한 과일 : 레몬, 오렌지 등

◆ 사과, 복숭아, 살구 등은 산화효소의 활성도가 높아 그대로 건조하면 갈색으로 변한다.

◆ CA저장 시 공통적인 품질보존 효과는 비타민과 색소의 산화 방지, 녹색의 과일과 채소는 황변 없이 장기간 녹색을 유지, 후숙의 억제, 연화의 억제 등이다.

◆ 부작용은 방향이 없어지고, 착색의 방해, 갈변 등이다.

58 동결진공 건조법

◆ 건조하고자 하는 식품의 색, 맛, 방향, 물리적 성질, 원형을 거의 변하지 않게 하며, 복원성이 좋은 건조식품을 만드는 가장 좋은 방법이다.

◆ 이 방법은 미리 건조식품을 −40~−30℃에서 급속히 동결시켜 진공도 1~0.1mmHg 정도 진공을 유지(감압)하는 건조실에 넣어 얼음의 승화에 의해서 건조한다.

59 냉동식품 포장재료

◆ 내한성, 방습성, 내수성이 있어야 한다.

◆ gas 투과성이 낮아야 한다.

◆ 가열 수축성이 있어야 한다.

◆ 종류 : 저압 폴리에틸렌, 염화비닐리덴 등이 단일 재료로서 사용된다.

60 대류열전달계수(h)

◆ 대류현상에 의해 고체표면에서 유체에 열을 전달하는 크기를 나타내는 계수

◆ Newton의 냉각법칙

$q''=h(Ts-T_{\infty})$　　q″ : 대류열 속도, h : 대류열전달계수, Ts : 표면온도, T_{∞} : 유체온도

$1000W/m^2=h(120-20)$

$\therefore h=10W/m^2℃$

제4과목 식품미생물학

61 협막 또는 점질층 slime layer

◆ 대부분의 세균세포벽을 둘러싸고 있는 점성물질을 말한다.

◆ 협막의 화학적 성분은 다당류, polypeptide의 중합체, 지질 등으로 구성되어 있으며 균종에 따라 다르다.

62 원생생물 protists

고등미생물	• 진핵세포로 되어 있다. • 균류, 일반조류, 원생동물 등이 있다. • 진균류 – 조상균류 : 곰팡이(*Mucor, Rhizopus*) – 순정균류 : 자낭균류(곰팡이, 효모), 담자균류(버섯, 효모), 불완전균류(곰팡이, 효모)
하등미생물	• 원핵세포로 되어 있다. • 세균, 방선균, 남조류 등이 있다.

63 광합성 무기영양균(photolithotroph)의 특징

◆ 탄소원을 이산화탄소로부터 얻는다.
◆ 광합성균은 광합성 무기물 이용균과 광합성 유기물 이용균으로 나눈다.
◆ 세균의 광합성 무기물 이용균은 편성 혐기성균으로 수소 수용체가 무기물이다.
◆ 대사에는 녹색 식물과 달라 보통 H_2S를 필요로 한다.
◆ 녹색 황세균과 홍색 황세균으로 나누어지고, 황천이나 흑화니에서 발견된다.
◆ 황세균은 기질에 황화수소 또는 분자 상황을 이용한다.

64 알코올발효

◆ glucose로부터 EMP 경로를 거쳐 생성된 pyruvic acid가 CO_2 이탈로 acetaldehyde로 되고 다시 환원되어 알코올과 CO_2가 생성된다.
◆ 효모에 의한 알코올발효의 이론식은 $C_6H_{12}O_6 \longrightarrow 2C_2H_5OH+CO_2$이다.

65 haematometer의 측정원리

◆ 가로세로가 각각 세 줄로 된 큰 구역 안에는 가로 4칸, 세로 4칸으로 총 16칸이 있다. 맨 윗줄 4칸에 존재하는 효모의 수를 센다. 가로 및 세로 선위에 있는 효모는 왼쪽 및 위쪽 선에 있는 것만 측정한다. 다음 줄 4칸에 존재하는 효모의 수를 센다.
◆ 동일한 방법으로 4줄을 센 다음 측정값의 평균을 구한다(한 구획에 5~15개 정도로 희석). 이 수치에 4×10^6을 곱하면 효모배양액 1ml 중의 효모수가 된다.
◆ 즉, 1ml당 미생물수 = $4\times10^6\times1$구획의 미생물 수 = $4\times10^6\times5 = 2\times10^7$

66 *Penicillium*속과 *Aspergillus*속 곰팡이

◆ 생식균사인 분생자병의 말단에 분생포자를 착생하여 무성적으로 증식한다.
◆ 포자가 밖으로 노출되어 있어 외생포자라고도 한다.

67 황변미 식중독

◆ 수분을 15~20% 함유하는 저장미는 *Penicillium*이나 *Aspergillus*에 속하는 곰팡이류의 생육에 이상적인 기질이 된다.
◆ 쌀에 기생하는 *Penicillium*속의 곰팡이류는 적홍색 또는 황색의 색소를 생성하며 쌀을 착색시켜 황변미를 만든다.
- *Penicillum toxicarium* : 1937년 대만쌀 황변미에서 분리, 유독대사산물은 citreoviride
- *Penicillum islandicum* : 1947년 아일랜드산 쌀에서 분리, 유독대사산물은 luteoskyrin
- *Penicillum citrinum* : 1951년 태국산 쌀에서 분리, 유독대사산물은 citrinin

68 효모의 증식

◆ 대부분의 효모는 출아법(budding)으로서 증식하고 출아방법은 다극출아와 양극출아 방법이 있다.

◆ 종에 따라서는 분열, 포자 형성 등으로 생육하기도 한다.

◆ 효모의 유성포자에는 동태접합과 이태접합이 있고, 효모의 무성포자는 단위생식, 위접합, 사출포자, 분절포자 등이 있다.

- *Saccharomyces*속, *Hansenula*속, *Candida*속, *Kloeckera*속 등은 출아법에 의해서 증식
- *Schizosaccharomyces*속은 분열법으로 증식

69 킬러 효모 killer yeast

◆ 특수한 단백질성 독소를 분비하여 다른 효모를 죽여 버리는 효모를 가리키며 킬러주(killer strain)라고도 한다.

◆ 자신이 배출하는 독소에는 작용하지 않는다(면역성이 있다고 한다). 다시 말해 킬러 플라스미드를 갖고 있는 균주는 독소에 저항성이 있고, 갖고 있지 않는 균주만을 독소로 죽이고 자기만이 증식한다.

◆ 알코올 발효 때에 킬러 플라스미드를 가진 효모를 사용하면 혼입되어 있는 다른 효모를 죽이고 사용한 효모만이 증식하게 되어 발효제어가 용이하게 된다.

70 메주에 관여하는 주요 미생물

◆ 곰팡이 : *Aspergillus oryzae, Rhizopus oryzae, Aspergillus sojae, Rhizopus nigricans, Mucor abundans* 등

◆ 세균 : *Bacillus subtilis, B. pumilus* 등

◆ 효모 : *Saccharomyces coreanus, S. rouxii* 등

71 젖산균 lactic acid bacteria 의 특징

◆ 당을 발효하여 다량의 젖산을 생성하는 세균을 말한다.

◆ 그람양성, 무포자, 간균 또는 구균이고 통성혐기성 또는 편성혐기성균이다.

◆ Catalase는 대부분 음성이고 장내에 증식하여 유해균의 증식을 억제한다.

◆ 젖산균은 *Streptococcus*속, *Diplococcus*속, *Pediococcus*속, *Leuconostoc*속 등의 구균과 *Lactobacillus*속 간균으로 분류한다.

◆ 젖산균의 발효형식

- 정상발효젖산균(homo type) : 당류로부터 젖산만을 생성하는 젖산균
- 이상발효젖산균(hetero type) : 젖산 이외의 알코올, 초산 및 CO_2 가스 등 부산물을 생성하는 젖산균

◆ 생합성 능력이 한정되어 영양요구성이 까다롭다.

72 김치 숙성에 관여하는 미생물

◆ *Lactobacillus plantarum, Lactobacillus brevis, Streptococcus faecalis, Leuconostoc mesenteroides, Pediococcus halophilus, Pediococcus cerevisiae* 등이 있다.

⊕ *Escherichia*속은 포유동물의 변에서 분리되고, 식품의 일반적인 부패세균이다.

73 치즈 숙성과 관계있는 미생물

◆ *Penicillium camemberti*와 *Penicillium roqueforti*은 프랑스 치즈의 숙성과 풍미에 관여하여 치즈에 독특한 풍미를 준다.

◆ *Streptococcus lactis*는 우유 중에 보통 존재하는 대표적인 젖산균으로 버터, 치즈 제조의 starter로 이용된다.

◆ *Propionibacterium freudenreichii*는 치즈눈을 형성시키고, 독특한 풍미를 내기 위하여 스위스치즈에 사용된다.

⊕ *Aspergillus oryzae*는 amylase와 protease 활성이 강하여 코지(koji)균으로 사용된다.

74 *Rhodotorula*속의 특징

◆ 원형, 타원형, 소시지형이 있다.

◆ 위균사를 만든다.

◆ 출아 증식을 한다.

◆ carotenoid 색소를 현저히 생성한다.

◆ 빨간 색소를 갖고, 지방의 집적력이 강하다.

◆ 대표적인 균종은 *Rhodotorula glutinus*이다.

75 홍조류 red algae

◆ 엽록체를 갖고 있어 광합성을 하는 독립영양생물로 거의 대부분의 식물이 열대, 아열대 해안 근처에서 다른 식물체에 달라붙은 채로 발견된다.

◆ 세포막은 주로 셀룰로오스와 펙틴으로 구성되어 있으나 칼슘을 침착시키는 것도 있다.

◆ 홍조류가 빨간색이나 파란색을 띠는 것은 홍조소(phycoerythrin)와 남조소(phycocyanin)라는 2가지의 피코빌린 색소들이 엽록소를 둘러싸고 있기 때문이다.

◆ 생식체는 운동성이 없다.

◆ 약 500속이 알려지고 김, 우뭇가사리 등이 홍조류에 속한다.

76 세포융합 cell fusion, protoplast fusion

◆ 서로 다른 형질을 가진 두 세포를 융합하여 두 세포의 좋은 형질을 모두 가진 새로운 우량 형질의 잡종세포를 만드는 기술을 말한다.

◆ 세포융합을 하기 위해서는 먼저 세포의 세포벽을 제거하여 원형질체인 프로토플라스트

(protoplast)를 만들어야 한다. 세포벽 분해효소로는 세균에는 리소자임(lysozyme), 효모와 사상균에는 달팽이의 소화관액, 고등식물의 세포에는 셀룰라아제(cellulase)가 쓰인다.

◆ 세포융합의 단계

- 세포의 protoplast화 또는 spheroplast화
- protoplast의 융합
- 융합체(fusant)의 재생(regeneration)
- 재조합체의 선택, 분리

77 그람 염색 특성

◆ 그람 음성세균 : *Pseudomonas, Gluconobacter, Acetobacter*(구균, 간균), *Escherichia, Salmonella, Enterobacter, Erwinia, Vibrio*(통성혐기성 간균)속 등이 있다.

◆ 그람 양성세균 : *Micrococcus, Staphylococcus, Streptococcus, Leuconostoc, Pediococcus*(호기성 통성혐기성균), *Sarcina*(혐기성균), *Bacillus*(내생포자 호기성균), *Clostridium*(내생포자 혐기성균), *Lactobacillus*(무포자 간균)속 등이 있다.

78 gram 염색법

◆ 일종의 rosanilin 색소, 즉 crystal violet, methyl violet 혹은 gentian violet으로 염색시켜 옥도로 처리한 후 acetone이나 알코올로 탈색시키는 것이다.

◆ gram 염색 순서 : A액(crystal violet액)으로 1분간 염색 → 수세 → 물흡수 → B액(lugol액)에 1분간 담금 → 수세 → 흡수 및 완전 건조 → 95% ethanol에 30초 색소 탈색 → 흡수 → safranin액으로 10초 대비 염색 → 수세 → 건조 → 검경

79 영양요구성 미생물

◆ 일반적으로 세균, 곰팡이, 효모의 많은 것들은 비타민류의 합성 능력을 가지고 있으므로 합성배지에 비타민류를 주지 않아도 생육하나 영양 요구성이 강한 유산균류는 비타민 B군을 주지 않으면 생육하지 않는다.

◆ 유산균이 요구하는 비타민류

비타민류	요구하는 미생물(유산균)
biotin	*Leuconostoc mesenteroides*
vitamin B_{12}	*Lactobacillus leichmanii* *Lactobacillus lactis*
folic acid	*Lactobacillus casei*
vitamin B_1	*Lactobacillus fermentii*
vitamin B_2	*Lactobacillus casei* *Lactobacillus lactis*
vitamin B_6	*Lactobacillus casei* *Streptococcus faecalis*

80 대표적인 동충하초속

◆ 자낭균(Ascomycetes)의 맥각균과(Clavicipitaceae)에 속하는 *Cordyceps*속이 있다.
◆ 이밖에도 불완전균류의 *Paecilomyces*속, *Torrubiella*속, *Podonectria*속 등이 있다.

제5과목 생화학 및 발효학

81 feedback inhibition(최종산물저해)

◆ 최종생산물이 그 반응 계열의 최초반응에 관여하는 효소 E_A의 활성을 저해하여 그 결과 최종산물의 생성, 집적이 억제되는 현상을 말한다.

⊕ feedback repression(피드백 억제)은 최종생산물에 의해서 효소 E_A의 합성이 억제되는 것을 말한다.

82 산화환원 효소계의 보조인자(조효소)

◆ NAD^+, $NADP^+$, FMN, FAD, ubiquinone(UQ, Coenzyme Q), cytochrome, L-lipoic acid 등이 있다.

83 HFCS High Fructose Corn Syrup

◆ 포도당을 과당으로 이성화시켜 과당함량이 42%와 55%, 그리고 85%인 제품이 생산되고 있다.
◆ glucose isomerase는 D-glucose에서 D-fructose을 변환하는 효소이다.

84 산화적 인산화(호흡쇄, 전자전달계) 반응

◆ 진핵세포 내 미토콘드리아의 matrix와 cristae에서 일어나는 산화환원 반응이다.
◆ 이 반응에 있어서 산화는 전자를 잃는 반응이며 환원은 전자를 받는 반응이다.
◆ 이 반응을 촉매하는 효소계를 전자전달계라고 한다.

85 pentose phosphate(HMP) 경로의 중요한 기능

◆ 여러 가지 생합성 반응에서 필요로 하는 세포질에서 환원력을 나타내는 NADPH를 생성한다. NADPH는 여러 가지 환원적 생합성 반응에서 수소 공여체로 작용하는 특수한 dehydrogenase들의 보효소가 된다. 예를 들면 지방산, 스테로이드 및 glutamate dehydrogenase에 의한 아미노산 등의 합성과 적혈구에서 glutathione의 환원 등에 필요하다.
◆ 6탄당을 5탄당으로 전환하며 3-, 4-, 6- 그리고 7탄당을 당대사 경로에 들어갈 수 있도록 해준다.
◆ 5탄당인 ribose 5-phosphate를 생합성하는데 이것은 RNA 합성에 사용된다. 또한 deoxyribose 형태로 전환되어 DNA 구성에도 이용된다.

◆ 어떤 조직에서는 glucose 산화의 대체 경로가 되는데, glucose 6-phosphate의 각 탄소 원자는 CO_2로 산화되며, 2개의 NADPH분자를 만든다.

86 등전점 isoelectric point

◆ 단백질은 산성에서는 양하전으로 해리되어 음극으로 이동하고, 알칼리성에서는 음하전으로 해리되어 양극으로 이동한다. 그러나 양하전과 음하전이 같을 때는 양극, 음극, 어느 쪽으로도 이동하지 않은 상태가 되며, 이때의 pH를 등전점이라 한다.

◆ 글리신의 pK_1(-COOH) = 2.4, pK_2($-NH_3^+$) = 9.6일 때 등전점은 (2.4+9.6)/2 = 6이다.

87 DNA 분자의 특징

◆ DNA 분자의 생합성은 5′-말단 → 3′-말단 방향으로 진행된다.

88 나이아신(niacin, 비타민 B_3)

◆ 수용성 비타민으로 펠라그라의 치료와 예방에 유효한 인자이다.

◆ nicotinamide는 생체반응에서 주로 탈수소의 보효소로서 작용하는데 NAD (nicotinamide adenine dinucleotide), NADP(nicotinamide adenine dinucleotide phosphate)로 되어 탈수소 반응에서 기질로부터 수소 원자를 받아 NADH로 되면서 산화된다.

◆ NAD, NADP는 TCA 사이클, 5탄당 인산회로, 지방산의 β산화 등의 대사에 관여하는 많은 탈수소효소, 환원효소의 보효소로서 작용한다.

◆ 생체 내에서 아미노산인 tryptophan으로부터 합성되지만, 장내세균에 의해서도 합성된다.

89 비타민과 보효소의 관계

◆ 비타민 B_1(thiamine) : ester를 형성하여 TPP(thiamine pyrophosphate)로 되어 보효소로서 작용

◆ 비타민 B_2(riboflavin) : FMN(flavin mononucleotide)와 FAD(flavin adenine dinucleotide)의 보효소 형태로 변환되어 작용

◆ 비타민 B_6(pyridoxine) : PLP(pyridoxal phosphate 혹은 pyridoxamine)로 변환되어 주로 아미노기 전이반응에 있어서 보효소로서 역할

◆ niacin : NAD(nicotinamide adenine dinucleotide), NADP(nicotinamide adenine dinucleotide phosphate)의 구성 성분으로 되어 주로 탈수소효소의 보효소로서 작용

90 재조합 DNA에 사용되는 대표적인 제한효소 endonuclease

◆ 핵산분해효소로서 분리된 세균의 이름을 따서 명명한다.

◆ Eco R I, Hae II, Pst I, Hind III, Bam HI, Hae III, Alu I, Sma I, Bal I, Hpa I 등이 있다.

91 발효배양을 위한 배지의 일반적인 성분

◆ 미생물을 증식하기 위한 배지는 미생물에 따라 그 조성이 다르다.
◆ 공통적으로 탄소원, 질소원, 무기염류, 증식인자 및 물 등이 필요하다.

92 균수 계산

◆ 균수 = 최초균수×$2^{세대수}$
◆ 세대수 = 60÷15 = 4
◆ b = 1×2^4 = 16

93 발효주

◆ 단발효주 : 원료속의 주성분이 당류로서 과실 중의 당류를 효모에 의하여 알코올 발효시켜 만든 술이다. 예 과실주
◆ 복발효주 : 전분질을 아밀라아제(amylase)로 당화시킨 뒤 알코올 발효를 거쳐 만든 술이다.
- 단행복발효주 : 맥주와 같이 맥아의 아밀라아제(amylase)로 전분을 미리 당화시킨 당액을 알코올 발효시켜 만든 술이다. 예 맥주
- 병행복발효주는 청주와 탁주 같이 아밀라아제(amylase)로 전분질을 당화시키면서 동시에 발효를 진행시켜 만든 술이다. 예 청주, 탁주

94 맥아즙 자비^wort boiling^의 목적

◆ 맥아즙을 농축한다(보통 엑기스분 10~10.7%).
◆ 홉의 고미성분이나 향기를 침출시킨다.
◆ 가열에 의해 응고하는 단백질이나 탄닌 결합물을 석출시킨다.
◆ 효소의 파괴 및 맥아즙을 살균시킨다.

95 포도당으로부터 초산의 실제 생산수율

◆ 포도당 1kg으로부터 실제 ethanol 생성량

$C_6H_{12}O_6 \rightarrow 2C_6H_5OH + 2CO_2$

(180)　　(2×46)

180 : 46×2 = 1000 : x

x = 511.1g

∴수율 90%일 때 ethanol 생성량 = 511.1×0.90 = 460g

◆ 포도당 1kg으로부터 초산 생성량

$C_2H_5OH + O_2 \rightarrow CH_3COOH + H_2O$

(46)　　(60)

46 : 60 = 460 : x

x = 600g

∴수율 85%일 때 초산 생성량 = 600×0.85 = 510g(0.510kg)

96 탄화수소를 이용한 균체 생산

◆ 당질을 이용한 경우에 비해서 약 3배량의 산소를 필요로 하지만 일반적으로 탄화수소를 이용한 경우의 증식속도는 당질의 경우보다 대단히 늦어서 세대시간이 4~7시간이나 된다.

97 당밀의 특수 발효법

Urises de Melle법 (Reuse법)	• 발효가 끝난 후 효모를 분리하여 다음 발효에 재사용하는 방법이다. • 고농도 담금이 가능하다. • 당 소비가 절감된다. • 원심분리로 잡균 제거에 용이하다. • 폐액의 60%를 재이용한다.
Hildebrandt-Erb법 (Two stage법)	• 증류폐액에 효모를 배양하여 필요한 효모를 얻는 방법이다. • 효모의 증식에 소비되는 발효성 당의 손실을 방지한다. • 폐액의 BOD를 저하시킬 수 있다.
고농도 술덧 발효법	• 원료의 담금농도를 높인다. • 주정 농도가 높은 숙성 술덧을 얻는다. • 증류할 때 많은 열량이 절약된다. • 동일 생산 비율에 대하여 장치가 적어도 된다.
연속 발효법	• 술덧의 담금, 살균 등의 작업이 생략되므로 발효경과가 단축된다. • 발효가 균일하게 진행된다. • 장치의 기계적 제어가 용이하다.

98 세균 amylase

◆ α-amylase가 주체인데 생산균으로는 *Bacillus subtilis*, *Bacillus licheniformis*, *Bacillus stearothermophillus*의 배양물에서 얻어진 효소제이다.

◆ 세균 amylase는 내열성이 강하다.

99 비타민 B_{12} cobalamine

◆ 코발트를 함유하는 빨간색 비타민이다.

◆ 식물 및 동물은 이 비타민을 합성할 수 없고 미생물이 자연계에서 유일한 공급원이며 미생물 중에서도 세균이나 방선균이 주로 생성하며 효모나 곰팡이는 거의 생성하지 않는다.

◆ 비타민 B_{12} 생산균

– *Propionibacterium freudenreichii*, *Propionibacterium shermanii, Streptomyces olivaceus, Micromonospora chalcea, Pseudomonas denitrificans, Bacillus megaterium* 등이 있다.

– 이외에 *Nocardia*, *Corynebacterium*, *Butyribacterium*, *Flavobacterium*속 등이 있다.

100 클로렐라 Chlorella의 특징

- ◆ 진핵세포생물이며 분열증식을 한다.
- ◆ 단세포 녹조류이다.
- ◆ 빛의 존재하에서 무기염과 CO_2의 공급으로 증식하며 O_2를 방출한다.
- ◆ 분열에 의해 한 세포가 4~8개의 낭세포로 증식한다.
- ◆ 크기는 2~12μ 정도의 구형 또는 난형이다.
- ◆ 엽록체를 가지며 광합성을 하여 에너지를 얻어 증식한다.
- ◆ 건조물의 50%가 단백질이며 필수아미노산과 비타민이 풍부하다.
- ◆ 필수아미노산인 라이신(lysine)의 함량이 높다.
- ◆ 양질의 단백질을 대량 함유하므로 단세포단백질(SCP)로 이용되고 있다.
- ◆ 소화율이 낮다.

해설편

식품기사 기출문제 해설 2018 1회

제1과목 식품위생학

1 보툴리늄균Botulinus 식중독

◆ 원인균
- *Clostridium botulinum*이다.
- 그람양성 편성 혐기성 간균이고, 주모성 편모를 가지며 아포를 형성한다.
- A, B형 균의 아포는 내열성이 강해 100℃에서 6시간 정도 가열하여야 파괴되고, E형 균의 아포는 100℃에서 5분 가열로 파괴된다.

◆ 독소 : neurotoxin(신경독소)으로 균의 자기융해에 의하여 유리되며 단순단백으로 되어 있고, 열에 약하여 80℃에서 30분간이면 파괴된다.

◆ 감염원
- 토양, 하천, 호수, 바다흙, 동물의 분변
- A~F형 중에서 A, B, E, F형이 사람에게 중독을 일으킨다.

◆ 원인식품 : 강낭콩, 옥수수, 시금치, 육류 및 육제품, 앵두, 배, 오리, 칠면조, 어류훈제 등

⊕ 세균성 식중독 중에서 가장 치명률이 높다.

2 살균, 소독

◆ 우유의 저온살균 : 우유의 영양 파괴를 고려하여 우유 중의 결핵균을 살균시키기 위한 방법이다.

◆ 자외선 살균
- 열을 사용하지 않으므로 사용이 간편하고, 살균 효과가 크지만 물이나 공기 이외의 대부분 물질은 투과하지 못하므로 표면만 살균된다.
- 실내공기 소독이나 조리대, 작업대, 조리기구 표면 등의 살균에 이용된다.

◆ 방사선 : 에너지 소비가 적으며 완전살충·살균이 가능하고 발아·발근 억제가 뛰어나서 많은 식품군에 적용하고 있다.

3 MCPD(3-monochloro-1, 2-propandiol)

◆ 아미노산(산분해) 간장의 제조 시 유지성분을 함유한 단백질을 염산으로 가수분해할 때 생성되는 글리세롤 및 그 지방산 에스테르와 염산과의 반응에서 형성되는 염소화합물의 일종으로 실험동물에서 불임을 유발한다는 일부 보고가 있다.

◆ WHO의 식품첨가물전문가위원회에서 이들 물질은 '바람직하지 않은 오염물질로서 가능한 농도를 낮추어야 하는 물질'로 안전성을 평가하고 있다.

4 대장균 검사에 이용하는 최확수^MPN^법

◆ 검체 100ml 중의 대장균군수로 나타낸다.

5 유구조충 *Taenia solium*

◆ 돼지고기를 생식하는 민족에 많으며 갈고리촌충이라고도 한다.
◆ 감염경로
- 분변과 함께 배출된 충란이 중간숙주인 돼지, 사람, 기타 포유동물에 섭취되어 소장에서 부화되어 근육으로 이행한 후 유구낭충이 된다.
- 사람이 돼지고기를 섭취하면 감염되며, 소장에서 성충이 된다.
- 충란으로 오염된 음식물이 직접 환자의 손을 통해 섭취되어 감염된다.

◆ 예방 : 돼지고기 생식 및 불완전 가열한 것의 섭취를 금한다.
◆ 증상 : 성충이 기생하면 오심, 구토, 설사, 소화장애가 발생하고, 낭충이 뇌에 기생하면 뇌증을 일으킨다.

6 방사성 물질 누출 시 가이드 라인 발표 [WHO]

◆ 원자력 발전소 사고로 누출되는 주요 방사성 핵종은 세슘과 요오드이다.
◆ 공기 중이나 음식, 음료 등에 이 같은 물질이 포함된 경우 사람들은 방사성 핵종에 직접적으로 노출될 수 있다.

7 일반적인 유해 타르 tar 색소

◆ 황색계 : auramine, orange Ⅱ, butter yellow, spirit yellow, p-nitroaniline
◆ 청색계 : methylene blue
◆ 녹색계 : malachite green
◆ 자색계 : methyl violet, crystal violet
◆ 적색계 : rhodamine B, sudan Ⅲ
◆ 갈색계 : bismark brown

⊕
- 허가되지 않은 유해 합성착색료는 염기성이거나 nitro기를 가지고 있는 것이 많다.
- auramine은 과거에 단무지의 착색에 많이 사용되었던 발암성 착색료이다.

8 콜레라(cholera)

◆ 원인균
- *Vibrio cholera*
- 그람음성 간균, 통성 혐기성이며 협막과 아포는 없다.
- 외부에서 저항력이 약할 뿐만 아니라 열에 약하다. 소독제에 대한 저항력도 약하다.

◆ 감염원 및 감염경로
- 감염원 : 환자, 보균자의 분변, 토물
- 감염경로 : 배출된 균에 감염된 해수, 음료수, 식품 등에 의해서 전파된다.

◆ 임상증상
- 잠복기 : 수 시간~5일
- 증상 : 쌀뜨물과 같은 설사와 구토, 탈수에 의한 구갈, 무뇨 등이 발생하고, 체온이 상당히 저하된다.

◆ 원 발생지는 인도이고, 검역 대상 감염병이다.

9 장티푸스 typhoid fever

◆ 원인균
- *Salmonella typhi, Sal. typhosa*
- 그람음성 간균으로 협막과 아포가 없다.
- 우리나라의 1군 법정감염병 중에서 가장 많이 발생한다.

◆ 감염원 및 감염경로
- 감염원 : 환자의 혈액, 분변, 오줌 등
- 감염경로 : 환자·보균자와의 직접 접촉, 음식물 매개로 인한 간접 접촉

◆ 임상증상
- 잠복기 : 1~3주
- 증상 : 두통, 식욕부진, 오한, 40℃ 전후의 고열, 백혈구의 감소, 붉은 발진, 비장의 종창 등

◆ 예방
- 환자·보균자의 분리 및 격리
- 분뇨, 식기구, 물, 음식물의 위생처리
- 소독, 파리구제, 예방접종 등

10 보존료

◆ 미생물의 증식에 의해서 일어나는 식품의 부패나 변질을 방지하기 위하여 사용되는 식품첨가물이며 방부제라고도 한다.

- 산화방지제(항산화제) : 유지 또는 이를 함유한 식품은 보존 중에 공기 중의 산소에 의해서 산화하여 산패한다. 즉, 유지의 산패에 의한 이미, 이취, 식품의 변색 및 퇴색 등을 방지하기 위하여 사용되는 첨가물이다.
- 살균료 : 식품 중의 부패세균이나 기타 미생물을 단시간 내에 박멸시키기 위해 사용하는 첨가물로 음식물용 용기, 기구 및 물 등의 소독에 사용하는 것과 음식물의 보존 목적으로 사용하는 것이 있다.
- 표백제 : 식품의 가공이나 제조 시 일반 색소 및 발색성 물질을 탈색시켜 무색의 화합물로 변화시키기 위해 사용되고 식품의 보존 중에 일어나는 갈변, 착색 등의 변화를 억제하기 위하여 사용되는 첨가물이다.

11 가공식품의 분류 [식품공전 일반원칙]

◆ 가공식품에 대하여 다음과 같이 식품군(대분류), 식품종(중분류), 식품유형(소분류)으로 분류한다.
- 식품군 : '제5. 식품별 기준 및 규격'에서 대분류하고 있는 음료류, 조미식품 등을 말한다.
- 식품종 : 식품군에서 분류하고 있는 다류, 과일·채소류음료, 식초, 햄류 등을 말한다.
- 식품유형 : 식품종에서 분류하고 있는 농축과·채즙, 과·채주스, 발효식초, 희석초산 등을 말한다.

12 D-sorbitol

◆ 백색 분말 또는 결정성 분말로서 당알코올이며 설탕의 70%의 단맛이 있다.
◆ 자연 상태로 존재하기도 하지만 포도당을 환원하여 인공적으로 합성하여 제조한다.
◆ 흡수성이 강하고, 보수성, 보향성이 우수하여 과자류의 습윤조정제, 과일통조림의 비타민 C 산화방지제, 냉동품의 탄력과 선도 유지 등 용도가 다양하다.

13 파툴린 patulin

◆ *Penicillium, Aspergillus*속의 곰팡이가 생성하는 독소이다.
◆ 주로 사과를 원료로 하는 사과주스에 오염되는 것으로 알려져 있다.
◆ 사과주스 중 파툴린(patulin)의 잔류허용기준이 2004. 04. 01부터 전면 시행되고 있으며 사과주스, 사과주스 농축액(원료용 포함, 농축배수로 환산하여)의 잔류허용량은 50㎍/kg 이하이다.

14 식품제조가공 작업장의 위생관리

◆ 물품검수구역(540lux), 일반작업구역(220lux), 냉장보관구역(110lux) 중 물품검수구역의 조명이 가장 밝아야 한다.
◆ 화장실에는 페달식 또는 전자 감응식 등으로 직접 접촉하지 않고 물을 사용할 수 있는 세척 시설과 손을 건조시킬 수 있는 시설을 설치하여야 한다.
◆ 작업장에서 사용하는 위생 비닐장갑은 1회 사용 후 파손이 없는지 확인하고 전용 쓰레기통에 폐기하도록 한다.

15 동위원소가 위험을 결정하는 요인

◆ 혈액 흡수율이 높을수록 위험하다.
◆ 조직에 침착하는 정도가 클수록 위험하다.
◆ 생체기관의 감수성이 클수록 위험하다.
◆ 생물학적 반감기가 길수록 위험하다.
◆ 방사능의 반감기(half life)가 길수록 위험하다.
◆ 방사선의 종류와 에너지의 세기에 따라 차이가 있다.
◆ 동위원소의 침착 장기의 기능 등에 따라 차이가 있다.

16 위생처리제

◆ hypochlorite, chlorine dioxide, 제4급 암모늄 화합물, iodophors, acid-anionics 등은 소독 살균료이다.

⊕ ascorbic acid은 산화방지제이다.

17 곰팡이 독소 기준 [식품공전]

◆ 총 아플라톡신(B_1, B_2, G_1 및 G_2의 합)

대상식품	기준(μg/kg)
곡류, 두류, 땅콩, 견과류	15.0 이하 (단, B_1은 10.0 이하)
곡류가공품 및 두류가공품	
장류 및 고춧가루 및 카레분	
육두구, 강황, 건조고추, 건조파프리카	
밀가루, 건조과일류	
영아용 조제식, 영·유아용 곡류조제식, 기타 영·유아식	– (B_1은 0.10 이하)

18 식품의 방사선 조사 기준

◆ 사용 방사선의 선원 및 선종은 ^{60}Co의 감마선으로 한다.

◆ 식품의 발아 억제, 살충·살균 및 숙도 조절의 목적에 한하여, 식품에 방사선을 조사할 경우 다음의 기준에 적합하여야 한다.

– 일단 조사한 식품을 다시 조사하여서는 아니 되며 조사 식품을 원료로 사용하여 제조·가공한 식품도 다시 조사하여서는 아니 된다.

– 조사 식품은 용기에 넣거나 또는 포장한 후 판매하여야 한다.

19 안전성 관련 용어

◆ GRAS : 해가 나타나지 않거나 증명되지 않고 다년간 사용되어 온 식품첨가물에 적용되는 용어

◆ LC_{50} : 실험동물의 50%를 죽이게 하는 독성물질의 농도로 균일하다고 생각되는 모집단 동물의 반수를 사망하게 하는 공기 중의 가스 농도 및 액체 중의 물질의 농도

◆ LD_{50} : 실험동물의 50%을 치사시키는 화학물질의 투여량

◆ TD_{50} : 공시생물의 50%가 죽음 외의 유해한 독성을 나타내게 되는 독물의 투여량

20 자외선 살균법

◆ 열을 사용하지 않으므로 사용이 간편하다.

◆ 살균 효과가 크다.

◆ 살균 효과가 표면에 한정된다.

◆ 피조사물에 대한 변화가 거의 없다.

◆ 균에 내성을 주지 않는다.

◆ 지방류에 장시간 조사 시 산패취를 낸다.

◆ 식품공장의 실내공기 소독, 조리대 등의 살균에 이용된다.

21 단백질의 구조에 관련되는 결합

◆ 1차 구조 : peptide 결합
◆ 2차 구조 : 수소 결합
◆ 3차 구조 : 이온 결합, 수소 결합, S−S 결합, 소수성 결합, 정전적인 결합 등

22 식품가공에서 효소의 이용

효소	식품	작용
amylase	빵, 과자	효모 발효성 당의 증가
	맥주	전분 → 발효성 당, 전분의 혼탁 제거
	곡류	전분 → 덱스트린, 당, 수분 흡수 증대
	시럽, 당류	전분 → 저분자 덱스트린(콘시럽)
tannase	맥주	polyphenol성 화합물의 제거
invertase	인조꿀	sucrose → glucose + fructose
lipase	치즈	숙성, 일반적인 향미 특성
	유지	lipids → glycerol + 지방산으로 분해

23 GC와 HPLC

◆ 기체 크로마토그래피(GC)
- 이동상인 기체를 이용하여 화학물질을 분리시키는 분석화학의 방법이다.
- 분자량이 500 이하인 물질들에만 이용할 수 있다.
- 혼합물의 성분 분리에 있어 간편하고, 감도가 좋고, 효율성이 뛰어나다.

◆ 액체 크로마토그래피(HPLC)
- 이동상이 액체이다.
- 사용할 수 있는 분자량의 범위가 넓다.
- 이동상과 고정상 간의 친화력 차이에 의해 분리가 된다.
- 시료를 비교적 쉽게 회수할 수 있다.
- 열에 약하거나 비휘발성인 성분들의 분석에 주로 사용된다.

24 키틴 chitin

◆ 갑각류의 구조 형성 다당류로서 바다가재, 게, 새우 등의 갑각류와 곤충류 껍질 층에 포함되어 있다.
◆ N−acetyl glucosamine들이 β−1, 4 glucoside 결합으로 연결된 고분자의 다당류로서 영양성분은 아닌 물질이다.
◆ 항균, 항암 작용, 혈중 콜레스테롤 저하, 고혈압 억제 등의 효과가 있다.

25 수분활성도 water activity : A_w

◆ 어떤 임의의 온도에서 식품이 나타내는 수증기압(P_S)에 대한 그 온도에 있어서의 순수한 물의 최대 수증기압(P_O)의 비로써 정의한다.

◆ $A_W = \frac{P_S}{P_O} = \frac{N_W}{N_W + N_S}$

P_S : 식품 속의 수증기압

P_O : 동일온도에서의 순수한 물의 수증기압

N_W : 물의 몰(mole)수

N_S : 용질의 몰(mole)수

26 유화 emulsification

◆ 분산매와 분산질이 모두 액체인 콜로이드 상태를 유화액(emulsion)이라 하고 유화액을 이루는 작용을 유화라 한다.

◆ 수중유적형(O/W) : 물속에 기름이 분산된 형태

– 우유, 마요네즈, 아이스크림 등

◆ 유중수적형(W/O) : 기름 중에 물이 분산된 형태

– 마가린, 버터 등

27 아스파탐 aspartame

◆ 높은 온도에서 불안정하여, 끓이면 단맛이 사라진다.

28 아린맛 acrid taste

◆ 쓴맛과 떫은맛이 혼합된 듯한 불쾌한 맛이다.

◆ 죽순, 토란, 우엉의 아린맛 성분은 phenylalanine이나 tyrosine의 대사과정에서 생성된 homogentisic acid이다.

29 maillard 반응의 기구

◆ 초기단계

– 당류와 아미노 화합물의 축합 반응

– amadori 전이

◆ 중간단계

– 3-deoxy-D-glucosone의 생성

– 불포화 3, 4-dideoxy-D-glucosone의 생성

– hydroxymethyl furfural(HMF)의 생성

– reductone류의 생성

– 당의 산화생성물의 분해

◆ 최종단계
- aldol 축합반응
- strecker 분해반응
- melanoidine 색소의 형성

⊕ 스트레커(strecker) 반응
- α-dicarbonyl 화합물과 α-amino acid와의 산화적 분해반응이다.
- 이때 아미노산은 탈탄산 및 탈아미노 반응이 일어나 본래의 아미노산보다 탄소수가 하나 적은 알데히드(aldehyde)와 상당량의 이산화탄소가 생성된다.

30 식품 레올로지rheology

◆ 점탄성(viscoelasticity) : 외부에서 힘을 가할 때 점성유동과 탄성변형을 동시에 일으키는 성질 ㊎ 껌, 반죽
◆ 탄성(elasticity) : 외부에서 힘의 작용을 받아 변형되어 있는 물체가 외부의 힘을 제거하면 원래 상태로 되돌아가려는 성질 ㊎ 한천젤, 빵, 떡
◆ 소성(plasticity) : 외부에서 힘의 작용을 받아 변형이 되었을 때 힘을 제거하여도 원상태로 되돌아가지 않는 성질 ㊎ 버터, 마가린, 생크림
◆ 점성(viscosity) : 액체의 유동성에 대한 저항을 나타내는 물리적 성질이며 균일한 형태와 크기를 가진 단일물질로 구성된 뉴턴 액체의 흐르는 성질을 나타내는 말 ㊎ 물엿, 벌꿀

⊕ 항복치 : 한계치

31 유지의 물리적 성질

◆ 발연점 : 유지를 가열할 때 유지 표면에서 엷은 푸른 연기가 발생하기 시작하는 온도
◆ 연화점 : 고형물질이 가열에 의하여 변형되어 연화를 일으키기 시작하는 온도
◆ 인화점 : 유지를 발연점 이상으로 가열할 때 유지에서 발생하는 증기가 공기와 혼합되어 발화하는 온도
◆ 연소점 : 인화점에 달한 후 다시 가열을 계속해 연소가 5초간 계속되었을 때의 최초 온도

32 식품의 관능 검사

◆ 차이식별 검사
- 종합적인 차이 검사 : 단순차이 검사, 일-이점 검사, 삼점 검사, 확장삼점 검사
- 특성차이검사 : 이점비교 검사, 순위법, 평점법, 다시료 비교 검사

◆ 묘사분석
- 향미프로필 방법
- 텍스처프로필 방법
- 정량적 묘사 방법
- 스펙트럼 묘사분석
- 시간-강도 묘사분석

◆ 소비자 기호도 검사

- 이점비교법
- 순위법
- 기호도 척도법
- 적합성 판정법

33 비타민 A

◆ 지방 및 유기용매에 잘 녹고, 알칼리에 안정하고 산성에서는 쉽게 파괴된다.
◆ 과량 섭취할 경우 간에 저장되었다가 인체의 요구가 있을 때 유리되어 나온다.
◆ 공기 중의 산소에 의해 쉽게 산화되지만 열이나 건조에 안정하다.
◆ 결핍되면 야맹증, 안구건조증, 각막연화증이 생긴다.
◆ 물고기의 간유 중에 가장 많이 들어있고, 조개류, 뱀장어, 난황에 다소 들어있다.

34 단당류 분자의 하이드록시기의 주요 화학 반응

◆ 에스터와 에테르의 형성
◆ 헤미 아세탈 생성
◆ 카르보닐기로의 산화

35 제한 아미노산

◆ 필수아미노산 중에서 가장 적게 함유되어 있고 비율이 낮은 아미노산을 말한다.
◆ 우유나 두류에는 메티오닌이 부족하고, 쌀은 라이신이 부족하고, 옥수수는 라이신, 트립토판이 부족하고 밀은 라이신, 메티오닌, 트레오닌이 부족하다.

36 지용성 비타민

◆ 유지 또는 유기용매에 녹는다.
◆ 생체 내에서는 지방을 함유하는 조직 중에 존재하고 체내에 저장될 수 있다.
◆ 전구체(provitamin)가 존재한다.
◆ 과량 섭취할 경우 장에서 흡수되어 간에 저장한다.
◆ 비타민 A, D, E, F, K 등이 있다.

37 식품에서 솔비톨sorbitol의 이용

◆ 열량이 낮고 흡수가 느려 당뇨 환자용 감미료로 이용된다.
◆ 충치 예방 감미료로 이용된다.
◆ 상쾌한 청량감을 부여한다.
◆ 습윤제, 보습제로 이용된다.
◆ 건조 방지, 중량 손실을 방지해 품질과 저장성을 향상시킨다.
◆ 육류의 냉동 저장 시 솔비톨의 수산기에 의해 단백질 변성을 방지한다.
◆ 비타민 C 합성에 이용된다.

38 전분의 노화 retrogradation

- α 전분(호화전분)을 실온에 방치할 때 차차 굳어져 micelle 구조의 β 전분으로 되돌아가는 현상을 노화라 한다.
- 노화된 전분은 호화전분보다 효소의 작용을 받기 어려우며 소화가 잘 안된다.
- 전분의 노화에 영향을 주는 인자
  - 전분의 종류 : amylose는 선상분자로서 입체장애가 없기 때문에 노화하기 쉽고, amylopectin은 분지분자로서 입체장애 때문에 노화가 어렵다.
  - 전분의 농도 : 전분의 농도가 증가됨에 따라 노화속도는 빨라진다.
  - 수분 함량 : 30~60%에서 가장 노화하기 쉬우며, 10% 이하에서는 어렵고, 수분이 매우 많은 때도 어렵다.
  - 온도 : 노화에 가장 알맞은 온도는 2~5℃이며, 60℃ 이상의 온도와 동결 때는 노화가 일어나지 않는다.
  - pH : 다량의 OH이온(알칼리)은 starch의 수화를 촉진하고, 반대로 다량의 H이온(산성)은 노화를 촉진한다.
  - 염류 또는 각종 이온 : 주로 노화를 억제한다.

39 플라보노이드 flavonoid 계 색소

- anthoxanthin 색소(화황소) : flavone계(apigenin, tritin, apin), flavanol계(quercetin, rutin), flavanone(hesperdin, eriodictin, naringin), flavanonol(dihydroxyquercetin), isoflavone(daidzein)
- anthocyanin 색소(화청소) : 생략
- tannin 색소 : 생략

⊕ lycopene은 carotenoid계 색소이다.

40 소브산, 소르브산 sorbic acid

- 대표적인 합성 보존료이다.
- 각종 미생물의 생육 억제에 효과가 있지만 살균 효과는 거의 없다.
- 흰색의 결정성 분말로 약간의 자극적인 냄새가 있다.
- 빙초산이나 다양한 유기 용매에 잘 녹는다.
- 식품에 사용할 때는 아세트산, 젖산, 알코올 등과 혼합하여 사용하거나, 소르빈산칼륨이나 소르빈산칼슘 등과 같은 염 형태로 사용한다.
- 치즈류, 식육가공품, 젓갈류, 과·채주스, 탄산음료, 발효음료류, 과일주, 약탁주, 마가린 등에 사용할 수 있다.

41 보수력에 영향을 미치는 요인

- ◆ 사후 해당작용의 속도와 정도
- ◆ 근원섬유 단백질의 전하
- ◆ 식육의 이온 강도
- ◆ 식육 단백질의 등전점인 pH
- ◆ 근섬유간 결합상태
- ◆ 식육의 온도

42 정미의 도정률(정백률)

- ◆ 도정된 정미의 중량이 현미 중량의 몇 %에 해당하는가를 나타내는 방법이다.
- ◆ 도정률(%) $= \frac{\text{도정(정미)량}}{\text{현미량}} \times 100$
- ◆ 도정도가 높을수록 도감률도 높아지나 도정률은 낮아진다.

43 종국 제조 시 목회의 사용 목적

- ◆ 주미에 잡균 번식 방지
- ◆ 무기물질 공급
- ◆ 포자 형성 용이

44 우유의 가수여부 판정

- ◆ 우유의 비등점 : 100.55℃이며, 우유에 가수하면 비점이 낮아진다.
- ◆ 우유의 빙점 : −0.53~−0.57℃이며, 평균 −0.54℃이다. 물의 첨가에 의해 빙점이 변한다.
- ◆ 우유의 점도 : 1.5~2.0cp(cm poise)이고, 우유 성분과 온도에 영향을 받는다. 우유에 가수하면 점도가 낮아진다.

> ⊕ 우유의 지방 측정은 우유의 가수여부와 관련이 없다.

45 포스파타아제 테스트

- ◆ phosphatase는 인산의 monoester, diester 및 pyrophosphate의 결합을 분해하는 효소이다.
- ◆ 62.8℃에서 30분, 71~75℃에서 15~30초의 가열에 의하여 파괴되므로 저온살균유의 완전살균여부 검정에 이용된다.

> ⊕ 알코올 테스트와 산도 측정은 우유의 신선도 판정에 이용하고, 비중 검사는 우유에 물이나 소금 등 이물질 첨가유무를 판정하는 데 이용한다.

46 난황의 저온 보존 시 젤(gel)화 방지

- ◆ 현재 가장 널리 쓰이는 것은 설탕이나 식염 농도 10% 정도 첨가 후 −10℃ 이하에서 보존하는 것이다.

◆ 이외에 glycerin, diethyleneglycol, sorbitol, gum류, 인산염 등도 효과가 있으나 사용되지 않는다.

47 전분 분리법

◆ 전분유에는 전분, 미세 섬유, 단백질 및 그 밖의 협잡물이 들어 있으므로 비중 차이를 이용하여 불순물을 분리 제거한다.

◆ 분리법에는 탱크 침전법, 테이블법 및 원심 분리법이 있다.

- 침전법 : 전분의 비중을 이용한 자연 침전법으로 분리된 전분유를 침전탱크에서 8~12시간 정치하여 전분을 침전시킨 다음 배수하고 전분을 분리하는 방법이다.
- 테이블법(tabling) : 입자 자체의 침강을 이용한 방법으로 탱크 침전법과 같으나 탱크 대신 테이블을 이용한 것이 다르다. 전분유를 테이블(1/1,200~1/500 되는 경사면)에 흘려 넣으면 가장 윗부분에 모래와 큰 전분 입자가 침전하고 중간부에 비교적 순수한 전분이 침전하며 끝에 가서 고운 전분 입자와 섬유가 침전하게 된다.
- 원심 분리법 : 원심 분리기를 사용하여 분리하는 방법으로 순간적으로 전분 입자와 즙액을 분리할 수 있어 전분 입자와 불순물의 접촉시간이 가장 짧아 매우 이상적이다.

48 유지 추출 용매의 구비조건

◆ 유지만 잘 추출되는 것

◆ 악취, 독성이 없는 것

◆ 인화, 폭발하는 등의 위험성이 적은 것

◆ 기화열 및 비열이 적어 회수가 쉬운 것

◆ 가격이 쌀 것

49 마이크로파 가열의 특징

◆ 빠르고 균일하게 가열할 수 있다.

◆ 식품 중량의 감소를 크게 한다.

◆ 표면이 타거나 눋지 않으며 연기가 나지 않으므로 조리환경이 깨끗하다.

◆ 식품을 용기에 넣은 채 가열하므로 식품 모양이 변하지 않게 가열할 수 있다.

◆ 편리하고 효율이 좋은 가열방식이다.

◆ 비금속 포장재 내에 있는 물체도 가열할 수 있다.

◆ 미생물에 의한 변패 가능성이 적다.

◆ 대량으로 물을 제거하는 경우에는 부적당하다.

50 과일잼의 고온 장시간 농축 시 변화

◆ 방향 성분이 휘발하여 이취가 발생한다.

◆ 색소의 분해와 갈변 반응을 일으킨다.

◆ 설탕의 전화가 진행되어 엿 냄새가 난다.

◆ 펙틴의 분해로 젤리화 강도가 감소한다.

51 Pearson 공식에 의하여

◆ $x = \frac{20(22-20)}{(30-22)} = 5kg$

52 육가공의 훈연

◆ 훈연 목적
- 보존성 향상
- 특유의 색과 풍미 증진
- 육색의 고정화 촉진
- 지방의 산화 방지

◆ 연기 성분의 종류와 기능
- phenol류 화합물은 육제품의 산화방지제로 독특한 훈연취를 부여, 세균의 발육을 억제하여 보존성 부여
- methyl alcohol 성분은 약간의 살균 효과, 연기 성분을 육조직 내로 운반하는 역할
- carbonyls 화합물은 훈연색, 풍미, 향을 부여하고 가열된 육색을 고정
- 유기산은 훈연한 육제품 표면에 산성도를 나타내어 약간의 보존 작용

53 환경기체조절포장MAP : modified atmosphere packaging

◆ 폴리에틸렌 필름이나 피막제를 이용하여 원예 생산물을 외부 공기와 차단하고 생산물의 호흡에 의한 산소 농도의 저하와 이산화탄소 농도의 증가로 품질 변화를 억제하는 기술이다.

◆ 이때 사용하는 필름이나 피막제는 가스 확산을 저해하므로 MA 처리는 극도로 압축된 CA 저장이라 할 수 있다.

◆ 생물에 있어서 활성기체로 O_2나 CO_2가 적절히 이용되고 있으며 또 O_2가 존재하면 분유같은 지방 식품은 산패가 일어나므로 N_2 가스 등으로 치환시켜 보존한다.

◆ 후숙 억제, 선도 유지, 상품가치의 향상, 취급상의 편리성 등을 추구하는 방법이다.

◆ 설비비가 많이 든다.

54 콩 단백질의 특성

◆ 콩 단백질의 주성분은 음전하를 띠는 glycinin이다.

◆ 콩 단백질은 묽은 염류 용액에 용해된다.

◆ 콩을 수침하여 물과 함께 마쇄하면, 인산칼륨 용액에 의해 glycinin이 용출된다.

◆ 두부는 콩 단백질인 glycinin을 70℃ 이상으로 가열하고 $MgCl_2$, $CaCl_2$, $CaSO_4$ 등의 응고제를 첨가하면 glycinin(음이온)이 Mg^{++}, Ca^{++} 등의 금속이온에 의해 변성(열, 염류) 응고하여 침전된다.

55 연제품surimi의 가공 원리

◆ 단순히 어육을 가열하면 단백질 섬유가 변성 응고하여 보수력을 상실하게 된다.

56 살균온도의 변화 시 가열치사시간의 계산

◆ $F_0 = F_T \times 10^{\frac{T-121}{Z}}$ (F_0 : T=121℃에서의 살균시간, F_T : 온도 T에서의 살균시간)

◆ 이 공식에 의해 138℃에서 5초이므로

$F_{121} = 5 \times 10^{\frac{138-121}{8.5}} = 500$초

57 저온장해를 받는 과채류와 그 특성

품목	저온장해온도(℃)	저온장해
사과(일부품목)	2.2~3.3	내부의 갈변, 연화
바나나	11.7~14.3	과피의 갈변, 추숙 불량
오이	7.2	내부 연화, 갈변
가지	7.2	내부 연화, 흑변
파인애플(숙과)	4.4~7.2	중심부의 흑변
고구마	10.0	수침 연화, 부패
토마토(숙과)	7.2~10.0	수침 연화, 부패

58 콩을 이용한 발효식품

◆ 된장 : 찐콩에 쌀이나 보리로 만든 코지를 섞어서 물과 소금을 넣어 일정기간 숙성시켜 만든다.

◆ 청국장 : 찐콩에 납두균(*Bacillus natto*)을 번식시켜 납두를 만들어 여기에 소금, 마늘, 고춧가루 등의 향신료를 넣고 절구로 찧어 만든다.

◆ 템페 : 인도네시아 전통발효식품으로 대두를 수침하여 탈피한 후 증자하여 종균인 *Rhizopus oligosporus*를 접종하여 둥글게 빚은 뒤 1~2일 발효시켜 제조한다. 대두는 흰 균사로 덮여 육류와 같은 조직감과 버섯 향미를 갖는 제품이다.

⊕ 유부 : 두부를 얇게 썰어 기름에 튀겨서 만든다.

59 샐러드유 salad oil

◆ 정제한 기름으로 면실유 외에 olive oil, 옥수수기름, 콩기름, 채종유 등이 사용된다.

◆ 특성

- 색이 엷고, 냄새가 없다.
- 저장 중 산패에 의한 풍미의 변화가 없다.
- 저온에서 탁하거나 굳지 않는다.

⊕ 유지의 불포화지방산의 불포화 결합에 Ni 등의 촉매로 수소를 첨가하여 액체유지를 고체지방으로 변화시켜 제조한 것을 경화유라고 한다.

60 젤리의 형성 및 강도에 관여하는 인자

◆ 펙틴(pectin)의 농도, 분자량 및 ester화 정도, 당의 농도, pH 및 염의 종류 등

제4과목 식품미생물학

61 곰팡이의 구조

◆ 균사체, 가근, 포복지, 자실체, 포자, 포자낭병, 격벽 등으로 구성되어 있다.

⊕ 편모는 세균의 운동기관으로 편모의 유무, 착생부위 및 수는 세균 분류의 중요한 지표가 된다.

62 *Shigella*속

◆ 비운동성, 호기성 내지 통성 혐기성으로 그람음성 간균이다.

◆ 포유동물의 장관 내에 분포하며 장점막에 염증을 일으키고 점혈변을 배출시키는 적리균이다.

63 균수계산 [식품공전]

◆ 30~300개의 집락수 : 237

◆ 희석배수 10,000배

◆ 균수 237×10,000=2,370,000=2.4×10^6

64 EMP 경로에서 생성될 수 있는 물질

◆ pyruvate, lactate, acetaldehyde, CO_2 등이다.

⊕ lecithin는 인지질 대사에서 합성된다.

65 살모넬라*Salmonella* spp. 시험법 [식품공전]

◆ 증균배양 : 검체 25g을 취하여 225mL의 peptone water에 가한 후 35℃에서 18±2시간 증균배양한다. 배양액 0.1mL를 취하여 10mL의 Rappaport-Vassiliadis배지에 접종하여 42℃에서 24±2시간 배양한다.

◆ 분리배양 : 증균배양액을 MacConkey 한천배지 또는 desoxycholate citrate 한천배지 또는 XLD 한천배지 또는 bismuth sulfite 한천배지에 접종하여 35℃에서 24시간 배양한 후 전형적인 집락은 확인시험을 실시한다.

◆ 확인시험 : 분리배양된 평판배지상의 집락을 보통한천배지(배지 8)에 옮겨 35℃에서 18~24시간 배양한 후, TSI 사면배지의 사면과 고층부에 접종하고 35℃에서 18~24시간 배양하여 생물학적 성상을 검사한다. 살모넬라는 유당, 서당 비분해(사면부 적색), 가스 생성(균열 확인) 양성인 균에 대하여 그람음성 간균임을 확인하고 urease 음성, lysine decarboxylase 양성 등의 특성을 확인한다.

66 그람 염색 결과 판정

◆ 자주색(그람양성균) : 연쇄상구균, 쌍구균(폐염구균), 4련구균, 8련구균, *Staphylococcus*속, *Bacillus*속, *Clostridium*속, *Corynebacterium*속, *Mycobacterium*속, *Lactobacillus*속, *Listeria*속 등

◆ 적자색(그람음성균) : *Aerobacter*속, *Neisseria*속, *Escherichia*속(대장균), *Salmonella*속, *Pseudomonas*속, *Vibrio*속, *Campylobacter*속 등

67 남조류blue green algae

◆ 가장 원시적인 조류로 세균과 비슷한 성상을 하고 있다.

◆ 세포구조상 원시핵세포로 되어 있는 일반조류와는 전혀 다르다.

◆ 핵에는 핵막이 없고, 특유한 세포 단백질인 phycocyan과 phycoerythrin을 가지고 있기 때문에 남청색을 나타내고 점질물에 싸여 있는 것이 보통이다.

◆ 특정의 엽록체가 없고 엽록소는 세포 전체에 분산되어 있다.

◆ 독특한 활주운동을 한다.

68 증식온도에 따른 미생물의 분류

종류	최저온도(℃)	최적온도(℃)	최고온도(℃)	예
저온균(호냉균)	0~10	12~18	25~35	발광세균, 일부 부패균
중온균(호온균)	0~15	25~37	35~45	대부분의 세균, 곰팡이, 효모, 초산균, 병원균
고온균(호열균)	25~45	50~60	70~80	황세균, 퇴비세균, 유산균

69 젖산균(lactic acid bacteria)

◆ 당을 발효하여 다량의 젖산을 생성하는 세균을 말한다.

◆ 그람양성, 무포자, 간균 또는 구균이고 통성 혐기성 또는 편성 혐기성균이다.

◆ catalase는 대부분 음성이고 장내에 증식하여 유해균의 증식을 억제한다.

◆ 젖산균의 종류

- 정상발효젖산균(homo type) : 당류로부터 젖산만을 생성하는 젖산균
- 이상발효젖산균(hetero type) : 젖산 이외의 알코올, 초산 및 CO_2 가스 등 부산물을 생성하는 젖산균

◆ 생합성 능력이 한정되어 영양요구성이 까다롭다.

70 *Rhizopus*속(거미줄 곰팡이속)

◆ 조상균류(Phycomycetes)에 속하며 가근(rhizoid)과 포복지(stolon)를 형성한다.

◆ 균사에는 격벽이 없고 포자낭병은 가근이 있는 곳에서 뻗어나고 분지하지 않는다.

71 *Candida utilis*

◆ pentose 중 크실로오스(xylose)를 자화한다.
◆ 아황산 펄프, 폐액 등을 기질로 배양하여 식사료 효모, inosinic acid 및 guanylic acid 생산에 사용된다.

72 세포융합 cell fusion, protoplast fusion

◆ 서로 다른 형질을 가진 두 세포를 융합하여 두 세포의 좋은 형질을 모두 가진 새로운 우량 형질의 잡종세포를 만드는 기술을 말한다.
◆ 세포융합의 단계
- 세포의 protoplast화 또는 spheroplast화
- protoplast의 융합
- 융합체(fusant)의 재생(regeneration)
- 재조합체의 선택, 분리

◆ 세포융합을 하기 위해서는 먼저 세포의 세포벽을 제거하여 원형질체인 프로토플라스트(protoplast)를 만들어야 한다. 세포벽 분해효소로는 세균에는 리소자임(lysozyme), 효모와 사상균에는 달팽이의 소화관액, 고등식물의 세포에는 셀룰라아제(cellulase)가 쓰인다.

73 5-Bromouracil(5-BU)

◆ thymine의 유사물질이고 호변변환(tautomeric shift)에 의해 케토형(keto form) 또는 엔올형(enol form)으로 존재한다. keto form은 adenine과 결합하고, enol form은 guanine과 결합한다. A:T에서 G:C로 돌연변이를 유도한다.

74 오클라톡신(ochratoxin)

◆ *Asp. ochraceus*가 생성하는 곰팡이독(mycotoxin)이다.

⊕
- 엔테로톡신(enterotoxin) : 포도상구균(*Staphylococcus aureus*)이 생성하는 장독소이다.
- 뉴로톡신(neurotoxin) : 보툴리누스균(*Clostridium botulinum*)이 생성하는 신경독소이다.
- 베로톡신(verotoxin) : *E. coli* O157 : H7 균주가 생성하는 장관 독소이다.

75 aflatoxin(아플라톡신)

◆ *Asp. flavus*가 생성하는 대사산물로서 곰팡이 독소이다.
◆ 간암을 유발하는 강력한 간장독성분이다.

76 그람 gram 염색

◆ 세균 분류의 가장 기본이 된다.
◆ 그람양성과 그람음성의 차이를 나타내는 것은 세포벽의 화학구조 때문이다.
◆ 그람음성균의 세포벽은 mucopeptide로 된 내층과 lipopolysaccharide와 lipoprotein으로 된 외층으로 구성되어 있다.

◆ 그람양성균은 그람음성균에 비하여 보다 많은 양의 mucopeptide를 함유하고 있으며, 이외에도 teichoic acid, 아미노당류, 단당류 등으로 구성된 mucopolysaccharide를 함유하고 있다.
◆ 염색성에 따라 화학구조, 생리적 성질, 항생물질에 대한 감수성과 영양 요구성 등이 크게 다르다.

77 불완전효모균류

◆ Cryptococaceae과
- 자낭, 사출포자를 형성하지 않는 불완전균류에 속한다.
- *Candida*속, *Kloeclera*속, *Rhodotorula*속, *Torulopsis*속, *Cryptococcus*속 등

◆ Sporobolomycetaceae과(사출포자효모)
- 사출포자 효모는 돌기된 포자병의 선단에 액체 물방울(소적)과 함께 사출되는 무성포자를 형성한다.
- *Saccharomyces*속, *Debaryomyces*속, *Bullera*속, *Sporobolomyces*속, *Sproidiobolus*속 등

78 맥주발효효모

◆ *Saccharomyces cerevisiae* : 맥주의 상면발효효모
◆ *Saccharomyces carlsbergensis* : 맥주의 하면발효효모

· *Saccharomyces sake* : 청주효모
· *Saccharomyces coreanus* : 한국의 약·탁주효모

79 생물 그룹과 에너지원

생물 그룹	에너지원	탄소원	예
독립영양 광합성생물(photoautotrophs)	태양광	CO_2	고등식물, 조류, 광합성 세균
종속영양 광합성생물(photoheterotrophs)	태양광	유기물	남색, 녹색 박테리아
독립영양 화학합성생물(chemoautotrophs)	화학반응	CO_2	수소, 무색유황, 철, 질산화 세균
종속영양 화학합성생물(chemoheterotrophs)	화학반응	유기물	동물, 대부분의 세균, 곰팡이, 원생동물

80 돌연변이

◆ 미스센스 돌연변이(missense mutation) : DNA의 염기가 다른 염기로 치환되면 polypeptide 중에 대응하는 아미노산이 야생형과는 다른 것으로 치환되거나 또는 아미노산으로 번역되지 않은 짧은 peptide 사슬이 된다. 이와 같이 야생형과 같은 크기의 polypeptide 사슬을 합성하거나 그 중의 아미노산이 바뀌어졌으므로 변이형이 표현형이 되는 돌연변이다.

◆ 점 돌연변이(point mutation) : 보통 염기쌍 치환과 프레임 시프트 같은 DNA 분자 중의 단일 염기쌍 변화로 인한 돌연변이의 총칭이다.
◆ 유도 돌연변이(induced mutagenesis) : 자외선이나 전리방사선 또는 여러 화학약품 등의 노출에 의해 야기되는 돌연변이다.
◆ 넌센스 돌연변이(nonsense mutation) : UAG, UAA, UGA codon은 nonsense codon이라고 불리며 이들 RNA codon에 대응하는 aminoacyl tRNA가 없다. mRNA가 단백질로 번역될 때 nonsense codon이 있으면 그 위치에 peptide 합성이 정지되고 야생형보다 짧은 polypeptide 사슬을 만드는 변이가 된다.
◆ 격자이동 돌연변이(frame shift mutation) : 유전자 배열에 1개 또는 그 이상의 염기가 삽입되거나 결실됨으로써 reading frame이 변화되어 전혀 다른 polypeptide chain이 생기는 돌연변이다.

제5과목 생화학 및 발효학

81 효모의 균체 생산 배양관리

◆ 좋은 품질의 효모를 높은 수득률로 배양하기 위해서는 배양관리가 적절해야 한다.
◆ 관리해야 할 인자 : 온도, pH, 당 농도, 질소원 농도, 인산 농도, 통기교반 등
- 온도 : 최적온도는 일반적으로 25~26℃이다.
- pH : 일반적으로 pH 3.5~4.5의 범위에서 배양하는 것이 안전하다.
- 당 농도 : 당 농도가 높으면 효모는 알코올 발효를 하게 되고 균체 수득량이 감소한다. 최적 당 농도는 0.1% 전후이다.
- 질소원 : 증식기에는 충분한 양이 공급되지 않으면 안 되나 배양 후기에는 질소 농도가 높으면 제품효모의 보존성이나 내당성이 저하하게 된다.
- 인산 농도 : 낮으면 효모의 수득량이 감소되고 너무 많으면 효모의 발효력이 저하되어 제품의 질이 떨어지게 된다.
- 통기교반 : 알코올 발효를 억제하고 능률적으로 효모균체를 생산하기 위해서는 배양 중 충분한 산소 공급을 해야 한다.

82 요소의 합성과정

◆ ornithine이 citrulline으로 변성되고 citrulline은 arginine으로 합성되면서 urea가 떨어져 나오는 과정을 urea cycle이라 한다.
◆ 아미노산의 탈아미노화에 의해서 생성된 암모니아는 대부분 간에서 요소회로를 통해서 요소를 합성한다.

83 저탄수화물 섭취를 할 경우 나타나는 현상

◆ 저장 글리코겐 양이 감소한다.
◆ 기아상태, 당뇨병, 저탄수화물 식이를 하게 되면 저장지질이 분해되어 acetyl-CoA를 생성

하게 되고 과잉 생성된 acetyl-CoA는 간에서 acetyl-CoA 2분자가 축합하여 케톤체를 생성하게 된다.

◆ 이들 케톤체는 당질을 아주 적게 섭취하는 기간 동안에 말초조직과 뇌에서 대체에너지로 이용한다.

◆ 혈중에 케톤체 농도가 너무 높게 되면 ketoacidosis가 되어 혈중 pH가 낮게 된다.

84 고정화 효소

◆ 장점

- 효소의 안정성이 증가한다.
- 효소의 재이용이 가능하다.
- 연속반응이 가능하다.
- 반응목적에 적합한 성질과 형태의 효소 표준품을 얻을 수 있다.
- 반응기가 차지하는 공간을 줄일 수 있다.
- 반응조건의 제어가 용이하다.
- 반응생성물의 순도 및 수율이 향상된다.
- 자원, 에너지, 환경문제의 관점에서도 유리하다.

◆ 단점

- 고정화 조작에 의해 활성효소의 총량이 감소하기도 한다.
- 고정화 담체와 고정화 조작에 따른 비용이 가산된다.
- 입자 내 확산저항 등에 의해 반응속도가 저하될 수 있다.

85 글루탐산(glutamic acid) 발효에 사용되는 균주

◆ *Corynebacterium glutamicum(Micrococcus glutamicus)*, *Brevibacterium flavum*, *Brev. divaricatum*, *Brev. lactofermentum*, *Microbacterium ammoniaphilum* 등이 있다.

86 구연산 발효 시 발효 주원료

◆ 당질 또는 전분질 원료가 사용되고, 사용량이 가장 많은 것은 첨채당밀(beet molasses)이다.

◆ 당질 원료 대신 n-paraffin이 사용되기도 한다.

87 알코올 발효법

① 전분이나 섬유질 등을 원료로 맥아, 곰팡이, 효소, 산을 이용하여 당화시키는 방법

② 당화 방법

◆ 고체국법(피국법, 밀기울 코지법)

- 고체상의 코지를 효소제로 사용
- 밀기울과 왕겨를 6:4로 혼합한 것에 국균(*Asp. oryza, Asp. shirousami*)을 번식시켜 국 제조
- 잡균 존재(국으로부터 유래) 때문에 왕성하게 단시간에 발효

◆ 액체국법
- 액체상의 국을 효소제로 사용
- 액체배지에 국균(*A. awamori*, *A. niger*, *A. usami*)을 번식시켜 국 제조
- 밀폐된 배양조에서 배양하여 무균적 조작 가능, 피국법보다 능력 감소

◆ amylo법
- koji를 따로 만들지 않고 발효조에서 전분 원료에 곰팡이를 접종하여 번식시킨 후 효모를 접종하여 당화와 발효가 병행해서 진행

◆ amylo 술밑·koji 절충법
- 주모의 제조를 위해서는 amylo법, 발효를 위해서는 국법으로 전분질 원료를 당화
- 주모 배양 시 잡균오염 감소, 발효속도 양호, 알코올 농도 증가
- 현재 가장 진보된 알코올 발효법으로 규모가 큰 생산에 적합

88 비타민 B_{12} 생산균

◆ *Propionibacterium freudenreichii, Propionibacterium shermanii, Streptomyces olivaceus, Micromonospora chalcea, Pseudomonas denitrificans, Bacillus megaterium* 등이 있다.

◆ 이외에 *Nocardia, Corynebacterium, Butyribacterium, Flavobacterium*속 등이 있다.

89 DNA 분자의 특징

◆ DNA 분자의 생합성은 5′-말단 → 3′-말단 방향으로 진행된다.

90 핵산 관련 물질이 정미성을 갖기 위한 화학구조

◆ 고분자 nucleotide, nucleoside 및 염기 중에서 mononucleotide만 정미성분을 가진다.

◆ purine계 염기만이 정미성이 있고 pyrimidine계는 정미성이 없다.

◆ 당은 ribose나 deoxyribose에 관계없이 정미성을 가진다.

◆ ribose의 5′의 위치에 인산기가 있어야 정미성이 있다.

◆ purine 염기의 6의 위치 탄소에 -OH가 있어야 정미성이 있다.

91 glutamic acid 발효 시 penicillin의 역할

◆ biotin 과잉의 배지에서는 glutamic acid를 균체 외에 분비, 축적하는 능력이 낮아 균체 내의 glutamic acid가 많아지게 된다. 세포막의 투과성이 나빠지므로 합성된 glutamic acid가 세포내에 자연히 축적되게 된다.

◆ penicillin를 첨가하면 세포벽의 투과성이 변화를 받아(투과성이 높아져) glutamic acid가 세포 외로 분비가 촉진된다.

92 steroid hormone 제조 시

◆ steroid류의 미생물 변환은 *Rhizopus*, *Aspergillus* 등의 균체를 이용하는 경우가 많다.

◆ 항체호르몬인 프로게스테론(progesterone)의 11α-hydroxyprogesterone 전환에는 *Rhizopus nigricans*와 *Aspergillus ochraceus* 균체를 이용한다.

93 Michaelis-Menten 식에서

◆ [S]=Km이라면 $V=1/2V_{max}$가 된다.

◆ 20μmol/min=$1/2V_{max}$

◆ V_{max}=40μmol/min

94 퓨젤유(fusel oil)

◆ 알코올 발효의 부산물인 고급알코올의 혼합물이다.

◆ 불순물인 fusel oil은 술덧 중에 0.5~1.0% 정도 함유되어 있다.

◆ 주된 성분은 n-propyl alcohol(1~2%), isobutyl alcohol(10%), isoamyl alcohol(45%), active amyl alcohol(5%)이며 미량 성분으로 고급지방산의 ester, furfural, pyridine 등의 amine, 지방산 등이 함유되어 있다.

◆ 이들 fusel oil의 고급알코올은 아미노산으로부터 알코올 발효 시의 효모에 의한 탈아미노기 반응과 동시에 탈카르복시 반응에 의해서 생성되는 aldehyde가 환원되어 생성된다.

95 퓨린 대사

◆ 사람 등의 영장류, 개, 조류, 파충류 등의 purine 유도체 최종대사산물은 요산(uric acid)이다.

◆ 즉, purine 유도체인 adenine과 guanine은 요산이 되어 소변으로 배설된다.

◆ 조류는 오줌을 누지 않아 퓨린은 요산으로 분해되어 대변과 함께 배설된다.

96 DNA을 구성하는 염기

◆ 피리미딘(pyrimidine)의 유도체 : cytosine(C), uracil(U), thymine(T) 등

◆ 퓨린(purine)의 유도체 : adenine(A), guanine(G) 등

DNA 이중나선에서

- 아데닌(adenine)과 티민(thymine) : 2개의 수소 결합
- 구아닌(guanine)과 시토신(cytosine) : 3개의 수소 결합

97 TCA 회로에서 일어나는 중요한 화학반응

◆ 피루브산 1분자에서 시작되어 acetyl-CoA를 거쳐 옥살로아세트산이 되기까지 TCA 회로가 1회 순환하면서

- 탈탄산반응으로 2분자의 CO_2와 1분자의 ATP를 생성한다.
- 탈수소반응에 의해 생성된 $FADH_2$와 $NADH_2$는 전자전달계에서 FAD와 NAD^+로 되면서 유리된 수소이온이 산소와 결합하여 물이 되고 그 과정에서 ATP를 생성한다.

98 시토크롬cytochrome

- ◆ 혐기적 탈수소반응의 전자 전달체로서 작용하는 복합단백질로 heme과 유사하며 Fe 함유 색소를 작용족으로 한다.
- ◆ 이 효소는 cytochrome a, b, c 3종이 알려져 있으며 c가 가장 많이 존재한다.
- ◆ cytochrome c는 0.34~0.43%의 Fe을 함유하고, heme 철의 $Fe^{2+} \rightleftarrows Fe^{3+}$의 가역적 변환에 의하여 세포 내의 산화환원반응의 중간 전자전달체로서 작용한다.
- ◆ cytochrome c의 산화환원반응에서 특이한 점은 수소를 이동하지 않고 전자만 이동하는 것이다.

99 비오틴biotin

- ◆ 비오시틴(biocytin)이라는 단백질에 결합된 조효소 형태로 존재한다.
- ◆ biocytin은 혈액과 간에서 효소에 의해 가수분해되어 biotin으로 유리된다.

100 수동확산passive diffusion

- ◆ 두 용액 사이의 농도 경사가 발생하면 고농도에서 저농도로 용질의 이동이 일어나 2 용액 간의 농도 경사가 없어지게 된다.
- ◆ 두 용액의 steady state(정상상태)를 유지하기 위해서 용질의 counter flow(역류)가 계속 된다.

식품기사 기출문제 해설 2018 2회

제1과목 식품위생학

1 다이옥신dioxin

◆ 1개 또는 2개의 염소원자에 2개의 벤젠고리가 연결된 3중 고리구조로, 1개에서 8개의 염소원자를 갖는 다염소화된 방향족화합물을 지칭한다.

◆ 무색·무취의 맹독성 화학물질로, 주로 쓰레기 소각장에서 발생하는 환경호르몬이다.

◆ 특히 플라스틱 종류의 물질을 태울 때 가장 많이 생기기 때문에 쓰레기 소각장과 관련하여 늘 문제가 되고 있다.

◆ 물에 잘 녹지 않는 성질이 있어서 소변이나 배설물로는 잘 빠져나가지 않으며, 반면 지방에는 잘 녹기 때문에 사람이나 동물의 지방조직에 쌓이게 된다.

◆ 소량을 섭취하더라도 인체에 축적돼 치명적인 결과를 낳는 무색의 발암물질이며 청산가리의 만배, 사카린의 천배의 독성을 가진 것으로 밝혀졌다.

2 식품의 변질

◆ 부패(putrefaction) : 단백질과 질소화합물을 함유한 식품이 자가소화, 부패세균의 효소작용으로 의해 분해되는 현상

◆ 산패(rancidity) : 지방질이 생화학적 요인 또는 산소, 햇볕, 금속 등의 화학적 요인으로 인하여 산화 · 변질되는 현상

◆ 변패(Deterioration) : 미생물 등에 의하여 식품 중의 탄수화물이나 지방이 변질하는 현상

◆ 발효(fermentation) : 탄수화물이 산소가 없는 상태에서 분해되는 것

3 호료(증점제)

◆ 식품에 작용하여 점착성을 증가시키고 유화안전성을 좋게 하며, 가공 시 가열이나 보존중의 선도 유지와 형체를 보존하는 데 효과가 있으며, 한편 미각적인 면에서도 점착성을 주어 촉감을 좋게 한다.

◆ 허용 호료 : 알긴산 나트륨(sodium alginate), 알긴산 프로필렌글리콜(propylene glycol alginate), 메틸셀룰로오스(methyl cellulose), 카복시메틸셀룰로오스 나트륨(sodium carboxymethyl cellulose), 카복시메틸셀룰로오스 칼슘(calcium carboxymethyl cellulose), 카복시메틸스타치 나트륨(sodium carboxymethyl starch), 카세인(casein), 폴리아크릴산 나트륨(sodium polyacrylate) 등 총 51종이다.

⊕ 스테아릴 젖산 나트륨은 밀가루 개량제이다.

4 가공처리공정 중 생성되는 위해물질

◆ 다핵방향족 탄화수소(PAHs)는 독성을 지닌 물질이 많은데, 특히 벤조피렌(benzopyrene)은 가열처리나 훈제공정에 의해 생성되는 발암물질이다.

◆ 아크릴아마이드(acrylamide)는 아미노산과 당이 열에 의해 결합하는 마이야르 반응을 통하여 생성되는 물질로 아미노산 중 아스파라긴산이 주 원인물질이다.

◆ 모노클로로프로판디올(MCPD)는 아미노산(산분해) 간장의 제조 시 유지성분을 함유한 단백질을 염산으로 가수분해할 때 생성되는 글리세롤 및 그 지방산 에스테르와 염산과의 반응에서 형성되는 염소화합물의 일종이다.

⊕ 트리코테신(trichothecene)은 밀, 오트밀, 옥수수 등에 주로 서식하는 *Fusarium* 곰팡이들에 의해 생성된 곰팡이 독으로 강력한 면역 억제 작용이 있어 사람 및 동물에 심각한 피해를 줄 수 있다.

5 장염비브리오균 *Vibrio parahaemolyticus*

◆ 그람음성 무포자 간균으로 통성 혐기성균이다.

◆ 증식 최적온도는 30~37℃, 최적 pH는 7.5~8.5이고, 60℃에서 10분 이내 사멸한다.

◆ 감염원은 근해산 어패류가 대부분(70%)이고, 연안의 해수, 바다벌, 플랑크톤, 해초 등에 널리 분포한다.

◆ 잠복기는 평균 10~18시간이다.

◆ 주된 증상은 복통, 구토, 설사, 발열 등의 전형적인 급성 위장염 증상을 보인다.

◆ 장염비브리오균 식중독의 원인식품은 주로 어패류로 생선회가 가장 대표적이지만, 그 외에도 가열조리된 해산물이나 침채류를 들 수 있다.

6 황색포도상구균 식중독

◆ 원인균
- *Staphylococcus aureus*
- 공기, 토양, 하수 등의 자연계에 널리 분포한다.
- 그람양성, 무포자 구균이고, 통성 혐기성 세균이다.

◆ 독소 : enterotoxin(장내 독소)
- 균 자체는 80℃에서 30분 가열하면 사멸되나 독소는 내열성이 강해 120℃에서 20분간 가열하여도 완전파괴되지 않는다.

◆ 특징
- 발열은 거의 없고, 보통 24~48시간 이내에 회복된다.
- 7.5% 정도의 소금 농도에서도 생육할 수 있는 내염성균이다.
- 생육 적온은 37℃이고, 10~45℃에서도 발육한다.
- 다른 세균에 비해 산성이나 알칼리성에서 생존력이 강한 세균이다.

◆ 감염원 : 주로 사람의 화농소, 콧구멍 등에 존재하는 포도상구균(손, 기침, 재채기 등)이다.

7 산미료 acidulant

◆ 식품을 가공하거나 조리할 때 적당한 신맛을 주어 미각에 청량감과 상쾌한 자극을 주는 식품첨가물이며, 소화액의 분비나 식욕 증진 효과도 있다.

◆ 보존료의 효과를 조장하고, 향료나 유지 등의 산화 방지에 기여한다.
◆ 유기산계에는 구연산(무수 및 결정), D-주석산, DL-주석산, 푸말산, 푸말산일나트륨, DL-사과산, 글루코노델타락톤, 젖산, 초산, 디핀산, 글루콘산, 이타콘산 등이 있다.
◆ 무기산계에는 이산화탄소(무수탄산), 인산 등이 있다.

8 진드기류

◆ 설탕진드기 : 동부복면의 기절판이 좌우 융합해서 W자형을 하고 있는 것이 특징이다. 설탕과 된장의 표면 등에 많이 번식한다.
◆ 집고기진드기 : 다리에 칼집 모양의 털이 없고 몸 앞부분 중앙에 홈이 있는데, 그 중앙에 한 쌍의 털이 덮여 있다.
◆ 보리먼지진드기 : 체장 0.1~0.2mm이며, 암컷은 제1각과 제2각 사이에 고무풍선 모양의 기관이 한 쌍 있고, 제4각은 변형하여 끝에 2쌍의 긴털이 있다.
◆ 긴털가루진드기 : 우리나라 모든 저장 식품에서 흔히 볼 수 있는 것이며 체장 0.3~0.5mm 정도의 유백색 내지 황백색의 진드기로서 곡류, 곡분, 빵, 과자, 건조과실, 분유, 치즈, 건어물, 초콜릿 등에서 발견된다.

9 HACCP의 7원칙 및 12절차

◆ 준비단계 5절차
- 절차 1 : HACCP팀 구성
- 절차 2 : 제품설명서 작성
- 절차 3 : 용도 확인
- 절차 4 : 공정흐름도 작성
- 절차 5 : 공정흐름도 현장확인

◆ HACCP 7원칙
- 절차 6(원칙 1) : 위해요소 분석(HA)
- 절차 7(원칙 2) : 중요관리점(CCP) 결정
- 절차 8(원칙 3) : 한계기준(Critical Limit ; CL) 설정
- 절차 9(원칙 4) : 모니터링 방법 설정
- 절차 10(원칙 5) : 개선조치방법 설정
- 절차 11(원칙 6) : 검증절차의 수립
- 절차 12(원칙 7) : 문서화 및 기록 유지

10 포름알데히드 용출시험 [식품공전]

◆ 합성수지제 식기를 60℃로 가열한 침출 용액을 가득 채워 시계접시로 덮고 60℃를 유지하면서 때때로 저어가며 30분간 방치한 액을 비커에 옮겨 시험 용액으로 한다.
◆ 시험용액 5㎖를 시험관에 취하고 이에 아세틸아세톤 시액 5㎖를 가하여 섞은 후 비등수욕 중에서 10분간 가열하고 식힌 다음 파장 425nm에서 흡광도를 측정한다.

11 기생충과 매개식품

◆ 채소를 매개로 감염되는 기생충 : 회충, 요충, 십이지장충, 동양모양선충, 편충 등
◆ 어패류를 매개로 감염되는 기생충 : 간디스토마(간흡충), 폐디스토마(폐흡충), 요코가와흡충, 광절열두조충, 아니사키스 등
◆ 수육을 매개로 감염되는 기생충 : 무구조충(민촌충), 유구조충(갈고리촌충), 선모충 등

12 자가품질검사에 대한 기준

◆ 자가품질검사에 관한 기록서는 2년간 보관하여야 한다(식품위생법 시행규칙 31조 4항).
◆ 자가품질검사주기의 적용시점은 제품제조일을 기준으로 산정한다(식품위생법 시행규칙 별표12. 3번)

13 폴리에틸렌 테레프탈레이트PET

◆ 처음 ethylene glycol과 terephthalic acid의 축합으로 합성되었다.
◆ PET 필름은 높은 기계적 강도와 치수 안정성, 내수성, 내화학성, 투명성, 질김성, 강성도, 차단성이 우수한 포장재며 사용 온도 범위가 높다.
◆ 특히 용융점이 높아 보일-인-백(boil in bag)이나 레토르트 파우치, 이중 오븐용 트레이 뚜껑에 사용된다.
◆ 성형용기로 탄산음료나 액체식품에 사용되며 탄산음료수 병은 기존의 유리병에 비해 무게가 가벼워 수송비용이 절감된다.

14 탄저anthrax

◆ 원인균 : *Bacillus anthracis*으로 그람양성 대형 간균이고, 운동성이 없다. 산소가 있어야 아포 형성이 가능하다.
◆ 감염원 : 오염된 목초, 사료 및 피부의 상처 등
◆ 감염경로
  - 동물 : 오염된 목초, 사료에 의한 경구 감염
  - 사람 : 주로 피부의 상처로부터의 경피 감염, 동물의 털, 모피, 수육 취급자는 병든 동물 고기에 의한 경구 감염
◆ 잠복기 : 1~4일
◆ 증상 : 임파선염, 종창, 장탄저, 수포, 패혈증 유발

15 14번 해설 참조

16 식품첨가물의 구비조건

◆ 인체에 무해하고, 체내에 축적되지 않을 것
◆ 소량으로도 효과가 충분할 것
◆ 식품의 제조가공에 필수불가결할 것
◆ 식품의 영양가를 유지할 것
◆ 식품에 나쁜 이화학적 변화를 주지 않을 것

◆ 식품의 화학분석 등에 의해서 그 첨가물을 확인할 수 있을 것
◆ 식품의 외관을 좋게 할 것
◆ 값이 저렴할 것

18 CIP법 cleaning in place

◆ 식품 기계장치(pump, pipe line, PHE살균기, 균질기, tank 등)를 분해하지 않고 조립한 상태에서 pump 내의 유속도와 압력에 의해 자동 세척하는 방법이다.
◆ 처리순서는 물 세척 → 물 순환 → 알칼리 용액 순환 → 물 헹구기 → 산 용액 순환 → 물 헹구기 → 물 순환 → 염소 소독 → 세척 → 냉각 → 건조 순이다.

19 기생충과 중간숙주

◆ 유구조충(갈고리촌충) – 돼지고기
◆ 무구조충(민촌충) – 소고기
◆ 회충 – 채소
◆ 간디스토마(간흡충) – 민물고기

20 식품위생 분야 종사자의 건강진단 규칙 제2조

대상	건강진단 항목	횟수
식품 또는 식품첨가물(화학적 합성품 또는 기구 등의 살균·소독제는 제외한다)을 채취·제조·가공·조리·저장·운반 또는 판매하는 데 직접 종사하는 사람. 다만, 영업자 또는 종업원 중 완전포장된 식품 또는 식품첨가물을 운반하거나 판매하는 데 종사하는 사람은 제외한다.	• 장티푸스(식품위생 관련 영업 및 집단급식소 종사자만 해당한다) • 폐결핵 • 전염성 피부질환(한센병 등 세균성 피부질환을 말한다)	연 1회

제2과목 식품화학

21 vitamin C가 물에 잘 녹고 강한 환원력을 갖는 이유

◆ lactone 고리 중에 카르보닐기와 공역된 enediol의 구조에 기인한다.

22 쓴맛을 나타내는 화합물

◆ alkaloid, 배당체, ketone류, 아미노산, peptide 등이 있다.
- alkaloid계 : caffeine(차류와 커피), theobromine(코코아, 초콜릿), quinine(키나무)
- 배당체 : naringin과 hesperidin(감귤류), cucurbitacin(오이꼭지), quercertin(양파껍질)
- ketone류 : humulon과 lupulone(hop의 암꽃), ipomeamarone(흑반병에 걸린 고구마), naringin(밀감, 포도)
- 천연의 아미노산 : leucine, isoleucine, arginine, methionine, phenylalanine, tryptophane, valine, proline

23 대두 단백질 중 trypsin의 작용을 억제하는 물질

◆ 콩에 함유된 일부 albumin은 단백질 분해효소인 trypsin의 작용을 억제하는 물질, trypsin 억제물질로서 작용한다.

24 anthocyanin계 색소

◆ 꽃, 과실, 채소류에 존재하는 적색, 자색, 청색의 수용성 색소로서 화청소라고도 부른다.
◆ 산, 알칼리, 효소 등에 의해 쉽게 분해되는 매우 불안정한 색소이다.
◆ pH가 산성, 중성, 알칼리성으로 변화함에 따라 적색, 청색, 자색으로 변색된다.

25 식품의 회분분석에서 검체의 전처리

◆ 전처리가 필요치 않은 시료
- 곡류, 두류, 기타(아래 어느 것에도 해당되지 않는 시료)

◆ 사전에 건조시켜야 할 시료
- 수분이 많은 시료 : 야채, 과실, 동물성 식품 등은 건조기 내에서 예비건조시킨다.
- 액체시료 : 술, 주스 등의 음료, 간장, 우유 등은 탕욕(water bath)에서 증발건고시킨다.

◆ 예열이 필요한 시료
- 회화 시 상당히 팽창하는 것 : 사탕류, 당분이 많은 과자류, 정제 전분, 난백, 어육(특히 새우, 오징어 등) 등은 예비탄화시킨다.

◆ 연소시킬 필요가 있는 시료
- 유지류, 버터 등은 미리 기름기를 태워 없앤다.

26 곡류 단백질

◆ 글루테린(glutelin)에는 oryzenin(쌀), glutenin(밀), hordenin(보리) 등
◆ 프롤라민(prolamin)에는 gliadin(밀), zein(옥수수), hordein(보리), sativin(귀리) 등

⊕ 우유에는 카세인(casein), 대두에는 glycinin, 감자에는 tuberin이란 단백질이 들어 있다.

27 colloid의 성질

◆ 반투성 : 일반적으로 이온이나 작은 분자는 통과할 수 있으나 콜로이드 입자와 같이 큰 분자는 통과하지 못하는 막을 반투막이라 한다. 단백질과 같은 콜로이드 입자가 반투막을 통과하지 못하는 성질을 반투성이라 한다.
◆ 브라운 운동 : 콜로이드 입자가 불규칙한 직선운동을 하는 현상을 말하며, 이것은 콜로이드 입자와 분산매가 충돌하기 때문이다. 콜로이드 입자는 같은 전하를 띤 것은 서로 반발한다.
◆ 틴들 현상(tyndall) : 어두운 곳에서 콜로이드 용액에 직사광선을 쪼이면 빛의 진로가 보이는 현상을 말한다. 예 구름 사이의 빛, 먼지 속의 빛
◆ 흡착 : 콜로이드 입자 표면에 다른 액체, 기체 분자나 이온이 달라붙어 이들의 농도가 증가되는 현상을 말하며, 이것은 콜로이드 입자의 표면적이 크기 때문이다.

◆ 전기이동 : 콜로이드 용액에 직류전류를 통하면 콜로이드 전하와 반대쪽 전극으로 콜로이드 입자가 이동하는 현상을 말한다. 예 공장 굴뚝의 매연제거용 집진기
◆ 엉김과 염석

28 식품의 관능검사

◆ 차이식별검사
- 종합적인 차이검사 : 단순차이검사, 일-이점검사, 삼점검사, 확장삼점검사
- 특성차이검사 : 이점비교검사, 순위법, 평점법, 다시료 비교검사

◆ 묘사분석
- 향미프로필 방법
- 텍스처프로필 방법
- 정량적 묘사 방법
- 스펙트럼 묘사분석
- 시간-강도 묘사분석

◆ 소비자 기호도 검사
- 이점비교법
- 기호도 척도법
- 순위법
- 적합성 판정법

29 청색값blue value

◆ 전분입자의 구성 성분과 요오드와의 친화성을 나타낸 값으로 전분 분자 중에 존재하는 직쇄상 분자인 amylose의 양을 상대적으로 비교한 값이다.
◆ 전분 중 amylose 함량의 지표이다.
◆ amylose의 함량이 높을수록 진한 청색을 나타낸다.
◆ β-amylase를 반응시켜 분해시키면 청색값은 낮아진다.
◆ amylose의 청색값은 0.8~1.2이고 amylopectin의 청색값은 0.15~0.22이다.

30 유지의 물리적 성질

◆ 발연점 : 유지를 가열할 때 유지 표면에서 엷은 푸른 연기가 발생하기 시작하는 온도
◆ 연화점 : 고형물질이 가열에 의하여 변형되어 연화를 일으키기 시작하는 온도
◆ 인화점 : 유지를 발연점 이상으로 가열할 때 유지에서 발생하는 증기가 공기와 혼합되어 발화하는 온도
◆ 연소점 : 인화점에 달한 후 다시 가열을 계속해 연소가 5초간 계속되었을 때의 최초 온도

31 응집성cohesiveness

◆ 어떤 물체를 형성하는 내부 결합력의 크기이며, 관능적으로 직접 감지되기 어렵고 그의 이차적인 특성으로 나타낸다.

32 vitamin B_2 [riboflavin]

◆ 약산성 내지 중성에서 광선에 노출되면 lumichrome으로 변한다.
◆ 알칼리성에서 광선에 노출되면 lumiflavin으로 변한다.
◆ 비타민 B_1, 비타민 C가 공존하면 비타민 B_2의 광분해가 억제된다.
◆ 갈색병에 보관하므로서 광분해를 억제할 수 있다.

33 수분활성도

◆ $A_w = \frac{N_w}{N_w + Ns}$

$$= \frac{\frac{30}{18}}{\frac{30}{18} + \frac{30}{342}}$$

$$= \frac{1.667}{1.667 + 0.088} = 0.95$$

(Aw : 수분활성도, Nw : 물의 몰수, Ns : 용질의 몰수)

34 결합수의 특징

◆ 식품성분과 결합된 물이다.
◆ 용질에 대하여 용매로 작용하지 않는다.
◆ 100℃ 이상으로 가열하여도 제거되지 않는다.
◆ 0℃ 이하의 저온에서도 잘 얼지 않으며 보통 −40℃ 이하에서도 얼지 않는다.
◆ 보통의 물보다 밀도가 크다.
◆ 식물 조직을 압착하여도 제거되지 않는다.
◆ 미생물 번식과 발아에 이용되지 못한다.

35 어류의 비린내 성분

◆ 선도가 떨어진 어류에서는 트리메틸아민(trimethylamine), 암모니아(ammonia), 피페리딘(piperidine), δ − 아미노바레르산(δ −aminovaleric acid) 등의 휘발성 아민류에 의해서 어류 특유의 비린내가 난다.
◆ piperidine는 담수어 비린내의 원류로서 아미노산인 lysine에서 cadaverine을 거쳐 생성된다.

36 점탄성체의 여러 가지 성질

◆ 예사성(spinability) : 달걀 흰자위나 *Bacillus natto*로 만든 청국장 등에 젓가락을 넣었다가 당겨 올리면 실을 빼는 것과 같이 늘어나는데, 이와 같은 현상을 말한다.
◆ Weissenberg 효과 : 가당연유 속에 젓가락을 세워서 회전시키면 연유가 젓가락을 따라 올라가는데, 이와 같은 현상을 말한다. 이것은 액체에 회전운동을 부여하였을 때 흐름과 직각방향으로 현저한 압력이 생겨서 나타나는 현상이며, 액체의 탄성에 기인한 것이다.

◆ 경점성(consistency) : 점탄성을 나타내는 식품의 견고성을 말한다. 반죽 또는 떡의 경점성은 farinograph 등을 사용하여 측정한다.
◆ 신장성(extensibility) : 국수 반죽과 같이 대체로 고체를 이루고 있으며 막대상 또는 긴 끈 모양으로 늘어나는 성질을 말한다. 신장성은 인장시험으로 알 수 있으나 실제로 extensograph 등을 사용하여 측정한다.

37 클로로필(chlorophyll)

◆ 식물의 잎이나 줄기의 chloroplast의 성분으로 단백질, 지방, lipoprotein과 결합하여 존재한다.
◆ porphyrin ring 안에 Mg을 함유하는 녹색색소이다.

38 도정률이 높아짐에 따라

◆ 지방, 섬유소, 회분, 비타민 등의 영양소는 손실이 커지고 탄수화물 양이 증가한다.
◆ 총 열량이 증가하고 밥맛, 소화율도 향상된다.

39 식품 중 뉴턴유체의 성질

◆ 뉴턴유체 : 전단응력이 전단속도에 비례하는 액체를 말한다. 예 물, 우유, 술, 청량음료, 식용유 등 묽은 용액
◆ 비뉴턴유체 : 전단응력이 전단속도에 비례하지 않는 액체, 이 액체의 점도는 전단속도에 따라 여러 가지로 변한다. 예 전분, 펙틴들, 각종 친수성 교질용액을 만드는 고무질들, 단백질과 같은 고분자 화합물이 섞인 유체식품들과 반고체식품들, 교질용액, 유탁액, 버터 등과 같은 반고체 유지제품 등

⊕ 액체가 일정한 방향으로 운동하고 그 흐름에 수직인 방향에 속도의 차가 있을 때 그 흐름에 평행인 평면의 양측에 내부 마찰력이 생긴다. 이 성질을 점성이라 한다. 흐름에 평행인 평면의 단위면적당 내부 마찰력을 전단응력이라 하며 흐름에 수직인 방향의 속도기울기를 전단속도라고 한다.

40 유지의 산패도 측정

◆ 인체의 감각기관을 이용한 관능검사와 산소의 흡수속도, hydroperoxide의 생성량, carbonyl 화합물의 생성량 등을 측정하는 방법이 있다.
◆ 유지의 산패도 측정법에는 oven test, AOM(active oxygen method)법, 과산화물가(peroxide value), TBA(thiobarturic acid value), carbonyl 화합물의 측정, kreis test 등이 있다.

⊕ 비누화값(검화값)은 유지의 분자량을 알 수 있다.

41 전분에서 fructose 생산 과정에 소요되는 효소

◆ starch(녹말) $\xrightarrow{\alpha\text{-amylase}}$ dextrin $\xrightarrow{\text{glucoamylase}}$ glucose $\xrightarrow{\text{glucoisomerase}}$ fructose으로 분해된다.

42 냉점cold point

◆ 통조림을 가열할 때 관내에서 가장 열전달이 늦게 되는 부분이다.
◆ 액상의 대류가열식품은 용기 아래쪽 수직 축상에 그 냉점이 있고, 잼 같은 반고형 식품은 전도·가열되어 수직 축상 용기의 중심점 근처에 냉점이 있다.
◆ 육류, 생선, 잼은 전도·가열되고 액상은 대류와 전도가열에 의한다.

43 유지 채취법

◆ 식물성 유지 채취법 : 압착법과 추출법이 이용된다.
- 압착법 : 원료를 정선한 뒤 탈각하고 파쇄, 가열하여 압착한다.
- 추출법 : 원료를 휘발성 용제에 침지하여 유지를 유지용제로 용해시킨 다음 용제는 휘발시키고, 유지를 채취하는 방법으로 소량 유지까지도 착유할 수 있고, 채유 효율이 가장 좋은 방법이다.

◆ 동물성 유지 채취법 : 용출법이 이용된다.
- 용출법 : 원료를 가열하여 내용물을 팽창시켜 세포막을 파괴하고 함유된 유지를 세포 밖으로 녹여내는 방법이다. 건식법과 습식법이 있다.

⊕ 착유율을 높이기 위해서 기계적 압착을 한 후 용매로 추출하는 방법이 많이 이용되고 있다.

44 수분활성도water activity : Aw

◆ 어떤 임의의 온도에서 식품이 나타내는 수증기압(P_S)에 대한 그 온도에 있어서의 순수한 물의 최대 수증기압(P_O)의 비로써 정의한다.

45 소금의 삼투에 영향을 주는 요인

◆ 소금 농도와 절임온도 : 소금의 삼투속도는 소금 농도와 온도가 높을수록 크다.
◆ 절임방법 : 물간을 하면 마른간을 했을 때보다 소금의 침투속도도 크고 평행상태가 되었을 때의 침투소금량도 많다.
◆ 소금순도 : 소금 중에 Ca염이나 Mg염이 소량이라도 섞여 있으면 소금의 침투가 저해된다.
◆ 식품성상 : 어체의 지방 함량이 많은 것은 피하지방층이 두꺼워 어체를 그대로 소금절임하는 경우 소금침투가 어려운 경향이 있다.

46 두부 응고제

◆ 염화마그네슘($MgCl_2$) : 응고반응이 빠르고 압착 시 물이 잘 빠진다.

- ◆ 염화칼슘($CaCl_2$) : 칼슘분을 첨가하여 영양가치가 높은 것을 얻기 위하여 사용하는 것으로 응고시간이 빠르고, 압착 시 물이 잘 빠진다. 보존성이 좋으나 수율이 낮고, 두부가 거칠고 견고하다.
- ◆ 황산칼슘($CaSO_4$) : 응고반응이 염화물에 비하여 대단히 느리나 두부의 색택이 좋고, 보수성과 탄력성이 우수하며, 수율이 높다. 불용성이므로 사용이 불편하다.
- ◆ 글루코노델타락톤(glucono-δ-lactone) : 물에 잘 녹으며 수용액을 가열하면 글루콘산(gluconic acid)이 된다. 사용이 편리하고, 응고력이 우수하고 수율이 높지만 신맛이 약간 있고, 조직이 대단히 연하고 표면을 매끄럽게 한다.

47 도정률(도)을 결정하는 방법

- ◆ 백미의 색깔
- ◆ 도정시간
- ◆ 전력소비량
- ◆ 염색법(MG 시약) 등
- ◆ 쌀겨 층이 벗겨진 정도
- ◆ 도정횟수
- ◆ 생성된 쌀겨량

48 훈연재료

- ◆ 가축분, 옥수수속, 여러 종류의 경질, 연질나무들이다.
- ◆ 경질나무가 훈연에 가장 좋고 연질나무는 잘 쓰이지 않는다.
- ◆ 경질나무로는 떡갈나무, 너도밤나무, 오리나무, 보리수, 단풍나무, 참나무, 마호가니 등이 있고, 연질나무는 침엽수계통의 소나무, 낙엽송, 전나무 등이 있다.
- ◆ 연질목재는 주로 흑색효과를 나타낼 때 쓰인다.

49 도살 후 최대 경직시간

- ◆ 쇠고기 : 4~12시간
- ◆ 돼지고기 : 1.5~3시간
- ◆ 닭고기 : 수 분~1시간

50 포도주 제조 공정

- ◆ 원료 포도 → 제경 → 으깨기 → 주발효 → 압착 및 여과 → 후발효 → 앙금질 → 여과 → 포도주

51 우유의 탄수화물

- ◆ 대부분은 유당(lactose)으로 약 99.8%를 차지한다.
- ◆ 이외에 극히 미량으로 glucose(0.07%), galactose(0.02%), oligosaccharide(0.004%) 등이 함유되어 있다.

52 유제품 제조원리

◆ 치즈 : 우유를 유산균으로 발효시키고 응유효소로 응고시켜 제조한다.

◆ 요구르트 : 우유를 젖산균으로 젖산 발효시켜 제조한다.

◆ 아이스크림 : 크림을 주원료로 유화제, 안정제, 향료 등을 혼합하여 교반하면서 동결시켜 제조한다.

◆ 버터 : 우유에서 분리한 크림을 교동, 연압하여 제조한다.

53 무균포장의 장점

◆ 식품이 포장 전에 열교환기를 통과하면서 살균이 이루어지므로 용기에 충전, 밀봉된 식품의 살균 시 용기 모양이나 형태에 의해서 생기는 열전달 저항을 없애기 때문에 살균시간이 짧고 연속공정으로 운전되며 제품의 품질보존이 양호하다.

54 액란을 건조하기 전 당 제거

◆ 계란의 난황에 0.2%, 난백에 0.4%, 전란 중에 0.3% 정도의 유리 글루코스가 존재하며 난백, 전란을 건조시킬 경우 이 유리 글루코스가 난백 중의 아미노기와 반응하여 maillard 반응을 나타낸다.

◆ 이 반응 결과 건조란은 갈변, 불쾌취, 불용화 현상이 나타나 품질 저하를 일으키기 때문에 당을 제거해야 한다.

55 D값

◆ $D_{100}=\frac{t}{\log N_1-\log N_2}=10.46$ (t : 가열 시간, N_1 : 처음 균수, N_2 : t시간 후 균수)

$\log 6\times10^4=4.778$, $\log 3=0.477$

◆ $D_{100}=\frac{45}{4.778-0.477}=10.46$

56 유지의 경화

◆ 액체유지에 환원 니켈(Ni) 등을 촉매로 하여 수소를 첨가하는 반응을 말한다.

◆ 수소의 첨가는 유지 중의 불포화지방산을 포화지방산으로 만들게 되므로 액체지방이 고체지방이 된다.

◆ 경화유 제조 공정 중 유지에 수소를 첨가하는 목적

- 글리세리드의 불포화 결합에 수소를 첨가하여 산화 안정성을 좋게 한다.
- 유지에 가소성이나 경도를 부여하여 물리적 성질을 개선한다.
- 색깔을 개선한다.
- 식품으로서의 냄새, 풍미를 개선한다.
- 융점을 높이고, 요오드가를 낮춘다.

57 분리대두단백질의 제조 원리

◆ 저온으로 탈지한 대두에서 물 또는 알칼리로 대두단백을 가용화시켜 추출 분리하고, 이 추출액을 여과 또는 원심분리하여 미세한 가루를 제거한다.
◆ 이 추출액에 염산을 넣어 pH가 4.3이 되게 하면 단백질이 침전된다.

58 건량기준 함수율

◆ 완전히 건조된 물질의 무게에 대한 수분의 백분율

$$M=\frac{Wm}{Wd}\times100\%$$

M : 건량기준함수율(%), Wm : 물질내 수분의 무게(g), Wd : 완전히 건조된 물질의 무게(g)

◆ $M=\frac{80}{20}\times100\%=400\%$

59 심온냉동 cryogenic freezing

◆ 액체질소, 액체탄산가스, freon 12 등을 이용한 급속동결방법이다.
◆ 에틸렌가스는 −169.4℃, 액화질소는 −195.79℃, 프레온−12는 −157.8℃, 이산화황가스는 −75℃에서 기화한다.

⊕ 이산화황가스는 심온냉동기의 냉매로는 부적합하다.

60 면류의 종류

◆ 제조법에 따라 선절면, 신연면, 압출면, 즉석면이 있다.
- 선절면 : 밀가루 반죽을 넓적하게 편 다음 가늘게 자른 것, 중력분을 사용하고 칼국수, 손국수 등에 이용
- 신연면 : 밀가루 반죽을 길게 뽑아서 면류를 만든 것, 소면, 우동, 중화면 등에 이용
- 압출면 : 밀가루 반죽을 작은 구멍으로 압출시켜 만든 것, 강력분을 사용하고, 마카로니, 스파게티, 당면 등에 이용

제4과목 식품미생물학

61 정상기(정지기, stationary phase)

◆ 생균수는 일정하게 유지되고 총 균수는 최대가 되는 시기이다.
◆ 일부 세포가 사멸하고 다른 일부의 세포는 증식하여 사멸수와 증식수가 거의 같아진다.
◆ 영양물질의 고갈, 대사생산물의 축적, 배지 pH의 변화, 산소공급의 부족 등 부적당한 환경이 된다.
◆ 생균수가 증가하지 않으며 내생포자를 형성하는 세균은 이 시기에 포자를 형성합니다.

62 캠필로박터 제주니 *Campylobacter jejuni*

- gram 음성의 간균으로서 나선형(comma상)이다.
- 균체의 한 쪽 또는 양쪽 끝에 균체의 2~3배의 긴 편모가 있어서 특유의 screw상 운동을 한다.
- 크기는 (0.2~0.9)×(0.5~5.0)㎛이며 미호기성이기 때문에 3~15%의 O_2 환경하에서만 발육증식한다.

63 *Saccharomyces cerevisiae*

- 영국의 맥주공장에서 분리된 상면발효효모이다.
- 맥주효모, 청주효모, 빵효모 등에 주로 이용된다.
- glucose, fructose, mannose, galactose, sucrose를 발효하나 lactose는 발효하지 않는다.

64 그람 염색법

- 일종의 rosanilin 색소, 즉 crystal violet, methyl violet 혹은 gentian violet으로 염색시켜 옥도로 처리한 후 acetone이나 알코올로 탈색시키는 것이다.
- 그람 염색 순서
  A액(crystal violet 액)으로 1분간 염색 → 수세 → 물 흡수 → B액(lugol 액)에 1분간 담금 → 수세 → 흡수 및 완전건조 → 95% ethanol에 30초 색소 탈색 → 흡수 → safranin 액으로 10초 대비 염색 → 수세 → 건조 → 검경

65 종속영양미생물

- 모든 필수대사 산물을 직접 합성하는 능력이 없기 때문에 다른 생물에 의해서 만들어진 유기물을 이용한다.
- 탄소원, 질소원, 무기염류, 비타민류 등의 유기화합물은 분해하여 호흡 또는 발효에 의하여 에너지를 얻는다.
- 탄소원으로는 유기물을 요구하지만 질소원으로는 무기태 질소나 유기태 질소를 이용한다.

66 총 균수＝초기 균수×$2^{세대기간}$

- 60분씩 3시간이면 세대수는 3
- 초기균수 5이므로, $5\times2^3=40$

67 배양효모와 야생효모의 비교

	배양효모	야생효모
세포	• 원형 또는 타원형이다. • 번식기의 것은 아족을 형성한다. • 액포는 작고 원형질은 흐려진다.	• 대부분 장형이다. • 고립하여 아족을 형성하지 않는다. • 액포는 크고, 원형질은 밝다.

배양	• 세포막은 점조성이 풍부하여 소적 중 세포가 백금선에 의하여 쉽게 액내로 흩어지지 않는다.	• 세포막은 점조성이 없어 백금선으로 쉽게 흩어져 혼탁된다.
생리	• 발육온도가 높고 저온, 산, 건조 등에 저항력이 약하고, 일정 온도에서 장시간 후에 포자를 형성한다.	• 생육온도가 낮고, 산과 건조에 강하다.
이용	• 주정효모, 청주효모, 맥주효모, 빵효모 등의 발효공업에 이용한다.	• 과실과 토양 중에서 서식하고 양조상 유해균이 많다.

68 홍조류 red algae

◆ 엽록체를 갖고 있어 광합성을 하는 독립영양생물로 거의 대부분의 식물이 열대, 아열대 해안 근처에서 다른 식물체에 달라붙은 채로 발견된다.
◆ 세포막은 주로 셀룰로오스와 펙틴으로 구성되어 있으나 칼슘을 침착시키는 것도 있다.
◆ 홍조류가 빨간색이나 파란색을 띠는 것은 홍조소(phycoerythrin)와 남조소(phycocyanin)라는 2가지의 피코빌린 색소들이 엽록소를 둘러싸고 있기 때문이다.
◆ 생식체는 운동성이 없다.
◆ 약 500속이 알려지고 김, 우뭇가사리 등이 홍조류에 속한다.

69 *Rhizopus*속의 특징

◆ 가근과 포복지가 있다.
◆ 포자낭병은 가근에서 나오고, 중축바닥 밑에 자낭을 형성한다.
◆ 포자낭은 거의 구형이며 흑색이나 갈색을 띠고 중축은 반구형 또는 난형이다.

70 곰팡이 포자

◆ 유성포자 : 두 개의 세포핵이 융합한 후 감수분열하여 증식하는 포자
  – 난포자, 접합포자, 담자포자, 자낭포자 등
◆ 무성포자 : 세포핵의 융합이 없이 단지 분열 또는 출아증식 등 무성적으로 생긴 포자
  – 포자낭포자(내생포자), 분생포자, 후막포자, 분열포자 등

71 종의 학명 scientfic name

◆ 각 나라마다 다른 생물의 이름을 국제적으로 통일하기 위하여 붙여진 이름을 학명이라 한다.
◆ 현재 학명은 린네의 2명법이 세계 공통으로 사용된다.
  – 학명의 구성 : 속명과 종명의 두 단어로 나타내며, 여기에 명명자를 더하기도 한다.
  – 2명법 = 속명 + 종명 + 명명자의 이름
◆ 속명과 종명은 라틴어 또는 라틴어화한 단어로 나타내며 이탤릭체를 사용한다.
◆ 속명의 머리 글자는 대문자로 쓰고, 종명의 머리 글자는 소문자로 쓴다.

72 그람 염색 특성

◆ 그람음성세균 : *Pseudomonas*, *Gluconobacter*, *Acetobacter*(구균, 간균), *Escherichia*, *Salmonella*, *Enterobacter*, *Erwinia*, *Vibrio*(통성 혐기성 간균)속 등이 있다.

◆ 그람양성세균 : *Micrococcus*, *Staphylococcus*, *Streptococcus*, *Leuconostoc*, *Pediococcus*(호기성 통성 혐기성균), *Sarcina*(혐기성균), *Bacillus*(내생포자 호기성균), *Clostridium*(내생포자 혐기성균), *Lactobacillus*(무포자 간균)속 등이 있다.

73 평면산패flat sour

◆ 살균 부족으로 바실러스속 호열성 세균이 발육하여 유기산을 생성함으로써 발생한다.
◆ 가스를 생성하지 않아 부풀어 오르지 않기 때문에 외관상 구별이 어렵다.
◆ 개관 후 pH 또는 세균검사를 통해 알 수 있다.

74 돌연변이mutation

◆ DNA의 염기 배열이 원 DNA의 염기 배열과 달라졌을 때 흔히 쓰는 말이다.
◆ DNA의 염기 배열 변화로 일어나는 돌연변이는 대부분의 경우 생물체의 유전학적 변화를 가져오게 된다.
◆ 대부분 불리한 경우로 나타나지만 때로는 유익한 변화로 나타나는 경우도 있다.

75 phage의 특징

◆ 생육증식의 능력이 없다.
◆ 한 phage의 숙주균은 1균주에 제한되고 있다(phage의 숙주특이성).
◆ 핵산 중 대부분 DNA만 가지고 있다.

76 진균류*Eumycetes*

◆ 격벽의 유무에 따라 조상균류와 순정균류로 분류한다.
◆ 조상균류 : 균사에 격벽(격막)이 없다.
- 호상균류 : 곰팡이
- 난균류 : 곰팡이
- 접합균류 : 곰팡이(*Mucor*속, *Rhizopus*속, *Absidia*속)

◆ 순정균류 : 균사에 격벽이 있다.
- 자낭균류 : 곰팡이(*Monascus*속, *Neurospora*속), 효모
- 담자균류 : 버섯, 효모
- 불완전균류 : 곰팡이(*Aspergillus*속, *Penicillium*속, *Trichoderma*속), 효모

77 천자배양stab culture

◆ 혐기성균의 배양이나 보존에 이용된다.
◆ 백금선의 끝에 종균을 묻혀서 한천고층배지의 시험관의 주둥이를 아래로 하여 배지의 표면 중앙에서 내부로 향해 깊이 찔러 넣어 배양하는 방법이다.

78 클로렐라chlorella의 특징

◆ 진핵세포생물이며 분열증식을 한다.

- 단세포 녹조류이다.
- 크기는 2~12μm 정도의 구형 또는 난형이다.
- 분열에 의해 한 세포가 4~8개의 낭세포로 증식한다.
- 엽록체를 가지며 광합성을 하여 에너지를 얻어 증식한다.
- 빛의 존재 하에 무기염과 CO_2의 공급으로 쉽게 증식하며 이때 CO_2를 고정하여 산소를 낸다.
- 건조물의 50%가 단백질이며 필수아미노산과 비타민이 풍부하다.
- 필수아미노산인 라이신(lysine)의 함량이 높다.
- 비타민 중 특히 비타민 A, C의 함량이 높다.
- 단위 면적당 단백질 생산량은 대두의 약 70배 정도이다.
- 양질의 단백질을 대량 함유하므로 단세포단백질(SCP)로 이용되고 있다.
- 소화율이 낮다.
- 태양에너지 이용률은 일반 재배식물보다 5~10배 높다.
- 생산균주 : *Chlorella ellipsoidea*, *Chlorella pyrenoidosa*, *Chlorella vulgaris* 등

79 세균의 유전자 재조합(genetic recombination) 방법

- 형질전환(transformation), 형질도입(transduction), 접합(conjugation) 등이 있다.

80 산막효모와 비산막효모의 특징비교

	산막효모	비산막효모
산소요구	산소를 요구한다.	산소의 요구가 적다.
발육위치	액면에 발육하며 피막을 형성한다.	액의 내부에 발육한다.
특징	산화력이 강하다.	발효력이 강하다.
균속	• *Hansenula*속 • *Pichia*속 • *Debaryomyces*속	• *Saccharomyces*속 • *Schizosaccharomyces*속

제5과목 생화학 및 발효학

81 RNA 가수분해효소

- ribonuclease(RNase)는 RNA의 인산 ester 결합을 가수분해하는 효소이다.

82 purine의 분해

- 사람이나 영장류, 개, 조류, 파충류 등에 있어서 purine 유도체의 최종대사산물은 요산(uric acid)이다.
- purine nucleotide는 nucleotidase 및 phosphatase에 의하여 nucleoside로 된다.
- 이것은 purine nucleoside phosphorylase에 의해 염기와 ribose-1-phosphate로 가인산분해되며 염기들은 xanthine을 거쳐 요산으로 전환된다.

83 제빵효모 *Saccharomyces cerevisiae*의 구비 조건

◆ 발효력이 강력하여 밀가루 반죽의 팽창력이 우수할 것
◆ 생화학적 성질이 일정할 것
◆ 물에 잘 분산될 것
◆ 자기소화에 대한 내성이 있어서 보존성이 좋을 것
◆ 장기간에 걸쳐 외관이 손상되지 않을 것
◆ 당밀배지에서 증식속도가 빠르고 수득률이 높을 것

84 맥주 알코올 발효 후 숙성 시 혼탁의 주원인

◆ 주발효가 끝난 맥주는 맛과 향기가 거칠기 때문에 저온에서 서서히 나머지 엑기스분을 발효시켜 숙성을 하는 동안에 필요량의 탄산가스를 함유시킨다.
◆ 낮은 온도에서 후숙을 하면 맥주의 혼탁원인이 되는 호프의 수지, 탄닌물질과 단백질 결합물 등이 생기게 되는데 저온에서 석출시켜 분리해야 한다.

85 RT[reverse transcript]-PCR법

◆ RNA를 찾고 분석하는 데 도입된 방법이다.

⊕ PCR(polymerase chain reaction)법은 DNA를 증폭시키는 방법이다.

86 요소의 합성과정

◆ ornithine이 citrulline로 변성되고 citrulline은 arginine으로 합성되면서 urea가 떨어져 나오는 과정을 urea cycle이라 한다.
◆ 아미노산의 탈아미노화에 의해서 생성된 암모니아는 대부분 간에서 요소회로를 통해서 요소를 합성한다.

87 생체 내의 지질 대사 과정

◆ 인슐린은 지질 합성을 촉진한다.
◆ 생체 내에서는 초기에 주로 탄소수 16개의 palmitate를 생성한다.
◆ 지방산이 산화되기 위해서는 먼저 acyl-CoA synthetase의 촉매작용으로 acyl-CoA로 활성화되어야 한다.

⊕ phyridoxal phosphate(PLP)는 아미노산 대사에서 transaminase, glutamate decarboxylase 등의 보효소로 각각 아미노기 전이, 탈탄산 반응에 관여한다.

88 당밀 원료에서 주정을 제조하는 방법

◆ Hildebrandt-Erb법(two stage)
- 당밀 발효액을 증류하는 동안에 증류폐액에 효모를 배양하여 필요한 효모를 얻는 방법이다.

- 효모의 증식에 소비되는 발효성 당의 손실을 방지한다.
- 증류폐액에 효모균을 번식시키면 발효에 필요한 효모량을 충분히 얻을 수 있다.
- 폐액의 BOD를 저하시킬 수 있다.

◆ 고농도 술덧 발효법
- 원료의 담금 농도를 높인다.
- 주정 농도가 높은 숙성 술덧을 얻는다.
- 증류할 때 많은 열량이 절약된다.
- 동일 생산 비율에 대하여 장치가 적어도 된다.

89 다른 자리 입체성 조절효소 allosteric enzyme

◆ 활성물질들이 효소의 활성 부위가 아닌 다른 자리에 결합하여 이루어지는 반응 능력 조절이다.

◆ 반응속도가 Michaelis-Menten 식을 따르지 않는다.
- 기질농도와 반응속도의 관계가 S형 곡선이 된다.

◆ 기질결합에 대하여 협동성을 나타낸다.
- 기질결합 → 형태변화 초래 → 다른 결합자리에 영향

◆ 효과인자(다른 자리 입체성 저해물, 다른 자리 입체성 활성물)에 의해 조절된다.

◆ 가장 대표적인 효소 : ATCase

90 젖산 lactic acid 을 생산할 수 있는 균주

◆ 많은 미생물이 포도당을 영양원으로 젖산을 생성하지만 공업적으로 이용할 수 있는 것은 젖산균과 *Rhizopus*속의 곰팡이 일부이다.

◆ 젖산균으로는 homo 발효형인 *Streptococcus*속, *Pediococcus*속, *Lactobacillus*속 등과 hetero 발효형인 *Leuconostoc*이 있다.

◆ *Rhizopus*속에 의한 발효는 호기적으로 젖산을 생성하는 것이 특징이고, *Rhizopus oryzae*가 대표균주이다.

91 invertase의 다른 명칭

◆ saccharase, glucosucrase, beta-fructosidase, sucrase 등

92 amylo법의 장단점

◆ 장점
- 순수 밀폐 발효이므로 발효율이 높다.
- 코지(koji)를 만드는 장소와 노력이 전혀 필요 없다.
- 다량의 담금이라도 소량의 종균으로 가능하므로 담금을 대량으로 하여 대공업화 할 수 있다.
- koji를 쓰지 않으므로 잡균의 침입이 없다.

◆ 단점

– 당화에 비교적 장시간이 걸린다.

– 곰팡이를 직접 술덧에 접종하므로 술덧의 점도가 관계된다.

– 점도를 낮추면 결국 담금 농도는 묽어진다.

93 산화효소와 환원효소

◆ superoxide dismutase, catalase, peroxidase 등은 산화효소이고, reductase는 환원효소이다.

94 비타민의 용해성에 따른 분류

① 지용성 비타민

◆ 유지 또는 유기용매에 녹는다.

◆ 생체 내에서는 지방을 함유하는 조직 중에 존재하고 체내에 저장될 수 있다.

◆ 비타민 A, D, E, F, K 등이 있다.

② 수용성 비타민

◆ 체내에 저장되지 않아 항상 음식으로 섭취해야 한다.

◆ 혈중 농도가 높아지면 소변으로 쉽게 배설된다.

◆ 비타민 B군과 C군으로 대별된다.

95 비타민의 생리적인 특성

◆ 비타민 D(calciferol) : Ca 흡수, 뼈의 형성에 관여한다. 결핍증은 구루병, 골연화증, 치아의 성장장애 등이다.

◆ 비타민 K(phylloquinone) : 혈액응고에 관계한다. 결핍증은 혈액응고를 저해하지만 성인의 경우 장내세균에 의하여 합성되므로 결핍증은 드물다.

◆ 비타민 B_{12}(cobalamin) : 동물의 혈구생성, 상피세포의 성숙에 작용한다. 결핍증은 악성빈혈, 신경질환 등이다.

◆ 비타민 C(ascorbic acid) : 세포간질 콜라겐의 생성에 필요하고, 스테로이드 호르몬의 합성을 촉진하며, 항산화 작용(환원제 작용)을 한다. 결핍증은 괴혈병, 피부의 출혈, 연골 및 결합조직 위약화 등이다.

96 사람의 간liver에서 일어나는 반응

◆ ketone body가 생성되는 곳은 간장과 신장이고, 간에서 아미노산으로부터 글루코오스가 합성되고, 간에서 탈아미노반응으로 생성된 NH_3는 요소로 합성된다. 요소는 간에서 합성된다.

⊕ 식물과 박테리아는 지방산으로부터 포도당을 생성할 수 있지만 사람과 동물은 지방산을 탄수화물로 변환시킬 수 없다.

97 당류의 환원성

◆ 유리상태의 hemiacetal OH기를 갖는 모든 당류는 알칼리 용액 중에서 Ag^{+}, Hg^{2+}, Cu^{2+} 이온들을 환원시킨다.

◆ 설탕을 제외한 단당류, 이당류는 환원당이며 환원성을 이용하여 당류의 정성 또는 정량에 이용한다.

◆ $RCHO + 2Cu^{2+} + 2OH^{-} \rightarrow RCOOH + Cu_2O + H_2O$
(청색) (적색)

98 글리신(glycine)

◆ 부제탄소원자를 가지고 있지 않기 때문에 D형, L형이라고 하는 입체구조의 차이는 존재하지 않는다.

99 단백질 합성

◆ 생체 내에서 DNA의 염기서열을 단백질의 아미노산 배열로 고쳐 쓰는 작업을 유전자의 번역이라 한다. 이 과정은 세포질 내의 단백질 리보솜에서 일어난다.

◆ 리보솜에서는 mRNA(messenger RNA)의 정보를 근거로 이에 상보적으로 결합할 수 있는 tRNA(transport RNA)가 날라 오는 아미노산들을 차례차례 연결시켜서 단백질을 합성한다.

◆ 아미노산을 운반하는 tRNA는 클로버 모양의 RNA로 안티코돈(anticodon)을 갖고 있다.

◆ 합성의 시작은 메티오닌(methionine)이 일반적이며, 합성을 끝내는 부분에서는 아미노산이 결합되지 않는 특정한 정지 신호를 가진 tRNA가 들어오면서 아미노산 중합반응이 끝나게 된다.

◆ 합성된 단백질은 그 단백질이 갖는 특정한 신호에 의해 목적지로 이동하게 된다.

100 생산된 균체의 양

◆ 생성된 균체량 = (포도당 양×균체생산수율) - 부산물 양

◆ 균체량 = $(100 \times 0.5) - 0 = 50g/L$

식품기사 기출문제 해설 2018 3회

제1과목 식품위생학

1 장티푸스typhoid fever

◆ 원인균
- *Salmonella typhi, Sal. typhosa*
- 그람음성 간균으로 협막과 아포가 없다.
- 우리나라의 2급 법정감염병 중에서 가장 많이 발생한다.

◆ 감염원 및 감염경로
- 감염원 : 환자의 혈액, 분변, 오줌 등
- 환자·보균자와의 직접 접촉, 음식물 매개로 인한 간접 접촉으로 인하여 감염된다.

◆ 임상증상
- 잠복기 : 1~3주
- 증상 : 두통, 식욕부진, 오한, 40℃ 전후의 고열, 백혈구의 감소, 붉은 발진, 비장의 종창 등

◆ 예방
- 환자, 보균자의 분리 및 격리
- 분뇨, 식기구, 물, 음식물의 위생처리
- 소독, 파리구제, 예방접종 등

2 미나마타병

◆ 일본 미나마타에서 1952년에 발생한 중독 사고이다.

◆ 하천 상류에 위치한 신일본 질소주식회사에서 방류한 공장폐수에 수은이 함유되어 해수를 오염시킨 결과 메틸수은으로 오염된 어패류를 섭취한 주민들에게 심한 수은 축적성 중독을 일으킨 예이다.

3 황색포도상구균 식중독

◆ 원인균
- *Staphylococcus aureus*
- 공기, 토양, 하수 등의 자연계에 널리 분포한다.
- 그람양성, 무포자 구균이고, 통성 혐기성 세균이다.

◆ 독소 : enterotoxin(장내 독소)
- 균 자체는 80℃에서 30분 가열하면 사멸되나 독소는 내열성이 강해 120℃에서 20분간 가열하여도 완전파괴되지 않는다.

◆ 특징
- 발열은 거의 없고, 보통 24~48시간 이내에 회복된다.
- 7.5% 정도의 소금 농도에서도 생육할 수 있는 내염성균이다.
- 최저 발육 수분활성도는 0.86이다.
- 생육적온은 37℃이고, 10~45℃에서도 발육한다.
- 다른 세균에 비해 산성이나 알칼리성에서 생존력이 강한 세균이다.

◆ 감염원 : 주로 사람의 화농소, 콧구멍 등에 존재하는 포도상구균(손, 기침, 재채기 등)이다.

◆ 원인식품 : 우유, 크림, 버터, 치즈, 육제품, 난제품, 쌀밥, 떡, 김밥, 도시락, 빵, 과자류 등

◆ 잠복기 및 임상증상
- 잠복기 : 1~6시간, 평균 3시간으로 매우 짧다.
- 주증상 : 급성 위장염 증상이며 구역질, 구토, 복통, 설사 등이다.

◆ 예방
- 화농소가 있는 조리자는 조리하지 않는다.
- 조리된 식품은 즉석 처리하며 저온 보존한다.
- 기구 및 식품은 멸균한다.

4 동물성 식품의 부패

◆ 동물성 식품은 부패에 의하여 단백질이 분해되어 만들어진 아미노산이 부패 미생물에 의해 탈아미노 반응, 탈탄산 반응 및 동시 반응에 의해 분해되어 아민류, 암모니아, mercaptane, 인돌, 스케톨, 황화수소, 메탄 등이 생성되어 부패취의 원인이 된다.

5 먹는물 관리법 제3조(정의)

◆ "먹는물"이란 먹는 데에 통상 사용하는 자연 상태의 물, 자연 상태의 물을 먹기에 적합하도록 처리한 수돗물, 먹는샘물, 먹는염지하수, 먹는해양심층수 등을 말한다.

6 식품공전 일반시험법(일반이물)

◆ 체분별법 : 검체가 미세한 분말일 때 적용한다.

◆ 여과법 : 검체가 액체일 때 또는 용액으로 할 수 있을 때 적용한다.

◆ 와일드만 라스크법 : 곤충 및 동물의 털과 같이 물에 잘 젖지 아니하는 가벼운 이물검출에 적용한다.

◆ 침강법 : 쥐똥, 토사 등의 비교적 무거운 이물의 검사에 적용한다.

7 피막제 [식품첨가물공전]

◆ 식품의 표면에 광택을 내거나 보호막을 형성하는 식품첨가물

◆ 몰포린지방산염, 쉘락, 유동파라핀, 초산비닐수지, 폴리비닐알코올, 폴리비닐피로리돈, 폴리에텔렌글리콜, 풀루란 등 총 17종이 허용되고 있다.

⊕ 과산화벤조일은 산화제(밀가루 개량제)로 허용되고 있다.

8 세균성 식중독과 바이러스성 식중독의 차이

구분	세균	바이러스
특징	균에 의한 것 또는 균이 생산하는 독소에 의하여 식중독 발병	크기가 작은 DNA 또는 RNA가 단백질 외피에 둘러싸여 있음
증식	온도, 습도, 영양성분 등이 적정하면 자체증식 가능	자체증식이 불가능하며, 반드시 숙주가 있어야 증식 가능
발병량	일정량(수 백~수 백만 개) 이상의 균이 존재하여야 발병 가능	미량(10개~100개) 개체로도 발병 가능
증상	설사, 구토, 복통, 메스꺼움, 발열, 두통 등	메스꺼움, 구토, 설사, 두통, 발열
치료	항생제 등을 사용하여 치료가 가능하며, 일부 균의 백신이 개발되었음	일반적으로 치료법이나 백신이 없음
2차 감염	2차 감염되는 경우는 거의 없음	대부분 2차 감염됨

9 소금 절임의 저장 효과

- ◆ 고삼투압으로 원형질 분리
- ◆ 수분활성도의 저하
- ◆ 소금에서 해리된 Cl^-의 미생물에 대한 살균 작용
- ◆ 고농도 식염 용액 중에서의 산소 용해도 저하에 따른 호기성 세균 번식 억제
- ◆ 단백질 가수분해효소 작용 억제
- ◆ 식품의 탈수 작용

10 착색료 [식품첨가물공전]

- ◆ 식품에 색을 부여하거나 복원시키는 식품첨가물을 말한다.
- ◆ 동클로로필린나트륨, 삼이산화철, 수용성 안나토, 안나토 색소 등 총 74종이 허용되고 있다.

⊕ 아질산나트륨는 발색재, 보존료로 허용되고 있다.

11 제1급 감염병

- ◆ "제1급 감염병"이란 생물테러감염병 또는 치명률이 높거나 집단 발생의 우려가 커서 발생 또는 유행 즉시 신고하여야 하고, 음압격리와 같은 높은 수준의 격리가 필요한 감염병을 말한다.
- ◆ 제1급 감염병의 종류(17종) : 에볼라바이러스병, 마버그열, 라싸열, 크리미안콩고출혈열, 남아메리카출혈열, 리프트밸리열, 두창, 페스트, 탄저, 보툴리눔독소증, 야토병, 신종감염병증후군, 중증급성호흡기증후군(SARS), 중동호흡기증후군(MERS), 동물인플루엔자 인체감염증, 신종인플루엔자, 디프테리아

12 식품공장의 내벽시설 기준

◆ 내벽은 바닥에서부터 1.5m까지는 밝은 색의 내수성, 내산성, 내열성의 적절한 자재로 설비하여야 한다.
◆ 세균 방지용 페인트로 도색하여야 한다.

13 평면산패 flat sour

◆ 가스의 생산이 없어도 산을 생성하는 현상을 말한다.
◆ 호열성균(*bacillus*속)에 의해 변패를 일으키는 특성이 있다.
◆ 통조림의 살균 부족 또는 권체 불량 등으로 누설 부분이 있을 때 발생한다.
◆ 가스를 생성하지 않아 부풀어 오르지 않기 때문에 외관상 구별이 어렵다.
◆ 개관 후 pH 또는 세균검사를 통해 알 수 있다.
◆ 타검에 의해 식별이 어렵다.

14 염화비닐수지

◆ 주성분이 polyvinylchloride로서 포르말린의 용출이 없어 위생적으로 안전하다.
◆ 투명성이 좋고, 착색이 자유로우며 유리에 비해 가볍고 내수성, 내산성이 좋다.

15 유전자 재조합 식품의 안전성 평가 항목

◆ 신규성
◆ 알레르기성 독성
◆ 항생제 내성
◆ 독성

16 렙토스피라증(바일병, Weil's disease)

◆ 스피로헤타 박테리아(*Spirochaete bacterium*)에 속하는 렙토스피라 균종(*Leptospira sp.*) 감염으로 생기는 감염병이다.
◆ 감염경로 : 들쥐, 집쥐, 족제비, 여우, 개 등 렙토스피라균에 감염된 동물의 소변으로 균이 배출되어 물과 토양을 오염시키며, 그 오염된 지역에서 작업하는 사람의 미세한 상처를 통해 감염
◆ 잠복기 : 2~14일
◆ 주요증상
 - 갑작스런 발열(38~40℃)과 두통, 오한, 근육통, 눈의 충혈 등 감기 몸살과 비슷한 증세
 - 심하면 황달 또는 뇨감소
◆ 예방
 - 작업 시 손발 등에 상처가 있는지를 확인하고 반드시 장화, 장갑 등 보호구를 착용한다.
 - 가능한 농경지의 고인 물에는 손발을 담그지 않도록 주의한다.
 - 들쥐, 집쥐 등 질병 매개 동물을 구제한다.

17 우뇌해면증(광우병, BSE)

- ◆ 원인물질은 프리온(prion)이다.
- ◆ 프리온은 핵산을 포함하지 않는 단백질로 정상적인 동물이나 사람의 뇌에 존재하는 물질이다.
- ◆ 스크래피에 걸린 양, 광우병에 걸린 소, 크로이츠펠트-야콥병 환자의 뇌에서 프리온이 변질된 형태로 발견되었다.
- ◆ 변질된 프리온이 전염력을 가지고 있으며 이 변형된 프리온을 먹을 경우 그것이 소화기에서 뇌까지 도달하여 정상적인 프리온을 질병 프리온으로 변화시키며 증식한다는 사실을 밝혀냈다.

18 용제 solvent

- ◆ 식품에 천연물의 첨가물이 균일하게 혼합되도록 하기 위해서는 용제에 녹여 첨가하는 것이 효과적인데, 이러한 목적으로 사용되는 첨가물을 말한다.
- ◆ 종류 : 글리세린(glycerine), 프로필렌글리콜(propyleneglycol)

19 PVC필름이 위생상 문제가 되는 이유

- ◆ 성형조제로 쓰이는 vinyl chloride monomer의 유출, 가소제 및 안정제가 그 원인인데 이들 모두 발암물질이다.

20 식품의 보존료

- ◆ 미생물의 증식에 의해서 일어나는 식품의 부패나 변질을 방지하기 위하여 사용되는 식품첨가물이며 방부제라고도 한다.
- ◆ 식품의 신선도 유지와 영양가를 보존하는 첨가물이다.
- ◆ 살균 작용보다는 부패 미생물에 대한 정균 작용, 효소의 작용을 억제하는 첨가물이다.
- ◆ 보존제, 살균제, 산화방지제가 있다.

제2과목 식품화학

21 식품과 함유된 단백질

- ◆ 쌀 : oryzenin
- ◆ 감자 : tuberin
- ◆ 보리 : hordenin
- ◆ 옥수수 : zein
- ◆ 고구마 : ipomain
- ◆ 콩 : glycinin
- ◆ 밀, 호밀 : gliadin

22 tyrosinase에 의한 갈변

◆ 야채나 과일류 특히 감자의 갈변현상은 tyrosinase에 의한 갈변이다.
◆ 공기 중에서 감자를 절단하면 tyrosinase에 의해 산화되어 dihydroxy phenylalanine (DOPA)을 거쳐 O-quinone phenylalanin(DOPA-quinone)이 된다.
◆ 다시 산화, 계속적인 축합·중합반응을 통하여 흑갈색의 melanin 색소를 생성한다.
◆ 감자에 함유된 tyrosinase는 수용성이므로 깎은 감자를 물에 담가두면 갈변이 방지된다.

23 soxhlet 지방 추출법

◆ ethyl ether를 용매로 해서 soxhlet 추출기를 사용하여 16~32시간 식품에서 지질을 추출한다.
◆ 추출액에서 에테르를 제거하고 다시 95~100℃로 건조하여 얻어진 잔류물을 조지방이라 한다.

24 식품의 텍스처 특성

◆ 저작성(chewiness) : 고체식품을 삼킬 수 있는 상태까지 씹는 데 필요한 일의 양이며 견고성, 응집성 및 탄성에 영향을 받고 보통 연하다, 질기다 등으로 표현되는 성질이다.
◆ 부착성(adhesiveness) : 식품의 표면이 입안의 혀, 이, 피부 등의 타물체의 표면과 부착되어 있는 인력을 분리시키는 데 필요한 일의 양이며 보통 미끈미끈하다, 끈적끈적하다 등으로 표현되는 성질이다.
◆ 응집성(cohesiveness) : 어떤 물체를 형성하는 내부 결합력의 크기이며, 관능적으로 직접 감지되기 어렵고 그의 이차적인 특성으로 나타낸다.
◆ 견고성(hardness) : 물질을 변형시키는 데 필요한 힘의 크기이며 무르다, 굳다, 단단하다 등으로 표현되는 성질이다.

25 식품 단백질을 구성하는 아미노산

◆ 지방족, 비극성 : glycine, alanine, valine, leucine, isoleucine
◆ 알코올성(지방족과 방향족) : serine, threonine
◆ 방향족 : tyrosine, phenylalanine, tryptophan,
◆ carbonyl 산 : aspartic acid, glutamic acid,
◆ amine 염기 : lysine, arginine, histidine
◆ 함유황 : cysteine, methionine
◆ amide : asparagine, glutamine
◆ imine : proline

27 콜레스테롤 cholesterol

◆ 동물의 뇌, 근육, 신경조직, 담즙, 혈액 등에 유리상태 또는 고급지방산과 ester를 형성하여 존재한다.

◆ 인지질과 함께 세포막을 구성하는 주요성분이다.
◆ 성호르몬, 부신피질, 비타민 D 등의 전구체이다.
◆ 혈중에 많이 함유되어 있을 경우 동맥경화, 고혈압, 뇌출혈 등의 원인이 된다.

28 무기질

◆ 다량 무기질 : 하루 100mg 이상 필요한 무기질
 – 인(P), 황(S), 나트륨(Na), 칼륨(K), 칼슘(Ca), 마그네슘(Mg)
◆ 극미량 무기질 : 하루 필요량이 100mg 이하이며 체내의 모든 무기질 중 1% 이하인 무기질
 – 철(Fe), 구리(Cu), 망간(Mn), 아연(Zn), 코발트(Co), 몰리브덴(Mo)

29 설탕(자당, sucrose)의 가수분해

◆ 설탕은 우선성인데 산이나 효소(invertase)에 의해 가수분해되면 glucose와 fructose의 등량 혼합물이 되고 좌선성으로 변한다.
◆ fructose의 좌선성이 glucose의 우선성([α] D는 −92°)보다 크기 때문이며, 이와 같이 선광성이 변하는 것을 전화라 하고 생성된 당을 전화당이라 한다.

30 전분의 호화를 촉진시켜 주는 염류

◆ 음이온 중 $OH^- > CNS^- > I^- > Br^- > Cl^-$ 등이 있으나 황산염들은 예외적으로 호화를 억제한다.

31 식품의 조직감

◆ 맛, 색과 같이 단순하지 않고 복잡하다.
◆ 관련된 감각은 주로 촉감, 그 이외 온도, 감각, 통감도 작용하여 치아의 근육운동, 촉감과 청각도 관여한다.
◆ 식품의 조직감에 영향을 미치는 인자는 식품 입자의 모양, 식품 입자의 크기, 표면의 조잡성(roughness) 등이다.

32 스트렉커 반응^strecker reaction

◆ Maillard 반응(비효소적 갈변 반응)의 최종단계에서 일어나는 반응으로 α−dicarbonyl화합물과 α−amino acid와의 산화적 분해 반응이다.
◆ 아미노산은 탈탄산 및 탈아미노 반응이 일어나 본래의 아미노산보다 탄소수가 하나 적은 알데히드(aldehyde)와 이산화탄소가 생성된다.

33 유지의 경화^hardening

◆ 액체유지에 환원 니켈(Ni) 등을 촉매로 하여 수소를 첨가하는 반응을 말한다.
◆ 수소의 첨가는 유지 중의 불포화지방산을 포화지방산으로 만들게 되므로 액체지방이 고체지방이 된다.

◆ 경화유는 유지의 산화안정성, 물리적 성질, 색깔, 냄새 및 풍미 등이 개선된다.
◆ 경화유 제조 공정 중 유지에 수소를 첨가하는 목적
- 글리세리드의 불포화 결합에 수소를 첨가하여 산화 안정성을 좋게 한다.
- 유지에 가소성이나 경도를 부여하여 물리적 성질을 개선한다.
- 색깔을 개선한다.
- 식품으로서의 냄새, 풍미를 개선한다.

34

◆ 람베르트-베르법칙 : 흡광도가 농도와 흡수층 두께에 비례한다고 하는 법칙
◆ 페히너의 법칙 : 차역(差閾)에 관한 베버의 법칙을 바탕으로 한 인간의 감각의 크기는 자극의 크기의 로그에 비례한다는 법칙
◆ 웨버의 법칙 : 자극의 강도와 식별역의 비가 일정하다고 하는 법칙
◆ 미카엘리스-멘텐의 식 : 효소 반응의 속도론적 연구에서, 효소와 기질이 우선 복합체를 형성한다는 가정하에서 얻은 반응속도식

35 맛의 인식기작

◆ 단맛 : 당류 등 단맛 물질 → 수용체 단백질 결합 → G단백질 활성화 → adenyl cyclase (AC) 활성화 → cAMP 합성 → protein kinase(PKA) 활성화 → K^+ 통로에 관여하는 단백질 인산화 → K^+ 통로 막음(전위차) → 세포막의 탈분극 → 신경섬유 연접부에 신경전달물질 방출 → 활동전위 발생 → 대뇌에 단맛의 미각 전달
◆ 쓴맛 : 쓴맛 물질 → 수용체 단백질 결합 → G단백질 활성화 → phosphodiesterase(PDE) 활성화 → PDE의 세포 내 cAMP 수준 농도 낮춤 → 이온통로 열림 → Ca^{++}이온 세포 내 유입 → 세포막 탈분극화 맛전달
◆ 짠맛 : 염의 양이온(Na^+) → 이온통로 투과 → 막전위 변화 → 탈분극화
◆ 신맛 : 산 → 이온통로에 결합 → Na^+이온의 흐름을 막음 → 세포막 탈분극화

36 유지의 가열에 따른 주요 변화

◆ 중합체 : 유지를 산소가 없는 상태에서 200~300℃로 가열하면 2중체, 3중체 등 중합체가 형성된다.
◆ 열산화중합 : 유지를 공기가 있는 상태에서 200~300℃로 가열하면 열산화중합이 일어난다. 유리기가 서로 결합하여 점차 점도가 증가한다.
◆ 가열분해 : 유지를 가열하면 150℃ 부근에서 ester 결합이 분해되어 유리지방산과 aldehyde 등이 생성된다.

37 단당류의 광회전도

◆ $[\alpha]_D^t = \dfrac{100 \times \alpha}{L \times C}$

t : 시료온도(℃), D : 나트륨의 D선(편광), α : 측정한 선광도, L : 관의 길이(dm), C : 농도(g/100㎖)

◆ $[\alpha]_D^{20} = \frac{100\times(5)}{1\times5} = +100^\circ$

38 항산화제

◆ 천연 항산화제에는 세사몰(sesamol), 고시폴(gossypol), 레시틴(lecithin), 토코페롤(tocopherol, vit. E) 등이 있다.

◆ 합성 항산화제에는 BHT, BHA 등이 있다.

- gossypol은 목화씨(면실유)에 함유된 천연 항산화제이다.
- sesamol은 참기름에 함유된 천연 항산화제이다.
- tocopherol은 식물성 오일에 함유된 천연 항산화제이다.

39 관능검사

◆ 단순차이검사 : 두 개의 검사물들 간에 차이유무를 결정하기 위한 방법으로 동일 검사물의 짝과 이질 검사물의 짝을 제시한 후 두 시료 간에 같은지 다른지를 평가하게 하는 방법이다.

◆ 일-이점검사 : 기준 시료를 제시해주고 두 검사물 중에서 기준 시료와 동일한 것을 선택하도록 하는 방법으로, 이는 기준시료와 동일한 검사물만 다시 맛보기 때문에 삼점검사에 비해 시간이 절약될 뿐만 아니라 둔화 현상도 어느 정도 방지할 수 있다. 따라서 검사물의 향미나 뒷맛이 강할 때 많이 사용되는 방법이다.

◆ 삼점검사 : 종합적 차이검사에서 가장 많이 쓰이는 방법으로 두 검사물은 같고 한 검사물은 다른 세 개의 검사물을 제시하여 어느 것이 다른지를 선택하도록 하는 방법이다.

◆ 이점비교검사 : 두 개의 검사물을 제시하고 단맛, 경도, 윤기 등 주어진 특성에 대해 어떤 검사물의 강도가 더 큰지를 선택하도록 하는 방법으로 가장 간단하고 많이 사용되는 방법이다.

40 호화에 미치는 영향

◆ 수분 : 전분의 수분 함량이 많을수록 호화는 잘 일어난다.

◆ starch 종류 : 호화는 전분의 종류에 큰 영향을 받는데 이것은 전분 입자들의 구조 차이에 기인한다.

◆ 온도 : 호화에 필요한 최저온도는 대개 60℃ 정도다. 온도가 높으면 호화의 시간이 빠르다. 쌀은 70℃에서는 수 시간 걸리나 100℃에서는 20분 정도이다.

◆ pH : 알칼리성에서는 팽윤과 호화가 촉진된다.

◆ 염류 : 일부 염류는 전분 알맹이의 팽윤과 호화를 촉진시킨다. 일반적으로 음이온이 팽윤제로서 작용이 강하다($OH^- > CNS^- > Br^- > Cl^-$). 한편, 황산염은 호화를 억제한다.

제3과목 식품가공학

41 쌀의 도정도

종류	특성	도정률(%)	도감률(%)
현미	나락에서 왕겨층만 제거한 것	100	0
5분도미	겨층의 50%를 제거한 것	96	4
7분도미	겨층의 70%를 제거한 것	94	6
백미	현미를 도정하여 배아, 호분층, 종피, 과피 등을 없애고 배유만 남은 것	92	8
배아미	배아가 떨어지지 않도록 도정한 것		
주조미	술의 제조에 이용되며 미량의 쌀겨도 없도록 배유만 남게 한 것	75 이하	

42 아미노산(산분해) 간장

- ◆ 단백질 원료를 염산으로 가수분해하고 NaOH 또는 Na_2CO_3로 중화하여 얻은 아미노산과 소금이 섞인 액체를 말한다.
- ◆ 산분해 간장의 제조 시 부산물로서 생성되는 염소화합물 중의 하나인 3-클로로-1, 2-프로판디올(MCPD)이 생성된다.
- ◆ MCPD는 유지 성분을 함유한 단백질을 염산으로 가수분해할 때 생성되는 글리세롤 및 그 지방산 에스테르와 염산과의 반응에서 형성되는 염소화합물의 일종이다.
- ◆ WHO의 식품첨가물전문가위원회에서 이들 물질은 '바람직하지 않은 오염물질로서 가능한 농도를 낮추어야 하는 물질'로 안전성을 평가하고 있다.

43 유지 추출에 쓰이는 용제

- ◆ 헥산(hexane), 헵탄(heptane), 석유 에테르, 벤젠, 사염화탄소(CCl_4), 이황화탄소(CS_2), 아세톤, ether, ethanol, $CHCl_3$ 등이 쓰인다.
- ◆ 이들 중 헥산이 가장 많이 사용된다.
- ◆ 헥산(hexane)의 비점은 65~69℃이다.

44 과채류의 데치기blanching의 목적

- ◆ 산화효소를 파괴하여 가공 중에 일어나는 변색 및 변질을 방지한다.
- ◆ 원료 중의 특수 성분에 의하여 통조림 및 건조 중에 일어나는 외관, 맛의 변화를 방지한다.
- ◆ 원료의 조직을 부드럽게 하여 통조림 등을 할 때 담는 조작을 쉽게 하고 살균 가열할 때 부피가 줄어드는 것을 방지한다.
- ◆ 껍질 벗기기를 쉽게 한다.
- ◆ 원료를 깨끗이 하는 데 효과가 있다.

45 과실주스의 혼탁 원인

- ◆ 과즙은 펙틴, 섬유소, 검(gum)질 등의 부유물에 의해 점착성의 원인이 된다.

46 카세인casein

◆ 우유 중에 약 3% 함유되어 있으며 우유 단백질 중의 약 80%를 차지한다.
◆ 카세인은 우유에 산을 가하여 pH를 4.6으로 하면 등전점에 도달하여 물에 녹지 않고 침전되므로 쉽게 분리할 수 있다.

47 설탕의 몰분율

◆ 설탕의 몰분율＝설탕의 몰수/설탕의 몰수＋물의 몰수
◆ 몰수＝질량/분자량
◆ 설탕의 분자량 : 342kg/kmol, 물의 분자량 : 18kg/kmol
◆ 설탕의 몰수＝20/342＝0.0585
◆ 물의 몰수＝80/18＝4.4444

$$\therefore \text{ 설탕의 몰분율} = \frac{0.0585}{0.0585 + 4.4444} = 0.0130$$

48 염지 재료의 기능

◆ 소금 : 보수력 증진, 염용성 단백질 추출, 저장성 증진 효과 부여
◆ 환원제(eythorbate와 ascorbate) : 아질산염과 육색소의 화학 반응을 촉진
◆ 인산염(phosphate) : 보수력을 증진시켜 수분 손실을 줄이고 연도와 다즙성 개선
◆ 아질산염과 질산염 : 육색소와 작용하여 독특한 염지육색 발현

49 콩의 영양을 저해하는 인자

◆ 트립신 저해제(trypsin inhibitor), 적혈구 응고제(hemagglutinin), 리폭시게나제(lipoxygenase), phytate(inositol hexaphosphate), 라피노스(raffinose), 스타키오스(stachyose) 등이다.

50 키틴chitin

◆ 갑각류의 구조형성 다당류로서 바닷가재, 게, 새우 등의 갑각류와 곤충류 껍질 층에 포함되어 있다.
◆ N-acetyl glucosamine들이 β-1, 4 glucoside 결합으로 연결된 고분자의 다당류로서 영양성분은 아닌 물질이다.
◆ 향균, 항암 작용, 혈중 콜레스테롤 저하, 고혈압 억제 등의 효과가 있다.

51 밀가루의 품질시험 방법

◆ 색도 : 밀기울의 혼입도, 회분량, 협잡물의 양, 제분의 정도 등을 판정(보통 Pekar법을 사용)
◆ 입도 : 체눈 크기와 사별정도를 판정
◆ 패리노그래프(farinograph) 시험 : 밀가루 반죽 시 생기는 점탄성을 측정
◆ 익스텐소그래프(extensograph) 시험 : 반죽의 신장도와 인장항력을 측정

◆ 아밀로그래프(amylograph) 시험 : 전분의 호화온도와 제빵에서 중요한 α-amylase의 역가를 알 수 있고 강력분과 중력분 판정에 이용

52 육가공 제조 시 필요한 기구

◆ 세절기(grinder, chopper) : 육을 잘게 자르는 기계
◆ 충진기(stuffer) : 원료 육과 각종 첨가물을 케이싱에 충전하는 기계
◆ 혼합기(mixer) : 유화된 육과 각종 첨가물을 혼합하는 기계
◆ 사일런트 커터(silent cutter) : 만육된 고기를 더욱 곱게 갈아서 유화 결착력을 높이는 기계

⊕ 균질기(homogenizer) : 우유의 지방구를 미세화 하는 기계

53 피단pidan

◆ 중국에서 오리알을 이용한 난 가공품이다.
◆ 송화단, 채단이라고도 한다.
◆ 주로 알칼리 침투법으로 제조한다.
◆ 제조법 : 생석회, 소금, 나무 태운 재, 왕겨 등을 반죽(paste)모양으로 만들어, 난 껍질 표면에 6~9mm 두께로 바르고, 왕겨에 굴려 항아리에 넣고, 공기가 통하지 않도록 밀봉시켜 15~20℃에서 5~6개월간 발효, 숙성시켜 제조한다.

54 펙틴 성분의 특성

◆ 저메톡실 펙틴(Low methoxyl pectin)
- methoxy(CH_3O) 함량이 7% 이하인 것
- 고메톡실 펙틴의 경우와 달리 당이 전혀 들어가지 않아도 젤리를 만들 수 있다.
- Ca과 같은 다가이온이 펙틴분자의 카르복실기와 결합하여 안정된 펙틴젤을 형성한다.
- methoxyl pectin의 젤리화에서 당의 함량이 적으면 칼슘을 많이 첨가해야 한다.

◆ 고메톡실 팩틴(high methoxyl pectin)
- methoxy(CH_3O) 함량이 7% 이상인 것

55 냉동 육류의 드립(drip) 발생 원인

◆ 얼음결정이 기계적으로 작용하여 육질의 세포를 파괴 손상시키는 것
◆ 체액의 빙결분리
◆ 단백질의 변성
◆ 해동경직에 의한 근육의 이상 강수축

56 우유류 규격 [식품공전, 2018년]

◆ 산도(%) : 0.18 이하(젖산으로서)
◆ 유지방(%) : 3.0 이상(다만, 저지방제품은 0.6~2.6, 무지방제품은 0.5 이하)

◆ 세균수 : n=5, c=2, m=10,000, M=50,000
◆ 대장균군 : n=5, c=2, m=0, M=10(멸균제품은 제외한다)
◆ 포스파타제 : 음성이어야 한다(저온장시간 살균제품, 고온단시간 살균제품에 한함)
◆ 살모넬라 : n=5, c=0, m=0/25g
◆ 리스테리아 모노사이토제네스 : n=5, c=0, m=0/25g
◆ 황색포도상구균 : n=5, c=0, m=0/25g

57 엔탈피 변화

◆ 25℃ 물에서 100℃ 물로 온도변화
물의 비열은 4.182kJ/kgK이므로, 4.2kJ/kgK×2kg×75K=630kJ
◆ 100℃ 물에서 100℃ 수증기로 온도변화
기화 잠열은 2257kJ/kg이므로, 2257kJ/kg×2kg=4,514kJ
◆ 총 엔탈피 변화=630+4514=5,144kJ

58 옥수수 전분 제조 시 아황산(SO_2)의 침지

◆ 아황산 농도 0.1~0.3%, pH 3~4, 온도 48~52℃에서 48시간 행한다.
◆ 아황산은 옥수수를 부드럽게 하여 전분과 단백질의 분리를 쉽게 하고 잡균의 오염을 방지한다.

59 분무건조spray drying

◆ 액체식품을 분무기를 이용하여 미세한 입자로 분사하여 건조실 내에 열풍에 의해 순간적으로 수분을 증발하여 건조, 분말화시키는 것이다.
◆ 열풍온도는 150~250℃이지만 액적이 받는 온도는 50℃ 내외에 불과하여 건조제품은 열에 의한 성분변화가 거의 없다.
◆ 열에 민감한 식품의 건조에 알맞고 연속 대량 생산에 적합하다.
◆ 우유는 물론 커피, 과즙, 향신료, 유지, 간장, 된장과 치즈의 건조 등 광범위하게 사용되고 있다.

60 유지의 정제

◆ 채취한 원유에는 껌, 단백질, 점질물, 지방산, 색소, 섬유질, 탄닌, 납질물 그리고 물이 들어 있다.
◆ 이들 불순물을 제거하는 데 물리적 방법인 정치, 여과, 원심분리, 가열, 탈검처리와 화학적 방법인 탈산, 탈색, 탈취, 탈납 공정 등이 병용된다.
◆ 유지의 정제 공정 : 원유 → 정치 → 여과 → 탈검 → 탈산 → 탈색 → 탈취 → 탈납(윈터화)

61 염기배열 변환의 방법

◆ 염기첨가(addition), 염기결손(deletion), 염기치환(substitution) 등이 있다.

62 미생물 증식의 최적온도

◆ 효소의 반응속도가 최대가 되는 온도이다.

◆ 효소의 반응속도는 온도가 올라감에 따라 상승하지만, 온도가 지나치게 높은 경우에는 효소의 활성을 잃게 된다. 이 때문에 반응속도는 일정한 온도에서 극대치를 나타내게 된다.

63 대장균 O157 : H7

◆ 대장균은 혈청형에 따라 다양한 성질을 지니고 있다.

◆ O항원은 균체의 표면에 있는 세포벽의 성분인 직쇄상의 당분자(lipopolysaccharide)의 당의 종류와 배열방법에 따른 분류로서 지금까지 발견된 173종류 중 157번째로 발견된 것이다.

◆ H항원은 편모 부분에 존재하는 아미노산의 조성과 배열방법에 따른 분류로서 7번째 발견되었다는 의미이다.

◆ H항원 60여 종이 발견되어 O항원과 조합하여 계산하면 약 2,000여 종으로 분류할 수 있다.

64 *Penicillum citrinum*

◆ 황변미의 원인균으로 신장 장애를 일으키는 유독 색소인 citrinin($C_{13}H_{14}O_5$)을 생성하는 유해균이다.

65 슬라이드 배양slide culture

◆ 곰팡이의 형태를 관찰하기 위하여 실시하는 방법이다.

66 유산 발효 형식

◆ 정상발효 형식(homo type)

- 당을 발효하여 젖산만 생성
- 정상발효 유산균은 *Streptococcus*속, *Pediococcus*속, 일부 *Lactobacillus*속(*L. delbrückii*, *L. acidophilus*, *L. casei*, *L. bulgaricus*, *L. lactis*, *L. homohiochii*) 등이 있다.

◆ 이상발효 형식(hetero type)

- 당을 발효하여 젖산 외에 알코올, 초산, CO_2 등 부산물 생성
- 이상발효 유산균은 *Leuconostoc*속(*Leuc. mesenteoides*), 일부 *Lactobacillus*속(*L. fermentum*, *L. brevis*. *L. heterohiochii*) 등이 있다.

67 yoghurt 제조에 이용되는 젖산균

◆ *L. bulgaricus*, *Sc. thermophilus*, *L. casei*, *L. acidophilus* 등이다.

68 식품 1㎖ 중의 colony 수

◆ 희석배수 : 10×25×1=250배
◆ 집락수(colony) : 10개
◆ 총 집락수 : 250×10=2,500
◆ 1㎖ 중의 colony 수 : 2,500/1=2,500=2.5×10^3

69 편모 flagella

◆ 세균의 운동기관이다.
◆ 편모는 위치에 따라 극모와 주모로 대별한다.
◆ 극모는 단모, 속모, 양모로 나뉜다.
◆ 주로 간균이나 나선균에만 존재하며 구균에는 거의 없다.
◆ 편모의 유무, 수, 위치는 세균의 분류학상 중요한 기준이 된다.

70 곰팡이의 작용

◆ 치즈의 숙성 : *Penicillium*속의 곰팡이
◆ 페니실린 제조 : *Penicillium*속의 곰팡이
◆ 황변미 생성 : *Penicillium*속의 곰팡이

⊕ 식초의 양조 : *Acetobacter*속(초산균)의 세균

71 *Zygosaccharomyces*속

◆ 내당성, 내염성 효모로서 소금과 당분에 잘 견딘다.
◆ *Zygosaccharomyces rouxii*는 *Z. soja*, *Z. major* 등과 *Sacch. rouxii*로 Lodder에 의해 통합 분류되었다.
◆ *Sacch. rouxii*는 간장이나 된장의 발효에 관여하는 효모로서, 18% 이상의 고농도의 식염이나 잼같은 당농도에서 발육하는 내삼투압성 효모이다.

72 glucose isomerase

◆ 포도당(glucose)을 이성화해서 과당(fructose)로 만드는 효소이며 xylan에 의해 유도된다.
◆ *Bacillus megaterum*이나 *Strpetomyces albus* 등이 생산하고 후자의 균주를 이용하여 밀기울, corn steep liquor 등으로 된 배지에서 30℃, 약 30시간 배양한다.

73 효모의 기본적인 형태

- ◆ 계란형(cerevisiae type) : *Saccharomyces cerevisiae*(맥주효모)
- ◆ 타원형(ellipsoideus type) : *Saccharomyces ellipsoideus*(포도주효모)
- ◆ 구형(torula type) : *Torulopsis versatilis*(간장 후숙에 관여)
- ◆ 레몬형(apiculatus type) : *Saccharomyces apiculatus*
- ◆ 소시지형(pastorianus type) : *Saccharomyces pastorianus*
- ◆ 위균사형(pseudomycellium) : *Candida*속 효모

74 정상기(정지기, stationary phase)

- ◆ 생균수는 최대 생육량에 도달하고, 배지는 영양물질의 고갈, 대사생성물의 축적, pH의 변화, 산소 부족 등으로 새로 증식하는 미생물수와 사멸되는 미생물수가 같아진다.
- ◆ 더 이상의 증식은 없고, 일정한 수로 유지된다.
- ◆ 포자를 형성하는 미생물은 이때 형성한다.

75 제한효소restriction enzyme

- ◆ 세균 속에서 만들어져 DNA의 특정 인식부위(restriction site)를 선택적으로 분해하는 효소를 말한다.
- ◆ 세균의 세포 속에서 제한효소는 외부에서 들어온 DNA를 선택적으로 분해함으로써 병원체를 없앤다.
- ◆ 제한효소는 세균의 세포로부터 분리하여 실험실에서 유전자를 포함하고 있는 DNA 조각을 조작하는 데 사용할 수 있다. 이 때문에 제한효소는 DNA 재조합 기술에서 필수적인 도구로 사용된다.

76 클로렐라chlorella의 특징

- ◆ 진핵세포생물이며 분열증식을 한다.
- ◆ 단세포 녹조류이다.
- ◆ 크기는 2~12μ 정도의 구형 또는 난형이다.
- ◆ 분열에 의해 한 세포가 4~8개의 낭세포로 증식한다.
- ◆ 엽록체를 가지며 광합성을 하여 에너지를 얻어 증식한다.
- ◆ 빛의 존재 하에 무기염과 CO_2의 공급으로 쉽게 증식하며 이때 CO_2를 고정하여 산소를 낸다.
- ◆ 건조물의 50%가 단백질이며 필수아미노산과 비타민이 풍부하다.
- ◆ 필수아미노산인 라이신(lysine)의 함량이 높다.
- ◆ 비타민 중 특히 비타민 A, C의 함량이 높다.
- ◆ 단위 면적당 단백질 생산량은 대두의 약 70배 정도이다.
- ◆ 양질의 단백질을 대량 함유하므로 단세포단백질(SCP)로 이용되고 있다.
- ◆ 소화율이 낮다.
- ◆ 태양에너지 이용률은 일반 재배식물보다 5~10배 높다.
- ◆ 생산균주 : *Chlorella ellipsoidea*, *Chlorella pyrenoidosa*, *Chlorella vulgaris* 등

77 스트렙토마이신 streptomycin

- ◆ 당을 전구체로 하는 대표적인 항생물질이다.
- ◆ 생합성은 방선균인 *Streptomyces griceus*에 의해 D-glucose로부터 중간체로서 myoinositol을 거쳐 생합성된다.

78 곰팡이 균총 colony

- ◆ 균사체와 자실체를 합쳐서 균총(colony)이라 한다.
- ◆ 균사체(mycelium)는 균사의 집합체이고, 자실체(fruiting body)는 포자를 형성하는 기관이다.
- ◆ 균총은 종류에 따라 독특한 색깔을 가진다.
- ◆ 곰팡이의 색은 자실체 속에 들어 있는 각자의 색깔에 의하여 결정된다.

79 지방산의 β-산화 β-oxidation

- ◆ 지방산 산화는 간의 미토콘드리아 기질 내에서 일어나는 4가지의 연속적인 반응에 의해 지방산 아실 사슬의 탄소가 2개씩 짧아지면서 $FADH_2$, NADH, acetyl CoA를 생성하는 과정이다.
- ◆ 4가지의 연속적인 반응은 FAD에 의한 산화, 수화, NAD^+에 의한 산화, CoA에 의한 티올(thiol) 분해 등이다.

80 산소 요구성에 의한 미생물의 분류

- ◆ 편성 호기성균(절대 호기성균)
  - 유리산소의 공급이 없으면 생육할 수 없는 균
  - 곰팡이, 산막효모, *Acetobacter*, *Micrococcus*, *Bacillus*, *Sarcina*, *Achromobacter*, *Pseudomonas*속의 일부이다.
- ◆ 통성 혐기성균
  - 산소가 있으나 없으나 생육하는 미생물
  - 대부분의 효모와 세균으로 *Enterobacteriaceae*, *Staphylococcus*, *Aeromonas*, *Bacillus*속의 일부이다.
- ◆ 절대 혐기성균(편성 혐기성균)
  - 산소가 절대로 존재하지 않을 때 증식이 잘되는 미생물
  - *Clostridium*, *Bacteriodes*, *Desulfotomaculum*속이다.

제5과목 생화학 및 발효학

81 DNA의 흡광도

- ◆ DNA의 경우 260nm의 자외선을 잘 흡수하는데 수치가 클 경우 단일가닥 DNA로 간주한다.
- ◆ 모든 핵산은 염기의 방향족 환에 의해 자외선을 흡수한다.

◆ 이중가닥의 경우 염기가 당-인산 사슬에 의해 보호되어 자외선의 흡수가 감소하고, 단일 가닥의 경우 염기가 그대로 노출되기 때문에 자외선의 흡수가 증가하게 된다.

82 palmitic acid의 완전산화

◆ 지방산화인 β-산화를 7회 수행하므로 생성물은 7$FADH_2$, 7NADH, 8 acetyl CoA이다.
◆ 1$FADH_2$, NADH, 1acetyl CoA는 각각 1.5, 2.5, 10ATP를 생성한다.
◆ palmitic acid의 완전산화 시 생성되는 총 ATP 분자수는 $(7\times1.5)+(7\times2.5)+(8\times10)=108$인데 palmitic acid 완전산화 시 2ATP가 소모되므로 $108-2=106$ATP이다.

83 칼빈회로 Calvin cycle

◆ 1단계 : CO_2의 고정

$$6CO_2 + 6\ RuDP + 6\ H_2O \longrightarrow 12\ PGA$$

◆ 2단계 : PGA의 환원단계

$$12\ PGA \xrightarrow{12ATP \quad 12ADP} 12\ DPGA \xrightarrow{12NADPH_2 \quad 12NADP} 12\ PGAL + 12\ H_2O$$

◆ 3단계 : 포도당의 생성과 RuDP의 재생성단계

$$2\ PGAL \longrightarrow \text{과당 2인산} \longrightarrow \text{포도당 } C_6H_{12}O_6$$

$$10\ PGAL \xrightarrow{6ATP \quad 6ADP} 6RuDP$$

⊕ 3-phosphoglycerate(PGA), ribulose-1, 5-diphosphate(RuDP), diphosphoglycerate(DPGA), glyceraldehyde-3-phosphate(PGAL)은 광합성의 암반응(Calvin cycle)의 중간생성물이다.

84 발효 형식(배양 형식)의 분류

① 배지상태에 따라
◆ 액체배양 : 표면배양(surface culture), 심부배양(submerged culture)
◆ 고체배양 : 밀기울 등의 고체 배지 사용
- 정치배양 : 공기의 자연환기 또는 표면에 강제통풍
- 내부 통기배양(강제통풍배양, 퇴적배양) : 금속 망 또는 다공판을 통해 통풍

② 조작형태에 따라
◆ 회분배양(batch culture) : 제한된 기질로 1회 배양
◆ 유가배양(fed-batch culture) : 기질을 수시로 공급하면서 배양
◆ 연속배양(continuous culture) : 기질의 공급 및 배양액 회수가 연속적 진행

85 알코올 발효법

① 전분이나 섬유질 등을 원료로 맥아, 곰팡이, 효소, 산을 이용하여 당화시키는 방법
② 당화방법
◆ 고체국법(피국법, 밀기울 코지법)
- 고체상의 코지를 효소제로 사용

- 밀기울과 왕겨 6:4로 혼합한 것에 국균(*Asp. oryza*, *Asp. shirousami*)을 번식시켜 국 제조
- 잡균 존재(국으로부터 유래)때문에 왕성하게 단시간에 발효

◆ 액체국법
- 액체상의 국을 효소제로 사용
- 액체배지에 국균(*A. awamori*, *A. niger*, *A. usami*)을 번식시켜 국 제조
- 밀폐된 배양조에서 배양하여 무균적 조작 가능, 피국법보다 능력 감소

◆ amylo법
- koji를 따로 만들지 않고 발효조에서 전분원료에 곰팡이를 접종하여 번식시킨 후 효모를 접종하여 당화와 발효가 병행해서 진행

◆ amylo 술밑·koji 절충법
- 주모의 제조를 위해서는 amylo법, 발효를 위해서는 국법으로 전분질 원료를 당화
- 주모 배양 시 잡균 오염 감소, 발효속도 양호, 알코올 농도 증가
- 현재 가장 진보된 알코올 발효법으로 규모가 큰 생산에 적합

87 aspartic acid 계열의 아미노산 합성 중 L-threonine에 의해 저해를 받는 효소

◆ aspartokinase
◆ homoserine dehydrogenase
◆ homoserine kinase

⊕ Aspartate semialdehyde dehydrogenase는 lysine 생합성경로에서 lysine에 의해 억제(repression)를 하는 효소이다.

88 변성denaturation

◆ 천연단백질이 물리적 작용, 화학적 작용 또는 효소의 작용을 받으면 구조의 변형이 일어나는 현상을 말한다.
◆ 대부분 비가역적 반응이다.
◆ 단백질의 변성에 영향을 주는 요소
- 물리적 작용 : 가열, 동결, 건조, 교반, 고압, 조사 및 초음파 등
- 화학적 작용 : 묽은 산, 알칼리, 요소, 계면활성제, 알코올, 알칼로이드, 중금속, 염류 등

89 효소 반응의 특이성

◆ 절대적 특이성
- 유사한 일군의 기질 중 특이적으로 한 종류의 기질에만 촉매하는 경우
- urease는 요소만을 분해, pepsin은 단백질을 가수분해, dipeptidase는 dipeptide 결합만을 가수분해한다.

◆ 상대적 특이성
- 효소가 어떤 군의 화합물에는 우선적으로 작용하며 다른 군의 화합물에는 약간만 반응할 경우

- acetyl CoA synthetase는 초산에 대하여는 활성이 강하나 propionic acid에는 그 활성이 약하다.

◆ 광학적 특이성
- 효소가 기질의 광학적 구조가 상위에 따라 특이성을 나타내는 경우
- maltase는 maltose와 α-glycoside를 가수분해하나 β-glycoside에는 작용하지 못한다. L-amino acid oxidase는 D-amino acid에는 작용하지 못하나 L-amino acid에만 작용한다.

90 81번 해설 참조

91 84번 해설 참조

92 글리옥실산 회로 glyoxylate cycle

◆ 고등식물과 미생물에서 볼 수 있는 대사회로의 하나로 지방산 및 초산을 에너지원으로 이용할 수 있는 회로이다.
◆ 동물조직에서는 지방으로부터 직접 탄수화물을 합성할 수 없지만 식물에서는 글리옥시좀(glyoxysome)이라고 하는 소기관에서 일어난다.

93 경쟁적 저해

◆ 기질과 저해제의 화학적 구조가 비슷하여 효소의 활성부위에 저해제가 기질과 경쟁적으로 비공유 결합하여 효소 작용을 저해하는 것이다.
◆ 경쟁적 저해제가 존재하면 효소의 반응 최대속도(V_{max})는 변화하지 않고 미카엘리스 상수(K_m)은 증가한다.
◆ 경쟁적 저해제가 존재하면 Lineweaver-Burk plot에서 기울기는 변하지만, y절편은 변하지 않는다.

94 코리 회로 Cori cycle

◆ 근육이 심한 운동을 할 때 많은 양의 젖산을 생산한다.
◆ 근육에서 생성된 젖산은 LDH에 의해 간에서 피루브산으로 산화된다.
◆ 이 폐기물인 젖산은 근육세포로부터 확산되어 혈액으로 들어간다.
◆ 휴식하는 동안 과다한 젖산은 간세포에 의해 흡수되고 포도당신생 반응(gluconeogenesis) 과정을 거쳐 glucose로 합성된다.

95 비타민 B_{12} cobalamine

◆ 코발트를 함유하는 빨간색 비타민이다.
◆ 식물 및 동물은 이 비타민을 합성할 수 없고 미생물이 자연계에서 유일한 공급원이며 미생물 중에서도 세균이나 방선균이 주로 생성하며 효모나 곰팡이는 거의 생성하지 않는다.

◆ 비타민 B_{12} 생산균 : *Propionibacterium freudenreichii*, *Propionibacterium shermanii*, *Streptomyces olivaceus*, *Micromonospora chalcea*, *Pseudomonas denitrificans* 등이 있다.

96 Blended Scotch Whisky

◆ 숙성된 malt Whisky와 grain Whisky을 일정 비율 혼합한 위스키이다.
◆ Whisky 증류분의 알코올 농도 40~43%에 일정 농도가 되도록 희석한다.

97 효소원zymogen

◆ proenzyme(효소의 전구체)이라고도 한다.
◆ 단백질 분해효소 가운데 비활성 전구물질을 zymogen이라 한다.
◆ 촉매활성은 나타나지 않지만 생물체 내에서 효소로 변형되는 단백질류이다.

98 pyridoxal phosphatePLP

◆ PLP는 활성형으로 아미노기 전이 반응(transamination), 탈아미노 반응(deamination), 탈탄산 반응(decarboxylation), 입체이성질화(racemization) 등의 모든 아미노산 대사과정에 작용한다.

99 Niacin(비타민 B_3)

◆ NAD(nicotinamide adenine dinucleotide), NADP(nicotinamide adenine dinucleotide phosphate)의 구성 성분으로 되어 해당과정(EMP)에 관여하는 탈수소효소의 보효소로서 작용한다.

100 *Acetobacter*의 성질

◆ 그람음성, 강한 호기성의 간균이다.
◆ ethanol을 초산으로 산화하는 능력이 강하고 초산을 다시 산화하여 탄산가스와 물로 만든다.

식품기사 기출문제 해설 2019 1회

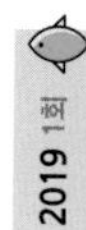

제1과목 식품위생학

1 간디스토마(간흡충)

◆ 감염경로
- 제1 중간숙주 : 왜우렁이
- 제2 중간숙주 : 참붕어, 잉어, 붕어, 큰납지리, 가시납지리, 피라미, 모래무지 등 48종의 민물고기가 보고되고 있다.

◆ 예방 : 왜우렁이나 담수어의 생식을 금할 것

2 mycotoxin의 종류

◆ 간장독 : 간경변, 간종양 또는 간세포 괴사를 일으키는 물질군
- aflatoxin(*Aspergillus flavus*), sterigmatocystin(*Asp. versicolar*), rubratoxin (*Penicillium rubrum*), luteoskyrin(*Pen. islandicum*), islanditoxin(*Pen. islandicum*)

◆ 신장독 : 급성 또는 만성 신장염을 일으키는 물질군
- citrinin(*Pen. citrinum*), citreomycetin, kojic acid(*Asp. oryzae*)

◆ 신경독 : 뇌와 중추신경에 장애를 일으키는 것
- patulin(*Pen. patulum, Asp. clavatus* 등), maltoryzine(*Asp. oryzae var. microsporus*), citreoviridin(*Pen. citreoviride*)

◆ 피부염 물질
- sporidesmin(*Pithomyces chartarum*, 광과민성 안면 피부염), psoralen(*Sclerotina sclerotiorum*, 광과민성 피부염 물질) 등

◆ fusarium독소군
- fusariogenin(조혈 기능장애 물질, *Fusarium poe*), nivalenol(*F. nivale*), zearalenone (발정유발 물질, *F. graminearum*)

◆ 기타 : shaframine(유연물질, *Rhizoctonia leguminicola*) 등

3 식물성 중독 성분

◆ 솔라닌(solanine) : 감자의 독성분

◆ 무스카린(muscarine) : 독버섯의 독성분

◆ 고시폴(gossypol) : 목화씨(면실유)의 독성분

◆ 아미그달린(amygdalin) : 청매의 독성분

◆ 씨큐톡신(cicutoxin) : 독미나리의 독성분

◆ 에르고톡신(ergotoxin) : 맥각의 독성분

4 파라벤paraben

- 파라하이드록시벤조산의 에스터 또는 염을 말한다.
- 박테리아와 곰팡이를 죽이는 성질이 있어서 식품, 화장품 및 의약품 등에 다양하게 사용하고 있는 보존제이다.
- 메틸, 에틸, 프로필, 부틸파라벤 4종이 있다.
- 내분비호르몬과 비슷하게 작용하는 화학물질로 사람이나 동물의 생리작용을 교란시킬 수 있다.

5 선행요건 세부관리기준(채광 및 조명)

- 선별 및 검사구역 작업장의 밝기는 540룩스 이상을 유지하여야 한다.
- 채광 및 조명시설은 내부식성 재질을 사용하여야 하며, 식품이 노출되거나 내포장 작업을 하는 작업장에는 파손이나 이물낙하 등에 의한 오염을 방지하기 위한 보호장치를 하여야 한다.

6 다이옥신

- 1개 또는 2개의 염소원자에 2개의 벤젠고리가 연결된 3중 고리구조로 1개에서 8개의 염소원자를 갖는 다염소화된 방향족화합물을 지칭한다.
- 독성이 알려진 17개의 다이옥신 유사종 중에서 2, 3, 7, 8-사염화이벤조-파라-다이옥신(2, 3, 7, 8-TCDD)은 청산칼리보다 독성이 1만배 이상 높은 "인간에게 가장 위험한 물질"로 알려져 있다.
- 다이옥신은 유기성 고체로서 녹는점과 끓는점이 높고 증기압이 낮으며 물에 대한 용해도가 매우 낮다.
- 다이옥신은 소수성으로 주로 지방상에 축적되어 생물농축 현상을 일으켜 모유 및 우유에서 다이옥신 이 검출되는 이유가 된다.
- 대기 중에 있는 다이옥신은 대기 중의 입자상 물질 표면에 강하게 흡착되어 지표면으로 침적되는데 이로 인해 소각장 주변의 수질 및 토양이 오염된다.

7 aflatoxin(아플라톡신)

- *Asp. flavus*가 생성하는 대사산물로서 곰팡이 독소이다.
- 간암을 유발하는 강력한 간장독성분이다.
- B_1, B_2, G_1, G_2은 견과류나 곡물류에서 많이 발견되며 M_1은 우유에서 발견된다.
- 탄수화물이 풍부하고, 기질수분이 16% 이상, 상대습도 80~85% 이상, 최적온도 30℃이다.
- 땅콩, 밀, 쌀, 보리, 옥수수 등의 곡류에 오염되기 쉽다.
- 우리나라의 허용기준은 견과류, 곡류 및 그 단순 가공품 10ppb(B_1으로서), 우유제품 0.5ppb(M_1으로서), 된장, 고추장, 고춧가루 10ppb(B_1으로서)이다.
- 칠면조, 집오리, 메추리, 닭 등의 가금류 개, 고양이, 소, 돼지, 양, 토끼, 마우스, 래트, 원숭이 등의 동물 옥새송어, 송사리의 어류 등 광범위하게 미치고 있다.

8 물질의 독성시험

◆ 아급성독성시험 : 생쥐나 쥐를 이용하여 치사량(LD_{50}) 이하의 여러 용량을 단시간 투여한 후 생체에 미치는 작용을 관찰한다. 시험기간은 1~3개월 정도이다.
◆ 급성독성시험 : 생쥐나 쥐 등을 이용하여 검체의 투여량을 저농도에서 일정한 간격으로 고농까지 1회 투여 후 7~14일간 관찰하여 치사량(LD_{50})의 측정이나 급성 중독증상을 관찰한다.
◆ 만성 독성시험 : 비교적 소량의 검체를 장기간 계속 투여한 그 영향을 관찰하고 검체의 축적 독성이 문제가 되는 경우이나, 첨가물과 같이 식품으로서 매일 섭취 가능성이 있을 경우의 독성 평가를 위하여 실시하며, 시험기간은 1~2년 정도이다.

9 역성비누(양성비누)

◆ 양이온 계면활성제이다.
◆ 세척력은 약하지만 살균력이 강하고 가용성이다.
◆ 냄새가 없고, 자극성과 부식성이 없어 손이나 식기 등의 소독에 이용된다.
◆ 보통의 비누와 함께 사용하면 +와 −가 상쇄되어 효력이 없어진다.
◆ 유기물이 존재하면 효력이 감소된다.

10 카드뮴 Cd 중독

◆ 공장폐수, 도금용기, 범랑제품 등에서 용출된다.
◆ 체내에 흡수, 축적됨으로써 만성중독을 일으킨다.
◆ 중독증상 : 이따이이따이병(골연화증), 메스꺼움, 구토, 복통 등
◆ 갱년기 이후 여성이나 임산부에게 골다공증과 골연화증을 일으키고, 인체 중 콩팥의 세뇨관에 축적되어 세뇨관의 물질 재흡수 기능장애가 일어나 칼슘과 인이 오줌으로 배출된다.

⊕ 일본 미나마타에서 1952년에 발생한 중독 사고는 메틸수은에 의한 것이다.

11 경구감염병과 세균성식중독의 차이

구분	경구감염병	세균성식중독
감염관계	감염환이 성립된다.	종말감염이다.
균의 양	미량의 균으로도 감염된다.	일정량 이상의 균이 필요하다.
2차 감염	2차 감염이 빈번하다.	2차 감염은 거의 드물다.
잠복기간	길다.	비교적 짧다.
균의 증식	식품에서 증식이 잘 되지 않고 체내에서 증식이 잘 된다.	식품에서 증식하고 체내에서는 증식이 안 된다.
예방조치	예방조치가 어렵다.	균의 증식을 억제하면 가능하다.
음료수	음료수로 인해 감염된다.	음료수로 인한 감염은 거의 없다.
면역	개인에 따라 면역이 성립된다.	면역성이 없다.

12 장염비브리오균*Vibrio parahaemolyticus*

◆ 그람음성 무포자 간균으로 통성 혐기성균이다.
◆ 증식 최적온도는 30~37℃, 최적 pH는 7.5~8.5이고, 60℃에서 10분 이내 사멸한다.
◆ 감염원은 근해산 어패류가 대부분(70%)이고, 연안의 해수, 바다벌, 플랑크톤, 해초 등에 널리 분포한다.
◆ 잠복기는 평균 10~18시간이다.
◆ 주된 증상은 복통, 구토, 설사, 발열 등의 전형적인 급성 위장염 증상을 보인다.
◆ 장염비브리오균 식중독의 원인식품은 주로 어패류로 생선회가 가장 대표적이지만, 그 외에도 가열 조리된 해산물이나 침채류를 들 수 있다.

13 인수공통감염병

◆ 돈단독, 광견병, 브루셀라병(파상열), Q열, 야토병, 결핵, 탄저, 렙토스피라증 등이 있다.

⊕ 콜레라, 세균성이질은 세균성 경구감염병이다.

14 HACCP 7원칙 및 12절차

◆ 준비단계 5절차
- 절차 1 : HACCP팀 구성
- 절차 2 : 제품설명서 작성
- 절차 3 : 용도 확인
- 절차 4 : 공정흐름도 작성
- 절차 5 : 공정흐름도 현장확인

◆ HACCP 7원칙
- 절차 6(원칙 1) : 위해요소 분석(HA)
- 절차 7(원칙 2) : 중요관리점(CCP)결정
- 절차 8(원칙 3) : 한계기준(Critical Limit, CL) 설정
- 절차 9(원칙 4) : 모니터링 방법 설정
- 절차 10(원칙 5) : 개선조치방법 설정
- 절차 11(원칙 6) : 검증절차의 수립
- 절차 12(원칙 7) : 문서화 및 기록 유지

15 멘톨menthol

◆ 천연으로는 좌회전성인 L-멘톨이 박하유의 주성분으로서 존재한다.
◆ 독특한 상쾌감이 있는 냄새가 나는 무색의 침상(針狀)결정으로 의약품, 과자, 화장품 등에 첨가하며, 진통제나 가려움증을 멈추는 데에도 사용된다.
◆ L-멘톨 외에 D-멘톨과 DL-멘톨도 알려져 있으나, 천연으로는 존재하지 않는다.
◆ DL-멘톨(DL-menthol)은 식품첨가물 중 착향료로 허용되고 있다.

16 염소^{chlorine}의 살균 특성

◆ pH가 낮을수록 비해리형 차아염소산(HClO)의 양이 커지므로 살균력도 높아진다.
◆ 살균효과는 유효염소량과 pH의 영향을 받는다.
◆ 음료수의 살균이나 우유처리 기구 등의 소독에 쓰이며, 광선에 의해 유효염소가 분해되므로 냉암소에 보관한다.
◆ 기구나 장비의 부식을 피하며 살균효과가 비교적 높은 pH 6.5~7 수준을 사용한다.

17 보존료

◆ 미생물의 증식에 의해서 일어나는 식품의 부패나 변질을 방지하기 위하여 사용되는 식품 첨가물이며 방부제라고도 한다.
◆ 구비조건
- 미생물의 발육 저지력이 강할 것
- 지속적이어서 미량의 첨가로 유효할 것
- 식품에 악영향을 주지 않을 것
- 무색, 무미, 무취할 것
- 산이나 알칼리에 안정할 것
- 사용이 간편하고 값이 쌀 것
- 인체에 무해하고 독성이 없을 것
- 장기적으로 사용해도 해가 없을 것

18 석탄산의 특징

◆ 세균 단백질의 응고, 용해작용이 있다.
◆ 3~5% 수용액(온수)으로 사용한다.
◆ 산성도가 높고 고온일수록 소독 효과가 크다.
◆ 살균력이 안정되고, 유기물질(배설물 등)에도 약화되지 않는다.
◆ 금속부식성이 있다.
◆ 냄새와 독성이 강하며 피부점막에 자극성이 있다.
◆ 소독약의 살균력을 비교하는 기준(석탄산 계수)이 된다.
◆ 기구, 손, 발, 오물, 의류 등의 소독에 이용된다.

19 비스페놀 A$^{bisphenol\ A}$

◆ 석유를 원료로 한 페놀과 아세톤으로부터 합성되는 화합물로서 폴리카보네이트, 에폭시 수지의 원료로 널리 사용되고 있다.
◆ 흔히 생활에서 사용되는 음료수 캔의 내부 코팅물질, 유아용젖병, 학교 급식용 식판 등에서도 검출되며 열이 가해질 때 녹아나온다.
◆ 에스트로겐 유사작용을 하는 환경호르몬이다.
◆ 발기부전, 전립선암, 피부암, 백혈병, 당뇨병, 주의력결핍과잉행동장애(ADHD), 피부나 눈의 염증, 태아발육이상, 피부알레르기 등을 유발한다.

20 식품 냉동처리 시 미생물의 생육

◆ 냉동 저장에서도 미생물은 대략 −20℃ 이하의 온도에서 성장은 멈추나 사멸되지 않는다.

제2과목 식품화학

21 Fe의 생리작용

◆ 철은 인체 내 미량 무기질이다.

◆ 철의 일반적인 결핍 증상은 빈혈이다.

22 BET 단분자막 영역

◆ 단분자층(Ⅰ형)과 다분자층(Ⅱ형)의 경계선 영역으로 물분자가 균일하게 하나의 분자막을 형성하여 식품을 덮고 있는 영역이다.

◆ 단분자층 수분함량의 측정은 건조식품의 경우 매우 중요한 의미를 갖는데 BET식에 의해서 구할 수 있다.

23 식품의 관능검사

◆ 차이식별검사
- 종합적인 차이검사 : 단순차이검사, 일−이점검사, 삼점검사, 확장삼점검사
- 특성차이검사 : 이점비교검사, 순위법, 평점법, 다시료비교검사

◆ 묘사분석
- 향미프로필 방법
- 텍스처프로필 방법
- 정량적 묘사 방법
- 스펙트럼 묘사분석
- 시간−강도 묘사분석

◆ 소비자 기호도 검사
- 이점비교법
- 기호도척도법
- 순위법
- 적합성 판정법

24 provitamin A

◆ 카로테노이드계 색소 중에서 β−ionone 핵을 갖는 carotene류의 α−carotene, β−carotene, γ−carotene과 xanthophyll류의 cryptoxanthin이다.

◆ 이들 색소는 동물 체내에서 vitamin A로 전환되므로 식품의 색소뿐만 아니라 영양학적으로도 중요하다.

◆ 특히 β−카로틴은 생체 내에서 산화되어 2분자의 비타민 A가 되기 때문에 α−및 γ−카로틴의 2배의 효력을 가지고 있다.

25

◆ 멸균우유는 가열온도가 높고 가열시간이 길기 때문에(132~137℃에서 2초 이상) 살균유(150℃에서 2~5초)보다 가열취가 더 많고 비타민(vit. B_1 등)류 등이 파괴된다.

26

식품공전 제 9. 검체의 채취 및 취급방법

◆ 냉장 또는 냉동식품을 검체로 채취하는 경우에는 그 상태를 유지하면서 채취하여야 한다.

27

결합수의 특징

◆ 식품성분과 결합된 물이다.
◆ 용질에 대하여 용매로 작용하지 않는다.
◆ 100℃ 이상으로 가열하여도 제거되지 않는다.
◆ 0℃ 이하의 저온에서도 잘 얼지 않으며 보통 −40℃ 이하에서도 얼지 않는다.
◆ 보통의 물보다 밀도가 크다.
◆ 식물 조직을 압착하여도 제거되지 않는다.
◆ 미생물 번식과 발아에 이용되지 못한다.

28

스테롤sterol의 종류

◆ 동물성 sterol : cholesterol, coprosterol, 7-dehydrocholesterol, lanosterol 등
◆ 식물성 sterol : sitosterol, stigma sterol, dihydrositosterol 등
◆ 효모가 생산하는 sterol : ergosterol

29

우유의 열량kcal

◆ 영양소의 소화흡수율을 고려한 이용에너지는 단백질 4kcal, 지방 9kcal, 탄수화물 4kcal이다.
◆ 그러므로 $(3.0\times4)+(3.0\times9)+(4.0\times4)=55$kcal이다.
◆ 수분과 회분은 열량소가 아니다.

30

◆ 쌀, 보리, 밀 등 곡류의 단백질은 lysine, tryptophan, 함황아미노산 등의 함유량이 적다.

31

조지방 측정법

◆ 산분해법(acid hydrolysis method) : 지방질을 염산으로 가수분해한 후 석유에테르와 에테르 혼합액으로 추출하는 방법. 곡류와 곡류제품, 어패류제품, 가공치즈 등에 적절한 방법이다.
◆ 로제고트리브(Rose-Gottlieb)법 : 우유 및 유제품 등 지방함량이 높은 액상 또는 유상의 식품지방을 분석하는 방법으로 마조니아관에 유제품을 넣고 유기용매에 의해 지방을 추출한 후 지방함량을 구하는 방법이다.
◆ 클로로포름 메탄올 혼합용액추출법 : 지방함량을 구하는 방법이다.

◆ 에테르(ether) 추출법 : 중성지질로 구성된 식품에 적용하며 가열 또는 조리과정을 거치지 않은 식품에 적용된다. Soxhlet 추출장치로 에테르를 순환시켜 지방을 추출하여 정량하는 방법이다.

32 유화[emulsion]

◆ 분산매인 액체에 녹지 않은 다른 액체가 분산상으로 분산되어 있는 교질용액을 유화액이라 하고 유화액을 이루는 작용을 유화라 한다.

◆ 물과 기름의 혼합물은 비교적 불안정하나 여기에 비누나 단백질과 같은 유화제를 넣고 교반하면 쉽게 유화되어 안정한 유화액을 형성한다.

◆ 유화제는 한분자 내에 $-OH$, $-CHO$, $-COOH$, $-NH_2$ 등의 구조를 가진 친수기와 alkyl기와 같은 소수기를 가지고 있는데 친수기는 물분자와 결합하고 소수기는 기름과 결합하여 물과 기름의 계면에 유화제 분자의 피막이 형성되어 계면장력을 저하시켜 유화액을 안정하게 한다.

◆ 우유, 아이스크림, 마요네즈는 수중유적형(O/W)이고 버터, 마가린은 유중수적형(W/O)이다.

33

◆ 글라이시리진(glycyrrhizin), 스테비오사이드(stevioside), 자일리톨(xylitol), 페릴라틴(peryllartin)은 단맛 성분이다.

◆ 카페인(caffeine), 키니네(quinine)은 쓴맛 성분이다.

◆ 구연산(citric acid)은 신맛 성분이다.

◆ 캡사이신(capsacine)은 매운맛 성분이다.

34 뉴턴[Newton] 유체

◆ 전단응력이 전단속도에 비례하는 액체를 말한다.

◆ 층밀림 변형력(shear stress)에 대하여 층밀림 속도(shear rate)가 같은 비율로 증감할 때를 말한다.

◆ 전형적인 뉴턴유체는 물을 비롯하여 차, 커피, 맥주, 탄산음료, 설탕시럽, 꿀, 식용유, 젤라틴 용액, 식초, 여과된 쥬스, 알코올류, 우유, 희석한 각종 용액과 같이 물 같은 음료종류와 묽은 염용액 등이 있다.

35 효력 증강제(synergist, 상승제)

◆ 그 자신은 산화 정지작용이 별로 없지만 다른 산화방지제의 작용을 증강시키는 효과(synergism)가 있는 물질을 말한다.

◆ 종류 : 아스코브산(ascorbic acid), 구연산(citric acid), 말레인산(maleic acid), 타르타르산(tartaric acid), 인산(phosphoric acid) 등의 유기산류나 폴리인산염, 메타인산염 등의 축합인산염류가 있고, 또 glycine, alanine 등의 amino acid도 있다.

◆ 인지질에 속한 lecithin은 약한 항산화 작용을 가지고 있으며 synergist 역할을 한다.

36 양파를 삶을 때 매운맛이 단맛으로 변화하는 원인

◆ 파나 양파를 삶을 때 매운맛 성분인 diallyl sulfide나 diallyl disulfide가 단맛이 나는 methyl mercaptan이나 propyl mercaptan으로 변화되기 때문에 단맛이 증가한다.

37 효소작용을 촉진하는 물질(부활제)

◆ Ca, Mg, Mn 등이 있다.

38 요오드가 iodine value

◆ 유지 100g 중에 첨가되는 요오드의 g수를 말한다.
◆ 유지의 불포화도가 높을수록 요오드가가 높기 때문에 요오드가는 유지의 불포화 정도를 측정하는 데 이용된다.

39

◆ 영양성분별 세부표시방법에서 트랜스지방은 0.5g 미만은 "0.5g 미만" 으로 표시할 수 있으며, 0.2g 미만은 "0"으로 표시할 수 있다. 다만, 식용유지류 제품은 100g당 2g 미만일 경우 "0"으로 표시할 수 있다.

40 lipoxygenase

◆ 산화환원효소의 일종이다.
◆ 리놀레산(linoleic acid), 리놀렌산(linolenic acid), 아라키돈산(arachidonic acid)과 같이 분자 내에 1,4-pentadiene 구조를 갖는 지방산에 분자상 효소를 첨가하여 hydroperoxide를 생성한다.
◆ 동물조직에 널리 분포한다. 식물로서는 콩, 가지, 감자, 꽃양배추 등이 활성이 높다.
◆ 최적 pH 6.5~7.0과 9.0이다.

제3과목 식품가공학

41 extrusion cooking 과정 중 일어나는 물리·화학적 변화

◆ 전분의 노화, 팽윤, 호화, 무정형화 및 분해
◆ 단백질의 변성, 분자간의 결합 및 조직화
◆ 효소의 불활성화
◆ 미생물의 살균 및 사멸
◆ 독성물질의 파괴
◆ 냄새의 제거
◆ 조직의 팽창 및 밀도 조직
◆ 갈색화 반응

42 젤리, 마말레이드 및 잼류

◆ 젤리(jelly) : 과일 그대로, 또는 물을 넣어 가열하여 얻은 과일주스에 설탕을 넣어 응고시킨 것으로서 투명하고 원료과일의 방향을 가지는 것이 좋다.

◆ 마말레이드(marmalade) : 젤리 속에 과일의 과육 또는 과피의 조각을 섞은 것으로, 젤리와는 달리 이들 고형물이 과일주스로 이루어진 부분과 분명히 구별된다.

◆ 잼(jam) : 과일의 과육에 설탕을 넣어 적당한 농도로 졸인 것인데, 과일의 모양이 유지되지 않아도 좋으며 부서져서 흐려 있는 것이 보통이다.

◆ 과일 프리저브드(fruit preserved) : 과일 그대로, 또는 적당히 끊은 과일을 설탕으로 당도가 55~70%가 될 때까지 졸인 것으로서 제품 속에 그 과일의 모양이 남아 있는 것이다.

43 산분해간장용(아미노산 간장)

◆ 단백질을 염산으로 가수분해하여 만든 아미노산 액을 원료로 제조한 간장이다.

◆ 단백질 원료를 염산으로 가수분해 시킨 후 가성소다(NaOH)로 중화시켜 얻은 아미노산액을 원료로 만든 화학간장이다.

◆ 중화제는 수산화나트륨 또는 탄산나트륨을 쓴다.

◆ 단백질 원료에는 콩깻묵, 글루텐 및 탈지대두박, 면실박 등이 있고 동물성 원료에는 어류 찌꺼기, 누에, 번데기 등이 사용된다.

44 아이스크림의 제조 시 균질효과

◆ 크림층의 형성을 방지한다.

◆ 균일한 유화상태를 유지한다.

◆ 조직을 부드럽게 한다.

◆ 동결 중에 지방의 응집을 방지한다.

◆ 믹스의 기포성을 좋게 하여 증용률(overrun)을 향상시킨다.

◆ 숙성(aging) 시간을 단축한다.

◆ 안정제의 소요량을 감소한다.

45 드립drip

◆ 동결식품 해동 시 빙결정이 녹아 생성된 수분이 동결 전 상태로 식품에 흡수되지 못하고 유출되는 액즙으로 드립이 유출되면 수용성 성분이나 풍미물질이 함께 빠져나와 상품가치가 저하되고 무게가 감소된다.

◆ 동결온도가 낮을수록, 동결기간 짧을수록, 저온 완만 해동 시(식육류), 열탕 중 급속해동(채소, 야채류)시킬수록 drip이 적다.

◆ drip 발생률은 식품품질의 측정정도로 이용된다.

46 식품가공에 이용되는 단위조작unit operation

◆ 액체의 수송, 저장, 혼합, 가열살균, 냉각, 농축, 건조에서 이용되는 기본공정으로서, 유체의 흐름, 열전달, 물질이동 등의 물리적 현상을 다루는 것이다.

◆ 그러나 전분에 산이나 효소를 이용하여 당화시켜 포도당이 생성되는 것과 같은 화학적인 변화를 주목적으로 하는 조작을 반응조작 또는 단위공정(unit process)이라 한다.

47 밀가루의 물리적 시험법

◆ 아밀로그래프(amylograph) 시험 : 전분의 호화온도, 제빵에서 중요한 α-amylase의 역가, 강력분과 중력분 판정에 이용

◆ 익스텐소그래프(extensograph) 시험 : 반죽의 신장도와 인장항력 측정

◆ 페리노그래프(farinograph) 시험 : 밀가루 반죽 시 생기는 점탄성을 측정하며 반죽의 경도, 반죽의 형성기간, 반죽의 안정도, 반죽의 탄성, 반죽의 약화도 등을 측정

48 버터의 성분규격[식품공전 제5. 식품별 기준 및 규격]

◆ 수분 18% 이하

◆ 유지방 80% 이상

◆ 산가 2.8% 이하

49

◆ 증기처리법은 지방조직을 잘게 썰어서 다량의 물과 함께 탱크에 넣고 압력을 가하고 약 148℃로 가열 처리하는 방법으로 기름이 위에 뜨면 따라 낸다.

50 경화유

◆ 불포화 지방산의 이중결합 부분에 Ni 등을 촉매로 수소를 부가시켜 포화지방산으로 만든 편리한 고체지방이다.

◆ 불포화지방산의 냄새를 제거한 것이다.

51 동결건조Freeze-Dring

◆ 식품을 동결시킨 다음 높은 진공 장치 내에서 액체 상태를 거치지 않고 기체 상태의 증기로 승화시켜 건조하는 방법이다.

◆ 장점

- 일반의 건조방법에서 보다 훨씬 고품질의 제품을 얻을 수 있다.
- 건조된 제품은 가벼운 형태의 다공성 구조를 가진다.
- 원래상태를 유지하고 있어 물을 가하면 급속히 복원된다.
- 비교적 낮은 온도에서 건조가 일어나므로 열적 변성이 적고, 향기 성분의 손실이 적다.

52 냉동톤RT

◆ 0℃의 물 1톤을 24시간 내에 0℃의 얼음으로 만드는 데 필요한 냉동능력

◆ 물의 동결잠열은 79.68kcal/kg 이므로

◆ 1톤은 79.68×1000=79680kcal/24h(=3320kcal/h)

◆ 얼음의 비열은 0.5Kcal/kg.℃

(20×1)+(15×0.5)+79.68=107.18

◆ 동결 시 제거되는 전체 에너지=1톤×1000×107.18=107180kcal

냉동톤으로 환산하면 $\frac{107180}{79680}=1.345$

∴ 약 1.35냉동톤

53 육류의 사후경직 후 pH 변화

◆ 도축 전의 pH는 7.0~7.4이나 도축 후에는 차차 낮아지고 경직이 시작될 때는 pH 6.3~6.5이며 pH 5.4에서 최고의 경직을 나타낸다.

◆ 대체로 1%의 젖산의 생성에 따라 pH는 1.8씩 변화되어 보통 글리코겐 함량은 약 1%이므로 약1.1%의 젖산이 생성되고, 최고의 산도 즉 젖산의 생성이 중지 되거나 끝날 때는 약 pH 5.4로 된다. 이때의 산성을 극한산성이라 한다.

54 플라스틱 필름의 가스투과도

(20℃ 건조, 두께 3/100mm, g/m^2/24시간/기압)

	CO_2	O_2	N_2
폴리에틸렌(PE)	20~30	4~6	1~15
폴리프로필렌(PP)	25~35	5~8	-
폴리염화비닐리덴(PVDC)	0.1	0.03	<0.01
폴리염화비닐(PVC)	10~40	4~16	0.2~8

55 jelly point를 형성하는 3요소

◆ 설탕 60~65%, 펙틴 1.0~1.5%, 유기산 0.3%, pH 3.0 등이다.

56 수산 건조식품

◆ 자건품 : 수산물을 그대로 또는 소금을 넣고 삶은 후 건조한 것

◆ 배건품 : 수산물을 한 번 구워서 건조한 것

◆ 염건품 : 수산물에 소금을 넣고 건조한 것

◆ 동건품 : 수산물을 동결·융해하여 건조한 것

◆ 소건품 : 원료 수산물을 조미하지 않고 그대로 건조한 것

57 산당화법과 효소당화법의 비교

	산당화법	효소당화법
원료전분	정제를 완전히 해야 한다.	정제할 필요가 없다.
당화전분농도	약 25%	50%
분해한도	약 90%	97% 이상
당화시간	약 60분	48시간
당화의 설비	내산·내압의 재료를 써야 한다.	내산·내압의 재료를 쓸 필요가 없다.
당화액의 상태	쓴맛이 강하며 착색물이 많이 생긴다.	쓴맛이 없고, 이상한 생성물이 생기지 않는다.
당화액의 정제	활성탄 0.2~0.3%	0.2~0.5%(효소와 순도에 따른다.)
관리	이온교환수지	조금 많이 필요하다.
수율	결정포도당은 약 70%, 분말액을 먹을 수 없다.	결정포도당으로 80% 이상이고, 분말포도당으로 하면 100%, 분말액은 먹을 수 있다.
가격		산당화법에 비하여 30% 정도 싸다.

58 육가공 기계

◆ silent cutter : 만육된 고기를 더욱 곱게 갈아서 유화 결착력을 높이는 기계로 첨가물 혼합이나 육제품 제조에 쓰인다.
◆ meat chopper(grinder) : 육을 잘게 자르는 기계이다.
◆ meat stuffer : 원료 육과 각종 첨가물을 케이싱에 충전하는 기계이다.
◆ packer : 포장기계이다.

59 쌀의 도정도

종류	특성	도정률(%)	도감률(%)
현미	나락에서 왕겨층만 제거한 것	100	0
5분도미	겨층의 50%를 제거한 것	96	4
7분도미	겨층의 70%를 제거한 것	94	6
백미	현미를 도정하여 배아, 호분층, 종피, 과피 등을 없애고 배유만 남은 것	92	8
배아미	배아가 떨어지지 않도록 도정한 것		
주조미	술의 제조에 이용되며 미량의 쌀겨도 없도록 배유만 남게 한 것	75 이하	

60

◆ 등푸른 생선인 고등어, 숭어, 정어리, 참치 등에는 오메가-3 지방산인 EPA와 DHA가 많이 함유되어 있다.

61 곰팡이 포자

◆ 유성포자 : 두 개의 세포핵이 융합한 후 감수분열하여 증식하는 포자
  – 난포자, 접합포자, 담자포자, 자낭포자 등이 있다.
◆ 무성포자 : 세포핵의 융합이 없이 단지 분열 또는 출아증식 등 무성적으로 생긴 포자
  – 포자낭포자(내생포자), 분생포자, 후막포자, 분열포자 등이 있다.

62 *Leuconostoc mesenteroides*

◆ 쌍구균 또는 연쇄상 구균이고, 생육 최적온도는 21~25℃이다.
◆ 설탕(sucrose)액을 기질로 dextran 생산에 이용된다.

63 액체배양의 목적

◆ 미생물의 증균 배양
◆ 미생물 균체의 대량 생산
◆ 미생물 대사산물의 생산
◆ 미생물을 균일하게 분산 배양

⊕ 미생물의 순수 분리 : 고체배양

64 곰팡이 속명

◆ *Penicillium* : 빗자루 모양의 분생자 자루를 가진 곰팡이의 총칭
◆ *Rhizopus* : 가근과 포복지가 있고, 포자낭병은 가근에서 나오며, 중축 바닥 밑에 자낭을 형성한다.

65 젖산발효

당으로부터 젖산만을 생성하는 homo 젖산발효와 젖산 이외의 물질도 함께 생성하는 hetero 젖산발효의 두 형식이 있다.

◆ 정상 젖산발효균(homolactic acid bacteria)
  – 6탄당으로부터 젖산 2mole을 생성 : EMP 경로
  – *Lactococcus*, *Pediococcus*, *L. delbrueckii*, *L. plantarum*, *L. acidophilus* 등
◆ 이상 젖산발효균(heterolactic acid bacteria)
  – 6탄당으로부터 젖산 외 부산물(ethanol, acetate, CO_2)을 생성 : phosphoketolase 경로
  – *Leuconostoc mesenteroides*, *Lactobacillus brevis* 등

66 상면발효와 하면효모의 비교

	상면효모	하면효모
형식	• 영국계	• 독일계
형태	• 대개는 원형이다. • 소량의 효모점질물 polysaccharide를 함유한다.	• 난형 내지 타원형이다. • 다량의 효모점질물 polysaccharide를 함유한다.
배양	• 세포는 액면으로 뜨므로, 발효액이 혼탁된다. • 균체가 균막을 형성한다.	• 세포는 저면으로 침강하므로, 발효액이 투명하다. • 균체가 균막을 형성하지 않는다.
생리	• 발효작용이 빠르다. • 다량의 글리코겐을 형성한다. • raffinose, melibiose를 발효하지 않는다. • 최적온도는 10~25℃	• 발효작용이 늦다. • 소량의 글리코겐을 형성한다. • raffinose, melibiose를 발효한다. • 최적온도는 5~10℃
대표효모	• *Saccharomyces cerevisiae*	• *Sacch. carlsbergensis*

67 황변미 식중독

◆ 수분을 15~20% 함유하는 저장미는 *Penicillium*이나 *Aspergillus*에 속하는 곰팡이류의 생육에 이상적인 기질이 된다.

◆ 쌀에 기생하는 *Penicillium*속의 곰팡이류는 적홍색 또는 황색의 색소를 생성하며 쌀을 착색시켜 황변미를 만든다.

– *Penicillum toxicarium* : 1937년 대만쌀 황변미에서 분리, 유독대사산물은 citreoviride

– *Penicillum islandicum* : 1947년 아일랜드산 쌀에서 분리, 유독대사산물은 luteoskyrin

– *Penicillum citrinum* : 1951년 태국산 쌀에서 분리, 유독대사산물은 citrinin

68 클로렐라chlorella의 특징

◆ 진핵세포생물이며 분열증식을 한다.

◆ 단세포 녹조류이다.

◆ 크기는 2~12μ 정도의 구형 또는 난형이다.

◆ 분열에 의해 한 세포가 4~8개의 낭세포로 증식한다.

◆ 엽록체를 갖으며 광합성을 하여 에너지를 얻어 증식한다.

◆ 빛의 존재 하에 무기염과 CO_2의 공급으로 쉽게 증식하며 이때 CO_2를 고정하여 산소를 발생시킨다.

◆ 건조물의 50%가 단백질이며 필수아미노산과 비타민이 풍부하다.

◆ 필수아미노산인 라이신(lysine)의 함량이 높다.

◆ 비타민 중 특히 비타민 A, C의 함량이 높다.

◆ 단위 면적당 단백질 생산량은 대두의 약 70배 정도이다.

- ◆ 양질의 단백질을 대량 함유하므로 단세포단백질(SCP)로 이용되고 있다.
- ◆ 소화율이 낮다.
- ◆ 태양에너지 이용률은 일반 재배식물보다 5~10배 높다.
- ◆ 생산균주 : *Chlorella ellipsoidea*, *Chlorella pyrenoidosa*, *Chlorella vulgaris* 등

69 DNA와 RNA의 구성성분 비교

구성성분	DNA	RNA
인산	H_2PO_4	H_2PO_4
Purine염기	adenine, guanine	adenine, guanine
Pyrimidine염기	cytosine, thymine	cytosine, uracil
Pentose	D-2-deoxyribose	D-ribose

70 식품의 산화환원전위oxidation reduction potential

- ◆ 기질의 산화정도가 많을수록 양(positive)의 전위차를 가지고, 기질의 환원이 더 많이 일어나면 음(negative)의 전위차를 가진다.
- ◆ 일반적으로 호기성미생물은 양의 값을 갖는 산화조건에서 생육하고, 혐기성 미생물은 음의 전위차를 갖는 환원조건에서 생육한다.
- ◆ 과일주스의 산화환원전위는 +300~+400mV의 값을 갖는다. 이런 식품은 주로 호기성 세균 및 곰팡이에 의해서 부패가 일어난다.
- ◆ 통조림과 같이 탈기, 밀봉한 식품은 −446mV의 값을 갖는다. 이런 식품은 주로 혐기성 또는 통성혐기성 세균에 의해 부패가 일어난다.

⊕ 미생물 생육 중 산화환원전위
- 호기성균 *Pseudomonas fluorescens* : +500~+400mV
- 통성혐기성균 *Staphylococcus aureus* : +180~−230mV
  Proteus vulgaris : +150~−600mV
- 혐기성균 *Clostridium* : −30~−550mV

71 glutamic acid 발효에 사용되는 생산균

- ◆ *Corynebacterium glutamicum*을 비롯하여 *Brev. flavum*, *Brev. lactofermentum*, *Microb. ammoniaphilum*, *Brev. thiogentalis* 등이 알려져 있다.

72 *Hansenula*속의 특징

- ◆ 액면에 피막을 형성하는 산막효모이다.
- ◆ 포자는 헬멧형, 모자형, 부정각형 등 여러 가지다.
- ◆ 다극출아를 한다.
- ◆ 알코올로부터 에스테르를 생성하는 능력이 강하다.
- ◆ 질산염(nitrate)을 자화할 수 있다.

73 lactate dehydrogenase(LDH, 젖산 탈수소효소)

◆ 간에서 젖산을 피루브산으로 전환시키는 효소이다.

$$CH_3COCOOH \xrightarrow[\text{lactate dehydrogenase}]{NADH_2 \quad NAD} CH_3CHOHCOOH$$

(피루브산) (젖산)

74 점질화[slime] 현상

◆ *Bacillus subtilis* 또는 *Bacillus licheniformis*의 변이주 협막에서 일어난다.

◆ 밀의 글루텐이 이 균에 의해 분해되고, 동시에 amylase에 의해서 전분에서 당이 생성되어 점질화를 조장한다.

◆ 빵을 굽는 중에 100℃를 넘지 않으면 rope균의 포자가 사멸되지 않고 남아 있다가 적당한 환경이 되면 발아 증식하여 점질화(slime) 현상을 일으킨다.

75 세균의 세포벽 성분

◆ 그람 양성균의 세포벽

- peptidoglycan 이외에 teichoic acid, 다당류 아미노당류 등으로 구성된 mucopolysaccharide을 함유하고 있다.
- 연쇄상구균, 쌍구균(폐염구균), 4련구균, 8련구균, *Staphylococcus*속, *Bacillus*속, *Clostridium*속, *Corynebacterium*속, *Mycobacterium*속, *Lactobacillus*속, *Listeria*속 등

◆ 그람 음성균의 세포벽

- 지질, 단백질, 다당류를 주성분으로 하고 있으며, 각종 여러 아미노산을 함유하고 있다.
- 일반 양성균에 비하여 lipopolysaccharide, lipoprotein 등의 지질 함량이 높고, glucosamine 함량은 낮다.
- *Aerobacter*속, *Neisseria*속, *Escherhchia*속(대장균), *Salmonella*속, *Pseudomonas*속, *Vibrio*속, *Campylobacter*속 등

76 아밀라아제를 생산하는 대표적인 균주

◆ 세균 amylase : *Bacillus subtilis*, *B. stearothermophillus* 등을 이용한다.

◆ 곰팡이 amylase : *Aspergillus oryzae*는 *α-amylase*를, *Asp. usami*와 *Rhizopus delemar* 등은 *glucoamylase*를 주로 생성한다.

◆ *Asp. awamori*와 *Asp. inuii*는 이 중간형으로 *α-amylase*와 *glucoamylase*를 함께 생성한다.

77 총균수 계산

$$\text{세대시간(G)} = \frac{\text{분열에 소요되는 총 시간(t)}}{\text{분열의 세대(n)}}$$

30분씩 5시간이면

$$\text{세대시간(G)} = \frac{300}{30} = 10\text{이므로}$$

총균수 = 초기균수 × $2^{세대기간}$

∴ $1 \times 2^{10} = 1024$

78 혐기성 세균에 의해서 생성되는 대사산물

◆ 통성혐기성균인 대장균(*E. coli*), 젖산균, 효모 및 특정 진균(fungi)들은 피루브산(pyruvic acid)을 젖산(lactic acid)으로 분해시킨다.

◆ 편성혐기성균인 *Clostridium* 등은 피루브산을 낙산(butyric acid), 시트르산(citric acid), 프로피온산(propionic acid), 부탄올(butanol), 아세토인(acetoin)과 같은 물질로 분해시킨다.

79 바실러스 세레우스(정량시험) 균수계산

◆ 확인 동정된 균수에 희석배수를 곱하여 계산한다.

◆ 예로 희석용액을 0.2mL씩 5장 도말 배양하여 5장의 집락을 합한 결과 100개의 전형적인 집락이 계수되었고 5개의 집락을 확인한 결과 3개의 집락이 바실러스 세레우스로 확인되었을 경우 $100 \times (\frac{3}{5}) \times 10 = 600$으로 계산한다.

80 세균수

◆ 시료 희석액 : 시료 25g + 식염수 225ml = 250ml

◆ 시료의 희석 배수 : 250 ÷ 25 = 10배

◆ 최종 희석 배수 : 10 × 10 = 100배

◆ 집락수(ml 당) : 63개 × 100 = 6300cfu/g

제5과목 생화학 및 발효학

81 지질 합성

◆ 지방산의 합성

- 지방산의 합성은 간장, 신장, 지방조직, 뇌 등 각 조직의 세포질에서 acetyl-CoA로부터 합성된다.
- 지방산합성은 거대한 효소복합체에 의해서 이루어진다. 효소복합체 중심에 ACP(acyl carrier protein)이 들어있다.
- acetyl-CoA가 ATP와 비오틴의 존재 하에서 acetyl-CoA carboxylase의 작용으로 CO_2와 결합하여 malonyl CoA로 된다.
- 이 malonyl CoA와 acetyl CoA가 결합하여 탄소수가 2개 많은 지방산 acyl CoA로 된다.
- 이 반응이 반복됨으로써 탄소수가 2개씩 많은 지방산이 합성된다.
- 지방산합성에는 지방산 산화과정에서는 필요 없는 NADPH가 많이 필요하다.
- 생체 내에서 acetyl-CoA로 전환될 수 있는 당질, 아미노산, 알코올 등은 지방산 합성에 관여한다.

◆ 중성지방의 합성

- 중성지방은 지방대사산물인 글리세롤로부터 또는 해당과정에 있어서 글리세롤-3-인산으로부터 합성된다.
- acyl-CoA가 글리세롤-3-인산과 결합하여 1,2-디글리세라이드로 된다. 여기에 acyl-CoA가 결합하여 트리글리세라이드가 된다.

82 비타민 K phylloquinone

◆ 혈액응고에 관계한다.

◆ 결핍증은 혈액응고를 저해하지만 성인의 경우 장내세균에 의하여 합성되므로 결핍증은 드물다.

83 정미성 핵산의 제조 방법

◆ RNA를 미생물효소 또는 화학적으로 분해하는 방법(RNA 분해법)

◆ Purine nucleotide 합성의 중간체를 배양액 중에 축적시킨 다음 화학적으로 nucleotide를 합성하는 방법(발효와 합성의 결합법)

◆ 생화학적 변이주를 이용하여 당으로부터 직접 정미성 nucleotide를 생산하는 방법(de novo법)

84 균체 단백질 생산 미생물의 구비조건

◆ 기질에 대한 균체의 수율이 좋고 각 균체의 증식속도가 높아야 한다.

◆ 균체는 분리 정제상 가급적 큰 것이 좋다. 이런 점에서 세균보다 효모가 알맞다.

◆ 균체에서의 목적하는 성분인 단백질이나 영양가가 높은 미량성분 등의 함유량이 높아야 한다.

◆ 배양에서의 최적온도는 고온일수록 좋고, 생육 최적 pH 범위는 낮은 측에서 넓을수록 좋다.

◆ 기질의 농도가 높아도 배양이 잘 되며, 간단한 배지에도 잘 생육할 수 있어야 한다.

◆ 배양기간 동안 균의 변이가 없고, 기질의 변질에 따른 안정성이 있어야 한다.

◆ 배양균체를 제품화한 것은 안전성이 있어야 한다.

◆ 기질의 탄화수소에 대한 유화력이 커야 하고 독성이 없어야 한다.

◆ 균체 단백질은 소화율이 좋아야 한다.

85 동위효소 isoenzyme 에 대한 조절작용

◆ Feedback 조절을 받는 경로의 최초의 반응이 여러 개의 같은 작용을 하는 효소(isoenzyme)에 의해서 촉매되는 경우 이들 각 효소가 각각 다른 최종 산물에 의해서 조절된다.

◆ 대표적인 예는 대장균에 의한 aspartic acid계열 아미노산 생성의 경우이다.

◆ 3종류의 aspartokinase가 최종산물인 lysine, threonie 및 methionine에 의해서 각각 조절작용을 받게 된다.

86 효소의 반응속도에 영향을 미치는 요소

◆ 온도, pH(수소이온농도), 기질농도, 효소의 농도, 저해제 및 부활제 등이다.

87 벤질페니실린(페니실린G)

◆ 산에 불안정하여 위를 통과하면서 대부분 분해되므로 충분한 약효를 얻기 위해서는 근육내 주사로 투여해야 한다.
◆ 일부 반합성 페니실린은 산에 안정하기 때문에 경구 투여할 수 있다.
◆ 모든 페니실린류는 세균의 세포벽 합성을 담당하고 있는 효소의 작용을 방해하고 또한 유기체의 방어벽을 부수는 다른 효소를 활성화시키는 방법으로 그 효과를 나타낸다. 그러므로 이들은 세포벽이 없는 미생물에 대해서는 효과가 없다.

88 전자전달계electron transport system

◆ 세포내 전자전달계에서 보편적인 전자 운반체는 NAD^+, $NADP^+$, FMN, FAD, ubiquinone (UQ. Coenzyme Q), cytochrome, 수용성 플라빈, 뉴클레오티드 등이다.

89 혐기적 해당과정 중 생성되는 ATP 분자(glucose → 2pyruvate)

반응	중간생성물	ATP분자수
1. hexokinase	–	−1
2. phosphofructokinase	–	−1
3. glyceraldehyde 3−phosphate dehydrogenase	2NADH	5
4. phosphoglycerate kinase	–	2
5. pyruvate kinase	–	2
total		7

⊕ 생성된 ATP 수는 4분자이고, 소비된 ATP 수는 2분자이므로 최종 생성된 ATP 수는 2분자이다.

90 세탁용 세제효소protease가 갖추어야 할 성질

◆ 세탁세제의 주원료인 음이온 계면활성제에 저해를 받지 말아야 한다.
◆ 대부분의 세탁세제의 pH 영역인 알칼리조건에서 활성이 유지되고 장기간 보존 안정성이 있어야 한다.
◆ 작용온도의 범위가 넓어야 한다.

⊕ 세제용 protease는 비이온 계면활성제보다 음이온 계면활성제에 의해 효소의 불활성화가 더 심하다.

91

◆ 특수 산업폐기물로서 phenol화합물을 함유한 농약, 석탄가스, 세척폐수 등은 *Pseudomonas* 속과 *Nocardia* 속으로 처리하여 phenol을 분해하여 정화시킨다.

92 ◆ biotin의 최적량(suboptimal) 조건 하에서 글루탐산(glutamic acid)의 정상발효가 이루어지는데, 배지 중의 biotin 농도는 0.5~2.0r/ℓ가 적당하나, 이보다 많으면 균체만 왕성하게 증가되어 젖산만 축적하고 glutamic acid는 생성되지 않는다.

93 **비오틴(biotin, 비타민 H)**

◆ 지용성비타민으로 황을 함유한 비타민이다.
◆ 산이나 가열에는 안정하나 산화되기 쉽다.
◆ 자연계에 널리 분포되어 있으며 동물성 식품으로 난황, 간, 신장 등에 많고 식물성 식품으로는 토마토, 효모 등에 많다.
◆ 장내 세균에 의해 합성되므로 결핍되는 일은 드물다.
◆ 생난백 중에 존재하는 염기성 단백질인 avidin과 높은 친화력을 가지면서 결합되어 효력이 없어지기 때문에 항난백인자라고 한다.
◆ 결핍되면 피부염, 신경염, 탈모, 식욕감퇴 등이 일어난다.

94 **유산 발효형식**

◆ 정상발효형식(homo type) : 당을 발효하여 젖산만 생성
- EMP경로(해당과정)의 혐기적 조건에서 1mole의 포도당이 효소에 의해 분해되어 2mole의 ATP와 2mole의 젖산 생성된다.
- $C_6H_{12}O_6 \longrightarrow 2CH_3CHOHCOOH$
  포도당 2ATP 젖산
- 정상발효 유산균은 *Str. lactis*, *Str. cremoris*, *L. delbruckii*, *L. acidophilus*, *L. casei*, *L. homohiochii* 등이 있다.

◆ 이상발효형식(hetero type) : 당을 발효하여 젖산 외에 알코올, 초산, CO_2 등 부산물 생성
- $C_6H_{12}O_6 \longrightarrow CH_3CHOHCOOH + C_2H_5OH + CO_2$
- $2C_6H_{12}O_6 + H_2O \longrightarrow 2CH_3CHOHCOOH + C_2H_5OH + CH_3COOH + 2CO_2 + 2H_2$
- 이상발효 유산균은 *L. brevis*, *L. fermentum*, *L. heterohiochii*, *Leuc. mesenteoides*, *Pediococcus halophilus* 등이 있다.

95 **Nucleotide의 복제**

◆ 프라이머의 3′말단에 DNA 중합 효소에 의해 새로운 뉴클레오타이드가 연속적으로 붙어 복제가 진행된다.
◆ 새로운 DNA 가닥은 항상 5′→ 3′방향으로 만들어지며, 새로 합성되는 DNA는 주형 가닥과 상보적이다.

96 **미생물의 발효공정 6가지 기본적인 단계**

◆ 1단계 배지의 조제 : 균의 증식이나 발효생산물을 만들기 위하여 필요한 각종 영양분을 용해시켜 배지를 만든다.

◆ 2단계 설비의 살균 : 발효장비 및 배지를 살균한다. 보통 15psi 수증기로 121℃에서 15~30분 간 멸균한다.
◆ 3단계 종균의 준비 : 주발효에 사용할 종균을 플라스크 진탕배양이나 소규모 종배양 발효조에서 증식시킨다.
◆ 4단계 균의 증식 : 주발효조 내에서 배양조건을 최적화하여 박테리아를 증식시킨다.
◆ 5단계 생산물의 추출과 정제 : 배양액에서 균체를 분리 정제한다.
◆ 6단계 발효 폐기물의 처리

97 과당 fructose fruit sugar, Fru

◆ ketone기(−C=O−)를 가지는 ketose이다.
◆ 천연산의 것은 D형이며 좌선성이다.
◆ 벌꿀에 많이 존재하며 과일 등에도 들어있다.
◆ 천연당류 중 단맛이 가장 강하고 용해도가 가장 크며 흡습성을 가진다.

98 단백질의 생합성이 이루어지는 장소

◆ 세포의 세포질에 있는 리보솜(ribosome)이다.
◆ mRNA는 DNA에서 주형을 복사하여 단백질의 아마노산 배열순서를 전달 규정한다.
◆ tRNA는 활성 아미노산을 ribosome의 주형 쪽에 운반한다.

99 핵 단백질의 가수분해 순서

◆ 핵 단백질(nucleoprotein)은 핵산(nucleic acid)과 단순단백질(histone 또는 protamine)로 가수분해 된다.
◆ 핵산(polynucleotide)은 RNase나 DNase에 의해서 모노뉴클레오티드(mononucleotide)로 가수분해 된다.
◆ 뉴클레오티드(nucleotide)는 nucleotidase에 의하여 뉴클레어사이드(nucleoside)와 인산(H_3PO_4)으로 가수분해 된다.
◆ 뉴클레어사이드는 nucleosidase에 의하여 염기(purine이나 pyrmidine)와 당(D−ribose나 D−2−Deoxyribose)으로 가수분해 된다.

100 해당과정 glycolysis

◆ 세포질에서 포도당 1분자가 피루브산 2분자로 분해될 때, 2분자의 ATP가 소비되고 4분자의 ATP, 2분자의 NADH가 생성되며, 결과적으로 2NADH와 2ATP가 해당작용을 통해 만들어진다.
◆ 해당 작용으로 생성된 피루브산은 산소가 부족할 경우 미토콘드리아로 들어가지 못하고 세포질에서 환원되어 젖산이 되어 2ATP만 생성하거나 에탄올이 된다.

식품기사 기출문제 해설 2019 2회

제1과목 식품위생학

1 *E. coli*(대장균)

◆ 사람, 동물의 장내세균의 대표적인 균종으로 그람 음성의 무포자 간균이고, 유당을 분해하여 CO_2와 H_2 가스를 생성하는 호기성~통성혐기성의 균이다.

◆ 식품위생에서는 음식물의 하수나 분변오염의 지표로 삼는다.

◆ iMVIC-system에 의한 대장균군의 감별법

		indole	MR	VP	구연산염 배지
Escherichia coli	Ⅰ형	+	+	−	−
	Ⅱ형	−	+	−	−
Citrobacter freundii	Ⅰ형	−	+	−	+
(중간형)	Ⅱ형	+	+	−	−
Enterobacter aerogenes	Ⅰ형	−	−	+	+
	Ⅱ형	+	−	+	+

*MR : methyl red test, VP : voges-proskauer

2 식품오염에 문제가 되는 방사선 물질

◆ 생성률이 비교적 크고

- 반감기가 긴 것 : Sr-90(28.8년), Cs-137(30.17년) 등
- 반감기가 짧은 것 : I-131(8일), Ru-106(1년) 등

⊕ Sr-90은 주로 뼈에 침착하여 17.5년이란 긴 유효반감기를 가지고 있기 때문에 한번 침착되면 장기간 조혈기관인 골수를 조사하여 장애를 일으킨다.

3 중간수분식품(Intermediated Moisture Food, IMF)

◆ 수분함량이 약 25~40%, Aw 0.65~0.85 정도 되도록 하여 미생물에 의한 변패를 억제하고 보장성 있게 만든 식품이다.

◆ 잼, 젤리, 시럽, 곶감 등이 속한다.

◆ 지질산화나 비효소적갈변에 의하여 맛, 색깔, 영양분 등이 영향을 받을 수 있다.

◆ 일반 건조식품보다 수분이 많아 유연성이 있고 식감이 좋다.

◆ 가열처리나 냉동저장에 의하지 않고도 장기간 저장이 가능하여 냉동이나 통조림보다 경제적이다.

4 BOD

◆ 수중에 오염원인 유기물질이 미생물에 의하여 산화되어 주로 무기성의 산화물과 가스체가 되기 위해 5일간 20℃로 소비되는 산소의 양을 ㎎/L 또는 ppm으로 표시한 것이다.

◆ 식품공장의 유기성 폐수는 BOD가 높고, 부유물질을 다량 함유하고 있으므로 이에 의해서 공공용수가 오염되어 2차적인 피해를 줄 수 있다.

5 식품 이물 혼입 방지대책

◆ 이물 종류별, 혼입 원인별 저감화 방법을 마련

◆ X-ray 검출기, 금속검출기 설치

◆ 방충·방서시설 강화 등 시설기준 보완

6 HACCP 7원칙

◆ 절차 6(원칙 1) : 위해요소 분석 (HA)

◆ 절차 7(원칙 2) : 중요관리점(CCP) 결정

◆ 절차 8(원칙 3) : 한계기준(Critical Limit, CL) 설정

◆ 절차 9(원칙 4) : 모니터링 방법 설정

◆ 절차 10(원칙 5) : 개선조치방법 설정

◆ 절차 11(원칙 6) : 검증절차의 수립

◆ 절차 12(원칙 7) : 문서화 및 기록 유지

7 *Bacillus cereus*

◆ 그람양성 간균으로 내열성 아포를 형성한다.

◆ 호기성 세균으로 토양, 수중, 공기, 식물표면, 곡류 등 자연계에 널리 분포되어 있다.

◆ 증식온도는 5~50℃(최적 30~37℃)이다.

◆ 독소 : 설사형, 구토형 독소로 분류

◆ 원인식품 : 볶음밥 등의 쌀밥, 도시락, 김밥, 스파게티, 면류 등의 소맥분으로 된 식품류

◆ 설사, 구토를 일으킨다.

8 비스페놀 A[bisphenol A]

◆ 석유를 원료로 한 페놀과 아세톤으로부터 합성되는 화합물로서 폴리카보네이트, 에폭시 수지의 원료로 널리 사용되고 있다.

◆ 흔히 생활에서 사용되는 음료수 캔의 내부 코팅물질, 유아용 젖병, 학교 급식용 식판 등에서도 검출되며 열이 가해질 때 녹아나온다.

◆ 에스트로겐 유사작용을 하는 환경호르몬이다.

◆ 발기부전, 전립선암, 피부암, 백혈병, 당뇨병, 주의력결핍과잉행동장애(ADHD), 피부나 눈의 염증, 태아발육이상, 피부알레르기 등을 유발한다.

9 식품의 산화환원전위oxidation reduction potential

◆ 기질의 산화정도가 많을수록 양(positive)의 전위차를 가지고, 기질의 환원이 더 많이 일어나면 음(negative)의 전위차를 가진다.
◆ 일반적으로 호기성 미생물은 양의 값을 갖는 산화조건에서 생육하고, 혐기성 미생물은 음의 전위차를 갖는 환원조건에서 생육한다.
◆ 과일주스의 산화환원전위는 +300~+400mV의 값을 갖는다. 이런 식품은 주로 호기성 세균 및 곰팡이에 의해서 부패가 일어난다.
◆ 통조림과 같이 탈기, 밀봉한 식품은 −446mV의 값을 갖는다. 이런 식품은 주로 혐기성 또는 통성혐기성 세균에 의해 부패가 일어난다.
◆ 원재료(살아있는 조직)는 음의 전위차를 가진다.
◆ 비타민 C, sulfhydryl group(−SH) 등의 환원력 있는 기타 물질들이 존재하면 음의 전위차를 가진다.
◆ 고체식품의 경우 공기와 접촉하고 있는 표면은 양의 값을 갖고 내부는 음의 값을 갖는다.
◆ 가열 시에는 산소가 떨어져 나가(환원) 음의 전위차를 가진다.

10 비브리오 패혈증

① 원인균 : *Vibrio vulnificus*
② 성상
◆ 해수세균, 그람음성 간균
◆ 소금 농도가 1~3%인 배지에서 잘 번식하는 호염성균(8% 이상 식염농도에서 증식하지 못함)
◆ 18~20℃로 상승하는 여름철에 해안지역을 중심으로 발생(4℃ 이하, 45℃ 이상에서 증식하지 못함)
③ 감염 및 원인식품
◆ 오염된 어패류의 섭취(경구감염)
◆ 낚시, 어패류의 손질시, 균에 오염된 해수 및 갯벌의 접촉(창상감염)
◆ 알코올 중독이나 만성간질환 등 저항력저하 환자에 주로 발생
◆ 생선회보다는 조개류, 낙지류, 해삼 등 연안 해산물에서 검출빈도 높음
④ 임상증상
◆ 경구감염시 어패류 섭취 후 1~2일에 발생하고 피부병변 수반한 패혈증
◆ 당뇨병, 간질환, 알코올 중독자 등 저항성이 떨어져 있는 만성질환자에게서 중증인 경우가 많고 발병 후 사망률은 50%로 높음
◆ 오한, 발열, 저혈압, 패혈증
◆ 사지의 격렬한 동통, 홍반, 수포, 출혈반 등 창상감염과 유사한 피부병변
◆ 창상감염 시 해수에 접촉된 창상부에 발적과 홍반, 통증, 수포, 괴사
◆ 예후는 비교적 양호
⑤ 예방
◆ 여름철 어패류의 취급 주의
◆ 여름철 어패류 생식 피함(특히 만성질환자)

◆ 어패류는 56℃ 이상의 가열로 충분히 조리 후 섭취
◆ 피부상처있는 사람은 어패류 취급에 주의
◆ 몸에 상처있는 사람은 오염된 해수에 직접 접촉 피함

11 안전관리인증기준(HACCP) 용어 정의

◆ 위해요소분석(Hazard Analysis) : 식품 안전에 영향을 줄 수 있는 위해요소와 이를 유발할 수 있는 조건이 존재하는지 여부를 판별하기 위하여 필요한 정보를 수집하고 평가하는 일련의 과정을 말한다.
◆ 한계기준(Critical Limit) : 중요관리점에서의 위해요소 관리가 허용범위 이내로 충분히 이루어지고 있는지 여부를 판단할 수 있는 기준이나 기준치를 말한다.
◆ 중요관리점(Critical Control Point, CCP) : 안전관리인증기준(HACCP)을 적용하여 식품·축산물의 위해요소를 예방·제어하거나 허용 수준 이하로 감소시켜 당해 식품·축산물의 안전성을 확보할 수 있는 중요한 단계·과정 또는 공정을 말한다.

12 산화방지제의 메카니즘

◆ 항산화제는 기질이 탈수소되어 생성되는 유리기(R·)에 수소를 공여하여 유리기를 봉쇄하는 작용과 유리기와 분자상의 산소에 의하여 생성되는 peroxy radical(ROO·)에 수소를 공여하여 hydroperoxide를 생성하므로 peroxy radical이 제거되어 새로운 기질의 유리기 생성을 억제하는 작용을 한다.

13 경구감염병과 세균성식중독의 차이

구분	경구감염병	세균성식중독
감염관계	감염환이 성립된다.	종말감염이다.
균의 양	미량의 균으로도 감염된다.	일정량 이상의 균이 필요하다.
2차 감염	2차 감염이 빈번하다.	2차 감염은 거의 드물다.
잠복기간	길다.	비교적 짧다.
균의 증식	식품에서 증식이 잘 되지 않고 체내에서 증식이 잘 된다.	식품에서 증식하고 체내에서는 증식이 안 된다.
예방조치	예방조치가 어렵다.	균의 증식을 억제하면 가능하다.
음료수	음료수로 인해 감염된다.	음료수로 인한 감염은 거의 없다.
면역	개인에 따라 면역이 성립된다.	면역성이 없다.

14 석탄산 계수

◆ 석탄산 계수(P.C) $= \frac{\text{소독액의 희석배수}}{\text{석탄산의 희석배수}}$ 로 표시된다.
◆ 소독제의 소독력 비교에 쓰인다.

◆ 어떤 균주를 5~10분 내에 살균할 수 있는 석탄산의 희석배수와 시험하려는 소독약의 희석배율을 비교하는 방법이다.
◆ 석탄산 계수가 낮으면 소독력이 약하므로 좋지 않다.

15 효력 증강제synergist

◆ 자신은 산화 정지작용이 별로 없지만 다른 산화방지제의 작용을 증강시키는 효과가 있는 물질을 말한다.
◆ 여기에는 구연산(citric acid), 말레인산(maleic acid), 타르타르산(tartaric acid) 등의 유기산류나 폴리인산염, 메타인산염 등의 축합인산염류가 있다.

16 2번 해설 참조

17 수분함량 측정방법

◆ toluene 증류법, 가열건조법(상압, 감압), 동결 건조법, Karl-Fisher법, 근적외선 분광흡수법, 전기수분계법, 핵자기공명흡수법 등이 있다.

⊕ Soxhlet 추출법은 ethyl ether를 용매로 식품의 지질을 정량하는 방법이다.

18 장티푸스typhoid fever

◆ 원인균
- *Salmonella typhi, Sal. typhosa*
- 그람음성 간균으로 협막과 아포가 없다.
- 우리나라의 2급 감염병이다.

◆ 감염원 및 감염경로
- 감염원 : 환자의 혈액, 분변, 오줌 등
- 환자, 보균자와의 직접 접촉, 음식물 매개로 인한 간접 접촉으로 인하여 감염된다.

◆ 임상증상
- 잠복기 : 1~3주
- 증상 : 두통, 식욕부진, 오한, 40℃ 전후의 고열, 백혈구의 감소, 붉은 발진, 비장의 종창 등

◆ 예방
- 환자, 보균자의 분리 및 격리
- 분뇨, 식기구, 물, 음식물의 위생처리
- 소독, 파리구제, 예방접종 등

19 보존료

◆ 미생물의 증식에 의해서 일어나는 식품의 부패나 변질을 방지하기 위하여 사용되는 식품첨가물이며 방부제라고도 한다.

20 파상열(브루셀라증, brucellosis)

◆ 병원체
- 그람음성의 작은 간균이고 운동성이 없고, 아포를 형성하지 않는다.
- *Brucella melitenisis* : 양, 염소에 감염
- *Brucella abortus* : 소에 감염
- *Brucella suis* : 돼지에 감염

◆ 감염원 및 감염경로 : 접촉이나 병에 걸린 동물의 유즙, 유제품이나 고기를 거쳐 경구감염

◆ 증상
- 결핵, 말라리아와 비슷하여 열이 단계적으로 올라 38~40℃에 이르며, 이 상태가 2~3주 계속되다가 열이 내린다.
- 발열현상이 주기적으로 되풀이되므로 파상열이라고 한다.
- 경련, 관절염, 간 및 비장의 비대, 백혈구 감소, 발한, 변비 등의 증상이 나타나기도 한다.

제2과목 식품화학

21 유지의 자동산화가 발생할 때

◆ 저장기간이 지남에 따라 산가, 과산화물가, 카보닐가 등이 증가하고 요오드가는 감소한다.

◆ 유지의 점도, 비중, 굴절률, 포립성 등이 증가하고, 발연점이나 색조는 저하한다.

22 카로티노이드carotenoid

◆ 당근에서 처음 추출하였으며 등황색, 황색 혹은 적색을 나타내는 지용성의 색소들이다.

◆ carotenoid는 carotene과 xanthophyll로 분류한다.
- carotene류 : α-carotene, β-carotene, γ-carotene 및 lycopene 등
- xanthophyll류 : cryptoxanthin, capsanthin, lutein, astaxanthin 등

23 알부민albumin

◆ 동식물계에서 널리 발견되며 물, 묽은 산, 묽은 알칼리, 염류용액에 잘 녹으며 열과 알코올에 의하여 응고된다.

24 식품의 레올로지rheology

◆ 점성(viscosity) : 액체의 유동성에 대한 저항을 나타내는 물리적 성질이며 균일한 형태와 크기를 가진 단일물질로 구성된 뉴톤 액체의 흐르는 성질을 나타내는 말이다.

◆ 점조성(consistency) : 액체의 유동성에 대한 저항을 나타내는 물리적 성질이며 상이한 형태와 크기를 가진 복합물질로 구성된 비뉴톤 액체에 적용되는 말이다.

◆ 점탄성(viscoelasticity) : 외부에서 힘을 가할 때 점성유동과 탄성변형을 동시에 일으키는 성질이다.

25 Weissenberg 효과

◆ 가당연유 속에 젓가락을 세워서 회전시키면 연유가 젓가락을 따라 올라가는데, 이와 같은 현상을 말한다.

◆ 이것은 액체에 회전운동을 부여하였을 때 흐름과 직각방향으로 현저한 압력이 생겨서 나타나는 현상이며, 액체의 탄성에 기인한 것이다.

◆ 연유, 벌꿀 등

26 기호도 검사

◆ 관능검사 중 가장 주관적인 검사는 기호도 검사이다.

◆ 기호검사는 소비자의 선호도가 기호도를 평가하는 방법으로 새로운 식품의 개발이나 품질 개선을 위해 이용되고 있다.

◆ 기호검사에는 선호도 검사와 기호도 검사가 있다.

- 선호도 검사는 여러 시료 중 좋아하는 시료를 선택하게 하거나 좋아하는 순서를 정하는 것이다.
- 기호도 검사는 좋아하는 정도를 측정하는 방법이다.

27 vitamin B_2[riboflavin]

◆ 약산성 내지 중성에서 광선에 노출되면 lumichrome으로 변한다.

◆ 알칼리성에서 광선에 노출되면 lumiflavin으로 변한다.

◆ 비타민 B_1, 비타민 C가 공존하면 비타민 B_2의 광분해가 억제된다.

◆ 갈색병에 보관하므로서 광분해를 억제할 수 있다.

28 texturometer에 의한 texture-profile

◆ 1차적 요소 : 견고성(경도, hardness), 응집성(cohesiveness), 부착성(adhesiveness), 탄성(elasticity)

◆ 2차적 요소 : 파쇄성(brittleness), 저작성(씹힘성, chewiness), 점착성(검성, gumminess)

◆ 3차적 요소 : 복원성(resilience)

29 야채와 과일에 많이 함유된 tannin성분

◆ 제2철염과 반응하면 흑색으로 변한다.

◆ tannin 자체는 무색이지만, 식품 체내에는 polyphenol oxidase의 존재로 산화되기 쉽고, 또한 중합되기 쉬워 적갈색으로 변화 후 흑색으로 변화한다.

30 식용유지의 과산화물가[peroxide value]

◆ 유지를 유기용매에 용해시킨 후 KI를 가하면 KI으로부터 형성된 요오드 이온(I^-)이 유지중의 과산화물과 반응하여 I_2를 생성하게 되는데 이 I_2의 양을 $Na_2S_2O_3$ 표준용액으로 적정하여 과산화물의 양을 측정하는 것이다.

◆ 이온가로 밀리몰(mM/kg)을 곱한 값이 밀리당량(meq/kg)이다. 과산화물가는 2가 이온(I_2)을 적정하므로 2mM/kg은 meq/kg과 같다. 따라서 과산화물가 80meq/kg은 40mM/kg과 같다.

31 Maillard 반응에 의해 생성되는 휘발성분

◆ 피라진류(pyrazines), 피롤류(pyrroles), 옥사졸류(oxazoles), 레덕톤류(reductones) 등

32 쓴맛을 나타내는 화합물

◆ alkaloid, 배당체, ketone류, 아미노산, peptide 등이 있다.

- alkaloid계 : caffeine(차류와 커피), theobromine(코코아, 초콜릿), quinine(키나무)
- 배당체 : naringin과 hesperidin(감귤류), cucurbitacin(오이꼭지), quercertin(양파껍질)
- ketone류 : humulon과 lupulone(hop의 암꽃), ipomeamarone(흑반병에 걸린 고구마), naringin(밀감, 포도)
- 천연의 아미노산 : leucine, isoleucine, arginine, methionine, phenylalanine, tryptophane, valine, proline

⊕ 피넨(pinene)은 소나무 정유의 주성분이다.

33 스트렉커 반응^strecker reaction

◆ α-dicarbonyl 화합물과 α-amino acid와의 산화적 분해반응이다.

◆ 이때 아미노산은 탈탄산 및 탈아미노 반응이 일어나 본래의 아미노산보다 탄소수가 하나 적은 알데히드(aldehyde)와 이산화탄소가 생성된다.

◆ alanine이 strecker 반응을 거치면 acetaldehyde가 생성된다.

34 환원당과 비환원당

◆ 단당류는 다른 화합물을 환원시키는 성질이 있어 $CuSO_4$의 알칼리 용액에 넣고 가열하면 구리이온과 산화 환원반응을 한다.

◆ 당의 알데히드(R-CHO)는 산화되어 산(R-COOH)이 되고 구리이온은 청색의 2가 이온($CuSO_4$)에서 적색의 1가 이온(Cu_2O)으로 환원된다.

◆ 이 반응에서 적색 침전을 형성하는 당을 환원당, 형성하지 않은 당을 비환원당이라 한다.

◆ 환원당에는 glucose, fructose, lactose가 있고, 비환원당은 sucrose이다.

35 검화^saponification 또는 비누화

◆ 유지를 알칼리로 가수분해하면 글리세롤과 지방산으로 분해되고 분해된 지방산은 알칼리와 결합하여 알칼리염인 비누가 생성되는 과정이다.

◆ 중성지방, 인지질, 왁스류, 트리팔미틴 등은 검화물이고, sterol류(cholesterol, stigmasterol, sitosterol 등), 라이코펜 등은 불검화물이다.

36 우유 단백질 간 이황화결합 촉진물

◆ 우유 중 함황아미노산인 cysteine을 함유하고 있는 단백질이 가열에 의해 −SH(sulfhydryl)기가 생성되어 가열취의 원인이 된다.

37 카레의 노란색 색소

◆ 카레의 원료인 강황이나 울금에서 나오는 노란색소이다.
◆ 알칼로이드의 일종인 커큐민(curcumin)이 노란색을 띤다.
◆ 커큐민은 항염 및 항산화 그리고 항균 효과가 있다.

38 가열 조리한 무의 단맛 성분

◆ 무나 양파를 삶을 때 매운맛 성분인 diallyl sulfide나 diallyl disulfide가 단맛이 나는 methyl mercaptan이나 propyl mercaptan으로 변화되기 때문에 단맛이 증가한다.

39 글루코시드glucoside

◆ 포도당의 헤미아세탈성 수산기(OH)와 다른 화합물(아글리콘)의 수산기(드물게 SH기, NH_2기, COOH기)에서 물이 유리되어 생긴 결합, 즉 글루코시드결합(에테르 결합)한 물질의 총칭을 말한다.

40 나이아신niacin

◆ 결핍되면 사람은 pellagra에 걸린다.
◆ pellagra는 옥수수를 주식으로 하는 지방에서 많이 볼 수 있는데 옥수수는 niacin이 부족할 뿐만 아니라 이에 들어 있는 단백질인 zein에 tryptophan 함량이 적기 때문이다.

제3과목 식품가공학

41 유지 추출용매의 구비조건

◆ 유지만 잘 추출되는 것
◆ 악취, 독성이 없는 것
◆ 인화, 폭발하는 등의 위험성이 적은 것
◆ 기화열 및 비열이 적어 회수가 쉬운 것
◆ 가격이 쌀 것

42 노타임 반죽법no time dough method

◆ 무발효 반죽법이라고도 하며 발효시간의 길고 짧음에 관계없이 펀치를 하지 않고 일반적으로 산화제와 환원제를 사용하여 믹싱을 하고 반죽이 완료된 후 40분 이내로 발효를 시키기 때문에 제조공정이 짧다.

◆ 환원제와 산화제를 사용하는 이유
- 산화제(브롬산칼륨)를 반죽에 넣으면 단백질의 S-H기를 S-S기로 변화시켜 단백질 구조를 강하게 하고 가스 포집력을 증가시켜 반죽 다루기를 좋게 한다. 산화가 부족하면 제품의 기공이 일정하지 않고 부피가 작으며 제품의 균형이 나빠진다.
- 환원제(L-시스테인)는 단백질의 S-S기를 절단하여(-SH로 환원) 글루텐을 약하게 하며 믹싱시간을 25% 단축시킨다.

43 P=pgh(압력=밀도×중력가속도×높이)

$0.917 \times 5.5 \times 9.8 = 49.4263$

1기압(1atm) = 101.3kPa을 더하면 약 150.8kPa이고, 단위를 바꾸면 150800Pa 이므로 1.508×10^5 Pa이 된다.

44 탈기exhausting의 목적

◆ 산소를 제거하여 통 내면의 부식과 내용물과의 변화를 적게 한다.
◆ 가열살균 시 관내 공기의 팽창에 의하여 생기는 밀봉부의 파손을 방지한다.
◆ 유리산소의 양을 적게 하여 호기성 세균 및 곰팡이의 발육을 억제한다.
◆ 통조림한 내용물의 색깔, 향기 및 맛 등의 변화를 방지한다.
◆ 비타민 기타의 영양소가 변질되고 파괴되는 것을 방지한다.
◆ 통조림의 양쪽이 들어가게 하여 내용물의 건전 여부의 판별을 쉽게 한다.

45 튀김기름의 품질

◆ 불순물이 완전히 제거되어 튀길 때 거품이 일지 않고 열에 대하여 안전할 것
◆ 튀길 때 연기 및 자극적인 냄새가 없을 것
◆ 발연점이 높을 것
◆ 튀김 점도의 변화가 적을 것

46 조질(調質)

◆ 밀알의 내부에 물리적, 화학적 변화를 일으켜서 밀기울부(외피)와 배젖(배유)이 잘 분리되게 하고 제품의 품질을 높이기 위하여 하는 공정이다.
◆ 템퍼링(tempering)과 컨디셔닝(conditioning)이 있다.

47 피부건강에 도움을 주는 건강기능식품 기능성 원료

인정된 기능성 원료	고시형 원료
• 소나무껍질추출물 등 복합물 • 곤약감자추출물 • N-아세틸글루코사민 • 히알우론산나트륨 • 쌀겨추출물 • AP 콜라겐 효소 분해 펩타이드 • 지초추출분말 • 홍삼·사상자·산수유복합추출물	• 엽록소 함유 식물 • 클로렐라 • 스피루리나 • 알로에 겔

48 농축유제품(연유)

◆ 일반적으로 농축유(무당연유)는 신선한 원료유의 풍미를 보존하면서 수분만 제거하여 유지방 7.5%, 총고형분 함량 25.5%로 농축시킨 살균제품이다.

◆ 농축유류 규격 [식품공전, 2019년]

항목 \ 유형	농축우유	가당연유	가당탈지연유	가공연유
수분(%)	-	27.0 이하	29.0 이하	-
유고형분(%)	22.0	29.0 이상	25.0 이상	22.0 이상

49 식품 포장재료 기본 성질

◆ 품질을 유지하기 위한 성질로 내수성, 내유성을 가지고 있어야 한다.

50 육가공 시 염지curing

◆ 원료육에 소금 이외에 아질산염, 질산염, 설탕, 화학조미료, 인산염 등의 염지제를 일정량 배합, 만육시켜 냉장실에서 유지시키고, 혈액을 제거하고, 무기염류 성분을 조직 중에 침투시킨다.

◆ 육가공 시 염지의 목적
- 근육단백질의 용해성 증가
- 보수성과 결착성 증대
- 보존성 향상과 독특한 풍미 부여
- 육색소 고정

◆ 햄이나 소시지를 가공할 때 염지를 하지 않고 가열하면 육괴 간의 결착력이 떨어져 조직이 흩어지게 된다.

51 개별 동결방식(Individual Quick Frozen, I.Q.F)

◆ 소형의 식품을 한 개씩 낱개로 급속냉동 후 포장하는 냉동방법이다.

◆ 블록냉동에 비교하면 냉동시간은 훨씬 짧은 분 단위이기 때문에 품질이 좋다.

◆ 냉동품은 낱개로 되어 있어 필요량을 끄집어내어 사용하고 나머지는 해동하지 않고 그대로 보존되는 등 취급이 편리하다.
◆ 열 이동 매체로 찬 공기를 사용하는 방식으로 이동하는 금속 벨트 위의 식품에 강제적으로 온도 −35~−45℃, 풍속 3~5m/sec의 찬바람을 불어 주어 냉동하는 벨트 방식이다.
◆ 새우 등과 같은 수산물의 동결저장에 많이 이용되고 있다.

52 섭씨(°F), 화씨(℃) 변환방법

°F = C × 1.8 + 32 = 110 × 1.8 + 32 = 230°F

53 두부를 제조할 때 콩의 마쇄 목적

◆ 세포를 파괴시켜 세포 내에 있는 수용성 물질, 특히 단백질을 최대한으로 추출하기 위한 과정이다.
◆ 콩을 미세하게 마쇄할수록 추출율이 높아진다.
◆ 마쇄가 불충분하면
- 비지가 많이 나오므로 두부의 수율이 감소하게 된다.
- 콩단백질인 glycinin이 비지와 함께 제거되므로 두유의 양이 적어 두부의 양도 적다.

◆ 지나치게 마쇄하면
- 압착 시 불용성의 작은 가루들이 빠져나와 두유에 섞이게 되어 응고를 방해하여 두부품질을 나쁘게 한다.
- 불용성 물질인 콩 껍질, 섬유소 등이 두유에 섞이게 되면 소화흡수율이 떨어진다.

54 산당화법과 효소당화법의 비교

	산당화법	효소당화법
원료전분	정제를 완전히 해야 한다.	정제할 필요가 없다.
당화전분농도	약 25%	50%
분해한도	약 90%	97% 이상
당화시간	약 60분	48시간
당화의 설비	내산·내압의 재료를 써야 한다.	내산·내압의 재료를 쓸 필요가 없다.
당화액의 상태	쓴맛이 강하며 착색물이 많이 생긴다.	쓴맛이 없고, 이상한 생성물이 생기지 않는다.
당화액의 정제	활성탄 0.2~0.3%	0.2~0.5%(효소와 순도에 따른다)
	이온교환수지	조금 많이 필요하다.
관리	분해율을 일정하게 하기 위한 관리가 어렵고 중화가 필요하다.	보온(55℃)만 하면 되며 중화할 필요는 없다.
수율	결정포도당은 약 70%, 분말액을 먹을 수 없다.	결정포도당으로 80% 이상이고, 분말포도당으로 하면 100%, 분말액은 먹을 수 있다.
가격	−	산당화법에 비하여 30% 정도 싸다.

55 무당연유

- ◆ 제조공정 : 원유(수유검사) → 표준화 → 예비가열 → 농축 → 균질화 → 재표준화 → 파이롯트 시험 → 충전 → 담기 → 멸균처리 → 냉각 → 제품
- ◆ 무당연유가 가당연유와 다른점(제조상)
  - 설탕을 첨가하지 않는다.
  - 균질화 작업을 한다.
  - 멸균처리를 한다.
  - 파이롯트 시험을 한다.

56 대두조직단백(textured soybean protein, TSP)

- ◆ 기존 육류의 기능을 향상시키거나 증량적인 효과를 얻기 위한 육류 대체 소재로 사용되고 있다.
- ◆ 육류와 외관, 조직, 색상, 향미 등을 비슷하게 가공한 대두단백류로 생산되고 있다.
- ◆ 육류 대체 소재로 사용할 경우 값이 싸고 양질의 단백질을 함유하고 있어 영양가가 비교적 우수하다.
- ◆ 지방과 나트륨 함량이 극히 낮아 고혈압이나 비만증인 사람을 위한 식단에 알맞다.
- ◆ 제품이 건조 상태여서 포장 및 수송이 용이하며 오랫동안 저장이 가능하다.

57 신선란의 pH

- ◆ 신선한 난백의 pH 7.3~7.9 범위이고, 저장기간 동안 온도변화와 CO_2의 상실에 의해 pH가 9.0~9.7로 증가한다.
- ◆ 신선한 난황의 pH는 6.0 정도이나 저장하는 동안 점차로 6.4~6.9까지 증가된다.

58 과채류의 데치기^{blanching}의 목적

- ◆ 산화효소를 파괴하여 가공 중에 일어나는 변색 및 변질을 방지한다.
- ◆ 원료 중의 특수 성분에 의하여 통조림 및 건조 중에 일어나는 외관, 맛의 변화를 방지한다.
- ◆ 원료의 조직을 부드럽게 하여 통조림 등을 할 때 담는 조작을 쉽게 하고 살균 가열할 때 부피가 줄어드는 것을 방지한다.
- ◆ 껍질 벗기기를 쉽게 한다.
- ◆ 원료를 깨끗이 하는 데 효과가 있다.

59 유통기한 설정시 반응속도의 온도 의존성

- ◆ 반응속도는 일반적으로 저온부에서는 온도와 동시에 반응속도의 상승이 점차적으로 급격해 지지만 고온이 되면 상승 정도가 둔해진다.
- ◆ 결국 반대로 하강하는 형태로 온도가 증가하면 직선적(liner)으로 감소한다.

60 마요네즈mayonnaise

◆ 난황의 유화력을 이용하여 난황과 식용유를 주원료로 하여 식초, 겨자가루, 후추가루, 소금, 설탕 등을 혼합하여 유화시켜 만든 제품이다.

◆ 제품의 전체 구성 중 식물성유지 65~90%, 난황액 3~15%, 식초 4~20%, 식염 0.5~1% 정도이다.

제4과목 식품미생물학

61 알코올성 음료

◆ *Saccharomyces cerevisiae* : 맥주의 상면발효효모(영국계)

◆ *Saccharomyces sake* : 청주효모

◆ *Saccharomyces carlsbergensis* : 맥주의 하면발효효모(독일계)

⊕ *Zygosaccharomyces rouxii*는 간장이나 된장의 발효에 관여하는 효모

62 효모의 증식방법

◆ 대부분의 효모는 출아법(budding)으로서 증식하고 출아방법은 다극출아와 양극출아 방법이 있다.

◆ 종에 따라서는 분열, 포자 형성 등으로 생육하기도 한다.

63 효모 미토콘드리아

◆ 고등식물의 것과 같이 호흡계 효소가 집합되어 존재하는 장소로서 세포호흡에 관여한다.

◆ 미토콘드리아는 TCA회로와 호흡쇄에 관여하는 효소계를 함유하며, 대사기질을 CO_2와 H_2O로 완전분해 한다.

◆ 이 대사과정에서 기질의 화학에너지를 ATP로 전환한다.

64 *Candida*속 효모

◆ 탄화수소의 자화능이 강한 균주가 많은 것이 알려져 있다.

◆ 특히 *Candida tropicalis, Candida rugosa, Candida pelliculosa* 등이 탄화수소 자화력이 강하며 단세포 단백질(SCP, single cell protein) 생성 균주로 주목되고 있다.

◆ *Candida rugosa*는 lipase 생성효모로 알려져 있고 버터와 마가린의 부패에 관여 한다.

65 *Penicillium roqueforti*

◆ asymmetrica(비대칭)에 속하며, 프랑스 roquefort 치즈의 숙성과 풍미에 관여하여 치즈에 독특한 풍미를 준다.

66 배지의 종류

① 물리적 성상에 따른 분류

◆ 액체배지 : 배지 내에 한천를 첨가하지 않은 액체 상태의 배지이다. 미생물의 증식, 당분해 시험, 성상검사, 대사산물의 검출 등에 사용된다.

◆ 고체배지 : 액체배지를 고형화한 형태로서 한천 1.5~2%를 첨가하여 만든다. 주로 미생물 순수분리나 균주 보존을 목적으로 이용된다.

- 평판배지 : 멸균된 배지를 멸균 페트리접시에 붓고 응고시킨 배지이다. 순수배양이나 생균수 측정 등의 목적에 사용한다.
- 고층배지 : 고체배지를 시험관에 넣고 수직으로 응고시킨 배지이다. 미호기성이나 혐기성균의 배양, 균주의 보존, 세균의 운동성 시험에 사용된다.
- 사면배지 : 고체배지를 시험관에 넣고 경사지게 응고시킨 배지이다. 호기성 미생물의 증식 및 보존, 세균의 생화학적 검사 등에 사용된다.

② 사용목적에 따른 분류

◆ 증식배지 : 여러 종류의 영양소를 적당량 함유한 배지이다. 미생물의 증식, 순수배양, 보존 등 일반적인 배양에 사용된다.

◆ 증균배지 : 많은 미생물이 혼합된 경우, 특정한 균종만을 다른 균종보다 빨리 증식시켜 분리 배양이 쉽게 되도록 한 배지이다.

◆ 선택배지 : 두 종류 이상의 미생물이 혼합되어 있는 검체에서 원하는 미생물만을 선택적으로 분리 배양하는데 사용하는 배지이다.

◆ 감별배지 : 순수 배양된 미생물의 특정한 효소 반응을 정상적으로 확인하여 균종의 감별과 동정을 하기 위한 배지이다.

67 *Serratia*속

◆ 주모를 가지고 운동성이 적은 간균이며 특유한 적색색소를 생성한다.

◆ 토양, 하수 및 수산물 등에 널리 분포하고 누에 등 곤충에서도 검출된다.

◆ 빵, 육류, 우유 등에 번식하여 빨간색으로 변하게 한다.

◆ 단백질 분해력이 강하여 부패세균 중에서도 부패력이 비교적 강한 균이다.

◆ 대표적인 균주 : *Serratia marcescens*

68 *Bacillus subtilis*

◆ 고초균으로 gram 양성, 호기성, 통성 혐기성 간균으로 내생포자를 형성하고, 내열성이 강하다.

◆ 85~90℃의 고온 액화 효소로 protease와 a-amylase를 생산하다.

◆ Subtilin, subtenolin, bacitracin 등의 항생물질도 생산하지만 biotin은 필요로 하지 않는다.

◆ 마른 풀 등에 분포하며 주로 밥(도시락)이나 빵에서 증식하여 부패를 일으킨다. 또한 청국장의 발효 미생물로서 관계가 깊을 뿐만 아니라 여러 미생물 제제로서도 이용되고 있다.

69 페니실린penicillins

- ◆ 베타-락탐(β-lactame)계 항생제로서, 보통 그람 양성균에 의한 감염의 치료에 사용한다.
- ◆ lactam계 항생제는 세균의 세포벽 합성에 관련 있는 세포질막 여러 효소(carboxypeptidases, transpeptidases, entipeptidases)와 결합하여 세포벽 합성을 억제한다.

70 *Rhizopus*속의 특징

- ◆ 거미줄 곰팡이라고도 한다.
- ◆ 조상균류(Phycomycetes)에 속하며 가근(rhizoid)과 포복지(stolon)를 형성한다.
- ◆ 포자낭병은 가근에서 나오고, 중축바닥 밑에 자낭을 형성한다.
- ◆ 균사에는 격벽이 없다.
- ◆ 유성, 무성 내생포자를 형성한다.
- ◆ 대부분 pectin 분해력과 전분분해력이 강하므로 당화효소와 유기산 제조용으로 이용되는 균종이 많다.
- ◆ 호기적 조건에서 잘 생육하고, 혐기적 조건에서는 알코올, 젖산, 퓨마르산 등을 생산한다.

71 효모의 당류 발효성 실험

- ◆ Einhorn관법, Durham관법, Meissel씨 정량법, Linder의 소적발효 시험법이 있다.

72 유도기lag phase

- ◆ 균이 새로운 환경에 적응하는 시기이다.
- ◆ 균의 접종량에 따라 그 기간의 장단이 있다.
- ◆ RNA 함량이 증가하고, 세포대사 활동이 활발하게 되고 각종 효소 단백질을 합성하는 시기이다.
- ◆ 세포의 크기가 2~3배 또는 그 이상으로 성장하는 시기이다.

73 phage의 예방대책

- ◆ 공장과 그 주변 환경을 미생물학적으로 청결히 하고 기기의 가열살균, 약품살균을 철저히 한다.
- ◆ phage의 숙주특이성을 이용하여 숙주를 바꾸어 phage 증식을 사전에 막는 starter rotation system을 사용, 즉 starter를 2균주 이상 조합하여 매일 바꾸어 사용한다.
- ◆ 약재 사용 방법으로서 chloramphenicol, streptomycin 등 항생물질의 저농도에 견디고 정상 발효하는 내성균을 사용한다.

74 총균수 구하기

총균수 = 초기균수 × $2^{\text{세대기간}}$

20분씩 2시간이면 세대수는 6, 초기균수 1이므로, $3 \times 2^6 = 192$

75 클로렐라*Chlorella*의 특징

◆ 진핵세포생물이며 분열증식을 한다.
◆ 단세포 녹조류이다.
◆ 크기는 2~12 μ 정도의 구형 또는 난형이다.
◆ 분열에 의해 한 세포가 4~8개의 낭세포로 증식한다.
◆ 엽록체를 갖으며 광합성을 하여 에너지를 얻어 증식한다.
◆ 빛의 존재 하에 무기염과 CO_2의 공급으로 쉽게 증식하며 이때 CO_2를 고정하여 산소를 발생시킨다.
◆ 건조물의 50%가 단백질이며 필수아미노산과 비타민이 풍부하다.
◆ 필수아미노산인 라이신(lysine)의 함량이 높다.
◆ 비타민 중 특히 비타민 A, C의 함량이 높다.
◆ 단위 면적당 단백질 생산량은 대두의 약 70배 정도이다.
◆ 양질의 단백질을 대량 함유하므로 단세포단백질(SCP)로 이용되고 있다.
◆ 소화율이 낮다.
◆ 태양에너지 이용율은 일반 재배식물보다 5~10배 높다.
◆ 생산균주 : *Chlorella ellipsoidea, Chlorella pyrenoidosa, Chlorella vulgaris* 등

76 *Acetobacter melanogenum*

◆ gram 음성, 호기성의 무포자 간균이다.
◆ 초산을 산화하지 않으며 포도당 배양기에서 암갈색 색소를 생성한다.

77 *Penicillium*속이 생산하는 독소

◆ Rubratoxin, 황변미독(Yellow rice toxins), Patulin 등이다.

78 *Schizosaccharomyces*속

◆ *Schizosaccharomyces*속 효모는 가장 대표적인 분열효모이고, 세균과 같이 이분열법에 의해 증식한다.

79 PCR 반응polymerase chain reaction

◆ 변성(denaturation), 가열냉각(annealing), 신장(extension) 또는 중합(polymerization)의 3 단계로 구성되어 있다.
- 변성 단계 : 이중가닥 표적 DNA가 열 변성되어 단일가닥 주형 DNA로 바뀐다.
- 가열냉각 단계 : 상보적인 원동자 쌍이 각각 단일가닥 주형 DNA와 혼성화 된다.
- 신장(중합) 단계 : DNA 중합효소가 deoxyribonucleotide triphosphate(dNTP)를 기질로 하여 각 원동자로부터 새로운 상보적인 가닥들을 합성한다.

⊕ 이러한 과정이 계속 반복됨으로써 원동자 쌍 사이의 염기서열이 대량으로 증폭된다.

80 그람 염색 순서

◆ A액(crystal violet액)으로 1분 간 염색 → 수세 → 물흡수 → B액(lugol 액)에 1분 간 담금 → 수세 → 흡수 및 완전건조 → 95% ethanol에 30초 색소탈색 → 흡수 → safranin 액으로 10초 대비 염색 → 수세 → 건조 → 검경

◆ 그람양성균은 자주색, 그람음성균은 분홍색으로 염색된다.

제5과목 생화학 및 발효학

81 glutamic acid 발효 시 penicillin 첨가

◆ biotin 과잉 함유배지에서 배양 도중에 penicillin을 첨가하므로써 대량의 glutamic acid의 발효 생산이 가능하다.

◆ penicillin의 첨가 효과를 충분히 발휘하기 위해서는 첨가시기(약 6시간 배양 후)와 적당량(배지 1ml당 1~5IU) 첨가하는 것이 중요하다.

82 비타민의 용해성에 따른 분류

◆ 지용성 비타민
- 유지 또는 유기용매에 녹는다.
- 생체 내에서는 지방을 함유하는 조직 중에 존재하고 체내에 저장될 수 있다.
- 비타민 A, D, E, F, K 등이 있다.

◆ 수용성 비타민
- 체내에 저장되지 않아 항상 음식으로 섭취해야 한다.
- 혈중농도가 높아지면 소변으로 쉽게 배설된다.
- 비타민 B군과 C군으로 대별된다.

83 탈아미노 반응

◆ amino acid의 amino기(-NH_2)가 제거되어 a-keto acid로 되는 반응을 말한다.

◆ 탈아미노 반응으로 유리된 NH_3^+의 일반적인 경로
- keto acid와 결합하여 아미노산을 생성
- a-ketoglutarate와 결합하여 glutamate를 합성
- glutamic acid와 결합하여 glutamine을 합성
- carbamyl phosphate로서 세균에서는 carbamyl kinase에 의하여 합성
- 간에서 요소회로를 거쳐 요소로 합성

84 생물학적 폐수처리법

◆ 호기적 처리법
- 활성오니법 : 활성오니라 불려지는 flock 상태의 호기적 미생물군을 이용하여 유기물을 분해하고 처리한 다음 오니를 침전시키고 상징액을 방류하는 방법이다.

- 살수여상법 : 직경 5~10cm의 쇄석, 벽돌, 코우크스 또는 도기제 원통을 2~3cm의 두께로 깔고 그 표면에 호기성 세균이나 원생동물의 피막을 형성케 한 여상에 회전 살수기로써 폐수를 살포하면 폐수 중의 유기물이 흡착되어 정화하게 되는 방법이다.

◆ 혐기적 처리법
- 메탄발효에 의해서 유기물을 처리하는 방법이다.
- 미생물은 늪이나 하수의 밑바닥에 고여 있는 오니를 폐수에 가하여 집식배양한다.
- 유기물은 먼저 산생성균에 의해서 유기산, 알코올, 알데히드 등으로 분해되고 다시 메탄생성균에 의해서 메탄이나 탄산가스로 분해된다.

85 전분당화를 위한 효소

◆ α-amylase는 amylose와 amylopectin의 α-1,4-glucan 결합을 내부에서 불규칙하게 가수분해시키는 효소(endoenzyme)로서 액화형 amylase라고도 한다.

◆ β-amylase는 amylose와 amylopectin의 α-1,4-glucan 결합을 비환원성 말단에서 maltose 단위로 규칙적으로 절단하여 덱스트린과 말토스를 생성시키는 효소(exoenzyme)로서 당화형 amylase라고도 한다.

◆ glucoamylase는 amylose와 amylopectin의 α-1,4-glucan 결합을 비환원성 말단에서 glucose 단위로 차례로 절단하는 효소로 α-1,4 결합 외에도 분지점의 α-1,6-glucoside 결합도 서서히 분해한다.

◆ isoamylase는 글리코겐, 아밀로펙틴의 α-1,6 결합을 가수분해하여 아밀로오스 형태의 α- 1,4-글루칸을 만드는 효소이다.

86 Michaelis 상수 Km

◆ 반응속도 최대 값의 1/2일 때의 기질농도와 같다.

◆ Km은 효소-기질 복합체의 해리상수이기 때문에 Km값이 작을 때에는 기질과 효소의 친화성이 크며, 역으로 클 때는 작다.

◆ Km값은 효소의 고유 값으로서 그 특성을 아는 데 중요한 상수이다.

87 핵산관련 물질이 정미성을 갖기 위한 화학구조

◆ 고분자 nucleotide, nucleoside 및 염기 중에서 mononucleotide만 정미성분을 가진다.

◆ purine계 염기만이 정미성이 있고 pyrimidine계는 정미성이 없다.

◆ 당은 ribose나 deoxyribose에 관계없이 정미성을 가진다.

◆ ribose의 5′의 위치에 인산기가 있어야 정미성이 있다.

◆ purine염기의 6의 위치 탄소에 -OH가 있어야 정미성이 있다.

88 효소반응의 특이성

◆ 절대적 특이성
- 유사한 일군의 기질 중 특이적으로 한 종류의 기질에만 촉매하는 경우

- Urease는 요소만을 분해, pepsin은 단백질을 가수분해, dipeptidase는 dipeptide 결합만을 가수분해한다.

◆ 상대적 특이성
- 효소가 어떤 군의 화합물에는 우선적으로 작용하며 다른 군의 화합물에는 약간만 반응할 경우
- acetyl CoA synthetase는 초산에 대하여는 활성이 강하나 propionic acid에는 그 활성이 약하다.

◆ 광학적 특이성
- 효소가 기질의 광학적 구조가 상위에 따라 특이성을 나타내는 경우
- maltase는 maltose와 α-glycoside를 가수분해하나 β-glycoside에는 작용하지 못한다. L-amino acid oxidase는 D-amino acid에는 작용하지 못하나 L-amino acid에만 작용한다.

89 광합성 과정

① 제1단계 : 명반응

◆ 그라나에서 빛에 의해 물이 광분해되어 O_2가 발생되고, ATP와 $NADPH_2$가 생성되는 광화학 반응이다.

② 제2단계 : 암반응(calvin cycle)

◆ 스트로마에서 효소에 의해 진행되는 반응이며 명반응에서 생성된 ATP와 $NADPH_2$를 이용하여 CO_2 를 환원시켜 포도당을 생성하는 반응이다.

⊕ 광합성에 소요되는 에너지는 햇빛(가시광선 영역)이다. 엽록체 안에 존재하는 엽록소에서는 특정한 파장의 빛[청색파장(450nm 부근)과 적색파장 영역(650nm 부근)]을 흡수하면 엽록소 분자 내 전자가 들떠서 전자전달계에 있는 다른 분자에 전달된다.

90 코리회로Cori cycle

◆ 근육이 심한 운동을 할 때 많은 양의 젖산을 생산한다.

◆ 이 폐기물인 젖산은 근육세포로부터 확산되어 혈액으로 들어간다.

◆ 휴식하는 동안 과다한 젖산은 간세포에 의해 흡수되고 포도당 신생 반응(gluconeogenesis) 과정을 거쳐 glucose로 합성된다.

91 유전자 재조합 기술에 필수적으로 요구되는 수단

◆ DNA 운반체(vector), 제한효소(restriction enzyme), DNA연결효소(DNA ligase), 형질전환 등이다.

92 맥주의 쓴맛

◆ 휴물론(humulone)은 고미의 주성분이지만, 맥아즙이나 맥주에서 거의 용해되지 않고, 맥아즙 중에서 자비될 때 iso화되어 가용성의 isohumulone으로 변화되어야 비로소 맥아즙과 맥주에 고미를 준다.

◆ isohumulone은 맥주의 고미가(bitterness value) 측정 기준물질로 이용된다.

93 초산발효

◆ 알코올(C_2H_5OH)을 직접산화에 의하여 초산(CH_3COOH)을 생성한다.

◆ 호기적 조건(O_2)에 의해서는 에탄올을 알코올 탈수소효소(alchol dehydrogenaase)에 의하여 산화반응을 일으켜 아세트알데하이드가 생산되고, 다시 아세트알데하이드는 탈수소효소에 의하여 초산이 생성된다.

94 TCA cycle 중 $FADH_2$를 생성하는 반응

◆ TCA cycle 중 산화효소인 succinate dehydrogenase는 succinic acid를 fumaric acid로 산화한다.

◆ 이때 2개의 수소와 2개의 전자가 succinate로부터 떨어져 나와 전자 수용체인 FAD에 전달되어 $FADH_2$를 생성한다.

95 엽산[folic acid]

◆ 엽산은 소장에서 흡수된 후 간에서 환원과정과 단일 탄소기 결합과정을 거쳐 체내에서 활성을 갖는 조효소 형태인 테트라히드로엽산(THF)으로 전환된다.

◆ THF는 $-CH_3$, $-CH=O$, $-CH_2$, $-CH=$ 등의 단일 탄소기를 옮겨주는 반응의 조효소로 작용한다.

96 DNA 조성에 대한 일반적인 성질(E. Chargaff)

◆ 한 생물의 여러 조직 및 기관에 있는 DNA는 모두 같다.

◆ DNA 염기조성은 종에 따라 다르다.

◆ 주어진 종의 염기 조성은 나이, 영양상태, 환경의 변화에 의해 변화되지 않는다.

◆ 종에 관계없이 모든 DNA에서 adenine(A)의 양은 thymine(T)과 같으며(A=T) guanine(G)은 cytosine(C)의 양과 동일하다(G=C).

염기의 개수 계산 : A의 양이 20%이면 T의 양도 20%이고, AT의 양은 40%가 되며, 따라서 GC의 양은 60%이고 염기 G와 C는 각각 30%가 된다.

97 지방산 합성에서

◆ acetyl-CoA는 ATP와 비오틴의 존재 하에서 acetyl-CoA carboxylase의 작용으로 CO_2와 결합하여 malonyl CoA로 된다.

$$\text{Acetyl-CoA} + CO_2 + ATP + H_2O \xrightarrow[\text{biotin}]{\text{acetyl-CoA carboxylase}} \text{Malonyl-CoA} + ADP + P_i + H^+$$

98 세포 내 소기관

- ◆ 엽록체(chloroplasts) : 식물체에서 광합성을 하는 장소로 ATP를 생성하며 자체 DNA를 함유한다.
- ◆ 리소좀(lysosome) : 많은 가수분해 효소을 함유하고 있으며 세포 내 소화작용을 하고 유전물질은 존재하지 않는다.
- ◆ 미토콘드리아(mitochondria) : 세포 호흡작용에 의해 ATP을 합성하고 에너지대사의 중심이며 DNA를 함유한다.
- ◆ 핵(nucleus) : 유전자의 본체인 DNA를 함유한 염색사가 들어 있어 생장, 생식, 유전 등 생명활동을 주도한다.

99 고체배양의 장점

- ◆ 배지조성이 단순하다.
- ◆ 곰팡이의 배양에 이용되는 경우가 많고 세균에 의한 오염방지가 가능하다.
- ◆ 공정에서 나오는 폐수가 적다.
- ◆ 산소를 직접 흡수하므로 동력이 따로 필요 없다.
- ◆ 시설비가 비교적 적게 들고 소규모 생산에 유리하다.
- ◆ 폐기물을 사용하여 유용미생물을 배양하여 그대로 사료로 사용할 수 있다.

100 가소제 종류에 따른 내균성

가소제	감수성
DBS, DOS	영향을 받음
DBP, DOP, DIDP, DIOP	저항성이 있음
polyester	영향을 받음
epoxy	영향을 받음
chlorinated paraffin	저항성이 있음

식품기사 기출문제 해설 2019 3회

제1과목 식품위생학

1 살모넬라Salmonella spp.시험법 [식품공전]

◆ 증균배양 : 검체 25g을 취하여 225mL의 peptone water에 가한 후 35℃에서 18±2시간 증균배양한다. 배양액 0.1mL를 취하여 10mL의 Rappaport-Vassiliadis배지에 접종하여 42℃에서 24±2시간 배양한다.

◆ 분리배양 : 증균배양액을 MacConkey 한천배지 또는 Desoxycholate Citrate 한천배지 또는 XLD한천배지 또는 bismuth sulfite 한천배지에 접종하여 35℃에서 24시간 배양한 후 전형적인 집락은 확인시험을 실시한다.

◆ 확인시험 : 분리배양된 평판배지상의 집락을 보통 한천배지(배지 8)에 옮겨 35℃에서 18~24시간 배양한 후, TSI 사면배지의 사면과 고층부에 접종하고 35℃에서 18~24시간 배양하여 생물학적 성상을 검사한다. 살모넬라는 유당, 서당 비분해(사면부 적색), 가스생성(균열 확인) 양성인 균에 대하여 그람음성 간균임을 확인하고 urease 음성, Lysine decarboxylase 양성 등의 특성을 확인한다.

2 곰팡이가 생성하는 독소

◆ Aflatoxin : *Aspergillus flavus*가 생성하는 곰팡이 독소

◆ Citrinin : *Penicillium citrinum*이 생성하는 곰팡이 독소

◆ Citreoviridin : 황변미 원인균인 *Penicillium citreoviride*가 생성하는 곰팡이 독소

⊕ Atropine : 가시독말풀의 독성분

3 기구 및 용기·포장의 기준 및 규격 [식품공전]

◆ 기구 및 용기·포장의 식품과 접촉하는 부분에 사용하는 도금용 주석은 납을 0.1% 이상 함유하여서는 아니 된다.

◆ 식품과 접촉하는 부분에 제조 또는 수리를 위하여 사용하는 금속은 납을 0.1% 이상 또는 안티몬을 5% 이상 함유해서는 아니 된다.

4 동위원소가 위험을 결정하는 요인

◆ 혈액 흡수율이 높을수록 위험하다.

◆ 조직에 침착하는 정도가 클수록 위험하다.

◆ 생체기관의 감수성이 클수록 위험하다.

◆ 생물학적 반감기가 길수록 위험하다.
◆ 방사능의 반감기(half life)가 길수록 위험하다.
◆ 방사선의 종류와 에너지의 세기에 따라 차이가 있다.
◆ 동위원소의 침착 장기의 기능 등에 따라 차이가 있다.

5 폐수오염도를 나타내는 항목

◆ 생물학적 산소요구량(BOD) : 물 속에 있는 오염물질이 생물학적으로 산화되어 무기성 산화물과 가스가 되기 위해 소비되는 산소량을 ppm으로 표시한 것이다.
◆ 화학적 산소요구량(COD) : 물속의 산화기능 물질이 산화되어 주로 무기성 산화물과 가스로 되기 위해 소비되는 산화제에 대응하는 산소량을 말한다.
◆ 부유물질량(SS) : 폐수의 혼탁 원인 물질을 말하며, 부상질, 부상성막, 침전물, colloid 성 물질의 4종류가 있다.
◆ 용존산소(DO) : 물의 오염상태를 나타내는 지표항목 중의 하나로 물에 녹아있는 산소의 농도를 mg/L 또는 ppm으로 나타낸다.

6 보존료

◆ 미생물의 증식에 의해서 일어나는 식품의 부패나 변질을 방지하기 위하여 사용되는 식품첨가물이며 방부제라고도 한다.

7 일반적인 유해 tar색소

◆ 황색계 : auramine, orange Ⅱ, butter yellow, spirit yellow, p−nitroaniline
◆ 청색계 : methylene blue
◆ 녹색계 : malachite green
◆ 자색계 : methyl violet, crystal violet
◆ 적색계 : rhodamine B, sudan Ⅲ
◆ 갈색계 : bismark brown

⊕ 허가되지 않은 유해 합성착색료는 염기성이거나 nitro기를 가지고 있는 것이 많다.
auramine은 과거에 단무지의 착색에 많이 사용되었던 발암성 착색료이다.

8 인수공통감염병

◆ 척추동물과 사람 사이에 자연적으로 전파되는 질병을 말한다.
◆ 사람은 식육, 우유에 병원체가 존재할 경우, 섭식하거나 감염동물, 분비물 등에 접촉하여 2차 오염된 음식물에 의하여 감염된다.
◆ 대표적인 인수공통감염병
 - 세균성 질병 : 탄저, 비저, 브루셀라병, 세균성식중독(살모넬라, 포도상구균증, 장염비브리오), 야토병, 렙토스피라병, 리스테리아병, 서교증, 결핵, 재귀열 등
 - 리케차성 질병 : 발진열, Q열, 쯔쯔가무시병 등

- 바이러스성 질병 : 일본뇌염, 인플루엔자, 뉴캐슬병, 앵무병, 광견병, 천연두, 유행성출혈열 등

⊕ 탄저병은 *Bacillus anthracis*에 의해 발생된다.

9 식품위생검사의 분류와 검사내용

구분	종류	
물리적 검사	관능검사	외관, 색깔, 냄새, 맛, 텍스처(texture)
	일반검사	온도, 비중, pH, 내용량, 융점, 빙점, 점도 등
	이물검사	체분별법, 여과법, 와일드만라스크법, 침강법
	방사능시험	
화학적 검사	일반성분	수분, 회분, 조단백질, 조지방, 조섬유, 당질 등
	특수검사	비타민 및 무기성분 등
	유해성분	중금속, 잔류농약, 잔류항생물질, 다이옥신, 마이코톡신
	첨가물	보존료, 산화방지제, 착색료, 살균제, 감미료, 표백제
미생물학적 검사	오염지표균	일반세균수, 대장균군
	식중독균	대장균 O157:H7, 살모넬라, 리스테리아, 포도상구균, 장염비브리오
독성검사	일반독성시험	급성독성시험, 아급성독성시험, 만성독성시험
	특수독성시험	생식독성시험, 최기형성시험, 변이원성독성시험, 발암성시험

10 GMO식품의 안전성 문제

◆ GMO에 있는 유전자변형 유전자의 함량은 전체 DNA의 25만 분의 1에 불과하여, 하루에 먹는 식품의 절반이 GMO라고 가정해도 유전자변형 DNA 섭취량은 0.5~5ug이다.

◆ DNA(유전자)는 화학적으로 생물 종에 관계없이 동일하여 산업적 가공처리 과정과 소화관에서 대부분 분해되어 섭취된 DNA가 인체 세포나 장내 미생물로 이동할 가능성은 매우 희박하다.

11 밀가루 개량제

◆ 밀가루나 반죽에 첨가되어 제빵 품질이나 색을 증진시키기 위해 사용되는 식품첨가물이다.

◆ 과산화벤조일(희석), 과황산암모늄, 염소, 이산화염소, 아조디카르본아미드 등 8종이 허용되고 있다.

12 바이러스의 특징

◆ 생체 세포 내에서만 물질대사가 가능하고 숙주(세포) 밖에서 스스로 물질대사를 하지 못한다.

◆ 세균 여과기를 통과하며 살아있는 생물체 내에서만 기생하기 때문에 인공배지에서는 증식할 수 없다.

◆ 핵산(DNA, RNA) 중 하나만 가지고 있다.
◆ 세균보다 바이러스 크기가 훨씬 작다.
◆ 생식활동 시 돌연변이 확률이 높다.
◆ 바이러스에 대한 항바이러스제는 없으며 감염을 예방할 백신도 없다.

13 유리용기

① 유리용기의 특성
◆ 액체 식품의 용기로 널리 사용되고 있다.
◆ 투명하여 내용물을 투시할 수 있다.
◆ 화학적으로 안정하며 위생적이다.
◆ 내열성이 있고, 착색이 용이하다.
◆ 통기성이 없고, 회수가 가능하다.
◆ 깨지기 쉽고 무거운 결점이 있다.

② 유리용기의 주의점
◆ 장기간 산성물질과 접촉하면 유리 중의 알칼리 성분이 용출되어 산성 성분인 규산이 용출될 수 있다.
◆ 경우에 따라 바리움, 아연, 붕산 등이 용출되는 수도 있다.

14 농약

◆ 유기인제 : 살균제, 살충제 등으로 사용되고, 급성중독을 일으킨다. 마라치온, DDVP, 파라치온, baycid, 디아지논, EPN 등
◆ 유기염소제 : 저독성, 지용성으로 인체 지방조직에 축적되어 만성중독을 일으킨다. DDT, 알드린, 엔드린 등

15 대장균군의 검사방법

◆ 정성시험(추정시험－확정시험－완전시험), 정량시험(MPN 법), 평판계산법이 있다.
◆ MPN에 의한 정량시험 때 사용되는 배지는 BGLB 배지 또는 LB 배지를 사용한다.
◆ 이들 배지에는 핵심물질로 유당이 함유되어 있다.

16 미생물로 인한 부패방지 대책

◆ 식품을 부패시키는 주원인은 미생물에 있으므로 미생물에 의한 식품의 오염방지와 미생물의 증식을 억제하고 식품의 신선도를 유지하게 하는 것이다.
◆ 미생물의 발육에는 수분, 온도, 영양소, pH 등이 중요한 요소가 된다.
◆ 물리적 보존법에는 가열살균법, 냉장 또는 냉동법, 탈수 건조법, 자외선, 방사선 살균법 등이 있다.
◆ 화학적 처리에 의한 방법에는 염장법, 당장법, 산장법, 훈연법, 가스저장법 등이 있으며 진공포장을 하므로 서 더 효과적으로 부패를 방지할 수 있다.

17 Heterophyes(이형흡충)

◆ Heterophyes(이형흡충)은 사람, 개, 고양이, 기타 생선을 먹는 포유동물의 소장 중간 1/3 부분에 기생하는 작은 흡충이다.

18 유구조충*Taenia solium*

◆ 돼지고기를 생식하는 민족에 많으며 갈고리촌충이라고도 한다.
◆ 감염경로
- 분변과 함께 배출된 충란이 중간숙주인 돼지, 사람, 기타 포유동물에 섭취되어 소장에서 부화되어 근육으로 이행한 후 유구낭충이 된다.
- 사람이 돼지고기를 섭취하면 감염되며, 소장에서 성충이 된다.
- 충란으로 오염된 음식물이 직접 환자의 손을 통해 섭취하여 감염된다.

◆ 예방 : 돼지고기 생식, 불완전하게 가열한 것의 섭취를 금한다.
◆ 증상 : 성충이 기생하면 오심, 구토, 설사, 소화장애, 낭충이 뇌에 기생하면 뇌증을 일으킨다.

19 포름알데히드

◆ 단백질의 변성작용으로 살균효과를 나타낸다.
◆ 살균력이 강하여 0.002%의 용액으로 세균의 발육이 억제되고, 0.1%의 용액에서 유포자균이 모두 살균된다.

20 알레르기allergy 식중독

◆ 원인균 : *Proteus morganii*
◆ 가다랭이와 같은 붉은살 생선은 histidine의 함유량이 많아 histamine decarboxylase를 갖는 *Proteus morganii*가 묻어있어 histidine을 histamine으로 분해하여 아민류와 어울려 알레르기성 식중독을 유발한다.
◆ 원인식품 : 가다랭이, 고등어, 꽁치 및 단백질 식품 등
◆ 원인 물질 : 단백질의 부패산물로 histamine, ptomaine, 부패아민류 등

제2과목 식품화학

21 차이식별 검사

◆ 식품시료 간의 관능적 차이를 분석하는 방법으로 관능검사 중 가장 많이 사용되는 검사이다.
◆ 일반적으로 훈련된 패널요원에 의하여 잘 설계된 관능평가실에서 세심한 주의를 기울여 실시하여야 한다.
◆ 이용
- 신제품의 개발
- 제품 품질의 개선

– 제조공정의 개선 및 최적 가공조건의 설정
– 원료 종류의 선택
– 저장 중 변화와 최적 저장 조건의 설정
– 식품첨가물의 종류 및 첨가량 설정

22 아미노산의 성질

◆ 광학적 성질 : glycine을 제외한 아미노산은 비대칭 탄소원자를 가지고 있으므로 2개의 광학 이성질체가 존재한다. 단백질을 구성하는 아미노산은 대부분 L–형이다.
◆ 자외선 흡수성 : 아미노산 중 tyrosine, tryptophan, phenylalanine은 자외선을 흡수한다. 280nm에서 흡광도를 측정하여 단백질 함량을 구할 수 있다.

23 환원당과 비환원당

◆ 단당류는 다른 화합물을 환원시키는 성질이 있어 $CuSO_4$의 알칼리 용액에 넣고 가열하면 구리이온과 산화 환원반응을 한다.
◆ 당의 알데히드(R–CHO)는 산화되어 산(R–COOH)이 되고 구리이온은 청색의 2가 이온($CuSO_4$)에서 적색의 1가 이온(Cu_2O)으로 환원된다.
◆ 이 반응에서 적색 침전을 형성하는 당을 환원당, 형성하지 않은 당을 비환원당이라 한다.
◆ 환원당에는 glucose, fructose, lactose가 있고, 비환원당은 sucrose이다.

24 식품 중의 트랜스지방 저감화 방법

◆ 경화공정을 변화시키는 방법
◆ 유지의 분획
◆ 육종 개발을 통한 유지자원 개발
◆ 에스테르 교환반응

25 과당의 수용액

◆ 과당(fructose)의 수용액에서 β–D–fructopyranose가 가장 많이 존재한다.

27 향기성분

◆ sinigrin : 갓이나 냉이의 매운맛 성분
◆ lenthionine : 표고버섯의 향기 성분
◆ glucosinolate : 겨자과 식물의 매운맛 성분
◆ allicin : 마늘의 매운맛 성분

28 유화emulsification

◆ 분산질과 분산매가 다같이 액체인 교질상태를 유화액이라 하고, 유화액을 이루는 작용을 유화(emulsification)라 한다.

◆ 소수기는 기름과 친수기는 물과 결합하여 기름과 물의 계면에 유화제 분자의 피막이 형성되어 계면장력을 저하시켜 유화성을 일으키게 한다.

29 자일리톨xylitol

◆ 자작나무나 떡갈나무 등에서 얻어지는 자일란, 헤미셀룰로즈 등을 주원료로 하여 생산된다.
◆ 5탄당 알콜이기 때문에 충치세균이 분해하지 못한다.
◆ 치면 세균막의 양을 줄여주고 충치균(*S. mutans*)의 숫자도 감소시킨다.
◆ 천연 소재 감미료로 설탕과 비슷한 단맛을 내며 뛰어난 청량감을 준다.
◆ 인슐린과 호르몬 수치를 안정시킨다.
◆ 채소나 야채 중에 함유되어 있으며 인체 내에서는 포도당 대사의 중간물질로 생성된다.

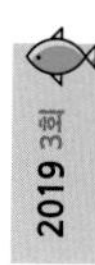
2019 3회

30 무의 특성

◆ 무즙에는 비타민 C와 녹말 분해 효소인 디아스타아제가 많이 들어 있어 소화를 돕고, 가래, 염증에도 효과가 있으며 지방분해 효소인 에스테라아제도 무에 들어 있다.
◆ 따라서 고기나 생선회를 먹을 때 무와 같이 먹거나 무즙을 내서 여기에 찍어 먹으면 좋다.
◆ 비타민 C는 육질보다 껍질에 더 많이 들어 있으므로 껍질째 먹는 것이 좋고, 무말랭이는 칼슘, 철 등을 다량 함유하고 있다.

31 EDTA

◆ 유지식품의 변질원인이 되는 금속이온과 쉽게 결합하여 착염을 형성함으로써 항산화작용을 나타낸다.

32 아미노산 중 쓴맛

◆ 아미노산 중 쓴맛을 나타내는 것은 L-leucine, L-Isoleucine, L-tryptophan, L-phenylalanine 등이다.

33 밀의 중요한 단백질

◆ gliadin(prolamin의 일종)과 glutenin(glutelin의 일종)이 각각 40% 정도로 대부분을 차지하며 이들의 혼합물을 글루텐(gluten)이라 한다.
◆ 밀 단백질의 구조를 보면 -S-S-결합이 선상으로 길어진 글루테닌(glutenin)분자가 연속 뼈대를 만들어 글루텐의 사슬 내에 -S-S-결합으로 치밀한 대칭형을 이룸으로써 뼈대 사이를 메워 점성을 나타내며 유동성을 가지게 된다.
◆ 글루텐의 물리적 성질은 글루테닌에 대한 글리아딘(gliadin)의 비율로써 설명할 수 있으며 글리아딘의 양이 많을수록 신장성이 커진다.

34 유지의 화학적 특성

◆ Polenske value : 유지에 함유된 불용성 및 휘발성 지방산의 함량을 나타내는 값이며 야자유 검사에 이용한다.

◆ Reichert-Meissl : 유지에 함유된 수용성 휘발성 저급지방산의 함량을 나타내는 값이며 버터의 순도나 위조검정에 이용한다.

◆ Acetyl value : 유지에 존재하는 수산기(OH)를 가진 지방산의 함량을 나타내는 값이다.

◆ Hener value : 유지에 존재하는 불용성 지방산의 비율을 나타내는 값이며 일반적으로 95 내외이다.

35 전분의 노화[retrogradation]

◆ α 전분(호화전분)을 실온에 방치할 때 차차 굳어져 micelle 구조의 β 전분으로 되돌아가는 현상을 노화라 한다.

◆ 노화된 전분은 호화전분보다 효소의 작용을 받기 어려우며 소화가 잘 안 된다.

◆ 전분의 노화에 영향을 주는 인자

- 전분의 종류 : amylose는 선상분자로서 입체장애가 없기 때문에 노화하기 쉽고, amylopectin은 분지분자로서 입체장애 때문에 노화가 어렵다.
- 전분의 농도 : 전분의 농도가 증가됨에 따라 노화속도는 빨라진다.
- 수분함량 : 30~60%에서 가장 노화하기 쉬우며, 10% 이하에서는 어렵고, 수분이 매우 많은 때도 어렵다.
- 온도 : 노화에 가장 알맞은 온도는 2~5℃이며, 60℃ 이상의 온도와 동결 때는 노화가 일어나지 않는다.
- pH : 다량의 OH 이온(알칼리)은 starch의 수화를 촉진하고, 반대로 다량의 H 이온(산성)은 노화를 촉진한다.
- 염류 또는 각종 이온 : 주로 노화를 억제한다.

36 역가(최소 감응농도)

◆ 최소 감각농도 : 무슨 맛인지 분간할 수는 없으나 순수한 물과는 다르다고 느끼게 되는 최소농도이다.

◆ 최소 인지농도 : 어떤 물질을 정확히 감지할 수 있는 물질의 농도이다.

◆ 한계농도 : 농도를 증가시켰는데도 그것을 인식할 수 없는 농도이다.

37 항산화제[antioxidant]의 작용 기작

◆ 유지의 산화를 억제하는 물질을 산화방지제 또는 항산화제라고 한다.

◆ 항산화제는 자동산화 과정의 제1단계에서 생성되는 과산화물(hydroperoxide)의 생성속도를 억제하지만 일단 생성된 hydroperoxide나 그 외의 과산화물이 carbonyl compounds로 분해되는 과정에는 억제를 하지 못한다.

38 식품의 관능검사

◆ 차이식별검사
- 종합적인 차이검사 : 단순차이검사, 일-이점검사, 삼점검사, 확장삼점검사
- 특성차이검사 : 이점비교검사, 순위법, 평점법, 다시료비교검사

◆ 묘사분석
- 향미프로필 방법
- 텍스처프로필 방법
- 정량적 묘사 방법
- 스펙트럼 묘사분석
- 시간-강도 묘사분석

◆ 소비자 기호도 검사
- 이점비교법
- 기호도척도법
- 순위법
- 적합성 판정법

39 육색소meat color

◆ 미오글로빈(myoglobin) : 동물성 식품의 heme계 색소로서 근육의 주 색소
◆ 헤모글로빈(hemoglobin) : 동물성 식품의 heme계 색소로서 혈액의 주 색소

- 시토스테롤(sitosterol) : 식물성 스테롤
- 시토크롬(cytochrome) : 혐기적 탈수소 반응의 전자 전달체

40 Sol과 Gell

◆ 젤라틴이나 한천에서 Sol↔Gel의 변화는 온도 또는 분산매인 물의 증감에 의해서 임의로 변하는 가역성이다. 그러나 생달걀의 Sol상태를 가열하여 한번 Gel이 된 것은 먼저 상태로 되돌아가지 않는 불가역성이다.

제3과목 식품가공학

41 제거된 수분의 양

◆ 70%의 수분을 함유한 식품의 kg당 수분은,
1kg×0.7=0.7kg
◆ 건조하여 80%를 제거하면,
0.7kg×0.8=0.56kg
∴ 식품의 kg당 제거된 수분의 양은 0.56kg이다.

42 과채류 데치기(blanching)의 목적

- ◆ 산화효소를 파괴하여 가공 중에 일어나는 변색 및 변질을 방지한다.
- ◆ 원료 중의 특수 성분에 의하여 통조림 및 건조 중에 일어나는 외관, 맛의 변화를 방지한다.
- ◆ 원료의 조직을 부드럽게 하여 통조림 등을 할 때 담는 조작을 쉽게 하고 살균 가열할 때 부피가 줄어드는 것을 방지한다.
- ◆ 껍질 벗기기를 쉽게 한다.
- ◆ 원료를 깨끗이 하는 데 효과가 있다.

43 유전자변형식품(GMO)

- ◆ 사람이 섭취한 GMO에 포함되어 있는 유전자는 체내에서 분해효소와 강산성의 위액에 의하여 분해되기 때문에 미생물로 전이되기는 불가능하다.

44 동결률

- ◆ 동결점이 θ_f℃인 식품의 온도가 θ℃까지 내려간 경우

$$\text{동결률(m)} = \left(1 - \frac{\theta_f}{\theta}\right) \times 100$$

$$= \left(1 - \frac{-1.6}{-20}\right) \times 100 = 92\%$$

⊕ 동결률 : 동결점 하에서 초기의 수분함량에 대하여 빙결정으로 변한 비율

45 Maillard 반응(amino-carbonyl 반응)

- ◆ 당의 carbonyl기와 amino acid의 amino기와의 결합에서 개시되므로 amino carbonyl 반응이라고도 한다.
- ◆ Maillard 반응에 영향을 주는 인자
  - pH가 높아짐에 따라 갈변이 빠르게 진행되며, pH 6.5~8.5에서 착색이 빠르고, pH 3 이하에서는 갈변속도가 매우 느리다.
  - 온도가 높을수록 반응속도가 빠르다.
  - 건조 상태에서는 갈변이 진행되지 않으나, 수분 10~20%에서 가장 갈변하기 쉽다.
  - 환원당은 pyranose 환이 열려서 aldehyde형이 되어 반응을 일으키며 Pentose 〉 hexose 〉 sucrose의 순이다.
  - amine이 amino acid 보다 갈변속도가 크며 glycine이 가장 반응하기 쉽다.
  - 갈변을 억제하는 저해물질에는 아황산염, 황산염, thiol, 칼슘염 등이 있다.

46 우유의 살균법

- ◆ 저온장시간살균법(LTLT) : 62~65℃에서 20~30분
- ◆ 고온단시간살균법(HTST) : 71~75℃에서 15~16초
- ◆ 초고온순간살균법(UHT) : 130~150℃에서 0.5~5초

47 밀가루 반죽 품질검사 기기

◆ farinograph : 밀가루 반죽 시 생기는 점탄성 측정
◆ consistometer : 점도 측정 장치
◆ amylograph 시험 : 전분의 호화온도 측정
◆ extensograph 시험 : 반죽의 신장도와 인장항력 측정

48 사일런트 커터silent cutter

◆ 소시지(sausage) 가공에서 일단 만육된 고기를 더욱 곱게 갈아서 고기의 유화 결착력을 높이는 기계이다.
◆ 첨가물을 혼합하거나 이기기(kneading) 등 육제품 제조에 꼭 필요하다.

49 염건품

◆ 염건품은 식염에 절인 후 건조시킨으로 굴비 등이 대표적이다.

50 쇼트닝shortening

◆ 돈지의 대용품으로 정제한 야자유, 소기름, 콩기름, 어유 등에 10~15%의 질소 가스를 이겨 넣어 만든다.
◆ 쇼트닝의 특징은 쇼팅성, 유화성, 크리밍성 등이 요구되며, 넓은 온도 범위에서 가소성이 좋고, 제품을 부드럽고, 연하게 하여 공기의 혼합을 쉽게 한다.

51 라면의 일반적인 제조공정

① **배합공정** : 밀가루(74.3%), 정제염(1.04%), 견수(0.10%), 물(24.5%) 등을 혼합하여 반죽을 만든다.
② **제면공정** : 반죽된 소맥분을 롤러에 압연시켜 가며 면대를 만든다. 압연된 면대를 제면기를 이용하여 국숫발을 만든다. 이어서 컨베이어 벨트의 속도를 조절하여 라면 특유의 꼬불꼬불한 면발형태를 만들어 준다.
③ **증숙공정** : 스팀박스를 통과시키면서 국수를 알파화 시킨다. 증열조건 100℃, 통과시간은 약 2분 정도, 증기는 1기압 정도가 적당하다.
④ **성형공정** : 증숙된 면을 일정한 모양으로 만들기 위해 납형 케이스를 이용한다.
⑤ **유탕공정** : 알파화된 증숙면을 정제유지로 150℃에서 2분 정도 튀겨준다. 이렇게 함으로써 알파화 상태를 계속 유지 및 증가 시켜주는 것이 가능하며, 면의 수분을 휘발시키는 한편 면에 기름을 흡착시켜 준다.
⑥ **냉각공정** : 유탕에서 나온 면을 컨베이어 벨트를 통해 이동시켜 상온으로 냉각시켜 준다. 튀김 기름의 품질저하를 막고, 포장 후에 포장제의 내부에 이슬이 맺힘으로써 유지의 산패가 촉진되는 것을 방지하기 위함이다.
⑦ **포장공정** : 냉각된 면에 포장된 스프를 첨부하여 자동포장기를 이용, 완제품 라면으로 포장한다.

52 레시틴(lecithin)

◆ phosphatidic acid의 인산기에 choline이 결합한 phosphatidyl choline의 구조로 되어 있다.
◆ 생체의 세포막, 뇌, 신경조직, 난황, 대두에 많이 함유되어 있다.
◆ 식품 가공 시 유화제로 쓰인다.

53 탈지분유의 제조공정

◆ 원료유 → 탈지 → 살균(예비가열) → 예비농축 → 균질 → 건조 → 집진 → 배출 → 냉각 및 사별 → 충전 및 포장 순이다.

54 대두 단백질

◆ 함량이 32~35%로 많으며 그 대부분이 글로불린(globulin)과 알부민(albumin)이다.
◆ 특히 글로불린에 속하는 글리시닌(glycinin)이 많이 함유되어 있다.
◆ 메티오닌(methionine), 시스틴(cystine) 등 함황아미노산의 함량이 부족하지만 필수아미노산 중 리신(lysine), 루신(leucine)의 함량은 높다.
◆ 대두에는 혈구응집성 독소이며 유해 단백질인 hemagglutinin이나 trypsin의 활성을 저해하는 trypsin inhibitor가 함유되어 있으므로 생 대두는 동물의 성장을 저해한다.

55 해동

◆ 해동은 식품을 냉동하는 과정보다 물과 얼음의 열전도 등의 특성으로 인하여 더욱 많은 시간이 소요된다.

56 벼의 구조

◆ 왕겨층, 겨층(과피, 종피), 호분층, 배유 및 배아로 이루어져 있다.
◆ 현미는 과피, 종피, 호분층, 배유, 배아로 이루어져 있다.
◆ 즉, 현미는 벼에서 왕겨층을 벗긴 것이다.

57 도살 해체한 지육

◆ 도살 해체한 지육은 즉시 냉각하여 선도를 유지하여야 하며 냉동 시에는 −30~−20℃로 급속동결해야 하며 −18℃ 이하로 저장한다.

58 CA 저장법(controlled atmosphere storage)

◆ 냉장고를 밀폐하고 온도를 0℃로 내려 냉장고 내부의 산소량을 줄이고 탄산가스의 양을 늘려 농산물의 호흡작용을 위축시켜 변질되지 않게 하는 저장방법이다.
◆ 과실의 저장에 가장 유리한 저장법은 실내온도를 0~4℃ 저온으로 하여 CO_2 농도를 5%, O_2 농도를 3%, N_2 농도를 92%로 유지되게 조절하는 것이다.

- 가장 적합한 과일 : 사과, 서양배, 바나나, 감, 토마토 등
- 적합한 과일 : 매실, 딸기, 양송이, 당근, 복숭아, 포도 등

59 토마토의 solid pack 가공 시 염화칼슘의 사용

◆ 완전히 익은 토마토는 통조림 제조 시 너무 연해져서 육질이 허물어지기 쉬우므로 염화칼슘 등을 사용하여 이것을 방지한다.

◆ 칼슘은 펙틴산과 반응하여 과육 속에서 겔을 형성하여 가열할 때 세포 조직을 보호하여 토마토를 단단하게 한다.

60 유지의 경화

◆ 액체 유지에 환원 니켈(Ni) 등을 촉매로 하여 수소를 첨가하는 반응을 말한다.

◆ 수소 첨가는 유지 중의 불포화지방산을 포화지방산으로 만들게 되므로 액체 지방이 고체 지방이 된다.

◆ 경화유 제조 공정 중 유지에 수소를 첨가하는 목적
- 글리세리드의 불포화 결합에 수소를 첨가하여 산화 안정성을 좋게 한다.
- 유지에 가소성이나 경도를 부여하여 물리적 성질을 개선한다.
- 색깔을 개선한다.
- 식품으로서의 냄새, 풍미를 개선한다.
- 융점을 높이고, 요오드가를 낮춘다.

제4과목 식품미생물학

61 곰팡이 포자

◆ 유성포자 : 두 개의 세포핵이 융합한 후 감수분열하여 증식하는 포자
- 난포자, 접합포자, 담자포자, 자낭포자 등이 있다.

◆ 무성포자 : 세포핵의 융합이 없이 단지 분열 또는 출아증식 등 무성적으로 생긴 포자
- 포자낭포자(내생포자), 분생포자, 후막포자, 분열포자 등이 있다.

62 *Clostridium*속

◆ 그람양성 혐기성 유포자 간균이다.

◆ catalase는 전부 음성이며 단백질 분해성과 당류 분해성의 것으로 나눈다.

◆ 육류와 어류에서 이 균은 단백질 분해력이 강하고 부패, 식중독을 일으키는 것이 많다.

◆ 채소, 과실의 변질은 당류 분해성이 있는 것이 일으킨다.

◆ 발육적온은 보통 30~37℃이다.

63 미생물이 이용하는 수분

◆ 주로 자유수(free water)이며, 이를 특히 활성 수분(active water)이라 한다.

◆ 활성 수분이 부족하면 미생물의 생육은 억제된다.

◆ Aw 한계를 보면 세균은 0.86, 효모는 0.78, 곰팡이는 0.65 정도이다.

64 광합성 무기영양균^photolithotroph^의 특징

◆ 탄소원을 이산화탄소로부터 얻는다.

◆ 광합성균은 광합성 무기물 이용균과 광합성 유기물 이용균으로 나눈다.

◆ 세균의 광합성 무기물 이용균은 편성 혐기성균으로 수소 수용체가 무기물이다.

◆ 대사에는 녹색 식물과 달라 보통 H_2S를 필요로 한다.

◆ 녹색 황세균과 홍색 황세균으로 나누어지고, 황천이나 흑화니에서 발견된다.

◆ 황세균은 기질에 황화수소 또는 분자 상황을 이용한다.

65 락타아제(lactase)

◆ 젖당(lactose)을 포도당(glucose)과 갈락토오스(galactose)로 가수분해 하는 −galctosidase 이다.

◆ 이 효소는 *kluyveromyces fragilis, Saccharomyces lactis, Candida spherica, Candida ketyr, Candida utilis* 등 젖당발효성효모의 균체 내 효소로서 얻어진다.

66 세포질^cytoplasm^

◆ 세포 내부를 채우고 있는 투명한 점액 형태의 물질이다. 세포핵을 제외한 세포액과 세포소기관으로 이루어진다.

◆ 세포질의 최대 80%까지 차지하는 액체성분은 이온 및 용해되어 있는 효소, 탄수화물(glycogen 등), 염, 단백질, RNA와 같은 거대 분자로 구성되어 있다.

◆ 세포질 내부의 비용해성 구성요소로는 미토콘드리아, 엽록체, 리보솜, 과산화소체, 리보솜과 같은 세포소기관 및 일부 액포, 세포골격 등이 있으며, 소포체나 골지체도 구성요소의 하나이다.

67 바이러스

◆ 동식물의 세포나 세균세포에 기생하여 증식하며 광학현미경으로 볼 수 없는 직경 0.5μ 정도로 대단히 작은 초여과성 미생물이다.

◆ 증식과정은 부착(attachment)→주입(injection)→핵산복제(nucleic acid replication) → 단백질 외투의 합성(synthesis of protein coats)→조립(assembly)→방출(release) 순이다.

68 *Pichia*속 효모의 특징

◆ 자낭포자가 구형, 토성형, 높은 모자형 등 여러 가지가 있다.

◆ 다극출아로 증식하는 효모가 많다.
◆ 산소요구량이 높고 산화력이 강하다.
◆ 생육조건에 따라 위균사를 형성하기도 한다.
◆ 에탄올을 소비하고 당 발효성이 없거나 미약하다.
◆ KNO_3을 동화하지 않는다.
◆ 액면에 피막을 형성하는 산막효모이다.
◆ 주류나 간장에 피막을 형성하는 유해효모이다.

69 *Serratia marcescens*

◆ 단백질 분해력이 강하여 어육, 우육, 우유 등의 부패에 관여한다.
◆ 비수용성인 prodigiosin은 적색색소를 생성시켜 제품의 품질을 저하시킨다.
◆ 적색색소 생성은 25~28℃에서 호기적 배양 시 가장 양호하나 혐기적 배양에 의하여 색소 생성이 억제되기도 한다.

70 효모의 세포벽

◆ 효모의 세포형을 유지하고 세포 내부를 보호한다.
◆ 주로 glucan, glucomannan 등의 고분자 탄수화물과 단백질, 지방질 등으로 구성되어 있다.
◆ 두께가 0.1~0.4μ 정도 된다.

71 Neuberg 발효형식

◆ 효모에 의해서 일어나는 발효형식을 3가지 형식으로 분류
- 제1 발효형식
  $C_6H_{12}O_6 \rightarrow 2C_2H_5OH + 2CO_2$
- 제2 발효형식 : Na_2SO_3를 첨가
  $C_6H_{12}O_6 \rightarrow C_3H_5(OH)_3 + CH_3CHO + CO_2$
- 제3 발효형식 : $NaHCO_3$, Na_2HPO_4 등의 알칼리를 첨가
  $2C_6H_{12}O_6 + H_2O \rightarrow 2C_3H_5(OH)_3 + CH_3COOH + C_2H_5OH + 2CO_2$

72 선택배지와 분별배지

◆ 선택배지(selective medium) : 특정 미생물을 선택적으로 배양하기 위해, 그 미생물만 이용할 수 있는 영양물질(항생제, 염료, 탄소원 등)을 포함하여 만든 배지이다.
◆ 분별배지(differential medium) : 특정 미생물을 다른 종류의 미생물과 구별하기 위해 배지에 특수한 생화학적 지시약을 넣어 만든 배지이다.

73 젖산발효

◆ 젖산균에 의한 젖산발효는 혐기적 조건에서 진행된다.

74 미생물

◆ *Bacillus*속 : 호기성 내지 통성혐기성의 중온, 고온성 유포자간균이다.

◆ *Bifidobacterium*속 : 절대혐기성이고 무포자간균이다.

◆ *Citrobacter*속 : 호기성 내지 통성혐기성이고 무포자간균이다.

◆ *Acetobacter*속 : 절대 호기성이고 포자를 형성하지 않는다.

75 대표적인 동충하초속

◆ 자낭균(Ascomycetes)의 맥각균과(Clavicipitaceae)에 속하는 *Cordyceps*속이 있다.

◆ 이 밖에도 불완전 균류의 *Paecilomyces*속, *Torrubiella*속, *Podonecitria*속 등이 있다.

76 포도당으로부터 에탄올 생성

◆ 반응식

$C_6H_{12}O_6 \longrightarrow 2C_6H_5OH + 2CO_2$

(180)　　　　　　(2×46)

◆ 포도당 1ton으로부터 이론적인 ethanol 생성량

$180 : 46 \times 2 = 1000 : x$

$\therefore x = 511.1$kg

77 미생물의 표면 구조물

◆ 편모(flagella) : 운동 또는 이동에 사용되는 세포 표면을 따라서 돌출된 구조(긴 채찍형 돌출물)

◆ 섬모(cilia) : 운동 또는 이동에 사용되는 세포 표면을 따라서 돌출된 구조물(짧은 털 같은 돌출물)

◆ 선모(pili) : 유성적인 접합과정에서 DNA의 이동 통로와 부착기관

◆ 핌브리아(fimbriae) : 짧고 머리털 같은 부속지로서 세균표면에 분포하며 숙주표면에 부착하는 데 도움을 주는 기관

78 세균의 세포벽

◆ 그람음성균의 세포벽은 펩티도글리칸(peptidoglycan) 10%을 차지하며, 단백질 45~50%, 지질다당류 25~30%, 인지질 25%로 구성된 외막을 함유하고 있다.

◆ 그람양성균의 세포벽은 단일층으로 존재하는 펩티도글리칸(peptidoglycan) 95% 정도까지 함유하고 있으며, 이외에도 다당류, 타이코신(teichoic acid), 테츄론산(techuronic acid)등을 가지고 있다.

79 *Bacillus*속

◆ 그람양성 호기성 때로는 통성혐기성 유포자 간균이다.

◆ 단백질 분해력이 강하며 단백질식품에 침입하여 산 또는 gas을 생성한다.

◆ *Bacillus subtilis*는 마른풀 등에 분포하며 고온균으로서 α-amylase와 protease를 생산하고 항생물질인 subtilin을 만든다.

◆ *Bacillus natto*(납두균, 청국장균)는 청국장 제조에 이용되며, 생육인자로 biotin을 요구한다.

80 담자기

◆ 버섯균사의 뒷면 자실층(hymenium)의 주름살(gill)에는 다수의 담자기(basidium)가 형성되고, 그 선단에 보통 4개의 병자(sterigmata)가 있고 담자포자를 한 개씩 착생한다.

제5과목 생화학 및 발효학

81 비타민의 작용과 특성

◆ 비타민 A : 공기 중의 산소에 의해 쉽게 산화되지만 열이나 건조에 안정하다. 결핍되면 야맹증, 안구건조증, 각막연화증이 생긴다.

◆ 비타민 B군 : 수용성 비타민이며 생체 내 대사 효소들의 조효소 성분들로서 복합적으로 작용하는 비타민이다.

◆ 비타민 D : Ca와 P의 흡수 및 체내 축적을 돕고 조직 중에서 Ca와 P를 결합시켜 $Ca_3(PO_4)_2$의 형태로 뼈에 침착시키는 작용을 촉진시키며 자외선에 의해 합성된다.

◆ 비타민 C(ascorbic acid) : 세포간질 콜라겐의 생성에 필요하고, 스테로이드 호르몬의 합성을 촉진하며, 항산화작용(환원제 작용)을 한다. 결핍증은 괴혈병, 피부의 출혈, 연골 및 결합조직 위약화 등이다.

82 광합성 과정

① 제1단계 : 명반응

◆ 그라나에서 빛에 의해 물이 광분해되어 O_2가 발생되고, ATP와 $NADPH_2$가 생성되는 광화학 반응이다.

② 제2단계 : 암반응(calvin cycle)

◆ 스트로마에서 효소에 의해 진행되는 반응이며 명반응에서 생성된 ATP와 $NADPH_2$를 이용하여 CO_2를 환원시켜 포도당을 생성하는 반응이다.

⊕ 광합성에 소요되는 에너지는 햇빛(가시광선 영역)이다. 엽록체 안에 존재하는 엽록소에서는 특정한 파장의 빛[청색파장(450nm 부근)과 적색파장 영역(650nm 부근)]을 흡수하면 엽록소 분자 내 전자가 들떠서 전자전달계에 있는 다른 분자에 전달된다.

83 완전효소holoenzymes

◆ 활성이 없는 효소 단백질(apoenzyme)과 조효소(coenzyme)가 결합하여 활성을 나타내는 완전한 효소를 말한다.

◆ holoenzymes = apoenzyme + coenzyme

84 비타민의 용해성에 따른 분류

① 지용성 비타민

◆ 유지 또는 유기용매에 녹는다.

◆ 생체 내에서는 지방을 함유하는 조직 중에 존재하고 체내에 저장될 수 있다.

◆ 비타민 A, D, E, F, K 등이 있다.

⊕ 토코페롤(E)

② 수용성 비타민

◆ 체내에 저장되지 않아 항상 음식으로 섭취해야 한다.

◆ 혈중농도가 높아지면 소변으로 쉽게 배설된다.

◆ 비타민 B군과 C군으로 대별된다.

⊕ 티아민(B_1), 코발라민(B_{12}), 나이아신(B_3)

85 생산된 균체양

◆ 생성된 균체양 = (포도당양 × 균체생산수율) − 부산물양

= (100 × 0.5) − 10

= 40g/L

86 미생물에 의한 유기질 산업폐수 분해

◆ 호기적 처리법 : 호기성균에 의한 유기물의 산화분해를 이용한 것으로 최근에 광범위하게 응용되고 있다. 여기에는 활성오니법, 살포여상법이 있다.

◆ 혐기적 처리법 : 혐기상태에서 미생물에 의해 유기물을 분해하는 방법이다. 여기에는 소화발효(액화발효)법, 메탄발효(가스발효)법이 있다.

87 gluconic acid 발효

◆ 현재 공업적 생산에는 *Aspergillus niger*가 이용되고 있다.

◆ gluconic acid의 생성은 glucose oxidase의 작용으로 D−glucono−d−lactone이 되고 다시 비효소적으로 gluconic acid가 생성된다.

◆ 통기교반 장치가 있는 대형 발효조를 이용해 배양한다.

◆ glucose 농도를 15~20%로 하여 $MgSO_4$, KH_2PO_4 등의 무기염류를 첨가한 것을 배지로 사용한다.

◆ 배양 중의 pH는 5.5~6.5로 유지한다.

◆ 발아한 포자 현탁액을 종모로서 접종한다.

◆ 30℃에서 약 1일간 배양하면 대당 95% 이상의 수득률로 gluconic acid를 얻게 된다.

⊕ Biotin을 생육인자로 요구하지 않는다.

88 사람 체내에서 콜레스테롤Cholesterol의 생합성 경로

◆ acetyl CoA→HMG CoA→L-mevalonate→mevalonate pyrophosphate→isopentenyl pyrophosphate→dimethylallyl pyrophosphate→geranyl pyrophosphate→farnesyl pyrophosphate→squalene→lanosterol→cholesterol

89 유리 뉴클레오티드의 대사

◆ 유리 뉴클레오티드(free nucleotide)는 일부 분해되어 소변으로 나가고 나머지는 회수반응(salvage pathway)에 의해 다시 핵산으로 재합성된다.

90 발효과정 중에서의 수율(yield)

◆ 세포가 소비한 단위 영양소당 생산된 균체 또는 대사산물의 양이다.
◆ 생물공정의 효율성을 평가하는 중요한 지표이다.

91 단세포단백질(SCP)로 이용할 수 있는 균주

◆ 석유계 탄화수소를 원료 : *Candida tropicalis, C. lipolytica, C. tintermedia* 등
◆ 아황산 펄프 폐액을 원료 : *C. utilis, C. utilis, C. tropicalis* 등
◆ 폐당밀을 원료 : *Saccharomyces cerevisiae*
◆ 녹조류균체 : *Chlorella vulgaris, C. ellipsoidea* 등

92 82번 해설 참조

93 단백질 합성

◆ 생체 내 ribosome에서 이루어진다.
◆ 첫째 단계로 아미노산은 활성화되어야 한다.
◆ ATP에 의하여 활성화된 아미노산은 aminoacyl-t-RNA synthetase에 의하여 특이적으로 대응하는 tRNA와 결합해서 aminoacyl-t-RNA복합체를 형성한다.
◆ 활성화된 아미노산을 결합한 t-RNA은 ribosome의 주형 쪽으로 운반되어, ribosome과 결합한 mRNA의 유전암호에 따라서 순차적으로 polypeptide 사슬을 만들어 간다.

94 탁주 제조용 소맥분

◆ 중력분에 속하는 1급품이 가장 적합하고 주질을 향상시킬 수 있다.

95

◆ DNA는 혼성 RNA-DNA 두 가닥 사슬보다 쉽게 변성되지 않는다.

96 ◆ Cyclic AMP의 화학명은 adenosine 3′, 5′-cyclic monophosphate이며 ribose를 제외한 화합물은 adenine 3′, 5′-cyclic phosphate이다.

97 비타민 F

◆ 불포화지방산 중에서 리놀산(linoleic acid), 리놀레인산(linolenic acid) 및 아라키돈산(arachidonic acid) 등 사람을 포함한 동물체내에서 생합성되지 않는 필수지방산이다.

98 phage 오염 예방 대책

◆ 공장과 그 주변 환경을 청결히 한다.
◆ 장치나 기구의 가열살균 또는 약제로 철저히 살균한다.
◆ phage 숙주 특이성을 이용하여 2균 이상을 매번 바꾸어 starter rotation system을 행한다.
◆ chloramphenicol, streptomycin 등 항생물질의 낮은 농도에 견디고 정상발효를 행하는 내성 균주를 사용하기도 한다.

99 provitamin A

◆ 카로테노이드계 색소 중에서 β-ionone 핵을 갖는 carotene류의 α-carotene, β-carotene, γ-carotene과 xanthophyll류의 cryptoxanthin이다.
◆ 이들 색소는 동물 체내에서 vitamin A로 전환되므로 식품의 색소뿐만 아니라 영양학적으로도 중요하다.

100 lactate 대사

◆ lactate는 근육에서 생성되고 간에서 대사된다. 따라서 간이 기능을 못할 경우 lactate를 대사하지 못해 lactic acidosis를 발생한다.
◆ 근육(glycolysis)

$$\text{glucose} \xrightarrow[\text{2ATP}]{} \text{pyruvate} \rightarrow \text{2lactate}$$

◆ 간(gluconeogenesis)

$$\text{2lactate} \xrightarrow[\text{6ATP}]{} \text{2pyruvate} \rightarrow \text{glucose}$$

식품기사 기출문제 해설 2020 1,2회

제1과목 식품위생학

1 십이지장충(구충, *Ancylostoma duodenale*)

◆ 감염경로
- 수정란은 분변과 함께 배출되어 30℃ 전후에서 습도만 맞으면 약 2주 정도에 부화하여 자충이 된다.
- 2~3일 경과 후 첫 번째 탈피, 1주 정도 후 두 번째 탈피 후 감염형의 피낭자충이 된다.
- 자충은 폐에 들어간 후 기관, 식도를 거쳐 소장에서 성충이 되어 기생한다.
- 피낭자충으로 오염된 식품, 물을 섭취하거나(경구) 피낭자충이 피부를 뚫고 들어가(경피) 감염된다.

◆ 저항력 : 충란은 70℃의 가열로 즉시 사멸되며, 직사광선 하에서도 죽는다. 70% 알코올에서는 5분 정도에서 살충된다.

◆ 증상 : 빈혈, 뇌빈혈, 저항력 저하로 감염병에 걸리기 쉽다.

◆ 예방 : 오염된 흙과 접촉하는 것, 특히 맨발로 다니는 것을 피하며 채소를 충분히 세척, 가열한다.

2 브루셀라병(Brucellosis, 파상열)

◆ 소, 양, 돼지 등에서는 유산을 일으킨다.

◆ 인체에 감염되면 경련, 관절염, 간 및 비장의 비대, 오한, 발열, 가끔 신경성 동통 증상이 생긴다.

3 식품첨가물의 지정절차에서 고려되는 사항

◆ 식품의 안정성 향상

◆ 정당성

◆ 식품의 품질 보존, 관능적 성질 개선

◆ 식품의 영양성분 유지

◆ 식품에 필요한 원료 또는 성분 공급

◆ 식품의 제조, 가공 및 저장 처리의 보조적 역할

4 식품의 방사선 조사

◆ 방사선에 의한 살균작용은 주로 방사선의 강한 에너지에 의하여 균체의 체내 수분이 이온화되어 생리적인 평형이 깨어지며 대사기능 역시 파괴되어 균의 생존이 불가능해 진다.

◆ 방사선 조사식품은 방사선이 식품을 통과하여 빠져나가므로 식품 속에 잔류하지 않는다.
◆ 방사능오염식품은 방사능물질에 의해 오염된 식품으로서 방사선조사식품과는 전혀 다른 것이다.
◆ 방사선 조사된 원료를 사용한 경우 제품을 조사처리하지 않으면 방사선 조사 마크를 표시하지 않아도 된다.
◆ 일단 조사한 식품을 다시 조사하여서는 아니 되며 조사식품을 원료로 사용하여 제조·가공한 식품도 다시 조사하여서는 아니 된다.
◆ 조사식품은 용기에 넣거나 포장한 후 판매하여야 한다.
◆ 방사선량의 단위는 Gy, kGy이며(1Gy = 1J/kg), 1Gy는 100rad이다.
◆ 1990년대 WHO/IAEA/FAO에서 "평균 10kGy 이하로 조사된 모든 식품은 독성학적 장해를 일으키지 않고 더 이상의 독성 시험이 필요하지 않다"라고 발표했다.

5 패류독소

◆ 조개, 홍합, 바지락 등과 같은 패류에 축적된 독으로 패류에는 영향을 미치지 않으나 사람이 섭취했을 경우 식중독을 일으키게 된다.
◆ 이 독소(마비성)는 자연독의 하나로 패류가 섭취하는 플랑크톤과 밀접한 관계가 있다.
◆ 이 유독 플랑크톤은 수온, 영양염류, 일조량 등 여러 원인에 따라 발생하나 특히 수온의 영향을 가장 많이 받는다.
◆ 수온이 9℃ 내외가 되는 초봄에 발생하기 시작하여 4월 중순경 수온이 15~17℃ 정도 되면 최고치에 도달한다.

6 염화비닐 수지에 사용되는 가소제

◆ 폴리염화비닐의 성형성과 경도를 개선하기 위하여 경질 폴리염화비닐에는 가소제를 소량, 연질 폴리염화비닐에는 30~50% 첨가한다.
◆ 가소제로는 프탈산디부틸(DBP), 프탈산디옥틸(DOP) 등의 프탈산에스테르, 에폭시화 지방산에스테르, 인산에스테르 등이 쓰인다.
◆ 염화수소 발생을 막기 위하여 발생한 염화수소와 반응하여 연쇄반응을 억제하는 스테아르산의 아연, 칼슘염, 말레산디옥틸주석과 같은 주석화합물, 에폭시화합물 등 안정제가 소량 첨가된다.

7 현재 허용되어 있는 살균제 및 표백제

◆ 살균제 : 차아염소산 나트륨(sodium hypochlorite), 차아염소산 칼슘(calcium hypochlorite, 고도표백분), 오존수(ozone water), 차아염소산수(hypochlorous acid water), 이산화염소(수)(chlorine dioxide), 과산화수소(hydrogen peroxide) 등 6종
◆ 표백제 : 메타중아황산나트륨(sodium metabisulfite), 메타중아황산칼륨(potassium metabisulfite), 무수아황산(sulfur dioxide), 산성아황산나트륨(sodium bisulfite), 아황산나트륨(sodium sulfite), 차아황산나트륨(sodium hyposulfite) 등 6종

⊕ 클로라민 T는 소독제로 이용되며 살균력은 유리염소보다 약하지만 안정성이 있다. 현재는 거의 사용되지 않는다.

8 황색포도상구균 식중독

◆ 원인균 : *Staphylococcus aureus*(황색포도상구균)이며, 그람양성, 무포자 구균이고, 통성 혐기성세균이다.

◆ 독소 : enterotoxin(장내 독소)은 내열성이 강해 100℃에서 1시간 가열하여도 활성을 잃지 않으며, 120℃에서 20분간 가열하여도 완전 파괴되지 않고, 기름 중에서 218~248℃로 30분 이상 가열하여야 파괴된다.

◆ 감염원 : 주로 사람의 화농소나 콧구멍 등에 존재하는 포도상구균, 조리인의 화농소 등이다.

◆ 원인식품 : 우유, 크림, 버터, 치즈, 육제품, 난제품, 쌀밥, 떡, 김밥, 도시락, 빵, 과자류 등의 전분질 식품이다.

◆ 임상증상 : 주증상은 급성 위장염 증상이며 발열은 거의 없고, 구역질, 구토, 복통, 설사 등이다.

◆ 10^6균 이상 다량 섭취 시 발병한다.

9 감염병

◆ 세균성 질환 : 성홍열, 디프테리아, 장티푸스 등

◆ 리케차성 질환 : 발진열, 쯔쯔가무시병 등

◆ 바이러스성 질환 : 유행성 간염, 급성 회백수염, 유행성출혈열 등

10 식품의 안전성과 수분활성도(Aw)

◆ 수분활성도(water activity, Aw) : 어떤 임의의 온도에서 식품이 나타내는 수증기압(Ps)에 대한 그 온도에 있어서의 순수한 물의 최대 수증기압(Po)의 비로써 정의한다.

◆ 효소작용 : 수분활성이 높을 때가 낮을 때보다 활발하며, 최종 가수분해도도 수분활성에 의하여 크게 영향을 받는다.

◆ 미생물의 성장 : 보통 세균 성장에 필요한 수분활성은 0.91, 보통 효모, 곰팡이는 0.80, 내건성 곰팡이는 0.65, 내삼투압성 효모는 0.60이다.

◆ 비효소적 갈변 반응 : 다분자 수분층보다 낮은 Aw에서는 발생하기 어려우며, Aw 0.6~0.7의 범위에서 반응 속도가 최대에 도달하고 Aw 0.8~1.0에서 반응속도가 다시 떨어진다.

◆ 유지의 산화반응 : 다분자층 영역(Aw 0.3~0.4)에서 최소가 되고 다시 Aw가 증가하여 Aw 0.7~0.8에서 반응속도가 최대에 도달하며 이 범위보다 높아지면 반응 속도가 떨어진다.

11 요코가와흡충

① 특징

◆ 동양각지, 우리나라 섬진강 유역 등에 많이 분포한다.

◆ 사람, 포유동물 등이 종말숙주이다.

② 기생장소

◆ 공장 상부

③ 감염경로

◆ 제1중간숙주 : 다슬기

◆ 제2중간숙주 : 은어, 잉어

12 바이러스성 식중독

◆ 노로바이러스, 로타바이러스, 아트로바이러스, 장관아노바이러스, 간염A바이러스, 사포바이러스

⊕ 장출혈성 대장균(EHEC) : O-157, O-26, O-111 등 생물학적 변이를 일으킨 병원성 세균으로 베로톡신 등 치명적인 독소를 지니고 있다.

13 대장균 확인시험 [식품공전, 대장균 정량시험]

◆ 최확수법에서 가스생성과 형광이 관찰된 것은 대장균 추정시험 양성으로 판정하고 대장균의 확인시험은 추정시험 양성으로 판정된 시험관으로부터 EMB배지(또는 MacConkey Agar)에 이식하여 37℃에서 24시간 배양하여 전형적인 집락을 관찰하고 그람염색, MUG 시험, IMViC시험, 유당으로부터 가스 생성시험 등을 검사하여 최종 확인한다.

◆ 대장균은 MUG시험에서 형광이 관찰되며, 가스생성, 그람음성의 무아포간균이며, IMViC 시험에서 " + + - - "의 결과를 나타내는 것은 대장균(*E. coli*) biotype 1로 규정한다.

14 열가소성수지

◆ 가열하면 가공하기 쉽고 냉각하면 굳어지는 열에 의해 재성형이 가능한 수지를 말한다.

◆ 열가소성수지에는 폴리에틸렌, 폴리아미드, 염화비닐수지(PVC), 폴리스타이렌, ABS수지, 아크릴수지 등이 있다.

15 곰팡이 독소 기준 [식품공전]

◆ 총 아플라톡신(B_1, B_2, G_1 및 G_2의 합)

대상식품	기준(μg/kg)
곡류, 두류, 땅콩, 견과류	15.0 이하 (단, B_1은 10.0 이하)
곡류가공품 및 두류가공품	
장류 및 고춧가루 및 카레분	
육두구, 강황, 건조고추, 건조파프리카	
밀가루, 건조과일류	
영아용 조제식, 영·유아용 곡류조제식, 기타 영·유아식	- (B_1은 0.10 이하)

16 유약의 위생상 문제점

◆ 도자기, 법랑기구 등에 사용하는 유약에는 납, 아연, 카드뮴, 크롬 등의 유해 금속성분들이 포함되어 있다.

◆ 유약의 소성온도가 충분치 않으면 초자화 되지 않으므로 산성식품 등에 의하여 납 등이 쉽게 용출되어 위생상 문제가 된다.

17 트리할로메탄trihalomethane

◆ 물속에 포함돼 있는 유기물질이 정수과정에서 살균제로 쓰이는 염소와 반응해 생성되는 물질이다.

◆ 유기물이 많을수록, 염소를 많이 쓸수록, 살균과정에서의 반응과정이 길수록, 수소이온농도(pH)가 높을수록, 급수관에서 체류가 길수록 생성이 더욱 활발해진다.

◆ 발암성 물질로 알려져 세계보건기구(WHO)나 미국, 일본, 우리나라 등에서 엄격히 규제하고 있으며 미국, 일본, 우리나라 등 트리할로메탄에 대한 기준치를 0.1ppm으로 정하고 있다.

18 유화제(계면활성제)

◆ 혼합이 잘 되지 않은 2종류의 액체 또는 고체를 액체에 분산시키는 기능을 가지고 있는 물질을 말한다.

◆ 친수성과 친유성의 두 성질을 함께 갖고 있는 물질이다.

◆ 현재 허용된 유화제 : 글리세린지방산에스테르(glycerine fatty acid ester), 소르비탄지방산에스테르(sorbitan fatty acid ester), 자당지방산에스테르(sucrose fatty acid ester), 프로필렌글리콜지방산에스테르(propylene glycol fatty acid ester), 대두인지질(soybean lecithin), 폴리소르베이트(polysorbate) 20, 60, 65, 80(4종) 등이 있다.

⊕ 몰포린지방산염(morpholine fatty acid salt)은 과일 또는 채소의 표면피막제이다.

19 유기염소제

◆ 독성은 강하지 않으나 대부분 안정한 화합물로 되어 있어 체내에서 분해되지 않아 동물의 지방층이나 신경 등에 축적되어 만성 중독을 일으킨다.

◆ 토양 중 유기염소제의 경시변화

농약명	95% 소실 소요기간(년)
DDT	10
dieldrin	8
γ-BHC	6.5
Telodrin	4
Aldrin	3

20 자외선 살균법

◆ 열을 사용하지 않으므로 사용이 간편하다.
◆ 살균효과가 크다.
◆ 피조사물에 대한 변화가 거의 없다.
◆ 균에 내성을 주지 않는다.
◆ 살균효과가 표면에 한정된다.
◆ 지방류에 장시간 조사 시 산패취를 낸다.
◆ 식품공장의 실내공기 소독, 조리대 등의 살균에 이용된다.

제2과목 식품화학

21 provitamin A

◆ 카로테노이드계 색소 중에서 β-ionone 핵을 갖는 carotene류의 α-carotene, β-carotene, γ-carotene과 xanthophyll류의 cryptoxanthin이다.
◆ 이들 색소는 동물 체내에서 vitamin A로 전환되므로 식품의 색소뿐만 아니라 영양학적으로도 중요하다.
◆ 특히 β-카로틴은 생체 내에서 산화되어 2분자의 비타민 A가 되기 때문에 α- 및 γ-카로틴의 2배의 효력을 가지고 있다.

22 곡류의 피틴산

◆ 곡류의 피틴산(phytic acid)은 철분(Fe) 흡수를 억제한다.

23 인지질phospholipid

◆ 중성지방(triglyceride)에서 1분자의 지방산이 인산기 또는 인산기와 질소를 포함한 화합물로 복합지질의 일종이다.
◆ 종류 : 레시틴(lecithin), 세팔린(cephalin), 스핑고미엘린(spingomyelin), 카르디올리핀(cardiolipin) 등

⊕ 세레브로시드(cerebrosides)은 당지질 일종이다.

24 단백질의 변성denaturation

◆ 단백질 분자가 물리적 또는 화학적 작용에 의해 비교적 약한 결합으로 유지되고 있는 고차 구조가 변형되는 현상을 말한다.
◆ 대부분 비가역적 반응이다.
◆ 단백질의 변성에 영향을 주는 요소
- 물리적 작용 : 가열, 동결, 건조, 교반, 고압, 조사 및 초음파 등
- 화학적 작용 : 묽은 산, 알칼리, 요소, 계면활성제, 알코올, 알칼로이드, 중금속, 염류 등

◆ 단백질 변성에 의한 변화
- 용해도 감소
- 효소에 대한 감수성 증가
- 단백질의 특유한 생물학적 특성 상실
- 반응성 증가
- 친수성 감소

25 연골어의 자극취

◆ 상어나 홍어 등 연골어의 자극취는 체액에 약 2% 정도 함유된 요소가 세균의 작용으로 분해되어 암모니아가 발생하여 생긴다.
◆ 이 암모니아는 선도가 상당히 저하되었을 때 생긴다.

27 식품의 관능검사

◆ 차이식별검사
- 종합적인 차이검사 : 단순차이검사, 일-이점검사, 삼점검사, 확장삼점검사
- 특성차이검사 : 이점비교검사, 순위법, 평점법, 다시료비교검사

◆ 묘사분석
- 향미프로필 방법
- 텍스처프로필 방법
- 정량적 묘사 방법
- 스펙트럼 묘사분석
- 시간-강도 묘사분석

◆ 소비자 기호도 검사
- 이점비교법
- 기호도척도법
- 순위법
- 적합성 판정법

28 carotenoid

◆ 당근에서 처음 추출하였으며, 등황색, 황색, 적색을 나타내는 지용성 색소들이다.
◆ 고추, 토마토, 수박, 오렌지, 차엽 등의 식물에 존재하는 것과 우유, 난황, 새우, 게, 연어 등 동물에 존재하는 것이 있다.

29 전단응력(t)

◆ $t = -\mu(dv/dy)$
$= -1.77cP \times (-20cm \cdot s)/2cm$
$= 17.7cP/s \times [(0.01dyne \cdot s/cm^2)/cP]$
$= 0.177dyne/cm^2$

30 달걀을 삶으면 난황 주위가 청록색으로 변색되는 원인

◆ 난백의 황화수소(H_2S)가 난황의 철(Fe)과 결합하여 황화철(FeS)을 생성하기 때문에 난백과 난황의 계면이 암색화(청록색)가 되는 원인이 되고, 또 일종의 삶은 달걀냄새도 난다.

◆ 난백의 pH가 높아지면 cysteine 등 함황단백질의 분해에 의하여 황화수소가 발생된다.

31 혼합수용액 제조

◆ 1M NaCl → 0.1M NaCl
1,000×(0.1/1)=100ml

◆ 0.5M KCl → 0.1M KCl
1,000×(0.1/0.5)=200ml

◆ 0.25M HCl → 0.1M HCl
1,000×(0.1/0.25)=400ml

32 호박의 황색 성분

◆ 호박의 황색 성분은 카로테노이드(carotenoid)계 색소인 carotene에 기인하며 비타민 A의 좋은 급원이 된다.

33 수분활성도를 낮추는 법

◆ 식염, 설탕 등의 용질 첨가(염장법, 당장법)

◆ 농축, 건조에 의한 수분제거(건조법)

◆ 냉동 등 온도 강하(동결저장법)

34 육색고정

◆ 육색고정제인 질산염을 첨가하면 질산염 환원균에 의해 아질산염이 생성되고 이 아질산염은 myoglobin과 반응하여 metmyoglobin이 생성된다.

◆ 동시에 아질산염은 ascorbic acid와 반응하여 일산화질소(NO)가 생성되고 또 젖산과 반응하여 일산화질소가 생성된다. 이 일산화질소는 육 중의 myoglobin과 반응하여 nitrosomyoglobin이 형성되어 육가공품의 선명한 적색을 유지하게 된다.

35 몰농도

◆ 용액 1L 속에 함유된 용액의 분자량이다.

◆ 1몰=40

◆ NaOH 30g의 몰수=30/40=0.75

36 지질의 분류

◆ 단순지질 : 지방산과 글리세롤, 고급 알코올이 에스테르 결합을 한 물질이다.
- 중성지방(triglyceride) : 지방산과 glycerol의 ester 결합
- 진성납(wax) : 지방산과 고급 지방족 1가 알코올과의 ester 결합

◆ 복합지질 : 지방산과 글리세롤 이외에 다른 성분(인, 당, 황, 단백질)을 함유하고 있는 지방이다.
- 인지질(phospholipid) : 인산을 함유하고 있는 복합 지질
- 당지질(glycolipid) : 당을 함유하고 있는 복합 지질
- 유황지질(sulfolipid) : 유황을 함유하고 있는 복합 지질
- 단백지질(lipoprotein) : 지방산과 단백질의 복합체

◆ 유도지질 : 단순 지질과 복합 지질의 가수분해로 생성되는 물질을 말한다.
- 유리지방산, 고급알코올, 탄화수소, 스테롤, 지용성 비타민 등

37 흑겨자, 고추냉이의 매운맛 성분

◆ 흑겨자, 고추냉이의 매운맛 성분은 allyl isothiocynate이다.

38 인스턴트화

◆ 분무 건조된 입자 표면에 다시 수분을 공급하여 괴상(clumpy)으로 단립화(agglomerates)시켜 그 괴상을 그대로 재건조(redries)하고 냉각(cools), 정립(sizes)하여 물리적으로 친수성의 분말 제품을 만드는 것이다(A–R–C–S).

◆ 인스턴트화한 제품은 온수나 냉수에 습윤성, 분산성, 용해성이 좋은 제품을 만들 수 있다.

39 관능검사에서 사용되는 정량적 평가방법

◆ 분류(classification) : 용어의 표준화가 되어 있지 않고 평가 대상인 식품의 특성을 지적하는 방법

◆ 등급(grading) : 고도로 숙련된 등급 판단자가 4~5단계(등급)로 제품을 평가하는 방법

◆ 순위(ranking) : 3개 이상 시료의 독특한 특성 강도를 순서대로 배열하는 방법

◆ 척도(scaling) : 차이식별 검사와 묘사분석에서 가장 많이 사용하는 방법으로 구획척도와 비구획척도로 나누어지며 항목척도, 직선척도, 크기 추정척도 등 3가지가 있음

40 유화emulsion

◆ 분산매와 분산질이 모두 액체인 콜로이드 상태를 유화액이라 하고 유화액을 이루는 작용을 유화라 한다.

◆ 수중유적형(O/W) : 물속에 기름이 분산된 형태
- 우유, 마요네즈, 아이스크림 등

◆ 유중수적형(W/O) : 기름 중에 물이 분산된 형태
–마가린, 버터 등

41 연어와 송어의 적색육

◆ 연어와 송어 등의 육이 적색(주황)을 띠는 것은 카로티노이드(carotenoid)계 색소인 아스타잔틴(astaxanthin)때문이다.

42 해동강직thaw rigor

◆ 사후강직 전의 근육을 동결시킨 뒤 저장하였다가 짧은 시간에 해동시킬 때 발생하는 강한 수축현상을 말한다.
◆ 최대 경직기에 도달하지 않았을 때 동결한 근육은 해동함에 따라 남아있던 글리코겐과 ATP의 소비가 다시 활발해져서 최대 경직에 이르게 된다.
◆ 해동 시 경직에 도달하는 속도가 훨씬 빠르고 수축도 심하여 경도도 높고 다량의 드립이 발생한다.
◆ 이것을 피하기 위해서는 최대 경직기 후에 동결하면 된다.
◆ 저온단축과 마찬가지로 ATP 존재 하에 수축이라는 점에서 동결에 의한 미토콘드리아와 근소포체의 기능저하에 따른 유리 Ca^{++}의 증대에 기인된다.

43 발효유의 정의 [식품공전]

◆ 발효유라 함은 원유 또는 유가공품을 유산균 또는 효모로 발효시킨 것이거나, 이에 식품 또는 식품첨가물을 가한 것이다.

44 라미네이션(적층, lamination)

◆ 보통 한 종류의 필름으로는 두께가 얼마가 됐든 기계적 성질이나 차단성, 인쇄적성, 접착성 등 모든 면에서 완벽한 필름이 없기 때문에 필요한 특성을 위해 서로 다른 필름을 적층하는 것을 말한다.
◆ 인장강도, 인쇄적성, 열접착성, 빛 차단성, 수분 차단성, 산소 차단성 등이 향상된다.

45 유지의 경화

◆ 액체 유지에 환원 니켈(Ni) 등을 촉매로 하여 수소를 첨가하는 반응을 말한다.
◆ 수소의 첨가는 유지 중의 불포화지방산을 포화지방산으로 만들게 되므로 액체 지방이 고체 지방이 된다.
◆ 경화유 제조 공정 중 유지에 수소를 첨가하는 목적
- 글리세리드의 불포화 결합에 수소를 첨가하여 산화 안정성을 좋게 한다.
- 유지에 가소성이나 경도를 부여하여 물리적 성질을 개선한다.
- 색깔을 개선한다.
- 식품으로서의 냄새, 풍미를 개선한다.
- 융점을 높이고, 요오드가를 낮춘다.

46 식품의 저온저장 효과

- ◆ 미생물의 증식 속도를 느리게 한다.
- ◆ 수확 후 식물조직의 대사작용과 도축 후 동물조직의 대사작용 속도를 느리게 한다.
- ◆ 효소에 의한 지질의 산화와 갈변, 퇴색, 자기소화(autolysis), 영양성분의 소실 등 품질을 저하시키는 화학 반응속도을 느리게 한다.
- ◆ 수분 손실로 인한 감량이 일어난다.

47

- ◆ 헥산(hexane)은 무색투명한 휘발성 액체이다.

48 전분의 산액화가 효소액화보다 유리한 점

- ◆ 액화시간이 짧다.
- ◆ 호화온도가 높은 전분에도 적용할 수 있다.
- ◆ 액의 착색이 덜 된다.
- ◆ 제조경비가 적게 든다.
- ◆ 운전조작이 쉽고 자동으로 조작할 수 있다.

49 유당분해효소 결핍증lactose intolerance

- ◆ 유당분해 효소인 락타아제(lactase)가 부족하면 우유에 함유된 유당(lactose)이 소화되지 않는다. 이 소화되지 않은 유당이 소장에서 삼투현상에 의해 수분을 끌어들임으로써 팽만감과 경련을 일으키고 대장을 통과하면서 설사를 유발하게 되는 현상을 말한다.
- ◆ 동양인의 90%, 흑인의 75%, 서양인의 25%에서 나타나며 태어날 때부터 이 질환이 있는 경우도 있으나 대개 어른이 되어 생긴다.

50 육가공의 훈연

- ◆ 훈연목적
  - 보존성 향상
  - 특유의 색과 풍미증진
  - 육색의 고정화 촉진
  - 지방의 산화방지
- ◆ 연기성분의 종류와 기능
  - phenol류 화합물은 육제품의 산화방지제로 독특한 훈연취를 부여, 세균의 발육을 억제하여 보존성 부여
  - methyl alcohol 성분은 약간의 살균효과와 연기성분을 육조직 내로 운반하는 역할
  - carbonyls 화합물은 훈연색, 풍미, 향을 부여하고 가열된 육색을 고정
  - 유기산은 훈연한 육제품 표면에 산성도를 나타내어 약간 보존 작용

51 두부의 제조 원리

◆ 두부는 콩 단백질인 글리시닌(glycinin)을 70℃ 이상으로 가열하고 $MgCl_2$, $CaCl_2$, $CaSO_4$ 등의 응고제를 첨가하면 glycinin(음이온)은 Mg^{++}, Ca^{++} 등의 금속이온에 의해 변성(열, 염류) 응고하여 침전된다.

52 스테비오사이드stevioside

◆ diterpene 배당체이다.
◆ 백색의 흡습성 결정 분말이다.
◆ 내열성, 내산성, 내알칼리성을 갖고 있으며 발효가 일어나지 않는다.
◆ 설탕의 약 200배의 감미를 가지고 있으며 맛도 설탕과 비슷하다.

53 방해판의 역할

◆ 방해판(baffle plate)이 없이 교반 날개가 회전하면 액체가 일정한 방향으로만 돌아가므로 교반 효율이 떨어진다.

54 동결진공 건조에서 승화열을 공급하는 방법

◆ 접촉판으로 가열하는 방식
◆ 복사열판으로 가열하는 방식
◆ 적외선으로 가열하는 방식
◆ 유전(誘電)으로 가열하는 방식

55 자일리톨xylitol

◆ 자작나무나 떡갈나무 등에서 얻어지는 자일란, 헤미셀룰로즈 등을 주원료로 하여 생산된다.
◆ 5탄당 알콜이기 때문에 충치세균이 분해하지 못한다.
◆ 치면 세균막의 양을 줄여주고 충치균(*S. mutans*)의 숫자도 감소시킨다.
◆ 천연 소재 감미료로 설탕과 비슷한 단맛을 내며 뛰어난 청량감을 준다.
◆ 채소나 야채 중에 함유되어 있으며 인체 내에서는 포도당 대사의 중간물질로 생성된다.

56 열에너지

◆ 5500×60×3.85/3600=352.92kW
◆ 시간당이므로 sec. 단위로 바꾸면 60sec.×60min.=3600

57 감귤 통조림제조 시 속껍질 제거 방법

◆ 속껍질은 산·알카리 박피법을 이용하여 제거한다.
◆ 먼저 1~3%의 염산액(HCl) 20~30℃에 30~150분 정도 담가 과육이 연해져 약간 노출이 되면, 물로 잘 씻고 끓은 1~2%의 가성소다(NaOH) 용액에 15~30초 처리한 다음 다시 물로 씻는다.

58 마말레이드marmalade

◆ 젤리 속에 과일의 과육 또는 과피의 조각을 섞은 것으로, 젤리와는 달리 이들 고형물이 과일주스로 이루어진 부분과 분명히 구별된다.

59 곡물의 도정 방법

◆ 건식 도정(dry milling)
- 건조곡류를 그대로 도정하여 겨층을 제거
- 최종제품의 크기(meal, grit, 분말)에 따라 분류
- 옥수수, 쌀, 보리 도정에 이용

⊕ 필요에 따라 소량의 물을 첨가할 수 있다.

◆ 습식도정(wet milling)
- 물에 침지한 후 도정
- 주로 배유를 단백질과 전분으로 분리할 경우 사용

60 콩의 영양을 저해하는 인자

◆ 대두에는 혈구응집성 독소이며 유해 단백질인 hemagglutinin이나 trypsin의 활성을 저해하는 trypsin inhibitor가 함유되어 있으므로 생 대두는 동물의 성장을 저해한다.

◆ 리폭시게나제(lipoxygenase)는 콩의 비린내 원인 물질로서 리놀산과 리놀렌산 같은 긴 사슬의 불포화지방산 산화과정에 관여함으로써 유발되는 것으로 알려져 있다.

◆ phytate은 P, Ca, Mg, Fe, Zn 등과 불용성 복합체를 형성하여 무기물의 흡수를 저해시키는 작용을 한다.

제4과목 식품미생물학

61 조류Algae

◆ 규조류 : 깃돌말속, 불돌말속 등

◆ 갈조류 : 미역, 다시마, 녹미채(톳) 등

◆ 홍조류 : 우뭇가사리, 김

◆ 남조류 : *Chroococcus*속, 흔들말속, 염주말속 등

◆ 녹조류 : 클로렐라

62 물리적 위해요소physical hazards

◆ 원료와 제품에 내재하면서 인체의 건강을 해할 우려가 있는 인자 중에서 돌조각, 유리조각, 쇳조각, 플라스틱조각 등

63 질소원nitrogen source

◆ 질소원은 균체의 단백질, 핵산 등의 합성에 반드시 필요하며 배지 상의 증식량에 큰 영향을 준다.
◆ 유기태 질소원 : 요소, 아미노산, 펩톤, 아미드 등은 효모, 곰팡이, 세균, 방선균에 의해 잘 이용된다.
◆ 무기태 질소원
- 암모늄인 황산암모늄, 인산암모늄 등은 효모, 곰팡이, 방선균, 대장균, 고초균 등이 잘 이용할 수 있다.
- 질산염은 곰팡이나 조류는 잘 이용하나, 효모는 이를 동화시킬 수 있는 것과 없는 것이 있어 효모 분류기준이 된다.

64 이질핵형성Heterocaryosis

◆ 곰팡이에 있어서 균사 또는 홀씨의 한 개의 세포 속에 유전적으로 다른 핵이 2개 이상 들어 있는 형상을 말한다.
◆ 균사의 융합에 의해서 만들어진다.

65 점돌연변이point mutation

◆ 긴 염기군의 결손, 중복 등의 염색체 변화에 비하여 변이에 의해서 잃어버린 유전기능을 회복하는 복귀돌연변이(back mutation)가 되기 쉬운 것이 특징이다.

67 phage의 예방대책

◆ 공장과 그 주변 환경을 미생물학적으로 청결히 하고 기기의 가열살균, 약품살균을 철저히 한다.
◆ phage의 숙주특이성을 이용하여 숙주를 바꾸어 phage 증식을 사전에 막는 starter rotation system을 사용, 즉 starter를 2균주 이상 조합하여 매일 바꾸어 사용한다.
◆ 약재 사용방법으로서 chloramphenicol, streptomycin 등 항생물질의 저농도에 견디고 정상 발효하는 내성균을 사용한다.

⊕ 숙주세균과 phage의 생육조건이 거의 일치하기 때문에 일단 감염되면 살균하기 어렵다. 그러므로 예방하는 것이 최선의 방법이다.

68 버섯

◆ 대부분 분류학상 담자균류에 속하며, 일부는 자낭균류에 속한다.
◆ 버섯균사의 뒷면 자실층(hymenium)의 주름살(gill)에는 다수의 담자기(basidium)가 형성되고, 그 선단에 보통 4개의 경자(sterigmata)가 있고 담자포자를 한 개씩 착생한다. 담자가 생기기 전에 취상돌기(균반, clamp connection)를 형성한다.
◆ 담자균류는 균사에 격막이 있고 담자포자인 유성포자가 담자기 위에 외생한다.

◆ 담자기 형태에 따라 대별
  - 동담자균류 : 담자기에 격막이 없는 공봉형태를 지닌 것
  - 이담자균류 : 담자기가 부정형이고 간혹 격막이 있는 것
◆ 식용버섯으로 알려져 있는 것은 거의 모두가 동담자균류의 송이버섯목에 속한다.
◆ 이담자균류에는 일부 식용버섯(흰목이버섯)도 속해 있는 백목이균목이나 대부분 식물병원균인 녹균목과 깜부기균목 등이 포함된다.
◆ 대표적인 동충하초속으로는 자낭균(Ascomycetes)의 맥간균과(Clavicipitaceae)에 속하는 *Cordyceps*속이 있으며 이밖에도 불완전 균류의 *Paecilomyces*속, *Torrubiella*속, *Podonecitria*속 등이 있다.

69 *Rhizopus*속의 특징

◆ 거미줄 곰팡이라고도 한다.
◆ 조상균류(Phycomycetes)에 속하며 가근(rhizoid)과 포복지(stolon)를 형성한다.
◆ 포자낭병은 가근에서 나오고, 중축바닥 밑에 자낭을 형성한다.
◆ 포자낭이 구형이고 영양성분(배지)이 닿는 곳에 뿌리 모양의 가근(rhigoid)을 내리고 그 위에 1~5개의 포자낭병을 형성한다.
◆ 균사에는 격벽이 없다.
◆ 유성, 무성 내생포자를 형성한다.
◆ 대부분 pectin 분해력과 전분분해력이 강하므로 당화효소와 유기산 제조용으로 이용되는 균종이 많다.
◆ 호기적 조건에서 잘 생육하고, 혐기적 조건에서는 알코올, 젖산, 퓨마르산 등을 생산한다.

70 *Saccharomyces*속

◆ 구형, 달걀형, 타원형 또는 원통형으로 다극출아를 하는 자낭 포자효모이다.

71 전분을 포도당으로 분해하는 미생물 효소

◆ α-amylase : amylose와 amylopectin의 α-1,4-glucan 결합을 내부에서 불규칙하게 가수분해시키는 효소이다. 생산균은 *Aspergillus oryzae, Bacillus subtilis, Bacillus licheniformis* 등이다.
◆ glucoamylase : 전분을 거의 100% glucose로 분해하는 효소이다. 생산균은 *Rhizopus delemar* 등이다.

72 능동수송active transport

◆ 세포막의 수송단백질이 물질대사에서 얻은 ATP를 소비하면서 농도 경사를 거슬러서(낮은 농도에서 높은 농도 쪽으로) 물질을 흡수하거나 배출하는 현상이다.
◆ 적혈구나 신경세포의 Na^+-K^+펌프, 소장에서의 양분 흡수, 신장의 세뇨관에서의 포도당 재흡수 등의 예가 있다.

73 총균수 계산

총균수 = 초기균수 × $2^{세대기간}$

3시간 씩 30시간이면 세대수는 10

초기균수 a이므로

∴ 총균수 = a × 2^{10}

74 리보솜ribosome

◆ 단백질 합성이 일어나는 곳이다.

◆ 이것은 진핵과 원핵세포의 세포질에 들어 있다.

75 수분활성도(water activity, Aw)

◆ 수분활성도는 어떤 임의의 온도에서 식품이 나타내는 수증기압(Ps)에 대한 그 온도에 있어서의 순수한 물의 최대 수증기압(Po)의 비로써 정의한다.

◆ 최적 이하로 되면 유도기의 연장, 생육 속도 저하 등이 일어난다.

◆ 미생물 성장에 필요한 최소한의 수분활성

- 보통 세균 : 0.91
- 보통 효모, 곰팡이 : 0.80
- 내건성 곰팡이 : 0.65
- 내삼투압성 효모 : 0.60

⊕ 식품 중의 수분은 주위환경 조건에 따라 변동하므로 함수량을 %로 표시하지 않고, 대기 중의 상대습도까지 고려한 수분활성도로써 표시한다.

76 미생물 생육곡선

◆ 배양시간의 경과에 따른 생균수 또는 총균수의 변화를 확인하여 그래프로 그린 것이다.

◆ 곰팡이의 경우에는 균사가 연속해서 자라서 길어지기 때문에 균체 수에 의한 세대시간을 계산할 수 없으므로 일반적으로 균체량의 증가로서 생육정도를 비교한다.

◆ 세포수에 따라 유도기-대수기-정지기-사멸기로 분류한다.

77 효모 알콜 발효 과정에서 아황산나트륨 첨가

◆ 효모에 의해서 알콜 발효하는 과정에서 아황산나트륨을 가하여 pH 5~6에서 발효시키면 아황산나트륨은 포촉제(trapping agent)로서 작용하여 acetaldehyde와 결합한다.

◆ 따라서 acetaldehyde의 환원이 일어나지 않으므로 glycerol-3-phosphate dehydrogenase에 의해서 dihydroxyacetone phosphate가 $NADH_2$의 수소수용체로 되어 glycerophosphate를 생성하고 다시 phosphatase에 의해서 인산이 이탈되어 glycerol로 된다.

78 협막 또는 점질층slime layer

◆ 대부분의 세균세포벽을 둘러싸고 있는 점성물질을 말한다.
◆ 협막의 화학적 성분은 다당류, polypeptide의 중합체, 지질 등으로 구성되어 있으며 균종에 따라 다르다.

79 저온살균

◆ 100℃ 이하의 온도에서 살균하는 방법이다.
◆ 보통 60~70℃에서 수분 또는 수 십분 가열하는 방법으로 과실, 과즙, 주류, 간장 등에 사용된다.
◆ 모든 균을 사멸시킬 수는 없으나 알코올이나 유기산이 함유된 식품에 효과가 크다.
◆ 모든 병원성 미생물과 일정한 저장 조건에서 생육이 가능한 일부의 변패 미생물을 사멸시키는 것이 목적이다.

80 미생물의 최적 pH

◆ 곰팡이와 효모의 최적 pH 5.0~6.5
◆ 세균, 방선균의 최적 pH 7.0~8.0

제5과목 생화학 및 발효학

81 효소의 기질 특이성

◆ 효소는 일반적으로 각자 특정의 기질에만 작용하게 된다.
◆ 이를 효소의 기질 특이성이라 한다.

82 곡류grain 위스키

◆ 맥아 이외에 옥수수, 라이맥을 사용하여 연속식 증류기로 증류한 것이다.
◆ 비교적 향이 덜하며 부드럽고 순한 맛이 특징이다.

84 핵산과 결합되는 단백질

◆ 기본적으로 진핵생물의 DNA 분자들은 히스톤(histone)이라고 하는 염기성 단백질과 결합되어 있다.
◆ DNA와 히스톤의 복합체를 염색질(chromatin)이라고 부른다.
◆ histone 분자가 유전물질의 DNA 사슬 한 분절과 결합하고 있는 단위체를 뉴클레오솜이라고 한다.

85 비타민 B6pyridoxine

◆ 천연에 존재하는 비타민 B_6는 pyridoxine, pyridoxal, pyridoxamine의 3가지 종류로서 모두 pyridine 유도체이다.

◆ PLP(pyridoxal phosphate)로 변환되어 주로 아미노기 전이반응에 있어서 보효소로서 역할을 한다.

86 맥주 발효에서 맥아를 사용하는 목적

◆ 당화효소, 단백질효소 등 맥아 제조에 필요한 효소들을 활성화 또는 생합성시킨다.

◆ 맥아의 배조에 의해서 특유의 향미와 색소를 생성시키며, 동시에 저장성을 부여한다.

◆ 맥아의 탄수화물, 단백질, 지방 등의 분해를 쉽게 한다.

◆ 효모에 필요한 영양원을 제공해 준다.

87 RNA 분해법으로 5′-nucleotide 공업적 생산

◆ RNA는 모든 생물에 널리 존재하지만 RNA의 공업적 원료로서는 미생물 중에서도 효모균체 RNA가 이용되고 있다.

◆ RNA 원료로서 효모(*Candida utilis, Hansenula anomala* 등)가 가장 적당하다.
그 이유는 아래와 같다.
- RNA의 함량이 비교적 높다.
- RNA/DNA의 비율이 높다.
- 균체의 분리 및 회수가 용이하다.
- 아황산펄프폐액, 당밀, 석유계 물질 등 값싼 탄소원을 이용할 수 있다.

88 단백질 합성에 관여하는 RNA

◆ m-RNA는 DNA에서 주형을 복사하여 단백질의 아미노산(amino acid) 배열 순서를 전달 규정한다.

◆ t-RNA(sRNA)는 활성아미노산을 리보솜(ribosome)의 주형(template) 쪽에 운반한다.

◆ r-RNA는 m-RNA에 의하여 전달된 정보에 따라 t-RNA에 옮겨진 amino acid를 결합시켜 단백질 합성을 하는 장소를 형성한다.

⊕ DNA는 단백질 합성 시 아미노산의 배열순서의 지령을 m-RNA에 전달하는 유전자의 본체이다.

89 사람 체내에서 콜레스테롤Cholesterol의 생합성 경로

◆ acetyl CoA→HMG CoA→L-mevalonate→mevalonate pyrophosphate→isopentenyl pyrophosphate→dimethylallyl pyrophosphate→geranyl pyrophosphate→farnesyl pyrophosphate→squalene→lanosterol→cholesterol

90 유전물질 전달방법

- ◆ 형질전환(transformation) : 공여세포로부터 유리된 DNA가 직접 수용세포 내로 들어가 일어나는 DNA 재조합 방법으로, A라는 세균에 B라는 세균에서 추출한 DNA를 작용시켰을 때 B라는 세균의 유전형질이 A라는 세균에 전환되는 현상을 말한다.
- ◆ 형질도입(transduction) : 숙주세균 세포의 형질이 phage의 매개로 수용균의 세포에 운반되어 재조합에 의해 유전 형질이 도입된 현상을 말한다.
- ◆ 접합(conjugation) : 두 개의 세균이 서로 일시적인 접촉을 일으켜 한 쪽 세균이 다른 쪽에게 유전물질인 DNA를 전달하는 현상을 말한다.

⊕ 세포융합(cell fusion)은 2개의 다른 성질을 갖는 세포들을 인위적으로 세포 융합하여 목적하는 세포를 얻는 방법이다.

91 피루브산 탈탄산효소 pyruvate decarboxylase

- ◆ EMP경로에서 생산된 피루브산(pyruvic acid)에서 이산화탄소(CO_2)를 제거하여 아세트알데하이드(acetaldehyde)를 만든다.
- ◆ 이 반응을 촉매하는 인자로는 TPP와 Mg^{2+}이 필요하다.

92 비타민 C의 합성

- ◆ 포도당이 간세포에서 몇 단계를 거쳐서 L-굴로노-γ-락톤(L-gulono-γ-lactone)이라는 물질이 되고, 그 물질이 L-굴로노-γ-락톤 산화효소(L-gulono-γ-lactone oxidase)에 의해 최종적으로 비타민 C(L-ascorbic acid)로 바뀌게 된다.
- ◆ 대부분의 동물은 간세포(hepatocytes)에서 비타민 C 합성이 가능하지만 사람과 영장류, 기니아피그, 과일나무 박쥐, 일부 조류, 일부 어류(송어, 잉어, 은연어) 등은 합성하지 못한다.
- ◆ 이들이 비타민 C를 합성하지 못하는 이유는 간 효소인 L-gulono-γ-lactone oxidase가 결손되었기 때문이다.

93 63번 해설 참조

94 맥주의 혼탁

- ◆ 맥주는 냉장 상태에서 후발효와 숙성을 거치는데, 대부분의 맥주는 투명성을 기하기 위해 이때 여과를 거친다. 하지만 여과에도 불구하고 판매되는 과정 중에 다시 혼탁되는 경우가 있는데, 이는 혼탁입자의 생성 때문이다.
- ◆ 혼탁입자는 polyphenolic procyandian과 peptide 간의 상호작용으로 유발되며, 탄수화물이나 금속 이온도 영향을 미친다.
- ◆ 맥주의 혼탁입자의 방지를 위해 프로테아제(protease)가 사용되고 있다.

⊕ 파파인(papain) : 식물성 단백질 분해효소로 고기 연화제, 맥주의 혼탁방지에 사용된다.

95 글루탐산을 생산하는 균주의 공통적 성질

◆ 호기성이다.
◆ 균의 형태는 구형, 타원형 단간균이다.
◆ 운동성이 없다.
◆ 포자를 형성하지 않는다.
◆ 그람양성균이고 catalase 양성이다.
◆ 생육인자로서 비오틴을 요구한다.

96 정미성을 가지고 있는 nucleotide

◆ 5′-guanylic acid(guanosine-5′-monophosphate, 5′-GMP), 5′-inosinic acid (inosine-5′-monophosphate, 5′-IMP), 5′-xanthylic acid(xanthosine-5′-phosphate, 5′-XMP)이다.
◆ XMP 〈 IMP 〈 GMP의 순서로 정미성이 증가한다.

⊕ 5′-adenylic acid(adenosine-5′-phosphate, 5′-AMP)는 정미성이 없다.

97 당신생 gluconeogenesis

◆ 비탄수화물로부터 glucose, glycogen을 합성하는 과정이다.
◆ 당신생의 원료물질은 유산(lactatic acid), 피루브산(pyruvic acid), 알라닌(alanine), 글루타민산(glutamic acid), 아스파라긴산(aspartic acid)과 같은 아미노산 또는 글리세롤 등이다.
◆ 해당경로를 반대로 거슬러 올라가는 가역반응이 아니다.
◆ 당신생은 주로 간과 신장에서 일어나는데 예를 들면 격심한 근육운동을 하고 난 뒤 회복기 동안 간에서 젖산을 이용한 혈당 생성이 매우 활발히 일어난다.

98 건조효모

◆ 발효빵에 사용되는 건조효모는 압착효모(생이스트)에 비해 발효력이 우수하고 보존성이 좋아 냉장보관하지 않아도 된다.

99 포도당으로부터 초산의 실제 생산수율

① 포도당 1kg으로부터 실제 ethanol 생성량

◆ $C_6H_{12}O_6 \longrightarrow 2C_6H_5OH + 2CO_2$
(180) (2×46)

$180 : 46 \times 2 = 1000 : x$

$\therefore x = 511.1g$

◆ 수율 90%일 때 ethanol 생성량 $= 511.1 \times 0.9 = 460g$

② 포도당 1kg으로부터 초산생성량

◆ $C_2H_5OH + O_2 \longrightarrow CH_3COOH + H_2O$

(46) (60)

$46 : 60 = 460 : x$

$\therefore x = 600g$

◆ 수율 85%일 때 초산 생성량 = 600×0.85 = 510g(0.510kg)

100 광합성 과정

① 제1단계 : 명반응

◆ 그라나에서 빛에 의해 물이 광분해되어 O_2가 발생되고, ATP와 $NADPH_2$가 생성되는 광화학 반응이다.

② 제2단계 : 암반응(calvin cycle)

◆ 스트로마에서 효소에 의해 진행되는 반응이며 명반응에서 생성된 ATP와 $NADPH_2$를 이용하여 CO_2를 환원시켜 포도당을 생성하는 반응이다.

◆ 칼빈회로(Calvin cycle)

- 1단계 : CO_2의 고정

$6CO_2 + 6\ RuDP + 6\ H_2O \rightarrow 12\ PGA$

- 2단계 : PGA의 환원 단계

$12\ PGA \xrightarrow{12ATP \quad 12ADP} 12\ DPGA \xrightarrow{12NADPH_2 \quad 12NADP} 12\ PGAL + 12\ H_2O$

- 3단계 : 포도당의 생성과 RuDP의 재생성 단계

$2\ PGAL \longrightarrow$ 과당2인산 $\longrightarrow$ 포도당 $C_6H_{12}O_6$

$10\ PGAL \xrightarrow{6ATP \quad 6ADP} 6RuDP$

⊕ 3-phosphoglycerate(PGA), ribulose-1,5-diphosphate(RuDP), diphosphoglycerate(DPGA), glyceraldehyde-3-phosphate(PGAL)은 광합성의 암반응(Calvin cycle)의 중간생성물이다.

2020년 8월 22일 시행

식품기사 기출문제 해설 2020 3회

제1과목 식품위생학

1 이환방향족아민류heterocylic amines

◆ 유기용매나 산성용액에서 잘 녹으며 매우 안정하여 식품과 혼합하여 냉장 또는 실온에 보관하여도 6개월까지 안정하다.

◆ 구운 생선이나 육류의 가열·분해에 의해 생성되며, maillard 반응에 의해서도 생성된다.

◆ 유전독성 및 발암을 일으키는 물질이다.

2 감점기준

◆ 전년도 정기 조사 평가 개선조치를 이행하지 않은 경우 해당 항목에 대한 감점 점수의 2배를 감점한다.

3 인수공통감염병

◆ 척추동물과 사람 사이에 자연적으로 전파되는 질병을 말한다. 사람은 식육, 우유에 병원체가 존재할 경우, 섭식하거나 감염동물, 분비물 등에 접촉하여 2차 오염된 음식물에 의하여 감염된다.

◆ 대표적인 인수공통감염병

- 세균성 질병 : 탄저, 비저, 브루셀라병, 세균성식중독(살모넬라, 포도상구균증, 장염비브리오), 야토병, 렙토스피라병, 리스테리아병, 서교증, 결핵, 재귀열 등
- 리케차성 질병 : 발진열, Q열, 쯔쯔가무시병 등
- 바이러스성 질병 : 일본뇌염, 인플루엔자, 뉴캐슬병, 앵무병, 광견병, 천연두, 유행성출혈열 등

4 보존료

◆ 빵, 케이크류에 사용할 수 있는 보존료는 프로피온산 나트륨(sodium propionate)과 프로피온산 칼슘(calcium propionate)이며 허용량은 프로피온산으로서 2.5g/kg 이하이다.

5 *Listeria monocytogenes*의 특성

◆ 생육환경

- 그람양성, 무포자 간균이며 운동성을 가짐
- 생육적온은 30~37℃이고 냉장온도(4℃)에서도 성장 가능
- 최적 pH 7.0이고 최저 pH 3.3~4.2에서도 생존 가능

- 최적 Aw 0.97이고 최저 0.90에서도 생존가능
- 성장가능 염도(salt %)는 0.5~16%이지만 20%에서도 생존가능

◆ 증상 : 패혈증, 수막염, 자궁내막염, 유산, 사산, 발열, 오한, 두통
◆ 잠복기 : 12시간~21일
◆ 감염원 : 소, 말, 양, 염소, 돼지 등의 가축이나 닭, 오리 등의 가금류, 생유, 토양, 채소, 배수구, 씽크대, 냉장고, 연성치즈, 아이스크림, 냉동만두, 냉동피자, 소시지, 수산물(훈제연어)
◆ 감염량 : 1,000균 추정

6 명반alum

◆ 칼륨백반이라고도 하는 황산알루미늄칼륨이다.
◆ 화학식은 $K_2SO_4 \cdot Al_2(SO_4)_3 \cdot 24H_2O$ 또는 $KAl(SO_4)_2 \cdot 12H_2O$이다.
◆ 베이킹파우더, 소화기 등에 사용되며, 염색에서는 결합제(매염제)로 사용되고 있다.
◆ 정수(淨水) 장치에서는 응고제로 사용된다.

7 표백제(총 7종)

◆ 식품의 색을 제거하기 위해 사용되는 식품첨가물이다.
- 환원표백제 : 메타중아황산칼륨, 무수아황산, 아황산나트륨(결정), 아황산나트륨(무수), 산성아황산나트륨, 차아황산나트륨
- 산화표백제 : 과산화수소

8 관내면의 부식

◆ 금속용기의 내면이 내용물에 의하여 용해, 변질되는 현상을 말한다.
◆ 관내면 부식은 식품의 종류에 따라 다르고 pH에 따라 다르다.
◆ 오렌지 주스(pH 3.7), 파인애플(pH 3.7), 아스파라거스(pH 6.0) 등은 pH가 낮아(산도가 높아) 관내면의 부식이 일어날 수 있지만 초콜릿은 pH가 높아 관내면의 부식이 비교적 적게 일어난다.

9 유구조충*Taenia solium*

◆ 돼지고기를 생식하는 민족에 많으며 갈고리촌충이라고도 한다.
◆ 감염경로
- 분변과 함께 배출된 충란이 중간숙주인 돼지, 사람, 기타 포유동물에 섭취되어 소장에서 부화되어 근육으로 이행한 후 유구낭충이 된다.
- 사람이 돼지고기를 섭취하면 감염되며, 소장에서 성충이 된다.
- 충란으로 오염된 음식물 직접 환자의 손을 통해 섭취하여 감염된다.

◆ 예방 : 돼지고기 생식, 불완전 가열한 것의 섭취를 금한다.
◆ 증상 : 성충이 기생하면 오심, 구토, 설사, 소화장애, 낭충이 뇌에 기생하면 뇌증을 일으킨다.

10 집단급식소, 식품접객업소 등의 영업장 관리

◆ 작업장(출입문, 창문, 벽, 천장 등)은 누수, 외부의 오염물질이나 해충·설치류 등의 유입을 차단할 수 있도록 밀폐 가능한 구조이어야 한다.

◆ 작업장은 청결구역과 일반구역으로 분리하고, 제품의 특성과 공정에 따라 분리, 구획 또는 구분할 수 있다.

11 기생충과 매개식품

◆ 채소를 매개로 감염되는 기생충 : 회충, 요충, 십이지장충, 동양모양선충, 편충 등

◆ 어패류를 매개로 감염되는 기생충 : 간디스토마(간흡충), 폐디스토마(폐흡충), 요코가와흡충, 광절열두조충, 아니사키스 등

◆ 수육을 매개로 감염되는 기생충 : 무구조충(민촌충), 유구조충(갈고리촌충), 선모충 등

12 식품공전 일반시험법(일반이물)

◆ 체분별법 : 검체가 미세한 분말일 때 적용한다.

◆ 여과법 : 검체가 액체일 때 또는 용액으로 할 수 있을 때 적용한다.

◆ 와일드만 플라스크법 : 곤충 및 동물의 털과 같이 물에 잘 젖지 아니하는 가벼운 이물검출에 적용한다.

◆ 침강법 : 쥐똥, 토사 등의 비교적 무거운 이물의 검사에 적용한다.

13 어패류의 선도 판정법

◆ 관능적 방법 : 사후강직 상태, 피부·안구·아가미·육의 투명감 및 냄새 등을 관능적으로 검사하여 선도를 판정하는 방법

◆ 세균학적 방법 : 어패육에 부착한 세균수를 계수하여 선도를 판정하는 방법, 어육 1g 중 세균수가 10^5 이하이면 신선하고, 10^5~10^6이면 초기부패 15×10^6 이상이면 부패한 것으로 판정한다.

◆ 물리적 방법 : 어육의 경도를 측정하는 방법, 안구수정체의 혼탁도, 어육 압착즙의 점도를 측정하는 방법 등

◆ 화학적 방법 : 휘발성 염기질소, 트리메칠아민(TMA), 휘발성 환원성 물질(aldehydes가 주체), pH(붉은살 어류는 6.2~6.4, 흰살어류는 6.7~6.8이 초기 부패점), nucleotides의 분해생성물, 단백질의 승홍침전반응, 기타 어육성분의 분해생성물, DMA, 아미노태질소, tyrosine, histamine, indole 휘발성산 등을 지표물질로 정량하는 방법도 있다.

14 냉장·냉동시설·설비 관리

◆ 냉장시설은 내부의 온도를 10℃ 이하(단, 신선편의식품, 훈제연어, 가금육은 5℃ 이하 등 별도로 정해진 기준에 따름), 냉동시설은 −18℃ 이하로 유지하여야 하고, 외부에서 온도변화를 관찰할 수 있어야 하며, 온도 감응 장치의 센서는 온도가 가장 높게 측정되는 곳에 위치하도록 한다.

15 식품의 신선도 판정법

◆ 관능검사법 : 식품의 냄새, 맛, 외관 등에 의한 판정
◆ 미생물학적 검사법 : 식품 중의 생균수 측정
◆ 화학적 검사법 : 어육의 암모니아, trimethylamine(TMA), 휘발성 아민의 측정, 단백질 침전 반응, 휘발성 산, 휘발성 염기질소, 휘발성 환원물질, nucleotides의 분해생성물, pH값에 의한 방법
◆ 물리학적 검사법 : 부패할 때 관찰되는 경도, 점도, 탄성, 색 및 전기저항 등의 변화 측정

16 아크릴아마이드acrylamide

◆ 무색의 투명 결정체이다.
◆ 감자, 쌀 그리고 시리얼 같은 탄수화물이 풍부한 식품을 제조, 조리하는 과정에서 자연적으로 생성되는 발암가능 물질로 알려져 있다.
◆ 아크릴아마이드의 생성과정은 정확히 밝혀지지 않았으나 자연 아미노산인 asparagine이 포도당 같은 당분과 함께 가열되면서 아크릴아마이드가 생성되는 것으로 추정되고 있다.
◆ 120℃보다 낮은 온도에서 조리하거나 삶은 식품에서는 아크릴아마이드가 거의 검출되지 않는다.
◆ 일반적으로 감자, 곡류 등 탄수화물 함량이 많고 단백질 함량이 적은 식물성 원료를 120℃ 이상으로 조리 혹은 가공한 식품이 다른 식품군에 비해 아크릴아마이드 함량이 높다.
◆ 감자의 경우에는 8℃ 이하로 저장하거나 냉장 보관하는 것은 좋지 않다.

17 장출혈성대장균

◆ 장출혈성대장균은 74℃에서 1분 이상 가열·조리 시 사멸이 가능하다.

18 식품 조사처리 기준 [식품공전]

◆ 식품조사처리에 이용할 수 있는 선종은 감마선(γ 선) 또는 전자선으로 한다.
◆ 감마선을 방출하는 선원으로는 ^{60}Co을 사용할 수 있고, 전자선을 방출하는 선원으로는 전자선 가속기를 이용할 수 있다.
◆ 전자선 가속기를 이용하여 식품조사처리를 할 경우 10MeV 이하에서 조사처리하여야 하며, 식품조사처리가 허용된 품목별 흡수선량을 초과하지 않도록 하여야 한다.
◆ 식품조사처리는 발아억제, 살균, 살충 또는 숙도조절 이외의 목적으로는 식품조사처리 기술을 사용하여서는 아니 된다.
◆ 식품별 조사처리기준은 다음과 같다.
- 감자, 양파, 마늘, 파(발아억제) : 0.15kGy 이하 선량
- 밤(살충·발아억제) : 0.25kGy 이하 선량
- 버섯(살충·숙도조절) : 1kGy 이하 선량
- 난분, 곡류, 두류, 전분(살균·살충) : 5kGy 이하 선량
- 건조식육, 어패류 분말, 된장분말, 건조채소류, 효모식품, 알로에분말, 인삼제품류 등(살균) 7kGy 이하 선량

– 건조향신료, 복합조미식품, 소스, 침출차, 분말차, 특수의료용도식품(살균) : 10kGy 이하 선량

19 병원성 세균과 부패세균

◆ *Salmonella typhi, Listeria monocytogenes, Yersinia enterocolitica* 등은 병원성 세균이고 *Alteromonas putrifaciens*은 부패세균이다.

20 제랄레논Zearalenone

◆ 1928년경 미국 중서부에서 돼지와 양의 집단중독(어린 암컷의 이상 발정)이 최초로 보고되었다.

◆ 곰팡이에 오염된 옥수수 사료에서 다량 검출되었으며 *Fusarium graminearum*의 2차 대사 산물로 수확 후 작물에 생육하여 독소를 생산한다.

◆ 생식 기능 장애와 불임 등을 유발하며 에스트로겐과 비슷한 성질을 지니고 있어서 과에스트로겐증이 유발되어 자궁 확대 등의 증상이 나타나기도 한다.

제2과목 식품화학

21 비타민 D

◆ 비타민 D는 자외선에 의해 식물에서는 에르고스테롤(ergosterol)에서 에르고칼시페롤(D_2)이 형성된다.

◆ 비타민 D는 자외선에 의해 동물에서는 7-디하이드로콜레스테롤(7-dehydrocholesterol)에서 콜레칼시페롤(D_3)이 형성된다.

22 고구마 저장 시

◆ 고구마는 수분(64.6%)을 많이 함유하고 있으며, 살아 있는 세포이기 때문에 저장성이 결핍되어 부패하기 쉽다.

23 맛의 성분들

◆ allicin : 마늘의 매운맛 성분

◆ tannin : 감이나 다류의 떫은맛 성분

◆ caffeine : 차류와 커피의 쓴맛 성분

◆ trimethylamine : 해수어의 비린내 성분

24 부제탄소원자

◆ 탄소의 결합수 4개가 각각 다른 원자 또는 기에 연결되는 탄소

◆ glucose는 4개의 부제탄소 원자가 존재한다.

◆ 당의 광학적 이성체 수는 2^n으로 표시하며 이의 반수는 D형, 반수는 L형이다.
◆ glucose는 4개의 부제탄소 원자가 있으므로 $2^4=16$의 광학적 이성체가 가능하다.

25 상압가열건조법을 이용한 수분측정(육류, 야채류, 과실류 등 수분함량이 많은 시료)

◆ 전처리 : 다량의 시료를 측량하여 그 신선물의 중량을 구한 후에 얇게 자른 후 풍건하거나 40~60℃의 저온에서 재빨리 예비건조시킨다.
◆ 가열온도 : 식품의 종류, 성질에 따라 다르다.
- 동물성식품과 단백질함량이 많은 식품 : 98~100℃
- 자당과 당분을 많이 함유한 식품 : 100~103℃
- 식물성 식품 : 105℃ 전후(100~110℃)
- 곡류 등 : 110℃ 이상

26 ascorbic acid oxidase(비타민 C 산화 효소)

◆ L–ascorbic acid(비타민 C)를 산화형 dehydroascorbic acid로 거쳐 불가역성의 산화물로 분해하여 그 효력을 잃게 한다.
◆ 이 효소는 식물조직 중에 널리 분포되어 있으며, 특히 호박, 양배추, 오이, 당근에 많으나 무와 파에는 매우 적다.

27 다당류

◆ 단순 다당류 : 구성당이 단일 종류의 단당류로만 이루어진 다당류
- starch, dextrin, inulin, cellulose, mannan, galactan, xylan, araban, glycogen, chitin 등

◆ 복합 다당류 : 다른 종류로 구성된 다당류
- glucomannan, hemicellulose, pectin substance, hyaluronic acid, chondrotinsulfate, heparin gum arabic, gum karaya, 한천, alginic acid, carrageenan 등

28 글루텐gluten

◆ gliadin(prolamin의 일종)과 glutenin(glutelin의 일종)의 혼합물이다.

29 Maillard 반응에 영향을 주는 인자

◆ pH가 높아짐에 따라 갈변이 빠르게 진행되며, pH 6.5~8.5에서 착색이 빠르고, pH 3 이하에서는 갈변속도가 매우 느리다.
◆ 온도가 높을수록 반응속도가 빠르다.
◆ 건조 상태에서는 갈변이 진행되지 않으나, 수분 10~20%에서 가장 갈변하기 쉽다.
◆ 환원당은 pyranose 환이 열려서 aldehyde형이 되어 반응을 일으킨다.
◆ pentose〉 hexose 〉 sucrose의 순이다.

◆ amine이 amino acid 보다 갈변속도가 크며 glycine이 가장 반응하기 쉽다.
◆ 갈변을 억제하는 저해물질에는 아황산염, 황산염, thiol, 칼슘염 등이 있다.

30 딜라탄트dilatant

◆ 전단속도의 증가에 따라 전단응력의 증가가 크게 일어나는 유동을 말한다.
◆ 이 유형의 액체는 오직 현탁 속에 불용성 딱딱한 입자가 많이 들어 있는 액상에서만 나타나는 유형, 즉 오직 고농도의 현탁액에서만 이런 현상이 일어난다.
◆ 옥수수 전분용액 등

31 엽록소chlorophyll

◆ 산에 불안정한 화합물이다.
◆ 산으로 처리하면 porphyrin에 결합하고 있는 Mg이 수소이온과 치환되어 갈색의 pheophytin을 형성한다.
◆ 엽록소에 계속 산이 작용하면 pheophorbide라는 갈색의 물질로 가수분해된다.

32 뉴턴Newton 유체

◆ 전단응력이 전단속도에 비례하는 액체를 말한다.
◆ 즉, 층밀림 변형력(shear stress)에 대하여 층밀림 속도(shear rate)가 같은 비율로 증감할 때를 말한다.
◆ 전형적인 뉴턴유체는 물을 비롯하여 차, 커피, 맥주, 탄산음료, 설탕시럽, 꿀, 식용유, 젤라틴 용액, 식초, 여과된 쥬스, 알코올류, 우유, 희석한 각종 용액과 같이 물 같은 음료종류와 묽은 염용액 등이 있다.

33 provitamin A

◆ 카로테노이드계 색소 중에서 β-ionone 핵을 갖는 carotene류의 α-carotene, β-carotene, γ-carotene과 xanthophyll류의 cryptoxanthin이다.
◆ 이들 색소는 동물 체내에서 vitamin A로 전환되므로 식품의 색소뿐만 아니라 영양학적으로도 중요하다.
◆ 특히 β-카로틴은 생체 내에서 산화되어 2분자의 비타민 A가 되기 때문에 α- 및 γ-카로틴의 2배의 효력을 가지고 있다.

34 덱스트린dextrin

◆ 전분에 물을 가하지 않고 180℃ 이상으로 가열하면 열분해가 일어나 가용성 전분(soluble starch)를 거쳐 호정(dextrin)으로 된다.

35 식품첨가물 지정 절차 제2. 기본원칙

식품첨가물은 소비자에게 이익을 주는 것으로 건강을 해할 우려가 없어야 한다. 식품첨가물의 기준 및 규격 설정과 사용기준 개정 신청은 다음 각 항에 따라 이루어져야 한다.

① 안전성

◆ 신청된 식품첨가물의 안전성을 입증 또는 확인한다.

② 사용의 기술적 필요성 및 정당성

◆ 식품첨가물의 사용목적은 다음 각호 중 어느 하나에 부합하여야 한다.

- 식품의 품질 유지, 안정성 향상 또는 관능적 특성 개선
- 식품의 영양가 유지
- 특정 식사를 필요로 하는 소비자를 위하여 제조하는 식품에 필요한 원료 또는 성분을 공급
- 식품의 제조, 가공, 저장, 처리의 보조적 역할

36 관능적 특성의 측정 요소들 중 반응척도가 갖추어야 할 요건

◆ 단순해야 한다.

◆ 관련성이 있어야 한다.

◆ 편파적이지 않고 공평해야 한다.

◆ 의미전달이 명확해야 한다.

◆ 차이를 감지할 수 있어야 한다.

37 Maillard 반응에 의해 생성되는 휘발성분

◆ 피라진류(pyrazines), 피롤류(pyrroles), 옥사졸류(oxazoles), 레덕톤류(reductones) 등

38 식품 등의 표시기준에 의한 열량의 산출기준

◆ 영양성분의 표시함량을 사용하여 열량을 계산함에 있어 탄수화물은 1g당 4kcal를, 단백질은 1g당 4kcal를, 지방은 1g당 9kcal를 각각 곱한 값의 합으로 산출한다.

◆ 알콜 및 유기산의 경우에는 알콜은 1g당 7kcal를, 유기산은 1g당 3kcal를 각각 곱한 값의 합으로 한다.

◆ 탄수화물 중 당알콜 및 식이섬유의 함량을 별도로 표시하는 경우의 탄수화물에 대한 열량 산출은 당알콜은 1g당 2.4kcal(에리스리톨은 0kcal)를, 식이섬유는 1g당 2kcal를 당알콜과 식이섬유를 제외한 탄수화물은 1g당 4kcal를 각각 곱한 값의 합으로 한다.

⊕ 열량을 계산하면 (10×4)+(5×3)+(5×2)+(3×9)=92kcal

39 텍스처 측정과 관련된 기기

◆ 피네트로미터(penetrometer) : 침입도로 식품의 연한 정도뿐만 아니라 점성과 탄성 등 측정

◆ 익스텐소그래프(extensograph) : 반죽의 신장도와 인장항력을 측정

◆ 아밀로그래프(amylograph) : 전분의 호화온도 측정

◆ 파리노그래프(farinograph) : 밀가루 반죽 시 생기는 점탄성을 측정
◆ 텍스처 측정기(texture analyzer) : 물성측정

⊕ 리프랙토미터(Refractometer)는 굴절계이다.

40 방향족 탄화수소 화합물

◆ 벤젠(C_6H_6)의 구조를 기본으로 하는 분자 구조를 가진 화합물로 석유 및 관련 생산품의 주요 성분이다.
◆ 독성을 지닌 물질이 많고 일부는 발암물질로 알려져 있다.
◆ 도시나 공장지대 주변에서 생산되는 곡류나 야채류에서 검출되고 있고, 숯으로 구운 고기, 훈연한 육제품, 식용유, 커피 등에서도 3,4-benzopyrene 등의 각종 다환 방향족 탄화수소가 발견되고 있다.

제3과목 식품가공학

42 pearson 공식

◆ 지방함량이 높을 때의 탈지유 첨가량

```
p     (r-q)
  \   /
    r
  /   \
q     (p-r)
```

$$y=\frac{x(p-r)}{(r-q)}$$

p : 원유의 지방률(%)
q : 탈지유의 지방률(%)
r : 목표 지방률(%)
x : 원유의 중량(kg)
y : 탈지유

$$y=\frac{2000(3.5-2.5)}{(2.5-0.1)}$$

$$\therefore y=\frac{2000}{2.4}=833.3$$

43 옥수수 전분 제조 시 아황산(SO_2)의 침지

◆ 아황산 농도 0.1~0.3%, pH 3~4, 온도 48~52℃에서 48시간 행한다.
◆ 아황산은 옥수수를 부드럽게 하여 전분과 단백질의 분리를 쉽게 하고 잡균의 오염을 방지한다.

44 김치의 발효에 관여하는 발효균

◆ 김치가 막 발효되기 시작하는 초기 단계에서는 저온에서 우세하게 번식하는 이상 젖산발효균인 *Leuconstoc mesenteroides*이 왕성하게 자라서 김치의 맛을 알맞게 한다.
◆ 중기와 후기에는 젖산균인 *Streptococcus faecalis, Pediococcus cerevisiae, Lactobacillus plantarum* 등이 번식하여 다른 해로운 균을 사멸시키지만 산을 과도하게 생산해 김치 산패의 원인이 된다.

45 탈납처리(winterization, 동유처리)

◆ salad oil 제조 시에만 하는 처리이다.

◆ 기름이 냉각 시 고체지방으로 생성이 되는 것을 방지하기 위하여 탈취하기 전에 고체지방을 제거하는 작업이다.

◆ 주로 면실유에 사용되며, 면실유는 낮은 온도에 두면 고체지방이 생겨 사용할 때 외관상 좋지 않으므로 이 작업을 꼭 거친다.

46 옥수수 기름

◆ 옥수수 전분 제조 때 부산물인 배아를 이용하여 옥수수기름을 얻는다.

◆ 옥수수기름은 옥배유라고도 한다.

◆ 배아부는 옥수수의 약 12% 정도 점유하고, 약 25%(25~40%) 지방을 함유한다.

47 콩 비린내를 없애기 위한 방법

◆ 80~100℃의 열수에 침지한 후 마쇄하는 방법

◆ 60℃의 가성소다(0.1% NaOH) 용액에 침지시킨 후 마쇄하는 방법

◆ 충분히 수침한 후 고온의 스팀으로 찌는 방법

◆ 콩을 1~2일 발아시킨 뒤 끓는 물로 마쇄하는 방법

◆ 데치기 전에 콩을 수세하고 껍질을 벗겨 사용하는 방법

49 초산발효

◆ $C_2H_5OH + O_2 \rightarrow CH_3COOH + H_2O$

◆ 알코올(C_2H_5OH)을 직접 산화에 의하여 초산(CH_3COOH)을 생성한다.

◆ 호기적 조건(O_2)에 의해서는 에탄올을 알코올 탈수소효소(alchol dehydrogenaase)에 의하여 산화반응을 일으켜 아세트알데하이드가 생산되고, 다시 아세트알데하이드는 탈수소효소에 의하여 초산이 생성된다.

50 분무건조spray drying

◆ 액체식품을 분무기를 이용하여 미세한 입자로 분사하여 건조실 내에 열풍에 의해 순간적으로 수분을 증발하여 건조, 분말화시키는 것이다.

◆ 열풍온도는 150~250℃이지만 액적이 받는 온도는 50℃ 내외에 불과하여 건조제품은 열에 의한 성분변화가 거의 없다.

◆ 열에 민감한 식품의 건조에 알맞고 연속 대량 생산에 적합하다.

◆ 우유는 물론 커피, 과즙, 향신료, 유지, 간장, 된장과 치즈의 건조 등 광범위하게 사용되고 있다.

51 밀가루의 제빵 특성

◆ 밀가루의 단백질인 글루텐(gluten)의 함량은 밀가루의 품질을 결정하는 데 가장 중요하다.
◆ 글루텐의 함량에 따라 강력분, 준강력분, 중력분, 박력분으로 크게 나눌 수 있다.
◆ 밀가루의 단백질을 물을 가하여 이겼을 때 대부분 글루텐이 되므로 대체로 단백질이 많으면 제빵 적성이 좋아진다.

52 마요네즈

◆ 난황의 유화력을 이용하여 난황과 식용유를 주원료로 하여 식초, 후추가루, 소금, 설탕 등을 혼합하여 유화시켜 만든 제품이다.
◆ 제품의 전체 구성 중 식물성유지 65~90%, 난황액 3~15%, 식초 4~20%, 식염 0.5~1% 정도이다.
◆ 마요네즈는 oil in water(O/W)의 유탁액이다.
◆ 식용유의 입자가 작은 것일수록 마요네즈의 점도가 높게 되며 고소하고 안정도도 크다.

53 아이스크림 제조 시 산류 첨가 시기

◆ 아이스크림 제조 시 향과 색소 및 산류 등은 살균하기 전 믹스에 첨가하면 향이 휘발되거나 변색되기 때문에 숙성이 끝난 후 동결시키기 전에 첨가하는 것이 좋다.

54 사후강직의 기작

◆ 당의 분해(glycolysis)
- 글리코겐의 분해 : 근육 중에 저장된 글리코겐은 해당작용에 의해서 젖산으로 분해되면서 함량이 감소한다.
- 젖산의 생성 : 글리코겐이 혐기적 대사에 의해서 분해되어 젖산이 생성된다.
- pH의 저하 : 젖산 축적으로 사후근육의 pH가 저하된다.

◆ ATP의 분해 : ATP 함량은 사후에도 일정 수준유지 되지만 결국 감소한다.

55 탄산가스 용해도

◆ 탄산가스의 액체 흡수는 온도가 낮을수록 크므로 낮은 가스압의 탄산음료는 15℃ 내외, 높은 가스압의 탄산음료는 5℃ 이하에서 압입하는 수가 많다.

56 압출

◆ 압출(extrusion)은 이송, 혼합, 압축, 가열, 반죽, 전단, 성형 등 여러 가지 단위공정이 복합된 가공방법이다.

57 달걀의 성분

◆ 다른 동물성 식품과는 달리 탄수화물의 함량(0.9%)이 낮다.

◆ 달걀의 무기질은 알 껍질(10.9%)에 많이 함유되어 있다.
◆ 달걀은 난황 중에 비타민 A, B_1, B_2, B_6, B_{12}, niacin, D, E, K를 풍부하게 함유하고 있으나 비타민 C는 없다. 난백 중에는 A, D, E 등 지용성 비타민은 없고 주로 수용성 비타민 B류가 들어 있으나 비타민 C는 없다.

58 통조림통의 변형

◆ 통조림통의 물리적 원인에 의한 변형에는 탈기 불충분, 과잉 충전, 파넬링(Paneling), 권체 불량 등이 있다.

59 곡물 장기저장

◆ 곡물을 장기저장하려면 수분함량을 낮게 유지하고 저온 저장하는 것이 중요하다.
◆ 곤충의 피해를 방지하기 위해서 chloropicrine, ethylene oxide 등에 의한 훈증저장 방법과 piperonyl butoxide, PGP제 등의 방충제를 이용하는 방법 등이 있다.

60 증량제

◆ 육류 가공 시 전분은 증량제로서 옥수수, 밀, 감자전분 등을 사용한다.
◆ 전분은 물을 흡수하여 증량효과(3배 정도 증가)가 나타나지만 유화력 형성 시 결합력은 약한 편이다.
◆ 축육 소시지에는 1~5% 범위에서 보수력과 탄력성을 증가시키기 위해서 첨가한다. 어육 소시지에는 10% 정도까지 사용할 수가 있다.

제4과목 식품미생물학

61 진핵세포(고등미생물)의 특징

◆ 핵막, 인, 미토콘드리아, 골지체 등을 가지고 있다.
◆ 메소좀(mesosome)이 존재하지 않는다.
◆ 편모가 존재하지 않는다.
◆ 유사분열을 한다.
◆ 곰팡이, 효모, 조류, 원생동물 등은 여기에 속한다.

62 젖산균(lactic acid bacteria)

◆ 당을 발효하여 다량의 젖산을 생성하는 세균을 말한다.
◆ 그람양성, 무포자, 간균 또는 구균이고 통성 혐기성 또는 편성 혐기성균이다.
◆ Catalase는 대부분 음성이고 장내에 증식하여 유해균의 증식을 억제한다.
◆ 젖산균은 *Streptococcus*속, *Diplococcus*속, *Pediococcus*속, *Leuconostoc*속 등의 구균과 *Lactobacillus*속 간균으로 분류한다.

◆ 젖산균의 발효형식
- 정상발효젖산균(homo type) : 당류로부터 젖산만을 생성하는 젖산균
- 이상발효젖산균(hetero type) : 젖산 이외의 알코올, 초산 및 CO_2 가스 등 부산물을 생성하는 젖산균

◆ 생합성 능력이 한정되어 영양요구성이 까다롭다.

63 곰팡이 독소

◆ 파툴린(patulin) : *Penicillium, Aspergillus*속의 곰팡이가 생성하는 독소로서 사과를 원료로 하는 사과쥬스에 오염되는 것으로 알려져 있다.

◆ 오클라톡신(ochratoxin) : *Asp. ochraceus* 생성하는 곰팡이독(mycotoxin)이다.

◆ 아플라톡신(aflatoxin) : *Aspergillus flavus*에 의해 생성되어 간암을 유발하는 강력한 간장독성분을 나타내며 땅콩, 밀, 쌀, 보리, 옥수수 등의 곡류에서 발견된다.

⊕ 엔테로톡신(enterotoxin) : 포도상구균이 생산하는 장독소이다.

64 세포융합cell fusion, protoplast fusion

◆ 서로 다른 형질을 가진 두 세포를 융합하여 두 세포의 좋은 형질을 모두 가진 새로운 우량형질의 잡종세포를 만드는 기술을 말한다.

◆ 세포융합의 단계
- 세포의 protoplast화 또는 spheroplast화
- protoplast의 융합
- 융합체(fusant)의 재생(regeneration)
- 재조합체의 선택, 분리

◆ 세포융합을 하기 위해서는 먼저 세포의 세포벽을 제거하여 원형질체인 프로토플라스트(protoplast)를 만들어야 한다. 세포벽 분해효소로는 세균에는 리소자임(lysozyme), 효모와 사상균에는 달팽이의 소화관액, 고등식물의 세포에는 셀룰라아제(cellulase)가 쓰인다.

65 맥주발효 효모

◆ *Saccharomyces cerevisiae* : 맥주의 상면발효효모

◆ *Saccharomyces carlsbergensis* : 맥주의 하면발효효모

⊕ *Saccharomyces mellis* : 내삼투압성 효모
Saccharomyces mali : 사과주 효모(상면발효효모)

66 균수계산 [식품공전]

◆ 30~300개의 집락수 : 237

◆ 희석배수 10000배

◆ 균수 $237 \times 10,000 = 2370000 = 2.4 \times 10^6$

67 멸균sterilization

◆ 모든 미생물(영양세포 및 포자)을 사멸시켜 완전히 무균상태로 만드는 것이다.

68 젖산발효

◆ 대부분 catalase 음성으로 산소를 이용하지 못하고 산소분압이 낮은 곳에서 잘 증식한다.

69 Glucose대사 중 NADPH 생성

◆ EMP 경로 : 1NADPH　　HMP 경로 : 6NADPH　　TCA 회로 : 4NADPH

70 곰팡이 포자

◆ 유성포자 : 두 개의 세포핵이 융합한 후 감수분열하여 증식하는 포자
　– 난포자, 접합포자, 담자포자, 자낭포자 등이 있다.
◆ 무성포자 : 세포핵의 융합 없이 단지 분열 또는 출아증식 등 무성적으로 생긴 포자
　– 포자낭포자(내생포자), 분생포자, 후막포자, 분열포자 등이 있다.

71 대장균군

◆ 포유동물이나 사람의 장내에 서식하는 세균을 통틀어 대장균이라 한다.
◆ *Escherichia, Eterobacter, Klebsiella, Citrobacter*속 등이 포함되고, 대표적인 대장균은 *Escherichia coli, Acetobacter aerogenes*이다.
◆ 대장균은 그람음성, 호기성 또는 통성혐기성, 주모성 편모, 무포자 간균이다.
◆ 생육 최적 온도는 30~37℃이며 비운동성 또는 주모를 가진 운동성균으로 lactose를 분해하여 CO_2와 H_2 가스를 생성한다.
◆ 대변과 함께 배출되며 일부 균주를 제외하고는 보통 병원성은 없으나 이 균이 식품에서 검출되면 동물의 분뇨로 오염되었다는 것을 의미한다.
◆ 식품위생상 분뇨 오염의 지표균인 동시에 식품에서 발견되는 부패 세균이기도 하며 음식물, 음료수 등의 위생검사에 이용된다.
◆ 동물의 장관 내에서 비타민 K를 생합성하여 인간에게 유익한 작용을 하기도 한다.

72 산막효모와 비산막효모의 특징 비교

	산막효모	비산막효모
산소요구	산소를 요구한다.	산소의 요구가 적다.
발육위치	액면에 발육하며 피막을 형성한다.	액의 내부에 발육한다.
특징	산화력이 강하다.	발효력이 강하다.
균속	*Hansenula*속 *Pichia*속 *Debaryomyces*속	*Saccharomyces*속 *Schizosaccharomyces*속

73 조류^algae

◆ 분류학상 대부분 진정핵균에 속하므로 세포의 형태는 효모와 비슷하다.
◆ 종래에는 남조류를 조류에 분류했으나 이는 원시핵균에 분류하므로 세균 중 청녹세균에 분류하고 있다.
◆ 갈조류, 홍조류 및 녹조류의 3문이 여기에 속한다.
◆ 보통 조류는 세포 내에 엽록체를 가지고 광합성을 하지만 남조류에는 특정의 엽록체가 없고 엽록소는 세포 전체에 분산되어 있다.
◆ 바닷물에 서식하는 해수조와 담수 중에 서식하는 담수조가 있다.
◆ *Chlorella*는 단세포 녹조류이고 양질의 단백질을 대량 함유하므로 식사료화를 시도하고 있으나 소화율이 낮다.
◆ 우뭇가사리, 김은 홍조류에 속한다.

74 버섯

◆ 대부분 분류학상 담자균류에 속하며, 일부는 자낭균류에 속한다.
◆ 버섯균사의 뒷면 자실층(hymenium)의 주름살(gill)에는 다수의 담자기(basidium)가 형성되고, 그 선단에 보통 4개의 경자(sterigmata)가 있고 담자포자를 한 개씩 착생한다. 담자가 생기기 전에 취상돌기(균반, clamp connection)를 형성한다.
◆ 담자균류는 균사에 격막이 있고 담자포자인 유성포자가 담자기 위에 외생한다.
◆ 담자기 형태에 따라 대별
 – 동담자균류 : 담자기에 격막이 없는 공봉형태를 지닌 것
 – 이담자균류 : 담자기가 부정형이고 간혹 격막이 있는 것
◆ 식용버섯으로 알려져 있는 것은 거의 모두가 동담자균류의 송이버섯목에 속한다.
◆ 이담자균류에는 일부 식용버섯(흰목이버섯)도 속해 있는 백목이균목이나 대부분 식물병원균인 녹균목과 깜부기균목 등이 포함된다.
◆ 대표적인 동충하초 속으로는 자낭균(Ascomycetes)의 맥간균과(Clavicipitaceae)에 속하는 *Cordyceps*속이 있으며 이밖에도 불완전 균류의 *Paecilomyces*속, *Torrubiella*속, *Podonecitria*속 등이 있다.

75 *A. glaucus*군에 속하는 곰팡이

◆ 녹색이나 청록색 후에 암갈색 또는 갈색 집락을 이룬다.
◆ 빵, 피혁 등의 질소와 탄수화물이 많은 건조한 유기물에 잘 발생한다.
◆ 포도당 및 자당 등을 분해하여 oxalic acid, citric acid 등 많은 유기산을 생성한다.

76 bacteriophage

◆ virus 중 세균의 세포에 기생하여 세균을 죽이는 virus를 말한다.
◆ phage의 전형적인 형태는 올챙이처럼 생겼으며 두부, 미부, 6개의 spike가 달린 기부가 있고 말단에 짧은 미부섬조(tail fiber)가 달려 있다.

◆ 두부에는 DNA 또는 RNA만 들어 있고 미부의 초에는 단백질이 나선형으로 늘어 있고 그 내부 중심초는 속이 비어 있다.
◆ Phage에는 독성파지(virulent phage)와 용원파지(temperate phage)의 두 종류가 있다.
◆ Phage의 특징
- 생육증식의 능력이 없다.
- 한 phage의 숙주균은 1균주에 제한되고 있다(phage의 숙주특이성).
- 핵산 중 대부분 DNA만 가지고 있다.

77 에임즈 테스트 Ames test

◆ *Salmonella typhimurium* 히스티딘 요구성 변이주를 이용한다.
◆ 이 균주의 유전자(his−)가 염기쌍 치환형 또는 후레임 쉬프트형의 돌연변이를 유발하는 화학물질에 의하여 히스티딘비요구성(his+)으로 복귀하는 돌연변이를 고형배지 상에서 검출하는 미생물시험, 에임즈 테스트는 살모넬라를 이용해서 화학물질이 돌연변이를 일으키는지 확인하는 것으로 복귀돌연변이(역돌연변이, back mutation) 실험이다.

78 효모의 증식

◆ 대부분의 효모는 출아법(budding)으로서 증식하고 출아방법은 다극출아와 양극출아 방법이 있다.
◆ 종에 따라서는 분열, 포자 형성 등으로 생육하기도 한다.
◆ 효모의 유성포자에는 동태접합과 이태접합이 있고, 효모의 무성포자는 단위생식, 위접합, 사출포자, 분절포자 등이 있다.
- *Saccharomyces*속, *Hansenula*속, *Candida*속, *Kloeckera*속 등은 출아법에 의해서 증식
- *Schizosaccharomyces*속은 분열법으로 증식

79 *Acetobacter aceti*(Bergy의 분류법에서)

◆ 초산을 산화하여 탄산가스와 물로 한다.
◆ 암모늄을 동화한다.

80 생물 그룹과 에너지원

생물 그룹	에너지원	탄소원	예
독립영양 광합성생물 (Photoautotrophs)	태양광	CO_2	고등식물, 조류, 광합성세균
종속영양 광합성생물 (Photoheterotrophs)	태양광	유기물	남색, 녹색박테리아
독립영양 화학합성생물 (Chemoautotrophs)	화학반응	CO_2	수소, 무색유황, 철, 질산화세균
종속영양 화학합성생물 (Chemoheterotrophs)	화학반응	유기물	동물, 대부분세균, 곰팡이, 원생동물

81 발효법에 의해 구연산 제조

◆ 구연산(citric acid) 발효 균주는 산생성량이나 부산물 등을 고려하여 일반적으로 *Aspergillus niger*가 사용되나 이외에도 *Aspergillus awamori, Aspergillus saitoi* 등이 사용되는 경우도 있다.

82 보조효소의 종류와 그 기능

보조효소	관련 비타민	기능
NAD, NADP	Niacin	산화환원반응
FAD, FMN	Vit. B_2	산화환원반응
Lipoic acid	Lipoic acid	수소, acetyl기의 전이
TPP	Vit. B_1	탈탄산반응(CO_2 제거)
CoA	Pantothenic acid	acyl기, acetyl기의 전이
PALP	Vit. B_6	아미노기의 전이반응
Biotin	Biotin	Carboxylation(CO_2 전이)
Cobamide	Vit. B_{12}	methyl기 전이
THFA	Folic acid	탄소 1개의 화합물 전이

83 해당과정(EMP 경로)

◆ 6탄당의 glucose 분자를 혐기적인 조건에서 효소에 의해 분해되는 과정이다.
◆ 이 때 2개의 ATP가 생성되며 이 과정은 혐기적인 조건에서 진행된다.
◆ 혐기적인 해당(glucose→2젖산)은 세포의 세포질에서 일어나고 이 때 표준조건 하에서 47.0kcal/mol의 자유에너지를 방출할 수 있다.

84 프로스타글란딘prostaglandin의 생합성

◆ 20개의 탄소로 이루어진 지방산 유도체로서 20개 탄소(eicosanoic) 다가 불포화 지방산(즉, arachidonic acid)의 탄소 사슬 중앙부가 고리를 형성하여 cyclopentane 고리를 형성함으로써 생체 내에서 합성된다.
◆ 동물에서 호르몬 같은 다양한 효과를 지닌 생리활성물질 호르몬이 뇌하수체, 부신, 갑상선과 같은 특정한 분비샘에서 분비되는 것과는 달리 프로스타글란딘은 신체 모든 곳의 세포막에서 합성된다.
◆ 심장혈관 질환과 바이러스 감염을 억제할 수 있는 강력한 효과로 인해 큰 관심을 끌고 있다.

85 핵산관련 물질이 정미성을 갖기 위한 화학구조

◆ 고분자 nucleotide, nucleoside 및 염기 중에서 mononucleotide만 정미성분을 가진다.
◆ purine계 염기만이 정미성이 있고 pyrimidine계는 정미성이 없다.
◆ 당은 ribose나 deoxyribose에 관계없이 정미성을 가진다.
◆ ribose의 5′의 위치에 인산기가 있어야 정미성이 있다.
◆ purine염기의 6의 위치 탄소에 −OH가 있어야 정미성이 있다.

86 고체배양의 장·단점

① 고체배양의 장점
◆ 배지조성이 단순하다.
◆ 곰팡이의 배양에 이용되는 경우가 많고 세균에 의한 오염방지가 가능하다.
◆ 공정에서 나오는 폐수가 적다.
◆ 산소를 직접 흡수하므로 동력이 따로 필요 없다.
◆ 시설비가 비교적 적게 들고 소규모 생산에 유리하다.
◆ 폐기물을 사용하여 유용미생물을 배양하여 그대로 사료로 사용할 수 있다.
② 고체배양의 단점
◆ 대규모 생산의 경우 냉각방법이 문제가 된다.
◆ 비교적 넓은 면적이 필요하다.
◆ 심부배양에서는 가능한 제어배양이 어렵다.

87 *Asp. niger* 등에 의한 구연산 발효

◆ 배지 중에 Fe^{++}, Zn^{++}, Mn^{++} 등의 금속 이온량이 많으면 산생성이 저하된다.
◆ 특히 Fe^{++}의 영향이 크다.
◆ Fe^{++} 등의 금속함량을 줄이기 위하여
 - 미리 원료를 이온교환수지로 처리한다.
 - 2~3%의 메탄올, 에탄올, 프로판올과 같은 알코올을 첨가한다.
 - Fe^{++}의 농도에 따라 Cu^{++}의 첨가량을 높여준다.

88 핵산을 구성하는 염기

◆ pyrimidine의 유도체 : cytosine(C), uracil(U), thymine(T) 등
◆ purine의 유도체 : adenine(A), guanine(G) 등

90 덱스트란dextran

◆ 냉온수에 잘 용해되며 점도가 높고 화학적으로 안정하므로 유화 및 안정제로서 아이스크림, 시럽, 젤리 등에 사용되고, 또 대용혈장으로도 사용된다.
◆ 공업적 제조에는 sucrose를 원료로 하여 젖산균인 *Leuconostoc mesenteroides*가 이용되고 *Acetobacter capsulatum*도 dextrin으로부터 dextran을 만드는 것이 알려지고 있다.

◆ 발효액은 미세한 균체 등이 함유되나 점도가 높기 때문에 여과나 원심분리에 의해서 제거할 수 없다.

91 ◆ 당의 분해(해당, glycolysis) 과정에서 포도당이 혐기적 발효하여 젖산이나 에탄올이 생성된다. glycerol은 dehydroxyacetone을 거쳐 해당과정으로 들어간다.

◆ 호기적 대사인 TCA 회로에서 oxaloacetic acid와 acetyl CoA가 citrate synthetase의 촉매로 축합하여 구연산(citric acid)를 생성하게 된다.

92 leucine 대사

◆ transmethylation으로 대응되는 keto acid로 되고 다음에 분해된다.

◆ acetoacetic acid와 acethyl CoA로 분해된다.

93 **세균 세포벽의 성분**

◆ 그람음성 세균의 세포벽

- 펩티도글리칸(peptidoglycan) 10%을 차지하며, 단백질 45~50%, 지질다당류 25~30%, 인지질 25%로 구성된 외막을 함유하고 있다.
- *Aerobacter*속, *Neisseria*속, *Escherhchia*속(대장균), *Salmonella*속, *Pseudomonas*속, *Vibrio*속, *Campylobacter*속 등

◆ 그람양성 세균의 세포벽

- 단일층으로 존재하는 펩티도글리칸(peptidoglycan) 95%정도까지 함유하고 있으며, 이외에도 다당류, 타이코신(teichoic acid), 테츄론산(techuronic acid)등을 가지고 있다.
- 연쇄상구균, 쌍구균(폐염구균), 4련구균, 8련구균, *Staphylococcus*속, *Bacillus*속, *Clostridium*속, *Corynebacterium*속, *Mycobacterium*속, *Lactobacillus*속, *Listeria*속 등

94 ◆ catalase는 과산화수소가 물과 산소로 분해되는 반응을 촉매하는 효소이다.

95 vitamin $B_2^{riboflavin}$

◆ 생체 내에서 호흡계의 수소전달체로서 중요한 역할을 한다.

◆ 자낭균류에 속하는 *Eremothecium ashbyii*와 *Asbbya gossypii* 그리고 *Pseudomonas denitrificans*는 많은 flavin을 균체 내에 축적하므로 공업적으로 비타민 B_2의 생산 균주로 이용된다.

96 *Candida tropicalis*

◆ 세포가 크고, 짧은 난형으로 위균사를 잘 형성한다.

◆ 이들은 탄화수소 자화성이 강하여, 균체 단백질 제조용 석유 효모로서 사용되고 있다.

97 DNA 조성에 대한 일반적인 성질 E. Chargaff

◆ 한 생물의 여러 조직 및 기관에 있는 DNA는 모두 같다.
◆ DNA 염기조성은 종에 따라 다르다.
◆ 주어진 종의 염기 조성은 나이, 영양상태, 환경의 변화에 의해 변화되지 않는다.
◆ 종에 관계없이 모든 DNA에서 adenine(A)의 양은 thymine(T)과 같으며(A=T) guanine(G)은 cytosine(C)의 양과 동일하다(G=C).

⊕ 염기의 개수 계산 : 미생물 A의 GC양이 70%이면 염기 G와 C는 각각 35%이고, AT양은 30%가 되므로 염기 A와 T는 각각 15%가 된다. 미생물 B의 GC양이 54%이면 염기 G와 C는 각각 27%이고, AT양은 46%가 되므로 염기 A와 T는 각각 23%가 된다.

98 Cori cycle에서 pyruvic acid

◆ glutamic acid로부터 glutamate-pyruvate transaminase(GPT) 혹은 alanine aminotransferase(ALT)의 촉매 하에 아미노기(NH_3)를 전이 받아 L-alanine이 생성된다.

99 유당불내증 lactose intolerance

◆ 유당분해 효소인 락타아제(lactase)가 부족하면 우유에 함유된 유당(lactose)이 소화되지 않는다. 이 소화되지 않은 유당이 소장에서 삼투현상에 의해 수분을 끌어들임으로써 팽만감과 경련을 일으키고 대장을 통과하면서 설사를 유발하게 되는 현상을 말한다.
◆ 동양인의 90%, 흑인의 75%, 서양인의 25%에서 나타나며 태어날 때부터 이 질환이 있는 경우도 있으나 대개 어른이 되어 생긴다.

100 필수아미노산

◆ 인체 내에서 합성되지 않아 외부에서 섭취해야 하는 아미노산을 필수아미노산이라 한다.
◆ 성인에게는 valine, leucine, isoleucine, threonine, lysine, methionine, phenylalanine, tryptophan 등 8종이 필요하다.
◆ 어린이나 회복기 환자에게는 arginine, histidine이 더 참가된다.

2021년 3월 7일 시행

식품기사 기출문제 해설 2021 1회

제 1 과목 식품위생학

1 위해평가의 과정 [식품위생법 시행령 제4조]

◆ 위해요소의 인체 내 독성을 확인하는 위험성 확인과정
◆ 위해요소의 인체노출허용량을 산출하는 위험성 결정과정
◆ 위해요소가 인체에 노출된 양을 산출하는 노출 평가과정
◆ 위험성 확인과정, 위험성 결정과정 및 노출 평가과정의 결과를 종합하여 해당 식품 등이 건강에 미치는 영향을 판단하는 위해도 결정과정

2 베타카로틴 β-carotene

◆ carotenoid계의 대표적인 색소로서 vitamin A의 전구물질이며 영양강화효과를 갖는 물질이다.
◆ 천연색소로서 마가린, 버터, 치즈, 과자, 식용유, 아이스크림 등의 착색료로 사용한다.

3 유구조충 Taenia solium

◆ 돼지고기를 생식하는 민족에 많으며 갈고리촌충이라고도 한다.
◆ 감염경로
- 분변과 함께 배출된 충란이 중간숙주인 돼지, 사람, 기타 포유동물에 섭취되어 소장에서 부화되어 근육으로 이행한 후 유구낭충이 된다.
- 사람이 돼지고기를 섭취하면 감염되며, 소장에서 성충이 된다.
- 충란으로 오염된 음식물 직접 환자의 손을 통해 섭취하여 감염된다.

◆ 예방 : 돼지고기 생식, 불완전가열한 것의 섭취를 금한다.
◆ 증상 : 성충이 기생하면 오심, 구토, 설사, 소화장애, 낭충이 뇌에 기생하면 뇌증을 일으킨다.

4 복어 중독

◆ 복어의 난소, 간, 창자, 피부 등에 있는 tetrodotoxin 독소에 의해 중독을 일으킨다.
◆ 중독증상은 지각이상, 호흡장해, cyanosis 현상, 운동장해, 혈행장해, 위장장해, 뇌증 등의 증상이 일어난다.
◆ tetrodotoxin의 특징
- 약염기성 물질로 물에 불용이며 알칼리에서 불안정하다.
- 즉, 4% NaOH에 의하여 4분만에 무독화되고, 60% 알코올에 약간 용해되나 다른 유기용매에는 녹지 않는다.
- 220℃ 이상 가열하면 흑색이 되며, 일광, 열, 산에는 안정하다.

5 황색포도상구균 검사(정성시험)

◆ 증균배양 : 검체를 TSB배지에 접종하여 35~37℃에서 18~24시간 증균배양
◆ 분리배양 : 증균배양액을 난황첨가 만니톨식염한천배지 또는 Baird-Parker 한천평판배지에 접종하여 35~37℃에서 18~24시간 배양, 황색불투명 집락을 나타내고 주변에 혼탁한 백색환이 있는 집락
◆ 확인시험 : 보통한천배지에 접종하여 35~37℃에서 18~24시간 배양

6 에탄올 ethyl alcohol

◆ 삼투능력으로 세균 표면의 막을 뚫고, 세균 내부에 들어가서 단백질을 응고시켜 세균을 죽게 한다.
◆ 순수 에탄올은 세균의 단백질을 응고시키는 능력은 매우 좋으나 순간적으로 세균 표면의 단백질을 응고시켜서 세균의 외벽에 단단한 막을 형성시키게 됨으로서 세균의 내부까지 에탄올이 침투하는 것을 방해한다.
◆ 순수 에탄올에 비하여 70%~75% 정도의 에탄올은 서서히 세균 외벽의 단백질을 응고시킴에 따라 에탄올이 내부까지 침투할 수 있기 때문에 더 효과적으로 세균을 죽일 수 있다.

7 다환방향족탄화수소 polycyclic aromatic hydrocarbons, PAHs

◆ 2개 이상의 벤젠고리가 선형으로 각을 지어 있거나 밀집된 구조로 이루어져 있는 유기화합물이다.
◆ 화학연료나 담배, 숯불에 구운 육류와 같은 유기물의 불완전연소 시 부산물로 발생하는 물질이다.
◆ 식품에서는 굽기, 튀기기, 볶기 등의 조리·가공 과정에 의한 탄수화물, 지방 및 단백질의 탄화에 의해 생성된다.
◆ 대기오염에 의한 호흡노출 및 가열조리 식품의 경구섭취가 주요 인체 노출경로로 알려져 있다.
◆ 독성이 알려진 화합물로는 benzo(a)pyrene 외 50종으로 밝혀졌고, 그 중 17종은 다른 것들에 비해 해가 큰 것으로 의심되고 있다.
◆ 특히 benzo(a)pyrene, benz(a)anthracene, dibenz[a,h]anthracene, chrysene 등은 유전독성과 발암성을 나타내는 것으로 알려져 있다.

8 소금 절임의 저장효과

◆ 고삼투압으로 원형질 분리
◆ 수분활성도의 저하
◆ 소금에서 해리된 Cl^- 의 미생물에 대한 살균작용
◆ 고농도 식염용액 중에서의 산소 용해도 저하에 따른 호기성세균 번식 억제
◆ 단백질 가수분해효소 작용 억제
◆ 식품의 탈수작용

9 방사선의 장애

◆ 조혈기관의 장애, 피부점막의 궤양, 암의 유발, 생식기능의 장애, 백내장 등이다.
◆ 인체에 침착하여 장애를 주는 부위를 보면 주로 Cs-137는 근육, Sr-90는 뼈, S는 피부, I-131는 갑상선, Co는 췌장, Ru-106는 신장, H-3는 전신 등이다.

10 보툴리늄균*Botulinus* 식중독

① 원인균

◆ *Clostridium botulinum*이다.
◆ 그람양성 편성 혐기성 간균이고, 주모성 편모를 가지며 아포를 형성한다.
◆ A, B형 균의 아포는 내열성이 강해 100℃에서 6시간 정도 가열하여야 파괴되고, E형 균의 아포는 100℃에서 5분 가열로 파괴된다.

② 독소 : neurotoxin(신경독소)으로 균의 자기용해에 의하여 유리되며 단순단백으로 되어 있고 특징은 열에 약하여 80℃에서 30분간이면 파괴된다.

③ 감염원

◆ 토양, 하천, 호수, 바다흙, 동물의 분변
◆ A~F형 중에서 A, B, E, F형이 사람에게 중독을 일으킨다.

④ 원인식품 : 강낭콩, 옥수수, 시금치, 육류 및 육제품, 앵두, 배, 오리, 칠면조, 어류훈제 등

⊕ 세균성 식중독 중에서 가장 치명률이 높다.

11 염화비닐수지

◆ 주성분이 polyvinylchloride로서 포르말린의 용출이 없어 위생적으로 안전하다.
◆ 투명성이 좋고, 착색이 자유로우며 유리에 비해 가볍고 내수성, 내산성이 좋다.

⊕ 최근 요소(urea)나 페놀(phenol, 석탄산) 등을 축합한 열경화성 합성수지제의 식기가 많이 쓰이는데 축합, 경화가 불안전한 것은 포름알데히드와 페놀이 용출되어 문제가 되고 있다.

12 6번 해설 참조

13 식품위해요소중점관리기준에서 중요관리점(CCP) 결정 원칙

◆ 기타 식품판매업소 판매식품은 냉장·냉동식품의 온도관리 단계를 중요관리점으로 결정하여 중점적으로 관리함을 원칙으로 하되, 판매식품의 특성에 따라 입고검사나 기타 단계를 중요관리점 결정도(예시)에 따라 추가로 결정하여 관리할 수 있다.
◆ 농·임·수산물의 판매 등을 위한 포장, 단순처리 단계 등은 선행요건으로 관리한다.
◆ 중요관리점(CCP) 결정도(예시)

질문1	이 단계가 냉장·냉동식품의 온도관리를 위한 단계이거나, 판매식품의 확인된 위해요소 발생을 예방하거나 제거 또는 허용수준으로 감소시키기 위하여 의도적으로 행하는 단계인가?	→ 아니오 (CCP 아님)

↓ 예

질문2	확인된 위해요소 발생을 예방하거나 제거 또는 허용수준으로 감소시킬 수 있는 방법이 이후 단계에도 존재하는가?	→ 아니오 (CCP)

↓ 예 (CCP 아님)

14 표백제(6종)

◆ 식품의 색을 제거하기 위해 사용되는 식품첨가물이다.
◆ 메타중아황산나트륨(sodium metabisulfite), 메타중아황산칼륨(potassium metabisulfite), 무수아황산(sulfur dioxide), 산성아황산나트륨(sodium bisulfite), 아황산나트륨(sodium sulfite), 차아황산나트륨(sodium hyposulfite) 등

⊕ 안식향산나트륨(sodium benzoic acid)은 보존료이다.

15 아니사키스Anisakis의 자충

◆ 고래, 돌고래, 물개 등의 바다 포유류의 제1 위에 기생하는 회충의 일종이다.
◆ 제1 중간숙주는 갑각류이고, 이를 잡아먹는 제2 중간숙주인 해산어류의 내장, 복강, 근육조직에서 유충이 되고 최종숙주를 생식하면 감염된다.

16 기생충과 중간숙주

◆ 유구조충(갈고리촌충) : 돼지고기
◆ 무구조충(민촌충) : 소고기
◆ 회충 : 채소
◆ 간디스토마(간흡충) : 민물고기

17 포름알데히드 용출시험 [식품공전]

◆ 합성수지제 식기를 60℃로 가열한 침출용액을 가득 채워 시계접시로 덮고 60℃를 유지하면서 때때로 저어가며 30분간 방치한 액을 비커에 옮겨 시험용액으로 한다.
◆ 시험용액 5㎖를 시험관에 취하고 이에 아세틸아세톤 시액 5㎖를 가하여 섞은 후 비등수욕중에서 10분간 가열하고 식힌 다음 파장 425nm에서 흡광도를 측정한다.

18 대장균의 위생지표세균으로서의 의의

◆ 대장균의 존재는 식품이 분변에 오염되었을 가능성과 분변에서 유래하는 병원균의 존재 가능성을 판단할 수 있다.
◆ 식품의 위생적인 취급 여부를 알 수 있다.
◆ 대장균은 비병원성이나 병원성 세균과 공존할 가능성이 많다.
◆ 특수한 가공식품에 있어서 제품의 가열, 살균 여부의 확실성 판정지표가 된다.
◆ 비교적 용이하게 신뢰할 수 있는 검사를 실시할 수 있다.

19 호료(증점제)

◆ 식품의 점도를 증가시키는 식품첨가물이다.
◆ 알긴산 나트륨(sodium alginate), 알긴산 프로필렌글리콜(propylene glycol alginate), 메틸셀룰로오즈(methyl cellulose), 카복실메틸셀룰로오즈 나트륨(sodium carboxymethyl

cellulose), 카복실메틸셀룰로오즈 칼슘(calcium carboxymethyl cellulose), 카복실메틸스타치 나트륨(sodium carboxymethyl starch), 카제인(casein), 폴리아크릴산 나트륨(sodium polyacrylate) 등 49품목이다.

20 프탈레이트계 가소제

◆ 프탈레이트류는 폴리염화비닐(PVC) 등 플라스틱을 유연하게 만드는 데 사용되는 가소제이다.

◆ 프탈레이트계 가소제의 종류 : DEHP(di(2-ethylhexyl) phthalate), DBP(dibutyl phthalate), BBP(butyl benzyl phthalate), DINP(di- isononyl phthalate), DNOP(di-n-octyl phthalate), DIDP(di-iso-decyl phthalate)

◆ 간이나 신장 등에 치명적 손상을 줄 우려 때문에 그간 논란이 돼 왔다.

◆ 세계 각국은 6종의 프탈레이트(프탈산에스테르)계 가소제를 1999년부터 내분비계 장애(환경호르몬) 추정물질로 관리해 왔다.

◆ 프탈레이트류는 건축자재를 통한 공기 흡입, 화장품류를 통한 피부 노출, PVC 튜브 등의 의료기기 사용으로 인한 노출, 어린이용품을 통한 노출, 물 또는 식품의 섭취 등의 다양한 경로를 통하여 인체에 노출된다.

제2과목 식품화학

21 아크릴아마이드 acrylamide

◆ 무색의 투명 결정체이다.

◆ 감자, 쌀 그리고 시리얼 같은 탄수화물이 풍부한 식품을 제조, 조리하는 과정에서 자연적으로 생성되는 발암가능 물질로 알려져 있다.

◆ 아크릴아마이드의 생성과정은 정확히 밝혀지지 않았으나 자연 아미노산인 asparagine이 포도당 같은 당분과 함께 가열되면서 아크릴아마이드가 생성되는 것으로 추정되고 있다.

◆ 120℃보다 낮은 온도에서 조리하거나 삶은 식품에서는 아크릴아마이드가 거의 검출되지 않는다.

◆ 일반적으로 감자, 곡류 등 탄수화물 함량이 많고 단백질 함량이 적은 식물성 원료를 120℃ 이상으로 조리 혹은 가공한 식품이 다른 식품군에 비해 아크릴아마이드 함량이 높다.

22 관능검사 패널

① 차이식별 패널

◆ 원료 및 제품의 품질검사, 저장시험, 원가절감 또는 공정개선 시험에서 제품 간의 품질차이를 평가하는 패널이다.

◆ 보통 10~20명으로 구성되어 있고 훈련된 패널이다.

② 특성묘사 패널

◆ 신제품 개발 또는 기존제품의 품질 개선을 위하여 제품의 특성을 묘사하는 데 사용되는 패널이다.

◆ 보통 고도의 훈련과 전문성을 겸비한 요원 6~12명으로 구성되어 있다.

③ 기호조사 패널

◆ 소비자의 기호도 조사에 사용되며, 제품에 관한 전문적 지식이나 관능검사에 대한 훈련이 없는 다수의 요원으로 구성된다.

◆ 조사크기 면에서 대형에서는 200~20000명, 중형에서는 40~200명을 상대로 조사한다.

④ 전문패널

◆ 경험을 통해 기억된 기준으로 각각의 특성을 평가하는 질적검사를 하며, 제조과정 및 최종제품의 품질차이를 평가, 최종품질의 적절성을 판정한다.

◆ 포도주 감정사, 유제품 전문가, 커피 전문가 등

23 수분활성도 water activity : A_W

◆ 어떤 임의의 온도에서 식품이 나타내는 수증기압(P_S)에 대한 그 온도에 있어서의 순수한 물의 최대 수증기압(P_O)의 비로써 정의한다.

◆ $A_W = \dfrac{P_S}{P_O} = \dfrac{N_W}{N_W + N_S}$

P_S : 식품 속의 수증기압
P_O : 동일온도에서의 순수한 물의 수증기압
N_W : 물의 몰(mole)수
N_S : 용질의 몰(mole)수

24 과당 fructose, fruit sugar, Fru

◆ ketone기(−C = O−)를 가지는 ketose이다.

◆ 천연산의 것은 D형이며 좌선성이다.

25 관능검사

◆ 단순차이검사 : 두 개의 검사물들 간에 차이유무를 결정하기 위한 방법으로 동일 검사물의 짝과 이질 검사물의 짝을 제시한 후 두 시료 간에 같은지 다른지를 평가하게 하는 방법이다.

◆ 일-이점검사 : 기준 시료를 제시해주고 두 검사물 중에서 기준 시료와 동일한 것을 선택하도록 하는 방법으로 이는 기준시료와 동일한 검사물만 다시 맛보기 때문에 삼점검사에 비해 시간이 절약될 뿐만 아니라 둔화현상도 어느 정도 방지할 수 있다. 따라서 검사물의 향미나 뒷맛이 강할 때 많이 사용되는 방법이다.

◆ 삼점검사 : 종합적 차이검사에서 가장 많이 쓰이는 방법으로 두 검사물은 같고 한 검사물은 다른 세 개의 검사물을 제시하여 어느 것이 다른지를 선택하도록 하는 방법이다.

◆ 이점비교검사 : 두 개의 검사물을 제시하고 단맛, 경도, 윤기 등 주어진 특성에 대해 어떤 검사물의 강도가 더 큰지를 선택하도록 하는 방법으로 가장 간단하고 많이 사용되는 방법이다.

26 클로로필은 알칼리의 존재하에서 가열하면

◆ 먼저 phytyl ester 결합이 가수분해되어 선명한 녹색의 chlorophyllide가 형성된다.
◆ 다시 methyl ester 결합이 가수분해되어 진한 녹색의 수용성인 chlorophylline을 형성한다.

27 어류의 비린내 성분

◆ 선도가 떨어진 어류에서는 트리메틸아민(trimethylamine), 암모니아(ammonia), 피페리딘(piperidine), δ-아미노바레르산(δ-aminovaleric acid) 등의 휘발성 아민류에 의해서 어류 특유의 비린내가 난다.
◆ piperidine는 담수어 비린내의 원류로서 아미노산인 lysine에서 cadaverine을 거쳐 생성된다.

28 식품의 리올로지rheology

◆ 청국장, 납두 등에서와 같이 실처럼 물질이 따라오는 성질을 예사성(spinability)이라 한다.
◆ 국수반죽과 같이 대체로 고체를 이루고 있으며 막대기 모양 또는 긴 끈 모양으로 늘어나는 성질을 신전성(extesibility)이라 한다.
◆ 젤리, 밀가루 반죽처럼 외부의 힘에 의해 변형된 물체가 외부의 힘이 제거되면 본 상태로 돌아가는 현상을 탄성(elasticity)이라 한다.
◆ 외부에서 힘의 작용을 받아 변형이 되었을 때 힘을 제거하여도 원상태로 되돌아가지 않는 성질을 소성(plasticity)이라 한다.

29 유기산의 이름

◆ 호박산 : succinic acid
◆ 사과산 : malic acid
◆ 주석산 : tartaric acid
◆ 구연산 : citric acid
◆ 젖산 : lactic acid
◆ 초산 : acetic acid

30 리폭시게나아제lipoxygenase

◆ 콩의 비린내 원인물질로서 리놀산과 리놀렌산 같은 긴 사슬의 불포화지방산 산화과정에 관여함으로써 유발되는 것으로 알려져 있다.

31 전분의 호정화 dextrinization

◆ 전분에 물을 가하지 않고 160~180℃ 이상으로 가열하면 열분해되어 가용성 전분을 거쳐 호정(dextrin)으로 변화하는 현상을 말한다.
◆ 토스트, 비스킷, 미숫가루, 팽화식품(puffed food) 등은 호정화된 식품이다.

32 유지의 산패

◆ 유지분자 중 2중 결합이 많으면 활성화되는 methylene기($-CH_2$)의 수가 증가하므로 자동산화속도는 빨라진다.
◆ 2중 결합이 가장 많은 arachidonic acid가 가장 산패가 빠르다.
◆ arachidonic acid($C_{20:4}$), linoleic acid($C_{18:2}$), stearic acid($C_{18:0}$), palmitic acid($C_{16:0}$)

33 오브알부민 ovalbumin

◆ 난백단백질의 약 54%를 차지하고 있는 단백질로서 가열에 의해서 난백이 변성 응고할 때의 주역할을 한다.

⊕ 콘알부민(conalbumin)은 난백단백질의 12~13%, 오보뮤코이드(ovomucoid)는 11%, 라이소자임(lysozyme)은 3.5%를 차지한다.

34 도정률이 높아짐에 따라

◆ 지방, 섬유소, 회분, 비타민 등의 영양소는 손실이 커지고 탄수화물량이 증가한다.
◆ 총열량이 증가하고 밥맛, 소화율도 향상된다.

35 식품의 가공 중 변색

◆ 녹차를 발효시키면 polyphenol oxidase에 의해 theaflavin이라는 적색색소가 형성된다.
◆ 감자를 깎았을 때 갈변은 주로 tyrosinase에 의한 변화이다.
◆ 새우와 게를 가열하면 아스타크산틴(astaxanthin)이 아스타신(astacin)으로 변화되어 붉은 색을 나타낸다.

36 식품의 산성 및 알칼리성

◆ 알칼리성 식품 : Ca, Mg, Na, K 등의 원소를 많이 함유한 식품. 과실류, 야채류, 해조류, 감자, 당근 등
◆ 산성 식품 : P, Cl, S, I 등 원소를 함유하고 있는 식품. 고기류, 곡류, 달걀, 콩류 등

37 가소성 유체 plastic fluid

◆ 가소성의 유동성을 나타내는 유체 또는 반고체는 일정한 크기의 전단력이 작용할 때까지 변형이 일어나지 않으나 그 이상의 전단력이 작용하면 뉴턴 유체와 같은 직선관계를 나타낸다.

◆ 밀가루 반죽과 같은 것, 토마토케첩, 마요네즈, 마가린, whipped cream, whipped egg white, 토핑 등이 있다.

38 단백질의 기능성

◆ 용해도, 수분흡수력, 유지흡수력, 유화성, 기포성, 젤형성력, 응고성, 점성 등으로 분류한다.
◆ 이런 특성으로 인하여 단백질 식품이 다양한 식품 가공에 사용되어지고 있다.

39 펙트산 pectic acid

◆ 100~800개 정도의 α-D-galacturonic acid가 α-1, 4 결합에 의하여 결합된 중합체이다.
◆ 분자 속의 carboxyl기에 methyl ester가 전혀 존재하지 않는 polygalacturonic acid이다.
◆ 비수용성의 물질이다.

40 유화제 분자 내의 친수기와 소수기

◆ 극성기(친수성기) : -OH, -COOH, -CHO, $-NH_2$
◆ 비극성기(소수성기) : $-CH_3$와 같은 alkyl기($R = C_nH_{2n}+1$)

⊕ 물과 친화력이 강한 콜로이드에는 -OH, - COOH 등의 원자단이 있다.

제3과목 식품가공학

41 수산 건조식품

◆ 자건품 : 수산물을 그대로 또는 소금을 넣고 삶은 후 건조한 것
◆ 배건품 : 수산물을 한 번 구워서 건조한 것
◆ 염건품 : 수산물에 소금을 넣고 건조한 것
◆ 동건품 : 수산물을 동결·융해하여 건조한 것
◆ 소건품 : 원료 수산물을 조미하지 않고 그대로 건조한 것

42 우유의 살균법

◆ 저온장시간살균법(LTLT) : 62~65℃에서 20~30분
◆ 고온단시간살균법(HTST) : 71~75℃에서 15~16초
◆ 초고온순간살균법(UHT) : 130~150℃에서 0.5~5초

43 가당연유의 살균 preheating 목적

◆ 미생물과 효소 등을 살균, 실활시켜 제품의 보존성을 연장시키기 위해
◆ 첨가한 설탕을 완전히 용해시키기 위해

◆ 농축 시 가열면에 우유가 눌어붙는 것을 방지하여 증발이 신속히 되도록 하기 위해
◆ 단백질에 적당한 열변성을 주어서 제품의 농후화(age thickening)를 억제시키기 위해

44 탈삽기작

◆ 탄닌 물질이 없어지는 것이 아니고 탄닌 세포 중의 가용성 탄닌이 불용성으로 변화하게 되므로 떫은맛을 느끼지 않게 되는 것이다.
◆ 즉, 과실이 정상적으로 호흡할 때는 산소를 흡수하여 물과 이산화탄소가 되나 산소의 공급을 제한하여 정상적인 호흡작용을 억제하면 분자간 호흡을 하게 되는데 이때 과실 중 아세트알데히드, 아세톤, 알코올 등이 생기며 이들 화합물이 탄닌과 중합하여 불용성이 되게 한다.

45 냉점cold point

◆ 포장식품에 열을 가했을 때 그 내부에는 대류나 전도열이 가장 늦게 미치는 부분을 말한다.
◆ 액상의 대류가열 식품은 용기 아래쪽 수직 축상에 그 냉점이 있고, 잼 같은 반고형 식품은 전도·가열되어 수직 축상 용기의 중심점 근처에 냉점이 있다.
◆ 육류, 생선, 잼은 전도·가열되고 액상은 대류와 전도가열에 의한다.

46 유탕면

◆ 생면을 기름(팜유나 대두유)에 튀겨 제조한 것이다.

47 농산물의 저장 중 호흡작용

◆ 수확된 농산물은 영양보급이 끊어진 후에도 호흡작용을 계속하게 되며, 시간이 경과함에 따라 점차 약해진다.
◆ 일반적으로 곡류가 채소류보다 호흡작용이 약하다.
◆ 호흡작용은 온도, 습도, 공기조성, 미생물, 빛, 바람과 같은 환경요인에 의해 좌우되며, 그 중에서도 온도의 영향이 가장 크다.
◆ 표면적이 클수록 호흡량이 증가하고 중량과는 연관이 없다.

48 정미기의 도정작용

◆ 마찰식은 추의 저항으로 쌀이 서로 마찰과 찰리작용을 일으켜 도정이 된다. 현재 식용 정백미 도정에 쓰인다.
◆ 통풍식은 횡형원통마찰식 정미기의 변형으로 된 압력계 정미기이다. 현재 식용 백미 도정에 널리 쓰인다.
◆ 연삭식은 롤(roll)의 연삭, 충격작용에 의하여 도정이 된다. 연삭식은 수형식과 횡형식이 있는데 주로 식용미는 횡형식을 사용하나 주조미는 수형식을 사용한다. 연삭식은 도정력이 크고 쇄미가 적어 정미, 정맥은 물론 모든 도정에 사용할 수 있으므로 만능도정기라고도 한다.

49 원심분리법에 의한 크림분리기 cream separator

◆ 원통형(tubular bowl type)과 원추판형(disc bowl type) 분리기가 있다.
◆ 원추판형(disc bowl type) 분리기가 많이 이용되고 있다.

50 식용유의 분류

① 액체기름
◆ 식물성 기름
- 건성유 : 아마인유, 호두기름, 송진유, 동유, 홍화유, 들기름 등
- 반건성유 : 채유, 참기름, 미강유, 옥수수기름, 면실유 등
- 불건성유 : 낙화생유, 올리브유, 피마자유, 동백유 등
◆ 동물성 기름
- 해산동물유 : 해수유, 고래기름 등
- 어유 : 정어리기름, 청어기름 등
- 간유 : 대구간유, 상어간유 등

② 고체지방
◆ 식물성 지방 : 팜유, 야자유 등
◆ 동물성 지방 : 우지, 돈지, 양지 등
◆ 가공 지방 : 마가린, 쇼트닝 등

51 전분 분리법

◆ 침전법 : 전분의 비중을 이용한 자연침전법으로 분리된 전분유를 침전탱크에서 8~12시간 정치하여 전분을 침전시킨 다음 배수하고 전분을 분리하는 방법이다.
◆ 테이블법(tabling) : 입자 자체의 침강을 이용한 방법으로 탱크침전법과 같으나 탱크 대신 테이블을 이용한 것이 다르다. 전분유를 테이블(1/1200~1/500 되는 경사면)에 흘려 넣으면 가장 윗부분에 모래와 큰 전분 입자가 침전하고 중간부에 비교적 순수한 전분이 침전하며 끝에 가서 고운 전분 입자와 섬유가 침전하게 된다.
◆ 원심분리법 : 원심분리기를 사용하여 분리하는 방법으로 순간적으로 전분 입자와 즙액을 분리할 수 있어 전분 입자와 불순물의 접촉시간이 가장 짧아 매우 이상적이다.

52 수분활성도

$$A_W = \frac{N_W}{N_W + N_S}$$

A_W : 수분활성도
N_W : 물의 몰수
N_S : 용질의 몰수

$$A_W = \frac{\frac{52}{18}}{\frac{52}{18} + \frac{48}{58.5}}$$

$$= \frac{2.89}{2.89 + 0.82} = 0.78$$

53 사일런트 커터 silent cutter

◆ 소시지(sausage) 가공에서 일단 만육된 고기를 더욱 곱게 갈아서 고기의 유화 결착력을 높이는 기계이다.

◆ 첨가물을 혼합하거나 이기기(kneading) 등 육제품 제조에 꼭 필요하다.

54 콩의 영양을 저해하는 인자

◆ 트립신 저해제(trypsin inhibitor), 적혈구 응고제(hemagglutinin), 리폭시게나아제(lipoxygenase), phytate(inositol hexaphosphate), 라피노스(raffinose), 스타키오스(stachyose) 등이다.

55 멸치젓을 소금으로 절여 발효하면

◆ 산가, 과산화물가, 카보닐가(peroxide value), 가용성질소 등이 증가한다.

◆ pH는 발효초기(15~20일) 약간 낮아졌다가(산성화) 이후 거의 변화가 없다.

◆ 미생물은 호염성 또는 호기적, 편성 혐기성균이며 생균수는 15~20일 사이에 급격히 증가하다가 점차 감소한다.

56 유지의 정제

◆ 채취한 원유에는 검, 단백질, 점질물, 지방산, 색소, 섬유질, 탄닌, 납질물 그리고 물이 들어 있다.

◆ 이들 불순물을 제거하는 데 물리적 방법인 정치, 여과, 원심분리, 가열, 탈검처리와 화학적 방법인 탈산, 탈색, 탈취, 탈납 공정 등이 병용된다.

- 알칼리정제(alkali refining) : 수산화나트륨 용액으로 유리지방산을 중화 제거하는 방법. 이 방법은 유리지방산뿐만 아니라 생성된 비누분과 함께 껍질, 색소 등도 흡착 제거된다.
- 저온처리(탈납, winterization) : salad oil 제조 시에만 하는 것으로 탈취하기 전에 저온 처리하여 고체지방을 제거하는 공정
- 탈검(degumming) : 불순물인 인지질(lecithin) 같은 고무질을 주로 제거하는 조작. 더운 물 또는 수증기를 넣으면 이들 물질이 기름에 녹지 않게 되므로 정치법 또는 원심분리법을 사용하여 분리할 수 있다.

◆ 유지의 정제공정 : 원유 → 정치 → 여과 → 탈검 → 탈산 → 탈색 → 탈취 → 탈납(윈터화)

57 소요열량

◆ 열량 = 질량 × 비열 × 온도차

$= 1.149\text{kg/m}^3 \times 10 \times (1.0048 + 1.009)/2 \times 55$

$= 1.149 \times 10 \times 1.0069 \times 55$

$= 636.3\text{kW}$

58 해동강직 thaw rigor

- ◆ 사후강직 전의 근육을 동결시킨 뒤 저장하였다가 짧은 시간에 해동시킬 때 발생하는 강한 수축현상을 말한다.
- ◆ 최대경직기에 도달하지 않았을 때 동결한 근육은 해동함에 따라 남아있던 글리코겐과 ATP의 소비가 다시 활발해져서 최대경직에 이르게 된다.
- ◆ 해동 시 경직에 도달하는 속도가 훨씬 빠르고 수축도 심하여 경도도 높고 다량의 드립을 발생한다.
- ◆ 이것을 피하기 위해서는 최대경직기 후에 동결하면 된다.
- ◆ 저온단축과 마찬가지로 ATP 존재 하에 수축이라는 점에서 동결에 의한 미토콘드리아와 근소포체의 기능저하에 따른 유리 Ca^{++}의 증대에 기인된다.

59 분무건조 spray drying

- ◆ 액체식품을 분무기를 이용하여 미세한 입자로 분사하여 건조실 내에 열풍에 의해 순간적으로 수분을 증발하여 건조, 분말화시키는 것이다.
- ◆ 열풍온도는 150~250℃이지만 액적이 받는 온도는 50℃ 내외에 불과하여 건조제품은 열에 의한 성분변화가 거의 없다.
- ◆ 열에 민감한 식품의 건조에 알맞고 연속 대량 생산에 적합하다.
- ◆ 우유는 물론 커피, 과즙, 향신료, 유지, 간장, 된장과 치즈의 건조 등 광범위하게 사용되고 있다.

60 콩 단백질의 특성

- ◆ 콩 단백질의 주성분은 음전하를 띠는 glycinin이다.
- ◆ 콩 단백질은 묽은 염류용액에 용해된다.
- ◆ 콩을 수침하여 물과 함께 마쇄하면, 인산칼륨용액에 의해 glycinin이 용출된다.
- ◆ 두부는 콩 단백질인 glycinin을 70℃ 이상으로 가열하고 $MgCl_2$, $CaCl_2$, $CaSO_4$ 등의 응고제를 첨가하면 glycinin(음이온)은 Mg^{++}, Ca^{++} 등의 금속이온에 의해 변성(열, 염류) 응고하여 침전된다.

제4과목 식품미생물학

61 탄산음료의 미생물 변패

- ◆ 탄산음료는 탄산가스에 의하여 미생물의 생육은 억제되거나 살균된다.
- ◆ 이는 탄산가스에 의한 혐기적 환경과 pH 저하로 미생물 생육환경에 알맞지 않기 때문이다.

62 종속영양미생물

◆ 모든 필수대사산물을 직접 합성하는 능력이 없기 때문에 다른 생물에 의해서 만들어진 유기물을 이용한다.
◆ 탄소원, 질소원, 무기염류, 비타민류 등의 유기화합물은 분해하여 호흡 또는 발효에 의하여 에너지를 얻는다.
◆ 탄소원으로는 유기물을 요구하지만 질소원으로는 무기태 질소나 유기태 질소를 이용한다.

63 곰팡이 포자

◆ 유성포자 : 두 개의 세포핵이 융합한 후 감수분열하여 증식하는 포자
 – 난포자, 접합포자, 담자포자, 자낭포자 등이 있다.
◆ 무성포자 : 세포핵의 융합 없이 단지 분열 또는 출아증식 등 무성적으로 생긴 포자
 – 포자낭포자(내생포자), 분생포자, 후막포자, 분열포자 등이 있다.

64 총균수

◆ 총균수 = 초기균수 × $2^{세대기간}$
 60분씩 3시간이면 세대수는 3, 초기균수 5이므로 $5 \times 2^3 = 40$

65 *Penicillium*속의 특징

◆ 항생물질인 penicillin의 생산과 cheese 숙성에 관여하는 유용균이 많으나 빵, 떡, 과일 등을 변패시키는 종류도 많다.
◆ *Aspergillus*와 달리 병족세포와 정낭을 만들지 않고, 균사가 직립하여 분생자병을 발달시켜 분생포자를 만든다.
◆ 포자의 색은 청색 또는 청녹색이므로 푸른곰팡이라고 한다.

66 정상기stationary phase

◆ 생균수는 일정하게 유지되고 총균수는 최대가 되는 시기이다.
◆ 일부 세포가 사멸하고 다른 일부의 세포는 증식하여 사멸수와 증식수가 거의 같아진다.
◆ 영양물질의 고갈, 대사생산물의 축적, 배지 pH의 변화, 산소공급의 부족 등 부적당한 환경이 된다.
◆ 생균수가 증가하지 않으며 내생포자를 형성하는 세균은 이 시기에 포자를 형성한다.

67 바이로이드 병원체 특성

◆ 핵산(RNA)으로만 구성되어 있고, 핵산과 단백질로 구성된 바이러스와 비슷한 전염 특성을 갖고 있다.
◆ 바이로이드는 크기가 작고 분자량이 바이러스보다 더욱 작으며 식물세포를 감염할 수 있는 리보핵산(RNA)으로 스스로 복제하고 병을 일으킬 수 있다.

◆ RNA의 분자량이 바이로이드는 110,000~130,000인데 비하여 바이러스는 1,000,000~10,000,000이다.
◆ 바이러스의 RNA는 단백질 껍데기에 들어있는 데 비해 바이로이드의 RNA는 껍데기가 없이 노출된 상태로 존재한다.
◆ 바이로이드 RNA는 약 250~400개의 뉴클레오타이드로 만들어진 크기가 작은 핵산이며, 따라서 이 핵산은 바이로이드가 복제하는 데 필요한 복제효소 가운데 단 하나도 만들 수 없을 정도로 적은 정보만을 가지고 있다.
◆ 바이로이드는 핵단백질이 아닌 노출된 RNA로 존재하므로 분리, 순화에 있어 어려움이 크며 전자 현미경으로 병원체를 확인하기도 힘들다.

68 세균의 포자spore

◆ 영양조건이 변화하여 생육조건이 악화되면 세포 내에 포자를 형성한다.
◆ 포자는 무성적으로 이루어지며 보편적으로 1개의 세균 안에 1개의 포자를 형성한다.
◆ 포자는 몇 층의 외피를 가진 복잡한 구조로 되어 있어서 내열성일 뿐만 아니라 내구기관으로서의 특징을 가진다.
◆ 포자 내의 수분함량은 대단히 적고 대부분의 수분은 결합수로 되어 있어서 내건조성을 나타낸다.
◆ 포자 형성균으로는 그람양성균인 호기성의 *Bacillus*속과 혐기성의 *Clostridium*속에 한정되어 있다.

69 스트렙토마이신streptomycin

◆ 당을 전구체로 하는 대표적인 항생물질이다.
◆ 생합성은 방선균인 *Streptomyces griceus*에 의해 D-glucose로부터 중간체로서 myoinositol을 거쳐 생합성 된다.

70 진균류*Eumycetes*

◆ 격벽의 유무에 따라 조상균류와 순정균류로 분류한다.
◆ 조상균류 : 균사에 격벽(격막)이 없다.
- 호상균류 : 곰팡이
- 난균류 : 곰팡이
- 접합균류 : 곰팡이(*Mucor*속, *Rhizopus*속, *Absidia*속)

◆ 순정균류 : 균사에 격벽이 있다.
- 자낭균류 : 곰팡이(*Monascus*속, *Neurospora*속), 효모
- 담자균류 : 버섯, 효모
- 불완전균류 : 곰팡이(*Aspergillus*속, *Penicillium*속, *Trichoderma*속), 효모

71 편모flagella

◆ 세균의 운동기관이다.
◆ 편모는 위치에 따라 극모와 주모로 대별한다.

◆ 극모는 단모, 속모, 양모로 나뉜다.
◆ 주로 간균이나 나선균에만 존재하며 구균에는 거의 없다.
◆ 편모의 유무, 수, 위치는 세균의 분류학상 중요한 기준이 된다.

72 돌연변이 mutation

◆ DNA의 염기 배열이 원 DNA의 염기 배열과 달라졌을 때 흔히 쓰는 말이다.
◆ DNA의 염기 배열 변화로 일어나는 돌연변이는 대부분의 경우 생물체의 유전학적 변화를 가져오게 된다.
◆ 대부분 불리한 경우로 나타나지만 때로는 유익한 변화로 나타나는 경우도 있다.

73 glutamic acid 발효에 사용되는 생산균

◆ *Corynebacterium glutamicum*을 비롯하여 *Brev. flavum*, *Brev. lactofermentum*, *Microb. ammoniaphilum*, *Brev. thiogentalis* 등이 알려져 있다.

74 효모 yeast의 특성

◆ 진핵세포의 구조를 가지며 출아법(budding)에 의하여 증식하는 균류이다.
◆ 당질원료 이외의 탄화수소를 탄소원으로 하여 생육하는 효모가 발견되어 단세포단백질의 생산이 실용화되고 있다.
◆ 알코올 발효능이 강한 균종이 많아서 주류의 양조, 알코올 제조, 제빵 등에 이용되고 있다.
◆ 식·사료용 단백질, 비타민, 핵산관련물질 등의 생산에도 중요한 역할을 하고 있다.

75 효모의 산업적인 이용

◆ 식·사료용 단백질, 비타민, 핵산관련물질, 리파아제, 글리세롤 등의 생산에 이용된다.
◆ 주류의 양조, 알코올 제조, 제빵 등에도 이용되고 있다.

⊕ 항생물질의 생산에 이용되는 미생물은 대부분 방선균(방사성균)이다.

76 그람염색 결과 판정

◆ 자주색(그람양성균) : 연쇄상구균, 쌍구균(폐염구균), 4련구균, 8련구균, *Staphylococcus*속, *Bacillus*속, *Clostridium*속, *Corynebacterium*속, *Mycobacterium*속, *Lactobacillus*속, *Listeria*속 등
◆ 적자색(그람음성균) : *Aerobacter*속, *Neisseria*속, *Escherhchia*속(대장균), *Salmonella*속, *Pseudomonas*속, *Vibrio*속, *Campylobacter*속 등

77 효모의 증식

◆ 대부분의 효모는 출아법(budding)으로서 증식하고 출아방법은 다극출아와 양극출아 방법이 있다.

◆ 종에 따라서는 분열, 포자 형성 등으로 생육하기도 한다.
◆ 효모의 유성포자에는 동태접합과 이태접합이 있고, 효모의 무성포자는 단위생식, 위접합, 사출포자, 분절포자 등이 있다.
- *Saccharomyces*속, *Hansenula*속, *Candida*속, *Kloeckera*속, *Torulaspora*속 등은 출아법에 의해서 증식
- *Schizosaccharomyces*속은 분열법으로 증식

78 영양요구성 미생물

◆ 일반적으로 세균, 곰팡이, 효모의 많은 것들은 비타민류의 합성 능력을 가지고 있으므로 합성배지에 비타민류를 주지 않아도 생육하나 영양요구성이 강한 유산균류는 비타민 B군을 주지 않으면 생육하지 않는다.
◆ 유산균이 요구하는 비타민류

비타민류	요구하는 미생물(유산균)
biotin	*Leuconostoc mesenteroides*
vitamin B_{12}	*Lactobacillus leichmanii, Lactobacillus lactis*
folic acid	*Lactobacillus casei*
vitamin B_1	*Lactobacillus fermentii*
vitamin B_2	*Lactobacillus casei, Lactobacillus lactis*
vitamin B_6	*Lactobacillus casei, Streptococcus faecalis*

79 대수기(증식기, logarithimic phase)

◆ 세포는 급격히 증식을 시작하여 세포 분열이 활발하게 되고, 세대시간도 가장 짧고, 균수는 대수적으로 증가한다.
◆ 대사물질이 세포질 합성에 가장 잘 이용되는 시기이다.
◆ RNA는 일정하고, DNA가 증가하고, 세포의 생리적 활성이 가장 강하고 예민한 시기이다.
◆ 이때의 증식속도는 환경(영양, 온도, pH, 산소 등)에 따라 결정된다.

80 증식온도에 따른 미생물의 분류

종류	최저온도(℃)	최적온도(℃)	최고온도(℃)	예
저온균(호냉균)	0~10	12~18	25~35	발광세균, 일부 부패균
중온균(호온균)	0~15	25~37	35~45	대부분의 세균, 곰팡이, 효모, 초산균, 병원균
고온균(호열균)	25~45	50~60	70~80	황세균, 퇴비세균, 유산균

81 균체 내 효소와 균체 외 효소

① 균체 내 효소
- ◆ 합성되어 미생물의 세포 내에 그대로 머물러 있는 효소이다.
- ◆ 균체의 성분을 합성한다.
- ◆ glucose oxidase, uricase, glucose isomerase 등이다.

② 균체 외 효소
- ◆ 미생물이 생산하는 효소 중 세포 밖에 분비되는 효소이다.
- ◆ 기질을 세포 내에 쉽게 흡수할 수 있는 저분자량의 물질로 가수분해한다.
- ◆ amylase, protease pectinase 등의 가수분해 효소가 많다.

82 근육조직에 저장된 에너지 형태

- ◆ 척추동물 근육 중에 함유된 creatine phosphate은 고에너지 결합 ADP에서 ATP을 가역적 반응으로 생성한다.

$$\text{creatine phosphate} + \text{ADP} \xrightleftharpoons{\text{creatinekinase}} \text{creatine} + \text{ATP}$$

83 요소의 합성과정

- ◆ ornithine이 citrulline로 변성되고 citrulline은 arginine으로 합성되면서 urea가 떨어져 나오는 과정을 urea cycle이라 한다.
- ◆ 아미노산의 탈아미노화에 의해서 생성된 암모니아는 대부분 간에서 요소 회로를 통해서 요소를 합성한다.

84 한 개 유전자-한 개 폴리펩타이드$^{\text{one gene-one polypeptide}}$이론

- ◆ 유전자에 대한 초기학설은 "하나의 유전자는 하나의 단백질을 생산한다(one gene one protein theory)" 그 후에는 "하나의 유전자는 하나의 폴리펩타이드 사슬을 형성하는 데 관여한다(one gene one polypeptide theory)"고 하였다.
- ◆ 최근의 학설은 하나의 유전자가 여러 개의 폴리펩타이드 생산에 기여한다고 변하고 있다.

85 당신생^{gluconeogenesis}

- ◆ 비탄수화물로부터 glucose, glycogen을 합성하는 과정이다.
- ◆ 당신생의 원료물질은 유산(lactatic acid), 피루브산(pyruvic acid), 알라닌(alanine), 글루타민산(glutamic acid), 아스파라긴산(aspartic acid)과 같은 아미노산 또는 글리세롤 등이다.
- ◆ 해당경로를 반대로 거슬러 올라가는 가역반응이 아니다.
- ◆ 당신생은 주로 간과 신장에서 일어나는데, 예를 들면 격심한 근육운동을 하고 난 뒤 회복기 동안 간에서 젖산을 이용한 혈당 생성이 매우 활발히 일어난다.

86 효모배양 시

◆ 배양액 중의 당농도가 높으면 호기적 조건하에서도 알코올 발효를 하게 되며 그 결과 균체의 대당수득률은 감소한다.
◆ 반대로 당이 부족하면 자기소화가 일어나고 제품의 질이 나빠진다.
◆ 따라서 당농도는 당 동화비율과 같은 비율로 공급한다. 최적 당농도는 약 0.1% 전후이지만 실제 0.5~1% 정도의 당농도에서 배양되고 있다.

87 등전점isoelectric point

◆ 아미노산은 그 용액을 산성 혹은 알카리성으로 하면 양이온, 음이온의 성질을 띤 양성 전해질로 된다. 이와 같이 양하전과 음하전을 이루고 있는 아미노산 용액의 pH를 등전점이라 한다.
◆ 아미노산의 등전점보다 pH가 낮아져서 산성이 되면, 보통 카르복시기가 감소하여 아미노기가 보다 많이 이온화하므로 분자는 양(+)전하를 얻어 양이온이 된다.
◆ 반대로 pH가 높아져서 알칼리성이 되면 카르복시기가 강하게 이온화하여 음이온이 된다.

88 세포막의 기능

◆ 각각의 세포 개체를 유지시켜주고 세포 내용물을 보호하는 중요한 역할을 한다.
◆ 필요한 영양소나 염류를 세포 내로 운반하거나 또는 노폐물을 세포 외로 배출하는 등 물질의 출입에 관여하며 세포 전체의 대사를 제어한다.
◆ 인슐린 등의 호르몬을 식별하여 결합하며, 그 수용체는 막을 통과시켜 세포 내의 효소계 기능을 조절한다.
◆ 그 외에 세포막에는 특이항원부위가 있으며, 세포 상호를 식별할 수 있는 기능이 있다.
◆ 세포막이 물질을 수송하는 주된 수단으로서 수동수송과 능동수송이 있다.

89 단백질 합성

◆ 생체 내에서 DNA의 염기서열을 단백질의 아미노산 배열로 고쳐 쓰는 작업을 유전자의 번역이라 한다. 이 과정은 세포질 내의 단백질 리보솜에서 일어난다.
◆ 리보솜에서는 mRNA(messenger RNA)의 정보를 근거로 이에 상보적으로 결합할 수 있는 tRNA(transport RNA)가 날라 오는 아미노산들을 차례차례 연결시켜서 단백질을 합성한다.
◆ 아미노산을 운반하는 tRNA는 클로버 모양의 RNA로 안티코돈(anticodon)을 갖고 있다.
◆ 합성의 시작은 메티오닌(methionine)이 일반적이며, 합성을 끝내는 부분에서는 아미노산이 결합되지 않는 특정한 정지 신호를 가진 tRNA가 들어오면서 아미노산 중합반응이 끝나게 된다.
◆ 합성된 단백질은 그 단백질이 갖는 특정한 신호에 의해 목적지로 이동하게 된다.

90 일차대사산물을 높은 효율로 얻기 위한 방법

◆ 영양요구성 변이 이용

◆ analogue 내성 변이 이용
◆ feedback 내성 변이 이용

91 t-RNA

◆ sRNA(soluble RNA)라고도 한다.
◆ 일반적으로 클로버잎 모양을 하고 있고 핵산 중에서는 가장 분자량이 작다.
◆ 5′말단은 G, 3′말단은 A로 일정하며 아미노아실화효소(아미노아실 tRNA리가아제)의 작용으로 이 3′말단에 특정의 활성화된 아미노산을 아데노신의 리보스 부분과 에스테르결합을 형성하여 리보솜으로 운반된다.
◆ mRNA의 염기배열이 지령하는 아미노산을 신장중인 펩티드사슬에 전달하는 작용을 한다.
◆ tRNA분자의 거의 중앙 부분에는 mRNA의 코돈과 상보적으로 결합할 수 있는 역코돈(anti-codon)을 지니고 있다.

92 invertase sucrase, saccharase

◆ sucrose를 glucose와 fructose로 가수분해하는 효소이다.
◆ sucrose를 분해한 전화당은 sucrose보다 용해도가 높기 때문에 당의 결정 석출을 방지할 수 있고 또 흡수성이 있으므로 식품의 수분을 적절히 유지할 수가 있다.
◆ 인공벌꿀 제조에도 사용된다.
◆ invertase의 활성측정은 기질인 sucrose로부터 유리되는 glucose 농도를 정량한다.

93 주정 발효 시 술밑 제조

◆ 국법에서는 잡균오염을 억제하고 안전하게 효모를 배양하기 위해서 증자술덧은 먼저 젖산술밑조로 옮겨서 55~60℃에서 밀기울 코지를 첨가한다.
◆ 48℃에서 젖산균(*Lactobacillus delbrueckii*)을 이식하여 45~48℃에서 16~20시간 당화와 동시에 젖산 발효를 시킨다.
◆ pH 3.6~3.8이 되면 90~100℃에서 30~60분 가열살균한 다음 30~33℃까지 냉각하여 효모균을 첨가하여 술밑을 배양한다.

94 당밀의 특수 발효법

① Urises de Melle법(Reuse법)
◆ 발효가 끝난 후 효모를 분리하여 다음 발효에 재사용하는 방법이다.
◆ 고농도 담금이 가능하다.
◆ 당 소비가 절감된다.
◆ 원심분리로 잡균 제거에 용이하다.
◆ 폐액의 60%를 재이용한다.
② Hildebrandt-Erb법(Two stage법)
◆ 증류폐액에 효모를 배양하여 필요한 효모를 얻는 방법이다.

◆ 효모의 증식에 소비되는 발효성 당의 손실을 방지한다.
◆ 폐액의 BOD를 저하시킬 수 있다.

③ 고농도 술덧 발효법

◆ 원료의 담금농도를 높인다.
◆ 주정농도가 높은 숙성 술덧을 얻는다.
◆ 증류할 때 많은 열량이 절약된다.
◆ 동일 생산 비율에 대하여 장치가 적어도 된다.

④ 연속 발효법

◆ 술덧의 담금, 살균 등의 작업이 생략되므로 발효경과가 단축된다.
◆ 발효가 균일하게 진행된다.
◆ 장치의 기계적 제어가 용이하다.

95 유기산 생합성 경로

◆ 해당계(EMP)와 관련되는 유기산 발효 : lactic acid
◆ TCA회로와 관련되는 유기산 발효 : citiric acid, succinic acid, fumaric acid, malic acid, itaconic acid
◆ 직접산화에 의한 유기산 발효 : acetic acid, gluconic acid, 2-ketogluconic acid, 5-ketoglucinic acid, kojic acid
◆ 탄화수소의 산화에 의한 유기산 발효

96 보조효소의 종류와 그 기능

보조효소	관련 비타민	기능
NAD, NADP	Niacin	산화환원반응
FAD, FMN	Vit. B_2	산화환원반응
Lipoic acid	Lipoic acid	수소, acetyl기의 전이
TPP	Vit. B_1	탈탄산반응(CO_2 제거)
CoA	Pantothenic acid	acyl기, acetyl기의 전이
PALP	Vit. B_6	아미노기의 전이반응
Biotin	Biotin	Carboxylation(CO_2 전이)
Cobamide	Vit. B_{12}	methyl기 전이
THFA	Folic acid	탄소 1개의 화합물 전이

97 콜린choline

◆ 세포막을 구성하고 있는 인지질의 성분으로 필수적이며, 신경조직에는 이 인지질이 많이 함유되어 있다.
◆ 생체 내에서는 유리형으로 존재하는 외에 결합형으로서 인지질 포스파티딜콜린(레시틴),

신경전달물질인 아세틸콜린의 구성성분으로서 중요한 화합물이다.
◆ 유리형은 많은 동물·식물조직, 특히 뇌, 담즙, 난황 등에 함유되어 있다.
◆ 비타민 B 복합체의 하나로 결핍되면 지방이 축적되는 지방간이나 신장병변을 일으키며 신장장애, 성장억제 등도 나타난다.
◆ 세포 중에는 세린에서 에탄올아민을 거쳐 메틸화하여 합성된다. 콜린은 아세틸 CoA와 반응하여 아세틸콜린이 된다.
◆ 인지질로는 CDP-콜린을 거쳐 합성된다. 콜린은 항지방간 인자로 발견된 것으로 필수아미노산의 하나인 메티오닌도 이러한 작용을 한다.

98 Gay Lusacc식에 의하면

◆ 이론적으로는 glucose로부터 51.1%의 알코올이 생성된다.
◆ $C_6H_{12}O_6 \longrightarrow 2C_2H_5OH + 2CO_2$의 식에서
이론적인 ethanol 수득률이 51.1%이므로
$1000 \times 51.1/100 = 511$g이다.
◆ 실제 수득률이 95%이므로 알코올 생산량은 $511 \times 0.95 = 486$g이다.

99 발효형식(배양형식)의 분류

① 배지상태에 따라 액체배양과 고체배양
◆ 액체배양 : 표면배양(surface culture), 심부배양(submerged culture)
◆ 고체배양 : 밀기울 등의 고체배지 사용
– 정치배양 : 공기의 자연환기 또는 표면에 강제통풍
– 내부통기배양(강제통풍배양, 퇴적배양) : 금속망 또는 다공판을 통해 통풍
② 조작상으로는 회분배양, 유가배양, 연속배양
◆ 회분배양(batch culture) : 제한된 기질로 1회 배양
◆ 유가배양(fed-batch culture) : 기질을 수시로 공급하면서 배양
◆ 연속배양(continuous culture) : 기질의 공급 및 배양액 회수가 연속적 진행

100 주정 발효의 원료로서 돼지감자를 사용할 때

◆ 이눌린(inulin)은 과당의 중합체이므로 적당한 방법으로 가수분해하면 과당을 얻을 수 있을 뿐 아니라 당화액은 좋은 발효원료가 된다.
◆ 이눌린은 돼지감자의 구근에 많이 함유되어 있다.
◆ 돼지감자를 주정 발효 원료로서 사용할 때에는 그 자체의 효소를 이용하거나 미생물이 생산하는 inulase를 이용하여 당화시키거나 산당화법에 의해서 당화할 필요가 있다.

식품기사 기출문제 해설 2021 2회

제1과목 식품위생학

1 곰팡이독 중독증mycotoxicosis의 특징

◆ 원인식 : 대개 탄수화물이 풍부한 농산물 즉, 쌀, 보리, 옥수수 등의 곡류이다.
◆ 원인식을 검사해 보면 곰팡이 오염의 흔적이 인정된다.
◆ 동물-동물 간, 사람-사람 간 또는 동물-사람 간의 전염은 되지 않는다.
◆ 맹독성과 내열성이 강하여 항생물질 등의 약제 치료효과는 기대할 수 없다.

2 산화방지제의 메커니즘

◆ 항산화제는 유지 자동산화 초기단계에서 free radical이나 peroxy radical(ROO·)에서 hydroperoxide를 생성하는 속도를 효과적으로 억제하여 안정한 화합물로 변화시킨다.
◆ hydroperoxide가 분해되어 최종산화생성물인 carbonyl 화합물을 형성하는 과정에는 관여하지 않는다.

3 대표적인 인수공통감염병

◆ 세균성 질병 : 탄저, 비저, 브루셀라병, 세균성식중독(살모넬라, 포도상구균증, 장염비브리오), 야토병, 렙토스피라병, 리스테리아병, 서교증, 결핵, 재귀열 등
◆ 리케차성 질병 : 발진열, Q열, 쯔쯔가무시병 등
◆ 바이러스성 질병 : 일본뇌염, 인플루엔자, 뉴캐슬병, 앵무병, 광견병, 천연두, 유행성출혈열 등

4 안전관리인증기준(HACCP) 용어 정의

◆ 위해요소분석(hazard Analysis) : 식품 안전에 영향을 줄 수 있는 위해요소와 이를 유발할 수 있는 조건이 존재하는지 여부를 판별하기 위하여 필요한 정보를 수집하고 평가하는 일련의 과정을 말한다.
◆ 한계기준(critical Limit) : 중요관리점에서의 위해요소 관리가 허용범위 이내로 충분히 이루어지고 있는지 여부를 판단할 수 있는 기준이나 기준치를 말한다.
◆ 중요관리점(critical Control Point, CCP) : 안전관리인증기준(HACCP)을 적용하여 식품·축산물의 위해요소를 예방·제어하거나 허용 수준 이하로 감소시켜 당해 식품·축산물의 안전성을 확보할 수 있는 중요한 단계·과정 또는 공정을 말한다.

5 분변검사로 충란 검출이 가능한 기생충

◆ 회충, 편충, 십이지장충(구충), 간흡충, 민촌충(무구촌충) 등 많은 기생충 검출이 가능하다.

6 프로피온산나트륨(CH_3CH_2COONa)

◆ 보존료이며, 백색의 결정, 과립이며 냄새가 없거나 특이한 냄새가 약간 있다.
◆ 산성에서 프로피온산을 유리하는데, 바로 이 산이 세균(곰팡이·호기성 포자형성균)에 대한 항균력을 갖는다.
◆ 항균력은 pH가 낮을수록 효과가 크다.
◆ 치즈, 빵, 양과자 등의 곰팡이 방지제로 사용된다.

7 식품·축산물 안전관리인증기준 [선행요건]

◆ 해동된 식품은 즉시 사용하고 즉시 사용하지 못할 경우 조리 시까지 냉장 보관하여야 하며, 사용 후 남은 부분은 재동결하여서는 아니 된다.

8 페놀프탈레인시액 [식품공전 제11. 2. 시액]

◆ 페놀프탈레인 1g을 에탄올 100mL에 녹인다.

9 구리(Cu)의 위생상 문제

◆ 열전도성이 좋아 가공, 조리용 기구로 사용되지만 물, 탄산에 의해 부식되어 녹청이 생겨 중독을 일으킨다.

10 식품오염에 문제가 되는 방사선 물질

◆ 생성률이 비교적 크고, 반감기가 긴 것 : Sr−90(28.8년), Cs−137(30.17년) 등
◆ 생성률이 비교적 크고, 반감기가 짧은 것 : I−131(8일), Ru−106(1년) 등

11 방향족 탄화수소 화합물 aromatic hydrocarbon compounds

◆ 벤젠(C_6H_6)의 구조를 기본으로 하는 분자 구조를 가진 화합물로 석유 및 관련 생산품의 주요 성분이다.
◆ 독성을 지닌 물질이 많고 일부는 발암물질로 알려져 있다.
◆ 도시나 공장지대 주변에서 생산되는 곡류나 야채류에서 검출되고 있고, 숯으로 구운 고기, 훈연한 육제품, 식용유, 커피 등에서도 3,4−benzopyrene 등의 각종 다환 방향족 탄화수소가 발견되고 있다.

12 식품 조사처리 기준 [식품공전]

◆ 식품 조사처리에 이용할 수 있는 선종은 감마선(γ선) 또는 전자선으로 한다.
◆ 일단 조사한 식품을 다시 조사하여서는 아니 되며 조사식품을 원료로 사용하여 제조·가공한 식품도 다시 조사하여서는 아니 된다.

13 셉신(sepsine)은 부패된 감자에서 생성되어 중독을 일으킨다.

14 트리할로메탄trihalomethane

- ◆ 물속에 포함돼 있는 유기물질이 정수과정에서 살균제로 쓰이는 염소와 반응해 생성되는 물질이다.
- ◆ 유기물이 많을수록, 염소를 많이 쓸수록, 살균과정에서의 반응과정이 길수록, 수소이온농도(pH)가 높을수록, 급수관에서 체류가 길수록 생성이 더욱 활발해진다.
- ◆ 발암성 물질로 알려져 세계보건기구(WHO)나 미국, 일본, 우리나라 등에서 엄격히 규제하고 있으며 미국, 일본, 우리나라 등 트리할로메탄에 대한 기준치를 0.1ppm으로 정하고 있다.

15 바실러스 세레우스*Bacillus cereus*의 원인식품

- ◆ 설사형은 spice를 사용한 식품이나 요리로서 육류 및 채소의 스프, 바닐라 소스, 푸딩 등이 대표적이다.
- ◆ 구토형은 주로 쌀밥이나, 그 요리식품인 볶음밥 등이다.

16 *Listeria monocytogenes*의 특성

- ◆ 생육환경
  - 그람양성, 무포자 간균이며 운동성을 가짐
  - 생육적온은 30~37℃이고 냉장온도(4℃)에서도 성장 가능
  - 최적 pH 7.0이고 최저 pH 3.3~4.2에서도 생존 가능
  - 최적 A_w 0.97이고 최저 0.90에서도 생존 가능
  - 성장 가능 염도(salt %)는 0.5~16%이지만 20%에서도 생존 가능
- ◆ 증상 : 패혈증, 수막염, 자궁내막염, 유산, 사산, 발열, 오한, 두통
- ◆ 잠복기 : 12시간~21일
- ◆ 감염원 : 소, 말, 양, 염소, 돼지 등의 가축이나 닭, 오리 등의 가금류, 생유, 토양, 채소, 배수구, 씽크대, 냉장고, 연성치즈, 아이스크림, 냉동만두, 냉동피자, 소시지, 수산물(훈제연어)
- ◆ 감염량 : 1,000균 추정

17 부패 미생물의 성장에 영향을 줄 수 있는 요인

- ◆ 내적인자 : 식품 고유의 특성으로 수분함량(A_w), pH, 산화환원전위, 영양성분, 항생물질 함유 여부 등이다.
- ◆ 외적인자 : 식품 외부의 환경조건으로 저장온도, 상대습도(ERH), 대기조성 등이다.

18 식품의 초기부패

- ◆ 부패취가 발생한다. (휘발성 염기질소량이 30mg/100g)
- ◆ 변색, 퇴색, 착색 등의 변화가 나타난다.

◆ 탄력이 저하되고 연화되며 점액화가 일어난다.
◆ 액체인 경우 발포, 침전물 등이 나타난다.
◆ 총균수가 증가한다. (세균수 10^7~10^8/g)

19 HACCP의 일반적인 특성

◆ 기록유지는 만일 식품의 안전성에 관한 문제가 발생 시 문제해결, 원인규명, 시정조치는 물론 회수가 필요한 경우는 원재료, 포장재, 최종제품 등의 롯트를 특정하는 데 도움이 된다.
◆ 식품의 HACCP 수행에 있어 가장 중요한 위험요인은 제품 제조특성에 따라 다르다.
◆ 작업장 내에서 공기, 용수, 폐수 등의 흐름을 한눈에 파악할 수 있게 공조시설계통도와 용수·배수처리계통도를 작성해야 한다.
◆ 제품설명서에 최종제품의 기준·규격은 법적규격(식품공전)과 자사기준(위해요소분석결과 위해항목 포함)으로 구분하여 관리하여야 한다.

20 산도조절제(79종)

◆ 식품의 산도 또는 알칼리도를 조절하는 식품첨가물이다.
◆ 젖산(lactic acid), 초산(acetic acid), 구연산(citric acid) 등

⊕ 소르빈산(sorbic acid)는 식육가공품, 정육제품, 어육가공품, 성게 젓, 땅콩버터 가공품, 모조치즈 등에 사용되는 보존료이다.

2021 2회

제2과목 식품화학

21 colloid의 성질

◆ 반투성 : 일반적으로 이온이나 작은 분자는 통과할 수 있으나 콜로이드 입자와 같이 큰 분자는 통과하지 못하는 막을 반투막이라 한다. 단백질과 같은 콜로이드 입자가 반투막을 통과하지 못하는 성질을 반투성이라 한다.
◆ 브라운 운동 : 콜로이드 입자가 불규칙한 직선운동을 하는 현상을 말하고, 이것은 콜로이드 입자와 분산매가 충돌하기 때문이다. 콜로이드 입자는 같은 전하를 띤 것은 서로 반발한다.
◆ 틴들 현상(Tyndall) : 어두운 곳에서 콜로이드 용액에 직사광선을 쪼이면 빛의 진로가 보이는 현상을 말한다. 예 구름사이의 빛, 먼지 속의 빛
◆ 흡착 : 콜로이드 입자 표면에 다른 액체, 기체 분자나 이온이 달라붙어 이들의 농도가 증가되는 현상을 말하고, 이것은 콜로이드 입자의 표면적이 크기 때문이다.
◆ 전기이동 : 콜로이드 용액에 직류전류를 통하면 콜로이드 전하와 반대쪽 전극으로 콜로이드 입자가 이동하는 현상을 말한다. 예 공장 굴뚝의 매연제거용 집진기
◆ 엉김과 염석

22 선광도

$$[\alpha]_D^t = \frac{100 \times \alpha}{L \times C}$$

$$[\alpha]_D^{20} = \frac{100 \times (5)}{1 \times 5} = +100°$$

t : 시료온도(℃)
D : 나트륨의 D선(편광)
α : 측정한 선광도
L : 관의 길이(dm)
C : 농도(g/100㎖)

23 유화제 분자 내의 친수기와 소수기

- 극성기(친수성기) : $-OH$, $-COOH$, $-CHO$, $-NH_2$
- 비극성기(소수성기) : $-CH_3$와 같은 alkyl기($R = C_nH_{2n+1}$)

⊕ 물과 친화력이 강한 콜로이드에는 −OH, −COOH 등의 원자단이 있다.

24 Q_{10}값

- 온도를 10℃ 올릴 때 호흡량의 증가를 말한다.
- 높은 온도에서의 호흡률(R2)을 10℃ 낮은 온도에서의 호흡률(R1)로 나눈 값(Q_{10} = R2/R1)이다.
- 보기 문항 ③의 Q_{10}값은 150/100 = 1.5, ④의 Q_{20}값은 260/110 = 1.18이다.
- 따라서 2.2 〉 1.8 〉 1.18 순이다.

25 얄라핀(jalapin)

- 생고구마 절단면에서 나오는 백색 유액의 주성분이다.
- 주로 미숙한 것에 많다.
- jalap에서 얻어진 방향족 탄화수소의 배당체($C_{35}H_{56}O_{16}$)이다.
- 강한 점성의 원인물질이다.
- 공기 중에 그대로 두면 공존하는 폴리페놀과의 작용으로 산화하여 흑색으로 변하게 된다.

26 클로로필chlorophyll

- 식물의 잎이나 줄기의 chloroplast의 성분이다.
- 산 처리하면 Mg이 H^+과 치환되어 녹갈색의 pheophytin을 형성한다.
- 엽록소에 계속 산이 작용하면 pheophorbide라는 갈색물질로 가수분해된다.
- 배추나 오이김치 등이 갈색으로 변하는 현상은 발효 시 생성된 초산이나 젖산의 작용 때문이다.

27 가스크로마토그래피(GC)를 이용한 유지의 지방산 분석

- 식품에서 추출한 유지는 글리세롤과 지방산이 에스터 결합하고 있으므로 가수분해하는 과정이 우선 필요하다.
- 가수분해시킨 후 지방산의 OH기를 O−메틸(methyl ester)로 유도체화시킨 후 GC에 주입하여 분석한다.

28 제한아미노산

◆ 필수아미노산 중에서 가장 적게 함유되어 있고 비율이 낮은 아미노산을 말한다.

◆ 우유나 두류에는 메티오닌이 부족하고, 쌀은 라이신이 부족하고, 옥수수는 라이신, 트립토판이 부족하고 밀은 라이신, 메티오닌, 트레오닌이 부족하다.

29 단백질의 변성denaturation

◆ 단백질 분자가 물리적 또는 화학적 작용에 의해 비교적 약한 결합으로 유지되고 있는 고차구조(2~4차)가 변형되는 현상을 말한다.

◆ 대부분 비가역적 반응이다.

◆ 단백질의 변성에 영향을 주는 요소

– 물리적 작용 : 가열, 동결, 건조, 교반, 고압, 조사 및 초음파 등

– 화학적 작용 : 묽은 산, 알칼리, 요소, 계면활성제, 알코올, 알칼로이드, 중금속, 염류 등

30 GC와 HPLC

① 기체 크로마토그래피(GC)

◆ 이동상이 기체를 이용하여 화학물질을 분리시키는 분석화학의 방법이다.

◆ 분자량이 500 이하인 물질들에만 이용할 수 있다.

◆ 혼합물의 성분 분리에 있어 간편하고, 감도가 좋고, 효율성이 뛰어나다.

② 액체크로마토그래피(HPLC)

◆ 이동상이 액체이다.

◆ 사용할 수 있는 분자량의 범위가 넓다.

◆ 이동상과 고정상 간의 친화력 차이에 의해 분리가 된다.

◆ 시료를 비교적 쉽게 회수할 수 있다.

◆ 열에 약하거나 비휘발성인 성분들의 분석에 주로 사용된다.

31 유지의 산패도 측정

◆ 인체의 감각기관을 이용한 관능검사와 산소의 흡수속도, hydroperoxide의 생성량, carbonyl 화합물의 생성량 등을 측정하는 방법이 있다.

◆ 유지의 산패도 측정법에는 Oven test, AOM(active oxygen method)법, 과산화물가(peroxide value), TBA(thiobarturic acid value), Carbonyl 화합물의 측정, Kreis test 등이 있다.

⊕ 비누화값(검화값)은 유지의 분자량을 알 수 있다.

32 엽록소chlorophyll

◆ 산에 불안정한 화합물이다.

◆ 산으로 처리하면 porphyrin에 결합하고 있는 Mg이 수소이온과 치환되어 갈색의 pheophytin

을 형성한다.

◆ 엽록소에 계속 산이 작용하면 pheophorbide라는 갈색의 물질로 가수분해된다.

◆ 녹색채소를 데칠 때 탄산마그네슘을 첨가하면 녹색이 안정화된다.

33 항복점 yield point

◆ 물체에 작용하는 힘이 커져서 응력과 변형과의 비례 관계가 깨지고 변형만이 급격히 증가할 때의 응력이다. 이것을 넘으면 물체는 영구 변형을 한다.

◆ B : 항복점, C : 하부항복점, D : 인장강도

34 식품의 텍스처 특성

◆ 저작성(chewiness) : 고체식품을 삼킬 수 있는 상태까지 씹는 데 필요한 일의 양이며 견고성, 응집성 및 탄성에 영향을 받고 보통 연하다, 질기다 등으로 표현되는 성질이다.

◆ 부착성(adhesiveness) : 식품의 표면이 입안의 혀, 이, 피부 등의 타물체의 표면과 부착되어 있는 인력을 분리시키는 데 필요한 일의 양이며 보통 미끈미끈하다, 끈적끈적하다 등으로 표현되는 성질이다.

◆ 응집성(cohesiveness) : 어떤 물체를 형성하는 내부 결합력의 크기이며, 관능적으로 직접 감지되기 어렵고 그의 이차적인 특성으로 나타낸다.

◆ 견고성(hardness) : 물질을 변형시키는 데 필요한 힘의 크기이며 무르다, 굳다, 단단하다 등으로 표현되는 성질이다.

35 유지의 검화

◆ 유지의 알칼리에 의한 가수분해를 검화라고 한다.

◆ 트리스테아린(tristearin), 세레브로사이드(cerebrosides), 레시틴(lecithin)은 검화할 수 있는 지방질이다.

◆ 토코페롤(tocopherol)은 steroid핵을 갖는 sterol로 검화될 수 없는 불검화물이다.

36 유지의 경화

◆ 액체 유지에 환원 니켈(Ni) 등을 촉매로 하여 수소를 첨가하는 반응을 말한다.

◆ 수소의 첨가는 유지 중의 불포화지방산을 포화지방산으로 만들게 되므로 액체 지방이 고체 지방이 된다.

◆ 경화유 제조 공정 중 유지에 수소를 첨가하는 목적

- 글리세리드의 불포화결합에 수소를 첨가하여 산화 안정성을 좋게 한다.
- 유지에 가소성이나 경도를 부여하여 물리적 성질을 개선한다.
- 색깔을 개선한다.
- 식품으로서의 냄새, 풍미를 개선한다.

◆ 경화유는 유지의 산화안정성, 물리적 성질, 색깔, 냄새 및 풍미 등이 개선된다.

37 안토시아닌 anthocyanin

◆ 꽃, 과실, 채소류에 존재하는 적색, 자색, 청색의 수용성 색소로서 화청소라고도 부른다.
◆ 안토시아니딘(anthocyanidin)의 배당체로서 존재한다.
◆ benzopyrylium 핵과 phenyl기가 결합한 flavylium 화합물로 2-phenyl-3,5,7-trihydroxyflavylium chloride의 기본구조를 가지고 있다.
◆ 산, 알칼리, 효소 등에 의해 쉽게 분해되는 매우 불안정한 색소이다.
◆ anthocyanin계 색소는 수용액의 pH가 산성 → 중성 → 알칼리성으로 변화함에 따라 적색 → 자색 → 청색으로 변색되는 불안정한 색소이다.

38 지방산화

◆ 자동산화는 free radical chain reaction이라고 불리며 라디칼 형태로 된 불포화지방이 삼중항산소와 결합하는 반응이다.
◆ 리폭시게나아제는 리놀레산(linoleic acid), 리놀렌산(linolenic acid), 아라키돈산(arachidonic acid)과 같이 분자 내에 1,4-pentadiene 구조를 갖는 지방산에 분자상 효소를 첨가하여 hydroperoxide를 생성한다.
◆ 변향의 원인은 linolenic acid와 isolinoleic acid를 함유한 유지가 공기에 노출될 때 변향현상이 일어난다.

39 34번 해설 참조

40 알부민 albumin 계의 단백질

◆ 물, 염류용액, 묽은 산, 묽은 알칼리에 잘 녹으며 가열에 의하여 응고되고 포화 $(NH_4)_2SO_4$로 침전된다.
◆ 동물성 albumin : ovalbumin(난백), lactalbumin(우유), serumalbumin(혈청), myogen(근육) 등
◆ 식물성 albumin : leucosin(밀), leucosin(완두), ricin(피마자) 등

제3과목 식품가공학

41 마요네즈

◆ 난황의 유화력을 이용하여 난황과 식용유를 주원료로 하여 식초, 후추가루, 소금, 설탕 등을 혼합하여 유화시켜 만든 제품이다.
◆ 제품의 전체 구성 중 식물성유지 65~90%, 난황액 3~15%, 식초 4~20%, 식염 0.5~1% 정도이다.
◆ 마요네즈는 oil in water(O/W)의 유탁액이다.
◆ 식용유의 입자가 작은 것일수록 마요네즈의 점도가 높게 되며 고소하고 안정도도 크다.

42 팽화곡물puffed cereals

◆ 곡물을 튀겨서 조직을 연하게 하여 먹기 좋도록 한 것을 말한다.
◆ 과열증기로 곡물을 처리하였다가 갑자기 상압으로 하면 곡물조직 중의 수증기가 조직을 파괴해서 밖으로 나오므로 세포가 파괴되어 연해지는 동시에 곡물은 크게 팽창한다.
◆ 먹기 좋고 소화가 잘되며, 가공 및 조리가 간단할 뿐만 아니라 협잡물 분리가 쉬워지는 등 유리하다.
◆ 환원당이 별로 증가하지 않지만 수용성 당분은 크게 증가한다.

43 두부의 제조 원리

◆ 두부는 콩 단백질인 글리시닌(glycinin)을 70℃ 이상으로 가열하고 $MgCl_2$, $CaCl_2$, $CaSO_4$ 등의 응고제를 첨가하면 glycinin(음이온)은 Mg^{++}, Ca^{++} 등의 금속이온에 의해 변성(열, 염류) 응고하여 침전된다.

44 육류의 사후경직 후 pH 변화

◆ 도축 전의 pH는 7.0~7.4이나 도축 후에는 차차 낮아지고 경직이 시작될 때는 pH 6.3~6.5이며 pH 5.4에서 최고의 경직을 나타낸다.
◆ 대체로 1%의 젖산의 생성에 따라 pH는 1.8씩 변화되어 보통 글리코겐 함량은 약 1%이므로 약 1.1%의 젖산이 생성되고, 최고의 산도 즉 젖산의 생성이 중지되거나 끝날 때는 약 pH 5.4로 된다. 이때의 산성을 극한산성이라 한다.

45 경화유 제조 공정 중 유지에 수소를 첨가하는 목적

◆ 글리세리드의 불포화결합에 수소를 첨가하여 산화 안정성을 좋게 한다.
◆ 유지에 가소성이나 경도를 부여하여 물리적 성질을 개선한다.
◆ 색깔을 개선한다.
◆ 식품으로서의 냄새, 풍미를 개선한다.
◆ 융점을 높이고, 요오드가를 낮춘다.

46 엔탈피 변화

◆ 25℃ 물에서 100℃ 물로 온도변화
물의 비열은 4.182kJ/kgK이므로
$4.2kJ/kgK \times 2kg \times 75K = 630kJ$
◆ 100℃ 물에서 100℃ 수증기로 온도변화
기화잠열은 2257kJ/kg이므로
$2257kJ/kgK \times 2kg = 4514kJ$
◆ 총 엔탈피 변화 $= 630kJ + 4514kJ = 5144kJ$

47 육 연화제의 종류

- ◆ 브로멜린(bromelin) : 파인애플에서 추출한 단백질 분해효소
- ◆ 파파인(papain) : 파파야에서 추출한 단백질 분해효소
- ◆ 피신(ficin) : 무화과에서 추출한 단백질 분해효소
- ◆ 엑티니딘(actinidin) : 키위에서 추출한 단백질 분해효소

⊕ 이들은 열대나무에서 추출된 단백질 분해효소이다.

48 식품 조사처리 기준 [식품공전]

- ◆ 식품 조사처리에 이용할 수 있는 선종은 감마선(γ선) 또는 전자선으로 한다.
- ◆ 감마선을 방출하는 선원으로는 ^{60}Co을 사용할 수 있고, 전자선을 방출하는 선원으로는 전자선 가속기를 이용할 수 있다.
- ◆ 전자선 가속기를 이용하여 식품 조사처리를 할 경우 10MeV 이하에서 조사처리하여야 하며, 식품 조사처리가 허용된 품목별 흡수선량을 초과하지 않도록 하여야 한다.
- ◆ 식품 조사처리는 발아억제, 살균, 살충 또는 숙도조절 이외의 목적으로는 식품 조사처리 기술을 사용하여서는 아니 된다.
- ◆ 허가된 품목에는 감자 외에 양파, 마늘, 밤, 생버섯(건조포함), 곡류, 건조향신료, 된장분말, 효모, 알로에분말, 인삼제품류 등이 있다.
- ◆ 한번 조사한 식품은 다시 조사하여서는 아니 되며 조사식품을 원료로 사용하여 제조·가공한 식품도 다시 조사하여서는 아니 된다.

49 과실을 주스로 가공할 때 살균은 저온살균이 적합하다.

50 알루미늄박 Al-foil

- ◆ 장점 : 가스 차단성, 내유성, 내열성, 방습성, 빛 차단성, 내한성이 우수
- ◆ 단점 : 인쇄성, 열접착성, 열성형성, 기계적성, 투명성 등에 결점
- ◆ 알루미늄박과 폴리에틸렌을 맞붙이면(lamination) 알루미늄박의 결점인 강도, 인쇄성, 열접착성, 기계적성 등이 향상된다.

51 제면에서 소금을 사용하는 주목적

- ◆ 밀가루의 점탄성을 높인다.
- ◆ 수분의 내부 확산되는 것을 촉진시켜 건조속도를 조절한다.
- ◆ 미생물의 번식를 억제하여 제품이 변질되는 것을 방지한다.

52 냉점 cold point

- ◆ 포장식품에 열을 가했을 때 그 내부에는 대류나 전도열이 가장 늦게 미치는 부분을 말한다.
- ◆ 액상의 대류가열식품은 용기 아래쪽 수직 축상에 그 냉점이 있고, 잼 같은 반고형식품은

전도가열되어 수직 축상 용기의 중심점 근처에 냉점이 있다.
◆ 육류, 생선, 잼은 전도가열되고 액상은 대류와 전도가열에 의한다.

53 코지koji 제조의 목적

◆ 코지 중 amylase 및 protease 등의 여러 가지 효소를 생성하게 하여 전분 또는 단백질을 분해하기 위함이다.
◆ 원료는 순수하게 분리된 코지균과 삶은 두류 및 곡류 등이다.

54 전분에서 fructose 생산 과정에 소요되는 효소

◆ starch(녹말) $\xrightarrow{\alpha-\text{amylase}}$ dextrin $\xrightarrow{\text{glucoamylase}}$ glucose $\xrightarrow{\text{glucoisomerase}}$ fructose

55 떫은감의 탈삽방법

◆ 온탕법 : 떫은감을 35~40℃ 물속에 12~24시간 유지시켜서 탈삽하는 방법
◆ 알코올법 : 떫은감을 알코올과 함께 밀폐 용기에 넣어 탈삽하는 방법
◆ 탄산가스법 : 떫은감을 밀폐된 용기에 넣고 공기를 CO_2로 치환하는 방법
◆ 동결법 : -20℃ 부근에서 냉동시켜 탈삽하는 방법
◆ 이외에 γ-조사, 카바이트, 아세트알데히드, 에스테르 등을 이용하는 방법이 있다.

⊕ **탄산가스로 탈삽한 감의 풍미는 알코올법에 비하여 떨어지나 상처가 적고 제품이 단단하며 저장성이 높다.**

56 발효유 제조 시 한천이나 젤라틴을 사용하는 이유

◆ 발효유 제조 시 식용 젤라틴이나 한천을 0.1~0.5% 첨가하기도 한다.
◆ 젤라틴과 한천은 안정제 역할을 하여 유청이 분리되는 것을 방지하고 커드를 굳히는 역할을 한다.

57 갈조류

◆ 미역, 다시마, 녹미채(톳), 모자반 등이 있다.

⊕ **김은 홍조류이다.**

58 식용유지의 탈색공정

◆ 원유에는 카로티노이드, 클로로필 등의 색소를 함유하고 있어 보통 황록색을 띤다. 이들을 제거하는 과정이다.
◆ 가열탈색법과 흡착탈색법이 있다.
- 가열법 : 기름을 200~250℃로 가열하여 색소류를 산화분해하는 방법이다.
- 흡착법 : 흡착제인 산성백토, 활성탄소, 활성백토 등이 있으나 주로 활성백토가 쓰인다.

60 우유의 단백질

◆ casein, 유청단백질(α-lactalbumin, β-lactoglobulin), 혈청알부민 등이 있다.

> ⊕ ovalbumin : 난백단백질
> glutenin : 밀 단백질
> oryzenin : 쌀 단백질

제4과목 식품미생물학

61 세균성 이질

◆ 세균에 의한 경구감염병으로 여름에 많이 발생하나 최근에는 계절에 관계없이 발생되고 있다.
◆ 병원체는 *Shigella*속(A형은 *Shigella dysenteriae*, B형은 *Shigella flexneri*, C형은 *Shigella boydii*, D형은 *Shigella sonnei*)이다.

62 종속영양균heterotroph

◆ 유기화합물을 탄소원으로 하여 생육하는 미생물이다.
◆ 모든 필수대사산물을 직접 합성하는 능력이 없기 때문에 다른 생물에 의해서 만들어진 유기물을 이용한다.
◆ *Azotobacter*속, 대장균, *Pseudomonas*속, *Clostridium*속, *Acetobacter butylicum* 등이 있다.
- 광합성 종속영양균(photosynthetic heteroph) : 빛에너지를 이용하지만 유기 탄소원을 필요로 하는 종속영양균이다. 홍색비유황세균이 여기에 속하며 흔하지 않다.
- 화학합성 종속영양균(mosynthetic heteroph) : 유기화합물의 산화에 의하여 에너지를 얻는 종속영양균, 이외의 세균, 곰팡이, 효모 등을 비롯한 대부분의 미생물이 속한다.
- 사물기생균(saprophyte) : 사물에 기생하는 부생균, 버섯 중에서 표고버섯, 느타리버섯, 팽이버섯, 그리고 slime mold 등이 여기에 속한다.
- 생물기생균(obligate parasite) : 생세포나 생조직에 기생하여 생육하는 미생물, 기생균, 병원균, 공서균 등으로 구분된다.

63 세포융합cell fusion, protoplast fusion

◆ 서로 다른 형질을 가진 두 세포를 융합하여 두 세포의 좋은 형질을 모두 가진 새로운 우량 형질의 잡종세포를 만드는 기술을 말한다.
◆ 세포융합의 단계 : 세포의 protoplast화 또는 spheroplast화 – protoplast의 융합 – 융합체(fusant)의 재생(regeneration) – 재조합체의 선택, 분리
◆ 세포융합을 하기 위해서는 먼저 세포의 세포벽을 제거하여 원형질체인 프로토플라스트(protoplast)를 만들어야 한다. 세포벽 분해효소로는 세균에는 리소자임(lysozyme), 효모와 사상균에는 달팽이의 소화관액, 고등식물의 세포에는 셀룰라아제(cellulase)가 쓰인다.

64 phage의 예방대책

◆ 공장과 그 주변 환경을 미생물학적으로 청결히 하고 기기의 가열살균, 약품살균을 철저히 한다.

◆ phage의 숙주특이성을 이용하여 숙주를 바꾸어 phage 증식을 사전에 막는 starter rotation system을 사용, 즉 starter를 2균주 이상 조합하여 매일 바꾸어 사용한다.

◆ 약재 사용방법으로서 chloramphenicol, streptomycin 등 항생물질의 저농도에 견디고 정상발효하는 내성균을 사용한다.

⊕ 숙주세균과 phage의 생육조건이 거의 일치하기 때문에 일단 감염되면 살균하기 어렵다. 그러므로 예방하는 것이 최선의 방법이다.

65 진균류 Eumycetes

① 조상균류 : 균사에 격벽(격막)이 없다.

◆ 호상균류 : 곰팡이

◆ 난균류 : 곰팡이

◆ 접합균류 : 곰팡이(*Mucor*속, *Rhizopus*속, *Absidia*속)

② 순정균류 : 균사에 격벽이 있다.

◆ 자낭균류 : 곰팡이(*Monascus*속, *Neurospora*속), 효모

◆ 담자균류 : 버섯, 효모

◆ 불완전균류 : 곰팡이(*Aspergillus*속, *Penicillium*속, *Trichoderma*속), 효모

66 *Mucor rouxii*

◆ amylo법에 의한 알코올 제조에 의한 알코올 제조에 처음 사용된 균이다.

◆ 포자낭병은 cymomucor에 속한다.

67 아미노산으로부터 amine 생성

◆ 여러 아미노산은 미생물의 decarboxylase에 의하여 탈탄산되어 1급 amine을 생성한다.

◆ 이들 효소의 보효소는 pyridoxal phosphate(PALP)이다.

◆ $$\underset{\text{amino acid}}{\mathrm{R{-}\underset{\underset{\displaystyle NH_2}{|}}{CH}{-}COOH}} \xrightarrow[\text{PALP}]{\text{decarboxylase}} \underset{\text{amine}}{\mathrm{R{-}CH{-}NH_2}} + CO_2$$

69 *Hansenula*속의 특징

◆ 액면에 피막을 형성하는 산막효모이다.

◆ 포자는 헬멧형, 모자형, 부정각형 등 여러 가지다.

◆ 다극출아를 한다.

◆ 알코올로부터 에스테르를 생성하는 능력이 강하다.
◆ 질산염(nitrate)을 자화할 수 있다.

70 그람염색 특성

◆ 그람음성 세균 : *Pseudomonas*, *Gluconobacter*, *Acetobacter*(구균, 간균), *Escherichia*, *Salmonella*, *Enterobacter*, *Erwinia*, *Vibrio*(통성혐기성 간균)속 등이 있다.
◆ 그람양성 세균 : *Micrococcus*, *Staphylococcus*, *Streptococcus*, *Leuconostoc*, *Pediococcus*(호기성 통성혐기성균), *Sarcina*(혐기성균), *Bacillus*(내생포자 호기성균), *Clostridium*(내생포자 혐기성균), *Lactobacillus*(무포자 간균)속 등이 있다.

71 유전물질 전달방법

◆ 형질전환(transformation) : 공여세포로부터 유리된 DNA가 직접 수용세포 내로 들어가 일어나는 DNA 재조합 방법으로, A라는 세균에 B라는 세균에서 추출한 DNA를 작용시켰을 때 B라는 세균의 유전형질이 A라는 세균에 전환되는 현상을 말한다.
◆ 형질도입(transduction) : 숙주세균 세포의 형질이 phage의 매개로 수용균의 세포에 운반되어 재조합에 의해 유전 형질이 도입된 현상을 말한다.
◆ 접합(conjugation) : 두 개의 세균이 서로 일시적인 접촉을 일으켜 한 쪽 세균이 다른 쪽에게 유전물질인 DNA를 전달하는 현상을 말한다.

⊕ 세포융합(cell fusion)은 2개의 다른 성질을 갖는 세포들을 인위적으로 세포를 융합하여 목적하는 세포를 얻는 방법이다.

72 *Aspergillus niger*

◆ 균총은 흑갈색으로 흑국균이라고 한다.
◆ 전분 당화력(α-amylase)이 강하고, pectin 분해효소(pectinase)를 많이 생성한다.
◆ glucose oxidase, naringinase, hesperidinase 등을 생산한다.
◆ glucose로부터 글루콘산(gluconic acid), 옥살산(oxalic acid), 호박산(citric acid) 등을 다량으로 생산하므로 유기산 발효공업에 이용된다.
◆ pectinase를 분비하므로 과즙 청정제 생산에 이용된다.

73 세균의 포자spore

◆ 영양조건이 변화하여 생육조건이 악화되면 세포 내에 포자를 형성한다.
◆ 포자는 무성적으로 이루어지며 보편적으로 1개의 세균 안에 1개의 포자를 형성한다.
◆ 포자는 몇 층의 외피를 가진 복잡한 구조로 되어 있어서 내열성일 뿐만 아니라 내구기관으로서의 특징을 가진다.
◆ 포자 내의 수분함량은 대단히 적고 대부분의 수분은 결합수로 되어 있어서 내건조성을 나타낸다.
◆ 포자 형성균으로는 그람양성균인 호기성의 *Bacillus*속과 혐기성의 *Clostridium*속에 한정되어 있다.

74 그람양성균의 세포벽

◆ peptidoglycan 90% 정도와 teichoic acid, 다당류가 함유되어 있다.
◆ 테이코산은 리비톨인산이나 글리세롤인산이 반복적으로 결합한 폴리중합체이다.
◆ 테이코산의 기능은 이들이 갖는 인산기로 인한 음전하(−)를 세포외피에 제공하므로서 Mg^{2}+와 같은 양이온이 외부로부터 유입되는 데 도움을 준다.

75 균수 계산

◆ $세대시간(G) = \frac{분열에\ 소요되는\ 총\ 시간(t)}{분열의\ 세대(n)}$

30분씩 5시간이면, $세대시간(G) = \frac{300}{30} = 10$이므로

$총균수 = 초기균수 \times 2^{세대기간}$

$\therefore\ 1 \times 2^{10} = 1024$

76 *Kluyveromyces*속

◆ 다극출아를 하며 보통 1~4개의 자낭포자를 형성한다.
◆ lactose를 발효하여 알코올을 생성하는 특징이 있는 유당발효성 효모이다.
◆ *Kluyveromyce maexianus*, *Kluyveromyces fragis*(과거에는 *Sacch. fragis*), *Kluyveromyces lactis*(과거에는 *Sacch. lactis*)

77 맥주발효효모

◆ *Saccharomyces cerevisiae* : 맥주의 상면발효효모
◆ *Saccharomyces carlsbergensis* : 맥주의 하면발효효모

⊕ *Saccharomyces ellipsoideus* : 포도주의 효모
Saccharomyces rouxii : 간장이나 된장의 효모

78 종의 학명(scientfic name)

◆ 각 나라마다 다른 생물의 이름을 국제적으로 통일하기 위하여 붙여진 이름을 학명이라 한다.
◆ 현재 학명은 린네의 2명법이 세계 공통으로 사용된다.
- 학명의 구성 : 속명과 종명의 두 단어로 나타내며, 여기에 명명자를 더하기도 한다.
- 2명법 = 속명 + 종명 + 명명자의 이름

◆ 속명과 종명은 라틴어 또는 라틴어화한 단어로 나타내며 이탤릭체를 사용한다.
◆ 속명의 머리 글자는 대문자로 쓰고, 종명의 머리 글자는 소문자로 쓴다.

79 76번 해설 참조

80 72번 해설 참조

제5과목 생화학 및 발효학

81 비타민 E(토코페롤)

◆ 산화에 의한 생체막의 손상을 억제한다.
◆ 혈액 속에 포함되어 있는 혈소판의 기능을 원활히 해준다.
◆ 세포막을 보호하며 말초혈관의 혈액 순환을 수월하게 해준다.
◆ 동맥혈관 벽의 세포막 손상을 예방한다.
◆ 세포성분의 산화를 막아 과산화지질의 형성을 막으므로 노화를 방지한다.

82 연속배양의 장단점

	장점	단점
장치	장치 용량을 축소할 수 있다.	기존설비를 이용한 전환이 곤란하여 장치의 합리화가 요구된다.
조작	작업시간을 단축할 수 있다. 전공정의 관리가 용이하다.	다른 공정과 연속시켜 일관성이 필요하다.
생산성	최종제품의 내용이 일정하고 인력 및 동력에너지가 절약되어 생산비를 절감할 수 있다.	배양액 중의 생산물 농도와 수득률은 비연속식에 비하여 낮고, 생산물 분리 비용이 많이 든다.
생물	미생물의 생리, 생태 및 반응기구의 해석수단으로 우수하다.	비연속배양보다 밀폐성이 떨어지므로 잡균에 의해서 오염되기 쉽고 변이의 가능성이 있다.

83 TCA 회로의 조절효소 pacemaker enzyme

◆ citrate synthase, isocitrate dehydrogenase, α−ketoglutarate dehydrogenase, succinyl CoA synthetase, succinate dehydrogenase, fumarate, malate dehydrogenase 등이 있다.

⊕ phosphoglucomutase는 glucose−6−phosphate를 glucose−1−phosphate로 가역적으로 변환시키는 효소이다.

84 해당과정 중 ATP를 생산하는 단계

◆ glyceraldehyde−3−phosphate → 1,3−diphosphoglyceric acid : $NADH_2$(ATP 2.5분자) 생성
◆ 1,3−diphosphoglyceric acid → 3−phosphoglyceric acid : ATP 1분자 생성
◆ 2−Phosphoenol pyruvic acid → Enolpyruvic acid : ATP 1분자 생성

85 효소의 추출 정제

◆ 균체 외 효소는 균체를 제거한 배양액을 그대로 정제하면 된다.

◆ 균체 내 효소는 세포의 마쇄, 세포벽 용해 효소처리, 자기소화, 건조, 용제처리, 동결융해, 초음파 파쇄, 삼투압 변화 등의 방법으로 효소를 유리시켜야 한다.

86 Maloalcoholic fermentation

◆ malate에서 alcohol과 탄산가스를 생성시키는 반응이다.

◆ 포도주 제조에 이용한다.

87 단백질의 합성과정과 관여 성분

◆ 아미노산의 활성화 : 아미노산, t-RNA, Aminoacyl-tRNA synthetase, ATP, Mg^{2+}

◆ 합성개시 : t-$RNA_{fMet}A$, m-RNA의 개시암호(AUG), 30s 리보솜 모노머, 50s 리보솜 모노머, 개시인자(IF1, IF2, IF3), GTP, Mg^{2+}

◆ 사슬신장 : 70s 리보솜, m-RNA의 암호단위, Aminoacyl-tRNA, 신장인자(EFTu, EFTs, EFG), GTP, Mg^{2+}

◆ 사슬종결 : 70s 리보솜, m-RNA의 종결암호(UAA, UAG, UGA), 방출인자(RF1, RF2), GTP, Mg^{2+}

88 Nucleotide의 복제

◆ 프라이머의 3′말단에 DNA 중합 효소에 의해 새로운 뉴클레오타이드가 연속적으로 붙어 복제가 진행된다.

◆ 새로운 DNA 가닥은 항상 5′→ 3′방향으로 만들어지며, 새로 합성되는 DNA는 주형 가닥과 상보적이다.

89 효모에 의한 알코올의 이론식

◆ Gay Lusacc식에 의하면, $C_6H_{12}O_6 \rightarrow 2C_2H_5OH + 2CO_2$
glucose로부터 이론적인 ethanol 수득률은 51.1%이다.

◆ 전분 함량 16%에서 얻을 수 있는 탁주의 알코올 도수
$16 \times 51.1/100 = 8.2\%$
∴ 약 8%

90 효소단백질

◆ 단순단백질 또는 복합단백질 형태로 존재하지만 복합단백질에 분류된 효소의 경우, 단백질 이외의 저분자화합물과 결합하여 비로소 활성을 나타낸 것이 많다. 이 저분자화합물을 보조효소(coenzyme)라 한다.

◆ 단백질 부분은 apoenzyme이라 하며, apoenzyme과 보조가 결합하여 활성을 나타내는 상태를 holoenzyme이라고 한다.

◆ 보조효소가 apoenzyme과 강하게 결합(주로 공유결합)되어 용액 중에서 apoenzyme으로부터 해리되지 않는 경우 이 보조효소를 보결분자족(prosthetic group)이라고 한다.

- 보결분자족은 catalase, peroxidase의 Fe-porphyrin 같은 단백질과 강하게 결합된 경우와 hexokinase의 Mg^{++}, amylase의 Ca^{++}, carboxypeptidase의 Zn^{++} 같이 단백질과 해리되기 쉬운 유기화합물인 경우도 있다.
- 보효소로는 NAD, NADP, FAD, ATP, CoA, Biotin 등이 있다.

91 유전암호 genetic code

◆ DNA의 유전 정보를 상보적으로 전사하는 mRNA의 3개의 염기 조합을 코돈(codon, triplet)이라 하며 이것에 의하여 세포 내에서 합성되는 아미노산의 종류가 결정된다.

◆ 염색체를 구성하는 DNA는 다수의 뉴클레오티드로 이루어져 있다. 이 중 3개의 연속된 뉴클레오티드가 결과적으로 1개의 아미노산의 종류를 결정한다.

◆ 뉴클레오티드는 DNA에 함유되는 4종의 염기, 즉 아데닌(A)·티민(T)·구아닌(G)·시토신(C)에 의하여 특징이 나타난다.

◆ 이 중 3개의 염기 배열방식에 따라 특정 정보를 가진 코돈이 조립된다. 이 정보는 mRNA에 전사되고, 다시 tRNA에 해독되어 코돈에 의하여 규정된 1개의 아미노산이 만들어진다.

92 역코돈 anti-codon을 가지고 있는 핵산

◆ tRNA분자의 거의 중앙 부분에는 mRNA의 코돈과 상보적으로 결합할 수 있는 역코돈(anti-codon)을 지니고 있다.

93 *Leuconostoc mesenteroides*

◆ 그람양성, 쌍구균 또는 연쇄상 구균이다.

◆ 생육최적온도는 21~25℃이다.

◆ 설탕(sucrose)액을 기질로 dextran 생산에 이용된다.

◆ 내염성을 갖고 있어서 김치의 발효 초기에 주로 발육하는 균이다.

94 glutamic acid 발효 시 penicillin의 역할

◆ biotin 과잉의 배지에서는 glutamic acid를 균체 외에 분비, 축적하는 능력이 낮아 균체 내의 glutamic acid가 많아지게 된다. 이의 큰 원인은 세포막의 투과성이 나빠지므로 합성된 glutamic acid가 세포 내에 자연히 축적되게 된다.

◆ penicillin를 첨가하면 세포벽의 투과성이 변화를 받아(투과성이 높아져) glutamic acid가 세포 외로 분비가 촉진되어 체외로 glutamic acid가 축진된다.

95 산화적 인산화(호흡쇄, 전자전달계) 반응

◆ 진핵세포 내 미토콘드리아의 matrix와 cristae에서 일어나는 산화환원 반응이다.
◆ 이 반응에 있어서 산화는 전자를 잃은 반응이며 환원은 전자를 받는 반응이다.
◆ 이 반응을 촉매하는 효소계를 전자전달계라고 한다.

96 비오틴(biotin, 비타민 H)

◆ 지용성 비타민으로 황을 함유한 비타민이다.
◆ 산이나 가열에는 안정하나 산화되기 쉽다.
◆ 자연계에 널리 분포되어 있으며 동물성 식품으로 난황, 간, 신장 등에 많고 식물성 식품으로는 토마토, 효모 등에 많다.
◆ 장내 세균에 의해 합성되므로 결핍되는 일은 드물다.
◆ 생난백 중에 존재하는 염기성 단백질인 avidin과 높은 친화력을 가지면서 결합되어 효력이 없어지기 때문에 항난백인자라고 한다.
◆ 결핍되면 피부염, 신경염, 탈모, 식욕감퇴 등이 일어난다.

97 발효주

◆ 단발효주 : 원료 속의 주성분이 당류로서 과실 중의 당류를 효모에 의하여 알코올 발효시켜 만든 술이다. 예 과실주
◆ 복발효주 : 전분질을 아밀라아제(amylase)로 당화시킨 뒤 알코올 발효를 거쳐 만든 술이다.
 - 단행복발효주 : 맥주와 같이 맥아의 아밀라아제(amylase)로 전분을 미리 당화시킨 당액을 알코올 발효시켜 만든 술이다. 예 맥주
 - 병행복발효주는 청주와 탁주 같이 아밀라아제(amylase)로 전분질을 당화시키면서 동시에 발효를 진행시켜 만든 술이다. 예 청주, 탁주

98 공비점

◆ 알코올 농도는 97.2%, 물의 농도는 2.8%이다.
◆ 비등점과 응축점이 모두 78.15℃로 일치하는 지점이다.
◆ 이 이상 가열하여 끓이더라도 농도는 높아지지 않는다.
◆ 99%의 알콜을 끓이면 이때 발생하는 증기의 농도는 오히려 낮아진다.
◆ 97.2v/v% 이상의 것은 얻을 수 없으며, 이 이상 농도를 높이려면 특별한 탈수법으로 한다.

99 효모의 균체 생산 배양관리

◆ 좋은 품질의 효모를 높은 수득률로 배양하기 위해서는 배양관리가 적절해야 한다.
◆ 관리해야 할 인자 : 온도, pH, 당농도, 질소원농도, 인산농도, 통기교반 등
 - 온도 : 최적온도는 일반적으로 25~26℃이다.
 - pH : 일반적으로 pH 3.5~4.5의 범위에서 배양하는 것이 안전하다.

- 당농도 : 당농도가 높으면 효모는 알코올 발효를 하게 되고 균체 수득량이 감소한다. 최적 당농도는 0.1% 전후이다.
- 질소원 : 증식기에는 충분한 양이 공급되지 않으면 안 되나 배양 후기에는 질소농도가 높으면 제품효모의 보존성이나 내당성이 저하하게 된다.
- 인산농도 : 낮으면 효모의 수득량이 감소되고 너무 많으면 효모의 발효력이 저하되어 제품의 질이 떨어지게 된다.
- 통기교반 : 알코올 발효를 억제하고 능률적으로 효모균체를 생산하기 위해서는 배양 중 충분한 산소공급을 해야 한다.

100 전자전달계

◆ 전자전달의 결과 ADP와 Pi로부터 ATP가 합성되는 곳은 3군데이고 각각 1분자씩의 ATP를 생성한다.

- $NADH_2$와 FAD의 사이
- cytochrome b와 cytochrome c_1 사이
- cytochrome $a(a_3)$와 O_2의 사이

2021 2회

2021년 8월 14일 시행

식품기사 기출문제 해설 2021 3회

제1과목 식품위생학

1 aflatoxin(아플라톡신)

- *Asp. flavus*가 생성하는 대사산물로서 곰팡이 독소이다.
- 간암을 유발하는 강력한 간장독성분이다.
- B_1, B_2, G_1, G_2은 견과류나 곡물류에서 많이 발견되며 M_1은 우유에서 발견된다.
- 탄수화물이 풍부하고, 기질수분이 16% 이상, 상대습도 80~85% 이상, 최적온도 30℃이다.
- 땅콩, 밀, 쌀, 보리, 옥수수 등의 곡류에 오염되기 쉽다.
- 우리나라의 허용기준은 견과류, 곡류 및 그 단순 가공품 10ppb(B_1으로서), 우유제품 0.5ppb(M_1으로서), 된장, 고추장, 고춧가루 10ppb(B_1으로서)이다.
- 칠면조, 집오리, 메추리, 닭 등의 가금류, 개, 고양이, 소, 돼지, 양, 토끼, 마우스, 래트, 원숭이 등의 동물, 옥새송어, 송사리의 어류 등 광범위하게 미치고 있다.

2 황변미 yellowed rice의 원인균

- *Penicillium toxicarium*, *P. citrinum*, *P. islandicum*, *P. notatum*, *P. citreoviride* 등이 있다.

3 유화제(계면활성제)

- 혼합이 잘 되지 않은 2종류의 액체 또는 고체를 액체에 분산시키는 기능을 가지고 있는 물질을 말한다.
- 친수성과 친유성의 두 성질을 함께 갖고 있는 물질이다.
- 현재 허용된 유화제 : 글리세린지방산에스테르(glycerine fatty acid ester), 소르비탄지방산에스테르(sorbitan fatty acid ester), 자당지방산에스테르(sucrose fatty acid ester), 프로필렌글리콜지방산에스테르(propylene glycol fatty acid ester), 대두인지질(soybean lecithin), 폴리소르베이트(polysorbate) 20, 60, 65, 80(4종) 등이 있다.

⊕ 몰포린지방산염(morpholine fatty acid salt)은 과일 또는 채소의 표면피막제이다.

4 LD_{50}(50% Lethal Dose)

- 실험동물의 반수를 1주일 내에 치사시키는 화학물질의 양을 말한다.
- LD_{50}값이 적을수록 독성이 강함을 의미한다.

5 내분비계 장애물질(환경호르몬)

◆ 정의 : 체내의 항상성 유지와 발달 과정을 조절하는 생체 내 호르몬의 생산, 분비, 이동, 대사, 결합작용 및 배설을 간섭하는 외인성 물질
◆ 종류 : DDT, DES, PCB류(209종), 다이옥신(75종), 퓨란류(135종) 등 현재까지 밝혀진 것만 51여 종

⊕ Ricinine는 피마자류의 독성분이다.

6 식품의 방사선 조사

◆ 방사선에 의한 살균작용은 주로 방사선의 강한 에너지에 의하여 균체의 체내 수분이 이온화되어 생리적인 평형이 깨어지며 대사기능 역시 파괴되어 균의 생존이 불가능해진다.
◆ 방사선 조사식품은 방사선이 식품을 통과하여 빠져나가므로 식품 속에 잔류하지 않는다.
◆ 방사능 오염식품은 방사능물질에 의해 오염된 식품으로서 방사선 조사식품과는 전혀 다른 것이다.
◆ 방사선 조사된 원료를 사용한 경우 제품을 조사처리하지 않으면 방사선 조사 마크를 표시하지 않아도 된다.
◆ 일단 조사한 식품을 다시 조사하여서는 아니 되며 조사식품을 원료로 사용하여 제조·가공한 식품도 다시 조사하여서는 아니 된다.
◆ 조사식품은 용기에 넣거나 또는 포장한 후 판매하여야 한다.
◆ 방사선량의 단위는 Gy, kGy이며(1Gy = 1J/kg), 1Gy는 100rad이다.
◆ 1990년대 WHO/IAEA/FAO에서 "평균10kGy 이하로 조사된 모든 식품은 독성학적 장해를 일으키지 않고 더 이상의 독성 시험이 필요하지 않다"라고 발표했다.

7 식품의 보존료

◆ 미생물의 증식에 의해서 일어나는 식품의 부패나 변질을 방지하기 위하여 사용되는 식품첨가물이며 방부제라고도 한다.
◆ 식품의 신선도 유지와 영양가를 보존하는 첨가물이다.
◆ 살균작용보다는 부패 미생물에 대한 정균작용, 효소의 작용을 억제하는 첨가물이다.
◆ 보존제, 살균제, 산화방지제가 있다.

8 대장균군의 감별 시험법

◆ 장내미생물 균총의 속을 구별하는 데 사용된다.
◆ 특히 *Escherichia*속과 *Enterobacter*속 구별에 주로 이용된다.
◆ Indole 실험, Methyl red 실험, Voges-Proskauer 실험, Citrate 실험이 있다.

9 특정 위험물질SRM, Specified Risk Material

◆ 소, 양, 염소 등 가축의 부위 중 프리온 질병을 전염시킬 가능성이 높은 부분을 규정한 것이다.

◆ 쇠고기의 경우 통상 뇌, 눈, 척수, 창자 등 몇몇 기관들이 여기에 해당되는데, 그 기준은 국가별로 다르다.
◆ SRM의 사용을 규제하는 법안은 위험물질을 통제하여 광우병을 포함한 프리온 질병의 발생을 방지하기 위한 것이다.
◆ 미국 FDA의 SRM 규정
- 전 연령 소의 편도와 말초 회장
- 30개월 이상된 소의 뇌, 두개골, 눈, 3차 신경절, 척수, 등골뼈, 등배신경절

10 다류 및 커피의 카페인 함량 [식품등의 표시기준]

◆ 카페인 함량을 90퍼센트(%) 이상 제거한 제품을 "탈카페인(디카페인)"제품으로 표시할 수 있다.

11 미생물로 인한 부패방지 대책

◆ 식품을 부패시키는 주원인은 미생물에 있으므로 미생물에 의한 식품의 오염방지와 미생물의 증식을 억제하고 식품의 신선도를 유지하게 하는 것이다.
◆ 미생물의 발육에는 수분, 온도, 영양소, pH 등이 중요한 요소가 된다.
◆ 물리적 보존법에는 가열살균법, 냉장 또는 냉동법, 탈수 건조법, 자외선, 방사선 살균법 등이 있다.
◆ 화학적 처리에 의한 방법에는 염장법, 당장법, 산장법, 훈연법, 가스저장법 등이 있으며 진공포장을 함으로써 더 효과적으로 부패를 방지할 수 있다.

12 질병발생의 역학적 3대 기본인자

◆ 병인적 인자, 숙주적 인자, 환경적 인자로 나눌 수 있다.
◆ 이들 3대 요소가 어떤 관계에 놓이느냐가 질병발생 여부를 좌우한다.

13 보존료와 관계있는 첨가물

◆ 안식향산 : 청량음료, 간장 등에 사용하는 보존료
◆ 소르빈산 : 식육가공품, 젖산균음료 등에 사용하는 보존료
◆ 데히드로초산 : 치즈 , 빵, 양과자 등의 곰팡이 방지제로 사용하는 보존료

⊕ **차아염소산나트륨 : 살균료**

14 프탈레이트계 가소제

◆ 프탈레이트류는 폴리염화비닐(PVC) 등 플라스틱을 유연하게 만드는 데 사용되는 가소제이다.
◆ 프탈레이트계 가소제의 종류 : DEHP(di(2-ethylhexyl) phthalate), DBP(dibutyl phthalate), BBP(butyl benzyl phthalate), DINP(di-isononyl phthalate), DNOP(di-n-octyl phthalate), DIDP(di-iso-decyl phthalate)

◆ 간이나 신장 등에 치명적 손상을 줄 우려 때문에 그간 논란이 돼 왔다.
◆ 세계 각국은 6종의 프탈레이트(프탈산에스테르)계 가소제를 1999년부터 내분비계 장애(환경호르몬) 추정물질로 관리해 왔다.
◆ 프탈레이트류는 건축자재를 통한 공기 흡입, 화장품류를 통한 피부 노출, PVC 튜브 등의 의료기기 사용으로 인한 노출, 어린이용품을 통한 노출, 물 또는 식품의 섭취 등의 다양한 경로를 통하여 인체에 노출된다.

15 일반적인 유해 tar색소

◆ 황색계 : auramine, orange Ⅱ, butter yellow, spirit yellow, p-nitroaniline
◆ 청색계 : methylene blue
◆ 녹색계 : malachite green
◆ 자색계 : methyl violet, crystal violet
◆ 적색계 : rhodamine B, sudan Ⅲ
◆ 갈색계 : bismark brown

⊕ 허가되지 않은 유해 합성착색료는 염기성이거나 nitro기를 가지고 있는 것이 많다.

⊕ auramine은 과거에 단무지의 착색에 많이 사용되었던 발암성 착색료이다.

16 포름알데히드

◆ 단백질의 변성작용으로 살균효과를 나타낸다.
◆ 살균력이 강하여 0.002%의 용액으로 세균의 발육이 억제되고, 0.1%의 용액에서 유포자균이 모두 살균된다.

17 아크릴아마이드 acrylamide

◆ 무색의 투명 결정체이다.
◆ 감자, 쌀 그리고 시리얼 같은 탄수화물이 풍부한 식품을 제조, 조리하는 과정에서 자연적으로 생성되는 발암가능 물질로 알려져 있다.
◆ 아크릴아마이드의 생성과정은 정확히 밝혀지지 않았으나 자연 아미노산인 asparagine이 포도당 같은 당분과 함께 가열되면서 아크릴아마이드가 생성되는 것으로 추정되고 있다.
◆ 120℃보다 낮은 온도에서 조리하거나 삶은 식품에서는 아크릴아마이드가 거의 검출되지 않는다.
◆ 일반적으로 감자, 곡류 등 탄수화물 함량이 많고 단백질 함량이 적은 식물성 원료를 120℃ 이상으로 조리 혹은 가공한 식품이 다른 식품군에 비해 아크릴아마이드 함량이 높다.
◆ 감자의 경우에는 8℃ 이하로 저장하거나 냉장 보관하는 것은 좋지 않다.

18 PVC필름이 위생상 문제가 되는 이유

◆ 성형조제로 쓰이는 vinyl chloride monomer의 유출, 가소제 및 안정제가 그 원인인데 이들 모두 발암물질이다.

20 황색포도상구균 식중독

① 원인균

◆ *Staphylococcus aureus*

◆ 공기, 토양, 하수 등의 자연계에 널리 분포한다.

◆ 그람양성, 무포자 구균이고, 통성 혐기성 세균이다.

② 독소

◆ enterotoxin(장내 독소)

◆ 균 자체는 80℃에서 30분 가열하면 사멸되나 독소는 내열성이 강해 120℃에서 20분간 가열하여도 완전파괴되지 않는다.

③ 특징

◆ 발열은 거의 없고, 보통 24~48시간 이내에 회복된다.

◆ 7.5% 정도의 소금 농도에서도 생육할 수 있는 내염성균이다.

◆ 생육적온은 37℃이고, 10~45℃ 온도에서도 발육한다.

◆ 다른 세균에 비해 산성이나 알칼리성에서 생존력이 강한 세균이다.

④ 감염원 : 주로 사람의 화농소, 콧구멍 등에 존재하는 포도상구균(손, 기침, 재채기 등) 이다.

제2과목 식품화학

21 자일리톨 xylitol

◆ 천연소재의 감미료로서 단맛은 설탕과 비슷하나 청량감이 뛰어나다.

◆ 5탄당 구조로 인슐린과 관계가 없어 당뇨병 환자의 감미료로도 널리 사용된다.

◆ 대표적인 충치 유발균인 *Streptococcus mutans*의 성장을 억제한다.

22 식품의 관능검사

① 차이식별검사

◆ 종합적차이검사 : 단순차이검사, 일-이점검사, 삼점검사, 확장삼점검사

◆ 특성차이검사 : 이점비교검사, 순위법, 평점법, 다시료비교검사

② 묘사분석

◆ 향미프로필 방법

◆ 텍스처프로필 방법

◆ 정량적 묘사 방법

◆ 스펙트럼 묘사분석

◆ 시간-강도 묘사분석

③ 소비자 기호도 검사

◆ 이점비교법

◆ 기호도척도법

◆ 순위법

◆ 적합성 판정법

23 glucose oxidase

◆ catalase의 존재 하에 glucose를 산화해서 gluconic acid를 생성하는 균체의 효소이다.
◆ glucose 또는 산소를 제거하여 식품의 가공, 저장 중의 지방산패, 갈변, 풍미저하 등의 품질저하를 방지한다.
◆ 맥주, 치즈, 탄산음료, 건조달걀, 과실주스, 육어류, 분유, 포도주 중 산소나 포도당을 제거하여 산화 또는 갈변방지를 방지하는 데 이용한다.
◆ catalase와 같이 사용하면 효과적이다.

24 요오드가iodine value

◆ 유지 100g 중에 첨가되는 요오드의 g수를 말한다.
◆ 유지의 불포화도가 높을수록 요오드가가 높기 때문에 요오드가는 유지의 불포화 정도를 측정하는 데 이용된다.
◆ 고체지방 50 이하, 불건성유 100 이하, 건성유 130 이상, 반건성유 100~130 정도이다.

25

◆ 정확도(accuracy)가 높다는 것은 참값에 가까운 값이라는 의미이다.
◆ 재현성(precision)이 높다는 것은 측정한 값들이 비슷한 결과를 나타내었다는 것이다.
◆ 참값이 10.0cm이고 측정한 값은 각각 8.79, 8.82, 8.79, 8.81, 8.80cm이었으므로 정확도는 낮고 재현성은 높다고 할 수 있다.

26 라이소자임lysozyme의 기능적 특성

◆ 계란의 난백단백질이다.
◆ 그람음성균의 세포벽을 분해(용균작용)한다.
◆ 산성용액에서는 매우 안정하나 알칼리용액에는 급속히 활성을 잃는다.

27 Soxhlet 지방 추출법

◆ ethyl ether를 용매로 해서 Soxhlet 추출기를 사용하여 16~32시간 식품에서 지질을 추출한다.
◆ 추출액에서 에테르를 제거하고 다시 95~100℃로 건조하여 얻어진 잔류물을 조지방이라 한다.

28

데치기(blanching)가 잘 되었는지 정도를 알아보려면 catalase, peroxidase를 측정(내열성이 강한 효소)한다.

29 산화환원적정법(과망간산법)

◆ 산화되거나 환원될 수 있는 물질을 산화제 또는 환원제의 표준용액으로 적정하여 그 소비된 양으로부터 정량하는 방법이다.

◆ 산화제로서 과망간산칼륨($KMnO_4$) 용액이 가장 흔히 쓰인다.

30 클로로필chlorophyll

◆ 식물의 잎이나 줄기의 chloroplast의 성분으로 단백질, 지방, lipoprotein과 결합하여 존재한다.

◆ porphyrin 환 중심에 Mg^{2+}을 가지고 있다.

◆ 녹색식물의 chlorophyll에는 보통 청녹색을 나타내는 chlorophyll a와 황록색을 나타내는 chlorophyll b가 3:1 비율로 함유되어 있다.

31 식품의 조직감

◆ 맛, 색과 같이 단순하지 않고 복잡하다.

◆ 관련된 감각은 주로 촉감, 그 이외 온도, 감각, 통감도 작용하여 치아의 근육운동, 촉감과 청각도 관여한다.

◆ 식품의 조직감에 영향을 미치는 인자는 식품입자의 모양, 식품입자의 크기, 표면의 조잡성(roughness) 등이다.

32 딜러턴트dilatant

◆ 전단속도의 증가에 따라 전단응력의 증가가 크게 일어나는 유동을 말한다.

◆ 이 유형의 액체는 오직 현탁 속에 불용성 딱딱한 입자가 많이 들어 있는 액상에서만 나타나는 유형, 즉 오직 고농도의 현탁액에서만 이런 현상이 일어난다.

◆ 옥수수 전분용액 등

33 안토시아닌anthocyanin

◆ 꽃, 과실, 채소류에 존재하는 적색, 자색, 청색의 수용성 색소로서 화청소라고도 부른다.

◆ 안토시아니딘(anthocyanidin)의 배당체로서 존재한다.

◆ benzopyrylium 핵과 phenyl기가 결합한 flavylium 화합물로 2-phenyl-3,5,7-trihydroxyflavylium chloride의 기본구조를 가지고 있다.

◆ 산, 알칼리, 효소 등에 의해 쉽게 분해되는 매우 불안정한 색소이다.

◆ anthocyanin계 색소는 수용액의 pH가 산성 → 중성 → 알칼리성으로 변화함에 따라 적색 → 자색 → 청색으로 변색되는 불안정한 색소이다.

34 곡류 단백질

◆ 글루테린(glutelin) : oryzenin(쌀), glutenin(밀), hordenin(보리) 등

◆ 프로라민(prolamin) : gliadin(밀), zein(옥수수), hordein(보리), sativin(귀리) 등

35 묘사분석에 사용하는 방법

◆ 향미 프로필(flavor profile)
◆ 텍스처 프로필(texture profile)
◆ 정량적 묘사분석(quantitative descriptive analysis)
◆ 스펙트럼 묘사분석(spectrum descriptive analysis)
◆ 시간-강도 묘사분석(time-intensity descriptive analysis)

36 수분활성도

$$A_W = \frac{N_W}{N_W + N_S} = \frac{\frac{30}{18}}{\frac{30}{18} + \frac{30}{342}} = \frac{1.667}{1.667 + 0.088} = 0.95$$

A_W : 수분활성도
N_W : 물의 몰수
N_S : 용질의 몰수

37 식용유지의 지방산

◆ palmitic acid(16:0), stearic acid(18:0), oleic acid(18:1), linoleic acid(18:2) 등의 지방산이 많이 함유되어 있고, butyric acid(4:0) 등 저급포화지방산 함량은 적다.

38 산소 요구성에 따른 미생물의 분류

◆ 통성 혐기성균 : 산소가 있으나 없으나 생육하는 미생물
◆ 편성 호기성균 : 산소가 절대로 필요한 경우의 미생물
◆ 편성 혐기성균 : 산소가 절대로 존재하지 않을 때 증식이 잘되는 미생물
◆ 미 호기성균 : 대기 중의 산소분압보다 낮은 분압일 때 더욱 잘 생육되는 미생물

39 유지의 산화속도에 미치는 수분활성도의 영향

◆ 단분자층 형성의 수분함량 영역일 때 가장 안정하다.
◆ 단분자층 형성 수분함량보다 수분활성이 감소하거나 증가함에 따라 유지의 산화속도는 증가한다.

40 육류를 숙성시키면 신장성과 보수성이 증가한다.

41 젖산균 스타터starter

◆ 치즈, 버터 및 발효유 등의 제조에 사용되는 특정 미생물의 배양물로서 발효시키고자 하는 식품에 접종시켜 발효가 반드시 일어나도록 해 준다.
◆ 발효유제품 제조에 사용되는 스타터는 유산균이 이용된다.
◆ 발효유 제조에 사용되는 유산균 종류는 *Lactobacillus casei*, *L. bulgaricus*, *L. acidophillus*, *Streptococcus thermophilus* 등이 있다.
◆ 배지의 고형물의 함량, 미생물의 양 등을 조절하여 발효미생물의 성장속도를 조정할 수 있어서 공장에서 제조계획에 맞추어 작업할 수 있다.

42 장류의 제조·가공 기준 [식품공전, 식품별 기준 및 규격]

◆ 제조공정상 알코올 성분을 제품의 맛, 향의 보조, 냄새 제거 등의 목적으로 사용할 수 있다.

43 표준상태(0℃, 1기압)에서 진공도

◆ 1기압 = 76cmHg
$76 : 36 = 70 : x$
$x = 33.2$cmHg

44 식품에 사용할 수 있는 원료와 그 사용부위 [식품공전, 별표1]

◆ 감자 : 덩이줄기
◆ 석이버섯 : 자실체
◆ 스테비아 : 잎
◆ 거북복 : 전체(알, 내장 제외)

45 오보뮤신ovomucin

◆ 난백 중에 colloid상으로 분산되어 난백의 섬유구조의 주체를 이루고 있다. 용액상태에서 오보뮤신 섬유(ovomucin fibers)가 3차원 망상구조를 이룬다.
◆ 농후난백에는 수양난백보다 4배 이상의 ovomucin이 들어있다.
◆ 인플루엔자 바이러스에 의한 적혈구의 응집반응 억제로 작용한다.

46 익스팬션 링expansion ring을 만드는 이유

◆ 통조림을 밀봉한 후 가열 살균할 때 내부 팽압으로 뚜껑과 밑바닥이 밖으로 팽출하고 냉각하면 다시 복원한다.
◆ 내부 압력에 견디고 복원을 용이하게 하여 밀봉부에 비틀림이 생기지 않도록 하기 위해서다.

47 육가공의 훈연 목적

- ◆ 보존성 향상
- ◆ 특유의 색과 풍미증진
- ◆ 육색의 고정화 촉진
- ◆ 지방의 산화방지

48 상업적 살균법

- ◆ 가열에 의해 식품고유의 성분이 변화되어 품질을 저하시키기 때문에 식품품질이 가장 적게 손상되면서 미생물학적으로 안전성이 보장 되는 수준까지 살균하는 방법이다.
- ◆ 보통 100℃ 이하 70℃ 이상 조건에서 살균하며 주로 산성의 과일 통조림에 이용된다.

49 분말건조제품의 복원성 reconstitution

- ◆ 건조는 식품 속의 수분이 제거되는 과정이므로 제거될 때 생기는 수분의 이동 통로의 생성으로 원래 구조가 변하게 되는데 보통 구조적인 변화로 뒤틀림, 다공성, 조직 수축 등이 일어난다.
- ◆ 건조식품이 다시 수분을 흡수하면 조직은 원래 상태로 환원되려는 성질, 즉 복원성(reconstitution)을 가지는데, 이 성질은 식품의 종류, 건조방법 등에 따라 달라진다.
- ◆ 식품의 조직과 복원성의 변화는 건조식품의 품질을 결정하는 데 매우 중요하다.

50 폴리에틸렌 필름 PE

- ◆ 수분차단성이 좋으며 내화학성 및 가격이 저렴하다.
- ◆ 기체 투과성이 크다.
- ◆ 투명한 포장재료이다.

51 유지의 경화

- ◆ 액체 유지에 환원 니켈(Ni) 등을 촉매로 하여 수소를 첨가하는 반응을 말한다.
- ◆ 수소의 첨가는 유지 중의 불포화지방산을 포화지방산으로 만들게 되므로 액체 지방이 고체 지방이 된다.

52 어류의 지질

- ◆ 어류의 지방에는 불포화지방산이 많이 포함되어 있는데, 불포화지방산의 융점은 포화지방산의 융점보다 낮다.

53 된장의 숙성

- ◆ 된장 중에 있는 코지 곰팡이, 효모 그리고 세균 등의 상호작용으로 비교적 느리게 일어난다.
- ◆ 쌀·보리 코지의 주성분인 전분이 코지 곰팡이의 amylase에 의해 당화하여 단맛이 생성된다.
- ◆ 생성된 당은 다시 알코올 발효에 의하여 알코올이 생성된다.

◆ 단백질은 protease에 의하여 아미노산으로 분해되어 구수한 맛이 생성된다.
◆ 일부는 세균에 의하여 유기산을 생성하게 된다.
◆ 숙성온도는 30~40℃의 항온실 내에서 만든다.

54 동물성 유지류의 산화방지제(g/kg) 규격 [식품공전]

◆ 부틸히드록시아니솔, 디부틸히드록시톨루엔, 터셔리부틸히드로퀴논 : 0.2 이하 사용
◆ 몰식자산프로필 : 0.1 이하 사용

55 우유류 규격 [식품공전]

◆ 산도(%) : 0.18 이하(젖산으로서)
◆ 유지방(%) : 3.0 이상(다만, 저지방제품은 0.6~2.6, 무지방제품은 0.5 이하)
◆ 세균수 : n = 5, c = 2, m = 10,000, M = 50,000
◆ 대장균군 : n = 5, c = 2, m = 0, M = 10(멸균제품은 제외한다.)
◆ 포스파타제 : 음성이어야 한다(저온장시간 살균제품, 고온단시간 살균제품에 한)
◆ 살모넬라 : n = 5, c = 0, m = 0/25g
◆ 리스테리아 모노사이토제네스 : n = 5, c = 0, m = 0/25g
◆ 황색포도상구균 : n = 5, c = 0, m = 0/25g

56 물의 유속

◆ V = Q/A
Q : 부피유량(m^3/s), A : 단면적(m^2), V : 유속(m/s)
◆ 부피유량(Q) = (3.0kg/s) × (1/1000) = $0.003m^3/s$
◆ 관의 단면적(A) = $(\pi/4)D^2 = (\pi/4)(0.05)^2 = 0.0019625m^2$
◆ 평균유속(V) = $\frac{0.003}{0.0019625} = 1.529m/s$

57 밀가루의 품질시험방법

◆ 색도 : 밀기울의 혼입도, 회분량, 협잡물의 양, 제분의 정도 등을 판정(보통 Pekar법을 사용)
◆ 입도 : 체눈 크기와 사별 정도를 판정
◆ 패리노그래프(farinograph) 시험 : 밀가루 반죽 시 생기는 점탄성을 측정
◆ 익스텐소그래프(extensograph) 시험 : 반죽의 신장도와 인장항력을 측정
◆ 아밀로그래프(amylograph) 시험 : 전분의 호화온도와 제빵에서 중요한 α-amylase의 역가를 알 수 있고 강력분과 중력분 판정에 이용

58 말토덱스트린^malto dextrin^의 특성

◆ 포도당이나 설탕에 비해 용해도는 떨어지나 수화력이 크므로 보습성 또는 보수성이 크다.

59 도살 후 최대경직시간

- ◆ 쇠고기 : 4~12시간
- ◆ 돼지고기 : 1.5~3시간
- ◆ 닭고기 : 수분~1시간

60 제분 시 자력분리기 사용 공정

- ◆ 제분 시 정선과정에서 원료를 사면으로 흐르게 하고 그 원료가 흐르는 장소에 자력분리기(말징모양 또는 막대기모양)의 영구자석을 장치한다.
- ◆ 원료 속에 들어 있는 쇠조각을 자석으로 흡착시켜 제거한다.

제4과목 식품미생물학

61 효모의 생육억제 효과

- ◆ 당농도가 높을수록 크다.
- ◆ 같은 중량을 가한 경우 설탕은 단당류보다 억제효과가 적다.

62 독립영양균autotroph

- ◆ 무기탄소원과 무기질소원을 이용하여 생육할 수 있는 미생물이다.
- ◆ 무기탄소원에는 CO_2, 탄산염 등이 있으며, 무기질소원에는 아질산염, 질산염, 암모늄염 등이 있다.

63 진핵세포(고등미생물)의 특징

- ◆ 핵막, 인, 미토콘드리아, 골지체 등을 가지고 있다.
- ◆ 메소좀(ribosome)이 존재하지 않는다.
- ◆ 편모가 존재하지 않는다.
- ◆ 유사분열을 한다.
- ◆ 곰팡이, 효모, 조류, 원생동물 등은 여기에 속한다.

64 단백질 합성에 관여하는 RNA

- ◆ m-RNA는 DNA에서 주형을 복사하여 단백질의 amino acid 배열순서를 전달 규정한다.
- ◆ t-RNA(sRNA)는 활성아미노산을 ribosome의 주형(template) 쪽에 운반한다.
- ◆ r-RNA는 m-RNA에 의하여 전달된 정보에 따라 t-RNA에 옮겨진 amino 산을 결합시켜 단백질 합성을 하는 장소를 형성한다.
- ◆ 단백질 생합성에서 RNA는 m-RNA → r-RNA → t-RNA 순으로 관여한다.
- ◆ RNA염기에는 adenine, guanine, cytosine, uracil이 있다.

65 발효유의 대표적인 향기성분

◆ 발효유의 풍미 생성에 있어서 중요한 대사는 구연산 분해인데 여기에 관여하는 미생물은 *Luconostoc*이 주요 균종이지만 *Lactococcus*와 *Lactobacillus*도 관여한다.

◆ 풍미 생성균은 구연산을 분해하여 디아세틸(diacetyl), 아세토인(acetoin), 2,3부틸렌글리콜(2,3-butylene-glycol)과 같은 C_4화합물과 미량의 휘발성산, 알코올, 알데히드 등을 생성하지만 발효유의 풍미생성에 큰 역할을 하는 것은 디아세틸이다.

66 살모넬라*Salmonella spp.* 시험법 [식품공전]

◆ 증균배양 : 검체 25g을 취하여 225mL의 peptone water에 가한 후 35℃에서 18±2시간 증균배양한다. 배양액 0.1mL를 취하여 10mL의 Rappaport-Vassiliadis배지에 접종하여 42℃에서 24±2시간 배양한다.

◆ 분리배양 : 증균배양액을 MacConkey 한천배지 또는 Desoxycholate Citrate 한천배지 또는 XLD한천배지 또는 bismuth sulfite 한천배지에 접종하여 35℃에서 24시간 배양한 후 전형적인 집락은 확인시험을 실시한다.

◆ 확인시험 : 분리배양된 평판배지상의 집락을 보통한천배지(배지 8)에 옮겨 35℃에서 18~24시간 배양한 후, TSI 사면배지의 사면과 고층부에 접종하고 35℃에서 18~24시간 배양하여 생물학적 성상을 검사한다. 살모넬라는 유당, 서당 비분해(사면부 적색), 가스생성(균열 확인) 양성인 균에 대하여 그람음성 간균임을 확인하고 urease 음성, lysine decarboxylase 양성 등의 특성을 확인한다.

67 glucose oxidase

◆ gluconomutarotase 및 catalase의 존재 하에 glucose를 산화해서 gluconic acid를 생성하는 균체의 효소이다.

◆ *Aspergillus niger*, *Penicillium notatum*, *Pen. chrysogenum*, *Pen. amagasakiense* 등이 생산한다.

◆ 식품 중의 glucose 또는 산소를 제거하여 식품의 가공, 저장 중의 품질저하를 방지할 수 있다.

68 생균수 검사

◆ 식품 중에 함유되어 있는 일반 세균수를 측정하여 식품의 부패정도나 신선도 및 오염도를 측정할 때 이용된다.

◆ 주로 표준한천평판 배양법으로 측정한다.

69 *Zygosaccharomyces*속

◆ 내당성, 내염성 효모로서 소금과 당분에 잘 견딘다.

◆ *Zygosaccharomyces rouxii*는 *Z. soja*, *Z. major* 등과 *Sacch. rouxii*로 Lodder에 의해 통합 분류되었다.

◆ *Sacch. rouxii*는 간장이나 된장의 발효에 관여하는 효모로서, 18% 이상의 고농도의 식염이나 잼같은 당농도에서 발육하는 내삼투압성 효모이다.

70 미생물의 분류기준

① 인위분류와 자연분류

◆ 인위분류법 : 형태학적 성질 중시

– 곰팡이, 조류, 원생동물 : 주로 형태 위주

– 단세포미생물(세균, 효모) : 형태, 생리적 특성, 생화학적 특성, 혈청학적 성상

◆ 자연분류법 : 계통발생학적 유연관계

② 수치적 분류법 : 여러 가지 성질을 통계처리에 의해 균주간의 유사도 조사

③ 분자유전학적 분류 : DNA 염기조성 기준으로 분류

④ 화학분류법 : 세포의 화학성분이나 대사생성물을 지표로 하여 분류

◆ 세포벽의 구성성분 및 조성 : 세균, 효모

⊕ 미생물 분류에는 핵막의 유무, 포자의 형성유무, 격벽의 유무, 그람염색성(세포벽의 성분) 등을 이용한다.

71 그람양성균과 그람음성균의 특성 차이

◆ 그람양성균은 그람음성균에 비해 페니실린 및 설파제에 대한 감수성이 높다.

◆ 그람음성균은 그람양성균에 비해 세포벽에 방향족 또는 함황아미노산의 함량이 많다.

◆ 그람양성균은 그람음성균에 비해 세포벽에 지질함량(양성균 1~4%, 음성균 11~22%)이 적다.

72 파지phage의 특성

◆ 약품에 대한 저항력은 일반 세균보다 강하기 때문에 항생물질에 의해 쉽게 사멸되지 않는다.

73 구연산citric acid 발효

① 생산균 : *Aspergillus niger*, *Asp. saitoi* 그리고 *Asp. awamori* 등이 있으나 공업적으로 *Asp. niger*가 사용된다.

② 구연산 생성기작

◆ 구연산은 당으로부터 해당작용에 의하여 피루브산(pyruvic acid)가 생성되고, 또 옥살초산(oxaloacetic acid)과 acetyl CoA가 생성된다.

◆ 이 양자를 citrate sythetase의 촉매로 축합하여 citric acid를 생성하게 된다.

③ 구연산 생산조건

◆ 배양조건으로는 강한 호기적 조건과 강한 교반을 해야 한다.

◆ 당농도는 10~20%이며, 무기영양원으로는 N, P, K, Mg, 황산염이 필요하다.

◆ 최적온도는 26~35℃이고, pH는 염산으로 조절하며 pH 3.4~3.5이다.

◆ 수율은 포도당 원료에서 106.7% 구연산을 얻는다.

◆ *Asp. niger* 등에 의한 구연산 발효는 배지 중에 Fe^{++}, Zn^{++}, Mn^{++} 등의 금속이온 양이 많으면 산생성이 저하된다. 특히 Fe^{++}의 영향이 크다.

④ 발효액 중의 균체를 분리 제거하고 구연산을 생석회, 소석회 또는 탄산칼슘으로 중화하여 가열 후 구연산칼슘으로써 회수한다.

⑤ 발효 주원료로서 당질 또는 전분질 원료가 사용되고, 사용량이 가장 많은 것은 첨채당밀(beet molasses)이다.

74 효모의 형태

◆ 균의 종류에 따라 다르고, 같은 종류라도 배양조건이나 시기, 세포의 나이, 영양상태, 공기의 유무 등 물리·화학적 조건, 그리고 증식법에 따라서 달라진다.

75 접합conjugation

◆ 유전자를 공여하는 세포로부터 복제된 DNA의 일부가 성선모를 통해 다른 세포로 이동한다.

◆ 새로 도입된 DNA는 이에 상응하는 염기서열을 대치하여 새로운 유전자 조합을 형성한다.

76 세균의 포자spore

◆ 영양조건이 변화하여 생육조건이 악화되면 세포 내에 포자를 형성한다.

◆ 포자는 무성적으로 이루어지며 보편적으로 1개의 세균 안에 1개의 포자를 형성한다.

◆ 적당한 조건이 되면 발아하여 새로운 영양세포로 되어 분열, 증식한다.

◆ 세균의 포자는 특수한 성분으로 dipcolinic acid를 5~12% 함유하고 있다.

◆ 포자는 몇 층의 외피를 가진 복잡한 구조로 되어 있어서 내열성일 뿐만 아니라 내구기관으로서의 특징을 가진다.

◆ 포자 내의 수분함량은 대단히 적고 대부분의 수분은 결합수로 되어 있어서 내건조성을 나타낸다.

◆ 유리포자는 대사활동이 극히 낮고 가열, 방사선, 약품 등에 대하여 저항성이 강하다.

◆ 포자 형성균으로는 그람양성균인 호기성의 *Bacillus*속과 혐기성의 *Clostridium*속에 한정되어 있다.

77 76번 해설 참조

78 장염비브리오균*Vibrio parahemolyticus*의 특성

◆ 그람음성 무포자 간균이다.

◆ 3% 전후의 식염농도 배지에서 잘 발육한다.

◆ 극모성 편모를 갖는다.

◆ 열에 약하다(60℃에서 2분에 사멸).

◆ 민물에서 빨리 사멸된다.

◆ 최적발육온도 37℃, pH는 7.5~8.0이다.

◆ 급성 장염을 일으킨다.
◆ 장염비브리오균 식중독의 원인식품은 주로 어패류로 생선회가 가장 대표적이지만, 그 외에도 가열 조리된 해산물이나 침채류를 들 수 있다.

79 *Penicillum citrinum*

◆ 황변미의 원인균으로 신장 장애를 일으키는 유독 색소인 citrinin($C_{13}H_{14}O_5$)을 생성하는 유해균이다.

80 냉동식품

◆ −18℃ 이하로 처리하여 냉동의 상태에서 유통하는 식품을 일컫는다.
◆ 냉동식품의 저온성 세균으로서는 *Pseudomonas*와 *Flavobacterium* 등이 과반수 이상 분포해 있다.
◆ 어육의 냉동식품에서는 *Brevibacterium*, *Corynebacterium*, *Arthrobacter* 등이 발견된다.
◆ 야채, 과일의 가공 냉동식품에서는 *Micrococcus*가 많이 발견된다.

제5과목 생화학 및 발효학

81 비오틴 biotin

◆ 비오시틴(biocytin)이라는 단백질에 결합된 조효소 형태로 존재한다.
◆ biocytin은 혈액과 간에서 효소에 의해 가수분해되어 biotin으로 유리된다.

82 구연산 생성기작

◆ 구연산은 당으로부터 해당작용에 의하여 피루브산(pyruvic acid)이 생성되고, 또 옥살초산(oxaloacetic acid)과 acetyl CoA가 생성된다.
◆ 이 양자를 citrate sythetase의 촉매로 축합하여 citric acid를 생성하게 된다.

83 비타민 A

◆ 공기 중의 산소에 의해 쉽게 산화되지만 열이나 건조에 안정하다.
◆ 결핍되면 야맹증, 안구건조증, 각막연화증이 생긴다.

84 전자전달계의 순서

◆ 전자전달계가 진행될수록 E′(표준산화환원전위)값이 작아지므로 전자전달계의 순서는 E′가 높은 값에서부터 낮은 값으로 진행된다.
◆ O_2(+0.82) → X(+0.75) → Y(+0.65) → Q(−0.05) → Delta Xi(−0.10) → DNA(−0.55)

85 DNA 조성에 대한 일반적인 성질 E. Chargaff

- ◆ 한 생물의 여러 조직 및 기관에 있는 DNA는 모두 같다.
- ◆ DNA 염기조성은 종에 따라 다르다.
- ◆ 주어진 종의 염기 조성은 나이, 영양상태, 환경의 변화에 의해 변화되지 않는다.
- ◆ 종에 관계없이 모든 DNA에서 adenine(A)의 양은 thymine(T)과 같으며(A=T) guanine(G)은 cytosine(C)의 양과 동일하다(G=C).

> ⊕ 염기의 개수 계산 : A의 양이 991개이면 T의 양도 991개이고, AT의 양은 1,982개가 되며, G의 양이 456개이면 C의 양도 456개이고, GC의 양은 912개가 된다.

86 화학합성 종속영양균 mosynthetic heteroph

- ◆ 유기화합물의 산화에 의하여 에너지를 얻는 종속영양균이다.
- ◆ 세균, 곰팡이, 효모 등을 비롯한 대부분의 미생물이 여기에 속한다.
- ◆ 미생물의 생장속도에 영향을 끼치는 인자 : 영양물질(에너지원, 탄소원, 질소원, 비타민류 및 무기염류), 온도, pH, 산소, 수분, 저해물질 등

87 핵산의 소화

- ◆ RNA 및 DNA는 췌액 중의 ribonuclease(RNAase) 및 deoxyribonuclease(DNAase)에 의해 mononucleotide까지 분해된다.

88 석유계 탄화수소를 이용하는 균주

- ◆ 효모류(주로 많이 이용) : *Candida lypolytica*, *Candida tropicalis*, *Candida intermedia*, *Candida pertrophilum*, *Torulopsis*속 등
- ◆ 세균 : *Pseudomonas aeruginosa*, *Pseudomonas desmolytica*, *Corynebacterium petrophilum* 등

> ⊕ *Chlorella*속 : CO_2를 탄소원으로 이용

89 클로렐라 *Chlorella* 의 특징

- ◆ 진핵세포생물이며 분열증식을 한다.
- ◆ 단세포 녹조류이다.
- ◆ 생산균주 : *Chlorella ellipsoidea*, *Chlorella pyrenoidosa*, *Chlorella vulgaris* 등
- ◆ 빛의 존재하에서 무기염과 CO_2의 공급으로 증식하며 O_2를 방출한다.
- ◆ 분열에 의해 한 세포가 4~8개의 낭세포로 증식한다.
- ◆ 크기는 2~12μ 정도의 구형 또는 난형이다.
- ◆ 엽록체를 갖으며 광합성을 하여 에너지를 얻어 증식한다.
- ◆ 건조물의 50%가 단백질이며 필수아미노산과 비타민이 풍부하다.
- ◆ 필수아미노산인 라이신(lysine)의 함량이 높다.

◆ 비타민 중 특히 비타민 A, C의 함량이 높다.
◆ 양질의 단백질을 대량 함유하므로 단세포단백질(SCP)로 이용되고 있다.
◆ 소화율이 낮다.

90 증발계수(ka)

◆ ka = a/A ka : 증발계수, A : 원액 중의 알코올 %, a : 증기 중의 알코올 %
◆ ka = 51/10 = 5.1

91 73번 해설 참조

92 핵단백질의 가수분해 순서

◆ 핵 단백질(nucleoprotein)는 핵산(nucleic acid)과 단순단백질(histone 또는 protamine)로 가수분해된다.
◆ 핵산(polynucleotide)은 RNase나 DNase에 의해서 모노뉴클레오티드(mononucleotide)로 가수분해된다.
◆ 뉴클레오티드(nucleotide)는 nucleotidase에 의하여 뉴클레어사이드(nucleoside)와 인산(H_3PO_4)으로 가수분해된다.
◆ 뉴클레어사이드는 nucleosidase에 의하여 염기(purine이나 pyrmidine)와 당(D-ribose나 D-2-Deoxyribose)으로 가수분해된다.

93 다가불포화지방산

◆ arachidonic acid : $C_{20:4}$
◆ linoleic acid : $C_{18:2}$
◆ linolenic acid : $C_{18:3}$
◆ DHA(docosahexaenoic acid) : $C_{22:6}$

94 적포도주의 주발효

◆ 적포도주는 주발효 중에 있어서 과피 중의 적색색소, 탄닌을 침출시키는 것이 대단히 중요한 일이다.

⊕ 산도, 알코올 농도가 낮거나 온도가 높은 경우에 독특한 감미취와 젖산패취가 난다. 포도주는 헤테로 젖산균에 의해서 젖산, 초산, CO_2를 생성하여 산패취를 낸다.

95 에너지 이용률

◆ 당의 호기적 대사 : 25ATP 생성
◆ 당의 혐기적 대사 : 7ATP 생성
◆ 알코올 발효 : 2ATP 생성

◆ 지방 대사 : 지방산화 1회전에 총 13ATP 생성

⊕ 생체는 ATP가 ATPase에 의하여 ADP와 인산으로 가수분해될 때 1ml당 12kcal의 에너지를 이용한다.

96 라이신lycine 발효

◆ lycine은 glutamic acid 생산균인 *Corynebacterium glutamicum*에 자외선과 Co^{60} 조사에 의하여 영양요구변이주를 만들어 생산한다.

◆ 이들 변이주는 biotin을 충분히 첨가하고 소량의 homoserine 또는 threonine + methionine을 첨가하여 대량의 lysine을 생성 축적하게 된다.

97 발효공업의 수단으로서 미생물이 사용되는 이유

◆ 기질의 이용성이 다양하다.

◆ 다른 생물체 세포에 비해 증식이 빠르다.

◆ 화학활성과 반응의 특이성이 크다.

◆ 다양한 물질의 합성 및 분해능을 가지고 있다.

◆ 화학반응과 다르게 상온, 상압 등 온화한 조건에서 물질 생산이 가능하다.

98 Michaelis상수 Km

◆ 반응속도 최대값의 1/2일 때의 기질농도와 같다.

◆ Km은 효소-기질 복합체의 해리상수이기 때문에 Km값이 작을 때에는 기질과 효소의 친화성이 크며 역으로 클 때에는 작다.

99 steroid hormone 제조 시

◆ steroid류의 미생물 변환은 *Rhizopus, Aspergillus* 등의 균체를 이용하는 경우가 많다.

◆ 항체호르몬인 프로게스테론(progesterone)의 11 α-hydroxyprogesterone으로 전환에는 *Rhizopus nigricans*와 *Aspergillus ochraceus* 균체를 이용한다.

100 아미노산의 종류

◆ 지방족 아미노산 : glycine, valine, leucine, alanine, isoleucine, serine 등

◆ 환상 아미노산 : phenylalanine, tyrosine, tryptophan 등

◆ 산성 아미노산 : aspartic acid, glutamic acid 등

◆ 염기성 아미노산 : lysine, arginine, histidine 등

◆ 함유황 아미노산 : cysteine, cystine, methionine 등

식품기사 기출문제 해설 2022 1회

제1과목 식품위생학

1 기구 및 용기·포장의 기준 및 규격 [식품공전]

◆ 용기·포장의 제조 시 인쇄하는 경우는 인쇄 잉크를 충분히 건조하여야 하며, 내용물을 투입 시 형태가 달라지는 합성수지 포장재는 톨루엔이 $2mg/m^2$ 이하이어야 한다.

◆ 또한 식품과 접촉하는 면에는 인쇄를 하지 않아야 한다.

2 산화방지제

◆ 유지의 산패에 의한 이미, 이취, 식품의 변색 및 퇴색 등을 방지하기 위하여 사용하는 첨가물이며 수용성과 지용성이 있다.
- 수용성 산화방지제 : 주로 색소의 산화방지에 사용되며 erythrobic acid, ascorbic acid 등이 있다.
- 지용성 산화방지제 : 유지 또는 유지를 함유하는 식품에 사용되며 propyl gallate, BHA, BHT, ascorbyl palmitate, DL-α-tocopherol 등이 있다.

◆ 산화방지제는 단독으로 사용할 경우보다 2종 이상을 병용하는 것이 더욱 효과적이며 구연산과 같은 유기산을 병용하는 것이 효과적이다.

3 자연독 식중독

◆ 동물성 자연독에 의한 중독 : 복어독, 시가테라독 등

◆ 식물성 자연독에 의한 중독 : 감자독, 버섯독 등

◆ 곰팡이 독소에 의한 중독 : 황변미독, 맥각독, 아플라톡신 등

⊕ 셉신(sepsin)은 부패한 감자의 독성분이다.

4 가공치즈 [식품공전]

◆ 자연치즈를 원료로 하여 이에 유가공품, 다른 식품 또는 식품첨가물을 가한 후 유화 또는 유화시키지 않고 가공한 것으로 자연치즈 유래 유고형분 18% 이상인 것을 말한다.

5 식품의 방사선 조사

◆ 방사선에 의한 살균작용은 주로 방사선의 강한 에너지에 의하여 균체의 체내 수분이 이온화되어 생리적인 평형이 깨어지며 대사기능 역시 파괴되어 균의 생존이 불가능해진다.

◆ 방사선 조사식품은 방사선이 식품을 통과하여 빠져나가므로 식품 속에 잔류하지 않는다.

◆ 방사능 오염식품은 방사능물질에 의해 오염된 식품으로서 방사선 조사식품과는 전혀 다른 것이다.
◆ 방사선 조사된 원료를 사용한 경우 제품을 조사처리하지 않으면 방사선 조사 마크를 표시하지 않아도 된다.
◆ 일단 조사한 식품을 다시 조사하여서는 아니 되며 조사식품을 원료로 사용하여 제조·가공한 식품도 다시 조사하여서는 아니 된다.
◆ 조사식품은 용기에 넣거나 또는 포장한 후 판매하여야 한다.

6 식품위생 분야 종사자의 건강진단 항목 [식품위생 분야 종사자의 건강진단규칙 제2조]

대상	건강진단 항목	횟수
식품 또는 식품첨가물(화학적 합성품 또는 기구 등의 살균·소독제는 제외한다)을 채취·제조·가공·조리·저장·운반 또는 판매하는데 직접 종사하는 사람. 다만, 영업자 또는 종업원 중 완전 포장된 식품 또는 식품첨가물을 운반하거나 판매하는 데 종사하는 사람은 제외한다.	• 장티푸스(식품위생 관련영업 및 집단급식소 종사자만 해당한다) • 폐결핵 • 전염성 피부질환(한센병 등 세균성 피부질환을 말한다)	년1회

7 장염비브리오균*Vibrio parahaemolyticus*

◆ 그람음성 무포자 간균으로 통성 혐기성균이다.
◆ 증식 최적온도는 30~37℃, 최적 pH는 7.5~8.5이고, 60℃에서 10분 이내 사멸한다.
◆ 감염원은 근해산 어패류가 대부분(70%)이고, 연안의 해수, 바다벌, 플랑크톤, 해초 등에 널리 분포한다.
◆ 잠복기는 평균 10~18시간이다.
◆ 주된 증상은 복통, 구토, 설사, 발열 등의 전형적인 급성 위장염 증상을 보인다.
◆ 장염비브리오균 식중독의 원인식품은 주로 어패류로 생선회가 가장 대표적이다.

8 식품위생감시원의 직무 [식품위생법 시행령 17조]

◆ 식품 등의 위생적 취급기준의 이행지도
◆ 수입·판매 또는 사용 등이 금지된 식품 등의 취급여부에 관한 단속
◆ 표시기준 또는 과대광고 금지의 위반여부에 관한 단속
◆ 출입·검사 및 검사에 필요한 식품 등의 수거
◆ 시설기준의 적합여부의 확인·검사
◆ 영업자 및 종업원의 건강진단 및 위생교육의 이행여부의 확인·지도
◆ 조리사·영양사의 법령준수사항 이행여부의 확인·지도
◆ 행정처분의 이행여부 확인
◆ 식품 등의 압류·폐기 등
◆ 영업소의 폐쇄를 위한 간판제거 등의 조치
◆ 그 밖에 영업자의 법령이행여부에 관한 확인·지도

9 보존료

◆ 미생물의 증식에 의해서 일어나는 식품의 부패나 변질을 방지하기 위하여 사용되는 식품 첨가물이며 방부제라고도 한다.

> ⊕ • 산화방지제(항산화제) : 유지 또는 이를 함유한 식품은 보존 중에 공기 중의 산소에 의해서 산화하여 산패한다. 즉, 유지의 산패에 의한 이미, 이취, 식품의 변색 및 퇴색 등을 방지하기 위하여 사용되는 첨가물이다.
> • 살균료 : 식품 중의 부패세균이나 기타 미생물을 단시간 내에 박멸시키기 위해 사용하는 첨가물로 음식물용 용기, 기구 및 물 등의 소독에 사용하는 것과 음식물의 보존 목적으로 사용하는 것이 있다.
> • 표백제 : 식품의 가공이나 제조 시 일반 색소 및 발색성 물질을 탈색시켜 무색의 화합물로 변화시키기 위해 사용되고 식품의 보존 중에 일어나는 갈변, 착색 등의 변화를 억제하기 위하여 사용되는 첨가물이다.

10 냉장·냉동시설·설비 관리 [HACCP, 선행요건]

◆ 냉장시설은 내부의 온도를 10℃ 이하(다만, 신선편의식품, 훈제연어, 가금육은 5℃ 이하 보관 등 보관온도 기준이 별도로 정해져 있는 식품의 경우에는 그 기준을 따른다), 냉동시설은 −18℃ 이하로 유지하고, 외부에서 온도변화를 관찰할 수 있어야 하며, 온도감응장치의 센서는 온도가 가장 높게 측정되는 곳에 위치하도록 한다.

11 검증 verification

◆ 안전관리기준(HACCP) 관리계획의 유효성과 실행여부를 정기적으로 평가하는 일련의 활동(적용방법과 절차, 확인 및 기타 평가 등을 수행하는 행위를 포함한다)을 말한다.

12 방사성 물질 누출 시 가이드라인 발표 [WHO]

◆ 원자력 발전소 사고로 누출되는 주요 방사성 핵종은 세슘과 요오드이다.
◆ 공기 중이나 음식, 음료 등에 이 같은 물질이 포함된 경우 사람들은 방사성 핵종에 직접적으로 노출될 수 있다.
◆ 이하 생략

13 건강상 유해영향 유기물질에 관한 기준 [먹는물의 수질기준]

◆ 페놀은 0.005mg/L를 넘지 아니할 것
◆ 다이아지논은 0.02mg/L를 넘지 아니할 것
◆ 파라티온은 0.06mg/L를 넘지 아니할 것
◆ 카바릴은 0.07mg/L를 넘지 아니할 것
◆ 트리클로로에틸렌은 0.03mg/L를 넘지 아니할 것
◆ 디클로로메탄은 0.02mg/L를 넘지 아니할 것
◆ 벤젠은 0.01mg/L를 넘지 아니할 것
◆ 톨루엔은 0.7mg/L를 넘지 아니할 것
◆ 이하 생략

> ⊕ 건강상 유해영향 무기물질에 관한 기준
> - 납은 0.01mg/L를 넘지 아니할 것
> - 불소는 1.5mg/L(샘물·먹는샘물 및 염지하수·먹는염지하수의 경우에는 2.0mg/L)를 넘지 아니할 것
> - 비소는 0.01mg/L(샘물·염지하수의 경우에는 0.05mg/L)를 넘지 아니할 것
> - 셀레늄은 0.01mg/L(염지하수의 경우에는 0.05mg/L)를 넘지 아니할 것
> - 수은은 0.001mg/L를 넘지 아니할 것
> - 시안은 0.01mg/L를 넘지 아니할 것
> - 이하 생략

14 성홍열 Scarlet fever

① 원인균

◆ A군 β-용혈성 연쇄상구균(*Streptococcus pyogenes*)의 감염에 의하여 발병한다.

◆ 이 균은 발적독소(erythrogenic toxin)를 생산한다.

◆ 그람양성 구균이며 포자를 형성하지 않는다.

② 잠복기 및 증상

◆ 잠복기는 4~7일이다.

◆ 갑자기 40℃ 내외의 발열을 일으키는 급성 감염병이다.

◆ 두통과 인후통이 일어난다. 편도선이 붓고 혀도 빨갛게 된다.

③ 감염경로

◆ 급성발진기나 회복기의 환자 또는 보균자와 직접 호흡접촉에 의하여 감염되는 것이 보통이다.

◆ 감염자의 인후분비물에 오염된 음식물에 의해서도 감염된다.

◆ 5월에 가장 많이 발생하고 주로 6~7세의 아이들에게 많다.

15 미생물의 성장에 필요한 최소한의 수분활성도 A_w

◆ 보통 세균 0.91, 보통 효모·곰팡이 0.80, 내건성 곰팡이 0.65, 내삼투압성 효모 0.60이다.

16 식품오염에 문제가 되는 방사선 물질

◆ 생성률이 비교적 크고

- 반감기가 긴 것 : Sr-90(28.8년), Cs-137(30.17년) 등
- 반감기가 짧은 것 : I-131(8일), Ru-106(1년), Ba-140(12.8일) 등

> ⊕ Sr-90은 주로 뼈에 침착하여 28.8년이란 긴 유효반감기를 가지고 있기 때문에 한번 침착되면 장기간 조혈기관인 골수를 조사하여 장애를 일으킨다.

17 식품위생검사기관 [식품위생법 시행규칙 9조]

◆ 식품의약품안전평가원, 지방식품의약품안전청, 보건환경연구원

18 독미나리의 독성분은 씨큐톡신(cicutoxin)이다.

19 **기생충과 매개식품**

◆ 채소를 매개로 감염되는 기생충 : 회충, 요충, 십이지장충, 동양모양선충, 편충 등
◆ 어패류를 매개로 감염되는 기생충 : 간디스토마(간흡충), 폐디스토마(폐흡충), 요코가와흡충, 광절열두조충, 아니사키스 등
◆ 수육을 매개로 감염되는 기생충 : 무구조충(민촌충), 유구조충(갈고리촌충), 선모충 등

20 **기생충에 의한 장애**

◆ 영양물질의 유실(조충류 등에 의한 비타민 B_{12}의 탈취로 빈혈을 일으킴)
◆ 조직의 파괴(어떤 유충은 폐, 뇌, 망막 등의 모세혈관을 파괴함)
◆ 기계적 장애(사상충의 임파관 폐쇄로 오는 elephantiasis)
◆ 자극과 염증(기생충에 의한 특정 조직의 자극으로 비정상적인 증식)
◆ 미생물 침입의 조장(회충, 아메바성 이질 등의 경우)
◆ 유독성 물질의 산출(말라리아, sleeping sickness 등의 경우에서 유독물질의 산출)

제2과목 식품화학

21 우유 중 함황아미노산인 cysteine을 함유하고 있는 단백질이 가열에 의해 –SH(sulfhydryl)기가 생성되어 가열취의 원인이 된다.

22 **니켈의 인체흡수 경로**

◆ 식품 : 농산물, 가공식품 등을 통해 섭취될 수 있으며 식품조리 과정을 통해 조리기구로부터 식품으로 이행될 가능성도 있다.
◆ 식수 : 상수도관, 금속수도관이 부식되면 니켈이 용출되어 식수로 유입될 수 있으며, 지하수에도 존재할 수 있다.
◆ 담배 : 담뱃잎에 축적된 니켈은 흡연을 통해 흡수될 수 있다(전자담배는 니켈농도 4배).
◆ 도금제품 : 동전이나 니켈 도금된 시계, 귀걸이, 목걸이, 안경, 핸드폰 등의 장식구나 생활용품을 사용할 경우 피부접촉을 통해 체내에 흡수될 수 있다.
◆ 대기 : 호흡기를 통해 미세먼지나 흙을 들이마심으로써 니켈에 노출될 수 있다.

23 **육색소**meat color

◆ 미오글로빈(myoglobin) : 동물성 식품의 heme계 색소로서 근육의 주 색소
◆ 헤모글로빈(hemoglobin) : 동물성 식품의 heme계 색소로서 혈액의 주 색소

⊕ • 베탈라인(betalain) : 사탕무와 레드비트에 붉은색 색소
• 시토크롬(cytocrome) : 혐기적 탈수소 반응의 전자전달체

24 에피머 epimer

◆ 탄소 사슬의 끝에서 두 번째의 C에 붙는 H와 OH가 서로 반대로 붙어 있는 이성체
◆ 즉, D-glucose와 D-mannose 또는 D-glucose와 D-galactose에서와 같이 히드록시기의 배위가 한 곳만 서로 다른 것을 epimer라 한다.

25 열량의 산출기준 [식품등의 표시기준]

◆ 영양성분의 표시함량을 사용("00g 미만"으로 표시되어 있는 경우에는 그 실제 값을 그대로 사용한다)하여 열량을 계산함에 있어 탄수화물은 1g당 4kcal를, 단백질은 1g당 4kcal를, 지방은 1g당 9kcal를 각각 곱한 값의 합으로 산출하고, 알코올 및 유기산의 경우에는 알코올은 1g당 7kcal를, 유기산은 1g당 3kcal를 각각 곱한 값의 합으로 한다.

26 β-amylase

◆ amylose와 amylopectin의 α-1,4-glucoside 결합을 비환원성 말단부터 maltose 단위로 절단하는 효소이다.
◆ dextrin과 maltose를 생성하는 효소로서 당화형 amylase라고 한다.
◆ 이 효소는 α-1,6 결합에 도달하면 작용이 정지된다.

27 효소적 갈변 방지법

◆ 열처리(blanching) : 데치기와 같이 고온에서 식품을 열처리하여 효소를 불활성화한다.
◆ 산의 이용 : pH를 3 이하로 낮추어 효소작용을 억제한다.
◆ 산소의 제거 : 밀폐용기에 식품을 넣은 다음 공기를 제거하거나 질소나 탄산가스를 치환한다.
◆ 당류 또는 염류 첨가 : 껍질을 벗긴 과일을 소금물에 담근다.
◆ 효소작용 억제 : 온도를 -10℃ 이하로 낮춘다.
◆ 금속이온제거 : 구리 또는 철로 된 용기나 기구의 사용을 피한다.
◆ 아황산가스, 아황산염 등을 이용한다.

28 스트렉커 반응 strecker reaction

◆ Maillard 반응(비효소적 갈변 반응)의 최종단계에서 일어나는 스트렉커(Strecker) 반응은 α-dicarbonyl화합물과 α-amino acid와의 산화적 분해반응이다.
◆ 아미노산은 탈탄산 및 탈아미노 반응이 일어나 본래의 아미노산보다 탄소수가 하나 적은 알데히드(aldehyde)와 상당량의 이산화탄소가 생성된다.
◆ alanine이 Strecker 반응을 거치면 acetaldehyde가 생성된다.

29 환원당과 비환원당

◆ 단당류는 다른 화합물을 환원시키는 성질이 있어 $CuSO_4$의 알칼리 용액에 넣고 가열하면 구리이온과 산화환원반응을 한다.
◆ 당의 알데히드(R−CHO)는 산화되어 산(R−COOH)이 되고 구리이온은 청색의 2가 이온($CuSO_4$)에서 적색의 1가 이온(Cu_2O)으로 환원된다.
◆ 이 반응에서 적색 침전을 형성하는 당을 환원당, 형성하지 않은 당을 비환원당이라 한다.
◆ 환원당에는 glucose, fructose, lactose가 있고, 비환원당은 sucrose이다.

30 식품의 관능검사

① 차이식별검사
◆ 종합적차이검사 : 단순차이검사, 일−이점검사, 삼점검사, 확장삼점검사
◆ 특성차이검사 : 이점비교검사, 순위법, 평점법, 다시료비교검사
② 묘사분석
◆ 향미프로필 방법
◆ 텍스쳐프로필 방법
◆ 정량적 묘사 방법
◆ 스펙트럼 묘사분석
◆ 시간−강도 묘사분석
③ 소비자 기호도 검사
◆ 이점비교법
◆ 기호도척도법
◆ 순위법
◆ 적합성 판정법

31 호화에 미치는 영향

◆ 수분 : 전분의 수분함량이 많을수록 호화는 잘 일어난다.
◆ Starch 종류 : 호화는 전분의 종류에 큰 영향을 받는데 이것은 전분 입자들의 구조의 차이에 기인한다.
◆ 온도 : 호화에 필요한 최저온도는 대개 60℃ 정도이다. 온도가 높으면 호화의 시간이 빠르다. 쌀은 70℃에서는 수 시간 걸리나 100℃에서는 20분 정도이다.
◆ pH : 알칼리성에서는 팽윤과 호화가 촉진된다.
◆ 염류 : 일부 염류는 전분 알맹이의 팽윤과 호화를 촉진시킨다. 일반적으로 음이온이 팽윤제로서 작용이 강하다($OH^- > CNS^- > Br^- > Cl^-$). 한편, 황산염은 호화를 억제한다.

32 뉴턴Newton 유체

◆ 전단응력이 전단속도에 비례하는 액체를 말한다.
◆ 즉, 층밀림 변형력(shear stress)에 대하여 층밀림 속도(shear rate)가 같은 비율로 증감할 때를 말한다.

◆ 전형적인 뉴턴유체는 물을 비롯하여 차, 커피, 맥주, 탄산음료, 설탕시럽, 꿀, 식용유, 젤라틴 용액, 식초, 여과된 주스, 알코올류, 우유, 희석한 각종 용액과 같이 물 같은 음료종류와 묽은 염용액 등이 있다.

33 우유 단백질

◆ 우유의 주된 단백질은 카제인(casein)이다.
◆ 카제인은 우유 중에 약 3% 함유되어 있으며 우유 단백질 중의 약 80%를 차지한다.

34 관능검사법에서 소비자 검사

◆ 검사 장소에 따라 실험실 검사, 중심지역 검사, 가정사용 검사로 나눌 수 있다.
◆ 중심지역 검사방법의 부가적인 방법으로 이동수레를 이용하는 방법과 이동실험실을 이용하는 방법이 있다.
- 이동수레법 : 손수레에 검사할 제품과 기타 필요한 제품을 싣고 고용인 작업실로 방문하여 실시하는 것이다.
- 이동실험실법 : 대형차량에 실험실과 유사한 환경을 설치하여 소비자를 만날 수 있는 장소로 이동해 갈 수 있는 방법으로, 이동수레법에 비해 환경을 조절할 수 있고 회사 내 고용인이 아닌 소비자를 이용한다는 것이 장점이다.

35

식품 내 수용성 물질과 수분은 주로 수소결합을 통해 수화(hydration)상태로 존재한다.

36 단백질 변성

◆ 단백질의 변성(denaturation)이란 단백질 분자가 물리적 또는 화학적 작용에 의해 비교적 약한 결합으로 유지되고 있는 고차구조(2~4차)가 변형되는 현상을 말한다.
◆ 어육의 경우 동결에 의해 물이 얼음으로 동결되면서 단백질 입자가 상호 접근하여 결합되는 염석(salting out)현상이 주로 발생한다.
◆ 우유 단백질인 casein의 경우 등전점 부근에서 가장 잘 변성이 일어난다.

37 효소에 의한 식품의 변색

◆ 사과, 배, 가지, 고구마 등을 절단하면 이들 식품에 함유된 catechin, gallic acid, chlorogenic 등의 phenol성 물질이 polyphenol oxidase에 의해서 산화되어 갈색의 melanin 색소를 형성하게 된다.
◆ 야채나 과일류, 특히 감자 등을 절단하면 monophenol 화합물인 tyrosine이 tyrosinase에 의해 산화되어 dihydroxy phenylalanine(DOPA)을 거쳐 O-quinone phenylalanin(DOPA-quinone)이 되고 다시 산화, 계속적인 축합·중합반응을 통하여 흑갈색의 melanin 색소를 형성하게 된다.

38 나이아신niacin

◆ 결핍되면 사람은 pellagra에 걸린다.
◆ pellagra는 옥수수를 주식으로 하는 지방에서 많이 볼 수 있는데 옥수수는 niacin이 부족할 뿐만 아니라 이에 들어 있는 단백질인 zein에 tryptophan 함량이 적기 때문이다.

39 솔비톨sorbitol

◆ 분자식은 $C_6H_{14}O_6$이며 포도당을 환원시켜 제조한다.
◆ 백색의 결정성 분말로서 냄새가 없다.
◆ 6탄당이며 감미도는 설탕의 60% 정도이다.
◆ 상쾌한 청량감을 부여한다.
◆ 일부 과실에 1~2%, 홍조류 13% 함유한다.
◆ 비타민 C의 원료로 사용된다.
◆ 습윤제, 보습제로 이용된다.
◆ 당뇨병 환자의 감미료로 이용된다.

40 식품에서의 교질colloid 상태

분산매	분산질	분산계	식품의 예
기체	액체	에어졸	향기부여 스모그
	고체	분말	밀가루, 전분, 설탕
액체	기체	거품	맥주 및 사이다 거품, 발효 중의 거품
	액체	에멀젼	우유, 생크림, 마가린, 버터, 마요네즈
	고체	현탁질	된장국, 주스, 전분액, 수프
		졸	소스, 페이스트, 달걀흰자
		겔	젤리, 양갱
고체	기체	고체거품	빵, 쿠키
	액체	고체겔	한천, 과육, 버터, 마가린, 초콜릿, 두부
	고체	고체교질	사탕과자, 과자

제3과목 식품가공학

41 건조란

◆ 유리 글루코스에 의해 건조시킬 때 갈변, 불쾌취, 불용화현상이 나타나 품질저하를 일으키기 때문에 제당처리가 필요하다.
◆ 제당처리 방법 : 자연 발효에 의한 방법, 효모에 의한 방법, 효소에 의한 방법이 있으며 주로 효소에 의한 방법이 사용되고 있다.

◆ 공정은 전처리 → 당제거 작업 → 건조 → 포장 → 저장의 과정을 거친다.
◆ 제품의 수분함량이 2~5% 이하가 되도록 한다.

42 떫은감의 탈삽방법

◆ 온탕법 : 떫은감을 35~40℃ 물속에 12~24시간 유지시켜서 탈삽하는 방법
◆ 알코올법 : 떫은감을 알코올과 함께 밀폐용기에 넣어 탈삽하는 방법
◆ 탄산가스법 : 떫은감을 밀폐된 용기에 넣고 공기를 CO_2로 치환하는 방법
◆ 동결법 : -20℃ 부근에서 냉동시켜 탈삽하는 방법
◆ 이외에 γ-조사, 카바이트, 아세트알데히드, 에스테르 등을 이용하는 방법이 있다.

⊕ **탄산가스로 탈삽한 감의 풍미는 알코올법에 비하여 떨어지나 상처가 적고 제품이 단단하며 저장성이 높다.**

43 식품의 유통기한 설정

◆ 식품의 유통기한 설정 시 물질의 품질저하 속도가 반응물의 농도에 관계없이 일정한 반응을 나타내는 경우 0차 반응(n=0)을 따르게 한다.
◆ 반응의 농도에 지수적으로 감소하는 반응을 나타내는 경우 1차 반응(n=1)을 따르게 한다.

44 보수력에 영향을 미치는 요인

◆ 사후 해당작용의 속도와 정도
◆ 식육 단백질의 등전점인 pH
◆ 근원섬유 단백질의 전하
◆ 근섬유간 결합상태
◆ 식육의 이온강도
◆ 식육의 온도

45 투명한 청징주스(사과주스)를 얻으려면

◆ 과즙 중의 펙틴(pectin)을 분해하여 제거해야 한다.
◆ 팩틴 분해 효소로는 *Penicillum glaucum* 등의 곰팡이가 분비하는 pectinase, polygalacturonase 등이 있다.

46 유지 추출용매의 구비조건

◆ 유지만 잘 추출되는 것
◆ 악취, 독성이 없는 것
◆ 인화, 폭발하는 등의 위험성이 적은 것
◆ 기화열 및 비열이 적어 회수가 쉬운 것
◆ 가격이 쌀 것

47 도정률(도)을 결정하는 방법

- ◆ 백미의 색깔
- ◆ 도정시간
- ◆ 전력소비량
- ◆ 염색법(MG 시약) 등
- ◆ 쌀겨 층이 벗겨진 정도
- ◆ 도정횟수
- ◆ 생성된 쌀겨량

48 대류열전달계수(h)

- ◆ 대류현상에 의해 고체표면에서 유체에 열을 전달하는 크기를 나타내는 계수
- ◆ Newton의 냉각법칙

$q''=h(Ts-T_\infty)$

$1000W/m^2 = h(120-20)$

$\therefore h=10W/m^2℃$

q'' : 대류열 속도
h : 대류열전달계수
Ts : 표면온도
T_∞ : 유체온도

49 CA저장 설비장치

- ◆ 냉장장치 및 기밀장치
- ◆ 산소함량을 조절하는 통기장치
- ◆ 인공조절 가스 발생기
- ◆ 여분의 이산화탄소 제거장치
- ◆ 습도조절장치(가습장치)

50 두부 제조 시 소포제 사용시기

- ◆ 두미를 가열하여 끓이는 동안 거품이 많이 생겨 넘쳐흐르므로 소포제를 소량 넣어서 거품을 제거한다.
- ◆ 두부를 만들 때 거품이 많이 나는 것은 콩이 가지고 있는 사포닌(saponin) 때문이다.

51 냉동부하

Q=C · M · ⊿T(열량=비열 · 열량 · 온도차)

Q=G · r(열량=질량 · 잠열)

① 20℃ 물 → 0℃ 물

1kcal/kg×1kg×(20℃−0℃)=20kcal

② 0℃ 물 → 0℃ 얼음

79.6kcal/kg×1kg=79.6kcal

③ 0℃ 얼음 → −20℃ 물

0.5kcal/kg×1kg×{0℃−(−20℃)}=10kcal

∴ 냉동부하 = 20kcal+79.6kcal+10kcal=109.6kcal

52 반경질치즈의 일반적인 생산수율은 9~11% 정도이다.

53 유지의 융점

◆ 포화지방산이 많을수록, 그리고 고급지방산이 많을수록 높아진다.
◆ 불포화지방산 및 저급지방산이 많을수록 융점이 낮아진다.
◆ 포화지방산은 탄소수의 증가에 따라 융점은 높아진다.
◆ 불포화지방산은 일반적으로 2중 결합의 증가에 따라 융점이 낮아진다.
◆ 단일 glyceride보다 혼합 glyceride가 한층 융점이 낮아진다.
◆ trans형이 cis형보다 융점이 높다.
◆ 동일한 유지에서도 서로 다른 결정형이 존재한다.
◆ α형의 융점이 가장 낮고, β형이 가장 높으며 β'형은 중간이다.

54 산분해간장용(아미노산 간장)

◆ 단백질을 염산으로 가수분해하여 만든 아미노산 액을 원료로 제조한 간장이다.
◆ 단백질 원료를 염산으로 가수분해시킨 후 가성소다(NaOH)로 중화시켜 얻은 아미노산액을 원료로 만든 화학간장이다.
◆ 중화제는 수산화나트륨 또는 탄산나트륨을 쓴다.
◆ 단백질 원료에는 콩깻묵, 글루텐 및 탈지대두박, 면실박 등이 있고 동물성 원료에는 어류 찌꺼기, 누에, 번데기 등이 사용된다.

55 키틴chitin

◆ 갑각류의 구조형성 다당류로서 바다가재, 게, 새우 등의 갑각류와 곤충류 껍질층에 포함되어 있다.
◆ N-acetyl glucosamine들이 β-1,4 glucoside 결합으로 연결된 고분자의 다당류로서 영양성분은 아닌 물질이다.
◆ 항균, 항암 작용, 혈중 콜레스테롤 저하, 고혈압 억제 등의 효과가 있다.

56 DE(당화율) [식품공전]

◆ 액상포도당의 DE는 80.0 이상, 물엿의 DE는 20.0 이상, 기타 엿의 DE는 10.0 이상, 덱스트린의 DE는 20.0 미만이다.

57 피부건강에 도움을 주는 건강기능식품 기능성 원료 [식품안전나라, 2022년]

① 인정된 기능성 원료

◆ 소나무껍질추출물 등 복합물
◆ 쌀겨추출물
◆ 지초추출분말
◆ 이하 생략
◆ 저분자콜라겐펩타이드
◆ AP 콜라겐 효소 분해 펩타이드
◆ 홍삼·사상자·산수유복합추출물

② 고시형 원료

- ◆ 엽록소 함유 식물
- ◆ 클로렐라
- ◆ 스피루리나
- ◆ 알로에 겔
- ◆ 곤약감자추출물
- ◆ 이하 생략

58 패리노그래프

◆ 밀가루 반죽 시 생기는 점탄성을 측정하는 그래프이다.

◆ 보기 문항 ①은 준강력분, ②는 중력분, ③은 강력분, ④는 박력분을 나타낸다.

59 젖산균 스타터starter

◆ 치즈, 버터 및 발효유 등의 제조에 사용되는 특정 미생물의 배양물로서 발효시키고자 하는 식품에 접종시켜 발효가 반드시 일어나도록 해 준다.

◆ 발효유 제품 제조에 사용되는 스타터는 유산균이 이용된다.

◆ 발효유 제조에 사용되는 유산균 종류는 *Lactobacillus casei*, *L. bulgaricus*, *L. acidophillus*, *Streptococcus thermophilus* 등이 있다.

◆ 배지의 고형물의 함량, 미생물의 양 등을 조절하여 발효미생물의 성장속도를 조정할 수 있어서 공장에서 제조계획에 맞추어 작업할 수 있다.

60 증발된 수분함량

◆ 초기 주스 수분함량 : 100kg/h×(100−7.08)÷100=92.92kg/h
초기 주스 고형분함량 : 100×0.0708=7.08kg/h

◆ 수분함량 42%인 농축주스 : 7.08×100÷(100−42)=12.2kg/h(C)

◆ 증발된 수분함량 : 100−12.2=87.8kg/h(W)

제4과목 식품미생물학

61 세포융합의 방법

◆ 미생물의 종류에 따라 다르나 공통되는 과정은 적당한 한천배지에서 증식시킨 적기(보통 대수증식기로부터 정상기로 되는 전환기)의 균체를 모아서 sucrose나 sorbitol와 같은 삼투압 안정제를 함유하는 완충액에 현탁하고 세포벽 융해효소로 처리하여 protoplast로 만든다.

◆ 세포벽 융해효소 : 효모의 경우 달팽이의 소화효소(snail enzyme), *Arthrobacter luteus*가 생산하는 zymolyase 그리고 β−glucuronidase, laminarinase 등이 사용된다.

62 그람 염색

- ◆ 자주색(그람양성균) : 연쇄상구균, 쌍구균(폐염구균), 4련구균, 8련구균, *Staphylococcus*속, *Bacillus*속, *Clostridium*속, *Corynebacterium*속, *Mycobacterium*속, *Lactobacillus*속, *Listeria*속 등
- ◆ 적자색(그람음성균) : *Aerobacter*속, *Neisseria*속, *Escherichia*속(대장균), *Salmonella*속, *Pseudomonas*속, *Vibrio*속, *Campylobacter*속 등

63 광합성 무기영양균 photolithotroph 의 특징

- ◆ 탄소원을 이산화탄소로부터 얻는다.
- ◆ 광합성균은 광합성 무기물 이용균과 광합성 유기물 이용균으로 나눈다.
- ◆ 세균의 광합성 무기물 이용균은 편성 혐기성균으로 수소 수용체가 무기물이다.
- ◆ 대사에는 녹색 식물과 달라 보통 H_2S를 필요로 한다.
- ◆ 녹색 황세균과 홍색 황세균으로 나누어지고, 황천이나 흑화니에서 발견된다.
- ◆ 황세균은 기질에 황화수소 또는 분자 상황을 이용한다.

64 조류 algae

- ◆ 분류학상 대부분 진정핵균에 속하므로 세포의 형태는 효모와 비슷하다.
- ◆ 종래에는 남조류를 조류에 분류했으나 이는 원시핵균에 분류하므로 세균 중 청녹세균에 분류하고 있다.
- ◆ 갈조류, 홍조류 및 녹조류의 3문이 여기에 속한다.
- ◆ 보통 조류는 세포내에 엽록체를 가지고 광합성을 하지만 남조류에는 특정의 엽록체가 없고 엽록소는 세포 전체에 분산되어 있다.
- ◆ 바닷물에 서식하는 해수조와 담수 중에 서식하는 담수조가 있다.
- ◆ *Chlorella*는 단세포 녹조류이고 양질의 단백질을 대량 함유하므로 식사료화를 시도하고 있으나 소화율이 낮다.
- ◆ 우뭇가사리, 김은 홍조류에 속한다.

65 포도당으로부터 에탄올 생성

- ◆ 반응식

$$\underset{(180)}{C_6H_{12}O_6} \longrightarrow \underset{(2\times46)}{2C_6H_5OH+2CO_2}$$

- ◆ 포도당 1ton으로부터 이론적인 ethanol 생성량

180 : 46×2 = 1000 : x

∴ x=511.1kg

66 유산 발효형식

◆ 정상발효형식(homo type) : 당을 발효하여 젖산만 생성

- EMP경로(해당과정)의 혐기적 조건에서 1mole의 포도당이 효소에 의해 분해되어 2mole의 ATP와 2mole의 젖산 생성된다.
- $C_6H_{12}O_6$ (포도당) → (2ATP) $2CH_3CHOHCOOH$ (젖산)
- 정상발효 유산균은 *Str. lactis*, *Str. cremoris*, *L. delbruckii*, *L. acidophilus*, *L. casei*, *L. homohiochii* 등이 있다.

◆ 이상발효형식(hetero type) : 당을 발효하여 젖산 외에 알코올, 초산, CO_2 등 부산물 생성

- $C_6H_{12}O_6 \longrightarrow CH_3CHOHCOOH + C_2H_5OH + CO_2$
- $2C_6H_{12}O_6 + H_2O \longrightarrow 2CH_3CHOHCOOH + C_2H_5OH + CH_3COOH + 2CO_2 + 2H_2$
- 이상발효 유산균은 *L. brevis*, *L. fermentum*, *L. heterohiochi*, *Leuc. mesenteoides*, *Pediococcus halophilus* 등이 있다.

67 최근 미생물을 이용하는 발효공업

◆ yoghurt, amylase, acetone, butanol, glutamate, cheese, 납두, 항생물질, 핵산 관련 물질의 발효에 관여하는 세균과 방사선균에 phage의 피해가 자주 발생한다.

68 효모

◆ 산막효모에는 *Debaryomyces*속, *Pichia*속, *Hansenula*속이 있고, 비산막효모에는 *Saccharomyces*속, *Schizosaccharomyces*속 등이 있다.

◆ 산막효모는 산소를 요구하고 산화력이 강하고, 비산막효모는 산소 요구가 적고 알코올 발효력이 강하다.

◆ 맥주 상면발효효모는 raffinose, melibiose를 발효하지 않고, 하면발효효모는 raffinose를 발효한다.

◆ 야생효모는 자연에 존재하는 효모로 과실, 토양 중에서 서식하고 유해균이 많다. 배양효모는 유용한 순수분리한 효모로 주정효모, 청주효모, 맥주효모, 빵효모 등의 발효공업에 이용된다.

69 쌀 저장 중 미생물의 영향

◆ 수확 직후의 쌀에는 세균으로서 *Psudomonas*속이 특이적으로 검출되고 곰팡이로서는 기생성 불완전균의 *Helminthosporium*, *Alternaria*, *Fusarium*속 등이 많으나 저장시간이 경과됨에 따라 이러한 균들은 점차 감소되어 쌀의 변질에는 거의 영향을 주지 않는다.

70 제한효소 restriction enzyme

◆ 세균 속에서 만들어져 DNA의 특정 인식부위(restriction site)를 선택적으로 분해하는 효소를 말한다.

◆ 세균의 세포 속에서 제한효소는 외부에서 들어온 DNA를 선택적으로 분해함으로써 병원체를 없앤다.
◆ 제한효소는 세균의 세포로부터 분리하여 실험실에서 유전자를 포함하고 있는 DNA 조각을 조작하는 데 사용할 수 있다. 이 때문에 제한효소는 DNA 재조합 기술에서 필수적인 도구로 사용된다.

71 미생물의 영양원

◆ 미생물 생육에 필요한 생육인자는 미생물의 종류에 따라 다르나 아미노산, purine 염기, pyrimidine 염기, vitamin 등이다. 미생물은 세포 내에서 합성되지 않는 필수 유기화합물들을 요구한다.
◆ 일반적으로 세균, 곰팡이, 효모의 많은 것들은 비타민류의 합성 능력을 가지고 있으므로 합성배지에 비타민류를 주지 않아도 생육하나 영양 요구성이 강한 유산균류는 비타민 B군을 주지 않으면 생육하지 않는다.
◆ *Saccharomyces cerevisiae*에 속하는 효모는 일반적으로 pantothenic acid를 필요로 하며 맥주 하면효모는 biotin을 요구하는 경우가 많다.

72 미생물이 이용하는 수분

◆ 주로 자유수(free water)이며, 이를 특히 활성 수분(active water)이라 한다.
◆ 활성 수분이 부족하면 미생물의 생육은 억제된다.
◆ Aw 한계를 보면 세균은 0.86, 효모는 0.78, 곰팡이는 0.65 정도이다.

73 진균류 *Eumycetes*

◆ 격벽의 유무에 따라 조상균류와 순정균류로 분류한다.
◆ 조상균류 : 균사에 격벽(격막)이 없다.
- 호상균류 : 곰팡이
- 난균류 : 곰팡이
- 접합균류 : 곰팡이(*Mucor*속, *Rhizopus*속, *Absidia*속)

◆ 순정균류 : 균사에 격벽이 있다.
- 자낭균류 : 곰팡이(*Monascus*속, *Neurospora*속), 효모
- 담자균류 : 버섯, 효모
- 불완전균류 : 곰팡이(*Aspergillus*속, *Penicillium*속, *Trichoderma*속), 효모

74 미생물 생육에 영향을 미치는 환경 요인

◆ 미생물의 성장은 물리화학적 환경조건에 따라 큰 영향을 받는다. 따라서 외부환경이 불리해지면 영양물질이 풍부해도 미생물은 잘 자라지 못한다.
◆ 온도가 낮아지면 세포막의 유동성이 저하되어 생육속도가 느려진다.
◆ 온도가 낮아지면 세포 내 효소 활성이 점점 감소하여 생육속도가 느려진다.

75 yoghurt 제조에 이용되는 젖산균

◆ *L. bulgaricus, Sc. thermophilus, L. casei*와 *L. acidophilus* 등이다.

76 *Aspergillus*속과 *Penicillium*속의 차이점

◆ *Penicillium*속과 *Aspergillus*속은 분류학상 가까우나 *Penicillium*속은 병족세포가 없고, 또한 분생자병 끝에 정낭(vesicle)을 만들지 않고 직접 분기하여 경자가 빗자루 모양으로 배열하여 취상체(penicillus)를 형성하는 점이 다르다.

77 미생물의 최적 pH

◆ 세균은 중성부근인 최적 pH 7.0~8.0
◆ 곰팡이와 효모는 최적 pH 4.0~6.0
◆ *Thiobacillus*는 2.0~2.8

78 바이러스

◆ 동식물의 세포나 세균세포에 기생하여 증식하며 광학현미경으로 볼 수 없는 직경 0.5μ 정도로 대단히 작은 초여과성 미생물이다.
◆ 미생물은 DNA와 RNA를 다 가지고 있는 데 반하여 바이러스는 DNA나 RNA 중 한 가지 핵산을 가지고 있다.

79 미생물의 증식도 측정

◆ 총균계수법 측정에서 0.1% methylene blue로 염색하면 사균은 청색으로 나타난다.
◆ 곰팡이와 방선균의 증식도는 비탁법 등 다른 방법으로는 측정하기 어려우므로 건조균체량으로 측정한다.

80 원시핵세포(하등미생물)와 진핵세포(고등미생물)의 비교

	원핵생물 (procaryotic cell)	진핵생물 (eucaryotic cell)
핵막	없다.	있다.
인	없다.	있다.
DNA	단일분자, 히스톤과 결합하지 않는다.	복수의 염색체 중에 존재, 히스톤과 결합하고 있다.
분열	무사분열	유사분열
생식	감수분열 없다.	규칙적인 과정으로 감수분열을 한다.
원형질막	보통 섬유소가 없다.	보통 스테롤을 함유한다.
내막	비교적 간단, mesosome	복잡, 소포체, golgi체

ribosome	70s	80s
세포기관	없다.	공포, lysosome, micro체
호흡계	원형질막 또는 mesosome의 일부	mitocondria 중에 존재한다.
광합성 기관	mitocondria는 없다. 발달된 내막 또는 소기관, 엽록체는 없다.	엽록체 중에 존재한다.
미생물	세균, 방선균	곰팡이, 효모, 조류, 원생동물

⊕ 진핵세포의 편모 : 중심부분에 2개의 단일 미세소관을 9개의 이이중 미세소관(doublet microtublet)이 둘러싸고 있는 '9+2' 구조의 액소님(axoneme)을 이루고 있다.

제5과목 생화학 및 발효학

81 TCA cycle(구연산 회로)

◆ 먼저 acetyl CoA는 citrate synthetase에 의하여 oxaloacetic acid와 결합되어 citric acid를 생성하고 CoA를 생성한다.

◆ citric acid는 α-ketoglutaric acid 등을 거쳐 회로가 형성된다.

◆ 이렇게 되어 최후에 H_2O와 CO_2로 완전산화된다.

82 등전점isoelectric point

◆ 아미노산은 그 용액을 산성 혹은 알카리성으로 하면 양이온, 음이온의 성질을 띤 양성 전해질로 된다. 이와 같이 양하전과 음하전을 이루고 있는 아미노산 용액의 pH를 등전점이라 한다.

◆ 아미노산의 등전점보다 pH가 낮아져서 산성이 되면, 보통 카르복시기가 감소하여 아미노기가 보다 많이 이온화하므로 분자는 양(+)전하를 얻어 양이온이 된다.

◆ 반대로 pH가 높아져서 알칼리성이 되면 카르복시기가 강하게 이온화하여 음이온이 된다.

83 단세포 단백질Single Cell Protein

◆ 효모 또는 세균과 같은 단세포에 포함되어 있는 단백질을 가축의 먹이로 함으로써 간접적으로 단백질을 추출, 정제해 직접 인간의 식량으로 이용할 수 있는 단백자원, 단세포단백질, 탄화수소단백질, 석유단백질로도 불린다.

◆ 메탄을 이용하여 생육할 수 있는 미생물은 *Methylomonas methanica*, *Methylococcus capsulalus*, *Methylovibrio soengenii*, *Methanomonas margaritae* 등 비교적 특이한 세균에 한정되어 있다.

84 Nucleotide의 복제

◆ 프라이머의 3′말단에 DNA 중합 효소에 의해 새로운 뉴클레오타이드가 연속적으로 붙어 복제가 진행된다.

◆ 새로운 DNA 가닥은 항상 5′→ 3′방향으로 만들어지며, 새로 합성되는 DNA는 주형 가닥과 상보적이다.

85 공비점

◆ 알코올 농도는 97.2%, 물의 농도는 2.8%이다.

◆ 비등점과 응축점이 모두 78.15℃로 일치하는 지점이다.

◆ 이 이상 가열하여 끓이더라도 농도는 높아지지 않는다.

◆ 99%의 알코올을 끓이면 이때 발생하는 증기의 농도는 오히려 낮아진다.

◆ 97.2v/v% 이상의 것은 얻을 수 없으며 이 이상 농도를 높이려면 특별한 탈수법으로 한다.

86 폐수의 혐기적 분해에 관여하는 균

◆ *Clostridium*, *Proteus*, *Pseudomonas*, *Bacillus*, *Streptococcus*, *Escherichia* 등이 관계되며 메탄세균에는 *Methanococcus*, *Methanobacteria* 등이 있다.

87 한 분자의 피루브산이 TCA 회로를 거쳐 완전분해 시 생성된 ATP

반응	중간생성물	ATP 분자수
Pyruvate dehydrogenase	1NADH	2.5
Isocitrate dehydrogenase	1NADH	2.5
α-Ketoglutarate dehydrogenase	1NADH	2.5
Succinyl-CoA synthetase	1GTP	1
Succinate dehydrogenase	$1FADH_2$	1.5
Malate dehydrogenase	1NADH	2.5
Total		12.5

88

효모균체 분리에는 주로 연속적으로 대량처리가 가능한 회전식 진공탈수기(rotary vaccum filter drum)를 응용한 효모탈수기(yeast dehydrator)가 이용되고 있다.

89 고정화 효소

◆ 물에 용해되지 않으면서도 효소활성을 그대로 유지하는 불용성 효소, 즉 고체촉매화 작용을 하는 효소이다.

◆ 담체와 결합한 효소이다.

◆ 고정화 효소의 제법으로 담체결합법, 가교법, 포괄법의 3가지 방법이 있다.
- 담체결합법은 공유결합법, 이온결합법, 물리적 흡착법이 있다.
- 포괄법은 격자형, microcapsule법이 있다.

90 Pentose phosphate(HMP) 경로의 중요한 기능

◆ 여러 가지 생합성 반응에서 필요로 하는 세포질에서 환원력을 나타내는 NADPH를 생성한다. NADPH는 여러 가지 환원적 생합성 반응에서 수소 공여체로 작용하는 특수한 dehydrogenase들의 보효소가 된다. 예를 들면 지방산, 스테로이드 및 glutamate dehydrogenase에 의한 아미노산 등의 합성과 적혈구에서 glutathione의 환원 등에 필요하다.
◆ 6탄당을 5탄당으로 전환하며 3-, 4-, 6- 그리고 7탄당을 당대사 경로에 들어갈 수 있도록 해준다.
◆ 5탄당인 ribose 5-phosphate를 생합성하는데 이것은 RNA 합성에 사용된다. 또한 deoxyribose 형태로 전환되어 DNA 구성에도 이용된다.
◆ 어떤 조직에서는 glucose 산화의 대체 경로가 되는데, glucose 6-phosphate의 각 탄소 원자는 CO_2로 산화되며, 2개의 NADPH분자를 만든다.

91 균주의 보존법

◆ 계대배양 보존법
◆ 유동파라핀 중층 보존법
◆ 동결보존법
- 냉동고 : 최고 -20℃, 최저 -80℃
- 드라이아이스 : 액상 -70℃
- 액체질소 : 액상 -196℃, 기상 -150~-170℃
◆ 동결건조 보존법
◆ 건조법

92 purine을 생합성할 때 purine의 골격 구성

◆ purine 고리의 탄소원자들과 질소원자들은 다른 물질에서 얻어진다.
◆ 즉, 제4, 5번의 탄소와 제7번의 질소는 glycine에서 온다.
◆ 제1번의 질소는 aspartic acid, 제3, 9번의 질소는 glutamine에서 온다.
◆ 제2번의 탄소는 N^{10}-Formyl THF, 제8번의 탄소는 N^5, N^{10}-Methenyl THF에서 온다.
◆ 제6번의 탄소는 CO_2에서 온다.

93 세균 세포벽의 성분

① 그람음성 세균의 세포벽
◆ 펩티도글리칸(peptidoglycan) 10%을 차지하며, 단백질 45~50%, 지질다당류 25~30%, 인지질 25%로 구성된 외막을 함유하고 있다.

◆ *Aerobacter*속, *Neisseria*속, *Escherhchia*속(대장균), *Salmonella*속, *Pseudomonas*속, *Vibrio*속, *Campylobacter*속 등

② 그람양성 세균의 세포벽

◆ 단일층으로 존재하는 펩티도글리칸(peptidoglycan) 95% 정도까지 함유하고 있으며, 이 외에도 다당류, 타이코신(teichoic acid), 테츄론산(techuronic acid) 등을 가지고 있다.

◆ 연쇄상구균, 쌍구균(폐염구균), 4련구균, 8련구균, *Staphylococcus*속, *Bacillus*속, *Clostridium*속, *Corynebacterium*속, *Mycobacterium*속, *Lactobacillus*속, *Listeria*속 등

94 단백질의 생합성

◆ 세포 내 ribosome에서 이루어진다.

◆ mRNA는 DNA에서 주형을 복사하여 단백질의 아마노산 배열순서를 전달 규정한다.

◆ t-RNA은 다른 RNA와 마찬가지로 RNA polymerase(RNA 중합효소)에 의해서 만들어진다.

◆ aminoacyl-tRNA synthetase에 의해 아미노산과 tRNA로부터 aminoacyl-tRNA로 활성화되어 합성이 개시된다.

95 비오틴(biotin, 비타민 H)

◆ 지용성 비타민으로 황을 함유한 비타민이다.

◆ 산이나 가열에는 안정하나 산화되기 쉽다.

◆ 자연계에 널리 분포되어 있으며 동물성 식품으로 난황, 간, 신장 등에 많고 식물성 식품으로는 토마토, 효모 등에 많다.

◆ 장내세균에 의해 합성되므로 결핍되는 일은 드물다.

◆ 생난백 중에 존재하는 염기성 단백질인 avidin과 높은 친화력을 가지면서 결합되어 효력이 없어지기 때문에 항난백인자라고 한다.

◆ 결핍되면 피부염, 신경염, 탈모, 식욕감퇴 등이 일어난다.

96 allosteric 효소(다른자리입체성 효소)

◆ 조절인자의 결합에 따라 모양과 구조가 바뀌는 효소이다.

◆ 활성부위 외의 부위에 특이적인 대사물질이 비공유결합하여 촉매활성이 조절되는 성격을 가진다.

◆ 효소분자에서 촉매부위와 조절부위는 대부분 다른 subunit에 존재한다.

◆ 촉진인자가 첨가되면 효소는 기질과 복합체를 형성할 수 있다.

◆ 조절인자는 효소활성을 저해 또는 촉진시킨다.

97 Dextran의 공업적 제조

◆ sucrose를 원료로 하여 젖산균인 *Leuconostoc mesenteroides*가 이용된다.

◆ dextran은 sucrose로부터 생성되는 glucose로 된 중합체(다당류)이며 fructose가 유리된다.

◆ 발효법 : *Leuconostoc mesenteroides*를 sucrose와 균의 생육인자로서 yeast ex., 무기염류 등을 첨가한 배지를 사용하여 25℃에서 소량의 통기를 하면서 교반 배양한다.
◆ 효소적 방법 : sucrose으로부터 dextran을 생성하는 dextransucrase(균체외효소)를 사용하는 방법이다. 불순물의 혼입 없이 반응이 진행되므로 순도가 높은 dextran을 얻을 수 있다.

98 rRNA

◆ rRNA는 단백질이 합성되는 세포내 소기관이다
◆ 원핵세포에서는 30S와 50S로 구성되는 70S의 복합단백질로 구성되어 있다.
◆ 진핵세포에서는 40S와 60S로 구성되는 80S의 복합단백질로 구성되어 있다.

99 토코페롤(비타민 E)

◆ 천연에는 4가지의 토코페롤(α, β, γ, δ)과 4가지의 토코트리에롤(α, β, γ, δ)이 있다.
◆ 이 중 생물학적 활성이 가장 높은 것은 α-tocopherol이고, 이것을 1로 했을 때 β형은 1/2~1/3, γ형은 1/10, δ형은 2/100 이하의 활성을 갖는다.

100 *Candida utilis*

◆ xylose를 자화하므로 아황산펄프폐액 등에 배양해서 균체는 사료 효모용 또는 inosinic acid 제조 원료로 사용된다.

2022년 4월 24일 시행

식품기사 기출문제 해설 2022 2회

제1과목 식품위생학

1 경구감염병과 세균성식중독의 차이

구분	경구감염병	세균성식중독
감염관계	감염환이 성립된다.	종말감염이다.
균의 량	미량의 균으로도 감염된다.	일정량 이상의 균이 필요하다.
2차 감염	2차 감염이 빈번하다.	2차 감염은 거의 드물다.
잠복기간	길다.	비교적 짧다.
균의 증식	식품에서 증식이 잘 되지 않고 체내에서 증식이 잘 된다.	식품에서 증식하고 체내에서는 증식이 안 된다.
예방조치	예방조치가 어렵다.	균의 증식을 억제하면 가능하다.
음료수	음료수로 인해 감염된다.	음료수로 인한 감염은 거의 없다.
면역	개인에 따라 면역이 성립된다.	면역성이 없다.

2 식품등의 표시기준(I.총칙 3. 용어의 정의)

◆ 영양강조표시라 함은 제품에 함유된 영양소의 함유사실 또는 함유정도를 "무", "저", "고", "강화", "첨가", "감소" 등의 특정한 용어를 사용하여 표시하는 것이다.

- 영양소 함량강조표시 : 영양소의 함유사실 또는 함유정도를 "무○○", "저○○", "고○○", "○○함유" 등과 같은 표현으로 그 영양소의 함량을 강조하여 표시하는 것
- 영양소 비교강조표시 : 영양소의 함유사실 또는 함유정도를 "덜", "더", "강화", "첨가" 등과 같은 표현으로 같은 유형의 제품과 비교하여 표시하는 것

3 HACCP의 7원칙 및 12절차

① 준비단계 5절차

◆ 절차 1 : HACCP팀 구성
◆ 절차 2 : 제품설명서 작성
◆ 절차 3 : 용도 확인
◆ 절차 4 : 공정흐름도 작성
◆ 절차 5 : 공정흐름도 현장확인

② HACCP 7원칙

◆ 절차 6(원칙 1) : 위해요소 분석 (HA)
◆ 절차 7(원칙 2) : 중요관리점(CCP)결정
◆ 절차 8(원칙 3) : 한계기준(Critical Limit; CL) 설정
◆ 절차 9(원칙 4) : 모니터링 방법 설정
◆ 절차 10(원칙 5) : 개선조치방법 설정
◆ 절차 11(원칙 6) : 검증절차의 수립
◆ 절차 12(원칙 7) : 문서화 및 기록 유지

4 다이옥신dioxin

◆ 1개 또는 2개의 염소원자에 2개의 벤젠고리가 연결된 3중 고리구조로 1개에서 8개의 염소원자를 갖는 다염소화된 방향족화합물을 지칭한다.

◆ 독성이 알려진 17개의 다이옥신 유사종 중에서 2,3,7,8-사염화이벤조-파라-다이옥신(2,3,7,8-TCDD)은 청산칼리보다 독성이 1만배 이상 높은 "인간에게 가장 위험한 물질"로 알려져 있다.

◆ 다이옥신은 유기성 고체로서 녹는점과 끓는점이 높고 증기압이 낮으며 물에 대한 용해도가 매우 낮다.

◆ 다이옥신은 소수성으로 주로 지방상에 축적되어 생물농축 현상을 일으켜 모유 및 우유에서 다이옥신이 검출되는 이유가 된다.

◆ 대기 중에 있는 다이옥신은 대기 중의 입자상 물질 표면에 강하게 흡착되어 지표면으로 침적되는데 이로 인해 소각장 주변의 수질 및 토양이 오염된다.

5 표백제

◆ 식품의 색을 제거하기 위해 사용되는 식품첨가물이다.

◆ 환원표백제(6종) : 메타중아황산나트륨(sodium metabisulfite), 메타중아황산칼륨(potassium metabisulfite), 무수아황산(sulfur dioxide), 산성아황산나트륨(sodium bisulfite), 아황산나트륨(sodium sulfite), 차아황산나트륨(sodium hyposulfite) 등

- 산화표백제에는 과산화수소가 있다.
- 차아염소산나트륨은 살균제이다.

6 멘톨menthol

◆ 천연으로는 좌회전성인 L-멘톨이 박하유의 주성분으로서 존재한다.

◆ 독특한 상쾌감이 있는 냄새가 나는 무색의 침상(針狀)결정으로 의약품, 과자, 화장품 등에 첨가하며, 진통제나 가려움증을 멈추는 데에도 사용된다.

◆ L-멘톨 외에 D-멘톨과 DL-멘톨도 알려져 있으나, 천연으로는 존재하지 않는다.

◆ DL-멘톨(DL-menthol)은 식품첨가물 중 향료로 허용되고 있다.

7 세균성 식중독 유형

◆ 감염형 식중독 : 살모넬라균, 장염비브리오균, 병원성 대장균, *Arizona*균, *Citrobacter*균, 리스테리아균, 여시니아균, *Cereus*균(설사형) 식중독 등

◆ 독소형 식중독 : 포도상구균(*Staphylococcus aureus*), 보툴리누스균(*Clostridium botulinum*) 식중독 등

◆ 복합형 : *Welchii*균(*Clostridium perfringens*), *Cereus*균(*Bacillus cereus,* 구토형), 독소원성 대장균, 장구균(*Streptococcus faecalis*), *Aeromonas*균 식중독 등

◆ Allergy성(부패 amine) : *Proteus*균 식중독

8 식품조사처리기준 [식품공전]

◆ 식품조사처리에 이용할 수 있는 선종은 감마선, 전자선 또는 엑스선으로 한다.
◆ 감마선을 방출하는 선원으로는 ^{60}Co을 사용할 수 있고, 전자선과 엑스선을 방출하는 선원으로는 전자선 가속기를 이용할 수 있다.
◆ ^{60}Co에서 방출되는 감마선 에너지를 사용할 경우 식품조사처리가 허용된 품목별 흡수선량을 초과하지 않도록 하여야 한다.

9 작업위생관리 [HACCP, 선행요건]

◆ 식품 취급 등의 작업은 바닥으로부터 60cm 이상의 높이에서 실시하여 바닥으로부터의 오염을 방지하여야 한다.

10 위생처리제와 그 특징

◆ hypochlorite(차아염소산염) : 부식성이 있으며 사용범위가 넓다. 유기물질이 존재하면 유기물과 결합하여 소독력이 저하된다.
◆ 제4급암모늄 화합물(Quats) : 독성이 적고, 무색, 무취, 비부식성이며, 열, pH 및 유기물에 대한 안전성이 뛰어난 반면 Gram 음성 세균과 박테리오파지에 대한 살균효과가 낮다.
◆ iodophors : 그람양성, 음성 세균에 효과가 크나 아포에 대한 살균효과는 없다. 비부식성이며, 피부에 자극이 적다.
◆ acid–anionics : pH가 낮을수록 살균력이 강하며 증식세포에 넓게 작용하고 독성, 부식성이 낮다.

2022 2회

11 대장균 지수 Coli index

◆ 대장균을 검출할 수 있는 최소 검수량의 역수이다.
◆ 10cc에서 양성이 나왔다면 대장균지수는 0.1cc이다.

12 이따이이따이병

◆ 카드뮴이 장기간 체내에 흡수, 축적됨으로써 일어나는 만성 중독에 의한 것으로 기계나 용기, 특히 식기류에 도금된 성분이 용출되어 오염되면 만성 중독을 일으킨다.
◆ 카드뮴은 신장의 세뇨관에 축적되기 때문에 세뇨관의 뇨 중 물질 재흡수 기능장애가 일어나 칼슘과 인이 오줌으로 배출된다.

13 Flat sour(평면산패)

◆ 가스의 생산이 없어도 산을 생성하는 현상을 말한다.
◆ 호열성균(*bacillus*속)에 의해 변패를 일으키는 특성이 있다.
◆ 통조림의 살균 부족 또는 권체 불량 등으로 누설 부분이 있을 때 발생한다.
◆ 가스를 생성하지 않아 부풀어 오르지 않기 때문에 외관상 구별이 어렵다.

◆ 개관 후 pH 또는 세균검사를 통해 알 수 있다.
◆ 타검에 의해 식별이 어렵다.

14 인수공통감염병

◆ 척추동물과 사람 사이에 자연적으로 전파되는 질병을 말한다.
◆ 사람은 식육, 우유에 병원체가 존재할 경우, 섭식하거나 감염동물, 분비물 등에 접촉하여 2차 오염된 음식물에 의하여 감염된다.
◆ 대표적인 인수공통감염병
- 세균성 질병 : 탄저, 비저, 브루셀라병, 세균성식중독(살모넬라, 포도상구균증, 장염비브리오), 야토병, 렙토스피라병, 리스테리아병, 서교증, 결핵, 재귀열 등
- 리케차성 질병 : 발진열, Q열, 쯔쯔가무시병 등
- 바이러스성 질병 : 일본뇌염, 인플루엔자, 뉴캐슬병, 앵무병, 광견병, 천연두, 유행성출혈열 등

15 ◆ 토마토, 양배추 등 산이 많은 식품을 조리할 때는 스테인리스스틸 재질의 조리기구를 사용해야 한다.
◆ 알루미늄제 조리기구를 사용하게 되면 산에 의해 알루미늄 성분이 녹아 나올 수 있기 때문이다.

16 식품별 기준 규격

◆ 과실주 : 소르빈산, 소르빈산칼륨, 소르빈산칼슘 0.2g/kg(소르빈산으로서) 이하
◆ 떡 제조용 팥 앙금 : 소르빈산, 소르빈산칼륨, 소브산칼슘 1.0g/kg(소르빈산으로서) 이하
◆ 냉동닭고기 : 니트로푸란계 대사물질 Semicarbazide(SEM) 불검출
◆ 오이피클(절임류) : 세균수 n=5, c=0, m=0(멸균제품에 한한다)

⊕ potassium aluminium silicate(규산알루미늄칼륨) : 국내에서는 식품첨가물로 허용되지 않음

17 어육의 선도판정법pH

◆ 어육이 신선할 경우 pH 5.5이지만 부패하게 되면 pH는 6.0~6.2로 상승하게 되며 알칼리성 암모니아가 증가하게 된다.

18 살균, 소독

◆ 자외선 살균
- 열을 사용하지 않으므로 사용이 간편하고, 살균효과가 크지만 물이나 공기 이외의 대부분 물질은 투과하지 못하므로 표면만 살균된다.
- 실내공기 소독이나, 조리대, 작업대, 조리기구 표면 등의 살균에 이용된다.

◆ 방사선 : 에너지 소비가 적으며 완전 살충·살균이 가능하고 발아·발근 억제가 뛰어나서 많은 식품군에 적용하고 있다.

19 mycotoxin의 종류

◆ 간장독 : 간경변, 간종양 또는 간세포 괴사를 일으키는 물질군
Aflatoxin(*Aspergillus flavus*), sterigmatocystin(*Asp. versicolar*), rubratoxin(*Penicillium rubrum*), luteoskyrin(*Pen. islandicum*), islanditoxin(*Pen. islandicum*), ochratoxin(*Asp. ochraceus*)

◆ 신장독 : 급성 또는 만성 신장염을 일으키는 물질군
citrinin(*Pen. citrinum*), citreomycetin, kojic acid(*Asp. oryzae*)

◆ 신경독 : 뇌와 중추신경에 장애를 일으키는 것
patulin(*Pen. patulum, Asp. clavatus* 등), maltoryzine(*Asp. oryzae* var. *microsporus*), citreoviridin(*Pen. citreoviride*)

◆ 피부염 물질
sporidesmin(*Pithomyces chartarum,* 광과민성 안면 피부염), psoralen(*Sclerotina sclerotiorum,* 광과민성 피부염 물질) 등

◆ fusarium독소군
fusariogenin(조혈 기능장애 물질, *Fusarium poe*), nivalenol(*F. nivale*), zearalenone(발정유발 물질, *F. graminearum*)

◆ 기타 : shaframine(유연물질, *Rhizoctonia leguminicola*) 등

⊕ Amygdalin은 청매의 독성분이다.

20 안식향산 benzoic acid

◆ 청량음료, 간장, 인삼음료 등에 사용되는 보존료이다.

제2과목 식품화학

21 과산화물가 peroxide value

◆ 유지가 산패되면 hydroperoxide 같은 과산화물(peroxides)이 생성되므로 이의 양을 측정하여 유지의 산패 정도와 유도기의 길이 등을 판정하는 방법이다.

◆ 자동산화 초기단계에서는 과산화물은 생성속도가 감소속도보다 크므로 증가하지만 더욱 진행되어 과산화물이 축적되면 과산화물의 생성속도보다 분해속도가 크므로 과산화물가는 감소하게 된다.

22 조지방 측정법

◆ 산분해법(acid hydrolysis method) : 지방질을 염산으로 가수분해한 후 석유에테르와 에테르 혼합액으로 추출하는 방법으로 곡류와 곡류제품, 어패류제품, 가공치즈 등에 적절한 방법이다.

◆ 로제곳트리(Rose–Gottlieb)법 : 우유 및 유제품 등 지방함량이 높은 액상 또는 유상의 식품지방을 분석하는 방법으로 마조니아관에 유제품을 넣고 유기용매에 의해 지방을 추출한 후 지방함량을 구하는 방법이다.

◆ 클로로포름 메탄올 혼합용액추출법 : 지방함량을 구하는 방법이다.

◆ 에테르(ether)추출법 : 중성지질로 구성된 식품에 적용하며 가열 또는 조리과정을 거치지 않은 식품에 적용된다. Soxhlet 추출장치로 에테르를 순환시켜 지방을 추출하여 정량하는 방법이다.

23 지용성 비타민

◆ 유지 또는 유기용매에 녹는다.

◆ 생체 내에서는 지방을 함유하는 조직 중에 존재하고 체내에 저장될 수 있다.

◆ 전구체(provitamin)가 존재한다.

◆ 과량 섭취할 경우 장에서 흡수되어 간에 저장한다.

◆ 비타민 A, D, E, F, K 등이 있다.

24 환원당과 비환원당

◆ 단당류는 다른 화합물을 환원시키는 성질이 있어 $CuSO_4$의 알칼리 용액에 넣고 가열하면 구리이온과 산화환원반응을 한다.

◆ 당의 알데히드(R–CHO)는 산화되어 산(R–COOH)이 되고 구리이온은 청색의 2가 이온($CuSO_4$)에서 적색의 1가 이온(Cu_2O)으로 환원된다.

◆ 이 반응에서 적색 침전을 형성하는 당을 환원당, 형성하지 않은 당을 비환원당이라 한다.

◆ 환원당에는 glucose, fructose, lactose가 있고, 비환원당은 sucrose이다.

25 식품의 레올로지rheology

◆ 소성(plasticity) : 외부에서 힘의 작용을 받아 변형이 되었을 때 힘을 제거하여도 원상태로 되돌아가지 않는 성질 예 버터, 마가린, 생크림

◆ 점성(viscosity) : 액체의 유동성에 대한 저항을 나타내는 물리적 성질이며 균일한 형태와 크기를 가진 단일물질로 구성된 뉴턴 액체의 흐르는 성질을 나타내는 말 예 물엿, 벌꿀

◆ 탄성(elasticity) : 외부에서 힘의 작용을 받아 변형되어 있는 물체가 외부의 힘을 제거하면 원래상태로 되돌아가려는 성질 예 한천젤, 빵, 떡

◆ 점탄성(viscoelasticity) : 외부에서 힘을 가할 때 점성유동과 탄성변형을 동시에 일으키는 성질 예 껌, 반죽

◆ 점조성(consistency) : 액체의 유동성에 대한 저항을 나타내는 물리적 성질이며 상이한 형태와 크기를 가진 복합물질로 구성된 비뉴턴 액체에 적용되는 말

26 황(S)의 체내 기능

◆ 체조직 및 생체 내 주요물질의 구성성분 : 시스테인, 시스틴, 메티오닌의 구성성분으로 손톱, 모발, 결체조직 등에 함유되어 있다.
◆ 산화환원반응에 관여 : 글루타티온의 구성성분으로, 글루타티온은 생체 내에서 산화환원반응에 관여한다.
◆ 산, 염기 평형에 관여 : 세포외액에 존재하는 황의 이온화 형태인 황산염은 체내에서 산, 염기 평형에 관여한다.

⊕ 갑상선호르몬의 구성성분은 요오드이다.

27 식품의 관능검사

① 차이식별검사
◆ 종합적차이검사 : 단순차이검사, 일-이점검사, 삼점검사, 확장삼점검사
◆ 특성차이검사 : 이점비교검사, 순위법, 평점법, 다시료비교검사
② 묘사분석
◆ 향미프로필 방법
◆ 텍스쳐프로필 방법
◆ 정량적 묘사 방법
◆ 스펙트럼 묘사분석
◆ 시간-강도 묘사분석
③ 소비자 기호도 검사
◆ 이점비교법
◆ 기호도척도법
◆ 순위법
◆ 적합성 판정법

28 식품의 갈변

◆ 효소에 의한 갈변과 효소가 관여하지 않은 비효소적 갈변이 있다.
◆ 효소적 갈변반응에는 polyphenol oxidase에 의한 갈변과 tyrosinase에 의한 갈변이 있다.
◆ 비효소적 갈변에는 maillard reaction, caramelization, ascorbic acid oxidation 등이 있다.
◆ maillard reaction의 중간단계에서 일반적으로 aldohexose가 아미노화합물과 반응하면 HMP를 생성한다.

29 덱스트란 dextran

◆ α-D-glucose가 주로 α-1,6 결합에 의해 사슬모양으로 이어져 있으며 α-1,3 결합에 의해 가지를 이루고 있는 구조를 하고 있다.
◆ 미생물이 당밀이나 설탕 등을 분해시켜 얻어지는 고무질로서 혈장용량 증가제로 사용되고 시럽, 아이스크림, 과자 제조시 안정제로 사용된다.

30 맛의 상호작용

◆ 맛의 대비 : 서로 다른 맛을 내는 물질이 혼합되었을 경우 주된 물질의 맛이 증가되는 것을 맛의 대비(contrast) 또는 강화 현상이라고 한다.

◆ 맛의 억제 : 서로 다른 맛을 내는 물질이 혼합되었을 경우 주된 물질의 맛이 약화되는 것을 맛의 억제 효과(inhibition)라고 한다.

◆ 맛의 상승 : 같은 종류의 맛을 가지는 2종류의 물질을 서로 혼합하였을 경우 각각 가지는 맛보다 훨씬 강하게 느껴지는 것을 맛의 상승 효과(synergism)라고 한다.

◆ 맛의 상쇄 : 서로 다른 맛을 내는 물질을 2종류씩 적당한 농도로 섞어주면 각각의 고유한 맛이 느껴지지 않고 조화된 맛으로 느껴지는 것을 맛의 상쇄 작용(compensation)라고 한다.

31

우유를 광선 아래에서 보관하면 우유에 존재하는 감광체에 의해 일중항산소 분자가 생성되어 산패취가 빨리 발생한다.

⊕ 산화형 산패

- 자동산화 : 유지 성분은 공기와 접촉이 있는 한 비교적 낮은 온도에서도 자연발생적으로 산소를 흡수하여 서서히 산화가 일어난다.
- 일중항산소분자 : 유지 성분은 광선(태양, 형광등) 존재하에 감광체(hemoglobin, myoglobin, chlorophyll 등)에 의해 일중항산소 분자가 생성되어 산화가 빨리 발생한다.
- 가열 : 가열 시 triglyceride는 단계적으로 분해되어 유리지방산을 생성한다. 중합반응에 의한 이합체, 삼합체, 중합체를 형성한다.

32 β-amylase

◆ amylose와 amylopectin의 α-1,4-glucoside 결합을 비환원성 말단부터 maltose 단위로 절단하는 효소이다.

◆ dextrin과 maltose를 생성하는 효소로서 당화형 amylase라고 한다.

◆ 이 효소는 α-1,6 결합에 도달하면 작용이 정지된다.

33

◆ 땅콩에는 oleic acid, linoleic acid의 불포화지방이 많은 편이다.

◆ 땅콩에는 다른 콩류보다 칼륨(K)이 많고, 인(P)은 파이틴(phytin) 형태로 존재한다.

◆ 완두콩 통조림 제조 시 변색을 억제하기 위해 소량의 황산구리를 사용한다.

34 관능검사에 사용되는 척도의 유형

① 명목척도(nominal scale)

◆ 이름을 지정하거나 그룹을 분류하는 데 사용되는 척도, 이름이 서로 다른 둘 이상의 그룹을 실험할 때 어떤 성분의 냄새나 다른 양적인 관계에 따르지 않는다.

◆ 명목척도를 사용하여 얻을 수 있는 정보의 양은 적다.

② 서수척도(ordinal scale)

◆ 강도나 기호의 순위를 정하는 데 사용되는 척도, 보다 많은 정보를 얻을 수 있으며 자료는 비모수적인 통계방법으로 분석할 수 있고 때에 따라 모수적인 통계방법도 이용될 수 있다.

◆ 서수척도 중 평점척도를 사용한 결과(9점 기호 척도)는 간격척도의 성질을 나타내기도 한다.

③ 간격척도(interval scale)

◆ 크기를 측정하기 위한 척도, 여기서 눈금 사이의 간격은 동일한 것으로 간주한다.

◆ 사용하기 편리하고 모든 통계방법이 적용될 수 있어서 많이 사용된다.

◆ 9점 기호 척도, 선척도, 도표 평점 척도

④ 비율척도(ratio scale)

◆ 크기를 측정하기 위한 척도, 눈금 사이의 비율이 동일한 것으로 간주한다.

◆ 비율척도를 통해 얻은 자료는 평균과 분산분석 등을 포함하여 모든 통계방법으로 분석이 가능하다.

◆ 크기 추정 척도

35 육가공에 이용되는 기능수들

◆ 물속에 존재하는 양이온들은 육 단백질의 용해를 방해하여 보수력을 떨어뜨리며 반대로 음이온들은 보수력을 증진시킨다.

◆ 양이온에는 칼슘(Ca^{++}), 마그네슘(Mg^{++}), 철(Fe^{++}), 아연(Zn^{++}), 니켈(Ni^{++}) 등의 2가 양이온과 은(Ag^{+}), 구리(Cu^{+}), 칼륨(K^{+}), 나트륨(Na^{+}) 등의 1가 양이온이 있다.

◆ 따라서 이러한 양이온들을 제거한 물을 이용할 경우 보수력을 증진시킬 수 있다.

36

◆ 람베르트-베르법칙 : 흡광도가 농도와 흡수층 두께에 비례한다고 하는 법칙

◆ 페히너의 법칙 : 차역(差閾)에 관한 베버의 법칙을 바탕으로 한 인간의 감각의 크기는 자극의 크기의 로그에 비례한다는 법칙

◆ 웨버의 법칙 : 자극의 강도와 식별역의 비가 일정하다고 하는 법칙

◆ 미카엘리스-멘텐의 식 : 효소반응의 속도론적 연구에서, 효소와 기질이 우선 복합체를 형성한다는 가정하에서 얻은 반응 속도식

37 지방산화 중 발생하는 휘발성분

◆ 유지가 산화되면 초기의 생성물로서 hydroperoxide가 축적된다.

◆ 더욱 산화가 진행되면 hydroperoxide의 분해와 중합이 일어난다. 즉, 저분자의 aldehyde류, ketone류 등이 생성되어 불쾌한 맛과 냄새가 난다.

38 과당의 특징

◆ 유리 상태로 과실, 꽃, 벌꿀 등에 존재한다.

◆ 포도당과 결합하여 자당을 이루며, fructose가 다수 결합하여 inulin이 되며 돼지감자에 많다.

◆ 용해성이 크고 과포화되기 쉬워서 결정화되기 어렵다.

◆ 매우 강한 흡습조해성을 가지며, 점도가 포도당이나 설탕보다 약하다.

◆ 단맛이 강하다(설탕의 감미를 100으로 기준하여 과당 150).

39 젤gel

- ◆ 친수 졸(sol)을 가열 후 냉각시키거나 물을 증발시키면 분산매가 줄어들어 반고체 상태로 굳어지는데 이 상태를 젤(gel)이라고 한다.
- ◆ 종류 : 한천, 젤리, 양갱, 두부, 묵, 삶은 계란, 치즈 등

40

- ◆ 오메가-6 계열의 불포화지방산보다 오메가-3 계열의 불포화지방산을 섭취하는 것이 바람직하다(오메가 3와 오메가 6의 WTO 권장비율은 1:4 이하).
- ◆ 토마토에 함유된 라이코펜 성분은 pseudo-ionone 환을 갖고 있어 비타민 A로 전환될 수 없는 카로티노이드성분이다.
- ◆ 지용성 비타민은 과다섭취하면 조직 중에 저장하나 수용성 비타민은 몸에 필요한 양보다 과다하게 섭취하면 필요한 양 만큼 이용하고 불필요한 양은 자동적으로 몸 밖으로 배설된다.

제3과목 식품가공학

41 탈검degumming

- ◆ 불순물인 인지질 같은 고무질을 주로 제거하는 조작이다.
- ◆ 더운 물 또는 수증기를 넣으면 이들 물질이 기름에 녹지 않게 되므로 정치법 또는 원심분리법을 사용하여 분리할 수 있다.

42 탈기exhausting의 목적

- ◆ 산소를 제거하여 통 내면의 부식과 내용물과의 변화를 적게 한다.
- ◆ 가열살균 시 관내 공기의 팽창에 의하여 생기는 밀봉부의 파손을 방지한다.
- ◆ 유리산소의 양을 적게 하여 호기성 세균 및 곰팡이의 발육을 억제한다.
- ◆ 통조림한 내용물의 색깔, 향기 및 맛 등의 변화를 방지한다.
- ◆ 비타민 기타의 영양소가 변질되고 파괴되는 것을 방지한다.
- ◆ 통조림의 양쪽이 들어가게 하여 내용물의 건전 여부의 판별을 쉽게 한다.

43 분유의 제조법

- ◆ 피막건조법(drum film drying process), 분무건조법(spray drying process), 포말벨트건조법(foam belt drying process), 냉동진공건조법(vacumm freeze drying process), 가습재건조법(wetting and redrying process) 등이 있다.
- ◆ 현재는 농축유를 건조실에 분무하여 건조하는 분무건조법이 유가공업계에서 가장 널리 이용되고 있다.
- ◆ 분무건조법 : 열풍 속으로 미세한 액적(droplet)을 분사하면 액적이 미세입자가 되어 표면적이 크게 증가하므로써 수분이 순간적으로 증발하여 유고형분이 분말입자로 낙하하게 되는 방식이다.

44 올리고당류 [식품공전]

◆ 당질원료를 이용하여 10 이하의 당 분자가 직쇄 또는 분지결합하도록 효소를 작용시켜 얻은 당액이나 이를 여과, 정제, 농축한 액상 또는 분말상의 것으로 올리고당과 올리고당가공품을 말한다.

45 정미의 도정률(정백률)

◆ 도정된 정미의 중량이 현미 중량의 몇 %에 해당하는가를 나타내는 방법이다.

◆ $\text{도정률(\%)} = \dfrac{\text{도정(정미)량}}{\text{현미량}} \times 100$

◆ 도정도가 높을수록 도감률도 높아지나 도정률은 적어진다.

46 두부 응고제

◆ 간수 : 염화마그네슘($MgCl_2$)을 주성분으로 하며, 응고반응이 빠르고 압착 시 물이 잘 빠진다.

◆ 염화칼슘($CaCl_2$) : 칼슘분을 첨가하여 영양가치가 높은 것을 얻기 위하여 사용하는 것으로 응고시간이 빠르고, 보존성이 좋으나 수율이 낮고, 두부가 거칠고 견고하다.

◆ 황산칼슘($CaSO_4$) : 응고반응이 염화물에 비하여 대단히 느려 보수성과 탄력성이 우수하며, 수율이 높은 두부를 얻을 수 있다. 불용성이므로 사용이 불편하다.

◆ 글루코노델타락톤(glucono-δ-lactone) : 물에 잘 녹으며 수용액을 가열하면 글루콘산(gluconic acid)이 된다. 사용이 편리하고, 응고력이 우수하고 수율이 높지만 신맛이 약간 있고, 조직이 대단히 연하고 표면을 매끄럽게 한다.

47 영아용 조제식 [식품공전]

① 정의

◆ 영아용 조제식이라 함은 분리대두단백 또는 기타의 식품에서 분리한 단백질을 단백원으로 하여 영아의 정상적인 성장·발육에 적합하도록 기타의 식품, 무기질, 비타민 등 영양성분을 첨가하여 모유 또는 조제유의 수유가 어려운 경우 대용의 용도로 분말상 또는 액상으로 제조·가공한 것을 말한다. 다만, 조제유류는 제외한다.

② 원료 등의 구비요건

◆ 원료로 사용되는 분리대두단백 또는 기타의 식품에서 분리한 단백질은 영아가 섭취하기에 적합하도록 처리한 것이어야 한다. 다만, 글루텐은 단백원으로 사용할 수 없다.

◆ 원료는 식품조사처리를 하지 않은 것이어야 한다.

◆ 코코아는 원료로 사용할 수 없다.

◆ 건조원료는 미생물 성장이 가능하지 않도록 저수분 상태로 미리 건조하고 보관하며, 그 외 원료들도 온도, 습도를 조절할 수 있는 장치를 설치하여 원료의 특성에 맞추어 보관한다.

48 유체의 특성

◆ 뉴턴(Newton) 유체 : 순수한 식품의 점성 흐름으로 주로 전단속도와 전단응력으로 나타낸다. 보통 전단속도(shear rate)는 전단응력(shear stress)에 정비례하고, 전단응력-전단속도 곡선에서의 기울기는 점도로 표시되는 대표적인 유체를 말한다.

◆ 슈도플라스틱(Pseudoplastic) 유체 : 항복치를 나타내지 않고 전단응력의 크기가 어떤 수치 이상일 때 전단응력과 전단속도가 비례하여 뉴턴유체의 성질을 나타내는 유동을 말한다.

◆ 딜라턴트(Dilatant) 유체 : 전단속도의 증가에 따라 전단응력의 증가가 크게 일어나는 유동을 말한다. 이 유형의 액체는 오직 현탁 속에 불용성 딱딱한 입자가 많이 들어 있는 액상에서만 나타나는 유형, 즉 오직 고농도의 현탁액에서만 이런 현상이 일어난다.

◆ 빙햄플라스틱(Bingham plastic) 유체 : 가소성의 유동성을 나타내는 유체 또는 반고체는 일정한 크기의 전단력이 작용할 때까지 변형이 일어나지 않으나 그 이상의 전단력이 작용하면 뉴턴 유체와 같은 직선관계를 나타내는 유체이다.

49 통조림 제조시

◆ 가열살균한 통조림은 가능한 한 급속히 냉각시켜야 한다.

◆ 이것은 내용물의 고온 방치시간의 단축과 호열성 세균발육억제, 수산물의 struvite 성장방지 등을 위해서다.

50 보리의 도정방식에는 혼수도정, 무수도정, 할맥도정 등이 있다.

51 일반적으로 소형어는 물간법으로, 대형어는 마른간법으로 절인다.

53 식육의 사후경직 시간

◆ 저온이나 냉동은 식육의 사후경직 시간을 길게 한다.

◆ 사후경직 시간을 단축시키기 위해서 고온단시간으로 하는 경우가 있다.

◆ 우육은 37℃에서 6시간 정도 소요되고, 7℃의 저온에서는 24시간이 소요된다.

54 흐르는 유체의 총에너지는 위치에너지, 운동에너지($v^2/2$), 내부에너지 및 압력에너지로 구성되어 있다.

55 식물스테롤은 콜레스테롤과 구조가 유사하나 그 기능이 다르고 체내에서 합성이 되지 않는 것으로 알려져 있다.

56 밀감 통조림의 백탁(흐림)

◆ 주원인 : flavanone glucoside인 헤스페리딘(hesperidin)의 결정

◆ 방지방법

- hesperidin의 함량이 가급적 적은 품종을 사용한다.
- 완전히 익은 원료를 사용한다.
- 물로 원료를 완전히 세척한다.
- 산 처리를 길게, 알칼리 처리를 짧게 한다.
- 가급적 농도가 높은 당액을 사용한다.
- 비타민 C 등을 손상시키지 않을 정도로 가급적 장시간 가열한다.
- 제품을 재차 가열한다.

57 rennin에 의한 우유 응고

◆ casein은 rennin에 의하여 paracasein이 되며 Ca^{2+}의 존재 하에 응고되어 치즈 제조에 이용된다.

◆ rennin의 작용기작

$$\kappa\text{-casein} \xrightarrow{\text{rennin}} \text{para-}\kappa\text{-casein} + \text{glycomacropeptide}$$

$$\text{para-}\kappa\text{-casein} \xrightarrow[\text{pH 6.4~6.0}]{Ca^{++}} \text{dicalcium para-}\kappa\text{-casein(치즈커드)}$$

58 정제유에 수소를 첨가하면

◆ 유지가 경화되어 요오드가가 점차 줄고 녹는 온도가 높은 기름이 생성된다.

59 레이놀드수(Re)

◆ 층류와 난류의 구분척도의 무차원수

◆ $Re = \rho VD/\mu$ (ρ : 밀도, V : 유속, D : 내경, μ : 점도)

- 층류(Lamianr flow) : 유체유동에서 유체입자들이 층을 이루고 안정된 진로를 따른 움직임(Re 〈 2100)
- 중간류(천이영역, transition region) : 층류와 난류 사이의 유동(2100 〈 Re 〈 4000)
- 난류(Turbulent flow) : 유체입자들이 대단히 불규칙적인 진로로 움직임(Re 〉 4000)

60 냉동부하

◆ 물체를 냉동시키기 위해 제거되어야 할 열량

2000kg×0.063W=126W

61 *Rhizopus nigericans*

- ◆ 집락은 회백색이며 접합포자와 후막포자를 형성하고 가근도 잘 발달한다.
- ◆ 생육적온은 32~34℃이다.
- ◆ 맥아, 곡류, 빵, 과일 등 여러 식품에 잘 발생한다.
- ◆ 고구마의 연부병의 원인균이 되며 마섬유의 발효 정련에 관여한다.

62 김치 숙성에 관여하는 미생물

- ◆ *Lactobacillus plantarum, Lactobacillus brevis, Streptococcus faecalis, Leuconostoc mesenteroides, Pediococcus halophilus, Pediococcus cerevisiae* 등이 있다.

⊕ *Bacillus subtilis* : 마른풀 등에 분포하며 고온균으로서 α-amylase와 protease를 생산하고 항생물질인 subtilin을 만든다.

63 산막효모와 비산막효모의 특징 비교

	산막효모	비산막효모
산소요구	산소를 요구한다.	산소의 요구가 적다.
발육위치	액면에 발육하며 피막을 형성한다.	액의 내부에 발육한다.
특징	산화력이 강하다.	알코올 발효력이 강하다.
균속	*Hasenula*속, *Pichia*속, *Debaryomyces*속	*Saccharomyces*속, *Shizosaccharomyces*속

⊕ • *Hasenula*속, *Pichia*속, *Debaryomyces*속은 다극출아로 번식하고 대부분 양조제품에 유해균으로 작용한다.
• *Saccharomyces*속은 출아분열, *Shizosaccharomyces*속은 분열법으로 번식한다.

64 종속영양 미생물

- ◆ 모든 필수대사 산물을 직접 합성하는 능력이 없기 때문에 다른 생물에 의해서 만들어진 유기물을 이용한다.
- ◆ 탄소원, 질소원, 무기염류, 비타민류 등의 유기화합물은 분해하여 호흡 또는 발효에 의하여 에너지를 얻는다.
- ◆ 탄소원으로는 유기물을 요구하지만 질소원으로는 무기태 질소나 유기태 질소를 이용한다.

65 효모의 주요 분류

- ◆ 유포자 효모(자낭포자 효모) : *Shizosaccharomyces*속, *Saccharomyces*속, *Saccharomycodes*속, *Hansenula*속, *Kluyveromyces*속, *Debaryomyces*속, *Nadsonia*

속, *Pichia*속 등
- ◆ 담자포자 효모 : *Rhodosporidium*속, *Leucosporidium*속
- ◆ 사출포자 효모 : *Bullera*속, *Sporobolomyces*속, *Sporidiobolus*속
- ◆ 무포자 효모 : *Cryptococcus*속, *Torulopsis*속, *Candida*속, *Trichosporon*속, *Rhodotorula*속, *Kloeckera*속 등

⊕ *Monascus anka*은 붉은누룩곰팡이이다.

66 정상기(정지기, stationary phase)

- ◆ 생균수는 일정하게 유지되고 총균수는 최대가 되는 시기이다.
- ◆ 일부 세포가 사멸하고 다른 일부의 세포는 증식하여 사멸수와 증식수가 거의 같아진다.
- ◆ 영양물질의 고갈, 대사생산물의 축적, 배지 pH의 변화, 산소공급의 부족 등 부적당한 환경이 된다.
- ◆ 생균수가 증가하지 않으며 내생포자를 형성하는 세균은 이 시기에 포자를 형성한다.

67 해당과정(EMP 경로)

- ◆ glucose 분자를 혐기적인 조건에서 효소에 의해 분해되는 과정이다.
- ◆ pyruvic acid를 거쳐 젖산으로 된다.
- ◆ 혐기적 대사(EMP경로)에서 7 ATP가 생성된다.

$C_6H_{12}O_6 + 2O \longrightarrow 2CH_3COCOOH + 2H_2O + 7\ ATP$

- ◆ CO_2로의 완전산화는 하지 않는다.

68 곰팡이독^mycotoxin^을 생산하는 곰팡이

- ◆ 간장독 : Aflatoxin(*Aspergillus flavus*), rubratoxin(*Penicillium rubrum*), luteoskyrin(*Pen. islandicum*), ochratoxin(*Asp. ochraceus*), islanditoxin(*Pen. islandicum*)
- ◆ 신장독 : citrinin(*Pen. citrinum*), citreomycetin, kojic acid(*Asp. oryzae*)
- ◆ 신경독 : patulin(*Pen. patulum, Asp. clavatus* 등), maltoryzine(*Asp. oryzae var. microsporus*), citreoviridin(*Pen. citreoviride*)
- ◆ 피부염 물질 : sporidesmin(*Pithomyces chartarum*), psoralen(*Sclerotina sclerotiorum*) 등
- ◆ fusarium독소군 : fusariogenin(*Fusarium poe*), nivalenol(*F. nivale*), zearalenone(*F. graminearum*)
- ◆ 기타 : shaframine(*Rhizoctonia leguminicola*) 등

69 호흡계의 cytochrome, catalase, peroxidase 등은 구성성분으로 Fe을 함유하고 있다.

70 *Zymomonas*속

◆ 당으로부터 에탄올(ethanol)을 생산하는 미생물로 포도당, 과당, 서당을 에너지원으로 한다.
◆ 공기 속에 살지 못하는 세균으로 발효조건에 따라 다양한 부산물을 생성시킬 수 있어 혈장 대용제, 면역제 등과 같은 의약품 생산 분야에 응용한다.

71 종의 학명 scientfic name

◆ 각 나라마다 다른 생물의 이름을 국제적으로 통일하기 위하여 붙여진 이름을 학명이라 한다.
◆ 현재 학명은 린네의 2명법이 세계 공통으로 사용된다.
- 학명의 구성 : 속명과 종명의 두 단어로 나타내며, 여기에 명명자를 더하기도 한다.
- 2명법 = 속명 + 종명 + 명명자의 이름

◆ 속명과 종명은 라틴어 또는 라틴어화한 단어로 나타내며 이탤릭체를 사용한다.
◆ 속명의 머리 글자는 대문자로 쓰고, 종명의 머리 글자는 소문자로 쓴다.

72 효모의 주요 분류

◆ 유포자 효모(자낭포자 효모) : *Shizosaccharomyces*속, *Saccharomyces*속, *Saccharomycodes*속, *Hansenula*속, *Kluyveromyces*속, *Debaryomyces*속, *Nadsonia*속, *Pichia*속 등
◆ 담자포자 효모 : *Rhodosporidium*속, *Leucosporidium*속
◆ 사출포자 효모 : *Bullera*속, *Sporobolomyces*속, *Sporidiobolus*속
◆ 무포자 효모 : *Cryptococcus*속, *Torulopsis*속, *Candida*속, *Trichosporon*속, *Rhodotorula*속, *Kloeckera*속 등

73 세균의 지질다당류 lipopolysaccharide

◆ 그람음성균의 세포벽 성분이다.
◆ 세균의 세포벽이 음(−)전하를 띄게 한다.
◆ 지질 A, 중심 다당체(core polysaccharide), O항원(O antigen)의 세부분으로 이루어져 있다.
◆ 독성을 나타내는 경우가 많아 내독소로 작용한다.

⊕ 일반적으로 세균독소는 외독소와 내독소의 두 가지가 있다. 내독소는 특정 그람 음성 세균이 죽어 분해되는 과정에서 방출되는 독소이다. 이 독소는 세균의 외부막을 형성하는 지질다당류이다.

74 황색포도상구균 정량

◆ 희석배수 : 250/25=10배
◆ 의심 집락수는 30개이고 그 중 5개를 실험해본 결과 4개가 양성이면 3/5×100=60개의 집락이 황색포도상구균이다.
◆ 이것을 10배 희석했기 때문에 이 식품 1mL의 총 황색포도상구균의 집락수는 600CFU/g 이다.

75 효모의 내부 구조

◆ 세포의 제일 외측에 두꺼운 세포벽(cell wall)과 내측에 엷은 세포질막을 가지며, 내부에 세포질이 충만되어 있다.
◆ 세포질 중에는 핵, 액포, 지방립, 미토콘드리아, 막상조직, 리보솜 등이 존재한다.
◆ 핵은 핵막으로 싸여져 내부에 인과 염색체를 가지고 있다.

76 EMP 경로에서 생성될 수 있는 물질

◆ Pyruvate, Lactate, Acetaldehyde, CO_2 등이다.

⊕ Lecithin는 인지질 대사에서 합성된다.

77 가수분해효소 hydrolase

◆ 물 분자의 개입으로 복잡한 유기화합물의 공유결합을 분해한다.
◆ carboxy peptidase, raffinase, invertase, polysaccharase, protease, lipase, maltase, phosphatase 등이 가수분해효소이다.

⊕ fumarate hydratase는 lyase(이중결합을 만들거나 없애는 효소)이다.

78 홍조류 red algae

◆ 엽록체를 갖고 있어 광합성을 하는 독립영양생물로 거의 대부분의 식물이 열대, 아열대 해안 근처에서 다른 식물체에 달라붙은 채로 발견된다.
◆ 세포막은 주로 셀룰로오스와 펙틴으로 구성되어 있으나 칼슘을 침착시키는 것도 있다.
◆ 홍조류가 빨간색이나 파란색을 띠는 것은 홍조소(phycoerythrin)와 남조소(phycocyanin)라는 2가지의 피코빌린 색소들이 엽록소를 둘러싸고 있기 때문이다.
◆ 생식체는 운동성이 없다.
◆ 약 500속이 알려지고 김, 우뭇가사리 등이 홍조류에 속한다.

79 *Rhizopus*속의 특징

◆ 거미줄 곰팡이라고도 한다.
◆ 조상균류(Phycomycetes)에 속하며 가근(rhizoid)과 포복지(stolon)를 형성한다.
◆ 포자낭병은 가근에서 나오고, 중축바닥 밑에 자낭을 형성한다.
◆ 포자낭이 구형이고 영양성분(배지)이 닿는 곳에 뿌리 모양의 가근(rhigoid)을 내리고 그 위에 1~5개의 포자낭병을 형성한다.
◆ 균사에는 격벽이 없다.
◆ 유성, 무성 내생포자를 형성한다.
◆ 대부분 pectin 분해력과 전분분해력이 강하므로 당화효소와 유기산 제조용으로 이용되는 균종이 많다.
◆ 호기적 조건에서 잘 생육하고, 혐기적 조건에서는 알코올, 젖산, 퓨마르산 등을 생산한다.

80 천자배양stab culture

- ◆ 혐기성균의 배양이나 보존에 이용된다.
- ◆ 백금선의 끝에 종균을 묻혀서 한천고층배지의 시험관의 주둥이를 아래로 하여 배지의 표면 중앙에서 내부로 향해 깊이 찔러 넣어 배양하는 방법이다.

제5과목 생화학 및 발효학

81 경쟁적 저해

- ◆ 기질과 저해제의 화학적 구조가 비슷하여 효소의 활성부위에 저해제가 기질과 경쟁적으로 비공유 결합하여 효소작용을 저해하는 것이다.
- ◆ 경쟁적 저해제가 존재하면 효소의 반응 최대속도(V_{max})는 변화하지 않고 미카엘리스 상수(K_m)는 증가한다.
- ◆ 경쟁적 저해제가 존재하면 Lineweaver-Burk plot에서 기울기는 변하지만, y절편은 변하지 않는다.

82 DNA의 구성성분

구성성분	DNA
인산	H_2PO_4
Purine염기	adenine, guanine
Pyrimidine염기	cytosine, thymine
Pentose	D-2-deoxyribose

83 요소의 합성과정

- ◆ ornithine이 citrulline로 변성되고 citrulline은 arginine으로 합성되면서 urea가 떨어져 나오는 과정을 urea cycle이라 한다.
- ◆ 아미노산의 탈아미노화에 의해서 생성된 암모니아는 대부분 간에서 요소회로를 통해서 요소를 합성한다.

84 glucose oxidase

- ◆ gluconomutarotase 및 catalase의 존재 하에 glucose를 산화해서 gluconic acid를 생성하는 균체의 효소이다.
- ◆ *Aspergillus niger*, *Penicillium notatum*, *Pen. chrysogenum*, *Pen. amagasakiense* 등이 생산한다.
- ◆ 식품 중의 glucose 또는 산소를 제거하여 식품의 가공, 저장 중의 품질저하를 방지할 수 있다.

◆ 이용성
  - 난백 건조 시 갈변방지
  - 밀폐포장 식품 용기내의 산소를 제거하여 갈변이나 풍미저하 방지
  - 통조림에서 철, 주석의 용출방지
  - 주스류, 맥주, 청주나 유지 등 산화를 받기 쉬운 성분을 함유한 식품의 산화방지
  - phenol 산화, tyrosinase 또는 peroxidase에 의한 산화방지
  - 생맥주 중의 호기성 미생물의 번식억제
  - 식품공업, 의료에 있어서 포도당 정량에 이용

86 효소반응의 특이성

① 절대적 특이성

◆ 유사한 일군의 기질 중 특이적으로 한 종류의 기질에만 촉매하는 경우

◆ Urease는 요소만을 분해, pepsin은 단백질을 가수분해, dipeptidase는 dipeptide 결합만을 가수분해한다.

② 상대적 특이성

◆ 효소가 어떤 군의 화합물에는 우선적으로 작용하며 다른 군의 화합물에는 약간만 반응할 경우

◆ acetyl CoA synthetase는 초산에 대하여는 활성이 강하나 propionic acid에는 그 활성이 약하다.

③ 광학적 특이성

◆ 효소가 기질의 광학적 구조가 상위에 따라 특이성을 나타내는 경우

◆ maltase는 maltose와 α-glycoside를 가수분해하나 β-glycoside에는 작용하지 못한다. L-amino acid oxidase는 D-amino acid에는 작용하지 못하나 L-amino acid에만 작용한다.

87 RNA 가수분해효소

◆ ribonuclease(RNase)는 RNA의 인산 ester 결합을 가수분해하는 효소이다.

88

◆ *Lactobacillus delbrueckii*는 유당을 발효하지 않고 glucose, maltose, sucrose 등으로부터 95% 젖산을 생산한다.

◆ *Lactobacillus leichmannii*는 유당을 발효하지 않으며 glucose를 발효한다.

◆ *Lactobacillus bulgaricus*는 glucose, lactose, galactose를 잘 발효한다.

89 페닐케톤뇨증 phenylketonuria, PKU

◆ 페닐알라닌을 타이로신으로 전환시키는 효소인 페닐알라닌 수산화효소(phenylalanine hydroxylase)의 활성이 선천적으로 저하되어 있기 때문에 혈액 및 조직 중에 페닐알라닌과 그 대사산물이 축적되고, 요중에 다량의 페닐파이러빈산을 배설하는 질환이다.

◆ 만일 치료되지 않으면 대부분은 지능 장애와 담갈색 모발, 흰 피부색 등의 멜라닌 색소결핍증이 나타난다.
◆ 페닐케톤뇨증이란 명칭은 케톤체인 페닐파이러빈산이 요중에 많이 배설되어 유래된 것이다.
◆ 치료는 식이요법으로 페닐알라닌 제한식이를 한다.

90 균수 계산

◆ 균수 = 최초균수×$2^{세대수}$
◆ 세대수 = 60÷15 = 4
◆ b = 1×2^4 = 16

91 t-RNA

◆ t-RNA(sRNA)는 활성아미노산을 ribosome의 주형(template) 쪽에 운반한다.

92 발효주

◆ 단발효주 : 원료 속의 주성분이 당류로서 과실 중의 당류를 효모에 의하여 알코올 발효시켜 만든 술이다. 예 과실주
◆ 복발효주 : 전분질을 아밀라제(amylase)로 당화시킨 뒤 알코올 발효를 거쳐 만든 술이다.
- 단행복발효주 : 맥주와 같이 맥아의 아밀라제로 전분을 미리 당화시킨 당액을 알코올 발효시켜 만든 술이다. 예 맥주
- 병행복발효주 : 청주와 탁주 같이 아밀라제로 전분질을 당화시키면서 동시에 발효를 진행시켜 만든 술이다. 예 청주, 탁주

93 비타민의 생리적인 특성

◆ 비타민 D(calciferol) : Ca 흡수, 뼈의 형성에 관여한다. 결핍증은 구루병, 골연화증, 치아의 성장장애 등이다.
◆ 비타민 K(phylloquinone) : 혈액응고에 관계한다. 결핍증은 혈액응고를 저해하지만 성인의 경우 장내세균에 의하여 합성되므로 결핍증은 드물다.
◆ 비타민 B_{12}(cobalamin) : 동물의 혈구 생성, 상피세포의 성숙에 작용한다. 결핍증은 악성빈혈, 신경질환 등이다.
◆ 비타민 C(ascorbic acid) : 세포간질 콜라겐의 생성에 필요하고, 스테로이드 호르몬의 합성을 촉진하며, 항산화작용(환원제 작용)을 한다. 결핍증은 괴혈병, 피부의 출혈, 연골 및 결합조직 위약화 등이다.

94 palmitic acid의 완전산화

◆ 지방산화인 β-산화를 7회 수행하므로 생성물은 7$FADH_2$, 7NADH, 8acetyl CoA이다.
◆ 1$FADH_2$, NADH, 1acetyl CoA는 각각 1.5, 2.5, 10 ATP를 생성한다.
◆ palmitic acid의 완전산화 시 생성되는 총 ATP 분자수는 (7×1.5)+(7×2.5)+(8×10)=108인데 palmitic acid 완전산화 시 2ATP가 소모되므로 108−2=106 ATP이다.

95 당신생gluconeogenesis

◆ 비탄수화물로부터 glucose, glycogen을 합성하는 과정이다.
◆ 당신생의 원료물질은 유산(lactatic acid), 피루브산(pyruvic acid), 알라닌(alanine), 글루타민산(glutamic acid), 아스파라긴산(aspartic acid)과 같은 아미노산 또는 글리세롤 등이다.
◆ 해당경로를 반대로 거슬러 올라가는 가역반응이 아니다.
◆ 당신생은 주로 간과 신장에서 일어나는데, 예를 들면 격심한 근육운동을 하고 난 뒤 회복기 동안 간에서 젖산을 이용한 혈당 생성이 매우 활발히 일어난다.

96 엽산(Folic acid, 비타민 B_9)

◆ 여러 가지 생화학적인 반응에 관여하지만 특히 RNA의 생합성에 중요한 작용을 나타낸다.
◆ 생체 내에서는 이수소폴산(DHF, dihydrofolate), 사수소폴산(THF, tetrahydrofolate)으로 유도되고, 이때 두 분자의 NADPH가 사용된다.
◆ THF는 purine 염기, pyrimidine 염기의 합성, glycine, serine, methionine의 대사, choline 대사계에 있어서 탄소원자의 전이반응 및 이용하는 반응에 관여하는 효소의 보효소로서 대사에 관여한다(C_1 단위 전이).

97 과당fructose fruit sugar, Fru

◆ ketone기(−C=O−)를 가지는 ketose이다.
◆ 천연산의 것은 D형이며 좌선성이다.
◆ 벌꿀에 많이 존재하며 과일 등에도 들어있다.
◆ 천연당류 중 단맛이 가장 강하고 용해도가 가장 크며 흡습성을 가진다.

98 당밀의 알코올 발효 시 밀폐식 발효

◆ 술밑과 술덧이 전부 밀폐조 안에서 행하므로 살균이 완전하게 된다.
◆ 잡균이 침입할 우려가 없다.
◆ 주정의 누출도 적기 때문에 수득량은 개방식보다 많다.
◆ 첨가하는 효모균의 양도 훨씬 적어도 된다.

99 82번 해설 참조

100 클로로필chlorophyll

◆ a, b, c, d의 4종이 있는데 식물에는 a, b만이 존재하며 c, d는 해조류에 존재한다.
◆ a는 청록색, b는 황록색을 나타낸다.
◆ a와 b의 구조는 4개의 phrrole 핵이 메틴 탄소(−CH=)에 의하여 결합된 porphyrin 환의 중심에 Mg^{2+}을 가지고 있다.